賈伯斯經典照片集

黛安娜・沃克（Diana Walker）拍攝

自從三十年前，沃克為賈伯斯拍下第一張照片，兩人即透過照片結緣。
由於賈伯斯非常欣賞她的攝影風格，因此願意讓她長年跟拍。
下面就是她拍的幾張賈伯斯經典照片：

1982年，攝於庫珀蒂諾家中。賈伯斯是個完美主義者，沒幾樣家具是他看得上眼的，屋子於是變得空空如也。

攝於家中廚房：「我在印度村落待了七個月，回國之後，我看到西方世界不只是有理性思維，也有瘋狂的一面。」

1982年，與史丹佛的學生對談。他問學生：「你們當中有幾個人有性經驗？有幾個人吸食過迷幻藥？」

坐在麗莎電腦旁。他說：「畢卡索曾說：『好的藝術家懂得模仿，偉大的藝術家善於偷取。』因此，竊取偉大的點子沒有什麼好羞恥的。」

1984年，與史考利攝於中央公園。他問史考利：「你願意賣一輩子的糖水，還是希望有機會改變這個世界？」

1982年，攝於蘋果辦公室。有人問他，他曾想過做市調嗎？他說：「我不想。因為我們要做出東西給顧客看，他們才知道自己到底想要什麼。」

1988年，攝於NeXT。擺脫蘋果的束縛，自立門戶之後，他得以充分發揮自己的本能，不管是最好的，或是最壞的。

1997年8月，與拉塞特合影。拉塞特雖然有著一張天使般圓嘟嘟的臉，舉止溫文儒雅，但他追求藝術完美的熱情，和賈伯斯不相上下。

1997年，賈伯斯回蘋果重新掌權，在家中草擬波士頓麥金塔世界大會的演說稿：「我們在瘋狂中看到天才。」

與蓋茲在電話中達成協議：「比爾，謝謝你支持蘋果。因為你的支持，世界將變得更美好。」

1997年蘋果在波士頓舉行的麥金塔世界大會，蓋茲透過衛星連線在巨大的螢幕上出現。賈伯斯說：「我真是笨死了，竟然讓蓋茲以這種方式現身。他讓我看起來好渺小。」

1997年8月，賈伯斯和他的太太蘿琳．鮑威爾攝於帕羅奧圖自家後院。知情達理的她就是他人生的錨。

2004年，攝於帕羅奧圖家中辦公室：「我喜歡站在人文與科技的交會口。」

賈伯斯的生活照

2011 年 8 月，賈伯斯病重，他要我坐在他的床緣，和他一起看他的生活照，挑選幾張結婚和度假的照片放在這本書中。

1991年結婚典禮。賈伯斯的禪學老師乙川弘文為這對璧人福證。乙川禪師拿著一根木棒，把鑼敲響，然後點上一炷馨香，喃喃的唸誦經文。

與父親保羅．賈伯斯合影。保羅一直為這個兒子感到自豪。雖然賈伯斯的妹妹夢娜找到他們生父的下落，賈伯斯卻不肯跟他相認。

與蘿琳和前女友生下的女兒麗莎一起切蛋糕。婚禮在優勝美地舉行，因此蛋糕做成當地地標半圓頂山的形狀。

與蘿琳、麗莎合影。賈伯斯與蘿琳婚後不久，麗莎就搬進來和他們一起住，直到高中畢業。

2003年，賈伯斯和蘿琳帶著三個孩子里德、艾琳和伊芙去義大利拉維羅度假。即使度假，他還是心繫工作。

在帕羅奧圖山腳公園把小女兒伊芙抓起來，讓她倒頭栽。他說：「她就像一把手槍，我沒看過任何一個小孩像她那樣意志堅定。這孩子真的很像我。」

2006年和蘿琳、伊芙、艾琳、麗莎攝於希臘科林斯運河。他說：「對年輕人來說，這個世界根本完全沒變。」

2010年，與艾琳在京都合影。里德和麗莎都曾跟賈伯斯去過日本，艾琳也一直很想去，終於如願以償。

2007年，與兒子里德攝於肯亞。他說：「醫師診斷我得了癌症之時，我和上帝談條件。我說，我真的非常想看到里德從高中畢業。」

再來一張，2004年攝影師沃克為他在帕羅奧圖自宅拍的照片。

財經企管 BCB802

Steve Jobs 唯一授權

賈伯斯傳

|紀念增訂版|

華特·艾薩克森＿著
廖月娟、姜雪影、謝凱蒂＿譯

Steve Jobs by Walter Isaacson

｜作者簡介｜

華特・艾薩克森 / Walter Isaacson

現任國際非營利組織亞斯本研究院（Aspen Institute）執行長暨總裁。該機構聲譽卓著，不僅是美國當代最著名的政策研究與教育機構，在歐洲、亞洲也設有研究分院，透過邀集各界菁英舉辦高峰會、研討會和執行研究計畫等，積極促進國際領導人才交流，並提出政策建言，是美國最具影響力的研究機構之一。

艾薩克森畢業於哈佛大學文學院，之後以羅德學者身分在牛津大學進修，並取得哲學及政經碩士學位。曾任《時代》雜誌執行總編輯、CNN董事長兼執行長，在歐巴馬總統上任後，被指派擔任美國廣播理事會（BBG）主席。

艾薩克森不僅是一位傑出記者，更是備受讚譽的傳記作家，寫作功力一流。著有《愛因斯坦》（*Einstein: His Life and Universe*）、《富蘭克林傳》（*Benjamin Franklin: An American Life*）、《季辛吉傳》（*Kissinger: A Biography*）等暢銷傳記。

| 譯者簡介 |

廖月娟

美國西雅圖華盛頓大學比較文學碩士。曾獲誠品好讀報告2006年度最佳翻譯人、2007年金鼎獎最佳翻譯人獎、2008年吳大猷科普翻譯銀籤獎。翻譯生涯逾二十年，作品百餘冊，期許自己畢生以「科學的熱情與詩之精確」來翻譯。主要作品包括《旁觀者》、《你要如何衡量你的人生？》、《大崩壞》、《目的與獲利》、《規模效應》及希拉蕊・曼特爾系列作品集《狼廳》、《血季》、《鏡與光》三部曲。

姜雪影

資深媒體人，美國明尼蘇達大學新聞碩士，曾任《天下》雜誌資深編輯、時代基金會資深副執行長、IC之音電台總經理兼台長、淡江大學英文系講師。著有《世紀之都：紐約》一書，曾獲金鼎獎、吳舜文新聞獎，並帶領IC之音榮獲多項金鐘獎、文馨獎。近年專事翻譯，譯作包括：《左右決策的迷惑力》、《不理性的力量》、《失控的未來》、《快樂，讓我更成功》、《藍毛衣》等。

謝凱蒂

美國蒙特瑞國際學院口譯暨筆譯研究所碩士，具多年口譯、筆譯工作經驗，譯有暢銷書《讓天賦自由》等。

賈伯斯傳／目錄

1955-1980．天生反骨

1980-1991・大起大落

1991-2004．不同凡想

2004-2011．超越死亡

各界讚譽

這本傳記是必讀之書。

——《紐約時報》（*The New York Times*）

艾薩克森用生花妙筆寫出賈伯斯的精采人生。

——《華爾街日報》（*The Wall Street Journal*）

引人入勝。

——《紐約客》（*The New Yorker*）

本書嚴謹公正的記錄了賈伯斯的一生。

——《紐約書評》（*The New York Review of Books*）

一本不時讓你嘖嘖稱奇的傳記。

——《衛報》（*The Guardian*）

艾薩克森的傳記，既能捕捉一個時代，也寫活了一個人，使他成為最好、也最重要的傳記作家。《賈伯斯傳》是艾薩克森的顛峰之作。

——《外交事務》（*Foreign Affairs*）

作者的筆法坦率、優雅、犀利⋯⋯艾薩克森為我們描繪了一幅極度清晰的畫像⋯⋯《賈伯斯傳》不只是一本好書，也是我們迫切需要的書。

——《時代雜誌》（*Time*）

你可從幾個不同的角度來看《賈伯斯傳》。這是電腦時代最令人興奮的一段歷史。電腦產品首度成為個人裝置，甚至變成時尚之物。這也是一本商業教科書，記載蘋果帝國的興衰和再度稱霸，也描述摧毀友誼和事業的殘酷衝突。這是一個電子產品愛好者之夢，講述麥金塔、iPod、iPhone 和 iPad 誕生的精采內幕。但更重要的是，艾薩克森寫活了一個複雜、奇特的人，他不但迷人，也令人厭惡、喜愛、痴迷和瘋狂。作者描述賈伯斯這樣的人，如何在這個時代推動最偉大的技術創新。

——《華盛頓郵報》（*The Washington Post*）

在這個電腦普及的世界，智慧型手機就像第五肢，音樂是來自網際網路而非唱片行。對這一代的人來說，《賈伯斯傳》是必讀的歷史…… 本書描寫他私生活的篇章，他的個性躍然紙上，他所有的缺點和瘋狂都給我們留下深刻的印象。還有他的幽默感…… 艾薩克森刻劃得非常細緻、生動，讓人得以全面了解我們這一代最偉大的人物。

—— 美聯社（*Associated Press*）

如果你還沒讀過艾薩克森的《賈伯斯傳》，一本鼓舞人心的絕佳好書，趕快讀吧…… 這是經典之作。

—— 史提夫 · 富比士（Steve Forbes），《富比士》雜誌（*Forbes*）

作者仔細研究賈伯斯人生的每一個面向，這本書充滿熱情和興奮。

—— 珍妮 · 馬斯林（Janet Maslin），《紐約時報》（*The New York Times*）

本書讓人無可自拔，不由自主的想要了解賈伯斯那複雜、充滿矛盾的人生。

——《舊金山紀事報》（*San Francisco Chronicle*）

艾薩克森仔細刻劃了一個傑出、多變、複雜的天才…… 艾薩克森掌握了賈伯斯的每一個面向。重量級的傳記，偉大的人物。

——《娛樂週刊》（*Entertainment Weekly*）

一本引人入勝的書，對數位時代現代生活的轉變、和賈伯斯那超凡的天賦和動力都有詳細的描寫。

——《電訊報》（*The Telegraph*）

這本不只是一本精采、詳實的傳記，追蹤賈伯斯的一生，也是數位科技發展史。本書之所以特別生動，因為艾薩克森把這本書寫成典型的奇幻故事：個性有缺陷的英雄、崇高的理想、聖杯與國王之死。

——《書單雜誌》（*Booklist*）

如果你對數位時代發展史和數位文化感興趣，本書是必讀之書。

—— 科技新聞網站 Technorati.com

艾薩克森的《賈伯斯傳》不負眾望，讓讀者看到他內心的掙扎以及如何為人類打造最偉大的電子產品。

—— 獨立書店與出版新聞網站 ShelfAwareness.com

《賈伯斯傳》描繪一個才華出眾的偉大人物⋯⋯ 賈伯斯的一生是個偉大的故事，甚至帶有一點神話色彩，艾薩克森精準抓住這點⋯⋯ 本書節奏明快，細節刻劃入微⋯⋯ 艾薩克森具有敏銳的洞察力和獨創性。

—— 科技網站 Cultof Mac.com

《賈伯斯傳》就像一股新鮮空氣⋯⋯ 作者在這本吸引人的傳記中詳實描述一個重塑電腦產業的人。

—— 消費電子評論網站 CNET.com

作者的描述細緻入微、平衡公正，任何對大企業和流行文化有興趣的人非讀不可⋯⋯ 艾薩克森用吸引人的筆法解釋賈伯斯的天才，啟動無窮的討論。

——《基督教科學箴言報》(*The Christian Science Monitor*)

本書足以證明艾薩克森是最好的傳記作家，他呈現賈伯斯這個人的全貌⋯⋯ 任何人若想了解在短短三十五年內科技領域的急遽變化，都該閱讀本書。

—— 非官方蘋果部落格 TUAW.com

人物表　依英文姓氏字母排列

阿爾・艾爾康（Al Alcorn）：雅達利（Atari）首席工程師，電玩「乓」的設計者，也是雇用賈伯斯的人。

比爾・亞特金森（Bill Atkinson）：蘋果早期員工，麥金塔圖形介面設計者。

吉爾・艾米里歐（Gil Amelio）：1996年成為蘋果執行長，任內買下NeXT 電腦公司，讓賈伯斯以顧問身分重回蘋果。

克莉絲安・布雷能（Chrisann Brennan）：賈伯斯在霍姆史戴德中學結交的女友，後來為他生了個女兒，名叫麗莎。

麗莎・布雷能—賈伯斯（Lisa Brennan-Jobs）：賈伯斯與克莉絲安・布雷能之女，生於1978年，起初賈伯斯拒絕承認這個女孩是他的女兒。

諾蘭・布許聶爾（Nolan Bushnell）：雅達利公司的創辦人，賈伯斯年輕時的榜樣。

比爾・康貝爾（Bill Campbell）：曾任蘋果行銷長，現任蘋果董事會董事。1997年賈伯斯重回蘋果之後，視他為親信。

艾德文・卡特慕爾（Edwin Catmull）：皮克斯的創辦人之一，目前為迪士尼動畫工作室總監。

李・克洛（Lee Clow）：廣告鬼才，為蘋果製作多支經典廣告，包括「1984」、「不同凡想」等，與賈伯斯合作長達三十年。

黛比・柯爾曼（Deborah "Debi" Coleman）：曾任麥金塔團隊經理，後來執掌蘋果製造部門。

提姆・庫克（Tim Cook）：個性沉穩，精通電腦產品供應鏈和物流，本來在康柏任職，1998年被賈伯斯挖來蘋果。2007年升為蘋果營運長，近幾年在賈伯斯請病假期間，代理執行長。2011年8月，賈伯斯辭去執行長一職，由庫克接任。

艾迪・庫依（Eddy Cue）：蘋果網路服務部門主管，一手打造iTunes Store，負責跟提供數位內容的公司洽談。

安迪・康寧漢（Andrea "Andy" Cunningham）：麥肯納集團的公關人員，在蘋果早期與賈伯斯合作推動麥金塔上市計畫。

邁可・艾斯納（Michael Eisner）：迪士尼總裁，1991年與皮克斯簽下合作合約，然而2004年皮克斯與迪士尼的合作關係結束，賈伯斯與艾斯納談判破裂、未再續約。2005年迪士尼新任執行長伊格上任，才又積極與賈伯斯修補關係，並以股份交換方式收購皮克斯。

賴瑞・艾利森（Larry Ellison）：甲骨文執行長，與賈伯斯私交甚篤。

東尼・費德爾（Tony Fadell）：典型的網路叛客，在2001年進入蘋果iPod 部門，成為iPod硬體研發團隊的主管。

史考特・佛斯托爾（Scott Forstall）：蘋果行動裝置軟體部門主管。

羅柏・傅萊蘭德（Robert Friedland）：里德學院學生，曾利用蘋果園創立一個名為「大同農場」的公社，喜歡研究東方性靈和宗教，能言善道，有領導人的魅力，對賈伯斯的個性頗有影響，後來成為一家礦業公司主管。

尚路易・葛賽（Jean-Louis Gassée）：蘋果在法國分公司的經理，1985年賈伯斯遭罷黜後，由他執掌麥金塔部門。

比爾・蓋茲（Bill Gates）：另一位生於1955年的電腦奇才。

安迪・何茲菲德（Andy Hertzfeld）：軟體工程師，個性隨和，愛開玩笑，是1980年代早期在蘋果和賈伯斯一起為麥金塔打拚的夥伴。

裘安娜・霍夫曼（Joanna Hoffman）：麥金塔團隊元老，蘋果在1980年代初期的市場總監，完成麥金塔的營運計畫，是賈伯斯的死忠支持者。

伊莉莎白・霍爾姆斯（Elizabeth Holmes）：賈伯斯的老同學卡特基就讀里德學院時的女友，蘋果創業初期員工。

羅德·霍特（Rod Holt）：菸癮很大的馬克斯主義者，很早就被賈伯斯相中，延攬為蘋果硬體工程師，為蘋果二號開發電源供應器。

羅柏·伊格（Robert Iger）：2005年艾斯納退休，由他擔任迪士尼執行長，積極與賈伯斯及皮克斯合作。

強納森·艾夫（Jonathan "Jony" Ive）：蘋果設計大將，賈伯斯的事業夥伴和至交。

阿巴杜爾法塔·約翰·江達里（Abdulfattah "John" Jandali）：敘利亞人，在威斯康辛大學就讀研究所時，與裘安·辛普森結識，是賈伯斯的生父。後來在雷諾附近的榮城賭場（Boomtown casino）食品飲料部擔任經理。

克蕾拉·哈戈皮恩·賈伯斯（Clara Hagopian Jobs）：亞美尼亞移民之女，1946年與保羅·賈伯斯結婚，1955年領養甫出生的史帝夫·賈伯斯。

艾琳·賈伯斯（Erin Jobs）：史帝夫·賈伯斯與妻子蘿琳·鮑威爾生下的第二個孩子（長女），個性沉靜、嚴肅。

伊芙·賈伯斯（Eve Jobs）：史帝夫·賈伯斯與妻子蘿琳·鮑威爾生下的第二個女兒（次女），活潑好動，充滿活力。

佩蒂·賈伯斯（Patty Jobs）：保羅·賈伯斯與克蕾拉在收養史帝夫兩年後所收養的女兒。

保羅·賈伯斯（Paul Reinhold Jobs）：出生於威斯康辛州，曾在海岸防衛隊服役，1955年與妻子克蕾拉收養史帝夫。

里德·賈伯斯（Reed Jobs）：史帝夫·賈伯斯與妻子蘿琳·鮑威爾生下的長子，遺傳了父親英俊的相貌和母親溫柔的個性。

隆·強森（Ron Johnson）：2000年賈伯斯把他帶進蘋果，由他負責蘋果專賣店的營運。

傑弗瑞·卡森伯格（Jeffrey Katzenberg）：前迪士尼電影部門主管，後來與迪士尼總裁艾斯納交惡，1994年離開迪士尼，創立夢工場。

丹尼爾・卡特基（Daniel Kottke）：賈伯斯在里德學院的至交，曾一同踏上印度朝聖之旅，蘋果草創時期員工。

約翰・拉塞特（John Lasseter）：與卡特慕爾共同創立皮克斯，也是皮克斯動畫電影的創意源頭。

丹尼爾・魯文（Dan'l Lewin）：1980年被賈伯斯招攬到蘋果，負責麥金塔的大專院校採購業務，後來也跟著賈伯斯去了NeXT。

邁克・馬庫拉（Mike Markkula）：蘋果電腦的第一個金主，曾任蘋果董事長，對賈伯斯而言，這位長輩就像父親一樣照顧他。

瑞吉斯・麥肯納（Regis McKenna）：公關天才，從賈伯斯創業之初就一直帶領他，賈伯斯奉他為明師。

邁克・穆瑞（Mike Murray）：麥金塔早期行銷部主管。

保羅・歐德寧（Paul Otellini）：2005年出任英特爾執行長，曾協助蘋果完成麥金塔電腦全面換裝英特爾晶片，但他沒拿到iPhone的合作合約。

乙川弘文（Kobun Chino Otogawa）：日本曹洞宗禪師，在加州弘法，賈伯斯的精神導師。

蘿琳・鮑威爾（Laurene Powell）：賓州大學畢業生，聰慧、有幽默感，曾在高盛服務，後來進入史丹佛大學攻讀MBA，1991年與賈伯斯結婚。

亞瑟・洛克（Arthur Rock）：科技創投界的傳奇人物，早期即進入蘋果董事會，對賈伯斯照顧有加。

強納森・盧比・盧賓斯坦（Jonathan "Ruby" Rubinstein）：賈伯斯在NeXT的工作夥伴，1997年成為蘋果首席硬體工程師，後來擔任硬體部門主管。

邁克・史考特（Mike Scott）：1977年由馬庫拉帶進蘋果，擔任總裁，以借重他在管理上的專才。

約翰・史考利（John Sculley）：前百事可樂總裁，1983年由賈伯斯請來擔任蘋果執行長，最後因權力鬥爭，與賈伯斯決裂，並在1985年把賈伯斯趕出蘋果。

裘安・許爾博・江達里・辛普森（Joanne Schieble Jandali Simpson）：生於威斯康辛，是史帝夫・賈伯斯的生母，但生下史帝夫之後，即把他送養，後來獨自扶養女兒夢娜・辛普森。

夢娜・辛普森（Mona Simpson）：賈伯斯的親妹妹，直到1986年兩兄妹才相認，二人始終有很深的手足之情。她曾寫了幾本自傳色彩濃厚的小說，包括寫她母親裘安的《遠走高飛》（*Anywhere But Here*）、以賈伯斯與麗莎這對父女關係為主軸的《凡夫俗子》（*A Regular Guy*），還有描述她生父江達里的《消失的父親》（*The Lost Father*）。

艾維・雷・史密思（Alvy Ray Smith）：皮克斯的共同創辦人，後來與賈伯斯交惡。

柏瑞爾・史密斯（Burrell Smith）：麥金塔團隊的元老級員工、天才工程師，精神狀態不佳，1990年代飽受精神分裂症的折磨。

艾維・郜凡尼恩（Avadis "Avie" Tevanian）：曾與賈伯斯與盧賓斯坦在NeXT共事，1997年成為蘋果首席軟體工程師，後來主掌軟體工程部門。

詹姆斯・文森（James Vincent）：愛好音樂的英國人，曾在蘋果廣告部門與李・克洛和米爾納（Duncan Milner）一起合作。

隆・韋恩（Ron Wayne）：賈伯斯在雅達利的同事，後來加入賈伯斯與沃茲尼克創立的蘋果電腦公司，可惜他沒有先見之明，在蘋果創立不到兩個月，就決定退出，以2,300美元，把他手中的股權全部賣掉。

史帝夫・沃茲尼克（Stephen "Steve" Wozniak）：霍姆史戴德中學的電子天才，能用最少的晶片設計出最棒的電路板。而賈伯斯不但是沃茲尼克的伯樂，更有一流的商業頭腦，知道如何把沃茲尼克設計的作品包裝好，到市面上販售。

「只有那些瘋狂到以為自己可以改變世界的人，
才能改變這個世界。」

——1997年，蘋果「不同凡想」廣告

“The people who are crazy enough to think they can change the world are the ones who do.”

——Apple’s “Think Different” commercial, 1997

前言

本書由來

2004 年初夏，史帝夫・賈伯斯打電話給我。我們已是認識多年的老朋友，他對我大抵還算友善，有時則特別熱絡，特別是在他即將推出新產品，希望登上《時代》雜誌封面或接受 CNN 專訪的時候。但這回他打電話給我時，我剛加入亞斯本研究院（Aspen Institute），已經離開媒體界，也很久沒有他的消息。我們在電話中聊了一下我的新工作，我請他到我們在科羅拉多的夏季研習營演講。他說，他很樂意到科羅拉多，但他不想上台演講，只想跟我一起散散步，好好聊聊。

我覺得這似乎有點怪，當時我還不知道他喜歡散步，如果有重要的事要談，常和人邊走邊談。原來，他希望我為他寫傳記。不久以前，我才出版富蘭克林的傳記，正在為愛因斯坦寫傳。我的本能反應是：他是不是認為繼愛因斯坦之後，該輪到他了？當然，這個念頭有點開玩笑的意味。他的人生歷經多次大起大落，將來會如何還很難說，因此我不敢一口答應。我說，時機未到，或許再等一、二十年，你退休之後再說吧。

我早在 1984 年就認識賈伯斯。我還記得有一天他來到曼哈頓的時代生活大樓，和編輯共進午餐，宣揚他新推出的麥金塔電腦。那時我們就知道他脾氣不好，他曾為了《時代》雜誌某個記者在報導中揭露他不欲人知的舊事，而出手傷人。但我後來跟他一聊，發現自己被他的口才深深吸引。

這麼些年來，賈伯斯說起話來的認真與專注態度，著實打動不少人。我們一直保持連絡，即使在他被逐出蘋果之後，我們還有來往。每次他有新產品要推出時，像 NeXT 電腦或皮克斯（Pixar）的電影，他就會來找我。他常帶我去曼哈頓下城一家壽司店用餐，講起他的產品，渾身散發出光和熱，眉飛色舞的說這是他登峰造極之作。我喜歡這個人。

賈伯斯重新登上蘋果的王座時，我們讓他上了《時代》的封面。那時，我們正在做本世紀最有影響力的人物系列報導，他也給了我一些點子。蘋果為了傳達它的企業核心文化，也在此時推出「Think Different」（不同凡想）廣告，採用了許多特立獨行、改變世界的名人圖像，其中有幾位也正在我們的考慮之列。他發現這種評估（即評估一個人在歷史上的地位及影響力）非常有趣。

繼富蘭克林、愛因斯坦之後

在我婉拒為他寫傳之後，不時仍跟他連絡。有一次，我寫電郵給他。我說，我女兒告訴我，蘋果商標是為了紀念計算機科學之父涂林（Alan Turing），不知道對不對？涂林曾協助英國軍方破解希特勒陣營的密碼系統，然而最後吃下自己塗上氰化物的蘋果，一代英才就此離開人世，那咬了一口的蘋果於是成為蘋果公司的商標。賈伯斯回覆說，他希望當初蘋果的商標是這麼來的，可惜不是。

我們多次書信往返，討論蘋果的早期歷史。此時，我已經蒐集了一些相關資料，心想日後說不定會為賈伯斯寫傳。之後，我為那本愛因斯坦傳記出席新書巡迴發表會。在帕羅奧圖（Palo Alto）那場，他也來了。他私下對我說，請我再考慮寫傳的事，他的人生故事應該是不錯的寫作題材。

他的堅持教我疑惑。人人都知道賈伯斯不遺餘力捍衛隱私，而且我不知道他是否看過我寫的任何一本傳記。我還是不敢立刻答應，只說或許再等等。然而到了 2009 年，我接到他太太蘿琳．鮑威爾打來的電話。她直截了當說：「如果你還想為史帝夫寫傳，最好趕快動筆。」這是他第二次因病向公司請長假。我坦言他早在 2004 年得知自己罹患胰臟癌的時候就曾主動邀我寫傳，但我當時對他罹癌的事一無所知。蘿琳解釋說，他們盡量保密，因此當時根本沒幾個人知道。他是在動手術的前夕打電話給我的。

聽蘿琳這麼一說，我下定決心為賈伯斯寫傳。沒想到賈伯斯很爽快的說，我想怎麼寫就怎麼寫，出版前他完全不看也可以。總之，我有絕對的自主權。他說：「這是你的書，我可以等出版後再看。」但那年秋天，他似乎有了新的想法，提議兩人合作。我當時並不知道，他再度受到癌症併發症的襲擊。後來，我打電話給他，他都沒接，也沒回我電話，我只得把這個寫作計畫擱在一旁。

但是在 2009 年跨年夜那天下午，他突然打電話給我。他是從帕羅奧圖的住家打來的。他太太帶三個孩子去滑雪，他身體不大舒服，不能出遊，因此留在家裡，只有作家妹妹夢娜．辛普森陪伴他。他想起很多往事，談興很濃，我們聊了一個多小時。他從十二歲那年想做一具計頻器說起，提到他從電話簿找到惠普創辦人惠立（Bill Hewlett）的電話號碼，就直接打電話給他，向他要零件。他還說，自從他回到蘋果重新掌權，這十二年來是他創造新產品的高峰期，但他還有更重要的目標，也就是效法惠普的惠立和普克（David Packard），締造一家創新動力無限的公司，進而超越惠普。

他說：「我一直認為，自己是個偏向人文的孩子，但我也喜歡電子的東西。後來，我讀到寶麗來（Polaroid）創辦人蘭德（Edwin Land）曾說過，一個人能站在人文和科學的交會口，兼容貫通，才是真正的人才。在那當下，我決定要當這樣的人。」他似乎在暗示我，這可以做為傳記主題（至少是不錯的主題）。

的確，我先前為富蘭克林和愛因斯坦作傳，這兩個人最吸引我的，就是他們不但擁有驚人的創造力，更能擁抱人文和科學，加上特立獨行、堅毅不拔的性格，我相信這就是二十一世紀創新經濟之鑰。

寫出最真實的賈伯斯

我問賈伯斯，為什麼他要找我寫傳。他答道：「我覺得你有讓人開口的本事。」我倒是沒想到他會這麼說。我知道我得去採訪幾十個曾被他炒魷魚、凌辱、激怒，以及被他拋棄的人，讓這些人開口提起當年和他衝突的往事，我擔心他會覺得不舒服。結果，我去採訪他的宿敵，話傳到他耳裡，他的確不大高興。但過了一、兩個月，他的態度有了轉變，甚至鼓勵他的對手或前女友跟我談談。他也不曾設限，「儘管我做了許多不甚光彩的事，像是在我二十三歲時讓女友懷孕，而且這段關係處理得一團糟，但我還是沒有什麼不可告人的。」

在寫傳期間，我與他本人深談過四十多次。有時，他在帕羅奧圖家中的客廳接受我的採訪，有時則是我和他一起散步，邊走邊談。我們也在一同坐車的時候談，或是在電話中談。在這長達兩年多的訪談中，我們變得愈來愈親近，他也更無所不談。雖然他在蘋果的老同事曾批評他有如置身「現實扭曲力場」，自以為是，對一些問題視而不見，我也曾親眼目睹這樣的情況，但我認為這可能是他腦中的記憶細胞失靈（只要是人，絕對無法擁有完美無缺的記憶），或者他自己認知的現實就是如此，跟我說的也是同一個版本。為了查證他說的每一個細節，我訪問了他的朋友、親戚、競爭對手、仇人和同事，總數超過一百個人。

賈伯斯的太太蘿琳雖是促成這個寫作計畫的人，但她不曾給我任何限制，也不要求在出版前審閱文稿。她反而鼓勵我寫出最真實的賈伯斯，不只是寫他的過人之處和飛黃騰達，更要寫出他自成功顛峰重重摔下的經過和他的缺點。我一生算是閱歷無數，但不曾見過像她這樣冰雪聰明而又務實的人。她一開始就告訴我：「他的人生和個性有些部分很糟，這是事實，你沒有必要為他粉飾。有些地方他雖然不夠坦白，但他的確是值得你寫的人。我希望你寫出毫無虛假、最真實的他。」

我是否已達成這個任務，就讓各位讀者來評斷吧。我相信在這齣戲中，有些人物的記憶和我寫的劇情有所出入，或許有時我也困在賈伯斯的「現實扭曲力場」。就像我過去為季辛吉作傳，儘管我盡全力做了準備和查證，有些人因為對傳主的愛憎過於強烈，因此產生明顯的「羅生門效應」—— 這本賈伯斯傳也不例外。我已設法在互相衝突的陳述中，取得一個最好的平衡，並清楚交代所有的引用來源。

關於夢想與創新的故事

本書描述的是一個創造力旺盛的企業家，雲霄飛車般驚險刺激的一生。他那執著的個性、追求完美的熱情和狂猛的驅力，推動了六大產業的革命，包括個人電腦、動畫、音樂、手機、平板電腦和數位出版。或許你還可以加上第七個，也就是零售店。雖然我們不能說賈伯斯已促成零售業的革命，但他確實為未來的零售業畫好藍圖。此外，為了讓 app 應用程式與智慧型手機結合，他還開拓應用程式的新市場，讓消費者不一定要透過電腦網站才能下載應用程式。這一路走來，他不只讓產品脫胎換骨，更創造出一家屹立不搖的公司。這家公司就像他的孩子，有他的 DNA，裡頭有無數創造力驚人的設計師和大膽的工程師，把他的遠見化為實品。

我希望本書所述不只是賈伯斯的故事，也是一本講創新的書。在這個數位時代，美國努力走在創新的最前頭，世界其他國家也汲汲於建立創新經濟，但就獨創、想像和創新，賈伯斯無疑是標竿人物。他深知要在二十一世紀創造出有價值的東西，必然要讓創造力和科技結合，因此他打造的公司，不但要具有跳躍的想像力，更要呈現鬼斧神工般的科技工藝。他和蘋果的同事就是能夠力行不同「凡想」的一群人：他們不只精益求精，也非僅只依照焦點團體（focus group）的意見推出改良的產品，他們精心設計、生產全新的產品或服務，就算消費者原本沒想到自己需要這種產品，一看到也會大為驚豔。

賈伯斯不是個模範老闆，更不是一個包裝精巧的人。他那旺盛的企圖心就像一把火，不但鞭策自我，也讓周遭的人退避三舍。但他的個性和熱情已和他的產品密不可分，就像蘋果的硬體和軟體已結合成一個整體。我們不但可從他的人生故事得到啟發，也可學到一些教訓。但就創新、人格特質、領導力和價值觀而言，他絕對是最好的學習教材。

莎士比亞在《亨利五世》一劇描述原本任性、幼稚的哈爾王子如何痛改前非，努力成為治國明君。這位王子既熱情又敏感，有時無情但又多愁善感，善於激勵人心，卻也不乏瑕疵。他在開場白即嘆道：「啊，光芒萬丈的繆思女神，你登上燦爛奪目的創新天堂。」說來，哈爾王子只要成就不遜於他的父王就行了。但是對賈伯斯而言，在這登上創新天堂之路上，他的起點比較複雜：他有兩位父親、兩位母親，而他成長的谷地，才剛發現如何把矽變成黃金。

01

童年

幸運的孤雛

1972年，賈伯斯在霍姆史戴德中學的畢業照。

1956年，賈伯斯與父親保羅。

賈伯斯與好友鮑姆。

賈伯斯小時候居住的家。

二次大戰結束後，保羅．賈伯斯從海岸防衛隊退伍。他們搭乘的梅格斯號運輸艦在舊金山靠岸，就在大夥兒即將解散之際，他和同袍打了個賭。保羅說，他保證可在兩星期內，找到一個女人跟她結婚。保羅是引擎技師，肌肉結實，身高 182 公分，長了一張明星臉，容貌酷似詹姆斯狄恩。

但是克蕾拉．哈戈皮恩跟他約會，不是因為他長得英俊，而是因為保羅和他那一票朋友是有車階級。克蕾拉是個甜姊兒，父母是亞美尼亞移民，之前約她出去的那些男人，沒人有車。十天後，也就是在 1946 年 3 月，保羅擄獲克蕾拉的芳心，兩人決定訂婚，保羅贏得賭注。他們的婚姻幸福美滿，鶼鰈情深，直到四十年後才被死神拆散。

保羅在威斯康辛州日耳曼鎮的一個酪農場長大。父親是個酒鬼，有時還會打人。雖然保羅外表看來粗獷，其實個性溫和沉靜。由於他不是會念書的料，高中退學後，就在中西部一帶的汽車修理廠當黑手。儘管不會游泳，還是在十九歲那年志願入伍，加入海岸防衛隊。保羅在梅格斯號運輸艦服役期間，該艦的任務主要是為巴頓將軍把士兵送到義大利。保羅對機械和鍋爐的修護很有一套，常得到長官或同袍稱讚，但偶爾會惹麻煩，因此一直無法晉升到上等兵。

克蕾拉生於紐澤西。她的父母為了逃離土耳其人的屠殺而離開亞美尼亞，移民美國。在克蕾拉還小的時候，他們又從紐澤西搬到舊金山的教會區。克蕾拉有個祕密幾乎不曾跟任何人說：在與保羅交往之前，她已經結過婚，因丈夫戰死而成為寡婦。她與保羅初次約會之時，已打算拋開過去的陰影，展開人生新頁。

戰時，大多數人不免活在動盪、恐懼之下。保羅與克蕾拉也不例外。戰爭結束，這對新婚夫妻只希望找個地方安穩過日子，建立幸福家庭。剛結婚那幾年，因為沒錢，只好回到保羅在威斯康辛的老家，與他父母同住。後來保羅找到工作，決定帶妻子遷居印第安納州，到國際農業機具公司擔任機械技工。由於保羅對修理舊車很有興趣，餘暇就去收購舊車，修理好了再賣出去。因為這個副業做得有聲有色，他索性辭去國際農業機具公司的工作，專門銷售二手車。

然而，克蕾拉對舊金山念念不忘。1952年，她說服保羅搬去那裡。他們在面對太平洋、金門公園南邊的日落區，找到一間公寓房子。保羅在當地一家財務管理公司擔任「車輛回收人員」；如果車主付不出車貸，像保羅這樣的專業討債人士，就會過來把車鎖打開，把車給開走。保羅也靠修理、買賣二手車，賺了不少錢。

不過，他們的婚姻生活仍有一個缺憾。他們想要孩子。但克蕾拉曾經子宮外孕，即受精卵著床的位置不在子宮而在輸卵管，由於手術必須切除輸卵管，她從此不能懷孕。

到了1955年，也就是保羅與克蕾拉結婚九年後，他們決定領養孩子。

由藍領家庭領養

裘安．許爾博和保羅．賈伯斯一樣，都是從小在威斯康辛鄉間長大的德國移民，她父親亞瑟．許爾博自德國移民至綠灣郊區。許爾博家不但有一座養貂場，還兼營許多副業，如不動產仲介和照相製版，對家中經濟來說，不無小補。亞瑟是個嚴父，尤其關心女兒的交友狀況。裘安初戀的對象是個藝術家，而且不是天主教徒，她父親極力反對他們交往。裘安在威斯康辛大學研究所就讀時，愛上一位敘利亞來的助教。他叫阿巴杜爾法塔．約翰．江達里，是個穆斯林。這回裘安的父親當然氣瘋了，要求她和這個中東男人分手，否則就斷絕父女關係。

阿巴杜爾法塔出身敘利亞望族，他們家有九個孩子，他是老么。他父親擁有好幾座煉油廠，也做其他生意，是個商業大亨，甚至能操控當地小麥價格，在大馬士革和哈馬城也有不少土地。江達里家和許爾博家一樣，非常重視子女教育，有好幾代的家族成員曾到土耳其的伊斯坦堡大學或索邦巴黎第一大學留學。儘管阿巴杜爾法塔是穆斯林，他父親還是送他到耶穌會寄宿學校就讀。他在貝魯特的美國大學取得學士學位之後，即前往威斯康辛大學研究所深造，在政治研究所擔任助教。

1954 年暑假，阿巴杜爾法塔要回敘利亞，裘安也跟他一起去，在哈馬城待了兩個月，裘安請他的家人教她做敘利亞菜。秋天，兩人回到威斯康辛，裘安發現自己懷孕了。由於他們才二十三歲，並不打算結婚。那時，裘安的父親因重病恐怕將不久於人世，他威脅說，要是裘安決心嫁給那個敘利亞人，他寧可不要這個女兒。許爾博一家住在一個很小的天主教社區，要墮胎談何容易。1955 年初，大腹便便的裘安只好獨自前往舊金山，住進一個好心婦產科醫師成立的未婚媽媽之家。那位醫師不但為她接生，也為她的寶寶找尋領養家庭。

裘安同意寶寶出養，但她有個條件：孩子的養父母教育程度必須是大學以上。預定領養的是一位律師和他太太。但在 1955 年 2 月 24 日，裘安的寶寶出生那天，那對準養父母發現裘安生下的是男孩，而不是他們想要的女孩，因此打退堂鼓。裘安的兒子於是沒能成為律師之子，只得暫時由一個藍領家庭收養，養父是個熱愛機械的高中中輟生，養母則是個老實可靠的女人，在一家公司擔任會計。這對夫妻 —— 保羅與克蕾拉，為他們領養的男嬰取名為史帝夫・保羅・賈伯斯。

裘安堅持寶寶的養父母一定要有大學文憑。當她發現兒子竟然被送到一個工人家庭，對方甚至連高中都沒畢業，她拒絕簽署出養同意書。雙方就這樣僵持了好幾個星期。儘管賈伯斯夫婦對史帝夫視如己出，對這個新生兒照顧得無微不至，裘安還是一樣堅持。最後，裘安說，賈伯斯夫婦要是能為這孩子在銀行開立一個戶頭，為他儲存大學教育基金，她才願意讓步。

其實，裘安遲遲不願退讓，還有一個原因。由於她父親來日不多，她計劃在父親死後與阿巴杜爾法塔成婚。她一直懷抱這個希望：一旦他們結婚，就可以把寶寶要回來。孩子的事，日後再跟親友說就行了。只要結婚，就可正大光明扶養自己的孩子，至於先有後婚這事就沒必要明說了。

結果，人算不如天算。裘安的父親於 1955 年 8 月歸西，而就在幾星期前，賈伯斯夫婦已完成領養史帝夫的手續。同年耶誕節過後，裘安與阿巴杜爾法塔終於在威斯康辛綠灣的聖菲利普使徒天主教堂，結為連理。翌年，阿巴杜爾法塔取得國際政治學博士學位，裘安也懷了另一個小生命，生下的女孩叫夢娜。1962 年，裘安和阿巴杜爾法塔仳離，之後裘安一直追求如夢幻般逍遙自在的生活。

裘安的女兒長大成人之後，成為知名小說家，也就是夢娜・辛普森。電影「遠走高飛」（*Anywhere But Here*）* 就是根據她的原

---

* 譯注：此片由王穎導演，蘇珊莎蘭登飾演媽媽，娜塔莉波曼則演追求獨立的女兒，即夢娜・辛普森本人的翻版。台譯片名為「管到太平洋」。

著小說拍攝而成。小說中那個既浪漫又囉嗦的老媽，正是裘安的寫照。由於史帝夫是祕密領養的，任何文件（包括出生證明）皆無生父之名，二十年後，史帝夫與夢娜這對兄妹才得以相認。

史帝夫．賈伯斯很小就知道他是被領養的。他回憶說：「關於這件事，我父母從來就沒有隱瞞我。」他記得很清楚，在他六、七歲的時候，有一天他和住在對面的小女孩坐在他家前面的草坪上，他對那女孩說了自己是被領養的。那女孩問：「所以說，你真正的爸爸媽媽不要你了？」賈伯斯說：「那一刻，我真有五雷轟頂的感覺。我還記得自己哭著跑進家門。我父母很認真、嚴肅的看著我的眼睛，一字一字慢慢的說，而且重複了好幾遍：『不是這樣的，你要了解：你是我們特別挑選的心肝寶貝。』」

「遭遺棄」、「被挑選」、「與眾不同」這幾個概念，已成為賈伯斯人格的重要元素，也影響到他觀看自我的角度。他最親近的友人認為，得知他甫出生就被親生父母拋棄，還是不免在他內心留下傷疤。他的老同事尤肯（Del Yocam）說：「賈伯斯不管做什麼，都希望自己能完全掌控，這種控制欲正源自他的個性，這和他一出生就遭遺棄有關。」

在賈伯斯輟學後與他成為摯友的卡爾霍恩（Greg Calhoun）則看到另一面：「史帝夫跟我說了很多心事，尤其是他被親生父母拋棄的痛苦。但他也因此變得獨立。他明明生於書香之家，卻遭到拋棄，不得不活在另一個世界，在工人家庭長大成人，也因此走上不同的人生之路。」

巧的是，賈伯斯長大之後，和他親生父親一樣，在二十三歲讓女友懷孕、生了個女兒，然後又遺棄她（但他最後還是負起照顧她的責任）。為他生下女兒的克莉絲安・布雷能說道：出養這件事使他的心「就像一堆碎玻璃」。為什麼他也做出這樣的事？克莉絲安解釋說：「凡被拋棄者，總有一天也會拋棄別人。」

賈伯斯和克莉絲安共同的好友寥寥無幾，1980 年代早期在蘋果電腦和賈伯斯一起打拚的安迪・何茲菲德，就是其中之一。他說：「為什麼賈伯斯有時會失控，動不動就對人爆粗口、傷人，這個缺點可追溯到他一出生就給拋棄的遭遇。這個被拋棄的主題，在賈伯斯的人生縈繞不去，也是他真正最深沉的問題。」

賈伯斯則對這種說法嗤之以鼻。「有人認為我會這麼拚命工作，以求出人頭地，是想扳回一城，讓拋棄我的父母後悔，想把我找回去。這類的說法其實是胡扯。」他又強調說：「我或許因為知道自己是被領養的，感覺變得更獨立。說實在的，我不但不曾覺得我是沒人要的孩子，反而覺得自己與眾不同、十分受寵。我父母讓我覺得我是最特別的孩子。」如果有人提到保羅和克蕾拉是他的「養父母」，或意指他不是他們「親生的」，賈伯斯絕不善罷干休。他甚至說：「他們百分之一千是我的父母。」反之，他這麼形容生身父母：「他們只是提供精子和卵子，讓我得以出生在人世。這麼說並不過分，而是事實。在我看來，我的生父就像精子銀行的捐精者。」

奠基於童年的理念

從很多層面來看，童年時代的史帝夫，無異於 1950 年代末典型中產階級家庭的孩子。史帝夫兩歲時，保羅和克蕾拉又領養了一個女孩，取名為佩蒂。三年後，保羅服務的財務管理公司美聯信（CIT）把他調到帕羅奧圖的分公司，但那裡房價高不可攀，賈伯斯一家四口只得搬遷到南郊的山景城。他們住的那條街，每棟房子都一模一樣，房價也便宜多了。

保羅希望自己對機械和汽車的熱愛能傳給兒子史帝夫，他在車庫的工作桌劃出一塊區域，對兒子說：「史帝夫，從現在起，這裡就是你專用的工作檯。」保羅對工藝的專注，已在小史帝夫心裡留下無可磨滅的烙印。賈伯斯說：「我父親什麼都會做。我認為他是天生的設計家。如果我們需要一個櫥櫃，他就自己動手做一個。我們家的柵欄也是他做的，他還給我一支小鐵槌，讓我跟他一起做。」

五十年後的今天，賈伯斯當年和父親一起釘的柵欄還在，圍繞著老家的側邊和後院。賈伯斯帶我去看，一邊撫摸木樁，一邊述說往事。他依然記得父親那時教他的一課：儘管櫥櫃和柵欄的背面沒有人看得到，也要講究作工，不能隨便。這一課從那時起已深植在他內心。「我父親希望把每件事做得盡善盡美，連沒有人看得到的細節，他也不放過。」

保羅繼續整修舊車，使之煥然一新，然後賣掉。他在車庫牆上貼了些汽車圖片，每一種車型都是他的最愛。他指給兒子看，和他一起欣賞車子的線條、出風口、鍍鉻部分和座椅的精美。每天下班後，保羅就換上工作服，一頭鑽進車庫，史帝夫常常當他的小跟班。保羅日後回憶說：「我想，他這樣跟著我，或多或少應該能培養出一點機械技能，但看來他真的對當黑手沒興趣，他對機械一點熱情都沒有。」

賈伯斯從來就不覺得，引擎蓋底下有任何吸引他的東西。「我對修理汽車興趣缺缺，只想跟在我爸後頭晃來晃去。」儘管他知道自己是被領養的，他對保羅的愛有增無減。有一天，差不多是八歲那年，他發現了一張保羅在海岸防衛隊服役的老照片。「他在輪機室，脫掉襯衫，看起來就像詹姆斯狄恩。對一個小孩來說，這真是不得了的發現，心裡不禁驚嘆：哇！我老爸也曾經年輕過，還是個大帥哥呢！」

然而因為汽車，賈伯斯第一次接觸到電子器材，他說：「我父親對電子的東西了解不深，但汽車裡有不少電子零件，他也會修理。他會解釋這些電子零件的基本原理給我聽，我總是聽得入迷。」每個週末，總有人在自家庭院或車庫出清雜物，他也常跟隨父親去挖寶，找尋可用的電子零組件，如發電機、化油器等。他站在一旁看父親殺價。「由於他比賣家更了解這些零組件的價格，殺起價來毫不手軟。」他父母就是如此精打細算，才能達成裘安立下的領養條件。「我爸會以 50 美元買下一台不能跑的福特獵鷹或其他破車，花幾個星期整修好，再用 250 美元賣出。這樣的外快當然不會告訴國稅局。」

賈伯斯的家就在戴亞伯羅街（Diablo Ave.）286 號。那一帶的房子都是房地產開發商艾克勒（Joseph Eichler）* 所蓋的。從 1950 年到 1974 年，在這段期間艾克勒的公司在加州大約蓋了 11,000 棟房子。艾克勒因受到建築大師萊特（Frank Lloyd Wright）的啟發，希望設計出風格簡約、價格平實的現代房屋，給一般的美國家庭居住。

艾克勒建造的房子特色為落地玻璃牆面、寬闊的地板、露出樑柱、水泥板，還有很多玻璃拉門。我們在賈伯斯老家一帶散步時，賈伯斯說：「艾克勒真是了不起。他蓋的房子不但簡單俐落、價格平實，而且耐用。他讓收入不高的人也能享受明淨、簡

* 譯注：艾克勒是二十世紀中期美國最重要的房地產開發商，他所引進的現代風格對美國住宅和大型辦公大樓的設計影響深遠。

約的生活風格。有些設計雖然不起眼，還是教人佩服，例如在地板下方加裝電暖器。我們小時候總喜歡坐在地板的地毯上，非常暖和、舒服。」

賈伯斯說，他對艾克勒的欣賞也使他燃起一股熱情，希望為一般大眾設計製造一流的產品。他一邊細數艾克勒乾淨優雅的風格，一邊說道：「能推出設計巧妙、容易上手、價格親民的產品，那種感覺真的很棒。蘋果電腦設計的理念正源於此，我們研發第一代麥金塔也是朝向這個目標，後來推出的 iPod 也是。」

住在賈伯斯家對面的，是一個房地產經紀人。賈伯斯回憶道：「那個人並非絕頂聰明，但似乎賺了很多錢。我爸想：『如果他可以，那我也做得到。』還記得我爸當時真是卯足了勁，晚上去補習，通過房地產經紀人證照考試，最後終於踏入這個行業。不料，房市卻在這時跌到谷底。」結果，有一年左右，賈伯斯家陷入經濟困窘的泥淖。那時，賈伯斯已經上小學。他母親於是到專門製造科學設備的維瑞安公司（Varian Associates）當會計，他們家也去申請二胎房貸。

賈伯斯四年級的時候，有一天老師問他：「你對這個宇宙，有什麼不了解的地方嗎？」他答道：「我不了解為什麼我爸會突然變成窮光蛋。」儘管如此，他還是以父親為傲，因為他父親不會為了成交生意而花言巧語，或是低聲下氣的巴結客戶。「你得當個馬屁精，生意才會好。但我父親不是那種人，他也不屑這麼做。我一直很佩服他這點。」最後保羅放棄不動產經紀人的事業，回頭做他的老本行，也就是修理汽車。

賈伯斯曾經讚美他父親的平靜、溫和，這是他這個做兒子的所不及的。儘管如此，該挺身而出時，他父親絕不怯懦：

我們隔壁鄰居是在西屋公司研究太陽能電池的工程師，他是嬉皮，有個同居女友。他女友有時當我的保母。如果放學回家，家裡沒人，我就到那個鄰居家幾個小時，等我父母下班。那個工程師曾經喝醉、發酒瘋，打過她兩、三次。有天晚上，他又喝醉了，她嚇得逃到我家。那個爛醉的工程師尾隨而來，但我爸擋在門口，說什麼都不讓他進來。他說，她在我們家，但我不會讓你進來。我爸就站在那裡，不肯讓步。我們總以為1950年代的美國純樸美好有如一首田園詩，其實有些工程師就像這傢伙，把自己的人生搞得一團糟。

這一帶和美國其他林木夾道的地區不同的是，即使是阿貓阿狗也有希望當上工程師。賈伯斯回憶說：「我們剛搬來的時候，處處可見種杏樹和李樹的果園。軍事投資在此地萌芽之後，這裡就開始繁榮了。」

矽谷，高科技革命搖籃

賈伯斯曾深入研究矽谷的歷史，希望自己有朝一日能在這裡占一席之地。寶麗來的創辦人蘭德後來告訴他，艾森豪曾請他研發U2偵察機可使用的相機，以便做高空偵照，估計蘇聯對美國的威脅有多大。這些底片會送到美國航太總署的艾姆斯研究中心分析。這個研究中心就在賈伯斯家附近。「我爸曾帶我去艾姆斯研究中心參觀。我在那裡第一次看到電腦終端機。我看得入迷，立刻愛上這部機器。」

在1950年代，其他國防工程承包商也在這一帶發展。像創立於 1956 年、研發出潛射式彈道飛彈的洛克希德導彈與太空發展部門，即緊鄰艾姆斯研究中心。賈伯斯一家搬到山景城四年後，那一帶總共雇用了兩萬人。西屋公司也在那裡設廠，生產導彈系統需要的真空管和變壓器。賈伯斯回憶道：「當時，獨步全球的尖端武器研發公司都在這裡。能住在這麼一個神祕的高科技核心地區，真令人興奮。」

國防產業的興起，也帶動科技經濟的蓬勃。其實，科技發展早在 1938 年已開始在此地生根。那年，創辦惠普的普克與他的新婚妻子搬進帕羅奧圖的一間公寓。不久，他的朋友惠立也來了。這間公寓房子附了一間車庫 —— 這裡不但是實用的工作室，後來更成了矽谷的聖地。惠立與普克在這間車庫殫精竭慮、埋頭苦幹，終於研發出他們的第一項產品，即聲頻振盪器。到了 1950 年代，惠普已是一家快速成長的科技儀器公司。

幸運的是，這些科技發展的先驅能夠走出車庫，附近就有理想的地方，讓他們進一步發展。史丹佛大學工程系主任特爾曼（Frederick Terman）利用一塊占地約 280 公頃的校地，設立工業園區，讓私人公司承租，該校學生的點子也有機會變成商品。此地因此得以成為高科技革命的搖籃。

第一個進駐這個大學工業園區的，就是克蕾拉服務的維瑞安公司。賈伯斯說：「特爾曼這個想法真是太棒了。我們可以說他是矽谷科技工業最重要的推手。」到了賈伯斯十歲那年，惠普已有九千名員工，是一家實力堅強、業績優良的藍籌股公司，也是每個追求穩定收入的工程師謀職的第一志願。

這個地區最重要的科技，當然就是半導體。大名鼎鼎的蕭克萊（William Shockley）也在 1956 年搬到山景城，設立一家以矽做為材料的電晶體公司。蕭克萊就是在貝爾實驗室發明電晶體的三傑之一，因此獲得諾貝爾物理獎。電晶體以前是用鍺做為材料，不但價格昂貴，而且不耐熱，改用矽既便宜又耐熱。但蕭克萊性格變得愈來愈反覆無常，最後甚至放棄自己一手創立的矽電晶體公司。他雇用的八個工程師，包括傳奇人物諾宜斯（Robert Noyce）與摩爾（Gordon Moore）等人，只好自立門戶，開創快捷半導體公司（Fairchild Semiconductor）。

快捷半導體公司的成長甚為驚人，短短十年，即成長為一萬兩千人的大公司。然而到了 1968 年，諾宜斯在快捷的執行長寶座爭奪戰敗北，於是和摩爾一起出走，創立一家名叫積體電子（Integrated Electronics）的公司，後來取頭幾個字母合併成 Intel，也就是後來的半導體霸主英特爾公司。第三位加入公司的，則是葛洛夫（Andrew Grove），他在 1980 年代使英特爾順利度過記憶體晶片供過於求的危機，轉型為主要生產微處理器的廠商，讓英特爾再登高峰。不到幾年，矽谷的半導體公司如雨後春筍一一冒出，總數多達五十家以上。

摩爾在 1965 年，曾以圖表解說半導體工業指數增長的速度，也就是著名的「摩爾定律」。他根據過去的數據，發現每兩年左右，半導體晶片技術便可提升到每一晶片上的電晶體數目增加一倍，但價格不變，因而可預測半導體晶片未來的發展軌跡。

摩爾定律在 1971 年又得到了印證。那年，英特爾推出 Intel 4004，首開風氣將中央處理器放在一個微小晶片上，並將它命名為「微處理器」。直到今日，摩爾定律依然適用，可用來預測未來電腦產品的性能和價格，而沒有太大的偏差。後來兩代的電腦產業霸主，像史帝夫．賈伯斯和比爾．蓋茲，仍利用摩爾定律來預測其尖端產品的價格。

由於專業週刊《電子新聞》的專欄作家赫夫勒（Don Hoefler）自 1971 年起，寫了一系列題為〈美國矽谷〉的文章，報導這個地區的晶片產業發展，自此矽谷就成為高科技公司雲集的聖塔克拉拉谷地的別稱，以南舊金山為起點，經帕羅奧圖到聖荷西，長達 64 公里。這地區的交通主幹是國王大道（El Camino Real，即加州 82 號公路），過去是連結加州二十一所福音基督教會的要道，現在則是連接科技大廠和新興公司的通路。在美國，每年挹注在創投公司的資金，有三分之一都流到矽谷。賈伯斯說：「我在這裡長大成人，這個地區的發展史給我很大的啟發。我希望將來也在矽谷發展史上留名。」

少年賈伯斯就像大多數的孩子，很容易受到大人熱情的感染。他回憶說：「在我們住的那一帶，很多人家的爸爸都會做很酷的東西，像是太陽能電池、一般電池或雷達。從小到大，當我看到這些作品時，總是打從心底讚嘆，也會問大人他們是怎麼做出來的。」

其中，他最欣賞一個叫藍恩（Larry Lang）的鄰居，他住的地方跟賈伯斯家只隔七棟房子。賈伯斯說：「他在惠普工作，也是我心中的模範工程師。他是火腿族（即業餘無線電玩家），對電子器材非常狂熱。他常帶一些他組裝的新玩意來給我玩。」我們一起走向藍恩住的那棟房子，賈伯斯指著他家的車道對我說：「他拿出一支碳粉式麥克風、一顆電池和一個喇叭，放在這個車道上，把這組設備接起來。他要我對著那個碳粉式麥克風說話，聲音果然從喇叭傳出去，而且很大聲。」賈伯斯記得以前父親曾對他說，麥克風一定要用擴大器。「我於是跑回家，告訴我爸，他錯了。」

他父親保證自己絕對沒錯：「麥克風一定要擴大器。」但史帝夫還是堅持可以不用擴大器。他父親說他在說瘋話。「沒擴大器，麥克風就不能用了。麥克風發聲的關鍵就是擴大器。」

「我一直跟我爸說，他一定要去看看。經我再三懇求，他終於跟我一起走到藍恩家的車道。親眼瞧見之後，他說：『的確，我話說得太快了。』」

賈伯斯對這件事記得很清楚，因為這是他第一次了解父親並非什麼都懂。另一個發現更讓他不安：他漸漸明白他比他父母聰明。他從小就很崇拜父親，認為他能力很強、精明過人。「雖然他教育程度不高，然而我一直認為他頭腦很棒。他的確很少看書，但他會做很多事。只要是關於機械，他幾乎都知道。」可是在碳粉式麥克風事件之後，賈伯斯開始明瞭：其實他比父母更聰明、反應更快，但他的內心也因此充滿掙扎和痛苦。他說：「那關鍵的一刻在我心頭留下烙痕。我了解自己比父母聰明，但這種想法讓我覺得很羞恥。我永遠忘不了那一刻。」他後來曾對友人吐露，這個發現以及他被領養的事，不但使他與家人疏離，也覺得自己和整個世界格格不入。

很快，賈伯斯又有另一個發現：他不但發現自己比父母聰明，也發現他們知道這點。保羅與克蕾拉對這個絕頂聰明的兒子寵愛有加，也願意盡全力讓他得到更好的發展，把他當作最特別的孩子。賈伯斯說：「我父母都了解我不同於一般孩子，覺得責任更大了。能給我的，他們一定做到，像是送我到更好的學校，盡力滿足我的需求。」因此，在成長過程中，他不只知道自己曾遭遺棄，也是最特別、最受到寵愛的孩子——對他而言，這是他人格形成更重要的因素。

得遇良師

賈伯斯上小學以前，母親克蕾拉已教他識字，然而也因此浮現一些問題。「前幾年，我實在覺得無聊透頂，所以喜歡調皮搗蛋。」由於天生性格和後天教養，賈伯斯從小對所謂的權威就不以為然。「上學之後，我面對另一種以前不曾見過的權威。我差點就完了。這種權威幾乎抹殺了我的好奇心。」

從他家出發，經過四個街區，就到了他就讀的曼塔拉瑪小學（Monta Loma Elementary）。校舍是由好幾棟低矮的樓房組成，是1950年代興建的。由於上學過於煩悶，他想出了一些惡作劇的點子來找樂子。他回憶說：「我有個叫費倫提諾（Rick Ferrentino）的死黨，我們組成搗蛋二人組。我們曾做一些小海報在校園四處張貼，上面寫：『幾月幾日是寵物日，請帶你的寵物來學校。』結果那天，學校果然被我們搞得雞飛狗跳。小朋友帶來的狗瘋狂追逐貓咪，老師給氣瘋了。」

還有一次，他們說服其他小朋友說出腳踏車號碼鎖的密碼。「接下來，我和費倫提諾就跑出去把所有的車鎖調換。結果，所有的人都無法打開車鎖。直到很晚，大家才搞清楚哪一部腳踏車用哪一個車鎖。」升上三年級，賈伯斯的惡作劇也升級了，變得有點危險。「有一次，我們在瑟曼老師的椅子下面放了爆竹，讓她差點嚇破膽。」

無怪乎在三年級結束前，有兩、三次校方通知家長來把他帶回家，要他們好好管教這個孩子。賈伯斯的父親那時已經知道他是個特別的孩子，因此不會像一般家長那樣氣急敗壞，他以平靜、堅定的態度告訴校方，賈伯斯是個與眾不同的孩子，也希望學校給他特別待遇。賈伯斯還記得父親這麼對老師說：「這不是他的錯。如果你的教學無法引起他的興趣，那就是你的問題。」

儘管賈伯斯常在學校惹麻煩，就他記憶所及，父母不曾處罰他。「我的祖父是個酒鬼，常用皮帶鞭打我父親，但我父親不曾打我一下屁股。」賈伯斯又說：「我父親認為學校不該要我背那麼多沒意思的東西，應該啟發我去思考才對。」這時，賈伯斯已顯現他既敏感又冷漠、易怒又與人疏離的性格。終其一生，他都是這樣一個孤傲的天才。

升上四年級後，校方決定拆散「搗蛋二人組」，不讓賈伯斯和他的死黨費倫提諾在同一個班級。帶賈伯斯那一班的老師是希爾（Imogene Hill）。賈伯斯說：「希爾老師是我生命中的天使。因為她，我才得救。」希爾仔細觀察賈伯斯的行為，認為這樣的孩子吃軟不吃硬，用獎勵要比嚴懲來得有效。賈伯斯說：「有一天放學的時候，希爾老師給我一本數學題本要我帶回家做。我立刻抗議：『老師，你瘋了嗎？』這時，她拿出一根巨大的棒棒糖，在我眼裡，那就像地球一樣大。她說，如果我全部做完，而且大部分的題目都做對了，就給我那根棒棒糖和5塊錢。不到兩天，我就把一整本的題目都做完交給她了。」幾個月後，賈伯斯不再需要老師給他糖果或獎金。他說：「我只想學得更多、更好，讓老師高興。」

然而，希爾老師還是送他科學玩具組來獎勵他，像是可自己磨透鏡製造的相機。「我從她身上學到很多東西，這是其他老師不能給我的。要不是她，我一定會進監獄。」希爾老師也讓他感覺自己是個特別的孩子。「她看到我的獨特之處，因此在我們這一班，希爾老師最關心我。」

希爾老師不只看到賈伯斯的聰明才智。多年後，我與希爾老師進行訪談時，她給我看他們那一班在「夏威夷日」拍的照片。老師要每個同學穿夏威夷衫到學校，只有賈伯斯沒穿。但照片中的他就在前排中央，而且穿了件夏威夷衫。原來他鼓動三寸不爛之舌，說服另一個同學把自己身上的襯衫脫下來給他穿。

四年級學期快結束時，希爾老師要賈伯斯接受學力測驗。他說：「我測驗出來的成績達七年級的水準。」這時，不只是他自己和父母知道他智力非凡，學校老師也知道了：賈伯斯確實是特別聰明的孩子。校方於是允許他跳級，四年級結束後，直接升上七年級。顯然，這是接受挑戰與刺激的捷徑，但他的父母多有顧慮，只同意讓他跳一級。

這個轉變讓賈伯斯覺得很難熬。他本來就個性孤僻，班上同學都比他大一歲，更不容易和他們打成一片。更糟的是，升上六年級後，他必須到另一個學校就讀，也就是克里騰登中學（Crittenden Middle）。這所中學離曼塔拉瑪小學只有八個街區，卻有如另一個世界，有不少各族裔組成的幫派份子。根據矽谷記者馬隆（Michael S. Malone）的描述：「在這個學校，每天都有人打架鬧事，也有人在廁所被勒索。學生經常帶刀子上學，以展現英雄氣概。」賈伯斯剛到這所學校就讀時，就有好幾個學生因為輪姦女生而關進少年監獄。附近還有一所中學，因為在摔角比賽擊敗克里騰登中學的代表隊，校車竟然被砸爛了。

賈伯斯在學校經常遭霸凌。七年級念到一半，他終於忍無可忍，給他的父母最後通牒：「我對他們說，我非轉學不可！」家裡因為入不敷出，只能讓他念當地的公立學校。賈伯斯說：「我告訴我爸媽，如果要我繼續念克里騰登，那我就不去上學了。他們只好去探聽最好的學校在哪裡，勉強湊出 21,000 美元，在比較好的學區購屋。」

他們往南搬了 5 公里，搬到洛斯阿圖斯（Los Altos）南區。那裡本來是一大片杏樹園，後來變成一排又一排簡約、整齊的住宅，就像剛切好的餅乾似的。他們的新家在克里斯特大道（Crist Drive）2066 號，是有三間臥房的平房。在這個家，最重要的地方就是車庫。車庫有鐵捲門，在房子前方、面對街道，保羅在這裡修車，兒子則在這裡玩他的電子器材。這個新家剛好在庫珀蒂諾－桑尼維爾（Cupertino-Sunnyvale）學區邊界之內，這個學區也是全矽谷最安全、最適合居住的區域。

我和賈伯斯一起走到這棟房子前方。他說：「我們剛搬到這裡的時候，附近還有很多果園。有個鄰居教我種有機蔬果、做堆肥。他種出來的每一樣蔬果都完美無瑕。從小到大，我還沒吃過這麼好吃的東西。我從此愛上有機蔬果。」

儘管賈伯斯的父母都不是虔誠的教徒，他還是希望他有宗教信仰，因此大多數的禮拜天都會帶他去路德教會。但到了他十三歲那年，他們就不再去了。那年是 1968 年，賈伯斯在七月份的《生活》雜誌 * 看到令人震驚的封面，上面是奈及利亞東部一個搞獨立的短命國家比夫拉境內兩個餓得只剩皮包骨的孩子。賈伯斯拿著這本雜誌到主日學校問教會牧師：「如果我要舉起一根指頭，上帝是否能夠預知我會舉起哪一根手指？」

牧師答道：「是的，上帝什麼都知道。祂是全知全能的。」

* 編注：該期雜誌的標題是「比夫拉戰爭下的飢童」（Starving Children of Biafra War），1968年7月12日出刊；這場內戰發生在奈及利亞政府和搞獨立的比夫拉共和國政府之間，歷時整整三年，最後比夫拉共和國戰敗投降，重新歸入奈及利亞。

賈伯斯於是拿出那本雜誌，問牧師：「上帝知道這樣的事嗎？祂知道這些孩子的命運嗎？」

「我想你可能還不了解，是的，上帝的確知道這些事。」

賈伯斯於是說，他再也不想敬拜這樣的神了，也不再踏進教會一步。但之後他卻花了很多年的時間，研究佛教禪宗、修禪。多年後，賈伯斯提到自己的性靈生活。他認為宗教應該強調性靈方面的體驗，而不是一味要教徒依循教規。

賈伯斯告訴我：「我覺得基督教以信仰為主，強調崇拜上帝，而不是要教徒像耶穌那樣過生活，或是學習用耶穌的眼光來看這個世界。我認為真理只有一個，就像只有一間房子，每種宗教都是一扇門，只要你打開門，都可以進入這間房子。有時我覺得真有這麼一間房子，有時則認為這間房子並不存在。對我而言，這是非常玄妙難解的事。」

最愛電子，不愛機械

那時候，賈伯斯的父親保羅已在聖塔克拉拉附近的光譜物理公司（Spectra-Physics）工作。這家公司專門生產電子產品與醫療設備所需的雷射器材。工程師設計出來之後，就交由保羅這樣的機械人才來試製。

雷射產業追求完美的要求，讓賈伯斯嘆為觀止。他說：「雷射需要十分精準，其他像航空工程或醫療儀器也有這種精準的特色。譬如他們會告訴我爸：『這是我們要的東西。我們希望你用一片金屬把它做出來，這樣各部位才會有相同的熱膨脹係數。』接著，我爸就必須想想這東西要怎麼做。」

由於每一件都是前所未有的，必須從頭做起，這意味保羅必須自己創造專用的工具和模具。賈伯斯雖然覺得這很厲害，但他幾乎不曾跟他父親去五金行。「如果他教我怎麼使用銑床和車床，應該很好玩。可是我沒跟他去，因為我的最愛還是電子，不是機械。」

有一年夏天，保羅帶賈伯斯去威斯康辛看親戚的酪農場。雖然他對鄉村生活沒多大興趣，然而有個情景深深打動他的心。他看到一隻小牛出生的經過：小牛寶寶在出生幾分鐘內，就試著自己站起來，開始行走。這一幕教他看得目瞪口呆。

他回憶說：「這不是小牛看大牛怎麼做學來的，而是一種內建的本能。人類甫出生的嬰兒就做不到這點。雖然看出生的小牛走路，每個人都覺得理所當然，沒什麼稀奇，但我還是覺得驚奇。」他接著用硬體和軟體的概念來解釋：「這是因為某種奇妙的設計，小牛寶寶的身體和腦部得以在那一刻一起作用，而不是學習得來的。」

後來，賈伯斯到霍姆史戴德中學（Homestead High）讀九年級。校區很大，校舍都是兩層樓，主要建材是水泥與炭灰混合做成的空心磚，全部漆成粉紅色。在此就讀的學生約有兩千名。賈伯斯回憶說：「那所學校的建築師是以蓋監獄出名的。校方希望校舍像銅牆鐵壁一樣牢固，所以找他來設計。」每天上學，他得走過十五個街區才能到學校，他非但不以為苦，還樂此不疲，從此愛上步行。

那時是 1960 年代末，他沒有幾個同年的朋友，只認識幾個嬉皮大哥。在那個時代，不少書呆子也是嬉皮。他說：「我的朋友都是絕頂聰明的人。我熱愛數學、科學和電子學，他們也是。但他們也沉浸在迷幻藥中，喜歡和傳統文化唱反調。」

這時賈伯斯的惡作劇大多使用電子器材。有一次，他在家裡裝了好幾個擴音器。由於擴音器也可當麥克風來收音，他就把自己房間的衣櫥變成中控室，那就可以監聽到其他房間的任何聲響。一天晚上，他戴上耳機，監聽他父母的臥房，結果被他老爸逮個正著。老爸怒氣沖沖，要他把這套設備拆掉。

晚上，賈伯斯常窩在街尾鄰居藍恩家的車庫。藍恩不但把那神奇的碳粉式麥克風送給他，還教他用希斯牌套件組，自己焊接無線電等電子器材。賈伯斯說：「希斯牌套件組不但有電路板、用顏色編碼的零件，還附了手冊解釋器材運作的原理。你不但可自己動手做一套，也了解製作的道理。你做出幾套無線電之後，如果你在套件組型錄上看到電視，儘管你還沒做過，你也可以說，這我會做。我覺得自己很幸運，因為我爸和希斯牌套件組，我相信自己什麼都做得出來。」

藍恩也帶他加入惠普探索者俱樂部。每個星期二晚上，約有十五個學生在惠普的員工餐廳碰面。賈伯斯說：「這個俱樂部會請來惠普實驗室的工程師，談談自己正在研究的東西。我爸會開車送我去。到了那裡，我有如置身天堂。當時惠普是發光二極體（LED）的先驅，於是我們討論 LED 的運用。」由於他父親在雷射公司工作，這個課題特別吸引他。

有一晚，俱樂部活動結束後，他走到一位惠普雷射工程師身邊跟他聊天，最後那位工程師還帶他到他們的全像術實驗室參觀。賈伯斯在那間實驗室看到惠普研發出來的小型電腦 —— 這一刻讓他畢生難忘。「我第一次在那裡看到桌上型電腦。那部電腦叫 9100A *，不只是一部高級計算器，更是第一部貨真價實的桌上型電腦。這部電腦差不多將近 20 公斤，在我眼裡真是美極了，讓我一見鍾情。」

惠普也鼓勵俱樂部的學生，著手自己的研究計畫。賈伯斯決定做一具計頻器，去計算一個電子訊號每秒的脈衝數目。他需要惠普的一些零件，於是拿起話筒直接打電話給惠普執行長。「那時，還不能要求電話公司不要列出自己的電話號碼，所以我拿一本電話簿查出帕羅奧圖地區惠立的電話，直接打電話去他家。他接了電話，跟我聊了二十分鐘左右。他不但給我零件，還讓我在他們製造計頻器的工廠工作。」於是，他在霍姆史戴德中學要升十年級的那個暑假，跑到惠普打工。「一早，我爸就開車送我到工廠上班，下班再來接我。」

他的工作就像一般工廠裝配線上的工人，「只是扭緊螺帽或鎖上螺釘」。由於他只打了通電話給執行長就能來上班，同事都很不爽，把他當作眼中釘。「我記得我曾跟一個領班說，我愛死這東西了，這計頻器實在很酷。接著問他，他最喜歡做什麼。他回答我：『打炮，我最愛打炮啦。』」

賈伯斯和樓上的工程師比較能打成一片，「每天早上十點，是辦公室的點心時間，有甜甜圈和咖啡，我就在那時溜上樓和他們閒聊。」

天生玩家

賈伯斯喜歡工作，也曾當過送報生。如果下雨不能騎腳踏車，他父親就會開車陪他送報。十年級的週末和暑假，他在一家很大的電子器材店當倉庫管理員。對電子狂來說，這裡簡直是天堂，賈伯斯常來尋寶。那家器材店叫哈爾特克（Haltek），有如大

* 譯注：HP 9100A的廣告稱之為「個人電腦」，是第一個使用這個名詞的廣告。

型購物中心，占了一整個街區，裡面不但有全新的零件，也有二手的、廢棄的或多餘的零件，有的放在貨架上，有的沒分類就丟在箱裡或堆在戶外庭院。

賈伯斯回憶道：「在器材店後面、靠近海灣處，有個柵欄圍起來的地方，裡面擺放從北極星潛艇內部拆解下來的零件，準備讓人撿便宜。潛艇的控制鈕都在那裡，不是深綠就是灰的，也有一些琥珀色或紅色的開關或燈蓋。你還可看到一種舊式的大型拉桿開關。這東西令人望而生畏，似乎你把桿子拉到另一邊，開關一打開，就會炸掉整個芝加哥。」

店裡的木頭櫃檯上，擺著一本本厚厚的型錄，裝訂型錄的文件夾已經破破爛爛了。顧客來這裡買開關、電阻器、電容器，或是最新的記憶體晶片，和店員討價還價。過去，他父親買汽車零件也是一樣，由於對每個零件的價格瞭如指掌，所以很會殺價。賈伯斯也一樣，他對電子產品知識豐富，也很喜歡交涉，因此能從買賣中獲利。例如他會去聖荷西等地的電子產品跳蚤市場，看看一些二手電路板上面是否有寶貴的晶片，有的話就買回來，再轉賣給哈爾特克的經理。

在父親協助之下，賈伯斯十五歲那年就擁有第一部車。那是一部雙色納許大都會轎車，父親幫他換了英國 MG 汽車的引擎。賈伯斯雖然不喜歡這部車，但他沒告訴父親，免得連車都沒了。他後來說道：「從現在的眼光來看，納許大都會這樣的車款似乎酷斃了，但在那個時代，在年輕人的眼裡，實在很土。但不管怎麼說，那還是一部能跑的車子，有車可以開就很棒了。」

不到一年，賈伯斯因為四處打工，存了一點錢，可以添些錢換一部配有阿巴斯引擎的紅色飛雅特 850 雙門轎車。「我爸幫我檢查，確定沒問題，我才買下來。能自己存錢買車，真是很爽的一件事。」

那年夏天，也就是要升十一年級的暑假，賈伯斯開始吸大麻菸。「那年我才十五歲，第一次吸大麻就整個人癱軟無法動彈，但感覺飄飄欲仙，然後就經常哈草。」有一次，他父親在飛雅特車上發現這東西，問他：「這是什麼？」賈伯斯神色自若的說：「大麻啊。」沒想到他父親氣炸了。有生以來他幾乎不曾看到父親這樣生氣。「我不曾跟他發生真正的衝突。這是唯一的一次。」但他父親再度屈服了。「他要我發誓，以後再也不要哈草。我說，我做不到。」其實，在賈伯斯念十一年級時，也曾吸食迷幻藥和大麻脂，不但精神亢奮到無法入睡，腦部更因此產生幻覺。「我愈來愈喜歡哈草後那種飄飄欲仙的感覺。偶爾我們也會在田野間或車內吸食迷幻藥。」

念十一、十二年級那兩年，賈伯斯的心智發展也攀上高峰。他發現，有的同學只愛電子的東西，其他一概漠不關心，還有一些人則只喜歡文學和創作，而他兩者都愛。「我聽很多音樂，除了研究科學和科技的東西，我也看莎士比亞和柏拉圖的作品。《李爾王》是我的最愛，教我百讀不厭。」此外，他也喜歡《白鯨記》和狄倫．湯瑪斯的詩。我曾問他，怎麼看李爾王和《白鯨記》裡的船長埃哈伯，也就是這兩部文學作品中最固執、意志也最堅強的人物。但他沒回應，我只好作罷。「十二年級那年，我選了一門高級英文課。老師長得很像海明威。他曾帶我們去優勝美地踏雪健行。」

賈伯斯選的另一門課則成為矽谷傳說的一部分，也就是麥柯倫（John McCollum）教的電子學。麥柯倫曾在海軍擔任飛行員，他會在課堂上玩一些科學小把戲，使學生像看魔術表演一樣興奮，例如利用特斯拉線圈 * 的原理發出燦爛耀眼的火花，讓學生看得目瞪口呆。他有個小儲藏室，猶如科學寶庫，存放了很多他蒐集的電晶體等電子零件。他寵愛的學生可以向他借鑰匙，入內一覽。他就像電影「萬世師表」裡那位充滿教學熱忱的奇普斯老師，不但會解釋電子原理，教學生如何實際運用，例如把電阻器和電容器串聯和並聯，並利用這樣的知識，自己動手做擴大器和收音機。

麥柯倫的教室就在校園邊緣、停車場旁一個像是棚屋的建築。賈伯斯從教室窗戶往裡看，告訴我：「我們和麥柯倫就在這裡上課，隔壁那間則是上汽車修護課的教室。」以前汽車修護很熱門，賈伯斯的父親那一代很多人都很熱中。「麥柯倫老師認為，不久將是電子學的天下。」

麥柯倫對學生管教甚嚴，有如軍事管理，而且強調權威，但天生反骨的賈伯斯，就是不吃這一套。麥柯倫還記得當年的賈伯斯：「他總是窩在一個角落做自己的事，不管我和其他同學在做什麼。」

賈伯斯不在老師的寵愛名單之列，當然借不到電子寶庫的鑰匙。有一天，他急需一個零件，在矽谷一帶遍尋不著，所以打了對方付費的電話給底特律的零件製造商博羅斯（Burroughs）。賈伯斯跟對方說，他正在設計一件新產品，必須使用他們公司的零件來測試。不到幾天，他就收到那家公司用空運寄出的零件。麥柯倫問賈伯斯是如何拿到零件時，賈伯斯洋洋得意的形容他利用對方付費電話和製造商交涉的經過。麥柯倫說：「我氣死了。我不希望我的學生做出這種事。」當時賈伯斯反駁說：「我是沒錢打電話的窮學生，而對方卻是有錢的大公司。」

雖然賈伯斯可以跟麥柯倫老師上三年的課，但他只上了一年。他曾用光電池設計出一種裝置：一接觸到光，該裝置的電路就能自動開啟。這個不難，大概每一所高中科學班的學生都會。其實賈伯斯對雷射更感興趣。他從父親那裡學了些雷射知識，於是和幾個朋友在立體音響喇叭裝上鏡子，舉辦雷射聲光舞會，讓大家同歡。

---

* 譯注：特斯拉線圈（Tesla coil）是由美籍科學家特斯拉（Nikola Tesla, 1856-1943）所發明，主要是使用變壓器使普通電壓升壓，然後經由兩極線圈，從放電終端放電的設備。通俗一點說，特斯拉線圈就是一個人工閃電製造器。

02

古怪的一對

兩個史帝夫

1976年，賈伯斯與沃茲尼克於車庫。

硬體高手沃茲尼克

賈伯斯上麥柯倫老師的電子學那年，認識了同校一個畢業生史帝夫．沃茲尼克。他是麥柯倫老師的得意門生，也因為喜歡惡作劇而成為校園傳奇人物。沃茲尼克的弟弟小他近五歲，和賈伯斯一樣是游泳校隊。沃茲尼克比賈伯斯高四屆，電子學方面的知識也遠比他豐富，但就情感和社交生活而言，沃茲尼克依然像個高中書呆子。

沃茲尼克也像賈伯斯，父親就是他的科學啟蒙老師，但他們學到的東西大不相同。賈伯斯的父親保羅是高中中輟生，而且是黑手，從汽車零件交易獲利。沃茲尼克的父親法蘭西斯，則是加州理工學院畢業的高材生，不但在工程學表現優異，也是美式足球校隊的四分衛。他認為「萬般皆下品，唯有工程高」，看不起做生意的、幹行銷的，或是售貨員，後來到洛克希德公司擔任飛彈工程師，設計飛彈導航系統。沃茲尼克回憶說：「我還記得父親告訴我，工程師是世界上最重要的人，可以把社會提升到更高的層次，改變這個世界。」

沃茲尼克依稀記得，他還是小蘿蔔頭的時候，有個週末曾跟父親到他工作的地方*。他父親不但給他看一些電子零件，還把這些東西放在桌上讓他玩。他還記得自己目不轉睛，看著父親讓一台像是電視機的機器（即示波器），最終顯示出一條水平線，而非波形。這表示他父親設計的電路沒問題。沃茲尼克說：「在我眼裡，不管我父親做什麼，都很重要，而且是好事。」

由於他父親是工程師，家裡到處都有電阻和電晶體，小沃茲尼克於是問父親，那些是什麼東西？他父親拿出黑板解釋給他聽。「為了告訴我電阻是什麼，他從頭細說，從原子和電子開始說起。因為我只是個小學二年級的學生，他不會搬出公式，而是要我想像原子和電子的樣子。」

沃茲尼克的父親還教他一件事：絕對誠實。打從他還是個單純內向的孩子，這個觀念已深植在他內心。「我父親篤信誠實，絕對的誠實。他說，這就是天底下最重要的事。因此直到今天，我未曾說謊（無傷大雅的玩笑例外）。」此外，沃茲尼克的父親還告誡他不要被野心牽著鼻子走。由此可看出他與賈伯斯兩人的個性南轅北轍。

2010 年，也就是兩人相遇四十年後，沃茲尼克現身蘋果產品發表會的會場，他分析兩人的差異：「我父親要我謹守中庸之道，別強出頭。的確，我沒有像賈伯斯那樣的雄心壯志，希望站在世界顛峰。我父親是個工程師，我也只想做個工程師。我生性害羞，不可能像賈伯斯那樣成為企業領導人。」

升上小學四年級之後，沃茲尼克和幾個鄰居、同學組成一掛「電子少年」。他對電晶體一見鍾情，面對女孩卻手足無措。他從小就是個結實的傢伙，可能因為長期低頭研究電路板，而有點駝背。少年賈伯斯玩碳粉式麥克風的時候，少年沃茲尼克甚至利用電晶體做了一套可連結鄰近六戶人家的祕密通訊系統，包括擴音器、繼電器、燈泡和蜂鳴器。他們那一掛電子少年，彼此就利用這套系統連絡。賈伯斯利用希斯牌套件組自行組裝電器的時候，沃茲尼克也從海利克雷夫特斯（Hallicrafters）訂購零件，組裝出複雜的無線電發射機和接收機，甚至還和父親一起考上了火腿族的執照。

---

* 譯注：當時沃茲尼克的父親還沒進入洛克希德，而是在洛杉磯的電子數據系統公司（Electronic Data Systems）上班。

沃茲尼克喜歡窩在家裡讀父親的電子期刊，文章裡介紹的新電腦常讓他看到廢寢忘食，例如功能強大的 ENIAC 電腦。由於他早已學會布爾代數，電腦邏輯概念在他看來實在簡單得可以，不會很複雜。*

上八年級的時候，他利用二進位理論做了一部可做加減法的計算器，總共在十塊電路板上裝了一百個電晶體、兩百個二極體和兩百個電阻。他用這個作品參加空軍主辦的灣區科展電子作品競賽，參賽年齡規定不可超過高中十二年級，他還是擊敗很多高中生，拿下首獎。

進入青春期之後，沃茲尼克發現，同年齡的男孩已開始跟女孩約會，參加派對。他認為這種社交生活要比設計電路板複雜多了，與同學也就愈來愈疏離。他說：「以前大家還滿喜歡我的，我常騎著腳踏車到處跑，突然間我的社交生活變成一片空白，我好像被封鎖在另一個世界。有很長一段時間，似乎沒有人要跟我說話。」

但是沃茲尼克從惡作劇找到發洩苦悶的管道。十二年級的時候，他做了一個電子節拍器，就是音樂課用來打拍子、會發出滴答聲的東西。做好之後，他突然發覺節拍器發出來的聲音很像定時炸彈。於是他把節拍器的大電池標籤撕掉，用膠帶把這些電池黏起來，放進學校的置物櫃。他多加了一個設計：櫃子的門一打開，滴答聲就會變快。

後來，他被叫到校長室。本來以為校長找他去，是要通知他又贏得全校數學競賽第一名，一進去發現警察也在那裡。有人發現置物櫃傳出滴滴答答的聲音，立刻通報校長博萊爾德，校長打開櫃子的門，就把那個東西緊緊抱在胸前，死命往足球場跑，然後把電線拆掉。

沃茲尼克忍不住笑了出來。結果，他被送到少年觀護所，在那裡關了一晚。沃茲尼克也沒閒著，居然教其他嫌犯，把天花板電扇的電線接在牢房的鐵欄上，獄卒一碰到鐵欄就會被電到。沒想到他在監獄還能「學以致用」，這也成了他畢生難忘的經驗。

對沃茲尼克來說，被電到有如獲得榮譽勳章。他以硬體工程師自豪，這意味被電到像家常便飯一樣平常。他曾設計出一個輪盤遊戲，四個玩家必須把自己的拇指放在孔洞裡，看球落在哪個孔洞，那個人就會被電。他說：「這是搞硬體的人才敢玩的遊戲，搞軟體的都太膽小了。」

奶油蘇打電腦

高中最後一年，沃茲尼克在希凡尼亞公司（Sylvania）兼差，有生以來第一次真正用電腦工作。他看書自學FORTRAN程式，也研究了大多數電腦系統的使用手冊，從迪吉多（Digital Equipment）的PDP-8迷你電腦開始學起。接著，他研究最新微晶片的規格，試著以這種新零件重新設計電腦。他為自己設下的挑戰就是：利用最少的零件設計出一樣的電腦。

沃茲尼克回憶說：「我把門關上，自己一個人在房裡埋頭苦幹。」每個晚上，他都希望設計出比前一晚更好的電腦。到了高中畢業時，他已成為電腦專家。「我只要用一半的晶片數量，就能設計出和市售電腦沒兩樣的電腦，只是目前還是紙上談兵。」他從未告訴朋友這件事，畢竟，大多數十七歲的孩子都把衝勁放

＊譯注：ENIAC即電子數值積分器及計算機（Electrical Numerical Integrator And Computer）的簡稱，這是一部像車庫那麼大的全電子式數位大電腦，是史上第一台完全電子化的計算機器，誕生於1946年。布爾代數是由英國數學家布爾（George Boole）所創，可進行「及」、「或」、「非」邏輯運算的函數。

在其他方面。

高中畢業那年的感恩節週末，他去科羅拉多大學參觀。參觀那天因為是假日，行政人員都不上班，沒人為他和同行的友人導覽，但他找到一個工程系的學生，帶他們到實驗室參觀。沃茲尼克求父親讓他上這所大學，但由於他們住在加州，若跨州到科羅拉多州就讀，學費貴得不得了，不是他們能夠負擔的。最後，他和父親各退一步：他只到科羅拉多大學讀一年，大二之後就必須轉學到住家附近的德安札社區學院（De Anza Community College）。

1969 年秋天，沃茲尼克終於踏入科羅拉多大學校園就讀，但他因為花太多時間惡作劇（例如寫程式讓印表機列出一連串的「幹尼克森」，直到列印紙堆積如山），有幾門課被當了，還被列入留校察看名單。另外，他為了讓電腦計算費布納西數列*，占用太多電腦時間，校方威脅他要為電腦使用時間付費，這筆錢多達好幾千美元。他為了不想讓父母知道這些事，只好乖乖轉學到家附近的德安札社區學院。

在德安札過了愉快的一年後，沃茲尼克決定暫時休學去賺錢。他在一家公司兼差，組裝汽車公司需要的電腦。有個同事跟他商量：他願意提供一些免費的晶片給沃茲尼克，讓他做出他已設計好草圖的電腦。這真是千載難逢的好機會。沃茲尼克打算盡量節省晶片數量，一來可當作自我挑戰，二來他可不想浪費這些寶貴的晶片。

他的電腦多半在街角一個友人家的車庫組裝。那個朋友叫做費南德茲（Bill Fernandez），當時還在霍姆史戴德中學就讀，幫忙他做一些焊接工作。為了犒賞自己，他們喝了很多克雷格蒙牌奶油蘇打汽水，然後一起騎腳踏車到桑尼維爾的安路超市，歸還空瓶，拿了退瓶費，再買更多汽水。沃茲尼克說：「這就是『奶油蘇打電腦』的由來。」這部電腦基本上是一部計算機，利用開關輸入數字，再從前面看板的燈號得到答案。

當賈伯斯遇上沃茲尼克

1970年秋天，奶油蘇打電腦完成後，費南德茲對沃茲尼克說，霍姆史戴德中學有個傢伙，他應該要認識。「他也叫史帝夫，與你臭味相投，很喜歡惡作劇，也像你一樣喜歡玩電子。」

除了三十二年前惠立進駐普克住的公寓車庫工作室，矽谷科技史上最值得記錄的一刻，大概就是當賈伯斯遇上沃茲尼克了。

沃茲尼克說：「我和賈伯斯坐在費南德茲家前面的人行道上，一聊就不知道時間了。我們聊曾經玩過的把戲，以及從前設計的電子作品。我們有很多共通點。每次，要對別人解釋我設計的東西，儘管費盡唇舌，別人還是一頭霧水，但賈伯斯一聽就知道我在說什麼。我喜歡這個人。他很瘦，但很結實，幹勁十足的樣子。」

賈伯斯一樣對沃茲尼克印象深刻：「我第一次遇到在電子方面比我懂更多的人。我們一見如故。我雖然年紀較小，但比較老成，他看不出來有那麼大，因此我們看起來差不多大。沃茲尼克聰明絕頂，但就情感上，他還停留在我這個年紀。」

他們倆除了都是電腦狂，也很喜歡音樂。賈伯斯說：「對樂迷來說，那真是一個黃金時代，就像聽古典音樂的人，生在貝多芬和莫札特那個時代。現在回想起來，那個時代真令人懷念。我

---

* 譯注：費布納西數列（Fibonacci sequence）的第一項、第二項都是1，之後每項等於前面兩項的和，亦即1、1、2、3、5、8、13、21……。

和沃茲尼克往往聽音樂聽得如痴如醉。」沃茲尼克讓賈伯斯也愛上巴布狄倫，成為他的死忠樂迷。「我們發現聖塔克魯茲市，有個發行狄倫快報的傢伙，名叫皮克林。狄倫每一場演唱會都有錄音，但他身邊有些人不夠謹慎，讓一些帶子流了出去。連聽眾在演唱會偷錄的，皮克林這傢伙都有。」

蒐集狄倫的錄音帶，很快就變成兩人的「合夥事業」。沃茲尼克說：「我們倆踏遍聖荷西和柏克萊，到處問有沒有人有狄倫的偷錄帶。我們也買了狄倫歌詞本，徹夜不眠，一起分析每一句歌詞的涵義。狄倫的字字句句都觸動我們的心弦，激發出創意思考。」賈伯斯補充說：「我大概蒐集了一百多小時的現場演唱錄音，從 1965 年到 1966 年的每一場都有。」他們倆都買了高檔的蒂雅克雙捲盤錄音機。沃茲尼克說：「我會用低速，把多場演唱會錄在同一卷帶子。」賈伯斯也和他一樣瘋：「除了巨大的擴大器，我還買了一副超棒的耳機。我可以躺在床上，連續聽好幾個小時。」

賈伯斯在高中組了一個地下社團，不但辦音樂雷射燈光舞會，也搞惡作劇（他們曾把一個馬桶座漆成金黃色，然後黏在大花盆上）。這個社團叫做炒兔肉俱樂部（Buck Fry Club），取自校長姓氏 Bryld 的諧音。儘管沃茲尼克和他的好友鮑姆（Allen Baum）已畢業好幾年，還是回來助賈伯斯一臂之力。賈伯斯在十一年級快結束的時候，決定送即將畢業的學長、學姊一個禮物，為他們送別。四十年後，賈伯斯重返霍姆史戴德中學校園，帶我去當年惡作劇的現場。「你看到那個陽台沒有？我們就是在那裡把那張大床單放下的。在那事件過後，我們幾個始作俑者也變成死黨。」

當年他們找了一條大床單，到鮑姆家後院，用校旗的藍綠色紮染床單，畫了一隻豎起中指的巨手，並寫上「祝你好運」。鮑姆的母親是猶太人。她很好心，還來幫我們著色，告訴我們要有濃淡變化，看起來比較像真的。她竊笑說：「我知道你們在搞什麼鬼了。」完工之後，他們把床單捲起來，打算利用滑輪和繩子，在畢業班經過陽台的時候，把床單放下。他們還在上面署名出自「SWAB JOB」之手，亦即沃茲尼克和鮑姆姓名的縮寫，加上賈伯斯的姓。這次惡作劇非常經典，成了霍姆史戴德校園傳奇，但賈伯斯也因此再次被留校察看。

另一樁惡作劇是沃茲尼克運用自製的電視訊號干擾器來搞鬼。例如有一群人在宿舍看電視，他就帶這個東西去。只要偷偷按下按鈕，電視螢幕就會出現一條條灰色線條，像下雨一樣。如果有人站起來，拍打電視機，他就把按鈕放開，畫面立刻回復清晰。有次他就利用這個手法，像操控木偶般，讓他們在電視機前面跳上跳下，甚至擺弄出更困難的動作。沃茲尼克也曾在某個人碰觸天線時，放開按鈕，結果，為了看電視，他們只好從頭到尾都握著天線，同時單腳站立或碰觸電視機的頂端。

多年後，有一次賈伯斯在產品發表會介紹的時候，電視居然不靈，他索性脫稿演出，說起當年和沃茲尼克利用電視干擾器惡作劇的趣事。「老沃把干擾器放在口袋，我們一起走進宿舍……那時，大夥兒正目不轉睛的看『星艦迷航記』。他一按下按鈕，就有人立刻上前修理。有人腳一離地，他就讓畫面恢復正常，然而一把腳放下，電視又不能看了。」最後，賈伯斯甚至親自示範把身體扭成一團，一面說道：「不到五分鐘，就有人變成這個樣子了。」台下爆笑連連。

藍盒子歷險記

賈伯斯和沃茲尼克稍後一起研究出來的藍盒子，不但是惡作劇和電子器材的終極結合，也為蘋果電腦的誕生播下種子。

1971 年 9 月，沃茲尼克又要轉學了。這次，他即將到加州大學柏克萊分校就讀。就在開學前的一個星期日下午，沃茲尼克發現他媽媽在廚房桌上留下一本《君子》雜誌，裡面有篇文章讓他眼睛一亮。那篇文章是羅森鮑姆（Ron Rosenbaum）寫的，標題為〈小藍盒子的祕密〉，描述駭客或電話飛客如何利用特殊音頻，在美國電話電報公司（AT&T）電話網路鑽漏洞，盜打免費長途電話。沃茲尼克說：「我才看到一半，立刻打電話給賈伯斯，並讀了其中的幾段給他聽。」除了賈伯斯這樣的知音，還有誰能理解他的興奮？

他們的偶像是一個叫德瑞波的駭客，外號是「卡滋船長」，因為他發現只要利用「卡滋船長脆片」附贈的哨子，就可發出 2600 赫茲的音頻，這個音頻剛好可進入長途電話線路，撥打免錢電話。那篇文章還提到其他可用音頻，可參看某一期的《貝爾系統技術期刊》。但 AT&T 已要求所有圖書館將那本期刊下架。

那個星期日下午，賈伯斯在電話中聽沃茲尼克一提，就知道他們必須立刻找到這本技術期刊。他回憶說：「幾分鐘後，沃茲尼克就開車來接我了。我們跑到史丹佛直線加速器中心的圖書館，看他們是否有這本期刊。」因為那天是星期日，圖書館大門緊閉，但他們知道有一扇門很少鎖，可以從那裡進去。「我還記得我們在堆積如山的期刊中瘋狂尋找，最後沃茲尼克找到了。我們不禁驚呼：『見鬼了！還真讓我們找到了。』我們翻開來看，那篇文章果然就在那一期。我們不停說：『天啊！這是真的！』上面果然列出所有可用的音頻。」

怕太晚店家打烊了，沃茲尼克馬上趕往桑尼維爾的電子材料行購買零件，以製造類比音頻產生器。賈伯斯以前參加惠普探索者俱樂部的時候，曾製造過計頻器，他們就利用這兩種東西做為測量音頻的工具，加上一台撥號機，就可錄製期刊文章提到的音頻。可惜，他們使用的音頻振盪器不夠穩定，無法複製正確音頻。沃茲尼克說：「賈伯斯的計頻器有問題，不管怎麼試，電話就是不能撥通。因為隔天早上我就得去柏克萊，我們決定等我到柏克萊之後，再做一個數位型的音頻產生器。」

從來沒有人做過數位的藍盒子，但沃茲尼克願意接受這個挑戰。他從電子零售店無線電屋，買了二極體和電阻，還在宿舍找到一個有絕對音感的音樂系學生來幫忙，終於在感恩節之前做好了。他說：「能設計出這樣的電路，我真為自己感到驕傲。直到現在，我還是覺得這個設計很棒。」

有天晚上，沃茲尼克從柏克萊開車到賈伯斯家，準備測試這個藍盒子。他們撥出的第一通電話是給沃茲尼克在洛杉磯的舅舅，可是撥錯號碼了。但沒關係，這表示藍盒子可以用了。沃茲尼克高興的對那個陌生人大叫：「嗨！這通電話是免費的！我們打給你的電話是免費的！」那個人還是不明所以，甚至有點惱怒，賈伯斯於是說：「我們是從加州打來的！從加州！用藍盒子打的！」那個人或許更糊塗了，他也在加州啊。

一開始他們用藍盒子，只是為了好玩或惡作劇。最好笑的一次是沃茲尼克假裝是季辛吉，打電話到梵蒂岡，說要跟教宗談談。沃茲尼克還記得當初特別學季辛吉的腔調，說道：「偶棉此時在莫斯科開高峰會議，希望跟教宗通話。」接電話的人說，現在是早上五點半，教宗還在睡覺。他再次打電話過去，是一位主教接的。他以為這位主教將擔任他們的翻譯。但他們沒請教宗來接聽。賈伯斯說：「他們已經發現沃茲尼克不是季辛吉，因為季辛吉不可能從公共電話亭打電話。」

接下來，這兩人的關係即將出現一個重要的里程碑，也建立了日後的合作模式。賈伯斯提出一個點子，他認為藍盒子不只是好玩的東西，還可以賣錢。他們可以多做幾個藍盒子拿出去賣。賈伯斯說：「我設法張羅其他零件，像是盒子、電源、按鍵等，然後估算一個要賣多少錢。」從這裡可以看出，賈伯斯將來在蘋果電腦扮演的角色。藍盒子的成品很小，大小如兩副撲克牌疊起來。零件的成本是 40 美元，賈伯斯認為一個可賣 150 美元。

由於一般電話飛客都有代號，像是「卡滋船長」，沃茲尼克於是自稱「柏克萊藍」(Berkeley Blue)，賈伯斯則叫「狂戰士托巴克」(Oaf Tobark)。他們敲其他間宿舍的門，一發現有人感興趣，就把藍盒子接上電話和擴音器，然後打電話到倫敦的麗池飯店，或是打到澳洲的笑話專線收聽笑話。賈伯斯說：「我們做了約一百個藍盒子，幾乎全部賣光了。」

有一次，賈伯斯和沃茲尼克做好一個藍盒子，準備開車到柏克萊去賣。由於賈伯斯需要錢，急著出售。他們在桑尼維爾一家披薩店用餐時，發覺隔壁桌的客人可能是潛在買家，對方果然很感興趣。賈伯斯於是帶他們到店家後方的電話亭，打一通電話到芝加哥給他們看。買家說，錢在車上，得跟他去車上拿。賈伯斯說：「於是我和沃茲尼克就跟在後頭，走到那人停車的地方。藍盒子在我手裡，我打算一手交錢、一手交貨。結果，那個人伸手到座椅下方，拿出來的不是錢，而是一把槍。」他有生以來第一次被槍抵住，嚇到差點屁滾尿流。

「他把槍口對準我的肚子，說：『老弟，快把東西交出來。』幾個念頭飛快在我腦中閃過。車門還開著，如果我用力把車門關上，就能夾到他的腿，我們就可趕快逃跑。但這麼一來，他勢必會在我們背後開槍。於是我用慢動作，小心翼翼的把藍盒子交給他。」這就像搶劫一樣。那個人拿到藍盒子之後，給賈伯斯一個電話號碼，說他只是先拿去用，如果沒問題，還是會付錢。

賈伯斯後來打電話給他，沒想到那個人說他不會用。這時，賈伯斯馬上鼓動他那三寸不爛之舌，說服那個人到一個公共場所與他和沃茲尼克碰面，說他們會教他用。但賈伯斯後來想想，那人有槍，非善類也，還是別跟他打交道，免得150美元沒要回來，還賠上兩條命。

有了這個合作無間、生死與共的經驗，他們也就能放膽進行更大的冒險。賈伯斯說：「我百分之百確定：沒有藍盒子，就沒有蘋果。我和沃茲尼克不但學會如何合作，也有了信心，相信我們不僅能解決技術上的問題，還能生產東西。」光憑一個小小的藍盒子，他們就能操控價值幾十億美元的電信設備。「你無法想像這藍盒子給我們多大的信心。」

沃茲尼克也有同樣的結論：「賣藍盒子也許不是個好主意，但我們已經知道，我的電子工程技術加上他的遠見，將大有可為。」藍盒子歷險記，建立起他們未來合作的模式。沃茲尼克是個性情溫和的技術鬼才，最快樂的事莫過於與人分享他的酷炫發明；而賈伯斯則想辦法，使沃茲尼克的發明讓人更容易上手，使用起來更輕鬆，加上包裝，最後推到市場、賺一點錢。

03

脫離體制

激發熱情、向內探索

里德學院一景。

嬉皮女孩克莉絲安

1972 年春天，賈伯斯即將從高中畢業的時候，開始與一個清新脫俗的嬉皮女孩交往。她叫克莉絲安・布雷能，與他同年但曾經留級，所以還在讀十一年級。她有一頭淺棕色的頭髮、碧綠的眼珠、高聳的顴骨，看起來嬌弱，一副惹人憐愛的樣子。由於父母正在鬧離婚，此時正是她最脆弱的時候。賈伯斯說：「我們一起完成一部動畫電影，之後我們就開始約會。她成了我第一個真正的女朋友。」克莉絲安後來說：「史帝夫有點瘋瘋癲癲的，那是他吸引我的原因。」

賈伯斯的瘋狂和他的習癖有關。他早就開始吃素，幾乎只吃蔬菜和水果，身體瘦長結實，就像一條機靈的小獵犬。他跟人說話，總是直盯著對方，眼睛連眨都不眨一下，說起話來像連珠砲，但話語之間常會沉默許久。賈伯斯這種偶爾熱烈、偶爾冷淡的說話方式，加上及肩長髮和參差不齊的鬍子，讓他看起來就像是個瘋狂的巫師。他有時讓人覺得魅力十足，有時也會怪得讓人起雞皮疙瘩。克莉絲安說：「他常拖著長長的腳步走來走去，實在有點像瘋子。他內心充滿不安、焦慮，似乎被巨大的黑暗籠罩。」

那時，賈伯斯已開始吸食迷幻藥，克莉絲安也跟他一起吸。這對小情侶不時躺在桑尼維爾外圍的麥田裡，精神飄忽的神遊虛幻世界。賈伯斯說：「那時，我聽很多巴哈的音樂。突然間，我感覺整片麥田都響起巴哈的曲子。那真是我生命中最美妙的一刻。我覺得自己像是這個交響樂團的指揮，而巴哈正穿過麥田走向我。」

1972年夏天，賈伯斯自高中畢業，他和克莉絲安搬進洛斯阿圖斯山上的小屋。有天他對父母說：「我要和克莉絲安在小木屋同居。」他父親氣炸了，說道：「不准！除非你老子死了。」他們已經為大麻的事大吵過，現在小賈伯斯再度任性妄為，只道聲「再見」，然後頭也不回的走出家門。

那年夏天，克莉絲安花很多時間作畫。她曾為賈伯斯畫一幅小丑，他就把這張畫貼在牆上。賈伯斯則寫詩、彈吉他。有時，他對她很冷淡、粗魯，有時則會用甜言蜜語讓她聽從他。克莉絲安說：「他這個人既開明又殘酷，真是個奇異的組合。」

夏天過了一半，某天賈伯斯開著他那部紅色飛雅特，載高中同學布朗，在穿越聖塔克魯茲山的天際大道飛馳。布朗看到車子引擎冒火，跟賈伯斯說：「火燒車了！把車子停到路邊吧！」幸好布朗提醒，不然他就要葬身火海。儘管他和父親吵架，他父親還是開車趕來救援，幫他把那部飛雅特拖回家。

賈伯斯想賺錢買新車，於是請沃茲尼克載他到德安札學院，看公布欄上的徵人啟事有沒有他可以做的工作。他們發現聖荷西的西門購物中心在徵求大學生扮演《愛麗絲夢遊仙境》中的角色，逗小朋友開心。為了時薪3美元，賈伯斯和克莉絲安、沃茲尼克戴上笨重的頭飾、穿上戲服，扮演愛麗絲、瘋帽客和白兔。個性隨和的沃茲尼克覺得挺好玩的：「我說：『好啊！我要去！我的機會來了。我最喜歡小朋友了。』那時，我已在惠普工作，可以向公司請假。在我眼裡，這是有趣的冒險，但史帝夫看來興趣缺缺。」賈伯斯的確討厭這樣的工作，他說：「那天熱死了，戲服又很笨重，才站一下子，我就想把那些小鬼抓來打屁股。」耐心從來就不是他的長處。

執意就讀里德學院

十七年前，賈伯斯的父母收養他的時候，承諾會讓他上大學，因此他們省吃儉用，很早就開始為他的大學教育基金儲蓄。到他高中畢業，這筆錢雖然不多，但應該夠用。可是向來任性的賈伯斯，又讓他的父母傷腦筋了。一開始，他考慮乾脆不上大學。他說：「不上大學，去紐約闖天下也不錯。」

賈伯斯回想，如果當時選擇的是另一條路，他的世界恐怕全然不同了 —— 不只如此，如果真是那樣，今天的電子通訊世界或許將有完全不同的面貌。

儘管父母催他趕快申請大學，他卻意興闌珊。雖然州立大學也有一流大學，學費也便宜，例如沃茲尼克正在就讀的加州大學柏克萊分校，但並不在他考慮之列。另外如史丹佛不僅是名校，離他家近，又可能給他獎學金，他也不想去。他說：「去史丹佛的那些人早就知道他們要做什麼了。這個學校缺乏藝術氣氛，我希望找到一所既有藝術氣氛又有趣的學校。」

他最後打定主意要去里德學院（Reed College），這是一所位於奧勒岡波特蘭的私立文理學院，學費也是全美國最昂貴的。有天他去柏克萊找沃茲尼克，他父親打電話來說，里德學院寄來錄取通知書了，他勸史帝夫打消去那裡就讀的念頭。接著，換他母親上陣。他們說，這所學校的學費貴得嚇死人，他們負擔不起。但賈伯斯就是鐵了心，非去不可，他說如果不能念里德學院，那他就不上大學了。他父母就像以前一樣，再度對這個任性的兒子豎起白旗。

那時，里德學院只有一千名學生左右，學生人數只有霍姆史戴德中學的一半。這學院雖以自由精神和嬉皮風格聞名，但對學科成績的要求依然嚴格。五年前，心理學幻覺啟蒙大師賴里（Timothy Leary）* 為他的心靈發現聯盟，進行全美校園巡迴演講，就曾來到里德學院。賴里在學生餐廳盤腿而坐，說道：「我們如同過去每一種偉大的宗教，目標在發掘內在的神性⋯⋯套用現在的俚語來說，就是『激發熱情，向內探索，脫離體制』（Turn on, tune in, drop out）。」很多里德學院的學生把這三點奉為圭臬，在1970年代，該校的退學率高達三分之一以上。

1972年秋天，賈伯斯的父母開車載他到波特蘭的里德學院註冊。也許是他天生反骨，不但不肯讓父母踏進校園，甚至不想說再見或謝謝。回想起這段往事，賈伯斯反倒流露出一點悔意：

> 說來丟臉，我這輩子有幾件事真的教我難以啟齒，這事就是其中之一。我不夠體貼，傷了他們的心。我實在不該這麼做。他們長久以來這麼努力工作，就是為了送我來到這裡，我卻不讓他們進校園參觀一下。其實，那時我不想讓人知道我是有父有母的孩子，我寧願當一個孤兒，一個不知從哪裡冒出來的孩子，跟著火車到處流浪，沒有根、沒有親人、沒有背景。

賈伯斯剛到里德就讀時，美國大學校園已經出現很大的改變。美國就快從越戰的泥淖抽身，學生也不再對政治那麼狂熱，他們在宿舍徹夜長談，談的很少是國家大事，而是自我實現。賈伯斯發現自己受到各種討論性靈和啟蒙的書吸引，尤其是拉

* 譯注：賴里是著名美國心理學家，曾宣揚迷幻藥（LSD），認為LSD對人類精神成長與治療病態人格有卓越的效果，這對於1960年代反主流文化產生重大影響。他成立的心靈發現聯盟（League for Spiritual Discovery）也簡稱為LSD。

姆．達斯巴巴（Baba Ram Dass）* 所寫的《活在當下》（*Be Here Now*）。這是一本冥想入門書，也提到迷幻藥的神奇之處。賈伯斯說：「這本書對我和很多友人影響深遠，我們因此有脫胎換骨之感。」

那時和賈伯斯最要好的，是一個留著小鬍子的新鮮人，名叫丹尼爾．卡特基。開學第二星期，因為兩人都對禪、狄倫和迷幻藥著迷，而結為莫逆。卡特基在紐約富裕的郊區成長，聰明伶俐，但不會給人咄咄逼人之感，舉止像個溫文儒雅的嬉皮，因為對佛學有很深的興趣，個性顯得更加柔和。雖然性靈的追求使他對物質不屑一顧，但賈伯斯的錄音機還是讓他眼睛一亮。卡特基說：「史帝夫不但擁有蒂雅克雙捲盤錄音機，還收藏了大量的狄倫演唱會側錄帶。他真的很高科技、很酷。」

卡特基及他的女友伊莉莎白．霍爾姆斯經常和賈伯斯混在一起。雖然賈伯斯第一次和伊莉莎白見面時，便出言不遜，問這個女孩：要付她多少錢，她才會願意和另一個男人上床？還好卡特基和伊莉莎白不記仇。他們三個常一起走到海岸，像宿舍室友般討論生命的意義，去當地的奎師那神廟參加愛的祭典，到禪學中心吃免費的素食。卡特基說：「那裡很有趣，非常適合思辨，我們都對學禪這事很認真。」

賈伯斯常去圖書館，也和卡特基分享他讀的禪學書籍，包括禪師鈴木俊隆的《禪者的初心》、印度教大師尤迦南達的《一個瑜伽行者的自傳》、巴克的《宇宙意識》及邱陽創巴仁波切的《突破修道上的唯物》。他們利用伊莉莎白房間上方、一間小得只能爬進去的閣樓做禪堂，擺了印度棉毯、幾個靠墊，牆上貼了印度神像畫，還準備了香燭。賈伯斯說：「在屋簷下方，有一條通道通往閣樓，空間夠大，我們有時會在那裡吸食迷幻藥，但多半只是打坐。」

賈伯斯對東方宗教思想極有興趣，特別是佛學中的禪宗。他不是一時興起，更不是隨便玩玩，而是全心全意的學習，致使禪學深植於他的個性。卡特基說：「史帝夫對禪很投入，禪對他影響很深。你可以從他那極簡的美學、驚人的專注看出這點。」佛學注重直覺，這點也對賈伯斯有很深的影響。他後來說：「我開始了解，直覺頓悟與知覺要比抽象思考和邏輯分析來得重要。」然而，他始終無法擺脫執著，因此難以達到涅槃的境界，他雖有禪覺，但內在還是不夠平靜，對人也不夠柔軟。

他和卡特基也喜歡玩十九世紀的德國軍棋，玩法類似西洋棋，雙方各有一盤棋，但必須背對背，因此不能看到對方的棋子。裁判會告知下棋者如何走棋算犯規，雙方只能根據裁判提供的有限情報來下棋。擔任裁判的伊莉莎白說：「記得有一次，外頭下著暴雨，他們坐在爐邊吸食迷幻藥。後來下棋時，兩人走棋如飛，害我差點跟不上。」

賈伯斯讀大一那年，還有一本書對他影響極深，就是拉佩（Frances Moore Lappé）的《一座小行星的飲食》。作者極力宣揚素食的好處，不但對個人好，也有益於我們居住的地球。賈伯斯說：「從那時起，我幾乎就不再吃肉了。」他本來就會採取極端的飲食方式，像是灌腸、禁食或是連續幾星期只吃一、兩種食物，如胡蘿蔔或蘋果。

賈伯斯和卡特基在大一那年都很認真吃素。卡特基說：「史帝夫做得甚至比我徹底。他有段時間只吃羅馬牌穀物脆片。」他

---

* 譯注：拉姆．達斯巴巴本名Richard Alpert，史丹佛心理學博士，是1960年代嬉皮運動的精神導師。他在印度修行時，上師賜名為拉姆．達斯，意為「神的僕人」。

們會一起去一家農產品合作社，賈伯斯買一大盒穀物脆片和其他健康食材。「他會買棗子、杏仁果和很多胡蘿蔔。他有一台冠軍牌榨汁機，我們就一起榨胡蘿蔔汁，吃胡蘿蔔沙拉。傳說他吃了太多胡蘿蔔，結果皮膚變成橘紅色。這不是謠言，他真的是這樣。」他有些朋友還記得，有時賈伯斯的膚色有如夕陽紅。

賈伯斯讀了二十世紀初德國營養學家伊赫特（Arnold Ehret）的著作《非黏液飲食療法》（*Mucusless Diet Healing System*），他的飲食方式更變本加厲，走向極端。伊赫特提倡：只吃水果和不含澱粉的蔬菜，如此一來就可使身體免於受到有害黏液的傷害，而且人需要長一點時間的禁食，使身體排除所有的東西，變得潔淨。從此，賈伯斯就要向他的主食羅馬牌穀物脆片說拜拜，其他如米食、麵包、穀類食品、牛奶也都不能吃了。賈伯斯警告朋友，他們吃的貝果，會讓身體產生有害的黏液。賈伯斯說：「我本來就對素食相當執迷，伊赫特所言深得我心。」他和卡特基曾經有一整個星期只吃蘋果。

賈伯斯還嘗試更嚴格的禁食：起先只有兩天，後來長達一星期，甚至更久，之後喝大量的水、吃很多葉菜，再慢慢回復原來的飲食。他說：「禁食一個星期之後的感覺，實在棒透了！由於你的身體不必消化食物，你覺得活力充沛。我覺得我的體格很好，隨時可以站起來一路走到舊金山。」（伊赫特五十六歲就死了。他走路時摔倒，撞到了頭，就此一命嗚呼。）

在 1970 年代追求心靈覺醒的校園次文化中，吃素、修禪、打坐、注重性靈、吸食迷幻藥、聽搖滾樂，這些都是重要元素，賈伯斯將這些全融合在自己的生活中。儘管他在里德學院很少研究電子的東西，電子產品仍是使他心顫神馳之物。想不到，在他的人生，有朝一日電子產品和這些元素竟然可以水乳交融。

奇人傅萊蘭德

有一天，賈伯斯需錢孔急，決定把他的 IBM Selectric 電動打字機賣掉。他走進買家的房間準備交易時，不料那個人正在和女友共享魚水之歡。就在賈伯斯轉身離去之際，那個人請他坐下，要他等一下，等他們辦完事。賈伯斯心想：「嘿，這個人真是太前衛了。」這就是賈伯斯與羅柏．傅萊蘭德初次見面的經過。

在賈伯斯生命中，只有少數幾個奇人能吸引他，傅萊蘭德就是其中之一。傅萊蘭德具有領袖氣質，是賈伯斯學習的對象，有幾年賈伯斯甚至當他是上師，後來才看清他的真面目 —— 這個人不過是個高明的騙子。

傅萊蘭德比賈伯斯年長四歲，仍在大學部就讀。他父親曾被關在奧許維茲集中營，逃過死劫之後，移民到芝加哥，成為非常成功的建築師。傅萊蘭德本來在緬因州的鮑登文理學院就讀，但在大二那年，因持有 24,000 錠迷幻藥（價值達 125,000 美元）而被捕。地方報紙刊載了這則新聞，照片中的他留著捲曲金髮，被警察帶走時還對攝影記者微笑。他被判兩年徒刑，關在維吉尼亞州的聯邦監獄，1972 年獲得假釋。那年秋天，他進入里德學院，不久即出來競選學生會會長，他聲稱美國「正義流產」，自己遭司法迫害，為了洗刷罪名，不得不出來競選。他果然順利當選。

傅萊蘭德說，《活在當下》的作者拉姆．達斯巴巴在波士頓演講時，他就在聽眾席上。他也和賈伯斯、卡特基一樣，對東方宗教有很深的興趣。1973 年夏天，傅萊蘭德去印度拜見拉姆．達斯巴巴的印度上師尼姆．卡洛里巴巴（Neem Karoli Baba）。

卡洛里巴巴是著名的印度教精神導師，追隨者尊稱他為「瑪哈拉」*。秋天，傅萊蘭德從印度回來，要朋友叫他的法號。他身穿飄飄然的印度長袍，腳踏涼鞋，在校外租屋，房子在車庫上方，賈伯斯常在下午去找他。傅萊蘭德信誓旦旦的說，開悟的境界的確存在，而且可以做到。賈伯斯聽了，不禁心生嚮往。賈伯斯說：「他帶領我去探索更高層次的神識。」

傅萊蘭德也發覺賈伯斯是個很有意思的人。他回憶說：「賈伯斯總是光著腳丫子在校園走來走去。他讓我覺得最特別的一點，就是他的專注。不管他對什麼有興趣，通常一頭鑽進去，就不出來了，沉迷到瘋狂的地步。」賈伯斯目不轉睛盯著人看的功夫又更高明了，他常利用這種技巧加上沉默，讓人折服。「他在跟你說話的時候，會死盯著你。他直直看著你的眼睛，丟出問題，你得先回答他，才能別過頭去。」

卡特基說，賈伯斯有些特質其實是從傅萊蘭德那裡學來的，直到現在還受到這些特質的影響。他說：「現實扭曲力場就是傅萊蘭德教史帝夫的。傅萊蘭德很有領袖魅力，但也有點不誠懇，能夠藉由強烈的意志力，把現實扭曲成他想要的。他非常善變，很有自信，也有點獨裁。史帝夫很欽佩他，跟他混久了之後，也變得跟他有點像了。」

賈伯斯也從傅萊蘭德那裡，學習如何變成眾人注意的焦點。卡特基說：「傅萊蘭德是個很外向、很有領袖魅力的人，可說是天生的推銷員。我剛和史帝夫認識的時候，他還很內向，不喜歡引人矚目。我想傅萊蘭德教他如何說服人，如何走出自我，面對群眾，掌握大局。」傅萊蘭德全身散發出光和熱。「他一走進來，你就不由得轉過頭去看他。史帝夫剛到里德學院的時候，完全不是這樣的人，但和傅萊蘭德在一起之後，個性就開始改變了。」

星期天晚上，賈伯斯和傅萊蘭德常去位於波特蘭西邊的奎師那神廟，卡特基和女友伊莉莎白也跟著一起去。他們在那裡跳舞，拉開喉嚨高唱。伊莉莎白說：「我們又唱又跳，最後興奮得像陷入狂喜。傅萊蘭德就像發瘋了，跳舞的樣子和瘋子沒兩樣。史帝夫比較壓抑，不敢在人前完全放開自我。」之後，他們就拿著紙餐盤，盛放滿滿的素食，飽餐一頓。

傅萊蘭德住瑞士的舅舅穆勒，在波特蘭西南 64 公里外，有一片面積 90 公頃的蘋果園和農場，由傅萊蘭德代為管理。這個舅舅是個古怪的人，早年在羅德西亞操控公制螺絲的市場而成為百萬富翁。由於傅萊蘭德對東方宗教十分著迷，就在舅舅的蘋果園成立一個叫做「大同農場」的公社。週末賈伯斯會和卡特基、伊莉莎白等志同道合的朋友去公社，那裡有一棟主屋、一間大穀倉和一座花園，卡特基和他女友就睡在花園的棚屋。賈伯斯和公社裡一個名叫卡爾霍恩的朋友，負責修剪蘋果樹。傅萊蘭德說：「蘋果園由史帝夫整理，他負責帶幾個人去修剪樹枝。我們當時也做有機蘋果汁的生意。」

奎師那神廟的僧侶和弟子，會來為他們準備素食。公社彌漫小茴香、芫荽和薑黃的香味。伊莉莎白說：「史帝夫回到餐廳的時候，總是餓壞了，狼吞虎嚥，接著，他就去清腸。有好幾年，我覺得他有暴食症，看他那暴飲暴食的樣子，實在令人難過。他可能覺得人家花了那麼多工夫準備餐點，當然得大吃一頓。」

那時期，傅萊蘭德似乎以教主自居，讓賈伯斯有點反感。卡特基說：「或許他在傅萊蘭德身上看到自己的影子。」雖然這

---

* 譯注：瑪哈拉（Maharaj-ji）意為「宇宙完美之主」，指可帶領人離開黑暗到光明的至聖者。

個公社是為了追求性靈成長的人而設立的，用意在解開物質的束縛，傅萊蘭德卻利用這個地方賺錢，叫他的追隨者在果園賣力工作，賣柴薪、製造蘋果榨汁器和木爐等，卻一毛錢也不付，坐享其成。有一晚，賈伯斯在廚房桌子底下睡覺，發覺半夜不斷有人進進出出，從冰箱偷拿別人的食物。他不喜歡公社的經濟型態。他回憶說：「這裡的一切開始變得功利。我們在傅萊蘭德的農場做牛做馬，然後一個接著一個離去。最後，連我也受不了。」

多年後，傅萊蘭德在一家市值達數十億美元的銅礦和金礦開採公司擔任主管，曾被派駐到溫哥華、新加坡和蒙古。有一天，我和他在紐約碰面喝點小酒，那晚，我寫了封電子郵件給賈伯斯，提到我和傅萊蘭德見面的事，不到一個小時，他就從加州打電話給我，告訴我別相信那個人說的話。他說，傅萊蘭德因公司開採礦產對環境造成破壞，而身陷麻煩。他曾連絡賈伯斯，請他代為向柯林頓說項，但賈伯斯不理會他。賈伯斯說：「傅萊蘭德一直以充滿靈性自居，說自己不食人間煙火。的確，他是有領袖魅力，但他做得太過分了，走火入魔，成了騙子。眼見一個追求性靈的朋友變成淘金客，那種感覺真的很怪異。」

休學，是為了求學

學院生活不久就讓賈伯斯厭煩了。他喜歡待在里德學院，但討厭那些必修課。雖然里德學院學風開放，頗有嬉皮氣氛，但學科要求非常嚴格，例如他必須讀《伊里亞德》，研究伯羅奔尼撒戰爭。沃茲尼克來里德學院看他的時候，他揮舞著課程表，抱怨說：「你看，學校要我修這些課。」沃茲尼克說：「大學就是這樣，規定你要修一些必修課。」賈伯斯不去上那些必修課，而去上他自己喜歡的課，像是舞蹈課。他說，這門課不但能激發創造力，還讓你有機會認識女孩。沃茲尼克驚訝的說：「學校要我修什麼課，我從來不敢拒絕。這是我們個性不同之處。」

為了上大學，賈伯斯的父母拿出多年積蓄，但賈伯斯發覺這樣做似乎不值得。他開始覺得良心不安。多年後，他在史丹佛大學畢業典禮演講上說道：「我父母是藍領階級，為了讓我上大學，他們拿出所有的儲蓄。但我不知道我將來要做什麼，也不知道上大學對我有什麼幫助。如果我花光父母畢生的積蓄，最後一無所獲呢？因此我決定休學，我相信船到橋頭自然直。」

他辦了休學，但並沒有離開校園，只是不付學費，不想上那些他覺得無聊透頂的必修課。校方也容許他這麼做。當時的里德學院教務長達德曼（Jack Dudman）說：「他求知欲很強，是個非常吸引人的年輕人。他拒絕接受別人告訴他的真理，希望自己親自驗證。」儘管賈伯斯不付學費，達德曼允許賈伯斯旁聽他喜歡的課，也讓他借住在宿舍的朋友那兒。

賈伯斯說：「從我辦好休學的那一刻起，就不必上無聊的必修課，可以上我覺得有趣的課。」他注意到校園大多數海報的字形都很美，原來學校有一門研究字形的課。「我從這門課了解襯線體和非襯線體*的字形特色，也發現不同字形的字母間距會有所不同。我覺得字形學真是有意思，不但優美，且蘊含歷史和藝術涵義，這些都是科學捕捉不到的。真是太有趣了。」

從這件事可看出，賈伯斯希望自己站在藝術和科技的交會處。他所有的產品展現的不只是科技，還有巧妙的設計、吸引人的外觀、觸感、優雅、人性化，甚至富有浪漫的元素。他也是推

* 譯注：襯線體（serif）指筆畫開始及結束之處有額外裝飾；非襯線體（sans serif）則無這些裝飾，筆畫粗細大抵相同。

動圖形使用者介面的先驅。當年他在里德學院修習的字形學，即在他內心播下美學的種子。「如果我不曾在里德上過字形學，麥金塔就不會有多種字體，字母間距也無法依不同字形來調整。」

休學後的賈伯斯，在里德學院過著放浪不羈的生活。他幾乎都赤腳走路，只有在下雪的時候才穿涼鞋。伊莉莎白配合他的食癖，為他準備餐點。他會在校園撿汽水空瓶，賺點退瓶費。星期天晚上，一樣去奎師那神廟大快朵頤。他住在一間月租 20 美元、附了車庫、但沒有暖氣的公寓。天氣太冷，就穿羽絨外套取暖。他真的需要錢的時候，就去心理系實驗室打工，維護動物行為實驗的電子設備。有時，他的女友克莉絲安會來看他，他們就這樣斷斷續續的來往。然而賈伯斯多半只重視自己性靈的追求，希望有一天能達到開悟的境界。

他後來說：「我在一個奇妙的時代長大成人。我們的心靈不只從禪學汲取養分，也從迷幻藥得到滋潤。」多年後，他仍然認為迷幻藥能使他開竅。「迷幻藥讓我心醉神馳，是我生命中最重要的東西。藉由迷幻藥之助，你才能看到銅板的另一面。雖然藥效退去之後，你什麼也不記得，但還是感覺得到真有那回事。因為迷幻藥，我更清楚什麼才是重要的，像是創造出很棒的東西，而不是賺錢。我也才能從歷史和意識的洪流看到一些事情。」

04

雅達利與印度

禪與電玩設計藝術

印度一景。

雅達利元老級員工

賈伯斯休學之後，在里德學院晃了一年半，終於在 1974 年 2 月決定回洛斯阿圖斯的父母家住，然後找個工作。那時就業並不難。1970 年代是矽谷發展的黃金時代，《聖荷西信使報》的科技業徵才廣告有六十頁之多。有一則特別吸引賈伯斯的目光：「你想要既好玩，又能賺錢的工作嗎？」

賈伯斯頂著一頭亂髮，穿著邋遢，大剌剌的走進電動玩具製造商雅達利公司（Atari）大廳，著實讓人事主管嚇了一跳。賈伯斯告訴那位主管，要是不錄用他，他就一直賴著不走。

雅達利當時是炙手可熱的電玩製造商。該公司創辦人是個身材高大、粗壯的企業家，名叫諾蘭．布許聶爾。他是很有遠見的領導人，還帶點藝術氣息。換言之，他就是賈伯斯的另一個榜樣。布許聶爾出名之後，喜歡開勞斯萊斯、吸毒，在大浴缸召開主管會議。他就像傅萊蘭德一樣長袖善舞，賈伯斯後來也學會這一套，將個人魅力轉化為機巧，善於勸誘或威嚇，甚至藉由個性的力量扭曲現實。

雅達利的首席工程師阿爾．艾爾康長得高頭大馬，外向活潑，但穩重務實。他發現自己在這個企業扮演大人的角色，必須設法讓布許聶爾的願景實現，並在他興奮過頭的時候拉他一把。

1972 年，布許聶爾要艾爾康研發一種叫做「乓」（Pong）的電玩街機版。「乓」的設計概念來自乒乓球，必須兩個人玩，各用一條可移動的短線做球拍，把螢幕上的亮點打出去。艾爾康以 500 美元設計出一部機台，安裝在桑尼維爾國王大道旁的一家酒吧。幾天後，布許聶爾接到酒吧打來的電話，說他們的遊戲機台故障。艾爾康發現問題不在機台，而是投幣盒塞爆了，因此不能投幣。雅達利終於找到搖錢樹了。

賈伯斯穿著涼鞋，來到雅達利公司大廳時，艾爾康還記得接待人員告訴他，「有個嬉皮小子來應徵。他說，如果不錄用他，他就賴著不走。我們該叫警察嗎？還是讓他進來？我說：『那就讓他上來吧。』」

賈伯斯於是成為雅達利五十個元老級員工之一，職稱是技術員，時薪5美元。艾爾康說：「回顧當年，雇用一個里德學院的中輟生，實在有點奇怪，但我看到他身上有種潛質。他很聰明、熱情，跟科技有關的一切都讓他興奮不已。」艾爾康要他和個性古板、名叫梁恩的工程師一起工作。第二天，梁恩就對艾爾康抱怨：「這傢伙不但是嬉皮，身上還有股異味。你為什麼要這樣處罰我？他實在很難搞。」那時，賈伯斯深信，他只吃蔬果，不只黏液不會在體內生成，也不會有體味，因此他不用身體芳香劑、久久才洗一次澡。顯然，這個理論不成立。

梁恩和其他同事都希望賈伯斯走，但老闆布許聶爾想出一個解決之道。他說：「他的體臭和怪異行為，在我看來不是問題。我知道史帝夫脾氣火爆，不過我滿欣賞他的。於是我請他上夜班，如此一來就能讓他留下來了。」賈伯斯總是等梁恩這些討厭他的同事都走了，才來上班，直到清早再回家。儘管他獨來獨往，但他那張嘴巴還是有名的壞。每每他不得不和同事接觸，常常說不到三句，就罵別人是笨蛋、狗屎。回首過去，賈伯斯依然認為自己的評判無誤。他說：「我能脫穎而出，實在是因為其他人都太爛了。」

或許雅達利老闆欣賞的，就是賈伯斯的狂妄孤高。布許聶爾說：「在與我合作的人之中，他比較具有哲學氣質。我們常討論自由意志和決定論。我比較傾向決定論，我相信世間的一切早已命定，就像被程式化一般。對於任何一個人，如果我們蒐集到所有和那人相關的訊息，就能預測那個人會採取什麼行動。但史帝夫的看法和我完全相反。」

的確，賈伯斯相信意志的力量可以扭曲現實。

賈伯斯在雅達利工作期間，學到不少。他也使公司設計的一些電玩更有趣、介面更人性化。布許聶爾縱容他偏離事實，讓他愛怎樣就怎樣，這對他當然有影響。從另一方面來看，賈伯斯也很欣賞雅達利電玩設計的簡潔。他們的電玩沒有使用手冊，一點也不複雜，就算是剛接觸的人也很快就知道怎麼玩。例如雅達利的「星艦迷航」遊戲，使用說明只有兩點：一是請投入一枚二角五分的硬幣；二是避開克林貢人。

其實，並非所有的同事看到賈伯斯都避之唯恐不及，有個名叫隆・韋恩的繪圖員就跟他結為好友。韋恩曾開過一家製造吃角子老虎機的公司，雖然後來倒閉，賈伯斯還是覺得能創立自己的公司是件很酷的事。賈伯斯說：「我覺得韋恩很了不起，他曾一手創立一家公司。我從來沒碰過這樣的人。」他向韋恩建議兩人聯手做生意。賈伯斯說，他可借到5萬美元，他們可合開一家生產吃角子老虎機的公司，從設計、生產到推銷上市一手包辦。但是韋恩有經商失敗的經驗，餘悸猶存，他說：「如果你想燒錢，這是最快的方式。儘管如此，看他創業的雄心如此熾熱，我還是很欽佩。」

有個週末，賈伯斯如同以往，待在韋恩的公寓，討論一些哲學問題。但那天，韋恩說有件事必須告訴他。賈伯斯答道：「我已經猜到你要說什麼了。你喜歡男人，對不對？」韋恩說，答對了。賈伯斯回憶說：「這是我第一次和同性戀者接觸，我早就知道他是同志。因為他，我才知道同性戀者看這個世間的角度。」賈伯斯問他：「你看到漂亮的女人，難道不會有感覺？」韋恩說：「就像看到一匹漂亮的馬。你覺得那匹馬很美，但你不會想跟牠上床。」韋恩說，他願意向賈伯斯吐露這個祕密，因為他知道賈伯斯會為他保密，「公司上上下下沒有人知道我是同性戀。我這輩子也極少向別人提起這件事。知道這個祕密的人，我用手指頭加上腳趾頭來數，還綽綽有餘。但我覺得我可以跟賈伯斯說，他可以理解，而且這件事對我們的友誼不會有任何影響。」

印度之旅

1974 年初，賈伯斯特別想要賺錢，有個特別原因。前一年夏天，傅萊蘭德已經去過印度，也鼓勵他踏上自己的心靈之旅。傅萊蘭德曾拜尼姆．卡洛里巴巴（即瑪哈拉）為師，卡洛里巴巴正是 1960 年代很多嬉皮崇敬的印度上師。賈伯斯決心去一趟印度。他找卡特基同行。賈伯斯不是想去冒險而已。他說：「對我而言，那是神聖的追尋。我已經了解開悟是怎麼一回事。我想知道我是誰，我如何在這天地間立足。」卡特基說，賈伯斯似乎因為不知道自己的親生父母是誰，而覺得迷惘，才會踏上這條求道之路。「他心裡有個洞，想把這個洞填滿。」

賈伯斯告訴雅達利的同事，他要辭職，去印度拜師。艾爾康說：「他走進我的辦公室，眼珠直直看著我，然後宣布：『我要去找我的上師。』我說：『實在太棒了！這不是騙人的吧？要寫信給我喔。』然後，他說他希望我幫他付旅費。我說：『你在說什麼屁話！』」不過，後來艾爾康還是想到一個辦法。雅達利正要運送一批零件到慕尼黑，讓德國人把零件安裝到機器成品，再由義大利杜林的一家批發商分銷。問題是：美國設計的電玩畫面更新率（每秒播放的靜態畫面數量）是每秒 60 張，歐洲規格卻是每秒 50 張，因此出現惱人的干擾問題。艾爾康先和賈伯斯研究出一個解決方法，要他出差到歐洲幫忙解決這個問題。「從德國去印度的機票錢應該比較便宜，」艾爾康對賈伯斯說，並祝他一路順風：「代我問候你的上師。」

賈伯斯在慕尼黑待了幾天，很快就解決畫面更新率不合所造成的干擾，但西裝筆挺的德國經理人碰到這麼一個不修邊幅的美國嬉皮，實在不敢恭維。德國人向艾爾康抱怨，說他派來的人不但看起來像流浪漢，身上還有股異味，而且舉止粗魯，沒有禮貌。艾爾康說：「於是我問：『他幫你們解決問題了嗎？』他們答道：『解決了。』我說：『如果你們還有更多的問題，只要打電話給我，我立刻派人過去。對不起，我們的工程師都是那副德性！』他們連忙說：『多謝了，不必了，如果有問題，下次我們會自己解決。』」

對賈伯斯而言，德國人一直要他吃肉和馬鈴薯，他實在吃不消。他在電話中對艾爾康抱怨：「居然沒有一個德國人知道『素食』要怎麼說。」

接下來，賈伯斯坐火車往南，到杜林和批發商見面。由於那裡有可口的義大利麵，加上主人的熱情與隨和，他感到終於從地獄回到人間了。賈伯斯說：「我在杜林待了半個月。那時，杜林是個蓬勃的工業城。批發商人很好，每晚都帶我出去吃飯。有一次，我們去的餐廳只有八張桌子，而且沒有菜單。不管你想吃什麼，告訴服務生，他們就會幫你做出來。有一張桌子是飛雅特總裁預訂的。他們做的菜真是驚世美味。」他的下一站是瑞士盧加諾，因為傅萊蘭德的舅舅就住在那裡，他可在那裡借住。接著他便飛往印度了。

他在新德里下機的那一刻，感覺鋪著碎石柏油的飛機跑道冒出陣陣熱浪，但那時才四月。他在機場問，有沒有可以下榻的飯店。有人告訴他一家飯店的名字，但他去了之後，發現飯店已經客滿。計程車司機說，他知道有家飯店很不錯，可以載他去。「結果，司機載我到一家骯髒簡陋的旅館。他應該是拿了旅館給他的小費，才會載我到這種地方。」賈伯斯問旅館老闆，這裡的水是否已過濾。他實在太傻，竟然相信老闆的話。「很快的，我就得了痢疾，病得很嚴重，還發高燒。才一個星期，我的體重就從72公斤掉到54公斤。」

他慢慢恢復，終於可以四處走動之後，決定離開德里。於是他往西邊走，打算去靠近恆河源頭的哈里德瓦。每三年，那裡就會舉行盛大的宗教祭典。每十二年舉辦一次的甘露節，更有上千萬名教徒和民眾，擁入這個和帕羅奧圖差不多大小的城鎮，而當地住民本來還不到十萬人。「到處都可看到苦行者，很多上師都住在帳篷裡，還有人騎大象。我在那裡待了幾天，就想趕快離開。」

他先搭火車、後來換巴士，來到喜馬拉雅山腳下一個靠近奈尼托爾的村落。那裡就是卡洛里上師曾經住過的地方。但賈伯斯抵達那裡時，上師已不在人世了。賈伯斯在一戶人家租了個小房間，睡在草蓆上。他們為他烹煮素食，好讓他恢復元氣。「房間裡有一本英文的《一個瑜伽行者的自傳》，應該是前一個旅客留下的。因為沒什麼事好做，那本書我看了好幾遍。我也到鄰近村落走走，好不容易身體終於完全康復了。」他在那裡的道場遇到一位美國流行病學家，那人就是布里恩特（Larry Brilliant），正在印度致力剷除天花，後來曾執掌 Google 的慈善組織，現在則是史科爾基金會（Skoll Foundation）的領導人，致力於經濟與社會的永續發展。他也成為賈伯斯的終生好友。

賈伯斯在喜馬拉雅山山腳下遊蕩時，有天碰到一個年輕的印度苦行者，他說有富商在附近蓋了一棟房子，他和他的追隨者要去那裡聚會。賈伯斯說：「能遇見這麼一個靈修者和他的徒弟，實在很不錯。更棒的是，可以大吃一頓。我們走近那棟房子，食物的香味就撲鼻而來，我已經餓得飢腸轆轆。」

賈伯斯正和眾人大塊朵頤，那個年紀與他相仿的苦行者突然指著他，笑得歇斯底里。賈伯斯說：「接下來，他跑過來抓著我的手臂，一邊發出逗小孩的嘟嘟聲，然後說：『你像個小娃娃。』那時候，我不喜歡這種受人矚目的感覺。」

那個苦行者拉著他，走出群眾，帶他爬上一座小山，那裡有個水井和一個小池塘。「我們坐下之後，他拿出一把剃刀。我想這人八成是瘋子，心裡七上八下的。接著，他掏出肥皂。那時我頭髮很長。他在我頭髮上塗了肥皂，然後把我的頭髮剃光。他說，他在拯救我的健康。」

卡特基在那年初夏來到印度，賈伯斯於是回到新德里跟他會合。他們多半搭巴士在大街小巷穿梭，漫無目的。這時賈伯斯已打消向上師求道的念頭，希望從禁欲、清貧、簡單的生活來悟道，但他的內心依然無法平靜。卡特基還記得，賈伯斯曾在某個村落的市場，和一個印度婦人互相叫罵。賈伯斯氣急敗壞的說，那個女人是騙子，她賣的牛奶是稀釋過的。

儘管賈伯斯生活儉約，也有慷慨的一面。他們到達西藏邊境的小鎮馬納里時，卡特基的睡袋被偷了，他的旅行支票就在裡面。卡特基說：「史帝夫幫我出飯錢，還為我付返回德里的車錢，甚至把他身上僅有的 100 美元都給了我，幫我度過難關。」

賈伯斯在印度流浪了七個月後，那年秋天決定返國。他先飛到倫敦，找他在印度認識的一個女性友人，然後從那裡買了張便宜機票，飛到奧克蘭。他不常給父母寫信（他經過美國運通在新德里的辦公室時，才從那裡拿回親友寄給他的信），他突然從奧克蘭機場打電話回家，要他父母開車來接他，他們著實嚇了一跳。但他們還是立刻從洛斯阿圖斯開車過來。「我剃了光頭，身穿印度棉布衫，皮膚曬成巧克力般的紅棕色。我父母從我面前走過四、五次，都沒認出是我。最後，我媽走過來問我：『你是史帝夫？』我說：『嗨！』」

回家之後，他仍繼續自我追尋之旅，希望從不同的途徑達到開悟的境界。上午和晚上，他要不是在打坐，就是在研究禪學，下午則去史丹佛大學旁聽物理或工程學的課程。

追尋自我

賈伯斯對東方靈修、印度教、禪學和求道，非常認真。雖然他才十九歲，這絕不只是一個過渡階段的沉迷。他終其一生都遵守東方宗教的基本戒律，例如強調「般若」的經驗，即通達諸法之智及斷惑證理之慧。多年後，他在帕羅奧圖家中的花園，回想年少時那趟印度之旅對他的影響：

對我而言，回到美國感受到的文化衝擊，甚至遠大於去印度的時候。印度村民不像我們看重理性，而是用直覺，而他們的直覺要比世界其他地方的人來得發達。在我看來，直覺是非常強大的力量，要比理性來得有力。這對我的工作有很大的影響。

西方理性思維，並不是人類與生俱來的特質，而是後天學習得到的。這可說是西方文明的偉大成就。但在印度村落，他們從來沒學過這一套。他們學的是別的，從某些角度來看，這些東西和理性思維一樣有價值。這就是直覺和經驗智慧的力量。

我在印度村落待了七個月，回國之後，我看到西方世界不是只有理性思維，也有瘋狂的一面。如果你靜靜坐著觀察，你會發現你的一顆心躁動不安。你努力想使自己的心靜下來，結果卻更糟。但過了一段時間，你的心還是可以靜下來，這時你就能感覺到一些比較微妙的東西 —— 這時，你的直覺就像花朵綻放開來，你看到的一切變得更清晰，你也比較能夠活在當下。於是，你的心慢了下來，每一個剎那都可化為永恆。你看到很多你以前看不到的。這是訓練，你必須不斷修習，才能達到這個境界。

從那時起，禪對我的人生有了深遠的影響。我曾經考慮要不要去日本的永平寺修行，但我的靈修老師勸我留在這裡。他說，這裡沒有的，我去那裡也找不到。他說的沒錯。有句禪語說，如果你有求師的誠心，願意到天涯海角尋找明師，那位明師終會出現在你身邊。

的確，賈伯斯就在洛斯阿圖斯找到了一位禪師。他就是《禪者的初心》作者鈴木俊隆，也是舊金山禪修中心的創辦人。每週三，鈴木俊隆都會在禪修中心開示，並與一小群學員一起打坐。

由於賈伯斯等人求道心切，鈴木俊隆於是請他的助手乙川弘文開辦一所修行中心，讓學員一週七天都可以來。賈伯斯很認真的跟隨乙川禪師修行，與他若即若離的女友克莉絲安、卡特基及其女友伊莉莎白，也常跟他一起去學禪。有時，他則獨自去卡梅爾（Carmel）的塔薩哈拉禪修中心，向乙川禪師學習。

卡特基覺得，乙川禪師是很有趣的人。他說：「禪師的英語糟透了。他用俳句般的語言說話，加上詩意或有暗示意味的語句。我們坐在那裡，靜靜聽他說，但聽了半天，還是不知道他在說什麼。我去那裡只是為了好玩。」

他的女友伊莉莎白則比較投入，她說：「我們會跟乙川禪師一起打坐。每個人都坐在叫『座蒲』的坐墊上，老師坐在講台上。我們學習如何趕走內心的紛亂。那真是一種奇妙的經驗。有一晚，我們跟著老師打坐的時候，老師教我們如何利用周圍的雜音，把注意力拉回來，專心打坐。」

賈伯斯十分虔誠、力求精進。卡特基說：「他變得很嚴肅，很自我中心，讓人受不了。」這時，賈伯斯幾乎每天都去找乙川禪師，每隔幾個月就一起閉關修行。賈伯斯說：「我能遇見乙川禪師，真是三生有幸。我盡量找時間跟他在一起。他太太在史丹佛當護士，他們有兩個孩子。由於他太太上小夜班，天黑之後，我就去找他。等他太太半夜回到家，要趕我走，我才依依不捨的離開。」

賈伯斯曾經和乙川禪師討論是否他該出家修行，老師要他別這麼做。賈伯斯說，他可以一邊工作一邊修行，兩者並不牴觸。這段師徒關係非常深遠，十七年後賈伯斯結婚，還請乙川禪師來福證。

賈伯斯的自我追尋，幾乎成了一種強迫症，最後找上洛杉磯的心理治療師簡諾夫（Arthur Janov），並接受當時非常流行的原始吶喊療法。這是一種基於佛洛伊德理論的療法，認為心理問題常是因為壓抑童年時期的傷痛導致的，藉由嘶吼、吶喊或狂哮，重新把那種傷痛的感覺完全表達出來，發洩恐懼或痛苦的情感，問題即可解決。對賈伯斯而言，由於這種療法涉及直覺和情緒反應，而不是只靠理性分析，似乎比談話治療來得好，可以一試。他說：「這是不用思考的事。你只要這麼做：閉上眼睛，屏氣凝神，跳進去，等你從另一頭出來的時候，已經雨過天青。」

簡諾夫有一群追隨者，把尤金市的一棟老舊飯店建築，改造為奧勒岡感覺中心，由賈伯斯在里德學院的老朋友傅萊蘭德經營。由於傅萊蘭德的大同農場就在附近，他在這個心理治療機構出現，或許沒什麼好驚訝的。1974 年底，賈伯斯花費 1,000 美元在此接受為期十二週的治療。卡特基說：「我和史帝夫都很重視個人成長。我也想跟他一起去，但我付不起。」

賈伯斯曾對知心的朋友吐露，他一出生就給人領養，不知道自己的親生父母是誰，這樣的身世讓他十分痛苦。傅萊蘭德後來說：「史帝夫非常想知道自己的生父、生母是誰，因為他想更了解自己。」賈伯斯從保羅和克蕾拉那裡得知，他的親生父母是一所大學的研究生，而他生父可能是敘利亞人。他曾想過請徵信社幫他調查，最後還是作罷。他說：「我不想傷害我的父母親。」他說的父母親是指保羅和克蕾拉。

友人伊莉莎白說：「他一直對自己被領養這件事耿耿於懷，但他知道自己應該心平氣和的面對這個事實。」賈伯斯曾對她說：「有件事讓我很苦惱，我得好好想想該怎麼做。」他對卡爾霍恩說了更多內心話。卡爾霍恩說：「關於被領養的事，史帝夫想了很多，也跟我談了不少。不管是原始吶喊療法，或是只吃蔬果避免體內產生黏液，都是他的自我滌淨之道，藉以深入一出生就遭拋棄的苦痛。他曾對我說，被親生父母拋棄這件事，讓他深感憤怒。」

搖滾音樂家約翰藍儂也曾在1970年接受原始吶喊療法。那年十二月，藍儂發行「塑膠小野樂團」專輯，解構內心深處最私密的情感。開場曲〈母親〉透露他的身世：他從小就遭父親拋棄，到了青少年時期，母親又車禍身亡。這首歌的副歌重複了九次：「媽媽別走，爹地回來……」在人心頭縈繞不去。伊莉莎白說，她記得賈伯斯常常播放那首歌。

賈伯斯後來說，簡諾夫的療法並沒有什麼效果。「他提供的是現成的、傳統的答案，實在過於簡單。到頭來，我一樣迷惘，沒有雨過天青的感覺。」但伊莉莎白的看法不同，認為他在治療之後變得比較有自信。她說：「治療過後的他，和以前判若兩人。他原本個性火爆，但從奧勒岡感覺中心回來之後，那一陣子變得溫和多了。他變得更有自信，自卑感也減少了。」

賈伯斯相信，他能把他的自信感染給別人，驅使人超越極限。伊莉莎白此時已跟卡特基分手，加入舊金山的某個宗教團體。該團體要求她和過去的朋友斷絕來往。賈伯斯才不管這一套，他開著他的福特車去聚會所找伊莉莎白，說他要去傅萊蘭德的蘋果園，要她一起去。儘管伊莉莎白不會換檔，賈伯斯還是堅持要她幫忙開一段路。她說：「他開到寬闊的大路上，就命令我坐到駕駛座。他把手排檔換到高速檔，要我加速到時速90公里左右，接著放狄倫那張『血淚交織』專輯。然後他頭靠在我的大腿上，開始呼呼大睡。他認為他什麼都做得到，你也可以。他把自己的性命交到我手中，讓我做出我自認為做不到的事。」

由此可見他的「現實扭曲力場」也有光明的一面。伊莉莎白說：「如果你相信他，你就相信自己真的做得到。如果他打定主意希望看到什麼，最後必然看得到。」

打掉磚塊

1975 年初，艾爾康坐在雅達利的辦公室內，韋恩突然衝了進來，大叫：「史帝夫回來了！」

「哇，那就帶他過來吧。」艾爾康說。

賈伯斯打赤腳，身穿橘黃色的長袍，遞上一本由拉姆・達斯巴巴寫的《活在當下》，請艾爾康一定要讀。他問：「我可以回來上班嗎？」

艾爾康回憶說：「他看起來就像奎師那神廟裡的僧侶。但看到他回來，我還是很高興。我說，當然可以！」

然而，為了公司同事之間的和諧，賈伯斯大多上晚班。那時沃茲尼克在惠普上班，住在附近的公寓，吃完晚飯常來雅達利晃晃，打電動玩具。沃茲尼克曾在桑尼維爾一家保齡球館打「乓」打到上癮，索性自己設計一套，接上家中的電視機就可以玩了。

1975 年夏末，儘管每個人都認為乒乓球式的電玩已經不流行，布許聶爾還是決定開發「乓」的單人版。這種遊戲不必有對手，一個人也能玩，也就是把小球打到一堵牆上，被球擊中的磚塊就會消失。他把賈伯斯叫到他的辦公室，在小黑板上畫出他的構想，要求賈伯斯設計出來。布許聶爾說，只要他用的晶片少於五十顆，就可得到獎金，用得愈少，獎金愈多。布許聶爾早就知道賈伯斯對硬體線路設計不感興趣，一定會找沃茲尼克幫忙。布許聶爾說：「用賈伯斯，等於是買一送一。賈伯斯和沃茲尼克焦不離孟，只要把事情交代給賈伯斯，他的鬼才工程師朋友沃茲尼克必然會拔刀相助。」

賈伯斯果然請沃茲尼克幫忙，還提議獎金兩人對分。沃茲尼克不禁怦然心動，說：「我這輩子覺得最棒的事，就是設計出可讓人使用的電玩遊戲。」賈伯斯說，他們只有四天的時間，而且使用的晶片愈少愈好。他沒讓沃茲尼克知道，四天的期限是他自己提出的，因為他必須趕快把工作完成，才能到大同農場幫忙採收蘋果。他也沒說，使用的晶片愈少，就可拿到愈多獎金。

沃茲尼克回憶說：「像這樣的遊戲，大多數的工程師都得花幾個月的時間才做得出來。我本來想，這是不可能的，但史帝夫告訴我，我一定做得到。」於是他連續四天四夜，不眠不休，終於做出來了。白天，他在惠普上班，就在紙上畫設計圖。下班之後，隨便吃點東西，就趕往雅達利，在那裡工作到天亮。沃茲尼克負責準備零件，賈伯斯則坐在他的左邊，用繞線的方式，把晶片連接到麵包板（即免焊萬用電路板）。沃茲尼克說：「史帝夫在繞線，我就可以玩我最喜歡的大賽車。」

結果，他們真的辦到了，在四天之內大功告成，而且只用了四十五顆晶片。回想起這段往事，這對好兄弟的記憶有點出入。據說，賈伯斯只分給沃茲尼克一半的基本設計費，少用五顆晶片拿到的獎金則全數私吞。十年後，沃茲尼克才從一本講述雅達利公司發展史的書《咻》（*Zap*）知道此事。沃茲尼克說：「我想，史帝夫需要錢，但他沒跟我說實話。」說到這裡，他沉默了半晌，最後才說這件事還真讓人痛心。「我希望他能誠實。如果他明白跟我說，他需要錢，他該知道我會樂意把錢給他，畢竟他是我的好朋友。助朋友一臂之力是義不容辭的。」對沃茲尼克而言，這顯示兩人個性的根本差異。「道德對我而言是很重要的。直到今天，我仍然不明白，他為什麼拿了一筆獎金，卻告訴我只有設計費。然而，如你所知，一種米養百樣人。」

十年後，這段往事揭露之後，賈伯斯打電話給沃茲尼克，否認私吞獎金。沃茲尼克說：「他告訴我，他真的不記得做過這樣的事。如果他真的做了，他就不會忘記。因此，他或許真的沒做過。」我直接問賈伯斯，他很不尋常的沉默下來，字斟句酌的說：「我不知道這樣的指控是怎麼來的。我把我拿到的 700 美元，分給他一半。我對他向來如此。他拿到的蘋果股票張數和我一樣多，儘管他從 1978 年之後，就沒再做什麼事。」

是否記憶會出差錯，賈伯斯當年並沒有少給沃茲尼克一塊錢？沃茲尼克告訴我：「有可能我記錯了。」他停了一下，才又開口：「但這件事，我記得一清二楚。我還記得，當年我拿到一張 350 美元的支票。」他後來跑去問布許聶爾和艾爾康。布許聶爾說：「我把獎金的事告訴沃茲尼克。他聽了之後，非常難過。我說，沒錯，每節省一顆晶片，就有一筆獎金。他搖搖頭，閉上嘴巴。」

不管真相為何，沃茲尼克說，這件小事不值得追究。他說，賈伯斯是個複雜的人，善於操縱別人只是他的一個黑暗面，但他也因此功成名就。沃茲尼克說，他自己就不可能做這樣的事，然而像他這樣的人，也不可能單憑一己之力創立蘋果電腦。他要我打住，不要再追問。「這件事過了就算了。我不會拿這樣的事來評判史帝夫。」

在雅達利工作的經驗，使賈伯斯了解產品與設計的關聯。他欣賞雅達利機台設計的簡潔與容易上手，就像玩星際迷航遊戲機，只要投幣、避開克林貢人就可以了。他的同事韋恩說：「這種簡約的風格，對他頗有影響。他喜歡有焦點的產品。」此外，他也從布許聶爾那裡學到「逆我者亡」的態度。艾爾康說：「你不能對布許聶爾說『不行』，這點讓賈伯斯印象深刻。雖然布許聶爾不像賈伯斯，不會口出惡言，但他對人有同樣的驅力。儘管我會畏縮，還是得設法克服，把事情做好。在這方面，布許聶爾可說是賈伯斯的導師。」

布許聶爾說：「企業家有一種難以定義的特質，而我在賈伯斯身上看到這種特質。他不只對工程方面有興趣，對於做生意也有獨到的見解。我曾教他，如果你表現得像是你做得來，那就可以成功。我告訴他，儘管你只是假裝完全掌握情況，別人也會相信你。」

05

蘋果一號

打開，啟動，連接……

© Daniel Kottke

1976年，賈伯斯與卡特基帶著蘋果一號出席亞特蘭大電腦展。

一切都在蒙恩機器的照管之下

1960 年代晚期的舊金山和矽谷，是多股文化潮流匯集之處。

其一是科技革命，起於國防工業的發展，不久電子公司、晶片製造商、電玩公司和電腦公司也如雨後春筍般冒出。那個時代也是駭客次文化興起之時，如電腦迷、飛客、電腦叛客和一般玩家，包括那些與惠普模式格格不入的工程師，以及他們無所適從的下一代。有些準學術團體以迷幻藥的影響進行研究，受試者包括史丹佛研究院增益研究中心（Augmentation Research Center）的領導人恩格巴特（Doug Engelbart）—— 我們現在用的滑鼠和圖形使用者介面，就是他研發出來的。另一位大名鼎鼎的受試者則是《飛越杜鵑窩》的作者濟西（Ken Kesey）。他很喜歡舉辦大眾聲光迷幻派對，其中駐唱團體後來成了「死之華樂團」。

那個時代還有風起雲湧的嬉皮運動，從第二次世界大戰之後在灣區出現的「垮掉的一代」延續而來。柏克萊的言論自由運動也在此時開啟更大規模的反政府、反威權風潮。此外，那個時代出現多種追求自我實現的運動，如禪學、印度教、打坐、瑜伽、原始吶喊療法、感覺遮斷實驗、伊莎蘭芳療和伊爾哈德研討訓練（EST）* 等，皆風行一時。

我們可在年輕的賈伯斯身上看到這些次文化的縮影：嬉皮的「花的力量」、電腦處理器的強大、悟道與科技。他在清晨打坐、旁聽史丹佛大學物理課，晚上在雅達利電玩公司上班，夢想有一天能創立自己的公司。回溯那個時空，他說：「想當年，這裡真是風起雲湧。最好的歌手、搖滾樂團都在這裡，像是死之華、傑佛遜飛船、瓊拜雅、珍妮絲賈普林，這裡還有積體電路，以及像

《全球目錄》(*Whole Earth Catalog*)[†]這樣的反主流文化雜誌。」

起先，科技和嬉皮無法融合得很好。很多反主流文化人士都視電腦為毒蛇猛獸，屬於五角大廈管轄，也是權力結構的一部分。史學家孟福德（Lewis Mumford）就曾在《機器的神話》(*The Myth of the Machine*)一書發出警告，電腦會吸走我們的自由，破壞「能增益人生的價值」。那個時代的打孔卡上印的警語：「請勿折疊、捲曲或毀損」，甚至成了反戰運動的流行標語。

到了1970年代早期，世人對電腦的態度漸漸有了改變。馬柯夫（John Markoff）在他的反文化與電腦產業研究的專書《棒睡鼠說的話》(*What the Dormouse Said*)論道：「電腦不再是官僚控制的工具，而是個人表現與解放的象徵。」布羅亭根（Richard Brautigan）也曾在1967年以一首詩〈一切都在蒙恩機器的照管之下〉頌揚電腦。宣揚迷幻藥不遺餘力的心理學家賴里，更把他著名的口號修改為「打開、啟動、連接」(Turn on, boot up, jack in)，宣稱個人電腦就是新的迷幻藥。

U2的主唱波諾經常和賈伯斯討論，灣區搖滾樂與迷幻藥的反主流文化如何開創個人電腦產業，兩人因此結為好友。波諾說：「二十一世紀的創造者就是西岸那些吸食迷幻藥、穿拖鞋的嬉皮，因為他們能用不同的眼光看世界。至於東岸、英國、德國和日本，由於受到階級制度的限制，無法激發不同的想法。1960年代的無政府思想，有助於我們想像一個前所未有的世界。」

在1960、1970年代，有一個人促成反文化者與駭客的攜手合作，他就是布蘭德（Stewart Brand）。此人頑皮而有遠見，為往後

---

* 譯注：伊爾哈德研討訓練（Erhard Seminar Training），結合現代心理健康科學、心靈動力、心靈控制與禪宗思想而成的一套研討課程。

† 譯注：《全球目錄》由布蘭德（Stewart Brand）於1968年創刊，內容就像印在紙張上的Google。

數十年的社會帶來許多樂趣和新點子。他曾在 1960 年代初期，在帕羅奧圖參加迷幻藥人體試驗，並與另一位受試者濟西共同舉辦迷幻搖滾巡迴演出。小說家沃爾夫（Tom Wolfe）在《插電酷甜迷幻實驗》（*The Electric Kool-Aid Acid Test*）開頭場景描寫的人物之一，就是布蘭德。他也曾跟恩格巴特合作，用一種叫做「展示之母」的新科技，創造出驚人的聲光效果。布蘭德曾說：「我們這一代大多對電腦嗤之以鼻，認為這是中央集權控制的象徵，然而有一小撮人，也就是我們現在口中的『駭客』，擁抱電腦，將之變成解放的工具。這就是真正通往未來的王者之路。」

布蘭德曾用卡車當作「全球行動商店」，開車四處販售很酷的工具和學習資料。為了讓更多人知道他的理念，他更在 1968 年創辦《全球目錄》雜誌。這本雜誌的封面很有名，也就是外太空視角下的地球影像，副題為「由此取用工具」。這本雜誌背後的哲學是：科技也能成為我們的好朋友。正如布蘭德在創刊號第一頁寫的：「一種個人的力量正在成形。個人可主導自己的教育，尋找自己的靈感，塑造自己的環境，並與有興趣的人分享自己的探險。《全球目錄》提供的就是這個過程所需的工具。」接著，他引用發明家富勒（Buckminster Fuller）的一首詩：「我在可靠的器械和結構中，看見上帝……」

賈伯斯一直是《全球目錄》的忠實讀者，可惜這本雜誌在 1971 年停刊了。賈伯斯尤其喜歡最後一期，那時，他只是個高中生。上大學之後，他把那期帶去，到大同農場工作也帶在身上。他說：「停刊號的封底照片是一條早晨的鄉間小路，就是那種你搭便車冒險旅行時會經過的小路。照片底下印了一行字：『求知若渴，虛心若愚。』」

布蘭德也在賈伯斯身上看到最純粹的文化融合，即《全球目錄》宣揚的精神。他說：「史帝夫就站在反文化與科技交會的地方，知道人類需要什麼樣的工具。」

布蘭德的《全球目錄》得以出版，是因致力於電腦教育的波托拉協會（Portola Institute）出資協助。這個協會也幫助人民電腦通訊社（People's Computer Company）發行電腦方面的最新消息，該社的宗旨就是「電腦讓人擁有力量」。他們偶爾會在週三晚上辦餐會，每位參加者必須帶一道菜來分享。有兩個經常參加這個餐會的人，決定創立一個比較正式的俱樂部，來分享個人電子產品方面的消息。他們就是法蘭奇（Gordon French）和莫爾（Fred Moore）。

1975年1月出刊的《大眾機械》（*Popular Mechanics*）封面，出現第一部套裝個人電腦組件：牛郎星（Altair），讓法蘭奇和莫爾眼睛亮了起來。牛郎星電腦套裝組件不貴，所有的零件只要495美元，焊接到電路板上就成了一部電腦。雖然牛郎星組裝電腦沒有多少功能，但是對業餘玩家和駭客來說，代表新的電腦紀元來臨了。比爾・蓋茲和保羅・艾倫（Paul Allen）看了那期的《大眾機械》，也著手研發可供牛郎星電腦使用的培基語言（BASIC）。賈伯斯和沃茲尼克當然也不會放過牛郎星。法蘭奇和莫爾第一次為他們的電腦俱樂部辦活動，他們展示的牛郎星套裝組件，立刻成為眾人矚目的焦點。

自組電腦俱樂部

法蘭奇和莫爾創立的團體，就叫自組電腦俱樂部（Homebrew Computer Club）。這個俱樂部和布蘭德發行《全球目錄》的精神一樣，目的在融合反文化和科技，有如約翰遜博士時代的土耳其人頭咖啡館*，是思想交換、傳播的所在。1975年3月5日，自組電腦俱樂部第一次辦活動。之前，莫爾在法蘭奇的車庫製作宣傳單。他在傳單上寫著：「你自己組裝電腦嗎？你也組裝終端機、電視機或是電動打字機嗎？如果是的話，歡迎參加本俱樂部的活動。你可在此遇見志同道合的朋友。」

沃茲尼克的好友鮑姆，在惠普公司的布告板上看到這張傳單，馬上打電話給沃茲尼克，要他一起去。沃茲尼克說：「結果那晚成了我生命中最重要的一夜。」法蘭奇的車庫位於門羅帕克，那天晚上約有三十位電腦玩家現身，輪流自我介紹並描述自己的興趣。沃茲尼克說，輪到他的時候，他緊張得心臟快停了。根據莫爾的紀錄，沃茲尼克說他喜歡「打電動、看旅館的付費電影、設計工程型計算機和電腦終端機。」現場展示新上市的牛郎星，但是對沃茲尼克而言，還有一樣東西更重要，也就是微處理器的規格表。

他想到微處理器這個小小的半導體晶片上，竟然包含了整部電腦的中央處理器，突然靈光一現。他曾經設計一種終端機，加上鍵盤和螢幕，這套設備就可連接到遠處的迷你電腦。如果有微處理器，他還可以把迷你電腦的某些功能置入終端機，這樣就可以成為一部小型桌上型電腦了 —— 由鍵盤、螢幕和電腦組成的個人電腦。沃茲尼克說：「個人電腦的概念就是這樣從我腦中冒出來。那晚，我開始在紙上設計草圖。日後的蘋果一號就是這麼來的。」

一開始，沃茲尼克打算採用和牛郎星相同的微處理器，也就是英特爾8080，但單價幾乎比他每月的房租還高，他不得不找其他替代品。他發現摩托羅拉6800便宜多了，如果由惠普的朋友幫他買，每顆的成本可降到40美元。最後，他更找到摩斯科技（MOS Technologies）生產的晶片，只要20美元。雖然這可使他的個人電腦售價低廉，但這樣的晶片並不耐用；英特爾的微處理器已成為業界的標準，如果採用便宜貨，蘋果電腦恐怕會有不相容的問題。

每天下班後，沃茲尼克回家將微波餐盒加熱，填飽肚子，就回惠普研發他的電腦。他把所有的零件都擺在辦公桌上，研究如何組裝，然後焊接到主機板上。由於他沒錢租電腦時段來寫程式，只能寫在紙上。幾個月之後，他終於可以測試了。他說：「我在鍵盤上敲了幾個鍵，字母就顯現在螢幕上。我真是嚇到了。」那天是1975年6月29日星期天，沃茲尼克為個人電腦立下歷史性的里程碑。他說：「那是有史以來第一次，人類可以在鍵盤上敲鍵，字母會立即在眼前的螢幕上顯現。」

這機器讓賈伯斯嘆為觀止。他問了沃茲尼克一堆問題，像是：這部電腦可否連上電腦網路？是否能用磁帶來儲存資料或程式？賈伯斯還幫忙沃茲尼克取得零件，尤其是DRAM（動態隨機存取記憶體）晶片。賈伯斯打了幾通電話，就免費拿到一些英特爾的晶片。沃茲尼克說：「史帝夫就是這種人。他知道如何和銷售代表交涉。我太害羞了，永遠做不到。」

賈伯斯開始跟沃茲尼克去自組電腦俱樂部。他幫忙搬螢幕，以及把電腦組裝起來。自組電腦俱樂部此時已吸引上百位電腦玩家，不得不移師到史丹佛直線加速器中心的階梯大講堂。賈伯斯

---

* 譯注：土耳其人頭咖啡館（Turk's Head coffee-house）是倫敦第一家咖啡館。1659年哈林頓（James Harrington）創立的政治辯論團體「羅塔俱樂部」（Rota Club），即以這家咖啡館做為活動場所。十八世紀英國知名文人約翰遜博士（Samuel Johnson）常和朋友在此聚會交流。

和沃茲尼克當年為了製造撥打免費長途電話的藍盒子，就是在這個研究中心的圖書館找到那本關鍵的電話技術期刊。

俱樂部的主持人是費森斯坦（Lee Felsenstein），也是擁抱電腦和反主流文化的人。他拿著光筆，用輕鬆自在的語氣為大家介紹。費森斯坦沒念完工程系就輟學了，曾參加言論自由運動，也是積極的反戰份子，有段時間曾為地下報紙《柏克萊野蠻人》（*Berkeley Barb*）寫稿，後來成為電腦工程師。

費森斯坦一開始先做簡評，然後由某位玩家展示他做的電腦，最後是自由交流時間，每個人都可到處走走、看看，找人討論。沃茲尼克生性內向，不敢到講台上展示自己的作品，但很多人都對他的機器感興趣，把他團團圍住，最後他才大方解說他是怎麼做的。莫爾希望把交換與分享的精神，帶進自組電腦俱樂部，不想讓他的俱樂部變成市場。沃茲尼克說：「這個俱樂部的宗旨是幫助別人。」這點和駭客信奉的原則一致：所有的資訊應該是免費的，一切的權威都不是可信賴的。沃茲尼克說：「我設計出蘋果一號的初衷，就是希望免費與人分享。」

但這個理想在比爾．蓋茲眼裡全然不可行。他和艾倫用培基語言為牛郎星撰寫操作程式之後，發現自組電腦俱樂部的成員竟然複製他的程式來用，沒付一毛錢給他，不禁愕然。他於是寫了一封公開信給該俱樂部：「大多數的電腦玩家應該心裡有數，你們用的軟體都是偷來的。這樣公平嗎？⋯⋯如此一來，誰還願意嘔心瀝血去寫程式？這麼專業的東西遭人盜用，最後落得一無所有，將來誰還敢撰寫程式？⋯⋯如果你們用了程式，願意把程式的費用寄來給我，我將十分感激。」

賈伯斯的想法也和沃茲尼克的初衷不同。不管是藍盒子或是個人電腦，賈伯斯都不可能免費送人。因此，他說服沃茲尼克別再把他的設計圖免費送人。賈伯斯說，畢竟大多數的人都不會自己組裝電腦。「我們為什麼不把做好的電路板賣給他們？」這是兩人相輔相成的一個例子。沃茲尼克說：「每次我設計出很棒的東西，史帝夫就會想辦法賣掉獲利。」沃茲尼克承認，他不像賈伯斯那樣能言善道，能說服人把錢掏出來。「我從來沒想過賣電腦的事。但史帝夫告訴我，我們把這東西拿去賣賣看吧。」

賈伯斯在雅達利找到一個同事，付錢給他，請他幫忙繪製電路板的設計圖，預計請廠商做五十塊電路板，這部分的成本約是 1,000 美元加上繪圖費用。每塊電路板可賣 40 美元，如此一來約可獲利 700 美元。起先沃茲尼克擔心無法全部賣出，他說：「我想，賠本的機率比較大。」由於他開給房東的支票常常跳票，房東要他每個月非付現不可。

賈伯斯知道如何說動沃茲尼克。他並沒有強調他們一定會賺錢，而是說這就像冒險一樣，好玩得很。賈伯斯開著他那老舊的福斯露營車，載著沃茲尼克四處晃晃，對他說：「就算賠錢，我們還是擁有一家公司。我們這輩子畢竟曾經擁有一家公司。」對沃茲尼克而言，這個夢想遠比致富更吸引人。他說：「想到這點我就很興奮。兩個最要好的朋友攜手開創一家公司。哇！我當下就決定要這麼做。我怎能抗拒這樣的機會？」

為了籌措創業資金，沃茲尼克用 500 美元賣掉他的惠普 65 型計算機，但買家最後只付了一半；賈伯斯則以 1,500 美元賣掉他的福斯露營車。他父親曾勸他別買這部車，賈伯斯後來不得不承認父親的眼光沒錯，那部車果然是大爛車。買下那部車的人，兩星期後回來找他算帳，說車子的引擎壞了。賈伯斯同意付半數的修理費。

儘管遭遇這些小小的挫折，他們還是有了 1,300 美元的資金，以及產品設計圖和銷售計畫。他們即將創立一家屬於自己的電腦公司。

蘋果誕生了

既然決定開公司，總得幫公司取個名字。有天賈伯斯又去波特蘭的大同農場幫忙修剪蘋果樹，回來的時候，沃茲尼克開車到機場接他。開往洛斯阿圖斯的路上，他們考慮種種選擇。起先，他們想到幾個科技色彩濃厚的字眼，像是 Matrix 和一些新字，如 Executek，還有一些簡單無趣的名字如「個人電腦公司」等。由於翌日賈伯斯就必須登記公司名，他們只剩一天的時間考慮。最後，賈伯斯提議「蘋果電腦」（Apple Computer）。

賈伯斯說：「那時，我幾乎以水果做為主食，又剛從蘋果園回來，覺得『蘋果』這個名稱很有趣，生氣蓬勃，又不會給人壓迫感。『蘋果』削掉了『電腦』這個詞彙的稜角，讓人覺得更有親和力。再者，如果列在電話簿上，Apple 就跑到 Atari（雅達利）的前面。」沃茲尼克告訴賈伯斯，如果明天下午，還沒想出更好的名字，就用「蘋果」吧。結果，他們將公司名稱登記為「蘋果電腦」。

「蘋果」的確是個聰明的選擇，讓人立即聯想到友善與純樸。「蘋果」做為一家電腦公司的名字，有點特別，然而這個名詞確實像一塊派一樣平常，又有那麼一點反主流文化的意味，像回到自然一樣樸實，此外也有十足的美國味。「蘋果」加「電腦」於是成了一個有趣的組合。不久之後成為這家新公司第一任董事長的邁克・馬庫拉說道：「這個名稱雖然怪異，但讓人無法忘懷。蘋果與電腦根本風馬牛不相干！但這個品牌因此給人耳目一新的感覺。」

然而，沃茲尼克還無法把全部時間貢獻給蘋果。他依然死心塌地認為自己是惠普人，仍想保住自己在惠普的工作。賈伯斯知道他需要找個人幫他說服沃茲尼克，萬一兩人發生衝突，也可請這個人來調解。賈伯斯想到他在雅達利的同事，也就是曾開一家吃角子老虎公司的中年工程師韋恩。

韋恩知道說服沃茲尼克離開惠普並不容易，其實他不必馬上離職。他發現說服沃茲尼克的關鍵在於，他設計的電腦將屬於蘋果的合夥人。韋恩說：「沃茲尼克覺得他設計的電路板就像他的孩子，希望用在其他電子設備，或是讓惠普也能使用。然而我和賈伯斯了解，這些電路板有如蘋果的核心。我們在我的公寓，花了兩個小時和他坐下來一起討論。我好不容易才說動沃茲尼克。」韋恩說，要是沒有卓越的行銷者，工程師就算再厲害也無法留名青史，因此沃茲尼克必須把他的設計交給共同合夥人。

賈伯斯對韋恩銘感五內，於是讓他擁有蘋果 10% 的股份。韋恩像是蘋果的皮特貝斯特（Pete Best）*，更重要的是，如果賈伯斯和沃茲尼克僵持不下，就只能請韋恩來解決了。

韋恩說：「賈伯斯與沃茲尼克個性迥異，兩人組合起來，卻是一支超強隊伍。」有時賈伯斯像是受到魔鬼的驅策，而沃茲尼克似乎像個天真無邪的孩子，常被天使逗著玩。賈伯斯喜歡蠻幹，這種精神讓他完成很多事情，但偶爾他也會操縱別人。反之，沃茲尼克害羞、內向，你可在他身上發現一種甜美的稚氣。賈伯斯

---

* 譯注：皮特貝斯特是披頭四的鼓手，後來才被林哥史達取代。

說：「沃茲尼克在某些領域的表現可謂天下無敵，幾乎像是偉大的科學家，但他碰上陌生人就手足無措。我們是天造地設的一對。」賈伯斯對沃茲尼克在電子設計的天才，讚嘆有加，而沃茲尼克也佩服賈伯斯做生意的幹勁。沃茲尼克說：「我不擅與人交往，更不會教訓別人，但史帝夫敢打電話給任何人，要他們照他的話做。他對不夠聰明的人不屑一顧，甚至口出惡言，但他從來不曾粗魯的對我，即使後來我無法回答他給我的一些問題，也沒對我生氣。」

即使沃茲尼克同意，他新設計的電路板所有權屬於蘋果電腦合夥人，但畢竟他向來以惠普人自居，他還是想先拿去惠普，看公司是否願意生產他設計的東西。沃茲尼克說：「由於我還沒離職，我認為我在服務期間設計的東西應該告訴主管，如此才合乎工作倫理。」於是，他在 1976 年春天，展示他設計的電腦給老闆和資深經理看。雖然他的作品讓資深經理驚豔，但對方最後還是不得不告訴他實話：惠普不可能生產這種產品，這是給電腦玩家玩的。至少目前惠普瞄準的是高品質產品的市場，無意開拓廉價產品市場。沃茲尼克說：「我大失所望，但我可以毫無顧忌的加入蘋果了。」

1976 年 4 月 1 日，賈伯斯、沃茲尼克一起去韋恩在山景城的公寓，簽署合作協議書。韋恩說，他懂一些法律文書專有名詞，因此這份長達三頁的文件就由他來草擬。這份文件的每一段果然都是以浮華無實的法律文書用語做為起頭，像是「茲……」「特此……」「鑑於各自權益轉讓……」等。但公司股份和收益分配則非常清楚：賈伯斯、沃茲尼克和韋恩各是 45%、45%、10%。合約中並規定，超過 100 美元的開支，必須經過至少兩位合夥人的同意。責任的劃分也很明白，「沃茲尼克主要負責電子工程，賈伯斯除了電子工程，也負責行銷，而韋恩主要負責機械工程和文書。」賈伯斯用小寫署名，沃茲尼克小心翼翼的用草書體簽名，而韋恩的簽名則潦草得像鬼畫符。

沒多久，韋恩就開始退縮了。賈伯斯計劃去借更多錢來應付更大的開支，這讓他想起自己開公司慘賠的經驗，他不希望悲劇重演。賈伯斯和沃茲尼克都是一文不名的小子，但他已在床墊下藏了不少金幣（以防哪天全球經濟大崩盤）。由於蘋果只是簡單的合夥性質，如果公司負債，每個合夥人都必須負責，韋恩擔心有一天債主會找上他。十一天後，他就帶著一紙「退出聲明書」和修改後的合作協議書，前往聖塔克拉市政府。他的聲明書是這麼寫的：「鑑於本公司三方合夥人已了解並重新評估，茲同意韋恩退出合夥人之列。就韋恩應得的10%利益，本人已取得800美元，不久公司應再支付1,500美元。」

韋恩要是沒退出，他持有的蘋果股票市值到2010年底將達26億美元。現在的他，卻孤家寡人住在內華達州帕蘭普的一間小房子裡，投點小錢玩吃角子老虎，靠社會救濟金過日子。韋恩說，他不後悔。「那時，我為我自己做了最好的決定。他們兩個就像龍捲風，我知道自己斤兩不夠，不敢跟他們一起上天下地。」

蘋果的第一筆訂單

賈伯斯和沃茲尼克兩人創立蘋果之後，隨即到自組電腦俱樂部，聯手上台展示。沃茲尼克把他們新生產的電路板拿得高高的，描述他們使用的微處理器、8 KB的記憶體容量，以及他自己寫的培基語言。他還強調這個產品的特點：「這部電腦有一個可以打字的鍵盤，前面沒有一堆燈號和開關。」

接著換賈伯斯上場。他指出蘋果不像牛郎星，所有主要的零件都組裝好了。他向會員丟出一個問題：這麼棒的機器要賣多少錢呢？他舌粲蓮花，努力介紹他的產品，讓他們看見蘋果驚人的價值。往後數十年，每當蘋果有新產品上市，他都這樣賣力介紹。

結果，會員的反應有點冷淡。蘋果用的微處理器是廉價品，而不是像英特爾 8080 這種高檔貨。可是有個人站在後面，一直很專心聆聽。他叫泰瑞（Paul Terrell），1975 年在門羅帕克國王大道旁，開了一家拜特電腦商店（The Byte Shop）。一年後的當時，他已有三家分店，希望將來能成為全國連鎖店。賈伯斯很樂意私下展示給他看，為他介紹。他說：「請仔細看。看了之後，保證你會喜歡。」泰瑞確實覺得他們的產品很不錯，於是留了張名片給他們，說道：「那我們再連絡吧。」

沒想到隔天，賈伯斯就赤腳走進拜特電腦商店，告訴泰瑞：「我來跟你連絡了。」他用三寸不爛之舌打動泰瑞。泰瑞決定向賈伯斯訂購五十部電腦，但又說，他要的可不是 50 美元的電路板，顧客還得去買晶片自己組裝，那太麻煩了，只有功力高超的電腦玩家做得到。他要的是已經組裝好的電路板，每一塊他願意付 500 美元，銀貨兩訖。

賈伯斯立刻打電話到惠普找沃茲尼克。賈伯斯問他：「你現在坐著嗎？」沃茲尼克說，他在忙，沒坐在椅子上。但賈伯斯還是告訴他這個消息。沃茲尼克說：「我聽了之後，整個人都呆了。我永遠也忘不了那一刻。」

為了完成這筆訂單，他們需要購買 15,000 美元的零件。他們在霍姆史戴德中學的好友鮑姆和他父親，願意借他們 5,000 美元。

賈伯斯去洛斯阿圖斯一家銀行申請貸款，碰到一個狗眼看人低的經理，拒絕貸款給他周轉。他和沃茲尼克於是找霍提德電子材料行（Halted Supply），希望用蘋果的股權跟他們換零件。霍提德老闆看到這兩個穿著邋遢的年輕人，認為他們沒什麼搞頭，把他們趕走了。

賈伯斯在雅達利的老同事艾爾康雖然肯賣晶片給他，但堅持要他付現。這就沒轍了。最後，賈伯斯說服克雷默電子材料行（Cramer Electronics）打電話給泰瑞，向他求證真的有這筆25,000美元的訂單。泰瑞那時在開會，會議室的擴音器傳來祕書的聲音，說他有一通緊急電話非接不可。克雷默的經理問說，有兩個乳臭未乾的小子聲稱，他們拿到拜特電腦商店的訂單，是否真有此事？泰瑞說沒錯，克雷默的經理這才答應先供應零件給賈伯斯，三十天後付款。

車庫工廠

賈伯斯在洛斯阿圖斯的家，成了生產首批五十部蘋果一號電路板的工廠。他們必須在30天內將貨送到拜特電腦商店，拿到貨款再去付零件的開支。賈伯斯把親朋好友都找來，包括卡特基及他的前女友伊莉莎白（那時她已脫離宗教團體），以及準備生頭胎的妹妹佩蒂。佩蒂出嫁後，她的房間就空出來，廚房餐桌和車庫也拿來當工作區。

由於伊莉莎白上過珠寶設計課，賈伯斯要她負責焊接晶片。她說：「我焊接的，雖然大多數都過關，還是有幾個焊壞了。」賈伯斯很不高興，抱怨說：「我們不能浪費任何晶片！」這也是事實。於是他叫伊莉莎白到廚房餐桌整理帳目資料和文件，他自己來焊接。

他們每完成一塊電路板，就交給沃茲尼克檢查。沃茲尼克說：「我把完成的電路板接上電視螢幕和鍵盤，測試看看。如果沒有問題，就放進盒子裡；要是不能用，我就得研究，看是不是哪支針腳插錯了。」

賈伯斯的父親保羅把他的車庫讓出來，給蘋果電腦公司使用，修理舊車的業務暫時停擺。保羅把一張工作長桌搬進去，在新釘上去的石膏板牆上，掛了一幅電路簡圖，並釘了兩排抽屜櫃，貼上標籤，給他們放零件。保羅還釘了一個很大的箱子，裡面有熾熱的燈，讓他們通宵測試電路板是否能耐高溫。每當史帝夫大發脾氣，保羅就來問他：「怎麼了？有人在你屁眼插羽毛了嗎？」有時，保羅也會把電視機要回去，讓他看完一場足球賽。休息的時候，賈伯斯和卡特基常坐在外面的草地上彈吉他。

他母親不介意家裡變成工廠、堆滿零件，還多了好幾個人，但她很擔心兒子飲食不正常。伊莉莎白說：「她聽到史帝夫最近的飲食怪癖，驚訝得瞪大眼睛。她只希望他吃得健康，但史帝夫還是不改愛唱反調的本性，甚至說：『我只吃鮮果，還有處女在月光下採摘的嫩葉。』」

他們組裝好一打電路板，沃茲尼克也測試完畢之後，賈伯斯就把貨送到拜特商店。泰瑞見到成品的時候，倒抽了一口氣：沒有電源供應器、外殼、螢幕、鍵盤，這些統統沒有！他原本期待的是比較接近成品的東西。但賈伯斯狠狠的瞪他：當初不是說好這樣嗎？最後，泰瑞只好把電路板收下，付錢給他。

一個月後，蘋果就要開始獲利了。賈伯斯說：「我拿到更便宜的零件，於是製造電路板的成本就可以再壓低些。我們賣給拜特商店的五十塊電路板，拿回來的錢可以付一百塊電路板的零件。」剩下的五十塊電路板可以賣給朋友和自組電腦俱樂部的同好，賣出的全部都是淨賺了。

伊莉莎白在此兼職當會計，賈伯斯付她時薪4美元。她每週從舊金山來上一天班，把賈伯斯開出去的支票記錄在帳本上。為了使蘋果有個公司的樣子，賈伯斯租用電話答錄服務，來電訊息就由賈伯斯的母親負責抄錄。韋恩用維多利亞時代的小說插圖風格，為蘋果繪製了第一個商標「坐在蘋果樹下的牛頓」，並引用華茲華斯的詩句：「永遠在思維的奇異海洋中航行的孤獨心靈」。這句詩有點怪異，比起蘋果電腦，也許更適合韋恩自己。華茲華斯形容法國大革命之初的另一句詩，或許更符合蘋果的精神：「能活在那個黎明，已是幸福，若再加上年輕，簡直就是天堂。」正如沃茲尼克後來說的：「我們參與了有史以來最大的一場革命。能躬逢其盛，我深覺三生有幸。」

沃茲尼克已開始構思下一個版本的機器，目前的機型就稱為蘋果一號。賈伯斯和沃茲尼克會載著成品，到國王大道上的電子商店販售。除了最先交給拜特商店的五十塊電路板，其他五十塊幾乎讓朋友買光了，他們又做了一百塊，準備交給零售商賣。賈伯斯和沃茲尼克果然在定價策略上有不同的意見：沃茲尼克希望售價足以支付成本就好，賈伯斯則希望有一定的獲利。最後，沃茲尼克還是聽賈伯斯的。

賈伯斯把零售價訂為成本的三倍，比給泰瑞的批發價多出33%，即666.66美元。沃茲尼克說：「我喜歡重複的數字，像我設計的打電話、聽笑話的電話服務專線就是255-6666。」他們不知道在《啟示錄》中，666代表「野獸的記號」；而那年的賣座大片「天魔」，片中以666代表「惡魔的數字」。定價666.66這數字，可不是六六大順，反倒為他們惹來一堆怨言。（2010年，蘋果一號在佳士得拍賣會，以21.3萬美元賣出。）

1976年7月號的電腦玩家雜誌《介面》（*Interface*）（現已停刊），即以蘋果一號做為封面故事。賈伯斯和朋友仍在他家靠手工生產，但該雜誌卻稱他為「行銷部主任」、「前雅達利顧問」，使蘋果感覺像是一家真正的公司。根據該雜誌的報導，「賈伯斯與很多電腦俱樂部保持連繫，以掌握這個年輕產業的心跳。」雜誌也引用他的話：「如果我們能洞悉消費者的需求、感受和動機，就可以生產出他們想要的東西。」

這時，蘋果也出現競爭對手，除了牛郎星，最大的勁敵就是IMSAI 8080和處理器科技公司（Processor Technology）的SOL-20，後者就是自組電腦俱樂部的費森斯坦和法蘭奇推出的產品。1976年勞動節的那個週末，第一屆個人電腦展在大西洋城的一間破舊飯店舉行。賈伯斯和沃茲尼克搭乘環球航空班機，先飛往費城。賈伯斯用一個雪茄箱裝蘋果一號，沃茲尼克則拿著自己正在研發的產品原型。費森斯坦坐在他們後面一排品頭論足，說蘋果的東西看起來「毫不起眼」。沃茲尼克聽了後排的批評，大受打擊。他說：「我們聽見他們用時髦的商業術語交談，很多行話我們從來都沒聽過。」

沃茲尼克多半窩在飯店房間，研究他的產品原型。他太害羞，不想拋頭露面。蘋果的攤位靠近展示廳後方。此時在哥倫比亞大學就讀的卡特基，從曼哈頓搭火車過來。賈伯斯到處走動，觀摩競爭者的產品時，卡特基會幫忙顧攤位。賈伯斯並沒有看到讓他眼睛一亮的東西，他認為沃茲尼克是最頂尖的電路工程師，而他設計的蘋果一號（及其後代）就功能而言，可說打遍天下無敵手。然而，SOL-20的外觀比較討喜，不但有亮麗的金屬外殼、鍵盤，還有電源供應器和電腦周邊線材，看起來就像大公司的產品。相形之下，蘋果一號外表就像它的創造者一樣邋遢，沒有人想看第二眼。

06

蘋果二號

新世紀的黎明

達志影像

1977年，賈伯斯與蘋果二號。

追求完美

賈伯斯在個人電腦展四處觀看，這才恍然大悟。拜特電腦商店的泰瑞說得沒錯：個人電腦必須是立即可用的整套電腦產品。他決定下一代的蘋果必須有美麗的外殼和鍵盤，從電源供應器、軟體到顯示器一應俱全。賈伯斯說：「我希望創造出第一部配備齊全、搬回家立刻可用的電腦。我們瞄準的消費者不是自己去買變壓器、鍵盤回來組裝的電腦玩家，而是一般民眾。希望能立即買、立即用的一般消費者，應該比電腦玩家多上一千倍。」

1976 年勞動節那個週末，沃茲尼克待在飯店房間測試新機器的原型，也就是未來的蘋果二號。賈伯斯希望蘋果二號能青出於藍。他們只把蘋果二號的原型機帶出去一次，也就是找個晚上，在人潮散去之後，跑到一間會議室，把蘋果二號原型機接上彩色投影電視機看看。沃茲尼克已經想出絕妙的點子，讓電腦晶片具備處理色彩的功能。他想試試看，使用彩色投影電視機是否可以呈現電影一樣的畫面。沃茲尼克說：「我以為投影電視機有不同的色彩電路，可能與蘋果二號的色彩模式不相容。但我把蘋果二號和投影電視機接上去之後，發現完全沒問題。」他在鍵盤上敲幾下，五顏六色的線條就出現在電視螢幕上，還不斷旋轉，好像要飛出去一樣。除了賈伯斯和沃茲尼克，唯一見證到這一幕的只有飯店的一名技術員。他說，他已經看過所有的電腦，他唯一想買的只有這一部。

由於生產一部齊全的蘋果二號電腦需要很多資金，他們考慮把權利賣給更大的公司。賈伯斯找上雅達利的艾爾康，要他代為向高層說項。艾爾康為賈伯斯安排和總裁基南（Joe Keenan）會談。基南比艾爾康和布許聶爾更保守。艾爾康說：「史帝夫在基南面前使出渾身解數，但基南就是不吃這套，他無法欣賞不修邊幅的賈伯斯。」賈伯斯不但光著腳丫子，還一度把腳放在基南的辦公桌上。基南對他吼叫：「把你的臭腳丫放下去！」艾爾康說：「唉，結果如何，可想而知。」

那年9月間，康莫多電腦公司（Commodore）的裴多（Chuck Peddle）來到賈伯斯家，希望看看蘋果二號。沃茲尼克說：「我們打開史帝夫的車庫，讓陽光照進來。這傢伙西裝筆挺，戴著一頂牛仔帽走進來。」裴多對蘋果二號讚不絕口，他說會安排請他們幾個星期後蒞臨康莫多總部，向公司的幾位高階主管展示。結果會面那天，賈伯斯竟然跟對方說：「貴公司或許會想花幾十萬美元來買這個產品。」沃茲尼克說，那時他真覺五雷轟頂了，賈伯斯怎麼會說出這麼離譜的話。

幾天後，有回音了。康莫多高層認為他們自己可以製造這樣的電腦，而且應該不用花那麼多錢。儘管被拒，賈伯斯並不沮喪。他已經明察暗訪過了，發現這家公司的領導「大有問題」。沃茲尼克也不後悔失去與康莫多合作的機會，但九個月後看到康莫多推出PET電腦，不禁大為光火。他說：「我打從心底覺得噁心。他們本來可以擁有真正的蘋果二號，竟然為了搶快，推出狀似蘋果二號、粗製濫造的東西。」

康莫多事件也使得賈伯斯和沃茲尼克潛在的衝突浮上檯面：兩人對蘋果的貢獻真的完全相同嗎？如果獲利，應該各拿多少？沃茲尼克的父親認為，工程師對社會的貢獻高於企業家或生意人，認為大多數的獲利該給沃茲尼克。

有一次，老沃茲尼克在兒子的住處碰到賈伯斯，於是跟他攤牌。老沃茲尼克告訴賈伯斯：「你製造出什麼東西了嗎？你連狗屎都不如。」賈伯斯聽了就哭了，但賈伯斯哭泣也不是什麼稀奇的事。他從來就不是會隱藏情緒的人，也不善於掩飾。賈伯斯對沃茲尼克說，他願意退出，不當合夥人，他說：「你要擁有全部的股份也可以。」沃茲尼克比父親更了解兩人共生的關係。要不是賈伯斯，他現在或許還在自組電腦俱樂部免費發送他設計的電路圖。拜賈伯斯之賜，他在電腦方面的天才，才能化為無限商機，就像他先前發明的藍盒子。沃茲尼克認為他們應該繼續合夥。

這是個聰明的決定。為了讓蘋果二號一炮而紅，不是只靠沃茲尼克的精妙設計，還需要整合成一個完備的產品，這方面就非賈伯斯不可。

賈伯斯問先前退出的合夥人韋恩，願不願意幫蘋果二號設計外殼。韋恩說：「我想，他們沒有錢，那就設計一個不需模具、可在一般機械工廠生產的金屬外殼。」他設計的外殼是由樹脂玻璃和金屬片組合而成的，還有一道拉門，拉下來即可蓋住鍵盤。

但賈伯斯不喜歡。他希望蘋果二號呈現簡單、優雅的風格，有別於一般笨重、灰撲撲的電腦外殼。有一天，他在梅西百貨的家電部晃來晃去，美食家牌（Cuisinart）的食物調理機讓他驚豔，決定蘋果外殼也要用這種模壓成型塑膠。他在自組電腦俱樂部找到一個名叫曼諾克（Jerry Manock）的顧問，請他設計外殼。曼諾克盯著眼前這個像流浪漢的人，不知道他是不是騙子，於是要他先付錢。賈伯斯不肯，最後曼諾克還是接下這份工作，不到幾個星期，他就設計出泡沫塑膠成型的外殼，看起來簡潔俐落，讓人很想去撫摸。賈伯斯非常驚喜。

接下來是電源供應器。像沃茲尼克之類的數位工程師，對電源供應器這種類比裝置的小東西，通常不屑一顧，然而賈伯斯認為電源供應器也是重要關鍵，因為他希望蘋果的電源供應器不要有風扇。他認為風扇會讓人分心，電腦多了風扇，就少了禪味。賈伯斯於是去雅達利，向艾爾康請教，是否認識一些老派的電機工程師。賈伯斯說：「艾爾康介紹一個叫羅德．霍特的傢伙給我。這人聰明絕頂，菸癮很大，是個馬克思主義者，結了好幾次婚，幾乎什麼都懂。」霍特和曼諾克等人一樣，第一次見到賈伯斯的時候，從頭到腳打量他，懷疑這小子來者不善。霍特說：「我的價碼很高喔。」賈伯斯直覺這個人有別人沒有的長才，因此說價格不是問題。霍特說：「他就這樣把我騙來上班。」直到今天，霍特仍在蘋果工作。

霍特設計的不像一般的線性式電源供應器，而是示波器等儀器用的切換式電源供應器。切換式電源供應器每秒開關切換次數不是60次，而是好幾千次，因此轉換效率高，空載時耗電小，也比較不會發熱。賈伯斯後來說道：「這個切換式電源供應器和蘋果二號使用的邏輯板，一樣是革命性的設計，但霍特並沒有因此名列電腦史，讓我不由得為他叫屈。今天每一部電腦都是使用切換式電源供應器，但很少人知道這是霍特的設計。」

儘管沃茲尼克有電腦鬼才之稱，但他對於設計切換式電源供應器，並沒有多大興趣。他說：「我只大概曉得這種電源供應器是什麼。」

賈伯斯的父親曾告訴他，「追求完美」意味連看不到的地方都要講究做工。賈伯斯也把這點運用到蘋果二號裡面的電路板，最初的設計因線條畫得不夠直，而被他退回。

追求完美的熱情，也使賈伯斯沉浸於想要掌控一切的本能，不能自拔。大多數的駭客和電腦玩家喜歡按自己的需求訂製、改裝，或是加入各種功能。對賈伯斯而言，這對一個產品的完整性會造成威脅。然而沃茲尼克並不同意這點，他本來就是電腦玩家，所以他希望蘋果二號有八個插槽，讓使用者可以插入小一點的電路板或周邊的東西。賈伯斯堅持只要有兩個插槽就夠了，一個給印表機使用，另一個接數據機。沃茲尼克說：「我這個人向來隨和，但這點我不能退讓。我告訴他：『如果你想這麼做，那你自己設計另一部電腦吧。』我知道像我這樣的人，終究會想再幫電腦加一些東西。」

這次沃茲尼克贏了，但他也意識到他的權力日漸式微。「那時候，我剛好可以堅持下去，但以後就難說了。」

貴人馬庫拉

但賈伯斯要求的所有細節，都需要錢。他說：「塑膠外殼的模具差不多要 10 萬美元。要把蘋果二號送上生產線，可能需要 20 萬美元。」他又去找布許聶爾。如果他願意投資，就可換得一些股權。布許聶爾後來說：「他問我，如果我能拿出 5 萬美元，他願意給我三分之一的股權。我算盤打得太精，因此拒絕他。現在雖然後悔莫及，但想起這件事還是挺有趣的。」

布許聶爾建議賈伯斯去找華倫泰（Don Valentine）。華倫泰是個直腸子，曾在國家半導體公司（National Semiconductor）擔任行銷經理，是紅杉創投（Sequoia Capital）的創辦人，也是創投業的先驅。華倫泰身穿藍色西裝、名牌襯衫，加上稜紋布領帶，開著賓士車來到賈伯斯的車庫前。布許聶爾記得，華倫泰後來半開玩笑的問他：「你為什麼要我去看這些痞子？」

華倫泰已不大記得自己當初是怎麼說的，但他說他還記得賈伯斯不但怪模怪樣，身上還有股異味。他說：「看得出來史帝夫是反主流文化的人。他留了小鬍子，非常瘦，看起來有點像越共頭子胡志明。」

華倫泰並非是只看重外表的矽谷投資大師，讓他最不滿意的是賈伯斯對行銷一無所知，似乎覺得能將產品拿到電子產品店去販賣，就心滿意足了。華倫泰告訴賈伯斯：「如果你希望我資助你，你必須找一個懂行銷和配銷，也會寫營運計畫書的人。」賈伯斯每次碰到給他忠告的人，要不是惱羞成怒，就是低聲下氣。他懇求華倫泰：「那就告訴我三個人選吧。」在接觸過華倫泰推薦的三個人選後，他決定鎖定其中一人，也就是邁克．馬庫拉。結果在蘋果未來二十年的發展中，馬庫拉扮演的角色至為關鍵。

馬庫拉曾在快捷半導體和英特爾工作，當時才三十三歲，卻已經退休了 —— 那些晶片製造商上市後，他因為擁有股票選擇權而成為百萬富翁。

馬庫拉個性謹慎，由於以前是高中體操校隊選手，每個動作都很俐落精準。他專精於定價策略、配銷網絡、行銷和財務。儘管有點保守，身為科技新貴的他，還是不免彰顯生活品味。他在太浩湖畔蓋了一棟房子，後來又在加州伍得塞德（Woodside）山上蓋了一棟大豪宅。他第一次出現在賈伯斯車庫外面，開的車不是像華倫泰的深色賓士，而是金亮的雪佛蘭敞篷車。馬庫拉回憶說：「我來到賈伯斯的車庫，沃茲尼克就在工作檯旁，他立刻展示蘋果二號給我看。工作檯上的東西教我看得目瞪口呆，即使這兩個傢伙蓬頭垢面，我也不在乎了。反正，要理髮的話，什麼時候都可以。」

賈伯斯初次見到馬庫拉，就很有好感。他說：「馬庫拉個子不高，曾經在英特爾擔任行銷主管。我想他是見過大風大浪、有歷練的人，因此不會急於表現自己。」賈伯斯感覺他是個正派、公正的人，「你可以感覺出來，這個人是不是小人。他不是。他這個人很有正義感。」沃茲尼克一樣欣賞他，「我想，他是我們見過最好的人。更棒的是，他真的喜歡我們的東西！」

馬庫拉對賈伯斯提議一起撰寫營運計畫書。馬庫拉說：「如果這個計畫書看起來可行，我就投資。要是不可行，這幾個星期的時間，就算是我免費陪你擬計畫吧。」賈伯斯於是每天晚上去馬庫拉家跟他一起研究，兩人也談了很多。賈伯斯說：「我們做了很多估算，像是多少個家庭將會購買個人電腦。有時，我們甚至討論到凌晨四點。」最後，這份計畫書十之八九都出自馬庫拉的手筆。他說：「史帝夫總是說，我下次會帶寫好的那一部分過來，但他通常兩手空空而來，我只好幫他完成。」

馬庫拉希望，將個人電腦擴展到電腦玩家以外的市場。沃茲尼克說：「他談到讓電腦走進家家戶戶，使一般人得以用電腦來記錄最喜愛的食譜或開出去的支票。」馬庫拉大膽預測：「不到兩年，我們就能躋身《財星》五百大企業。電腦產業還在起飛階段，這種事每十年只有一次。」雖然蘋果花了七年的時間，才晉升《財星》五百大，但馬庫拉預測的趨勢沒錯。

馬庫拉願意拿出 25 萬美元投資蘋果，成為蘋果最大的股東，擁有 33% 的股權。蘋果將註冊成為有限公司，而賈伯斯與沃茲尼克各擁有 26% 的股權，剩下的可保留給其他的投資者。他們三人在馬庫拉家泳池旁的小屋簽訂合約。賈伯斯說：「我想，馬庫拉可能再也看不到這 25 萬了，但他願意冒險一試，讓我很感動。」

下一步就是勸沃茲尼克離開惠普，把全部時間貢獻給蘋果。沃茲尼克問道：「我可以在蘋果兼差設計電腦啊！我捨不得丟掉在惠普的鐵飯碗。」馬庫拉說，就是不行。他給沃茲尼克幾天的時間考慮。沃茲尼克說：「創業當了老闆，我就得差遣下面的人做事，控制他們，這種事教我不安。我早就下定決心，我不要掌權。」因此，他去馬庫拉的池畔小屋，說他不會離開惠普。

馬庫拉聳聳肩，說那就這樣。但這對賈伯斯來說，是天大的打擊，他一再打電話給沃茲尼克，苦苦勸他選擇蘋果。賈伯斯還發動親友團，要沃茲尼克的家人朋友幫忙勸他。賈伯斯曾哭泣、大喊大叫，也發過幾次脾氣，甚至跑到沃茲尼克的父母家，淚流滿面，懇請沃茲尼克的父親幫忙。這時，老沃茲尼克才知道由於蘋果二號得到資金挹注，他們賺的不再是小錢，而是大錢，於是也幫賈伯斯勸兒子去蘋果。

沃茲尼克說：「我爸、我媽、我弟，還有好幾個朋友一直打電話給我。他們打電話到惠普，也打到我住的地方。每個人都告訴我，我決心留在惠普是天大的錯誤。」但他仍然不為所動。最後，他接到高中死黨鮑姆打來的電話，「你應該放手一搏，別留戀惠普的一切。」鮑姆還說，儘管他在蘋果上全天班，也不一定非當主管不可，依然可以當工程師。沃茲尼克說：「這就是我想聽到的。我希望待在基層當工程師。」於是他打電話給賈伯斯，說願意一起為蘋果奮鬥。

1977 年 1 月 3 日，賈伯斯與沃茲尼克合夥九個月後，蘋果電腦公司正式成立。當時，沒幾個人注意這個消息。那個月，自組電腦俱樂部調查會員使用的電腦品牌，共有 181 人擁有個人電腦，其中只有 6 部是蘋果一號。但賈伯斯胸有成竹，等蘋果二號問世，他們將改變這個局面。

對賈伯斯，馬庫拉扮演的角色有如他的另一位父親。馬庫拉像他的養父保羅，不得不屈服在賈伯斯強烈的意志下；馬庫拉也像他的生父，最後還是離他而去。創投家亞瑟．洛克說：「馬庫拉就像史帝夫的父親。」馬庫拉把行銷和銷售的技巧傳授給他。賈伯斯說：「馬庫拉很照顧我。他的價值觀和我相當一致。他強調，如果不是以賺錢為目的，就不要開公司。你的產品應該是你相信有價值的東西，使企業能永續經營。」

馬庫拉在一張紙上寫下「蘋果的行銷哲學」，特別強調三點。第一點是同理心，也就是要能靈敏的察覺消費者的感受。「我們真的要比其他公司更了解消費者的需求。」第二點是有焦點。「為了一心一意做好我們決定做的事，我們必須有焦點，以壯士斷腕的精神，割捨其他不那麼重要的東西。」

第三點一樣重要，馬庫拉稱之為「聯想」。也就是一家公司或其產品傳達給消費者的感覺，會讓消費者聯想到該公司或產品。他寫道：「就像書的封面設計好壞與否，會影響買書人對書的評價。我們不但要有最好的產品、最好的品質，也要有最有用的軟體程式等。要是我們的產品包裝粗糙、隨便，消費者就會認為這不是好貨。如果我們的包裝有創意且專業，消費者必然對我們的品質有信心。」

賈伯斯從創立蘋果開始，一路走來對行銷、形象非常在意，甚至連產品包裝的細節也不放過。他說：「從打開 iPhone 或 iPad 包裝外箱那一刻的觸感，你已經可以預知使用這個產品的感覺。這就是馬庫拉教我的。」

公關教父麥肯納

蘋果電腦公司正式成立後的第一步，就是說服矽谷公關教父瑞吉斯．麥肯納，來為蘋果的公關和廣告操刀。麥肯納是匹茲堡人，兄弟姊妹眾多，父親是鋼鐵工人。他內在是個鐵漢，外表則散發獨特的魅力。他大學輟學之後，曾在快捷和國家半導體公司工作，後來才成立自己的公關廣告公司。

麥肯納有兩大特長，一是會先跟記者打好關係，再安排業主接受專訪，另一則是為產品（如微晶片）製作使人印象深刻的形象廣告，提高品牌知名度。例如他為英特爾設計一系列的彩色雜誌廣告，就以賽車和賭博籌碼做為象徵，不像一般廣告總是用呆板的圖表來強調產品性能的優越。

英特爾的廣告讓賈伯斯眼睛一亮，他打電話到英特爾詢問這麼高明的廣告是誰做出來的。得到的答案是「麥肯納」。賈伯斯說：「我問麥肯納是什麼。他們說，我們的廣告就是這個人做出來的。」但他每次打電話到麥肯納的公司，都無法和他通上話，電話總是轉到該公司負責廣告業務的柏奇（Frank Burge），就給攔下來。賈伯斯鍥而不捨，幾乎每天打電話去，說要找麥肯納。

柏奇不堪其擾，終於答應去賈伯斯的車庫瞧瞧。柏奇回想起第一次見到賈伯斯的情景，說道：「我心想，天啊，這傢伙簡直像鬼一樣，我得不失禮的快快閃人，免得被這個小丑纏上。」但他跟蓬首垢面的賈伯斯談了一下，察覺他真的不是普通人，有兩點讓他印象特別深刻。「第一，他是個聰明絕頂的年輕人。第二，他所說的事情，我能了解的部分不到五十分之一。」

在柏奇的引見下，賈伯斯和沃茲尼克終於看到麥肯納的廬山真面目。麥肯納的名片就像開玩笑一樣，上面印「瑞吉斯・麥肯納本人」。這次碰面換生性害羞的沃茲尼克大動肝火了。麥肯納看了沃茲尼克寫的一篇有關蘋果電腦的文章，批評說文中敘述太多技術層面的東西，需要換一種寫法，讓文章生動活潑。沃茲尼克不甘示弱回嗆：「我不要任何公關人員碰我的稿子。」麥肯納說，那就沒什麼好談了，請兩位出去。「但史帝夫出去之後，立刻打電話給我，希望再跟我見面。這次他一個人來，少了沃茲尼克，我們一拍即合。」

接著，麥肯納和他的團隊著手設計蘋果二號的宣傳手冊。第一件事就是換掉先前韋恩設計的維多利亞時代木刻風格的商標，改走彩色、活潑風格。負責設計新商標的是他們的藝術總監簡諾夫（Rob Janoff）。賈伯斯叮嚀說：「我不要可愛的設計。」簡諾夫以蘋果圖形設計出兩種版本，一種是完整的一顆蘋果，另一種則是被咬了一口的蘋果。第一種看起來很像櫻桃，賈伯斯於是決定採用第二種。至於色彩，他挑了由六條彩色線條組合而成的蘋果圖案，在青綠和天空藍之間夾了迷幻色調的線條。這麼一來印刷費用將高出許多，但賈伯斯不在乎。

麥肯納在手冊封面上加了一句名言。據說這是達文西說的，後來也成了賈伯斯最欣賞的設計哲學，也就是：「簡約就是細膩的極致。」

一出手就石破天驚

蘋果二號預定在1977年春天舉辦的第一屆西岸電腦展亮相，策展人是自組電腦俱樂部的忠實成員華倫（Jim Warren）。賈伯斯一拿到展覽資料，就立刻去登記攤位。他選定的攤位在大廳正前方，認為這是讓蘋果登場的最佳舞台。沃茲尼克得知賈伯斯光是為了攤位就付了5,000美元，驚訝得下巴快掉下來。沃茲尼克說：「史帝夫決定蘋果這次亮相，必須轟動武林，驚動萬教。我們要讓這個世界瞧瞧，我們有最棒的機器，我們是一家偉大的公司。」

從賈伯斯對參展攤位的選擇，便可以看出這是馬庫拉教他的：在推新產品上市時，你必須給人難忘的印象，讓人刮目相看。其他參展公司只準備桌子和廣告紙板，但蘋果用黑色天鵝絨，把整個展示檯覆蓋起來，並把簡諾夫設計的新商標，放在樹脂玻璃做的巨大看板上，再加上背光。由於他們組裝好的電腦只有三台，能在現場展示的只有這幾部，但旁邊堆滿空箱子，讓人感覺他們的成品堆積如山。

那三台電腦送來的時候，賈伯斯發現塑膠外殼有些小汙漬，不禁大為光火，於是和幾個員工趕緊用砂紙磨平、擦亮。既然公司要注重形象，賈伯斯和沃茲尼克也得整修門面。馬庫拉要他們去舊金山一家裁縫店，訂製三件式的西裝。這對哥兒們穿起來有點滑稽，就像阿飛穿西裝。沃茲尼克說：「馬庫拉告訴我們穿著打扮要怎樣才得體，要有什麼樣的外表，舉止又該如何。」

這一切的努力果然沒有白費。蘋果二號乳白色的外殼看起來既扎實又吸引人，不像一般金屬外殼電腦那樣感覺硬邦邦的，還有些攤位擺出來的只是裸露的電路板。那次參展，蘋果共拿下300台的訂單。賈伯斯在會場上碰到一個日本紡織商人水島敏雄，此人後來成為蘋果在日本的第一個經銷商。

儘管西裝筆挺，馬庫拉的諄諄告誡言猶在耳，還是阻止不了沃茲尼克惡作劇的衝動。例如他會從每個人的姓氏來猜國籍，藉以說些和種族有關的笑話。他還製作一張假傳單，介紹一部名叫「薩泰爾」(Zaltaire) 的新電腦，上面充斥令人發噱的廣告詞，像是「想像一輛車有五個輪子……」，連賈伯斯都上當了，還驕傲的說，以「薩泰爾」傳單上的比較圖而言，蘋果二號的表現還不錯。直到八年後，沃茲尼克把那張傳單裱框，送給賈伯斯做為三十歲的生日禮物，賈伯斯才知道當年是沃茲尼克的惡作劇。

一人之下

蘋果現在是一家真正的電腦公司了，有十來個員工，以及一定的信貸額度，可隨時向銀行借款，也承受來自消費者和供應商的壓力。這時，公司不再設於賈伯斯家的車庫，他們在庫珀蒂諾史蒂文斯溪大道，租了一間辦公室，離賈伯斯和沃茲尼克當年就讀的高中還不到兩公里。

賈伯斯的責任更重了，但他還是不會收斂脾氣，和以往一樣喜怒無常、令人生厭。當初他在雅達利工作的時候，因為沒有人受得了他，他只好上夜班，如今他是蘋果的大頭目，如何能躲起來上班。馬庫拉說：「他愈來愈像暴君，舌頭尤其毒辣。比方說他會告訴工程師，他們設計出來的東西爛透了。在沃茲尼克下面寫程式的兩個小伙子魏金頓 (Randy Wigginton) 和艾斯皮諾沙 (Chris Espinosa) 就常被他修理。」魏金頓不久前才從高中畢業，他說：「史帝夫走進來，看一眼我做的東西。他根本不知道我在做什麼，為什麼要這麼做，就破口大罵：『這是垃圾！』」

賈伯斯的個人衛生是另一個問題。他依然相信，因為他吃素所以不會有體臭，用不著使用體香劑，也不必經常洗澡。馬庫拉說：「有時，我們不得不把他推到門外，要他沖個澡再回來。開會的時候，他甚至大剌剌的把臭腳丫擱在桌上。」有時，他會在廁所洗腳，但只把腳洗乾淨，他身上的味道還是令人不敢恭維。

馬庫拉不想和賈伯斯撕破臉，於是決定請一個人來公司擔任總裁，藉此給賈伯斯戴上緊箍咒，看他能不能收斂一點。這個人就是邁克・史考特。

史考特和馬庫拉是老朋友，1967 年兩人同一天到快捷上班，兩人辦公室相鄰，生日也是同一天，因此每年都一起過生日。1977 年 2 月，史考特三十二歲那年，他們共進生日午餐，馬庫拉請他來蘋果擔任總裁。

就資歷而言，史考特可說無懈可擊。他曾經負責國家半導體的一條生產線，對電子工程頗有了解，可為他的管理加分。但他這個人有點怪。首先，他很胖，還有顏面神經痙攣等毛病。他喜歡在走廊上走來走去，緊緊握著拳頭到手心受傷的地步。再者，他也很愛爭辯。能不能應付賈伯斯，真是個問題。

沃茲尼克舉雙手贊成史考特加入。他和馬庫拉一樣，討厭幫賈伯斯收拾爛攤子。可以想見賈伯斯的情緒相當矛盾，他說：「我才二十二歲，我知道我還無法掌管一家真正的公司。但蘋果就像是我的孩子，我不想放棄它。」交出任何控制權，對他而言實在很痛苦。就這件事，他和沃茲尼克在午餐的時候不知談過多少次，他們要不是在沃茲尼克最喜歡的巴伯大男孩漢堡店（Bob's Big Boy），就是在賈伯斯最愛的愛地球餐廳（Good Earth）。最後，賈伯斯終於勉強同意。

史考特走馬上任最主要的任務就是：管理賈伯斯。然而兩人有什麼事需要討論，大都照賈伯斯的方式，也就是邊走邊談。史考特說：「我第一次跟他一起散步，就跟他說他得常洗澡。他說，如果他願意常洗澡，那我也得好好看水果減肥法的書，認真減肥。」史考特當然沒採用水果減肥法，體重也沒下降，賈伯斯也只願意在個人衛生方面稍稍改進。史考特說：「史帝夫強調他一週洗一次澡，因為他只吃水果，身上不會有異味。」

賈伯斯一方面喜歡控制別人，另一方面又討厭權威。現在史考特爬到他頭上，必然會成為問題，特別是賈伯斯發現史考特不像他父親保羅，也不像馬庫拉，並不會事事遷就他。史考特說：「我和賈伯斯誰勝誰負，就看誰最固執，而堅持到底就是我的一大本事。這小子需要有人管他，但他肯定討厭這樣的束縛。」賈伯斯也說：「最常聽我大吼大叫的人，就是史考特。」

為了員工編號這樣的小事，賈伯斯就曾和史考特大吵一架。史考特把 1 號給了沃茲尼克，賈伯斯於是成了 2 號。賈伯斯果然來跟他吵，說他應該是 1 號。史考特說：「我不能讓他當 1 號，那只會助長他的氣焰。」賈伯斯不但暴跳如雷，甚至氣得哭了。最後史考特想出一個解決辦法：那就給賈伯斯 0 號好了。但賈伯斯在美國銀行薪資報表系統中的員工編號依然是 2 號，因為該系統規定員工編號一定要是大於 0 的整數。

賈伯斯和史考特還有更嚴重的衝突。蘋果員工伊里特（Jay Elliot）就曾注意到賈伯斯有一個突出的特質：「他對產品非常執著，有一種追求完美的熱情。」伊里特和賈伯斯是在一家餐廳認識的，後來賈伯斯就請他來蘋果上班。反之，史考特則認為實用至上，其他都是次要的。

蘋果二號的外殼設計就是一個例子。幫蘋果研究塑膠外殼色彩的彩通公司（Pantone Inc.）表示，光是米白色就有兩千種以上。史考特覺得不可思議，他說：「兩千多種還不夠！史帝夫希望他們能提供另一種米色。這時，我不得不插手。」至於外殼形狀，賈伯斯又花了好幾天的時間苦思，不知四個角該多圓才好。史考特說：「我才不管多圓，只要他趕快做個決定。」另外，如工程師用的工作檯，史考特認為用一般的灰色即可，但賈伯斯堅持要純白的。由於兩人僵持不下，最後還是勞煩馬庫拉出馬，決定哪個人可在採購單上簽字。馬庫拉總是站在史考特那一邊。賈伯斯還堅持，蘋果對待消費者必須比其他公司做得更好，因此蘋果二號應該提供一年保固。史考特驚訝得差點說不出話來：一般電腦公司只提供 90 天的保固。有一次，他們為這件事吵得不可開交，賈伯斯又急又氣，接著淚如泉湧。他們不得不到外面的停車場走走，讓情緒平靜下來。這次，史考特終於願意讓步。

賈伯斯的強勢也開始讓沃茲尼克受不了。沃茲尼克說：「賈伯斯對人太嚴厲了。我希望我們的公司就像一個大家庭，大家同甘共苦，也一起分享成果。」這方面，賈伯斯倒覺得沃茲尼克像一個不願長大的孩子。賈伯斯說：「他就像是一個大孩子。他已經用培基語言寫了一個很棒的程式，就是不肯再寫一個支援浮點運算的培基語言程式。到頭來，我們不得不去向微軟打交道。他實在沒搞清狀況。」

到目前為止，公司營運相當順暢，因此管理者的個性衝突都可以解決。發行電腦通訊雜誌、科技界的意見領袖羅森（Ben Rosen）對蘋果二號讚嘆有加。由獨立開發者研發出來的第一套可用於個人電腦的試算表與個人財務管理程式 VisiCalc，有一段時間只能在蘋果二號使用，蘋果電腦因而成為企業和家庭管理財務的好幫手。

蘋果在業界漸漸嶄露頭角之後，也吸引新投資者的注意。馬庫拉最初介紹賈伯斯去見創投先驅洛克的時候，洛克對賈伯斯沒什麼好印象。洛克說：「他看起來像是去印度拜見大師，最近才回來。身上也飄散著那股味兒。」但是洛克對蘋果二號深入調查一番之後，決定投資，加入蘋果董事會。

在接下來的十六年，各種機型的蘋果二號賣出將近600萬部，這個銷售數字超過其他任何一種機器，個人電腦產業因此出現曙光。沃茲尼克設計的電路板及作業軟體，可說是二十世紀最重要的發明之一，值得在科技史頁記上一筆。但賈伯斯也功不可沒，他把沃茲尼克的電路板，加上美觀的外殼和高效能的電源供應器，使它成為一個完備好用的產品。沃茲尼克設計的機器像是種子，賈伯斯使它成長壯大，最後成為一家公司。正如麥肯納說的：「沃茲尼克設計了一部很棒的機器，但若不是史帝夫・賈伯斯，直到今天，這機器說不定還在玩具店或模型店裡。」

話說回來，由於大多數的人都認為蘋果二號是沃茲尼克的發明，這使得賈伯斯不得不更上層樓，締造自己的功業。

07

克莉絲安與麗莎

凡被拋棄者……

1989年，賈伯斯與非婚生女兒麗莎。

剪不斷，理還亂

賈伯斯高中畢業那個暑假，曾經在一間小木屋和克莉絲安同居，之後兩人分分合合。1974 年，他從印度回來之後，他們曾一起在傅萊蘭德的農場住了一段時間。克莉絲安說：「當初是史帝夫請我去的。那時，我們年輕、自由，日子過得輕鬆愉快。農場生氣蓬勃，深得我心。」

他們搬回洛斯阿圖斯之後，關係反倒變得像是普通朋友。賈伯斯住家裡，在雅達利上班；克莉絲安住在一間小公寓，但多半待在乙川弘文的禪學中心。到了 1975 年初，她開始和卡爾霍恩交往，卡爾霍恩也是賈伯斯的朋友。根據伊莉莎白所言：「克莉絲安和卡爾霍恩在一起，偶爾回到賈伯斯身邊。那時，這種男女關係很平常，常常換來換去，畢竟那是 1970 年代。」

卡爾霍恩在里德學院就讀的時候，常和賈伯斯、傅萊蘭德、卡特基和伊莉莎白在一起，一樣對東方靈修非常著迷。後來卡爾霍恩也休學了，在傅萊蘭德的農場找到自己想要的生活方式。農場有一間 6 公尺長、寬約 2.5 公尺的雞舍，卡爾霍恩用空心磚把這雞舍架高，變成一棟小屋，裡頭蓋了可以睡覺的小閣樓。1975 年春，克莉絲安搬進雞舍和卡爾霍恩同居，隔年兩人決定去印度朝聖。賈伯斯勸卡爾霍恩別帶克莉絲安去，說她會妨礙他修行，但兩人還是一起去了。克莉絲安說：「看到史帝夫的印度之旅有那麼棒的體驗，我也很想去。」

這亦是一趟深度之旅，卡爾霍恩和克莉絲安於 1976 年 3 月出發，在印度待了快一年才回來。他們一度花光身上所有的錢，卡爾霍恩於是搭便車到伊朗，在德黑蘭教英文。克莉絲安則待在印度，等卡爾霍恩教學任期結束，兩人再分別搭便車在中間點的阿富汗會合。那時的中東還很平靜，與今日相比有如另一個世界。

過了一段時間，兩人有了摩擦，於是各自從印度搭機返美。1977 年夏天，克莉絲安搬回洛斯阿圖斯，有一段時間住在乙川弘文禪學中心的外頭，以帳篷為家。這時，賈伯斯已搬出父母家，和卡特基在庫珀蒂諾郊區租了一棟低矮的平房，月租 600 美元。他們像嬉皮一樣過著自由開放的生活，並把這個家叫做「郊區農場」。賈伯斯說：「那棟房子有四個房間，我們有時會把其中一間租給各式各樣瘋狂的人。有陣子還住了個脫衣舞孃。」卡特基覺得很奇怪，賈伯斯那時又不窮，大可一個人住。他猜測：「我想，或許他希望有室友作伴。」

克莉絲安和賈伯斯斷斷續續來往，不久之後便搬進賈伯斯的住處。這種兩男一女共處一室的生活，似乎是法國爆笑喜劇的好題材。這棟房子有兩間大房、兩間小房，賈伯斯自然住進最大的一間，由於克莉絲安已不是與他同床共枕的女友，因此住進另一間大房。卡特基說：「夾在兩大房中間的房間小得像嬰兒房，我不想住裡面，便搬到客廳，睡在地上的泡棉床墊。」他們把其中一間小房改為打坐和吸食迷幻藥的地方，裡頭也擺滿了蘋果電腦包裝箱裡的泡泡粒。卡特基說：「附近的小孩常過來玩，我們把那些小鬼扔進去，好玩極了。但後來，克莉絲安帶了幾隻貓回來養，貓在泡泡粒堆裡撒尿，我們不得不把房間全部清乾淨。」

由於同在一個屋簷下，克莉絲安和賈伯斯偶爾情不自禁，又有了肌膚之親。不到幾個月，克莉絲安發現自己懷孕了。她說：「在我懷孕之前的五年，我們的關係很不穩定，總是分分合合。我們不知道如何長相廝守，也不知道怎麼分手。」1977 年感恩節，卡爾霍恩從科羅拉多一路搭便車，來加州看他們，克莉絲安告訴他懷孕的事。「我和史帝夫又在一起了，現在我已經懷孕，但我們還是一樣，有時像情人，有時則像朋友，我不知道該怎麼辦才好。」

卡爾霍恩發現賈伯斯對克莉絲安懷孕一副事不關己的樣子。賈伯斯甚至勸卡爾霍恩留下來跟他們住一起，並且去蘋果上班。卡爾霍恩說：「史帝夫完全不在意克莉絲安。他就是這樣的人，一下子熱情，一下子疏離，有時甚至冷漠得可怕。」

當賈伯斯不想為某件事心煩，有時會裝作視若無睹，彷彿那件事不存在。有時，他還會扭曲現實，不只為了別人，也為了他自己。以克莉絲安懷孕一事來說，他閉上眼睛，採取眼不見為淨的策略。有人質問他，他雖然會承認自己曾跟克莉絲安上床，但矢口否認自己是孩子的父親。他後來告訴我：「我百分之百確定我不是唯一跟她上床的男人，因此不能確定那孩子是我的。在她懷孕的時候，我們並不是真正的男女朋友。她只是和我們住在同一棟房子，她有自己的房間。」但克莉絲安確定賈伯斯是孩子的爸爸。她說，那時她沒和卡爾霍恩或其他男人在一起。

賈伯斯到底是自欺欺人？還是他真的不知道自己是那孩子的生父？卡特基猜測：「他或許考慮過要對孩子負責，但最後還是選擇撇清，畢竟他有自己的人生計畫。」

賈伯斯和克莉絲安從未討論過結婚的事。賈伯斯後來說：「我知道她不是我想娶的女人。即使結婚，我們也不會幸福美滿，終究無法長久。我贊成她墮胎，但她不知道該如何是好。她想過千百次，最後還是決定留下孩子。我不知道這是不是她真正的決定，也有可能是時間幫她決定的。」克莉絲安告訴我，把孩子生下來是她自己的決定。「史帝夫說他同意墮胎，但他不會逼我去做那件事。」只有一個選擇，史帝夫堅決反對。「他說，不管我怎麼做，就是別把孩子送給人領養。」想來，這和他的出生背景有關。

讓人覺得諷刺的是，克莉絲安懷孕那年，她和賈伯斯都是二十三歲，賈伯斯的生母裘安懷他的時候也是二十三歲，與他的生父阿巴杜爾法塔同年。那時，賈伯斯還沒打聽他的親生父母是什麼人，然而關於他的身世，他的養父母已經透露了一些。賈伯斯後來說：「那時，我還不知道這個年齡上的巧合，但這點不會影響我和克莉絲安的討論。」

他否認自己和他生父二十三歲那年一樣，不願面對現實、承擔責任，但這個巧合還是讓他沉思良久。「我發現我生母懷我那年也是二十三歲，心想：哇！怎麼這麼巧？」

私生女麗莎出世

不久，賈伯斯和克莉絲安的關係變得很糟。卡特基說：「克莉絲安自覺被辜負了，甚至說我和史帝夫聯合起來對付她。史帝夫聽了之後哈哈大笑，當她在說瘋話。」克莉絲安後來也承認，當時她的情緒不大穩定。她開始摔盤子，亂丟東西，把房子搞得像垃圾堆，用木炭在牆上寫些猥褻的字眼。她說，賈伯斯的冷血無情逼她發瘋。「他是開悟的人，卻也很冷酷。換言之，他的個性充滿矛盾。」卡特基則左右為難。克莉絲安說：「卡特基不是無情的人，他有點受史帝夫的行為影響，有時對我說：『史帝夫不應該這樣對你。』但也會和史帝夫一起取笑我。」

最後解救她的是傅萊蘭德。克莉絲安說：「傅萊蘭德聽說我懷孕了，他說我可以去農場住，在那裡把孩子生下來。我就去了。」那時，伊莉莎白和其他朋友還住在農場，他們去奧勒岡找了個產婆來幫她接生。1978 年 5 月 17 日，克莉絲安生下一名女嬰。三天後，賈伯斯搭機來看這對母女，還幫忙為寶寶取名字。在這種公社式的農場，一般而言都會以東方神靈的名字來為寶寶命名，但賈伯斯認為這寶寶是在美國出生的，堅持用美國女孩的名字，克莉絲安也同意。兩人決定讓這小女嬰從母姓，為她命名為麗莎・妮可・布雷能。接著，賈伯斯便扔下這對母女，回蘋果上班了。克莉絲安說：「他不想和我或寶寶有任何牽連。」

後來，克莉絲安帶著麗莎搬到門羅帕克，住在一間破舊的小屋。由於克莉絲安不想為了孩子的撫養費跟賈伯斯打官司，因此一直靠社會救濟金度日。最後，聖馬提歐郡政府對賈伯斯提告，要他證明他和麗莎沒有親子血緣，否則就得負擔麗莎的養育費。一開始，賈伯斯決定纏鬥到底。他的律師希望卡特基出來作證，說他從未看過賈伯斯與克莉絲安同房，另一方面則努力舉證克莉絲安同時跟其他男人有肉體關係。克莉絲安回憶說：「我在電話中對史帝夫嘶吼。我說：『你明明知道，那時我沒有其他男人！』他逼我抱著一個嬰兒上法庭，想要證明我隨便和人上床，每個男人都可能是這孩子的生父。」

麗莎滿週歲的時候，賈伯斯終於同意接受親子血緣關係鑑定。克莉絲安的家人很驚訝，但賈伯斯知道，蘋果即將上市，自己的財富將會暴增，所以決定盡快解決這個糾紛。那時 DNA 鑑定仍然是新科技，賈伯斯在加州大學洛杉磯分校接受鑑定。他說：「我讀了 DNA 親子鑑定的資料，很高興能用最新科技來解決這件事。」

根據鑑定報告：「賈伯斯為生父的機率為94.41%。」加州法院因此裁定賈伯斯每月必須支付385美元給克莉絲安，做為扶養孩子的費用。他必須簽署親權認定書，並償還5,856美元的社會福利金給聖馬提歐郡。賈伯斯雖擁有探視權，但一直沒去看麗莎。

儘管事情已發展到這個地步，賈伯斯有時仍刻意扭曲現實。蘋果董事洛克說：「有一天，他終於在董事會提到這件事，但他依舊堅持他很可能不是生父。他簡直耽溺在自己的幻想裡。」

賈伯斯曾告訴《時代》記者莫瑞茲（Michael Moritz），如果就統計數字進行分析，美國男性人口的28%都有可能是那孩子的生父。他這麼扭曲統計數字的意義，實在很離譜。更糟的是，後來這些話傳到克莉絲安耳裡，她誤以為賈伯斯宣稱全美國28%的男人都跟她上過床。她說：「他不擇手段把我形容成一個淫蕩的女人或是妓女，而他這麼說只是因為不想負責。」

多年後，賈伯斯後悔自己沒能好好對待克莉絲安母女。他曾如此反省：

如果可以重來，我應該不會那麼做。那時，我心裡還沒準備好，無法扮演父親的角色，因此不能面對現實。親子血緣關係確立之後，我不再懷疑麗莎不是我女兒。我同意支付她生活費，直到她十八歲那年，也給了克莉絲安一筆錢。我在帕羅奧圖買了一間房子，整修之後，讓她們母女住在那裡，克莉絲安就不必付房租了。克莉絲安為麗莎找到很好的學校，我也幫她付了學費。我已經盡量彌補。若是時光能夠倒流，我一定可以做得更好。

這個事件過後，賈伯斯繼續過他的人生，也變得更成熟。他不再吸食迷幻藥，仍是吃素，但沒那麼嚴格，花在禪修上的時間也減少了。他開始上理髮院，髮型變得流行帥氣，也去舊金山的名牌西服店買西裝和襯衫。不久，他與麥肯納公司裡的一個女職員墜入情網。她叫雅辛斯基（Barbara Jasinski），是有玻里尼西亞和波蘭血統的美女。

但賈伯斯骨子裡仍有淘氣和叛逆的成分。他常和雅辛斯基、卡特基一起，在史丹佛附近 280 號州際公路盡頭的費爾特湖（Felt Lake）裸泳。他買了一部 1966 年出廠的 BMW R60/2 重型機車，在把手綁上橘色流蘇。有時，他還是會討人厭，例如瞧不起女服務生，經常說她們端來的餐點是「垃圾」，要她們端走。1979 年，公司第一次舉辦萬聖節派對，他打扮成耶穌，雖然他認為好玩，還是招致一些人的白眼。

賈伯斯在洛斯嘉圖斯山上買了一間不錯的房子，但家裡只有一幅帕黎思（Maxfield Parrish）的畫作、一部百靈牌咖啡機和幾把雙人牌的刀子。他對家具挑剔到了極點，一直找不到合意的，屋子也就空空如也，沒有床、椅子，也沒有沙發。他的臥室簡單至極：中央有一張床墊，牆上掛了愛因斯坦和印度聖師瑪哈拉的裱框相片，一部蘋果二號就擺在地上。

08

全錄和麗莎

圖形使用者介面

1983年，賈伯斯與麗莎電腦。

新寶貝

蘋果二號使得蘋果電腦公司搬出賈伯斯家的車庫，登上個人電腦這種新產業的高峰，銷售量也從 1977 年的 2,500 部直線攀升，到 1981 年已達 21 萬部。然而賈伯斯沒有就此高枕無憂，他知道蘋果二號不可能永遠保有勝利者的寶座，不管以前他在這個產品挹注多少心血，從電源線到外殼的設計都追求完美，全世界的人還是把蘋果二號視為沃茲尼克的傑作。他需要一部有自己 DNA 的機器。此外，用賈伯斯自己的話來說，他非常希望生產能在這個宇宙留下痕跡的產品。

起先，賈伯斯對蘋果三號寄予厚望。這部電腦將有更大的記憶體，螢幕每行可顯示 80 個字元（一般電腦只能顯示 40 個字元），而且大寫、小寫字母都能夠顯示。由於賈伯斯對工業設計有無比的熱情，他把外殼的尺寸縮小，使它看起來更小巧，儘管公司的工程師委員會決議在電路板上加進更多零件，他也拒絕讓外殼增大。結果，電路板因為背負很多零件，常常接觸不良，頻頻當機。無怪乎蘋果三號在 1980 年 5 月問世之後，便出師不利。蘋果公司裡的工程師魏金頓如此形容：「蘋果三號有點像是雜交派對受孕的孩子，讓每個人都很頭痛。看到這個孩子，每個人都連忙撇清：『這不是我的種。』」

那時，賈伯斯已心繫下一個產品，希望能生產出和蘋果二號完全不同的東西。一開始他希望新電腦能有觸控螢幕，不久就知道這猶如痴人說夢。有一回工程師正在進行技術示範，他遲到了，沒聽多久就露出一副煩躁的樣子。工程師話才說到一半，他就突然打斷，說道：「謝謝大家。」大夥兒都不知道是怎麼回事。有個同事問：「你是不是希望我們滾？」賈伯斯說：「沒錯。」接著把同事罵得狗血淋頭，說他們浪費他的寶貴時間。

後來，賈伯斯從惠普挖來兩位工程師，要他們設計全新的電腦。他給這部電腦取的名字，就連什麼怪事都聽過的精神科醫師，聽了之後也不由得愣一下。它就叫「麗莎」。

有些電腦的確是以設計者女兒的名字命名的，但麗莎不僅是被賈伯斯拋棄的女兒，賈伯斯甚至遲遲不肯承認她是自己的骨肉。當時在麥肯納公關公司負責麗莎這個案子的安迪．康寧漢說：「賈伯斯或許是因為內疚才這麼做。我們不得不把麗莎（LISA）視為代號，例如是 Local Integrated Systems Architecture（局部整合系統架構）一詞的縮寫字，天曉得這是什麼意思，反正這就是『麗莎』這個名號的官方說法。有的工程師開玩笑說，應該是：『Lisa: Invented Stupid Acronym』（麗莎：人類發明的愚蠢縮寫字）。」多年後，我問賈伯斯，這部電腦為什麼取這個名字，他直截了當告訴我：「那就是我女兒的名字。」

麗莎定價 2,000 美元，有 16 位元的微處理器，比蘋果二號的 8 位元高階。由於少了沃茲尼克（這時他依然在蘋果二號研究小組），蘋果工程師只能製造文字顯示的傳統電腦，無法讓麗莎強大的微處理器發揮得淋漓盡致，表現只是一般而已。賈伯斯開始不耐煩了。

這時，賈伯斯發現了另一位將才比爾．亞特金森，心想或許他能使奄奄一息的麗莎有點生氣。亞特金森是神經科學領域的博士生，也是吸食迷幻藥的同好。賈伯斯請他來蘋果上班，但他拒絕了。後來蘋果寄給亞特金森一張不能退費的機票，他於是搭機前去加州，且聽賈伯斯怎麼說。賈伯斯鼓動三寸不爛之舌，對他說了三個小時，最後說：「請想想站在世界浪潮頂端的感覺吧，實在興奮刺激。再想想在那個浪頭後面，用狗爬式辛苦死命追趕。來這裡吧，讓我們在這個世界留下一點什麼吧。」亞特金森終於給說動了。

亞特金森頭髮蓬亂，留著濃密的八字鬍，但表情生動，和沃茲尼克一樣是電腦天才，而且和賈伯斯同樣對酷炫產品有很大的熱情。他的第一個任務就是研發追蹤股價的程式——它可根據投資組合，自動撥接道瓊服務專線，一一取得各支股票的報價後，隨即掛斷。他說：「我必須趕快把這個程式寫出來，因為雜誌上有一頁蘋果二號的廣告，一個玩家在廚房桌上盯著蘋果電腦的螢幕，上面就是最新股市行情圖表，老婆眉開眼笑的看著他。其實蘋果還沒有這樣的程式，所以我不得不寫出來。」

亞特金森也用高階程式語言帕斯卡（Pascal），為蘋果二號寫程式。賈伯斯本來認為蘋果二號只要用培基語言就夠了，但他還是告訴亞特金森：「既然你這麼喜歡帕斯卡語言，我給你六天的時間證明我是錯的。」亞特金森果然做到了，賈伯斯自此對他更加尊敬。

直到1979年秋天，養活蘋果電腦的還是蘋果二號這匹老馬，其他三隻小馬都使公司失血：首先是蘋果三號慘遭滑鐵盧，麗莎又欲振乏力，讓賈伯斯開始有點心灰意冷，還有一個開發低成本電腦的專案，代號為「安妮」，由羅斯金（Jef Raskin）負責——他以前是大學教授，曾教過亞特金森。

羅斯金的目標是製造出一般大眾都可以使用的廉價電腦，包含主機、鍵盤、螢幕、軟體等，更重要的是採用圖形介面。當時，在帕羅奧圖就有一個非常先進的電腦研究中心，是圖形使用者介面（GUI）的研究先驅，羅斯金於是帶蘋果的同事去那裡見識與學習。

直搗電腦科技寶山

全錄帕羅奧圖研究中心（PARC）在1970年創立，是數位科技發展研究的溫床。這個中心就在史丹佛研究園區，距離全錄在康乃迪克州的總部有好幾千公里，好處是沒有商業方面的壓力，可免於外界的干擾，缺點則是總部管理高層對他們的研究沒什麼概念。

PARC擁有多位個人電腦與網路研究的先驅，包括科學家凱伊（Alan Kay）。賈伯斯把凱伊的兩大名言奉為圭臬：一是「預測未來最好的方式，就是去創造未來」。另一是「對軟體真的有興趣的人，也該動手打造硬體」。在四十幾年前，凱伊已預料到，未來的小型個人電腦小得像一本書，簡單好用，就連小孩也很容易上手，他還為這樣的電腦取名為「動力筆電」（Dynabook）。

因此，全錄PARC的工程師開始研發以消費者的角度來思考、容易使用的圖形介面，來取代以前那一堆令人望而生畏的命令列和命令提示字元。他們想出的概念就是「桌面」：螢幕就像你的書桌或辦公桌，可擺放很多文件和資料夾，你利用滑鼠把游標指到你要的東西，點選一下就可以使用了。

這種圖形使用者介面的理想得以落實，關鍵在於全錄PARC研發出來的位元對映技術（bitmapping）。在此之前，大多數的電腦都是以字元做為基礎。你在鍵盤上打一個字元，螢幕就會出現那個字元。通常螢幕背景都是黑的，字元則閃爍著綠光。由於字母、數字和符號有限，電腦不必有強大的處理能力，就能呈現這些字元。

但是在位元對映系統，螢幕上的每一個像素（pixel）都是由電腦記憶體中的位元所控制。為了在螢幕上呈現一個字母，電腦必須告訴每一個組成字母的像素明暗或色彩為何，這就需要處理能力強大的電腦，才做得到，而電腦螢幕也因此能夠顯示絢麗的圖形與漂亮的字形。

位元對映與圖形使用者介面，成為全錄 PARC 原型電腦的特色，例如奧圖電腦（Alto）及其物件導向程式語言 Smalltalk。羅斯金認為這些特色就是電腦的未來，他一直要賈伯斯和蘋果的其他同事，跟他去全錄 PARC 瞧一瞧。

但羅斯金有個問題。賈伯斯認為他是無可救藥的理論者，用賈伯斯自己的話來說，則是「討人厭的笨蛋」。羅斯金於是找他的朋友亞特金森一起去。在賈伯斯眼中，亞特金森是天才，如果亞特金森也有興趣，就能說服賈伯斯去全錄 PARC 看看。

然而羅斯金不知道，其實賈伯斯早有盤算。全錄的創投部門已經與他接觸，希望能在 1979 年夏天，蘋果第二次召募股東的時候入股。賈伯斯提出一個條件：「如果貴公司 PARC 能掀開和服，讓我們瞧瞧，我就讓你們投資 100 萬美元。」全錄答應展示該研究中心發展的最新科技，給蘋果一干人馬看，因而得以用每股 10 美元的價格，買下 10 萬股蘋果股票。

蘋果股票公開上市一年後，全錄原來投資的 100 萬美元股票，市值已達 1,760 萬美元。但蘋果以低價出售股票給全錄，從結果來看，也毫不吃虧。1979 年 12 月，賈伯斯和他的同事前往全錄 PARC 一探究竟。賈伯斯發覺 PARC 給他們看的只是皮毛，於是向全錄總部抗議，幾天後又回到 PARC。這次負責簡報的是全錄的研究人員泰斯勒（Larry Tesler）。由於東岸的老闆對他的研究似乎不怎麼賞識，有機會展露一番自己的研究成果，讓泰斯勒興奮莫名。與泰斯勒一起做簡報的同事高柏格（Adele Goldberg）則驚愕萬分，質疑公司怎麼可以把自己王冠上的珠寶隨便送人，她說：「公司的人實在愚不可及。他們都是瘋子，我得小心迎戰，不要讓賈伯斯偷走我們心血的結晶。」

第一回合，高柏格的防禦做得可圈可點。賈伯斯、羅斯金與麗莎團隊的主管高奇（John Couch）給帶到大廳，觀看高柏格示範他們研發的奧圖電腦。高柏格說：「我們展示幾種應用軟體，主要是文書處理軟體。」賈伯斯一點也不滿意，又打電話到全錄總部抱怨。

因此，幾天後 PARC 又邀請賈伯斯前去。這次他帶了更多人馬過去，包括他的愛將亞特金森，以及曾在 PARC 工作的蘋果程式設計師洪恩（Bruce Horn），這兩位都是知道如何看門道的高手。高柏格說：「我一到辦公室，就嗅到一股不尋常的氣氛。有人告訴我，賈伯斯和他的手下在會議室。」高柏格的一個工程師正在為這些來賓示範更多文書處理軟體。

賈伯斯愈來愈不耐煩，叫嚷：「少廢話啦！」全錄的人三三兩兩躲在角落竊竊私語，最後決定把和服多掀開一點給他們瞧，然而掀得愈慢愈好。他們同意讓泰斯勒示範物件導向程式語言 Smalltalk，但僅限於「非機密」的版本。PARC 的主管指示高柏格說：「這樣打發就夠了。賈伯斯一定會看得目瞪口呆，不知道還有其他機密的部分。」

他們錯了。亞特金森等人早就讀過全錄 PARC 發表過的研究報告，知道他們藏了一手。賈伯斯立刻打電話給全錄創投部門，埋怨他們不夠意思。全錄總部馬上從康乃迪克州打電話給 PARC 主管，命令他們務必讓賈伯斯看到所有想看的東西。高柏格在盛怒之下，衝出會議室。

泰斯勒終於展現他的絕活，蘋果那一幫人看得一愣一愣的。亞特金森的臉貼近螢幕，仔細看每個像素，泰斯勒感覺他的鼻息噴到自己的脖子。賈伯斯則樂瘋了，在會議室跳上跳下，揮舞手臂。泰斯勒說：「看他那樣跳來跳去，我實在不知道他是否看清楚了。然而他不斷提出問題，所以我想他已經有相當的了解。我每示範一步，他就發出驚嘆之聲。」賈伯斯則一直說，他不相信全錄不會把這項技術化為商品。他驚呼：「你們是在坐擁金礦！我真的不相信全錄不會好好利用。」

Smalltalk 語言顯示三大神奇的特色。首先，電腦可互相連成網路，其次是物件導向程式語言的功能。但賈伯斯等人當時並沒有多留意這兩大特色，因為能見識到「圖形介面和位元對映顯示」這個神奇特色，就已經令他們雀躍不已了。賈伯斯後來回憶說：「那一刻就像面紗突然掀開，讓我看到電腦的未來。」

他們這才心滿意足的離開全錄 PARC。兩個多小時後，賈伯斯開車載亞特金森回庫珀蒂諾的蘋果辦公室。他的車在公路上奔馳，他的腦子和嘴巴也動得很快。他興奮的說：「就是這個！我們一定要做到！」他終於想到電腦產業突破的法門：他們必須製造一般大眾使用的電腦，用起來輕鬆愉快，而且負擔得起，就像艾克勒建造的住宅，又如中看又中用的廚房家電。

賈伯斯問：「我們多久能做出一樣的東西？」

亞特金森答道：「我還不能確定，或許六個月吧。」這樣的評估雖然過於樂觀，但看得出來他已躍躍欲試。

偉大的藝術家知道怎麼偷

時常有人把蘋果直搗全錄 PARC，描述為電腦產業史上最大的一宗竊奪事件。賈伯斯有時也為這種觀點背書，而且得意洋洋。他說：「你看到人類做出來最好的東西，於是試著把這些東西融入你的作品中。」他有一次還說：「我記得畢卡索說過這麼一句話：『好的藝術家懂得模仿，偉大的藝術家則善於偷取。』」因此，竊取偉大的點子沒有什麼好羞恥的。

賈伯斯還有另一個觀點：不是蘋果偷了全錄的東西，而是全錄自己不知道怎麼運用。談到全錄的管理階層，他說：「全錄專攻印表機，不知道電腦能做什麼。最珍貴的寶物擺在眼前，卻不識貨。全錄要是懂得掌握先機，整個電腦產業就是他們的了。」

上面兩種觀點大抵沒錯，然而還漏了一點。正如詩人艾略特所言，在概念與創造之間有一道陰影。翻開發明史來看，不是有新的點子就能成功，執行也一樣重要。

賈伯斯和蘋果工程師不只採用他們在全錄 PARC 看到的圖形介面概念，還加以大幅改良，並更進一步落實了很多全錄做不到的事。例如全錄的滑鼠有三個按鍵，結構複雜，每一隻滑鼠要價300 美元，好貴啊，用起來還卡卡的。賈伯斯二次造訪全錄 PARC 幾天後，就去當地一家工業設計公司，告訴這家公司的創辦人何維（Dean Hovey），他要僅有一個按鍵的滑鼠，價格為 15 美元。他還說：「我希望這種滑鼠可以在我家的富美家地板上使用，也能在我的牛仔褲上跑。」何維接下這份訂單。

蘋果不只是在細節上精益求精，也修正了整個概念。例如全錄 PARC 的滑鼠無法拖著視窗到螢幕上的任何地方，蘋果的工程師於是設計出一種介面，使你不但能拖曳視窗和檔案，更能把檔案丟進資料夾中。如果你使用全錄的電腦系統，要做某件事之前都必須選擇一個指令，例如要調整視窗大小，或是改變檔案的儲存位置；但蘋果系統使桌面這個意象變成虛擬實境，你可任意點選、操縱、拖曳或調動桌面上的任何東西。蘋果的工程師和設計師攜手合作，在賈伯斯的每日緊盯之下埋頭苦幹。他們在桌面加上有趣的圖示或選單，只要用滑鼠點選一下，即可打開檔案或資料夾。

全錄的主管不是瞎子，並非看不到自己的研究人員在 PARC 創造出來的東西。其實，他們也曾設法把研究人員的心血化為產品 —— 從這個過程，我們更可看出為什麼執行力和好點子一樣重要。1981 年，早在蘋果的麗莎或麥金塔問世之前，全錄就已研發出一部叫做「全錄之星」的電腦，標榜有圖形使用者介面、滑鼠、位元對映、視窗和桌面。但這部電腦很難用（光是儲存一個大檔案就需要好幾分鐘）、價格高昂（零售價 16,595 美元）。全錄瞄準的是辦公室市場。全錄之星有如彗星，不久就殞落，只賣出 3 萬部。

全錄之星一上市，賈伯斯就帶著一大票蘋果的人，去全錄經銷商那裡看看。他直斥這部電腦是垃圾，告訴他的手下別掏錢去買。他說：「我們看了之後，如釋重負。我們知道他們搞砸了。我們不但做得出來，還可以把價格壓得很低。」幾個星期後，賈伯斯打電話給全錄之星的硬體設計師貝爾維（Bob Belleville），他說：「你在全錄做的都是爛東西，何不來蘋果發展？」貝爾維於是跳槽到蘋果，泰斯勒也去了。

跳下來指揮，反遭架空

賈伯斯在興奮之下，接管了麗莎專案。這個專案的主管本來是從惠普挖來的工程師高奇。賈伯斯不管高奇，逕自與亞特金森和泰斯勒溝通，要他們採用他的點子，特別是麗莎的圖形介面設計。泰斯勒說：「他隨時都可能打電話給我。我曾在凌晨兩點和五點接到他的電話。我個人覺得沒關係，但麗莎部門的主管就很火大了。」公司告誡賈伯斯不可這樣打電話給工程師。他收斂了一陣子，不久又故態復萌。

亞特金森決定使螢幕背景由黑變白，也在蘋果內部引發了衝突。亞特金森認為如此的改變，在螢幕上就可看到即將列印出來的結果，也就是所謂的「所見即所得」（What You See Is What You Get，簡稱 WYSIWYG）。賈伯斯很欣賞這個點子。亞特金森說：「硬體部門叫道，這簡直是謀殺。他們說，這樣就非用磷化螢光粉層不可。這種材料不但不穩定，也比較容易閃爍。」亞特金森於是請賈伯斯親自出馬為 WYSIWYG 護航。硬體部門的人雖然還是發牢騷，但他們也把問題解決了。亞特金森說：「史帝夫雖然不是工程師，但他能夠從別人說的話聽出玄機，知道工程師是沒自信，還是擺出防衛姿態。」

亞特金森最厲害的一招，就是讓視窗可以重疊。雖然今天看來，這點再平常不過，但當時卻是創舉。亞特金森讓你可把桌面上的文件攤開或收起來。當然，即使視窗重疊，螢幕上的像素並沒有重疊，但為了呈現視窗重疊的錯覺，必須透過複雜的程式碼，這牽涉到所謂的「區域」。亞特金森依稀記得在全錄 PARC 看過這招，下定決心非把這個程式寫出來不可。其實，全錄的人根本還沒研發出來，他們看到亞特金森做到了，表示十分佩服。亞特金森說：「也許這就是無知的力量。因為我不知道他們還沒做出來，所以我能夠一頭鑽進去，把它做出來。」

為了這個案子，亞特金森埋頭苦幹，日夜無休，到精神不濟的地步。一天早上，他開著他的科爾維特跑車，一不小心撞上停在路邊的大卡車，差點一命嗚呼。賈伯斯立刻開車到醫院去探望。亞特金森清醒之後，賈伯斯告訴他：「我們都很擔心。」亞特金森擠出一絲微笑，答道：「別擔心，我還記得『區域』。」

賈伯斯非常重視視窗捲軸的平滑度，他認為文件不該一行一行冒出來，必須能夠行雲流水般的滑動。亞特金森說：「他強調使用介面要給使用者用起來很順手的感覺。」此外，滑鼠也應該能夠往任何方向移動，而非只能水平或垂直移動，因此必須以軌跡球代替兩個轉輪。有個工程師告訴亞特金森，這種滑鼠沒辦法大量生產。亞特金森在晚餐的時候，跟賈伯斯說明此事，隔天他到辦公室，發現賈伯斯已經把那個工程師解雇了。新上任的工程師來跟亞特金森打招呼，第一句話就是：「我可以做出那樣的滑鼠。」

有一陣子，賈伯斯和亞特金森形影不離，幾乎每天晚上都在愛地球餐廳一起吃飯。但是麗莎團隊的主管高奇和其他工程師都很不高興，不但討厭賈伯斯干預這個專案，更氣他動不動就用不堪入耳的話罵人。賈伯斯和他們的理念也有不同，他要的是平民版的麗莎，簡單、好用又平價的產品。賈伯斯說：「當時，我和那些人的確有衝突，我要的是一部精實的機器，但像高奇那些從惠普過來的人，則著眼於企業市場。」

不管是史考特或馬庫拉，都希望蘋果上上下下遵守紀律，兩人對於賈伯斯種種不按牌理出牌的舉動，愈來愈看不下去，因此在 1980 年 9 月祕密推動組織改造計畫，他們讓高奇重掌麗莎團隊。雖然這個電腦專案是賈伯斯以自己女兒名字命名的，他再也不能干涉這個部門。賈伯斯也被剝奪研發副總裁的職務，改任非執行董事長。雖然他仍可代表蘋果對外發言，但不再握有實權。

賈伯斯心如刀割，他說：「我很難過，馬庫拉竟然這樣背叛我。他和史考特都認為我不該管麗莎團隊的事。為此我非常鬱悶，陷入苦思。」

09

公開上市

名利雙收

© Ted Thai/Polaris

1981年，賈伯斯與沃茲尼克。

暴得大富

1977年1月，由於馬庫拉的加入，賈伯斯與沃茲尼克的車庫合夥事業搖身一變，成為蘋果電腦公司。據估計，當時蘋果的資產只有5,309美元。不到四年，他們決定公開上市，成為1956年福特汽車上市以來，金額最龐大的首次公開發行股票案（IPO），還出現超額認購的盛況。到了1980年12月底，蘋果股票市值高達17.9億美元。是的，足足有十幾億美元之多。在蘋果上市的旋風中，有三百個人在一夜之間變成百萬富翁。

但卡特基並不在內。他是賈伯斯大學時期的知己，兩人曾一起踏上印度之旅，一起在傅萊蘭德的大同農場修剪蘋果樹，也曾是賈伯斯的室友，與他度過克莉絲安懷孕事件的風風雨雨。蘋果總部還在賈伯斯家的車庫時，卡特基也是和賈伯斯一起打拚的夥伴。如今，他仍是計時技術員，由於層級不高，不是公司正式編制的工程師，因此無法在蘋果股票上市之前分配到任何認股權。卡特基說：「我百分之百相信史帝夫。我想他會照顧我，就像我過去照顧他一樣，因此我不想給他壓力。」

儘管如此，賈伯斯大可分給他一些「創辦人股票」，但賈伯斯對於陪他一路走來的人沒有特別的感覺。蘋果早期工程師安迪・何茲菲德說：「賈伯斯從來就不是忠於朋友的人，反而會一腳踢開和他親近的人。」

卡特基最後還是決定去和賈伯斯攤牌。他在賈伯斯辦公室的門外等候，等賈伯斯一出來就上前求他。但是每次賈伯斯都把他打發走。卡特基說：「史帝夫從來就不告訴我，為什麼我沒資格。這是讓我覺得最難熬的一點。憑我們多年的交情，我覺得這是他欠我的。但我一提出股票的事，他就要我去問我的主管。」最後，在蘋果股票公開上市將近半年後，他鼓起勇氣走進賈伯斯的辦公室，要賈伯斯把話說清楚。他一走進去，賈伯斯表情之冷漠，讓他倒吸了一口氣。卡特基說：「那一刻，我悲從中來，哽咽許久，無法開口跟他說話。我們之間的友情已經蕩然無存。真是悲哀！」

開發電源供應器的工程師霍特，倒是分到不少股票。他曾幫卡特基說話。他對賈伯斯說：「我們該為你的老朋友卡特基做些什麼吧。」霍特提議兩人各分一點股票給他。霍特說：「你給多少，我就給多少。」賈伯斯答道：「好吧，那我給他0股。」

反之，沃茲尼克就有情有義多了。在蘋果股票公開上市之前，他就決定以超低價出售他的股票給一般員工。大約有四十個員工跟他買股票，共買了2,000股。股票上市後，大家都賺了一大票，大多數的人因而有能力買房子。沃茲尼克為自己和新婚妻子在半山腰買了間夢幻木屋，可惜沒多久他老婆就跟他離婚，房子歸她。

沃茲尼克後來也把股票分給一些沒分到任何股票的元老員工，以彌補這種不公平的待遇，像是卡特基、費南德茲、魏金頓和艾斯皮諾沙，都從他那裡分到市價百萬美元的股票。每個人都愛沃茲尼克；在他慷慨分送股票之後，又更愛他了。

但公司裡也有很多人站在賈伯斯那邊，認為沃茲尼克「過分天真，簡直像小孩子一樣」。幾個月後出現一張聯合勸募海報，上面畫了一個窮愁潦倒的人，站在公司布告欄前。有人在上面塗鴉了幾個字：「1990年的沃茲尼克」。

賈伯斯不愧是聰明人。早在蘋果股票公開上市前，他已速速和克莉絲安簽好和解協議書。

為了蘋果公開發行股票，賈伯斯不但在媒體前亮相，也幫忙挑選了兩家投資銀行做為承銷券商。一家是華爾街的摩根士丹利（Morgan Stanley），這是老字號的國際金融服務公司，另一家是位於舊金山、小而美的漢鼎投資銀行（Hambrecht and Quist）。

漢鼎的創辦人漢布萊希特（Bill Hambrecht）說道：「史帝夫對摩根士丹利那些人很沒禮貌。當時摩根士丹利是家作風相當保守的銀行。」儘管蘋果股價很顯然一旦上市就會像沖天炮一樣，但是摩根士丹利只準備把股價訂為 18 美元。賈伯斯質問他們：「告訴我，為什麼要把股價訂為 18 美元？你們難道不想賣給你們的好客戶嗎？既然知道這些股票搶手，你們怎麼好意思跟我收 7% 的手續費？」漢布萊希特了解這個交易制度不公平的癥結，於是提出反向拍賣 * 的辦法，在公開上市之前訂定股價為 22 美元。

蘋果股票在 1980 年 12 月 12 日那天上市，第一天交易收盤價便已漲到 29 美元。賈伯斯到漢鼎投資銀行辦公室觀看公開交易的情況。那年，他二十五歲，身價已達 2.56 億美元。

不讓金錢破壞人生

賈伯斯剛創業的時候，還一貧如洗，不到幾年就成了億萬富豪。他對財富的心態很耐人尋味。他是個反物質主義的嬉皮，卻說服朋友不要把費盡心血的發明免費送人，他則利用這個機會賺大錢。他是虔誠的禪宗信徒，也曾到印度朝聖，但最後還是決定做生意。不知怎地，這些心態在他身上並沒有起衝突，反而融合得很好。

賈伯斯熱愛一些設計絕妙、精工打造的東西，像是保時捷和賓士、雙人牌刀具、百靈牌咖啡機、BMW 機車、亞當斯的攝影作品、貝森朵夫鋼琴和丹麥頂級音響 Bang & Olufsen。然而，不管他多麼富有，他住的房子沒有多餘的裝飾，家具更是極度簡約。出遠門也從不帶隨從、祕書，甚至連保全人員都沒有。他買了好車，總是自己開。馬庫拉提議兩人合資買一架里爾噴射機時，他拒絕了（但最後他還是向公司要求一架灣流飛機供他專用）。

賈伯斯和他父親一樣，在和供應商議價的時候態度強硬，但他最大的心願還是打造出完美的產品，獲利倒是其次的考量。

在蘋果公開上市三十年後，賈伯斯曾回想一夕之間億萬在手的心情：

我向來不曾為了錢傷腦筋。我生長在中產階級的家庭，從不擔心自己會餓死。我在雅達利工作過，知道我還能以工程師混口飯吃，生活一定過得去。上大學和去印度那段時間會那麼窮，是為了體驗清貧的感覺。我的生活一向簡單，上班之後也一樣。我經歷過窮苦的日子。我覺得很棒，反正沒錢，就用不著為了錢掛心。後來變得非常富有，錢多到數不完，也不必擔心錢的事。

我看到在蘋果工作的一些人賺了大錢，便覺得自己非過另一種生活不可。有人買了勞斯萊斯和好幾棟豪宅，每一棟都得請管家來管理，之後又得找個經理來管這些管家。他們的老婆紛紛去整形，最後變得怪裡怪氣的。實在很瘋狂。這不是我要的生活。我對自己承諾：我絕不讓金錢破壞我的人生。

---

* 譯注：反向拍賣又稱荷蘭式拍賣，是指公司先和承銷商設定價格範圍，決定如何分配股票。經審核認定合格購買股票的個人，可依據自己認為的公平價位出價，再把欲購價格及股數送交承銷商。認購單都進來之後，標售管理人即計算把所有股票都賣出的最低價格，也就是結算價（settlement price）。等於或高於結算價的標單，則一律依照結算價配股。

他對慈善事業並不特別熱中。他一度設立基金會，並請人來管理，後來發現，每次跟這個經理人打交道就頭痛。那人總是喋喋不休的提到做慈善事業的創新方法，或是如何讓捐獻出去的錢財或物品發揮「槓桿效應」。賈伯斯討厭為善亟欲人知的人，也不喜歡聽什麼慈善事業的創新做法。

早先，他曾悄悄寄一張 5,000 美元的支票，給流行病學家布里恩特的塞瓦基金會（Seva Foundation），幫助落後地區改善醫療衛生，甚至答應出任該基金會的董事。有一次開會，他和同為董事的一位名醫，為了要不要請麥肯納公關公司為基金會募款和宣揚一事槓了起來。賈伯斯盛怒之下衝出會議室，跑到停車場飲泣。但隔天晚上，他還是出席塞瓦基金會舉辦的死之華樂團義演，在後台與布里恩特重修舊好。在蘋果股票上市之後，布里恩特帶著幾位基金會董事，包括諧星葛萊維和吉他歌手賈西亞等人，到蘋果總部找賈伯斯請他捐獻，賈伯斯卻不現身。後來，他捐了一部蘋果二號，附上一套試算表軟體，說這套設備有助於基金會在尼泊爾進行的眼科醫療援助計畫。

他贈與個人的最高金額，是給他的父母保羅和克蕾拉，市值約 75 萬美元的股票。他們賣掉一些股票，還清洛斯阿圖斯的房貸。貸款清償之後，他們辦了個小小的派對，要兒子也過來一起慶祝。賈伯斯說：「他們終於從房貸的枷鎖解脫了，於是請幾個朋友來參加派對。看到他們快樂，我也很高興。」然而，保羅和克蕾拉並不想換更好的房子。賈伯斯說：「他們對豪宅沒興趣。他們對現在的生活已經很滿意。」

每年這對老夫妻都會搭公主號遊輪暢遊巴拿馬海峽，這已經是他們最奢華的享受。賈伯斯說：「這個行程勾起我老爸很多回憶。他總會回想起當年在海岸防衛隊服役，搭乘運輸艦經由巴拿馬海峽回到舊金山的情景。」

初享盛名

蘋果大發利市，賈伯斯也跟著成為名人。1981年10月《公司》(*Inc.*)雜誌的封面人物就是他，標題為「改變美國企業的人」。封面上的他，身穿藍色牛仔褲、白襯衫，加上一件緞面西裝外套，鬍子修得整整齊齊，頭髮也梳理得一絲不苟。他身體稍稍前傾，雙手靠在桌上擺的一部蘋果二號上，炯炯有神的看著鏡頭，這種懾人的目光是從傅萊蘭德那裡學來的。根據雜誌上的文章，「賈伯斯一開口，語氣熱切彷彿先知看到未來。他有百分之百的信心，會讓他看到的未來成真。」

1982年2月，《時代》做了年輕企業家的專題報導，封面人物則是賈伯斯的畫像，目光依然灼人。封面故事描述他是「一手創造電腦產業的人」。還有一篇人物側寫是由記者莫瑞茲執筆，寫道：「賈伯斯現年二十六歲。六年前他利用父母家的一間臥房和車庫創辦了一家公司，但今年這家公司的營業額預計高達6億美元……身為公司高階主管的他，對下屬有時苛刻、嚴厲。他也承認：『我必須學習隱藏個人的情緒。』」

儘管賈伯斯已名利雙收，依然認為自己是反主流文化之子。有一回到史丹佛大學訪問，他走進一間教室，脫下身上的名牌西裝外套和鞋子，爬到桌上盤腿而坐。學生問了他一些問題，像是蘋果股價何時還會上漲。他說，這沒什麼好談的。反之，他熱情洋溢的說起他認為未來產品應該如何，例如有一天電腦應該跟書本一樣大小。談得差不多之後，他問眼前這群看起來很乖的學生：「你們當中有幾個還未曾有過性經驗？」學生傳出羞赧的笑聲。他又問：「這裡有多少人曾吸食過迷幻藥？」大夥更不自在了，只有一、兩個人舉手。

後來，賈伯斯抱怨說，這個時代的孩子似乎更重視物質，也更關切求職問題。他說：「在我上大學的時候，1960 年代剛結束，功利主義的浪潮還沒襲來。但是現在的學生，連理想都不會掛在口頭上了。對這些商學系、企管系的學生來說，好好啃教科書、將來賺大錢，才是最重要的，他們不願花很多時間思索人生和哲學的問題。」

賈伯斯說，他那一代的人則有很大的不同。「我們感覺得到 1960 年代充滿理想的風，在我們背後吹拂。大多數與我差不多年紀的人，我們的血液裡永遠流淌著那個年代的熱情與叛逆。」

10

麥金塔誕生

你說，你想要革命……

賈伯斯攝於1982年。

麥金塔之父

負責開發低價電腦的羅斯金，既吸引賈伯斯，也惹他討厭。羅斯金喜歡哲學思辨，有時愛開玩笑，有時則像個悶葫蘆。他學的是電腦，曾教音樂和視覺藝術，當過小型室內歌劇的指揮，還曾經組了一個街頭流動劇團。1967 年，他自加州大學聖地牙哥分校取得博士學位。他在博士論文中論述，電腦應該以圖形做為介面，而不是文字。教學令他煩膩，有天他索性租了個熱氣球，從校長家上空飛過時，朝著下方高喊：「我不幹了！」

1976 年，賈伯斯想找人寫蘋果二號的使用手冊，找上了羅斯金。當時羅斯金開了一家小小的顧問公司。羅斯金來到賈伯斯家的車庫，看見沃茲尼克在工作檯上埋頭苦幹，賈伯斯說服他幫忙寫使用手冊，代價是 50 美元。最後，羅斯金進入蘋果，擔任出版部經理。

羅斯金有個夢想，就是製造出一般大眾可使用的廉價電腦。1979 年，他終於說動馬庫拉，讓他負責一個小專案。這個專案原先的代號為「安妮」，但羅斯金認為以女性名字為電腦命名，恐怕會被批評為性別歧視，因此改以一種他喜歡的蘋果品種重新命名，也就是「麥金塔」。為了避免與音響製造商「麥金塔實驗室」（McIntosh Laboratory）* 混淆，於是將英文拼字稍做變化（加了字母 a，而 I 則改為小寫），成為「Macintosh」。

羅斯金希望打造出來的機器，價格在 1,000 美元以下，結構簡單，包含電腦主機、螢幕和鍵盤。為了壓低價格，他提議使用 5 英寸的螢幕，微處理器則用便宜但效能不高的摩托羅拉 6809。羅斯金把自己想成是哲學家，在一本不斷加厚的筆記裡，寫下各種想法或靈感，也就是他的「麥金塔之書」。有時候，他還會發表宣言，例如有一篇題為〈百萬人使用的電腦〉，開頭即道出他的理想：「如果個人電腦名實相符，那麼家家戶戶都該有這麼一部電腦。」

從1979年到1980年初，麥金塔專案多次面臨夭折的命運。每隔幾個月，公司就想砍掉這專案，羅斯金總是設法向馬庫拉懇求，請他手下留情。

麥金塔專案小組只有四名工程師，辦公室在蘋果電腦公司的舊址，也就是在愛地球餐廳隔壁，離公司新大樓有好幾個街區。那幾名工程師在辦公室擺了很多玩具和無線電遙控飛機（羅斯金的最愛），因此看起來比較像是宅男大本營。有時，他們會在休息時間玩射擊遊戲。何茲菲德說：「我們用硬紙板做為掩護的堡壘，辦公室看起來就像紙板迷宮。」

這個團隊中的明星是一位自學而成的年輕工程師，名叫柏瑞爾．史密斯。金髮碧眼，有張天使般的臉孔，但容易情緒激動。他非常崇拜沃茲尼克，希望能像沃茲尼克一樣在電腦界發光發熱。他是亞特金森在技術服務部門發掘的人才。亞特金森發現他可以想出一些別出心裁的解決辦法，功力非凡，於是向羅斯金推薦。他後來飽受精神分裂症的折磨，但是在1980年代初期，他一研究起電腦，就常到忘我的地步。

賈伯斯對羅斯金描繪的未來很心動，然而他不願壓低價格。1979年秋天，賈伯斯一度告訴羅斯金，要他專心打造出「瘋狂般偉大」的產品。賈伯斯說：「別在乎價格，只要呈現電腦最好的性能。」

---

* 譯注：「麥金塔實驗室」在1949年創立於華盛頓特區，其中一個創辦人為法蘭克．麥金塔（Frank McIntosh），因而以此為名。

後來，羅斯金用諷刺的語氣寫了一封信給賈伯斯，在信上列舉出種種令人渴望的電腦性能：每行可顯示 96 個字元的高解析度彩色螢幕；不用色帶、每秒可列印一頁的彩色印表機；隨時都可連接阿帕網路（ARPA net）*；能辨識語音與合成音樂，「甚至可以模擬歌王卡羅素與摩門教聖幕合唱團的悠揚歌聲」。但是羅斯金在信末下結論說：「從你渴望的性能開始研發，並沒有意義。我們必須先想好定價，再設立功能，並緊盯今日和明天的科技。」雖然賈伯斯認為，只要你有足夠的熱情，必然可改變現實，使夢想成真，但羅斯金完全不信這一套。

所謂道不同不相為謀，賈伯斯與羅斯金注定合不來，特別是從 1980 年 9 月起，賈伯斯已不能再插手麗莎團隊的事，他急於尋找自己能發揮的地方，無怪乎會虎視眈眈的盯著羅斯金的麥金塔專案。羅斯金宣言中，人手一機的平價電腦、簡單圖形介面，以及簡潔的設計，的確讓賈伯斯很心動。然而，一旦賈伯斯開始盯住麥金塔專案，羅斯金離開的日子就指日可數了。該團隊的一員裘安娜．霍夫曼說：「史帝夫以主管的姿態，告訴我們應該怎麼做，羅斯金開始悶悶不樂。不久，我們就知道結果會如何了。」

引爆兩人之間的第一個衝突，是微處理器。由於羅斯金希望把麥金塔的價格壓低到 1,000 美元以下，因此對便宜的摩托羅拉 6809 微處理器情有獨鍾。然而賈伯斯一心一意要打造出「瘋狂般偉大」的機器，便想把微處理器換成比較高檔的摩托羅拉 68000，麗莎電腦用的微處理器正是這一型。

1980 年耶誕節前夕，賈伯斯瞞著羅斯金，要史密斯用摩托羅拉 68000 重新設計麥金塔原型機。史密斯一投入工作，就和他心目中的英雄沃茲尼克一樣廢寢忘食。他連續三星期不眠不休，終於突破種種程式設計的難關。賈伯斯乘勝追擊，逼著羅斯金不得不把微處理器換掉，羅斯金只好咬著牙，重新計算麥金塔的成本與價格。

微處理器一改，麥金塔便得以脫胎換骨。如果還是羅斯金原來堅持的摩托羅拉 6809，電腦就只能顯現簡單的圖形，沒有令人驚豔的視窗和選單，也不能使用滑鼠了。這樣的一部機器，正如他們在全錄 PARC 看到的電腦。羅斯金當初說服賈伯斯帶人去參觀全錄 PARC，就是因為欣賞位元對映顯示和視窗的點子，然而他覺得那些可愛的圖形和圖示沒有必要，也討厭滑鼠，認為用鍵盤就夠了。他抱怨說：「真不曉得為什麼有些人就是對滑鼠愛不釋手。那些圖示實在愚蠢極了。正因圖示是不容易了解的象徵，人類才會發明語言。」

蘋果的另一名大將亞特金森，雖然是羅斯金的學生，但是他站在賈伯斯那邊。他和賈伯斯都希望使用效能高超的微處理器，以便呈現酷炫的圖形，也才能使用滑鼠。亞特金森說：「史帝夫從羅斯金那裡把麥金塔專案搶奪過來。羅斯金非常固執，死不肯改。史帝夫這麼做是對的。這麼一來果然好多了。」

羅斯金與賈伯斯不只理念不合，兩人的個性也有衝突。羅斯金說：「如果你聽到他說『跳』，你就得跳。我覺得他是無法讓人信賴的人。他不只不喜歡被看扁，更希望人人都能看到他頭上的光環。」

賈伯斯對羅斯金也沒好感，他說：「羅斯金是自大狂。對於

---

* 譯注：1970年代美國國防部開始架設高速網路，如果美俄兩國之間的網路斷線，資料仍可經由別的國家繞道而到達目的地，這項計畫的成果就是阿帕網路。之後隨著冷戰結束，阿帕網路漸漸開放給民間使用，但基於軍事安全考量，1986年由美國國家科學基金會（National Science Foundation）另建立了大學之間的NSFnet，1994年轉為商業營運，負責全球民間網路交流，此即Internet的前身。

介面，他只懂個屁。於是我決定帶走他下面的好手，像亞特金森，加上幾個我自己的人，我們計劃研發另一款麗莎，不但小巧精美，價格也比麗莎便宜，而且不是垃圾。」

但麥金塔團隊裡也有人受不了賈伯斯。有個工程師曾在 1980 年 12 月寫了一封信給羅斯金，在信上說道：「賈伯斯不但不是我們這個部門的緩衝墊，反而帶來對立、鬥爭和爭吵。我非常喜歡跟賈伯斯說話，也欣賞他的點子、務實的角度和活力，但他無法給我一種值得信賴、互相支持和讓人放鬆的環境。」

儘管賈伯斯脾氣火爆，還是有很多人認為他有偉大領導人的魅力和影響力，可帶領大家改變這個世界。賈伯斯告訴屬下，羅斯金只會做夢，他才是會做事的人，保證可以在一年內打造出麥金塔。賈伯斯被麗莎團隊踢出來，顯然憤恨難消，但競爭讓他鬥志昂揚，他希望用麥金塔來證明自己。賈伯斯在眾目睽睽之下，跟麗莎團隊的主管高奇打賭，要是麥金塔比麗莎晚一天上市，就給高奇 5,000 美元。他告訴麥金塔團隊：「我們將打造出比麗莎更便宜、更棒的電腦，而且要先馳得點。」

賈伯斯為了宣示主權，表明他才是麥金塔的頭頭，逕自取消 1981 年 2 月羅斯金主講的一場自帶午餐會議。羅斯金知道會議取消了，但碰巧經過會議室時，發現有一百人還在等他上台。原來取消會議的事，賈伯斯只告訴幾個人，並未通知每一個人。羅斯金看人都來了，於是走上台，發表他的演講。

這個事件讓羅斯金火冒三丈，於是寫了一封火藥味很重的信給史考特。然而賈伯斯是公司的創辦人，也是大股東，史考特要管他，談何容易？羅斯金在這封信上說：

賈伯斯是個可怕的主管…… 我向來很喜歡他，但我發現和他難以共事…… 他常常爽約。這似乎已是大家都知道的笑話…… 他行事魯莽、判斷力很差…… 他不給人應得的…… 常常有人跟他提起新的點子，他就立刻攻擊，說這一點價值都沒有、愚不可及，或是別浪費時間在這上面了。這種管理實在非常差勁。如果是真的很棒的點子，不久他又會告訴大家，那是他自己想出來的…… 他不但不懂得傾聽，還常打斷別人的話。

那天下午，史考特把賈伯斯和羅斯金找來，希望當著馬庫拉的面，解決這兩人的爭端。賈伯斯哭了。他和羅斯金只有一件事有共識，亦即兩人無法共事。在麗莎專案發生糾紛時，史考特站在高奇那邊。這回，他決定讓賈伯斯贏。畢竟，麥金塔只是公司的小部門，而且位在另一棟大樓，離公司總部有段距離，羅斯金則被迫休假。賈伯斯說：「他們遷就我，想給我一點事做，這樣也好。我感覺像回到當年起家的車庫。我的屬下只是一群烏合之眾，但沒關係，我可以一手掌控這個專案了。」

羅斯金被趕出去，似乎對他很不公平，但這個結果對麥金塔電腦卻有利。羅斯金認為用少少的記憶體、便宜的微處理器、卡帶，有一點圖形功能就好了，不必用到滑鼠，希望藉此把電腦的價格壓低到 1,000 美元左右，如此一來，蘋果電腦就可以低價搶灘。然而賈伯斯要的是一部可以改變個人電腦產業的機器，這是羅斯金的電腦做不到的。

羅斯金離開蘋果之後，到佳能公司（Canon）任職，終於可以製造自己想要的小型電腦。亞特金森說：「那部機器叫佳能貓，市場反應很冷淡，沒有人想買。史帝夫以麗莎為基礎，推出精簡、自成一體的麥金塔，這部機器已可做為運算平台，而非只是消費性電子產品。」*

重組麥金塔團隊

羅斯金離開幾天後，賈伯斯出現在何茲菲德的辦公室小隔間。何茲菲德是在蘋果二號團隊工作的年輕工程師，和史密斯一樣有張圓臉，脾氣急躁。何茲菲德還記得，大多數的同事都很怕賈伯斯。「他會突然勃然大怒，而且他想要怎樣，你都得完全照他的意思去做，當然沒有幾個人喜歡這樣的老闆。」然而，何茲菲德樂於接受賈伯斯的刺激。那天，賈伯斯走到他身邊，問他：「你是高手嗎？我們麥金塔團隊只需要高手，我不知道你是不是真的很厲害。」何茲菲德知道該如何回答，他說：「我告訴他，是的，我很厲害。」

賈伯斯走了之後，何茲菲德繼續做自己的工作。那天接近傍晚的時候，賈伯斯又突然出現在他的辦公隔間，對他說：「我要告訴你一個好消息。從現在起，你可以在麥金塔團隊工作了。跟我來吧。」

何茲菲德說，他需要兩、三天的時間，結束手頭的工作，才能過去。賈伯斯說：「有什麼比在麥金塔工作更重要呢？」何茲菲德解釋，他正在研發蘋果二號的 DOS 系統，等過兩天弄得差不多了，就可以移交給同事。賈伯斯說：「你是在浪費時間！誰還在乎蘋果二號？過幾年，蘋果二號就死翹翹了。麥金塔才是蘋果的未來。你現在就跟我走！」賈伯斯話一說完，就把何茲菲德的電腦電源線拔掉，何茲菲德寫的程式都不見了。賈伯斯說：「跟我來，我帶你去新的辦公桌。」

賈伯斯開著他那部銀色賓士，把何茲菲德和他的電腦都載到麥金塔辦公室。他指著史密斯旁邊那個座位說：「你的新辦公桌就在這裡。歡迎加入麥金塔團隊！」何茲菲德打開抽屜一看，發現這個位子原來是羅斯金坐的。羅斯金走得很匆促，抽屜裡還有一堆他來不及帶走的東西，包括遙控飛機。

1981年春天，賈伯斯招兵買馬，他最看重的就是新來的人是否對產品有熱情。有時候，他會把應徵者帶到一間會議室，桌上擺著一部用布蓋起來的麥金塔原型。他像表演魔術般把布掀開，然後觀察應徵者的表情。

康寧漢說：「如果他們的眼睛發光，立刻握著滑鼠指這個、點那個，史帝夫就會面露微笑，予以雇用。他希望聽到他們發出『哇！』的驚嘆聲。」

蘋果一幫人去參觀全錄PARC的時候，程式設計師洪恩還是PARC的工程師。他在全錄的同事，如泰斯勒等人，決定跳槽到蘋果加入麥金塔團隊時，洪恩也在考慮。當時另一家公司也歡迎他去，還願意給他15,000美元的簽約獎金。

某個星期五晚上，賈伯斯打電話給他，說道：「你明早來一趟蘋果吧，我有很多東西要給你看。」果然洪恩一去就上鉤了。他說：「史帝夫說這部神奇的機器將改變世界，他整個人散發出光和熱。他的個性有強大的吸引力，令人無法抗拒。」賈伯斯秀給他看的是電腦塑膠外殼如何模壓成型，構成最完美的角度，裡面的主機板又有多棒。「他希望我親眼瞧瞧，他給我看的一切即將實現，每個環節都考慮得相當周詳。我說，哇，這樣的熱情不是每

* 原注：1987年3月，蘋果裝配線組裝好第100萬部麥金塔的時候，將羅斯金的名字鐫刻在機器裡面，送給賈伯斯，沒想到賈伯斯大為不悅。2005年羅斯金死於胰臟癌，就在賈伯斯被診斷出得了胰臟癌之後不久。

天都可以見到的。於是，我決定到蘋果工作。」

賈伯斯甚至設法使沃茲尼克動起來。他說：「沃茲尼克有好一陣子都懶洋洋的。要不是他的才華，就沒有今天的蘋果了。」就在賈伯斯說動沃茲尼克，讓他對麥金塔計畫感興趣之際，沃茲尼克駕駛全新的單引擎小飛機，在聖塔克魯茲起飛時墜機，身受重傷，還因此得了失憶症，五個星期之後才復原。賈伯斯曾到醫院陪他，然而等他恢復之後，他想好好休息一陣子。十年前他從柏克萊輟學，此刻決定回去讀完大學，於是申請復學，用洛基・拉昆恩・克拉克*的名字註冊。

放手一搏

賈伯斯希望以麥金塔締造自己的功業，他打算為這個專案改名，不再用羅斯金最喜歡的蘋果品種來命名。賈伯斯認為電腦就像一部心靈腳踏車：自從人類發明了腳踏車，就能在地面空間裡四處漫遊，移動效能甚至勝過禿鷹；同樣的，人類發明了電腦，就能在數位空間裡四處漫遊，移動效能甚至數倍於心靈。因此，他決定將「麥金塔」改名為「腳踏車」。

但這個想法沒能引起同事的共鳴。何茲菲德說：「『腳踏車電腦』是我們聽過最蠢的名字，我們拒絕使用。」不到一個月，賈伯斯就放棄重新命名的念頭了。

到了1981年初，麥金塔團隊已有二十個人左右，賈伯斯認為他們應該搬到更大的辦公室，於是搬遷到離蘋果大樓三個街區、牆面漆成咖啡色的一棟兩層樓房的樓上。由於緊鄰德士古石油公司（Texaco）的加油站，他們那層樓就叫德士古樓。賈伯斯希望辦公室的氣氛能更活潑點，所以叫人去買立體音響。何茲菲德回憶說：「我和史密斯立刻跑去買了一台銀色卡匣式手提音響，免得賈伯斯又變卦。」

卡特基雖然沒得到公司的認股權，還是加入了麥金塔團隊，幫忙組裝原型機。明星級軟體工程師崔博爾（Bud Tribble），則協助設計出一開機螢幕即會顯示「Hello!」的畫面。

賈伯斯不久就大獲全勝。他不但把羅斯金趕走，拿下麥金塔部門，幾個星期之後，也把史考特攆走。史考特擔任總裁兼執行長以來，變得性格乖張，反覆無常，一下子像暴君，一下子像慈父，讓人無所適從。最近一波裁員，更被員工視為血腥屠殺。此外，他還有多種病痛纏身，包括眼睛感染和猝睡症等。

史考特在夏威夷度假時，馬庫拉召集蘋果所有的高階主管，發動政變，問他們是否認為公司該將史考特解雇。大多數的主管（包括賈伯斯和高奇）都表示同意，並由馬庫拉暫代總裁職位。

馬庫拉其實不愛管事，史考特一走，賈伯斯的緊箍咒終於消失，準備帶領麥金塔部門放手一搏。

---

* 譯注：洛基．拉昆恩（Rocky Raccoon）是沃茲尼克養的狗的名字，而克拉克（Clark）則是他第二任妻子的娘家姓氏。

11

現實扭曲力場

照他的規則來

1981年，蘋果創辦人與執行長賈伯斯。

「就在我們喝的果汁裡！」

何茲菲德加入麥金塔團隊之初，另一位軟體工程師崔博爾為他做簡報。他說，他們必須完成的工作堆積如山，而且賈伯斯要他們在 1982 年 1 月之前完成，現在只剩一年不到的時間。何茲菲德說：「這太瘋狂了吧。不可能做到的！」崔博爾說，賈伯斯不會接受這種說法的。「這種情況可以套用『星艦迷航記』的一個名詞，也就是現實扭曲力場。」

何茲菲德還是一頭霧水。崔博爾於是詳細解說：「在賈伯斯現身之時，現實是可以改變的。他能鼓動三寸不爛之舌，讓人相信他說的任何事情。但他一離開，這種效應就消失了，他訂定的時間表也就變得不切實際。」

崔博爾說，現實扭曲力場出自「星艦迷航記」的影集，也就是著名的「宇宙動物園」。「外星人光是用心靈的力量，就可創造出一個屬於他們的新世界。」這個用語不只是恭維，也是一種警告。他說：「陷入史帝夫的現實扭曲力場是很危險的，但他也的確因此擁有改變現實的能力。」

一開始，何茲菲德認為崔博爾說得太誇張了，但連續兩個星期仔細觀察賈伯斯的一言一行後，他覺得崔博爾形容得真是太貼切了。根據何茲菲德自己的觀察：「賈伯斯的現實扭曲力場融合了領袖魅力的修辭風格、不屈不撓的意志，為了達成目的，急切的將現實扭曲成心中所想的樣子。」

何茲菲德發現，這種現實扭曲力場的力量很強大，你幾乎會不由自主的被捲進去。他說：「奇妙的是，即使你感覺得到賈伯斯的現實扭曲力場在發功，你想抗拒，卻似乎還是會被這股力量帶著走。例如我們提到某些技術還在雛型階段，過一陣子，我們就不再這麼說了，只能硬著頭皮把這些技術開發出來。」

賈伯斯一度下令，辦公室冰箱只能擺放有機柳橙汁和胡蘿蔔汁，不准放汽水。麥金塔團隊有人就去訂做T恤，胸前印著「現實扭曲力場」幾個大字，後背則印：「就在我們喝的果汁裡！」

從某個層面來看，如果你戳破「現實扭曲力場」這個花俏的比喻，說白一點，就是指賈伯斯所言常常背離事實。其實，這是一種複雜的掩飾。他提到一些事情的時候，不管是世界史或是在某次開會時某人提出的想法，常常不管到底是真是假，他會任意曲解事實，不只是講給別人聽，對自己也是一樣。亞特金森說：「他可能會欺騙自己。他會不遺餘力的鼓吹自己心中的願景，讓每個人都相信這就是未來。」

不只是賈伯斯，很多人都會扭曲現實。但賈伯斯這麼做往往是有目的，也是經過精心設計的。沃茲尼克不像賈伯斯那樣工於心計，天生就是直腸子的他，也曾對賈伯斯的現實扭曲力場感到驚異。沃茲尼克說：「他看到的未來不合邏輯時，這時現實扭曲力場就會開始起作用。例如，他告訴我，我可以在幾天內設計出打磚塊的電玩遊戲。每個人都知道這不可能，但他還是激發我做出來了。」

麥金塔團隊的成員捲入他的現實扭曲力場時，幾乎就像被催眠一樣。麥金塔團隊經理黛比・柯爾曼說：「他的眼神像雷射光一樣盯著你，眨都不眨。即使他給你一杯摻了毒藥的紫色汽水，你還是會喝下去。」但她和沃茲尼克一樣，認為賈伯斯的現實扭曲力場有讓人力量增強的神效。

儘管麥金塔團隊擁有的資源只有全錄或IBM的一丁點，賈伯斯還是激發這些人不斷超越，進而改變電腦發展史。柯爾曼說：「這是為了自我實現而扭曲現實。你之所以能完成不可能的事，正因為你不知道那是不可能的。」

現實扭曲力場源於賈伯斯根深柢固的一個信念：任何規則都不適用於他，因此他根本不把規則放在眼裡。在他還是個孩子，他就常常扭曲現實，以滿足自己的欲望。他視規則為糞土，叛逆和任性早已根植於他的個性。他很早就感覺自己是很特殊的人：他是上蒼特別挑選的人，也是擁有大智大慧的人。何茲菲德說：「賈伯斯認為世界上有幾個人很特殊，包括愛因斯坦、甘地，以及他在印度遇見的聖師。當然，他自己也是。他曾對克莉絲安說過這樣的話。有一次，他也對我暗示，說他是已經開悟、擁有無上智慧的人。他似乎就像是尼采。」

賈伯斯雖然不曾研究過尼采的哲學，如果他來讀尼采的權力意志和超人理論，必然會有深得我心之感。《查拉圖斯特拉如是說》有這麼一句：「神靈現在發揮自己的意志，曾經迷失於世界的人，如今已征服這個世界。」如果現實與他的意志不一致，他就會忽略現實，正如他不願承認自己是麗莎的生父。多年後，他初次得癌症，當醫師告訴他的時候，他一樣抗拒現實。即使是日常生活中一些微不足道的事，他也不願順應我們認為理所當然的規則，例如他的車不掛車牌，還將車停在殘障車位。總之，他桀驁不馴，不肯受制於世間的規則和現實。

賈伯斯看這個世界，主要是用二分法。這個世界的人，要不是「開悟的智者」，就是「笨蛋」。他們的工作表現，不是「很棒」，就是「爛透了」。麥金塔的核心工程師亞特金森，就是他欣賞的那種人。亞特金森曾描述他這種二分法：

在賈伯斯底下工作，實在很不容易。在他眼裡，全天下的人只有神和蠢材的分別。如果你是高高在上的神，那你就不能犯任何錯誤。像我們這些被他當作神的人，都知道自己只是凡人，也會做出錯誤的決定，也像任何人一樣會放屁，因此我們都很害怕哪天就要被他從高高的神壇踢下來。至於被他視為蠢材的工程師，其實也很聰明、非常努力工作，然而他們覺得永遠都得不到賈伯斯的賞識。

但賈伯斯的分類並非永遠不變，特別當他談的是點子而不是人的時候，他常會改變自己的看法。崔博爾向何茲菲德說明現實扭曲力場的時候，就曾警告他，要他小心，說賈伯斯有時會像高壓交流電。崔博爾說：「如果賈伯斯告訴你，某件事很爛或很棒，並不表示他明天還會這麼想。如果你提出一個新點子，他通常會立即告訴你，你的點子很蠢。但他後來會再想想，如果覺得不錯，一個星期過後，他就會過來告訴你，某個點子很棒，說得就像是他自己想出來的一樣，然而那卻是你當初告訴他的。」

這種轉變猶如踮著腳尖快速旋轉，連俄國芭蕾大師狄亞基列夫看了都要目瞪口呆。正如何茲菲德所言，賈伯斯如果發現一種說法說服不了你，就會立刻變化招數，拿出另一套說法，有時甚至會拿別人的點子當作自己的，好像這是他原先想出來似的。

和泰斯勒一起從全錄 PARC 跳槽過來的洪恩，就常有這種經驗：「有一次，我告訴賈伯斯一個點子。他說我瘋了。然而才過一個星期，他跑來跟我說，他有個很棒的點子，但那分明就是我當初告訴他的！如果你對他說：『史帝夫，這不是我上星期告訴你的嗎？』他會說，是啊，是啊，然後自顧自繼續說下去。」

似乎賈伯斯的腦部迴路缺少一個調節器，使他無法控制自我，讓某些話衝口而出。為了和他溝通，麥金塔團隊的成員借用「低通濾波器」的概念，亦即在接收他傳過來的訊號時，自動對較高的頻率加以削減或降低。如此一來，他們就可以順利接受他傳過來的訊息，比較不會因為他態度不時改變而受到影響。何茲菲德說：「他一下子要往東，一下子往西，常常這樣在兩極之間擺盪。我們只好過濾他傳過來的訊號，自動削弱極端訊號，以免自己過度反應。」

最佳反撲獎

賈伯斯會有這樣乖張的行為，是不是因為他的情感不夠纖細？其實不然。他是很敏感的人，善於讀心，知道一個人情感上的強處和弱點，或是有什麼不安。他會冷不防戳破你外表的偽裝，看穿你的內心。不管你是假裝的，或有真功夫，他一看便知。這樣的本事使他得以籠絡、安撫、說服、奉承或是恫嚇別人。

霍夫曼說：「他最高明的一點，就是知道你的弱點在哪裡，知道如何讓你覺得自己很渺小，使你恐懼、畏縮。具領袖魅力的人通常都有這種能力，藉以操縱別人。這樣的人知道如何擊垮你，讓你覺得自己很脆弱，急於得到他的肯定。接下來，你就會乖乖聽命於他。」

然而，你若沒被他擊垮，就會變得更堅強。他的部屬因而表現得更好，不只是出自恐懼，渴望他的認可，也是為了達成他的期待。

霍夫曼說：「賈伯斯說的話、做的事，也許讓你痛苦不堪，然而如果你咬緊牙關撐下去，最後還是會有成就。」你也可以反擊，不只是為了生存，甚至可能活得更好。但這並不適合每個人。羅斯金就曾經反擊，一度成功，最後還是被徹底擊潰。如果你冷靜而有自信，而且你是對的，賈伯斯在評估你的時候，還是會發現你知道自己在做什麼，進而尊敬你。長久以來，在他個人生活或職業生涯，他身旁的一些人總是強者、能人，而非馬屁精。

麥金塔團隊很了解這點，因此自 1981 年開始，每年都會推選出一位最勇於向賈伯斯反擊的人。這個「最佳反撲獎」是半認真、半開玩笑的，賈伯斯也知道員工辦了這麼一個獎，但他不以為忤。第一年獲獎的是霍夫曼。她出身東歐難民家庭，是個強悍的女人。例如有一天她發現，賈伯斯把她的行銷預測改得和現實脫節，她在盛怒之下，走進他的辦公室跟他理論。她說：「我在上樓的時候就先告訴他的助理，我手裡拿著一把刀，準備刺進他的心臟。」公司的法律顧問艾森史達特（Al Eisenstat）聽說這事，還連忙前來阻止。「史帝夫聽我把話說完，決定讓步。」

隔年霍夫曼再度獲獎。那年才加入麥金塔的柯爾曼說：「霍夫曼敢和賈伯斯作對，讓我好生羨慕，我就沒那個膽。但我終於在 1983 年贏得這個獎。我知道我要為自己據理力爭，這樣才能贏得賈伯斯的尊敬。得了這個獎之後，我就升級了。」之後，柯爾曼果然步步高升，當上蘋果製造部門最高主管。

有一天，賈伯斯闖入亞特金森工程師團隊的工作小隔間，和平常一樣破口大罵：「你做的東西真是他媽的爛透了！」亞特金森回憶道：「那位工程師說：『這不但不爛，而且是最好的。』接著解釋，這是他幾番權衡之後想出來的做法。」最後賈伯斯不得不認可他做的。亞特金森教同事如何解讀賈伯斯說的話，他說：「我們必須將他口中的『爛透了』，解譯成這樣的問題：『請你告訴我：為什麼這是最好的做法？』」後來，麥金塔團隊的工程師終於知道如何改善賈伯斯批評之處。亞特金森說：「我們的工程師能做得更好，正是因為賈伯斯的挑戰。儘管你該反擊、據理力爭，然而你也該好好聽他說，因為他的批評常常是對的。」

由於賈伯斯是無可救藥的完美主義者，難免給人壓力。如果是因時間不足、預算有限而推出急就章的產品，即使堪稱實用，他還是不屑一顧。

亞特金森說：「他的字典沒有『妥協』這兩個字。他是想掌控一切的完美主義者。不想追求完美、使自己的產品更好的人，一定是傻瓜。」以 1981 年 4 月的西岸電腦展為例，發明家奧斯本（Adam Osborne）推出第一部可攜式個人電腦。儘管這部電腦的螢幕只有 5 英寸，記憶體也很小，然而跑起來還不錯，奧斯本於是說，這證明一個概念：「夠用就好了，其他一切都是多餘的。」但賈伯斯完全不能接受這樣的設計。有好幾天，他在蘋果的走廊走來走去，不斷嘲笑奧斯本：「這傢伙根本不知道他做出來的不是藝術，而是垃圾。」

以藝術家自居

肯尼恩（Larry Kenyon）是研發麥金塔作業系統的工程師。有一天，賈伯斯走到他的小隔間，向他抱怨麥金塔的開機時間太長了。肯尼恩才剛開口解釋，賈伯斯就打斷他的話。「如果開機時間快十秒，能救人一命，你會不會做？」肯尼恩說，他或許會吧。接著，賈伯斯走到白板前，計算給他看。如果全世界有五百萬人使用麥金塔電腦，每天開機能快個十秒，每年總計可省下三億分鐘，相當於十個人過一生的時間。亞特金森說：「肯尼恩覺得，賈伯斯說得很有道理。幾個星期之後，他告訴賈伯斯，開機時間可以快二十八秒了。賈伯斯善於用宏觀的觀點來激勵人。」

因此，賈伯斯能讓麥金塔團隊感染他的熱情，一同為打造完美的產品奮鬥，而不是只想著要賺多少錢。何茲菲德說：「賈伯斯認為自己是藝術家，也希望設計團隊能以藝術家自居。所以最終目的不是要打敗競爭對手，也不是獲利，而是盡最大努力做出最好的東西。」

賈伯斯曾帶麥金塔團隊去紐約大都會博物館，觀賞第凡尼（Louis Tiffany）的玻璃作品。他認為他們可以第凡尼為榜樣，製造出偉大的藝術品給一般大眾使用。崔博爾說：「我們談到，雖然第凡尼不是每樣東西都是自己親手做出來的，但他把設計理念傳達出去，讓其他人知道。我們對自己說，如果我們要做出什麼東西來，最好做得美一點。」

那賈伯斯有必要常常大發雷霆、破口大罵嗎？或許沒必要，這麼做也不見得有什麼好處。激勵團隊的方法很多，不見得要辱罵。

儘管麥金塔會是一部很棒的電腦，但交貨日一再拖延，加上賈伯斯不斷干預，預算也節節高升。再說，傷害屬下的感情，到頭來也得付出代價。沃茲尼克說：「他要是嘴巴沒那麼壞，不讓屬下恐懼，也許就可能達成他想要的成果。我希望大家都有耐心點，不要有那麼多衝突，公司就能變成一個和樂的大家庭。不過話說回來，如果麥金塔專案由我來管，最後大概會一團糟。如果能融合我和史帝夫兩種截然不同的管理風格，或許要比史帝夫一個人來得好。」

但在賈伯斯的影響之下，蘋果員工對於創造突破性的產品，已生出不滅的熱情，而且相信自己能達成似乎不可能的事。他們曾經訂製T恤，上面印著：「每週工作90小時，而且樂在其中！」員工內心害怕自己做不到的恐懼，加上賈伯斯不斷的鞭策，最後他們終於超越自己的期待。儘管賈伯斯不肯在品質上做任何讓步，麥金塔的價格無法壓低，也不能如期出貨，但公司上下都知道寧缺勿濫的道理。

賈伯斯說：「多年來的經驗告訴我，如果你擁有真正的人才，就別去寵他們。你對他們有所期待，不斷鞭策他們，希望他們能做出了不起的東西，他們終能達成目標。我從麥金塔團隊的元老得知，他們都是A咖高手，儘管你能容忍他們的表現只有B，他們不見得會謝謝你的寬宏大量。你可以去問麥金塔團隊的每一個人，他們都會告訴你，追求完美雖辛苦，卻是值得的。」

的確如此，正如柯爾曼所言：「賈伯斯會在開會的時候，指著你的鼻子大罵：你這個渾蛋！你什麼都搞砸了！似乎每個小時他都會狠狠刮我們一頓。然而能與他共事，我真的覺得我是全世界最幸運的人。」

12

設計

簡約就是細膩的極致

達志影像

1984年1月，第一代麥金塔電腦。

包浩斯美學

不像一般在艾克勒住宅長大的孩子，賈伯斯從小就知道這樣的住宅有什麼特色，以及為什麼值得欣賞。他喜歡以簡約、俐落的現代主義風格製造一般大眾使用的產品。他也愛聽父親描述各種汽車設計的細節。因此，打從他創立蘋果以來，他便相信偉大的工業設計，如簡單的彩色商標、光潔的外殼，將使蘋果的產品獨樹一格。

蘋果從賈伯斯家的車庫搬出來之後，第一個辦公室就在一棟小樓房，與索尼（Sony）的銷售部共用。索尼產品擁有獨一無二的風格和令人難忘的設計，賈伯斯因此常常走過去瞧瞧，看看他們的宣傳資料。當時在索尼工作的丹尼爾．魯文說：「賈伯斯常過來這裡翻看我們的產品手冊，指出我們設計上的特點。那時他就是一副邋裡邋遢的模樣。有時他會問：『這手冊可以給我嗎？』」魯文在 1980 年被賈伯斯招攬到蘋果工作。

賈伯斯原本非常欣賞索尼深色、工業化的設計風格，但是在 1981 年 6 月去亞斯本參加國際設計年會之後，他對設計的品味有了改變。那次大會焦點是義大利風格，參展的義大利名家有建築師貝里尼（Mario Bellini）、導演貝托魯奇（Bernardo Bertolucci）、法拉利設計師賓尼法瑞那（Sergio Pininfarina）及飛雅特的女繼承人阿涅里（Susanna Agnelli）。賈伯斯說：「我開始崇敬義大利設計師，就像電影『突破』（*Breaking Away*）中的美國年輕人崇拜義大利自行車好手一樣。」

賈伯斯在亞斯本接受包浩斯（Bauhaus）* 運動的洗禮，了解簡潔、實用的設計理念。由貝耶（Herbert Bayer）設計的亞斯本研究院，舉凡建築、宿舍、非襯線體這種字型設計和家具，都體現出包浩斯風格。貝耶就像他在包浩斯學校的恩師葛羅佩斯（Walter Gropius）與密斯．凡德羅（Ludwig Mies van der Rohe），認為「純藝術」應該與應用工業設計沒有任何差別。包浩斯學校教導學生現代風格的特點，是簡約卻又富有表情，以簡潔、俐落的線條和形狀來強調理性與功能性。葛羅佩斯等人的名言有「神就在細節之中」、「少就是多」等等。像艾克勒設計的住宅，不但呈現藝術家的感性，也能大量製造，供一般民眾使用。

賈伯斯在1983年亞斯本國際設計年會中，大力宣揚包浩斯風格。他在亞斯本的露天音樂廳發表演講，講題是「未來將不同於以往」。他預測索尼風格將成為明日黃花，取而代之的是包浩斯的簡約風格。他說：「目前工業設計的主流仍是像索尼產品的高科技外觀，要不是金屬灰就是石墨黑，頂多再加點花樣。這其實很容易做到，算不上偉大。」他提議以包浩斯風格來呈現，凸顯性能和產品的本質。「我們不但要製造出高科技產品，在包裝上也要簡潔雅致，讓人一看就知道這是高科技。我們希望產品美麗、純白，就像百靈牌家電。」

賈伯斯一再強調，蘋果電腦的產品將以簡約和雅潔為原則。他說：「我們將打造巧妙、雅致又實在的高科技產品，不像索尼的產品，老是烏漆抹黑，感覺很笨重。因此，我們將以簡約為最高指導原則，而且希望我們的產品就像現代藝術博物館展出的藝術品。不管就公司管理、產品設計或是廣告，我們都依循簡約之

* 譯注：包浩斯是德國一所藝術和建築學校，由建築師葛羅佩斯（Walter Gropius, 1883-1969）於1919年創立，1933年在納粹政權壓迫下關閉。今日的包浩斯早已不單是指學校，而是其倡導的建築流派或風格的統稱，注重建築造型與實用機能合而為一。除了建築領域之外，包浩斯在藝術、工業設計、平面設計、室內設計、現代戲劇、現代美術等領域的發展都有顯著的影響。所謂「包浩斯運動」是為現代設計運動的發軔，揭櫫以「人」為本位的設計哲學，強調「設計的目的是人，而不是產品」。

道，希望做到真正的簡約。」的確，蘋果的第一份產品手冊就曾強調這個特色：「簡約就是細膩的極致。」

賈伯斯認為設計簡約的目的，在於讓使用者憑直覺就會操作。然而簡約不一定可和容易使用劃上等號。有時，產品的設計看起來簡單、漂亮，卻讓人覺得不好用。賈伯斯告訴台下的設計專家：「我們的設計重點，在於使消費者憑本能就知道怎麼用。」他以麥金塔的「桌面」為例：「每個人看到電腦上的『桌面』，都會憑直覺使用。如果你走進辦公室，看見桌上的文件，直覺告訴你，擺在最上面的，應該是最重要的。我們都知道如何調整文件的優先順序。在電腦發展出來的『桌面』，就是利用我們已有的日常生活經驗。」

在賈伯斯上台演講的那個星期三下午，華裔設計師林瓔也在一間比較小的會議室發表專題演講。1982 年 11 月在華盛頓特區落成開放的越戰陣亡將士紀念碑，就是她設計的，年方二十三的林瓔就此一夜成名。賈伯斯和林瓔在設計年會結緣，從此成為好友。賈伯斯邀請她來蘋果參觀，並請柯爾曼幫她導覽。林瓔說：「我和賈伯斯一起工作了一個星期，我問他：為什麼電腦看起來就像電視機一樣笨重？為什麼你們不能做得輕薄一點？為什麼不做平板電腦？」賈伯斯答道，這正是他努力的目標，等到技術成熟，他一定設法做到。

賈伯斯認為，那時工業設計基本上沒多大突破。他買了德國工業設計大師薩帕（Richard Sapper）設計的一盞檯燈，他非常喜歡這盞燈，也很欣賞美國夫妻檔設計師伊姆斯（Charles and Ray Eames）的家具作品，以及德國設計師拉姆斯（Dieter Rams）設計的百靈牌家電。然而從貝耶和美國工業設計大師羅威（Raymond

Loewy）[*]之後，他還沒看到可以撼動工業設計界的巨人。

林瓔說：「在那個年代，工業設計的腳步似乎停滯不前，尤其是矽谷。賈伯斯非常渴望改變現況。他的設計品味趨向精緻圓滑，而不是花俏，還著重趣味。他擁抱極簡主義，這應該是源於他的禪修體驗，但他也避免產品給人冷冰冰的感覺。蘋果的東西一直都很好玩。他對設計有很大的熱情，而且超級認真，然而他也不忘加入趣味的元素。」

賈伯斯對設計的感覺不斷演化，後來也受到東方風格吸引，因此和日本設計大師三宅一生、華裔建築師貝聿銘為友。他受禪修經驗影響很深，他說：「我發覺佛學意境空靈超然，尤其是日本禪學。像我在京都看到的枯山水庭園，那高遠虛渺的禪境，教我深深感動，這正是禪文化的體現。」

應該像保時捷！

羅斯金心目中的麥金塔，就像一個可以帶著走的小箱子，鍵盤可以收起來，緊貼著螢幕。賈伯斯接手麥金塔專案之後，決定捨棄可攜帶的特點，將它定位為小巧的桌上型電腦。有一天，他走進辦公室，啪一聲把電話簿摔在桌上，宣布麥金塔在桌上占的空間不會比這本電話簿大。在場的工程師都驚訝得下巴快掉下來了。設計團隊的領導人曼諾克（Jerry Manock）和他招募來的一位很有才華的工業設計者小山泰瑞，著手改造麥金塔的外觀。他們把螢幕置於主機上方，鍵盤設計成可拆式的。

1981 年 3 月有一天，何茲菲德吃完晚餐回到辦公室，發現賈伯斯站在麥金塔原型機旁邊，與創意總監菲里斯（James Ferris）

---

* 譯注：羅威最著名的設計，包括殼牌石油商標、灰狗巴士、賓州鐵路的火車頭和車廂、史都德貝客汽車和空軍一號的塗裝等。

討論得非常起勁。他說：「我希望麥金塔有永不退流行的經典外觀，就像福斯金龜車。」賈伯斯因為老爸是汽車黑手，對經典車款的外形有獨到的鑑賞力。

菲里斯答道：「不對，不是金龜車，應該像法拉利那樣性感迷人。」

賈伯斯反駁：「不對，不是像法拉利，應該像保時捷！」賈伯斯那時擁有一部保時捷 928，難怪他會這麼說。（話說後來菲里斯離開蘋果，就是去保時捷擔任廣告部經理。）

有個週末，亞特金森工作做完了，賈伯斯帶他到停車場欣賞保時捷之美。賈伯斯告訴他：「偉大的藝術延展我們的品味，而不是跟著品味走。」他也欣賞賓士的設計，說道：「這些年來，賓士的線條變得更柔和，對細節則更苛求。麥金塔的設計也該像這樣。」

小山泰瑞畫出設計草圖，並做了一個石膏模型。麥金塔團隊圍繞在石膏模型旁，蓋著模型的布一掀開，大家便開始品頭論足。何茲菲德認為這樣的設計很可愛，其他人也似乎都很滿意。結果賈伯斯還是有一堆意見：「這樣方方正正的，看起來太像箱子，應該更有曲線一點。第一個倒角的半徑要再大一點，斜角的尺寸也有問題。」現在，他對工業設計的專有名詞已經可以琅琅上口，所謂「倒角」與「斜角」指的是電腦側板的角邊和曲邊。幸好，最後賈伯斯還是說了一句肯定的話：「不管怎麼說，這總是個開始。」

接下來，差不多每個月，曼諾克和小山泰瑞就根據賈伯斯上一回的意見加以改善，推出新模型。最新設計出來的模型用布蓋起來，以前的則依照先後順序排成一列。這樣有助於大家了解目前的模型是怎麼演化來的，賈伯斯也就不能說他們沒採用他的建議或批評了。何茲菲德說：「到了第四個模型時，我已經看不出這個和前一個有什麼不同，但史帝夫依然有意見，說哪個細節很棒，哪個則需要再修改。」

有個週末，賈伯斯又去了帕羅奧圖的梅西百貨，研究那裡的家電，特別是美食家牌的產品。星期一時，他蹦蹦跳跳的回到麥金塔辦公室，要設計部門去買一台回來研究，然後又對麥金塔的線條、曲線和斜角提出一大堆新建議。這次，小山泰瑞設計出來的模型真的很像廚房家電，但賈伯斯還是搖搖頭。他們的進度於是又往後順延一週。就這樣改了不知多少次，賈伯斯終於不再挑剔，讓外殼設計過關。

賈伯斯一再堅持這部機器必須人性化，讓人覺得容易親近，麥金塔經過一再演化，最後看起來的確像一張人的臉孔。磁碟機在螢幕下方，整部機器變得比一般電腦高一點，也瘦一些，真的就像一張臉，最下方凹下去的地方有如下巴。賈伯斯說機殼上方那一長條必須窄一點，以免像克羅馬儂人的額頭。他說，麗莎就是額頭太高，才會有點醜。

申請麥金塔外殼專利的時候，是用曼諾克、小山泰瑞和賈伯斯這三個人的名字。小山泰瑞說：「儘管賈伯斯連一條線也沒畫出來，但由於他的想法和靈感，這個設計才得以成形。老實說，我們這些做工業設計的，並不知道如何使電腦『人性化』，聽了賈伯斯的解說，才恍然大悟。」

這都不是芝麻蒜皮的小事！

賈伯斯對於顯示在電腦螢幕上的東西也很在意。有一天，亞特金森與高采烈的衝進德士古樓。他說，他剛想出一種運算法，可讓圓形和橢圓形很快顯示在螢幕上。以畫圓為例，需要計算平方根，只是摩托羅拉 68000 微處理器無法支援，但亞特金森想出避開問題的替代方法。他發現，如果把一系列奇數按順序相加，最後就會得到平方數（如 1 + 3 = 4；1 + 3 + 5 = 9 等）。何茲菲德還記得，亞特金森很興奮的向大家示範，每個人都覺得這招很高明，只有賈伯斯皺著眉頭：「嗯，畫圓形和橢圓都不錯，但能畫出圓角長方形嗎？」

亞特金森說，這恐怕沒辦法，又說：「我想，我們不需要這種長方形吧。我希望圖形盡量簡單，有最基本的特點就好了。」

賈伯斯激動的跳起來，說道：「到處都是圓角長方形！你看看這辦公室裡的東西！」他指著白板、桌子等圓角長方形物體。「你看看外頭，到處都看得到圓角長方形。」他拖著亞特金森走出去，指出車窗、廣告看板和路標給他看。賈伯斯說：「我們才走三個街區，就發現十七種圓角長方形的物體。我一一指出來，直到他完全相信為止。」

亞特金森說：「當他最後指出『禁止停車』的交通標誌時，我說你是對的，我投降。我承認圓角長方形也是基本圖形。」何茲菲德說：「隔天下午，亞特金森走進德士古樓的時候，臉上露出燦爛的笑容，他在電腦螢幕上，展示畫出長方形的四個圓角給我們看，一眨眼的工夫就畫出來。」因此麗莎和麥金塔有了圓角長方形的對話框和視窗，之後的電腦也都有這樣的設計。

由於賈伯斯在里德學院旁聽過字形課程，懂得欣賞字形之美，知道襯線體和非襯線體的差異，也發現不同字形的字母間距會有所不同，以及行距改變會有何影響。賈伯斯說：「我們設計

第一部麥金塔的時候，以前在里德上字形課的一切，又回到我眼前。」由於麥金塔的螢幕顯示是利用位元對映技術，因此可以設計出無窮無盡的字型，不管是優雅或是古怪的字體，都可以顯示在螢幕上。

為了設計各種字型，何茲菲德找了一位高中時期的朋友凱爾（Susan Kare）來幫忙。這位朋友原本住在費城郊區，他們就以費城舊鐵路主線經過的站名來為字型命名，如歐佛布魯克、瑪里恩、亞德摩、羅斯蒙特。賈伯斯覺得為字型命名很有趣。但是有天下午，他來到何茲菲德和凱爾的辦公桌旁，臉色一沉，說道：「這些都是鳥不生蛋的小城，誰聽過啊？我們應該用大城市的名字來命名。」凱爾說，蘋果一連串以大城市命名的字型，就是這麼來的，如芝加哥、紐約、日內瓦、倫敦、舊金山、多倫多和威尼斯。

馬庫拉和某些人認為，賈伯斯對字形的執著簡直走火入魔。馬庫拉說：「他對字形有豐富的知識，這固然不錯，但他一再堅持非設計出偉大的字型不可。我不知對他說過多少次：『字型？難道我們沒有更重要的事可以做了嗎？』」事實上，麥金塔多采多姿的字型，加上雷射印表機和繪圖技巧，就可以做桌上排版，擴大蘋果電腦的使用群和利基。從高中校刊記者到負責編輯家長會活動通訊的媽媽，如果知道如何運用各種不同的字型，就可自己發行印刷出版品，出版再也不是印刷廠、編輯等出版人的專利了。

凱爾也設計圖示並定義圖形介面，如放置已刪除檔案的資源回收筒。由於她和賈伯斯都喜歡簡潔、一看便知的設計，也希望麥金塔電腦多一點變化，因此兩人很合得來。她說：「每天快下班的時候，他都會過來看看，想知道有哪些新東西。他的品味不錯，也能掌握視覺藝術的細節。」賈伯斯有時會在星期日早上過來，凱爾只好乖乖到辦公室報到，才能給賈伯斯看她的新設計作品。她也不免會碰到問題。有一次賈伯斯就不喜歡她設計的兔子（加速滑鼠點選速度的圖示），說這毛茸茸的兔子看起來「有夠娘的」。

賈伯斯也很注重視窗、文件和螢幕最上方那條標題欄。由於亞特金森和凱爾的設計一直未讓他滿意，他因此愁眉苦臉。賈伯斯不喜歡麗莎的標題欄，說那樣的設計太黑，看起來嚴肅、冷峻，希望麥金塔的設計能柔和些，最好能加上細條紋。亞特金森說：「我們設計出二十種不同的標題欄，最後他才心滿意足。」凱爾和亞特金森抱怨說，賈伯斯讓他們花太多時間在標題欄的設計細節上，害他們無法做更重要的事。賈伯斯發火了，叫道：「你們可以想像每天都得盯著這種標題欄的感覺嗎？這不是芝麻蒜皮的事，是應該做好的事。」

艾斯皮諾沙找到一個方法，不但可達到賈伯斯要求，還可滿足他的控制欲。早在蘋果仍在車庫發展的時期，艾斯皮諾沙就是沃茲尼克身邊的小助手，賈伯斯勸他離開柏克萊，說他日後如果想回去念書，隨時都可以，但是為麥金塔做事的機會只有一次，一旦失去就回不來了。

艾斯皮諾沙決定為麥金塔設計一個計算機。何茲菲德說：「我們圍著艾斯皮諾沙，看他向賈伯斯展示他設計的計算機。接著，他屏氣凝神，看賈伯斯有何反應。」

賈伯斯說：「這好歹是個開始，但基本上來說，這個設計爛透了。背景顏色太深，有些線條的粗細不理想，按鈕也太大顆了。」艾斯皮諾沙虛心接受批評，不斷修正，但每次修正過後，賈伯斯還是有新的批評。

有一天下午，賈伯斯走到他身邊，他給賈伯斯看他想到的好點子，說這就叫「賈伯斯的計算機自行建構組合」。這個組合讓使用者可根據自己的喜好，來設計計算機的外觀，包括線條粗細、按鈕大小、陰影、背景等。賈伯斯看了，立刻坐在電腦前聚精會神的調整選項，到他心滿意足為止。過了十分鐘，他終於調整出他想要的計算機外觀。

賈伯斯的設計不只用在第一代麥金塔，未來十五年仍是蘋果電腦計算機的標準形式。

蘋果設計協會

儘管賈伯斯把全副心力都放在麥金塔，他還是希望創造出一套設計語言，讓蘋果的所有產品都能運用。他把曼諾克找來，籌組一個半正式的團體，名叫「蘋果設計協會」，並舉辦比賽，選出一位世界級的設計師。這位設計師在蘋果的地位，將有如百靈的拉姆斯。

這個專案代號為「白雪公主」，不只是因賈伯斯偏好白色，蘋果尚待設計的產品共有七種，就以七個小矮人的名字來命名。最後拿下首獎的是德國設計師艾斯林格（Hartmut Esslinger）。艾斯林格曾為索尼工作，負責設計特麗霓虹彩色電視的外觀。賈伯斯親自飛到巴伐利亞的黑森林，跟他見面。艾斯林格對設計的熱情，讓賈伯斯大為激賞，開著賓士以時速160公里在公路上飛馳，更讓賈伯斯大呼過癮。

即使艾斯林格是德國人，他提議蘋果產品應該有「產於美國」的基因，甚至要有「立足加州，放眼全球」的格局，產品發想「受到好萊塢和音樂的啟發」，有點叛逆精神，而且「自然流露出性感迷人的魔力」。艾斯林格的設計指導原則是「形式隨情感而生」，而非一般的「形式隨機能而生」。他設計出來的四十種產品，都是根據這個概念。賈伯斯看到他的設計作品，驚呼：「對，這就是我想要的！」

蘋果二號的新機型 Apple IIc 不久即將上市，就是採用「白雪公主」專案成果的外觀：有白色外殼、細膩的圓角，以及兼具裝飾和通風的細長溝紋。賈伯斯對艾斯林格提出一個條件，如果他願意搬到加州，就可拿到蘋果的合約。艾斯林格答應了，兩人握手。艾斯林格說：「工業設計史上最具里程碑意義的合作案之一，就在我倆握手的那一刻定案了。」

1983 年中，艾斯林格在帕羅奧圖創立一家名為「青蛙設計」（frogdesign）*的公司。蘋果每年給他的設計團隊，高達 120 萬美元的報酬。從那時起，每一樣蘋果產品都能驕傲的貼上「加州設計」的標籤。

完成麥金塔藝術作品

賈伯斯從他父親那裡學到，追求工藝完美必須注重看不到的細節。因此，連麥金塔裡頭的印刷電路板，他都一絲不苟。他曾說過：「零件看起來很漂亮，但你們看看那些記憶體晶片，線畫得太近，所以擠成這個樣子，實在醜死了。」

有個新來的工程師說道，那又有什麼關係？「只要跑得順就好了，誰會去盯著電腦電路板？」

賈伯斯說：「即使電路板藏在電腦裡面，看不到，我還是要電路板盡可能漂亮。一個好木工在釘櫥子的時候，會用一塊爛木頭來做背板嗎？」

麥金塔上市之後，有次賈伯斯接受訪問，又提到他從父親那裡學到的一課。「如果你是木工，釘了個很漂亮的抽屜櫃，你會隨便用一塊夾板做背板嗎？儘管背板總是貼著牆壁，沒人看得到，但你還是知道那塊板子就在那裡，最後你還是決定用一塊好木板來釘。這樣你才能高枕無憂，因為你已顧及美觀和品質，做到盡善盡美了。」

馬庫拉也教賈伯斯要留心細節，告訴他一般人的確會「以貌取人」，如果一本書的封面很難看，就沒有讓人想去翻閱的衝動，因此必須注重包裝。賈伯斯在選擇麥金塔包裝箱的設計時，決定用彩色的，而且希望設計得很吸引人。

麥金塔團隊的羅斯曼（Alain Rossmann）說：「他讓設計箱子的人，重做了五十次。」（羅斯曼就是裘安．霍夫曼的老公，這兩人是麥金塔團隊裡的夫妻檔。）「像包裝箱這種東西，消費者打開之後，反正就丟掉了，但賈伯斯還是非常在意。」對羅斯曼而言，賈伯斯這種做法似乎是浪費，不如把錢省下，花在記憶體晶片上。但對賈伯斯來說，他就是無法放過每個細節，才能打造出質感超群、令人驚異的麥金塔。

一切設計細節都決定了之後，賈伯斯把麥金塔團隊的每個人都找來，辦了一場慶功宴。他說：「真正的藝術家都會在自己的作品上簽名。」於是，他拿出一張紙、一支簽字筆，要每個人簽名。他說，這些名字將鐫刻在每一部麥金塔機殼內的一塊板子

* 原注：這家公司在2000年改為frog design，且把公司搬到舊金山。艾斯林格選用這個名字，不只是因為青蛙是從蝌蚪變來的，會變形，在環境生態改變之下，也可能變成三條腿或五條腿。還有另一個原因是：frog是德意志聯邦共和國（Federal Republic of Germany）英文縮寫字。他說：「我用小寫是想以破除階級概念的語言，向包浩斯理念致敬，並強調本公司對夥伴式民主的注重。我們是一家人人平等、人人互相尊重的公司。」

上。儘管日後只有維修人員會偶爾打開機殼，沒有其他人會看到他們的簽名，但每個成員都知道電腦裡面的電路板很漂亮，他們的名字統統在裡面。

賈伯斯逐一請他們上來簽名。第一個簽名的是史密斯，賈伯斯則等團隊裡的四十五位同事都簽名後，才上去簽名。他在正中央找到一個地方，用小寫、優雅的字體簽上自己的名字。最後，他開了香檳，與大夥兒舉杯慶祝。

亞特金森說：「在這一刻，他讓我們每個人都覺得，我們做出來的東西是藝術品。」

13

打造麥金塔

過程本身就是收穫

1984年，麥金塔團隊創始成員：克羅、霍夫曼、史密斯、何茲菲德、亞特金森、曼諾克。

個人電腦爭霸戰

1981 年 8 月，IBM 推出個人電腦時，賈伯斯要麥金塔團隊買一部拆解開來，研究一番。團隊成員一致認為這部電腦很爛。艾斯皮諾沙認為這部電腦「馬馬虎虎、不重視細節、了無新意」。他說的有幾分道理，因為這部個人電腦用的是老式的命令提示模式，而且是將字元輸出到螢幕上，不是利用位元對映顯示技術。

蘋果這幫人不由得趾高氣揚，認為 IBM 的電腦遜斃了。但他們不了解，當時美國各大企業的技術經理還是認為，從 IBM 這樣的國際知名大公司購買電腦，比較令人安心，他們不會想向一家用水果做為公司名稱的廠商購買。

IBM 宣布個人電腦上市那天，比爾·蓋茲剛好去蘋果總部開會。他說：「蘋果的人似乎完全不把 IBM 看在眼裡。他們一年後才知道這個市場是怎麼一回事。」

當時的蘋果不但過度自信，甚至在《華爾街日報》刊登全版廣告，向 IBM 挑釁，標題是這幾個大字：「IBM，衷心歡迎你們加入戰局。」這幅廣告巧妙的把未來的電腦大戰，定位為雙雄格鬥的局面，一方是業界的老大哥 IBM，另一方則是勇氣十足、卓爾不群的蘋果。其他電腦廠商如康莫多、坦迪（Tandy）和奧斯本（Osborne）的表現並不比蘋果差，但似乎變成無關緊要的小廠，只能靠邊站。

賈伯斯終其一生，喜歡視自己為有智慧、為了正義反抗邪惡帝國的絕地武士。IBM 正是他眼中的邪惡帝國。他巧妙的把蘋果與 IBM 的電腦爭霸戰定義為正邪之鬥，而非只是商業競爭。他告訴採訪記者：「如果我們因為某種原因犯了大錯，讓 IBM 獲勝，那就完了。我覺得我們即將陷入長達二十年的電腦黑暗時代。一旦 IBM 掌控市場，他們就不再創新。」

三十年後，賈伯斯回想起當年的競爭，還是視為一場聖戰。他說：「IBM 本質上和微軟表現最差的時候一樣。他們不是創新的動力，而是邪惡的力量。AT&T、微軟和 Google，都是同一掛的。」

不幸的是，賈伯斯把自家公司研發出來的麗莎電腦，也當作競爭對手。當然，這和賈伯斯的心結有關。他曾被麗莎團隊踢出去，現在一心一意想要扳回一城。然而，賈伯斯也認為公平競爭有利於激勵軍心。這也就是為什麼他願意拿出 5,000 美元跟麗莎團隊的領導人高奇打賭，如果麥金塔不能搶先在麗莎之前出貨，他就輸了。

問題是，這兩個團隊演變成惡性競爭。賈伯斯經常把追隨他的那一幫工程師，形容為又酷又有才華的年輕人，反之在麗莎團隊的，則是古板的惠普工程師。

對蘋果而言，更不利的是，賈伯斯從羅斯金手中搶走麥金塔團隊的主導權之後，麥金塔不再是羅斯金當初構想的價格低廉、功能有限的攜帶型電腦，而是有圖形使用者介面的桌上型電腦。如此一來，麥金塔和麗莎有如手足版，只是麥金塔低階一點，價格也更便宜，這勢必會衝擊到麗莎在市場的銷售。特別是賈伯斯已促使史密斯為麥金塔換上和麗莎一樣的摩托羅拉 68000 微處理器，設計出新的原型。麥金塔經過史密斯的巧手設計，甚至跑得比麗莎快。

在麗莎團隊負責應用軟體的工程師泰斯勒認為，蘋果工程師設計出來的軟體，應該要能讓麗莎和麥金塔這兩部電腦共用才對。為了打破麗莎與麥金塔團隊對立的僵局，他把史密斯和何茲菲德找來，向大家展示麥金塔原型機。麗莎的二十五位工程師都靜靜的聆聽，展示到一半，門突然砰一聲打開，負責麗莎電腦設計最主要的工程師裴吉（Rich Page）衝進來。他大吼大叫：「麥金塔要來摧毀麗莎了！蘋果也會被麥金塔毀了！」見史密斯與何茲菲德不理他，裴吉又繼續咆哮：「賈伯斯不能控制麗莎，因此不惜把她毀了。」他看起來就像要哭嚎一般：「如果大家知道麥金塔就要上市，就沒有人會買麗莎了。但你們根本不在乎！」他用力把門一甩，就衝出去了。過了一會兒，他又回來對著史密斯和何茲菲德說：「我知道這不是你們的錯。問題出在賈伯斯。告訴賈伯斯，他正在毀掉蘋果！」

的確，麥金塔因為價格較低，將是麗莎最強勁的對手，而且麥金塔的軟體無法與麗莎的相容。更糟的是，不管是麗莎或是麥金塔，這兩種電腦也與蘋果二號不相容。這時，蘋果沒有可控制全局的大家長，賈伯斯就像脫韁的野馬，沒有人馴服得了他。

獨樹一格的設計觀

賈伯斯拒絕讓麥金塔與麗莎相容，最主要的原因不是與麗莎團隊敵對或是為了復仇，這和他希望掌控麥金塔的一切有關。他認為一部電腦如果要成為真正偉大的產品，硬體與軟體必須緊密結合，成為無法分離的整體。如果是任何電腦都能使用的軟體，功能必然得打折扣。他認為最好的產品就是「軟體與硬體一體成型產品」（whole widget），每個細節都是根據「從頭到尾」（end-to-end）的原則，從製造端（頭）到使用者（尾）全程掌控，去設計打造出來的；軟體是為了硬體量身訂做的，硬體也是為了軟體而量身訂做的。像麥金塔的作業系統，就只能在麥金塔電腦上使用，和微軟（或後來 Google 的 Android）創造出來的環境截然不同，微軟的作業系統適用於不同電腦公司製造出來的硬體。

科技網站 ZDNET 的編輯法珀（Dan Farber）評論道：「賈伯斯是意志力強大的人，是企業精英，也是藝術家。他不希望他創造出來的東西被不入流的程式設計師破壞。對他而言，那就像畢卡索的名畫遭到塗鴉，或是有人竄改巴布狄倫的歌詞。」

多年後，賈伯斯主張的「從頭到尾軟體與硬體一體成型產品」這個設計觀，也落實在 iPhone、iPod 和 iPad 這些產品上。這個堅持使他的產品獨樹一格。然而，雖然他可藉此打造出好得令人讚嘆不已的產品，卻不一定是掌控市場最好的策略。《麥金塔風潮》（*Cult of the Mac*）一書的作者卡尼（Leander Kahney）說道：「打從第一代麥金塔到最近的 iPhone，賈伯斯推出的產品一向都是無法拆解的整體，以避免使用者打開來胡搞，或是變更裡面的東西。」

賈伯斯希望使用者的經驗都在他控制之中，沃茲尼克則不以為然。一直以來，賈伯斯和沃茲尼克就常為了這點辯論。像沃茲尼克這樣的電腦高手，當然希望電腦能有足夠的插槽，讓使用者將擴充卡插入主機板，以改善驅動程式和硬體的效能。沃茲尼克在設計蘋果二號的時候，完全不肯讓步，讓蘋果二號保留八個插槽。但這次不同，麥金塔是賈伯斯的寶貝，不是沃茲尼克的。

賈伯斯決定：麥金塔完全不需要插槽，使用者甚至無法打開外殼，碰觸主機板。對電腦玩家和駭客來說，這種設計遜斃了，但是對賈伯斯而言，他的麥金塔是給一般大眾使用的，不是為了那些電腦高手設計的。使用者會有什麼經驗，已在他操控之中。

他不希望有人把其他電路板隨便插入麥金塔的插槽，毀了這部機器的優雅設計，因此故意不留插槽。

1982 年由賈伯斯招募，進入麥金塔團隊、擔任市場策略師的凱許（Berry Cash）說：「這反映出他想要掌控一切的個性。賈伯斯會談論蘋果二號，並抱怨說：『蘋果二號根本沒有人管。你看人們做的那些瘋狂的事。我絕不會再犯同樣的錯誤。』」後來，在設計麥金塔機殼的時候，賈伯斯甚至設計特別的密封方式，使這個機殼不是用普通螺絲起子就能打開。他告訴凱許：「我們非這樣設計不可，除了蘋果員工，沒有人能打開機殼。」

此外，只有使用滑鼠才能移動游標。如此一來，即使是習慣鍵盤的使用者，也必須適應滑鼠。不像其他產品開發者，賈伯斯不相信消費者總是對的。如果他們不想使用滑鼠，他們就錯了！賈伯斯認為，只有先知先覺才能創造出偉大的產品，而非一味的迎合消費者的需求。

去除游標按鍵還有個結果：軟體開發商因而不得不特別為麥金塔作業系統寫軟體，原本適用於不同廠牌的軟體並無法用在麥金塔。賈伯斯就是喜歡像麥金塔這樣，硬體、作業系統與應用軟體緊密的垂直整合成一個整體。

由於賈伯斯渴望掌控一切，因此不願將麥金塔作業系統授權給其他電腦商，讓他們去複製麥金塔電腦。麥金塔新上任的行銷經理邁克．穆瑞，在 1982 年 5 月寫了封密函給賈伯斯，提到軟體授權事宜：「我們希望麥金塔作業環境能變成業界標準。但如果要得到這樣的作業環境，就必須買麥金塔的硬體，那勢必成為阻礙。如果作業環境不授權，不能與其他業界分享，如何成為業界普遍採用的標準？」穆瑞提議，將麥金塔作業系統授權給坦迪電腦，因為隸屬坦迪的電子零售店無線電屋，瞄準的是另一類型的消費者，不會蠶食蘋果電腦的銷售市場。

但賈伯斯還是打從心底討厭這樣的計畫。他無法想像，把他一手創造出來的東西交給別人，自己無法控制。他依然堅持麥金塔的作業環境必須他能完全控制、完全合乎他的標準，儘管這樣會讓 IBM 成為業界標準，市場上充斥著 IBM 電腦的複製品，他也不以為意。

年度風雲機器

1982 年歲末，賈伯斯認為自己必然能獲選《時代》年度風雲人物。有一天，他帶著《時代》駐舊金山記者莫瑞茲，來到蘋果辦公室，鼓勵大家接受他採訪。結果出現在年度風雲人物封面的不是他，那年獨占鰲頭的是電腦，並被譽為「年度風雲機器」。雖然賈伯斯人物特寫也在封面故事當中，是根據莫瑞茲的採訪，由編輯卡克斯（Jay Cocks）執筆，然而卡克斯以前寫的文章多半是搖滾樂方面的報導。文中提到：「賈伯斯的舌粲蓮花，以及他那無條件的信仰，連早期基督教殉道者都自嘆弗如。一腳踹開世界大門，讓個人電腦登堂入室的，非賈伯斯莫屬。」

這篇人物報導相當有料，但有時措辭流於苛刻。莫瑞茲不得不跳出來，澄清這篇報導不是他寫的，「撰文編輯擷取我採訪的資料加以過濾，還加上一些小道消息加油添醋。他報導搖滾樂就是這樣子。」（莫瑞茲後來寫了一本跟蘋果有關的書，並與華倫泰合夥創辦了紅杉創投公司。）

這篇文章還引述軟體工程師崔博爾的話，提到賈伯斯的現實扭曲力場，寫道：「有時在開會的時候，他會突然哭起來。」文中最令人拍案叫絕的評語，來自羅斯金。他說：「賈伯斯活像是法蘭西國王。」此言不但說他具非凡的王者之風，也影射他有強烈的控制欲，什麼都要一手掌控。

讓賈伯斯最錯愕的，莫過於雜誌揭發他拋棄親生女兒麗莎的事。文章也引用他自己的話：「美國28%的男性人口都有可能是那孩子的生父。」克莉絲安看了不禁火冒三丈。賈伯斯知道跟雜誌記者爆料的那個人就是卡特基。他在麥金塔辦公室，當著五、六個同事的面，大聲斥責卡特基。卡特基說：「《時代》記者問我，史帝夫是不是有個女兒叫麗莎。我說，沒錯。我既然是賈伯斯的朋友，怎麼可能幫他否認這種事？明明生了個女兒，又死不承認，豈不是渾蛋？但賈伯斯還是氣炸了，認為我在傷害他，而且在每個人面前說我背叛他。」

然而讓賈伯斯最傷心的，還是那年他沒入選《時代》年度風雲人物。後來，他告訴我：

《時代》告知我，說我將是那年的年度風雲人物。我才二十七歲，因此真的很在乎這樣的事。我覺得那真的很酷。他們派莫瑞茲前來採訪。我們差不多年紀，而我已功成名就，我看得出來他很嫉妒我，用詞難免會尖酸刻薄。那篇文章簡直是扒糞之作。紐約那邊的編輯看了這則故事，認為他們無法讓我這樣的人當上年度風雲人物。這真的很傷人。但我也得到寶貴的教訓：不管如何，媒體不過是馬戲團，別對這種事太興奮。然而他們用快遞寄雜誌給我的時候，我本來以為一打開就可看到我的臉出現在封面上，沒想到是一部電腦。我當時心想：這是啥？我讀了之後發現這篇文章把我寫得很不堪，我難過得哭了。

其實，莫瑞茲並沒嫉妒賈伯斯，也沒刻意在報導中故意中傷他。賈伯斯根本不在那一年的年度風雲人物候選人之列。那年的編輯群（當時我還是個小編輯）很早就決定以電腦做為「年度風雲機器」，而不推舉任何人物。他們早在好幾個月前就開始策劃，包括請著名的雕刻家席格爾（George Segal），為封面上的電腦使用者製作塑像。當時的《時代》執行總編輯凱維（Ray Cave）說道：「我們從未考慮讓賈伯斯當那年的風雲人物。我們無法讓電腦變成真人，因此首度決定讓個人電腦這種無生命的物體獲選，而且我們早已委託席格爾做雕像，不可能讓任何人的臉出現在封面上。」

來幹海盜吧！

1983 年 1 月，蘋果的麗莎電腦上市，比麥金塔推出的時間足足早了一年，賈伯斯賭輸了，只好給麗莎團隊的高奇 5,000 美元。儘管他不是麗莎團隊的人，還是必須以蘋果董事長的身分，去紐約為新產品宣傳。

賈伯斯聽從公關顧問麥肯納的建議，讓每家媒體輪流進入他入住的卡萊爾飯店進行專訪。他把麗莎電腦擺在桌上，房間布置大量鮮花。依照公司的公關策略，他必須把焦點完全放在麗莎，不得談到任何有關麥金塔的事，以免媒體對麥金塔的臆測損及麗莎的銷售。但賈伯斯就是無法控制自己。他在接受《時代》、《商業週刊》、《華爾街日報》、《財星》專訪時，都提到了麥金塔。

根據《財星》的報導：「今年稍晚，蘋果還會推出另一款和麗莎相仿的電腦，雖然功能沒那麼強大，但價格較低，名叫麥金塔。賈伯斯本人就是這個專案的負責人。」《商業週刊》引用賈伯斯的話：「等麥金塔上市，大家就可看到全世界最不可思議的電腦。」賈伯斯還承認麥金塔與麗莎這兩款電腦的軟體互不相容。這麼一說，無異送給麗莎一記死亡之吻。

麗莎拖了好一陣子才從市場絕跡。兩年後，蘋果就不再生產這款電腦。賈伯斯說：「麗莎太昂貴了。我們努力把麗莎賣給大公司，但力有未逮，因為我們的強項向來是銷售平價電腦給一般消費者。」然而麗莎的挫敗正是賈伯斯的契機：麗莎才上市幾個月，蘋果已知他們只能指望麥金塔了。

麥金塔團隊日益壯大，在 1983 年中，不得不遷出小小的德士古樓，搬到班德利大道（Bandley Drive）3 號的蘋果總部大樓。該棟大樓的一樓是現代風格的中庭大廳，裡頭擺放史密斯和何茲菲德選的電玩機台、一部東芝 CD 音響，加上馬丁羅根揚聲器，還有一百片 CD。從大廳望過去，在金魚缸一樣的玻璃隔間後面，就是軟體部門，廚房冰箱裡塞滿了有機果汁。過了一段時間，中庭大廳的擺設，多了一台貝森朵夫鋼琴和一部 BMW 機車 —— 賈伯斯認為這兩樣，有助於激發團隊人員對精美工藝品的欣賞與喜愛。

賈伯斯用人極為挑剔。他需要有創意、聰明絕頂又有點叛逆精神的人。軟體部門應徵新人時，會讓應徵者玩史密斯最喜愛的電玩遊戲「守衛者」，看他們的表現如何。賈伯斯經常丟出一些奇怪的問題，看應徵者是否有幽默感，以及能否在意想不到的情況下臨機應變。有一天，賈伯斯和何茲菲德、史密斯一起當主考官，面試前來應徵軟體部門經理的人。那人一走進來，賈伯斯等人就知道他太拘謹、傳統，軟體部門都是鬼才，恐怕不是他管得了的。賈伯斯就像殘忍無情的獵人，扔出他的矛。他問道：「你第一次性經驗是在什麼時候？」

應徵者一頭霧水，問道：「你說什麼？」

賈伯斯問：「那你還是處男嗎？」應徵者面紅耳赤，不知該如何開口。接著，賈伯斯又丟出這麼一個問題：「你吸食過幾次迷幻藥？」何茲菲德回想起這個場景，說道：「這個可憐的傢伙，臉上一陣紅、一陣白。我不得不問他一些比較技術性的問題，讓他下得了台。」應徵者終於可以暢所欲言，賈伯斯卻在這時切斷他的話，學火雞叫：「咯咯，咯咯，咯咯。」

這個可憐人站起來，說道：「我想，我不適合這份工作。」然後轉身離去。

儘管賈伯斯有些言語和行為很討人厭，他還是懂得如何激發士氣。他常把人罵得狗血淋頭，接著又把人捧得高高的，讓人覺得能在麥金塔團隊工作，是了不起的任務。每隔半年，他就會帶麥金塔團隊，暫時拋開工作壓力，到附近的海濱度假勝地舉辦度假會議。

1982年9月，他們去了蒙特瑞附近的鳥丘海灘（Pajaro Dunes）。麥金塔團隊約有五十名員工圍繞著火爐坐下，賈伯斯坐在桌子上。他先說了一段感性的話，然後走到畫架旁，放上一疊活動掛圖。

第一張寫的是「絕不妥協！」，其實「絕不妥協」不一定是對的，也可能造成傷害。凡是科技團隊，免不了有些折衷做法。然而在「絕不妥協」的原則下，賈伯斯和他的追隨者為了打造「瘋狂般偉大」的機器，上市時間因而比預定時程延後了一年四個月。提到這個問題時，賈伯斯說：「延後總比做錯來得好。」為了如期出貨，另一種專案經理人則願意採取折衷辦法，但賈伯斯不是這樣的人。接著，他補上另一句格言：「直到出貨那一刻，才算大功告成。」

另一張則寫了一句富有禪意的話：「過程本身就是收穫。」賈伯斯後來告訴我，這是他最喜歡的一句。他常強調麥金塔團隊有如超級任務在身的特種部隊。日後當他們回顧這段歲月，將對當初的痛苦一笑置之，認為這就是他們人生最精采的一刻。

最後，他問大家：「你們想看看一級棒的東西嗎？」他拿出一個大小像大開本記事簿的東西，打開來就是一部可放在膝上的電腦，上方是螢幕，下面是鍵盤，合起來就像記事本一樣輕薄。他說：「這就是我的夢想。我希望再過幾年，在 1980 年代結束之前，可以做出這樣的東西。」由此可看出，他們的目標在於打造一家屹立不搖、在未來不斷創新的美國公司。

接下來的兩天，除了各個團隊領導人上台報告，也邀請電腦業界重要的分析師羅森（Ben Rosen）來演講，當然還有池畔派對和舞會等歡樂時光。在活動的尾聲，賈伯斯站在大家面前，說了一段話：「我們這五十個人日日夜夜拚死拚活，為的就是要在宇宙掀起波瀾。我知道，我這個人或許有點難相處，但這的確是我這一生做過最有意思的事。」多年後，團隊裡的很多人想起他說的「有點難相處」，不禁莞爾一笑。他們也都認為當年掀起的波瀾，確實是他們這一生最值得回憶的一刻。

下一次的度假會議是在 1983 年 1 月底，也就是麗莎上市的那一個月，活動基調有了微妙的變化。幾個月前，賈伯斯才在活動掛圖上寫「絕不妥協！」，這次揭櫫的原則卻是：「真正的藝術家是能把東西做出來的人。」這麼說不免讓他的部屬覺得很不是滋味。麗莎上市，亞特金森卻沒被安排到任何訪問，於是他走進賈伯斯下榻的房間，說他不幹了。儘管賈伯斯百般安撫，亞特金森依然怒氣沖沖。最後，賈伯斯覺得很煩，只好說：「我現在沒時間處理這件事。門外還有六十個人等著聽我說話。我一談起麥金塔，他們眼睛就發亮。」接著他撇下亞特金森，走上講台，對他的信徒說話。

賈伯斯發表了一場動人的演講，而且宣稱麥金塔電腦的英文商品名 Macintosh，與音響製造商「麥金塔實驗室」的衝突已經解決了。（其實當時蘋果還在跟麥金塔實驗室談判，可見此事也受到賈伯斯現實扭曲力場的影響。）賈伯斯拿出一瓶礦泉水，在台上為麥金塔的原型機受洗。坐在台下的亞特金森，聽到大夥兒的歡呼聲，嘆了一口氣，只得加入。接下來，他們在泳池中裸泳，在沙灘上升起營火，一整晚播放震耳欲聾的音樂。他們下榻的卡梅爾拉普萊雅飯店，因而拒絕他們再上門。

幾星期後，賈伯斯發布人事命令，讓亞特金森擔任「蘋果研究員」，意味職位晉升、擁有認股權，也能選擇自己喜歡的專案。此外，麥金塔推出他研發的繪圖軟體 MacPaint，螢幕上將出現亞特金森的大名。

在那次會議假期，賈伯斯還提到另一則箴言，也就是「寧可幹海盜，也不當海軍。」他希望藉此激發出團隊無堅不摧的叛逆精神，而且不惜借用別人的創意揚名立萬。正如圖形介面設計師凱爾所言：「史帝夫希望我們像海盜一樣有衝勁，靈活應變，把工作做好。」幾個星期後，為了幫賈伯斯慶生，麥金塔團隊在通往蘋果總部的路上，租了個大型看板，上面寫著：「史帝夫，二十八歲生日快樂。過程本身就是收穫。海盜團隊同賀。」

麥金塔團隊的程式設計部門，有個大酷哥叫凱柏斯（Steve Capps）。有一天，他拿來一大塊黑布，要凱爾在上面畫白色的骷髏頭和兩根交叉的骨頭。凱爾還特別在骷髏頭上的眼罩，畫上彩色橫紋的蘋果商標。一個星期日深夜，凱柏斯爬上麥金塔辦公室大樓屋頂，利用建築工人留下的鷹架，升起這面旗子。這面海盜旗飄揚了幾個星期之後，麗莎團隊竟然派人在半夜潛入，把旗子偷走，留下一張字條，要他們付贖金才能要回旗子。後來凱柏斯帶領弟兄，突破重圍，從麗莎團隊的祕書手中搶回旗子。

蘋果有些大老擔心賈伯斯玩得過火。董事洛克說：「那面海盜旗實在很蠢。這豈不是告訴全公司，他們是一班壞蛋。」賈伯斯卻很欣賞部屬的創意，向他們保證，在麥金塔計畫完成之前，絕對會讓這面旗子在大樓頂端持續飄揚。賈伯斯說：「我們就怕別人不知道我們是海盜呢。」

不必畏懼權威

麥金塔團隊的一些元老知道，如果他們認為自己是對的，就可以據理力爭，不必怕賈伯斯。賈伯斯不但容忍這樣的反抗，甚至會報以欣賞的微笑。

1983 年，對賈伯斯的現實扭曲力場頗有了解的人，發現了這點：他們可在必要的時候，無視賈伯斯的命令。如果事實證明他們是對的，賈伯斯還會讚揚他們不畏權威的精神。畢竟，他自己正是這樣的人。

麥金塔磁碟機的選擇，就是一個很好的例子。蘋果有個製造大量儲存裝置的部門，專門開發磁碟機系統。這個專案小組的代號是崔姬（Twiggy），他們開發出來的磁碟機可在 5¼ 吋的磁碟片上讀寫。（年紀大一點的讀者，必然還記得這種老式磁碟機。）

然而在麗莎電腦即將上市前，蘋果內部才發現，崔姬磁碟機讀寫不順。由於麗莎電腦有硬碟做為後盾，因此不算是致命的缺失，但麥金塔只有崔姬，沒有硬碟，這可是天大的噩耗。何茲菲德說：「我們只有崔姬，沒有硬碟可供支援。整個團隊不由得驚慌失措。」

1983 年 1 月，他們在卡梅爾舉辦會議假期時，討論了這個問題。麥金塔團隊經理柯爾曼告訴賈伯斯，崔姬磁碟機的讀寫失敗率過高。幾天後，賈伯斯開車到聖荷西的蘋果工廠，視察崔姬的製造過程並親自測試，結果發現崔姬讀寫失敗率高達五成以上。賈伯斯暴跳如雷，他臉漲得很紅，對工廠裡的每個人咆哮。麥金塔團隊硬體設計部門主任貝爾維（之前從全錄跳槽過來），悄悄的把他拉到停車場，邊走邊討論替代方案。

貝爾維提議使用索尼新開發的 3½ 吋磁碟機。這種磁碟機使用的磁碟，有硬硬的塑膠外殼，不易損毀且小巧可愛，可以放在襯衫胸前的口袋。另一個方案則是與一家比較小的日本磁碟供應商阿爾卑斯電氣株式會社（Alps Electronics Co.）合作，阿爾卑斯也有能力開發像索尼那樣的 3½ 吋磁碟機。蘋果二號的磁碟機供應商就是阿爾卑斯，而且阿爾卑斯已經從索尼得到授權，如果能及時研發出蘋果需要的磁碟機，價格會比索尼便宜得多。

賈伯斯於是帶著貝爾維及霍特（也就是為蘋果二號開發電源供應器的硬體工程師）飛到日本。他們從東京搭乘新幹線前往阿爾卑斯的廠房。但阿爾卑斯當時只做出一個粗糙的模型，連可供試驗的原型機都沒有。儘管如此，賈伯斯還是對阿爾卑斯很有信心，但貝爾維嚇得魂都快飛了。依他的估計，阿爾卑斯不可能在一年內製造出麥金塔需要的磁碟機。

他們接著參觀其他家廠商。就算來到日本，賈伯斯依然不懂得入境隨俗。和日本高階經理人洽談的時候，他還是穿著牛仔褲和球鞋。對方送給他小禮物，他不但懶得帶走，也沒回贈禮物。日本工程師列隊歡迎他，向他鞠躬，彬彬有禮的展示產品時，賈伯斯甚至露出輕蔑的表情。賈伯斯不喜歡他們的東西，也討厭日本人奴顏卑膝的樣子。他一度發飆，說道：「這簡直是垃圾！任何一家公司都可以做出更好的。」雖然這樣的行徑讓大多數廠商嚇壞了，然而有些人已聽聞他的作風，因而覺得有趣，畢竟百聞不如一見。

他們的最後一站，才是位於東京市郊的索尼工廠。賈伯斯覺得索尼的東西不夠精緻，而且太貴了。更不可思議的是，很多部分還靠手工。回到飯店之後，貝爾維一直說索尼磁碟機的好話，畢竟索尼都生產出來了，隨時可安裝在麥金塔上。但是賈伯斯不同意，依然決定和阿爾卑斯合作生產磁碟機，並命令貝爾維不可再和索尼方面交涉。

貝爾維決定這次要陽奉陰違。他向馬庫拉解釋他們面臨的問題。馬庫拉悄悄授權給他，讓他瞞著賈伯斯和索尼交涉，以防阿爾卑斯那邊出不了貨，讓麥金塔面臨無磁碟機可用的窘況。貝爾維也得到硬體部門資深工程師的支持，去要求索尼準備麥金塔需要的磁碟機。萬一阿爾卑斯無法如期交貨，蘋果就可立即和索尼合作。索尼於是派開發 3½ 吋磁碟機的工程師嘉本秀年（Hidetoshi Komoto）到加州支援。嘉本秀年曾留學美國，是普渡大學畢業生，有絕佳的幽默感，願意為了這樁祕密任務全力以赴。

每天下午，賈伯斯幾乎都會到麥金塔團隊的硬體部門視察，這時工程師就得趕快找地方，把嘉本秀年藏起來。有次，賈伯斯剛好在庫珀蒂諾街上的一個書報攤，看到嘉本秀年，想起他曾在日本看過這個人，但他並沒有起疑。最驚險的一次莫過於某天，賈伯斯突然走進麥金塔辦公室，嘉本秀年就坐在一個小隔間裡。有位工程師連忙把他拉出來，指著清潔工具間的方向，「快，躲在那個工具間！拜託！」何茲菲德說，嘉本秀年不知道是怎麼回事，但他還是趕快躲進工具間。他在裡頭待了五分鐘，直到賈伯斯離開之後才出來。麥金塔的工程師向他道歉。他說：「沒關係啦。可是你們美國人做生意的方式真的很奇怪。非常奇怪。」

貝爾維的預言果然成真。1983 年 5 月，阿爾卑斯才坦承至少還要再一年半的時間，才能生產和索尼一樣的磁碟機。麥金塔團隊再度到鳥丘海灘舉行度假會議時，馬庫拉問賈伯斯，磁碟機的事他打算怎麼辦。這時，貝爾維才說這事已有解套的辦法。賈伯斯大惑不解，過了半晌才恍然大悟，知道索尼的磁碟機設計師為何會在庫珀蒂諾現身。賈伯斯罵道：「你們這些渾蛋！」

但他這回沒生氣，反而笑逐顏開。何茲菲德說：「史帝夫知道貝爾維和其他工程師背著他做了這些事情之後，嚥下他的傲氣，謝謝大家沒服從他，反而做了正確的選擇。」畢竟，換成是他，也會這麼做。

14

史考利上場

百事總裁的新挑戰

1983年，賈伯斯與史考利。

獵人頭

馬庫拉根本不想當蘋果的總裁。他喜歡設計自己的新房子，開私人飛機，靠認股權過奢華生活。他不喜歡在員工發生衝突時出來仲裁，更討厭幫人修補容易受傷的自尊心。由於史考特被逼退，他不得不接下代理總裁一職。馬庫拉向老婆保證，這只是暫時的。到了 1982 年底，他老婆給他最後通牒，要他立刻找到接替的人。

賈伯斯很想掌管公司，但他知道自己還不夠成熟，無法承擔此一重任。他雖然傲慢自大，但還算有自知之明。馬庫拉也認為他不夠圓融，無法在蘋果當家，於是他們積極向外找人。

他們最中意的人是艾斯崔吉（Don Estridge）。他一手創建 IBM 的個人電腦部門及生產線。儘管賈伯斯和他的麥金塔團隊認為 IBM 個人電腦很遜，但無可諱言的，就銷售量來說，蘋果還是比不上 IBM。艾斯崔吉掌管的部門，在佛羅里達的博卡拉頓（Boca Raton），離 IBM 位於紐約州阿蒙克（Armonk）的總部有段距離，因此可全力施展自己的理念。艾斯崔吉像賈伯斯一樣，充滿動力、善於激勵人，又聰明絕頂，還有一點叛逆精神，但他不像賈伯斯那樣霸道，如果是別人的點子，他絕不會搶過來，說那是他想出來的。

賈伯斯搭機到博卡拉頓，向艾斯崔吉提出年薪 100 萬美元，加上 100 萬美元簽約金的條件，卻遭艾斯崔吉拒絕。艾斯崔吉是 IBM 的忠臣，不可能投靠敵人陣營。多年來，他一直以身為 IBM 的一份子為榮，是嚴謹的海軍派，而非海盜幫。在他看來，賈伯斯利用藍盒子盜打長途電話的故事簡直是犯罪，而不是傳奇。他希望當有人問他在哪裡工作時，他能驕傲的回答：IBM。

賈伯斯和馬庫拉只好與人面廣的獵人頭公司業者羅許（Gerry Roche）合作。他們決定不鎖定資訊產業的高階主管，傾向精通消費市場的人才，最好懂廣告、市場研究，而且希望是出身於大企業，日後才能在華爾街呼風喚雨。

當時在消費市場鋒頭最健的人，莫過於百事可樂總裁約翰．史考利。百事發動的「百事挑戰」活動*，被視為是廣告和宣傳的大勝利。賈伯斯到史丹佛商學院演講的時候，有人告訴他大名鼎鼎的史考利，不久前就站在同一個講台上。賈伯斯於是告訴羅許，說他很希望能與史考利碰面。

史考利的成長背景與賈伯斯大異其趣。史考利的母親是住曼哈頓上東區的貴婦，出門總戴著白手套，父親則是在華爾街執業的律師。史考利從貴族學校聖馬可中學畢業後，就讀布朗大學，之後到賓州大學華頓商學院深造，取得碩士學位。他在百事可樂負責行銷和廣告，由於他有不少創新的點子，在公司平步青雲，一路升上總裁。他對資訊科技產品及這個產業的發展，並沒有多大興趣。

1982年耶誕節，史考利飛到洛杉磯，看他與前妻生的兩個孩子。他帶孩子去電腦商場逛，發現電腦產品雖然號稱高科技，行銷手法卻很落伍。他的孩子問他，為什麼他突然對電腦感興趣。他說，他打算去庫珀蒂諾和賈伯斯見面。這兩個正值青春期的孩子，雖然在比佛利山莊看過不少大明星，但對他們來說，賈伯斯才是真正的名人。史考利心想，如果他是賈伯斯的頂頭上司，不就成了神人？他因此開始認真考慮到蘋果上班一事。

---

* 譯注：Pepsi Challenge是一種蒙著眼睛品嘗的試驗，自1983年起，已有超過八十萬人接受試驗。其中60%的人說百事可樂比可口可樂好喝。

史考利來到蘋果總部，發現辦公室的氣氛輕鬆、隨和。他說：「大多數員工穿得比百事可樂工廠的維修工人還要隨便。」賈伯斯和史考利共進午餐時，默默戳著沙拉，史考利論道，大多數的企業主管認為使用電腦是件麻煩事，不值得在電腦上花那麼多錢。這時，賈伯斯切換到他的「傳福音模式」，說道：「這就是為什麼我們想要改變人們使用電腦的方式。」

搭機回東岸的時候，史考利在機上寫下有關電腦行銷的一些想法，長達八頁，包括瞄準一般消費者和企業主管。雖然他的部分見解稍嫌生嫩，很多詞句都畫上底線，還加了一些圖表，但這透露他對新工作的熱情已經燃起。例如，其中一個建議是：「在商場多展示一些商品形象的文宣，使消費者得以聯想到蘋果電腦如何讓他們的人生變得更豐富！」（史考利的確很喜歡在文字底下畫線。）然而，他還是遲遲不願離開百事可樂。

賈伯斯回想這段經歷，說道：「這個年輕、活力十足的行銷天才把我迷住了。我實在很想多了解他一點。」

頻送秋波

1983 年 1 月，由於麗莎電腦上市，賈伯斯將前往紐約卡萊爾飯店主持產品發表會，於是和史考利連絡，希望能再和他見面聊聊。在一整天的記者會和採訪結束後，蘋果員工發現，有一位沒登記的訪客走進賈伯斯的套房。賈伯斯鬆開領帶，向大家介紹這位訪客是百事可樂的總裁，日後有望成為蘋果的大客戶。高奇為史考利展示麗莎電腦時，賈伯斯不時爆出一些讚美之詞，像是「革命性的」、「不可思議」等等，並論道這部電腦將改變人類與電腦互動的本質。

接著，他們前往四季餐廳。這家餐廳風格優雅又簡潔，正是建築大師密斯．凡德羅與菲利普．強生（Philip Johnson）之作。賈伯斯一邊享用他的素食套餐，一邊聆聽史考利述說他在百事可樂立下的功業。

史考利說，他們在「百事新世代」活動銷售的不是產品，而是一種生活風格和樂觀向上的態度，「我認為蘋果有機會創造『蘋果新世代』。」賈伯斯點頭如搗蒜。有別於「百事挑戰」是把焦點放在產品本身，加上廣告、活動、宣傳，以便在市場掀起風潮。賈伯斯說，他和麥肯納最大的心願就是：蘋果的新產品一推出，就能讓全國民眾如痴如狂。

他們一直聊到半夜。史考利陪賈伯斯走回下榻的卡萊爾飯店。賈伯斯告訴他：「今晚是我這一生最興奮的夜晚之一，我不知如何形容我的快樂。」史考利那晚回到康乃迪克的家，反倒輾轉難眠。跟賈伯斯在一起，遠比跟飲料商打交道有趣多了。他後來說：「賈伯斯的話觸動了我，喚醒我長久以來想當個理念創造者的欲望。」隔天早上，羅許打電話給史考利，說：「我不知道你們倆昨晚做了什麼。但我得告訴你，賈伯斯簡直欣喜若狂。」

賈伯斯繼續對史考利送秋波，史考利則欲擒故縱。2月的某個星期六，賈伯斯又來到東岸。他搭了一部豪華轎車去史考利的家，他發現史考利這間新落成、有著大落地窗的豪宅過於浮華，然而他很欣賞他家的橡木門。儘管這扇門重達130公斤，但因做工巧妙，用一根手指就可推開。史考利說：「史帝夫對此讚嘆不已，因為他和我一樣是完美主義者。」史考利幻想自己身上也有賈伯斯的一些特質。他因賈伯斯的賞識，開始自我膨脹，這其實有點不健康。

史考利通常開凱迪拉克上班，但了解賈伯斯的品味之後，刻意用老婆的賓士 450SL 敞篷車，載賈伯斯去參觀百事可樂總部。百事可樂總部的面積將近 60 公頃，看起來富麗堂皇，與蘋果的簡約大異其趣。對賈伯斯而言，這正象徵《財星》五百大企業和新興數位經濟的差異。他們進入總部大門之後，開著車經過修剪得平順整齊、如絲如毯的草坪和雕塑公園（裡面展示羅丹、摩爾、考爾德、賈克梅第等大師的作品），最後來到史東（Edward Durrell Stone）設計的、以混凝土和玻璃為建材的辦公大樓。

史考利的辦公室很大，地板上擺了波斯地毯，有九個窗戶、一座小小的私人花園、一間隱蔽的書房和一套衛浴設備。賈伯斯發現百事可樂的健身中心居然有主管區和員工區之分，讓他很驚訝。主管區有按摩池，員工區則沒有。他說：「這樣安排實在很奇怪。」史考利連忙附和說：「其實我本人也不同意這樣的區分，有時我也會到員工區那裡做運動。」

接下來，有一天史考利去夏威夷開會，順道經過庫珀蒂諾，和賈伯斯見了面。麥金塔的行銷經理穆瑞，負責帶史考利參觀，但他完全不知道史考利真正的動機。穆瑞發送一封內部信函給麥金塔團隊的每一個人：「在接下來的幾年之內，百事可樂可能會購買好幾千部麥金塔電腦。去年，史考利先生和賈伯斯先生已結為好友。史考利先生是飲料界有史以來最高竿的行銷天才，我們要好好招待客人，讓他玩得愉快。」

賈伯斯希望史考利也能感受他對麥金塔的熱情。他說：「這個產品對我意義重大，勝過我這輩子做過的一切。我希望你是外界第一個看到這部機器的人。」他小心翼翼的拿出麥金塔原型機，展示給史考利看。史考利覺得，賈伯斯這個人和他的產品都讓人印象深刻。「他似乎比較像個表演者，而不是商人。他的每個動作似乎都是精心設計的，好像先前預演過很多次，才能在演出的那一刻擄獲人心。」

賈伯斯要求何茲菲德等同事，為史考利設計獨一無二的螢幕顯示，讓他高興一下。賈伯斯說：「這個人很聰明。你無法相信他有多聰明。」何茲菲德其實有點懷疑百事可樂會購買大量的麥金塔電腦，但他還是和凱爾通力合作，讓螢幕不斷顯示出百事可樂瓶蓋、鋁罐與蘋果彩色商標。在展示的時候，何茲菲德甚至興奮得手舞足蹈，但史考利似乎不怎麼感動。何茲菲德說：「他提出幾個問題，但似乎不怎麼感興趣。」

事實上，何茲菲德對史考利很沒好感。他後來說道：「這個人假惺惺的，只會裝模作樣。他假裝對科技有興趣，其實完全冷感。這人是做行銷的。哪個幹行銷的不是為了錢裝腔作勢？」

「你願意賣一輩子的糖水？」

1983年3月，賈伯斯再度去紐約。他就像陷入盲目愛情中的人，熱情的向史考利告白：「我想，你就是我要的人。」他們一起走過中央公園。賈伯斯又說：「我希望你能來加州，跟我一起奮鬥。我可以從你身上學到很多東西。」賈伯斯這些年已經學到不少御人之術，他知道如何迎合史考利的自負，同時為他驅走不安全感。這招果然奏效。史考利後來說：「史帝夫是我遇見的人當中最聰明的一個。我完全為他傾倒。我和他一樣對好想法充滿了熱情。」

由於史考利愛好藝術史，為了測試賈伯斯是否真的願意虛心求教，於是把他帶到大都會博物館。史考利說：「我想做個小試驗。就他完全不懂的東西，看他是否真能聽從別人的指導。」他們在博物館裡慢慢逛，欣賞古希臘羅馬的文物。史考利認真解釋公元前六世紀古希臘古風時期的雕像，與一個世紀之後的伯里克利時期雕塑作品的差異。

由於賈伯斯在大學時代沒仔細研讀過歷史，聽了史考利的解說，感到如獲至寶，每一句都牢牢記住。史考利說：「史帝夫是個非常聰明的學生，他讓我感到孺子可教。」他也從賈伯斯身上看見自己的特出之處。史考利說：「我在他身上看到年輕的我。當年的我就像他一樣急躁、固執、自大、衝動。我的腦袋裡擠滿了點子，像要爆開一樣，常常因此忽略其他的東西。我也完全無法容忍達不到我要求的人。」

他們繼續往前走，史考利透露，他有時會利用休假去巴黎左岸素描，他要是沒從商，應該就是藝術家了。賈伯斯答道，如果他沒一頭栽進電腦業，或許會在巴黎當詩人。他們兩人從百老匯走到第 49 街的殖民地音樂城，賈伯斯指出他最喜歡的歌手，像巴布狄倫、瓊拜雅、艾拉費茲潔拉，以及著名的唱片公司溫德翰希爾發行的爵士音樂。兩人一直走到中央公園西側與第 74 街交會口的聖雷莫雙塔公寓大樓。賈伯斯計畫在這裡買下一戶頂層的樓中樓。他們於是上去瞧瞧。

他們站在頂樓露台，由於史考利有懼高症，一直貼著牆壁。一開始他們談到薪酬。史考利說：「我告訴賈伯斯，我希望有 100 萬美元的薪水和 100 萬美元的簽約金。如果合作不成，蘋果要支付我 100 萬美元的解職金。」賈伯斯說，應該沒有問題。他告訴史考利：「即使我必須從自己口袋掏錢出來，我也願意。只要你肯來蘋果，沒有什麼不能解決的。你是我看過最厲害的人，你正是蘋果需要的人，你就是上天賜給蘋果最好的禮物。」賈伯斯還說，這麼些年來，他的頂頭上司沒有一個是他真正尊敬的，但史考利不同，他相信史考利能教他的最多。賈伯斯眼睛眨也不眨的看著他。史考利突然發覺他的黑髮極其濃密。

史考利咕噥了一下，說道他們還是做朋友好了，他可以從旁給賈伯斯建議。他後來描述這高潮的一刻：「史帝夫頭低低的，死盯著自己的腳。沉默了許久，才向我提出挑戰：『你願意賣一輩子的糖水，還是希望有機會改變這個世界？』這個問題像幽靈一般纏著我，接下來幾天始終揮之不去。」

史考利感覺像胃部挨了一記悶拳，一時之間不知道如何答覆。他說：「凡是史帝夫想要的，沒有不能到手的。這就是他的本事。他會看透你，知道怎麼說可以打動你。與他交往四個月來，我第一次無法對他說不。」

冬日的夕陽即將西沉，他們離開大樓，經過中央公園，回到卡萊爾飯店。

蜜月期

馬庫拉和史考利談定待遇，包括年薪 50 萬美元和 50 萬美元的紅利。1983 年 5 月，史考利到加州就任，正好趕上蘋果在鳥丘舉辦的主管度假會議。雖然他把所有深色西裝都留在東岸的家，一件也沒帶去，還是覺得蘋果的氣氛過於隨興，讓他無法適應。賈伯斯在會議室地板上盤腿而坐，心不在焉的玩弄自己的腳趾。史考利希望在這次會議中討論如何區分公司的四種產品，包括蘋果二號、蘋果三號、麗莎和麥金塔，以及如何整合公司的產品線、市場及功能。結果，大家只是隨意發表意見、抱怨和吵架。

賈伯斯一度攻擊麗莎團隊，說他們製造了一個失敗透頂的產品。有人反擊：「你們的麥金塔到現在還生產不出來！何不等到你們真的有產品出來，再來批評？」史考利很驚訝。在百事可樂，沒有人膽敢這樣挑戰董事長。他說：「然而這裡每個人都開始攻擊史帝夫。」他想起以前從蘋果的廣告業務員那兒，聽過一個笑話：「蘋果和童子軍有什麼不同？童子軍有大人管。」

大家還在鬥嘴，這時不巧發生地震。有人大叫：「快往海灘跑！」每個人都奪門而出，往海邊跑。這時，又有人叫道，上次地震掀起海嘯！於是大家又轉身往反方向跑。史考利說：「優柔寡斷、矛盾的意見，以及自然災難，這些都給我不祥的預兆。」

不同團隊敵對嚴重，公司變得四分五裂，但也有有趣的插曲，例如海盜旗保衛戰。賈伯斯自誇說，麥金塔團隊每週工作 90 個小時，柯爾曼訂做了一些 T 恤，上面印著：「每週工作 90 個小時，樂在其中！」麗莎團隊也去訂做 T 恤，上面印著：「每週工作 70 個小時，如期交貨！」蘋果二號團隊不甘示弱，也穿上這樣的 T 恤：「每週工作 60 個小時，麗莎和麥金塔的人都是用我們賺的錢在養的！」賈伯斯說蘋果二號的員工就像拖車馬，一點創意也沒有，但無可諱言，蘋果這部馬車還能往前走，就是靠這些拖車馬。

某個星期六早上，賈伯斯邀請史考利和他太太麗姬一起共進早餐。那時，賈伯斯和女友雅辛斯基住在洛斯嘉圖斯一棟都鐸式的房屋。雅辛斯基在麥肯納公關公司工作，是個聰明、含蓄的美人。麗姬帶了煎鍋過來，做了蔬菜蛋捲（賈伯斯現在不再吃嚴格的全素，也吃蛋了）。賈伯斯道歉說：「對不起，我一直沒找到中意的家具，所以家裡空空如也。」由於賈伯斯對工藝的要求極高，加上崇尚簡樸，因此不願買尋常家具來湊合。他有一盞第凡尼的燈、一張古董餐桌、一部連接索尼特麗霓虹彩色電視的影碟機。雖然地板上有張床墊，但沒椅子，也沒沙發。史考利笑著說，這樣簡樸的家居讓他想起，自己早期在紐約發展的那段刻苦日子。

賈伯斯對史考利吐露，他認為自己會英年早逝，因此必須把握時間做點什麼，在矽谷發展史留下自己的足跡，不然就沒機會了。那天早上，他們圍繞著餐桌，坐在地上。賈伯斯說：「人生只有一瞬，我們或許只能把幾件事做好。沒有人知道自己能活多久，我也是。我告訴自己，一定要趁年輕時候闖出一點名堂。」

史考利剛進入蘋果的那幾個月，和賈伯斯每天都有說不完的話。史考利說：「我和史帝夫變成心靈夥伴，幾乎形影不離。我們常常話沒講完，就知道對方心裡的想法。」賈伯斯天天都對史考利說動聽的話。例如史考利走到麥金塔團隊的辦公室討論一些事情，賈伯斯就對他說：「天底下只有你能了解我。」此時，兩人不但是同心協力的好夥伴，感情更是如膠似漆。史考利常常指出兩人共同的特點：

因為我們兩人的波長相同，因此可以幫對方接話，說出未說出的話。史帝夫會在凌晨兩點打電話給我，把我吵醒，要跟我聊聊他突然想到的點子。他說：「嗨，是我。」他似乎一點時間觀念也沒有。巧的是，我以前在百事可樂也是這樣。他有時會把隔天上午上台要講的東西撕爛，把投影片和草稿都丟到一旁。我在百事可樂工作的早期，由於急於把公開演說化為重要的管理工具，也曾做過一樣的事。身為年輕主管，我迫不及待的想把事情做好，常常覺得不如自己親手來做。史帝夫也一樣。有時，看著史帝夫，我就像在一部電影看到他在扮演我。真是不可思議，我們倆竟有這麼多的共同點。我們不只是共生，簡直像是雙胞胎。

這其實是自我欺騙，也是災難的前奏曲。賈伯斯很早就感覺到這點。他說：「我們看世界的角度不同、對人有不同的看法，價值觀也有很大的差異。史考利來蘋果不到幾個月，我就感受到了。他學習的速度不夠快，而他想晉升的人通常是一些蠢蛋。」

賈伯斯心想，就讓史考利認為他們是孿生兄弟，自己就能操縱他。但是賈伯斯愈操縱史考利，對他就愈心生輕蔑。麥金塔的明眼人如霍夫曼等人，很快就了解賈伯斯和史考利是怎麼回事，知道這兩人遲早會反目成仇。霍夫曼說：「史帝夫讓史考利覺得自己超凡入聖。但史考利本來就不是那樣的人，他自己也知道，但他還是沉醉在史帝夫的花言巧語之中，以為自己真的是史帝夫說的那樣。史考利被史帝夫哄得團團轉。然而史帝夫最後發現，史考利與他投射出來的影像差異很大，他的現實扭曲力場於是瀕臨爆炸。」

史考利新官上任的三把火，漸漸熄滅。他沒能挑起整頓公司的重任，一個原因是他懦弱，他想迎合每個人。賈伯斯就不是這樣的人。

簡而言之，史考利是個彬彬有禮的人，賈伯斯不是。因此賈伯斯對員工挑剔、粗魯，而史考利總是站在員工那邊。史考利說：「例如，我們晚上十一點在麥金塔大樓集合。工程師要給賈伯斯看他們寫的程式。有時他連看都不看，就要他們重做。我說，你怎能這樣？他說：『我知道他們能做得更好。』」

史考利想要教賈伯斯一些做人處世之道。他告訴賈伯斯：「你得克制一點」。賈伯斯口頭答應，但他實在不是善於隱藏情緒的人。

不久，史考利便發現，賈伯斯的反覆無常和乖張行為，跟他的心理問題有關，或許他有輕微的躁鬱症。賈伯斯的情緒變化非常大，有時像狂喜，有時則陷入沮喪。他會突然像發了瘋似的破口大罵，史考利只好安撫他。史考利說：「但才過了二十分鐘，就會有人打電話給我，要我過去處理一下，因為史帝夫又情緒失控了。」

衝突的開端

他們的第一個衝突，是因為對麥金塔的定價有不同意見。公司原來希望每部價格為 1,000 美元，由於賈伯斯不斷更改設計，使得成本大幅升高，零售價不得不提高為每部 1,995 美元。但是賈伯斯和史考利討論上市和行銷計畫時，史考利認為零售價至少還得再提高 500 美元。他認為電腦的行銷就像其他產品，同樣需要下重金，因此要把行銷成本算進去。

賈伯斯則堅決反對。他氣急敗壞的說：「我寧可毀掉麥金塔的一切。我想要發動革命，而不是為了追求利潤。」

史考利告訴賈伯斯，把零售價訂在 1,995 美元，以及給行銷部門充足的預算讓麥金塔風光上市，這兩件事就像魚與熊掌不可得兼，他只能選擇其一。

賈伯斯告訴何茲菲德和其他工程師：「我有個壞消息要告訴你們。史考利堅持把麥金塔的價格訂在 2,495 美元，而不是照我們想的 1,995 美元。」那些工程師聽了之後，果然個個臉色鐵青。何茲菲德說，他們設計麥金塔的初衷，是給跟他們一樣的人使用，價格過高，會讓人有遭到背叛的感覺。賈伯斯說：「別擔心。我不會讓他得逞的！」然而，最後還是史考利占了上風。

二十五年後，賈伯斯思及此事，依然火冒三丈。他說：「這就是為什麼麥金塔銷售速率緩慢，微軟得以在市場攻城掠地的主要原因。」這個結果讓他覺得，他已失去對自己的產品和公司的主控權。自此，他在公司只能做困獸之鬥。

15

麥金塔上市

在宇宙留下刻痕

蘋果經典廣告「1984」影像。

真正的藝術家是能把東西做出來的人

1983 年 10 月，蘋果在夏威夷召開銷售會議。會議的高潮是由賈伯斯導演、模仿電視娛樂節目「約會遊戲」的一齣短劇。賈伯斯扮演主持人，三位同台競爭者包括比爾．蓋茲、軟體公司 Lotus 創辦人卡波（Mitch Kapor）、軟體出版公司（SPC）的吉本斯（Fred Gibbons）。節目主題音樂響起，三位競爭者坐在高凳子上自我介紹。蓋茲看起來就像是高中生，他說：「預計到了 1984 年，微軟將有一半的營收來自為麥金塔寫的軟體。」話一講完，七百五十位蘋果銷售代表瘋狂鼓掌。

賈伯斯這天鬍子刮得很乾淨，看起來神采奕奕。他露齒而笑問蓋茲：是否認為麥金塔的新作業系統，將成為業界的新標準？蓋茲答道：「要成為業界的新標準，不只是改變某個小地方就行了，必須是真正的新東西，並且能激發每個人的想像。就我所見，在所有的電腦當中，只有麥金塔符合這個條件。」

即使蓋茲這麼說，微軟對蘋果而言，與其說是合作夥伴，不如說是競爭對手。雖然微軟繼續研發蘋果電腦可使用的軟體，如 Word，但他們的營收主要來自 IBM 個人電腦使用的作業系統。前一年，也就是 1982 年，蘋果二號總共賣出 27 萬 9 千台，IBM 個人電腦賣出 24 萬台。但是在 1983 年，IBM 便已遙遙領先蘋果。蘋果二號系列總計賣出 42 萬台，而 IBM 個人電腦及其相容電腦已賣出 130 萬台。蘋果三號和麗莎電腦幾乎乏人問津。

蘋果銷售大軍在夏威夷大會師之際，那個星期出刊的《商業週刊》封面故事，像一把刀刺入他們的心：「個人電腦爭霸戰：贏家是……IBM。」這篇報導詳述 IBM 個人電腦崛起的經過：「個人電腦市場之爭，勝負已非常明朗。IBM 在短短兩年便以迅雷不及掩耳之勢，在全球拿下 26% 以上的市場，預計到了 1985 年，將攻占全球一半的市場，而 IBM 相容電腦的市占率也將達到 25%。」

這個消息對 1984 年即將上市的麥金塔，造成很大的壓力。蘋果只剩三個月的時間可以迎戰 IBM。在這次銷售大會上，賈伯斯已展開與 IBM 的大對決。他走上講台，把 IBM 自 1958 年起犯下的錯誤逐年列出，然後用憂心忡忡的語氣說道：「藍色巨人將宰制整個電腦產業嗎？它是資訊世紀的帝王嗎？歐威爾（George Orwell）對 1984 年的預言終將成真嗎？」

就在這一刻，從天花板垂下巨型銀幕，開始播放 60 秒即將在各大媒體強力放送的麥金塔廣告。這支廣告片的氣氛有點像科幻電影。在接下來幾個月，這支廣告風靡全美，成為廣告史上的經典之作。不僅如此，蘋果銷售軍團因而士氣大振。

賈伯斯常常把自己想像成反叛者，因而生出巨大的能量，來對抗黑暗勢力。此時他也利用這個方式，為蘋果的銷售大軍打了強心針。

但現在還有一道障礙，何茲菲德和其他工程師必須能夠如期完成麥金塔程式碼。麥金塔的出貨日訂於 1 月 16 日（星期一）。 但就在出貨的前一個星期，麥金塔的工程師發現程式有錯，無法趕上出貨期限。

當時賈伯斯在曼哈頓的君悅飯店準備記者會。軟體部門經理打電話給他，用平靜的語氣解釋當時的情況。何茲菲德等工程師屏氣凝神的圍在電話免持聽筒旁傾聽。軟體部門經理報告說，只需要多花兩星期的時間，麥金塔還是可以如期出貨給經銷商，只要標明裡頭的程式「僅供展示」，等到了月底，他們完成新的程式碼，便可換上新程式。

賈伯斯先是沉默了半晌，接著才用冷靜嚴肅的語調回應。他不但沒生氣，反倒讚美他們是全世界最棒的工程師。因此，他知道他們一定能如期完成任務。他宣布：「我們已經準備出貨，不可能延遲。」軟體部門的每個人聽了之後，都瞠目結舌。賈伯斯又說：「這東西你們已經搞了好幾個月，再多幾個星期也無濟於事。你們還是趕快把問題解決。再過一個星期，這些程式就得跟著機器一起出貨。你們的大名將印在上面！」

凱柏斯說：「我們只好硬著頭皮去做。」他們果然做到了。賈伯斯的現實扭曲力場再度發功，使他們完成不可能的任務。那個星期五，魏金頓扛了一大袋咖啡豆來，上面還鋪滿了巧克力，給最後三位徹夜趕工的同事做為補給。到了 1 月 16 日星期一早上八點三十分，賈伯斯回到辦公室，發現何茲菲德趴在沙發上，動也不動，像是陷入昏迷一般。他把何茲菲德搖醒，討論一下最後的一點小問題。賈伯斯認為那沒什麼，應該不成問題。何茲菲德於是拖著步子，爬上他那部藍色的福斯小兔（他的車牌號碼是 MACWIZ），然後回家睡覺。

不久，一個個印著麥金塔彩色商標的箱子，不斷從蘋果在費利蒙（Fremont）的工廠運出去。賈伯斯曾說，真正的藝術家是能把東西做出來的人。他的麥金塔團隊終於辦到了。

蘋果的1984廣告

賈伯斯早在 1983 年春天，就已開始為麥金塔上市做準備。他希望麥金塔的廣告就像產品本身，既有革命性，又令人驚異。他說：「我希望這支廣告能讓人停下腳步觀賞，有平地起驚雷的效果。」這回合作的廣告公司，是已併購麥肯納公關公司廣告部門的賽特／戴（Chiat/Day），辦公室位於洛杉磯的威尼斯海灘。廣告創意總監李・克洛身材高瘦，喜歡在海濱流連，一頭亂髮、鬍鬚如雜草。他常咧嘴而笑，眼睛像星星一樣亮晶晶。他既精明又有幽默感，個性不急躁，但認真專注。第一次與賈伯斯合作，兩人一拍即合，日後更建立長達三十年以上的情誼。

克洛和他的兩個夥伴，文案撰稿人海敦（Steve Hayden）和藝術總監湯姆斯（Brent Thomas），打算在廣告的最後用歐威爾的小說《1984》鋪梗：「這就是為什麼 1984 不再是『1984』。」賈伯斯很喜歡這樣的創意，請他們以此製作麥金塔的上市廣告。於是他們著手寫出一支長達 60 秒的廣告影片腳本，場景看來就像是科幻電影：在一座陰森森的大廳，電視屏幕上正在播放老大哥的心靈控制演講。一個具反叛精神的年輕女子突然跑進來，跑在思想警察的前頭，拿著一支大鐵槌，擲向巨大的屏幕。

這支廣告精妙捕捉了個人電腦革命的精神。很多年輕人，尤其是反主流文化的那些年輕人，一直認為電腦是權威體制的掌控工具，歐威爾形容的專制政府和大公司就是藉此控制打壓個人。但到了 1970 年代末期，他們發現，電腦也可能是使個人得以發揮才能的工具。麥金塔廣告呈現的正是後者 —— 一家冷靜、有反叛精神與英雄氣概的公司挺身而出，向邪惡的大公司挑戰，不讓他們宰制全球、控制人類思想。

賈伯斯非常喜歡這樣的發想，這支廣告引發他內心深處的共鳴。他一直以反叛者自居，他成立的麥金塔團隊，就是由駭客與海盜組成的科技特種部隊。麥金塔大樓頂端，甚至還飄揚著海盜旗。儘管他已離開奧勒岡的蘋果園，創立蘋果電腦公司，他依然希望被視為反主流文化者，而非企業文化的代表人物。

但他自知，在功成名就之後，已逐漸失去駭客精神。有人甚至指控他是叛徒。沃茲尼克當初創造蘋果一號的初衷，就是免費和電腦的同好分享，賈伯斯則堅持販售。野心勃勃的把蘋果變成一家公司，讓蘋果公開上市的，也是賈伯斯。他甚至不願把認股權分出一丁點兒，給打從一開始就和他在車庫打拚的老朋友。在麥金塔即將上市之際，賈伯斯知道他違背了駭客精神，漸漸向主流文化妥協。首先，麥金塔零售價格過高。其次，他堅持麥金塔沒有任何插槽可讓電腦玩家插入擴充卡，主機板也無法插上任何東西，因此無法增加新功能。麥金塔塑膠機殼更不是消費者可以任意打開的，必須由蘋果維修人員利用特殊工具，才打得開。麥金塔猶如一個封閉、遭到嚴密控制的系統，就像老大哥設計的產品，完全不像駭客做出來的。

因此，賈伯斯希望藉由「1984」這支廣告，提醒自己莫忘初衷，也向全世界宣示他是個反主流文化的人。廣告片中的女主角上身的純白運動背心，勾勒了一部麥金塔的輪廓，她正象徵勇於向體制挑戰的人。為了拍攝這支廣告，賈伯斯請「銀翼殺手」導演雷利史考特（Ridley Scott）執導，把自己和蘋果塑造成當代的電腦叛客。由於這支廣告，蘋果的企業形象異常鮮明——他們是離經叛道、不同「凡想」的叛客，賈伯斯也因此找到自我認同。

史考利看了廣告腳本之後，一開始有點擔心，但賈伯斯堅持他們就是要這種能夠傳達革命精神的東西。這支廣告的拍攝預算高達 75 萬美元。雷利史考特在倫敦開拍，找到幾十個真的光頭的人，充當聆聽老大哥演講的群眾。女主角則是真的會擲鐵餅的高手。雷利史考特以鐵灰色的冷色調，召喚出電影「銀翼殺手」

的反烏托邦氣氛。正當銀幕上的老大哥大聲疾呼「我們一定會勝利」，女主角把鐵槌擲向銀幕，在巨大的響聲和閃光之下，銀幕應聲而落，粉碎一地。老大哥的影像就此煙消雲散。

1983年10月，賈伯斯在夏威夷召開的蘋果銷售大會上，播放這支廣告，現場每個人都看得目瞪口呆。12月，他決定在董事會開會時，播放這支廣告。當播放完畢，會議室的燈亮起之後，久久無人吭聲。董事之一的史萊恩（Philip Schlein）吃驚的趴在桌上，他是加州梅西百貨的執行長。馬庫拉一開始像是被影片震懾住了，最後才說：「有人覺得我們必須換另一家廣告公司嗎？」史考利說：「大多數在座的董事都覺得，這是他們看過最爛的廣告片。」

史考利退縮了。原本蘋果已買下超級盃90秒的廣告時段，現在不想播了，請廣告公司設法把這個廣告時段切成兩部分賣掉，一個60秒，一個30秒。賈伯斯聽到這個消息，簡直氣瘋了。

有一天晚上，沃茲尼克又晃到麥金塔辦公室串門子。過去兩年，他一直這樣晃來晃去。賈伯斯抓著他的手臂，說道：「你來看看這個東西。」他拿出錄影帶，播放那支廣告給他看。沃茲尼克說：「我完全呆掉了，這是我看過最棒的廣告。」賈伯斯說，由於董事會不同意，這支廣告不會在超級盃出現了。沃茲尼克問道，麥金塔需要的60秒廣告時段要多少錢。賈伯斯說，80萬美元。沃茲尼克很爽快的說：「如果你願意出一半，另一半就由我來出。」

結果，沃茲尼克不必自掏腰包。廣告公司幫他們賣掉30秒那個時段，留下60秒的時段，以消極抵制董事會的決議。克洛說：「我們告訴董事會，60秒那個時段賣不掉，其實我們根本沒拿出去賣。」史考利不想跟董事會攤牌，也不願跟賈伯斯起衝突，決定讓行銷部主管比爾·康貝爾決定要不要播。曾經當過美式足球教練的康貝爾決定冒險一試，來個長傳。他告訴行銷團隊：「這支廣告非播不可！」

在第十八屆超級盃，奧克蘭突擊者隊出戰華盛頓紅人隊的比賽第三節，一開始突擊者隊達陣得分之時，電視轉播並沒有立刻重播精彩畫面。全美的電視螢幕突然變黑，兩秒後才出現詭異、灰暗的畫面，一群人像囚犯一樣行屍走肉的排隊前行，陰森森的音樂隨之響起。九百六十萬名以上觀眾，在電視機前面觀看這支廣告，但這廣告完全不像他們看過的傳統廣告片。結尾，老大哥的影像從屏幕上消失，旁白以平靜的語氣說道：「1月24日，蘋果電腦將推出麥金塔。你將明白為什麼1984不再是『1984』。」

這支廣告果然成為全美國矚目的焦點。三家全國電視台和五十家地方電視台都報導了這則廣告的故事。在前YouTube時代，很少有這樣瘋狂傳播的廣告。《電視週刊》(*TV Guide*)和《廣告時代》(*Advertising Age*)雜誌後來把這支廣告評選為史上最經典的廣告。

麥金塔掀起媒體旋風

賈伯斯向來是產品上市的頭號推手。雷利史考特執導的1984廣告只是麥金塔上市的招數之一。另一招是搶攻各大媒體的頭條。賈伯斯引爆的麥金塔旋風威力強大，有如連鎖效應般，不斷加強。更神奇的是，每次蘋果推出新產品，從1984年的麥金塔到2010年的iPad，賈伯斯都能在市場上引發這樣的旋風效應。他就像魔法師，一再變出讓人瞠目結舌的戲法。即使記者已經看過十幾遍，知道麥金塔是怎麼打造出來的，還是百看不厭。有些技巧是賈伯斯向公關教父麥肯納學來的，碰到再怎麼自大的記者，都能讓他們心服口服。但賈伯斯不但知道如何吊人胃口，也懂得利用媒體的激烈競爭，常以獨家採訪做為釣餌，換取封面報導。

1983年12月，《新聞週刊》（*Newsweek*）準備報導「打造麥金塔的年輕人」，賈伯斯於是帶著兩名愛將何茲菲德和史密斯，去紐約接受採訪。訪談完畢之後，有人帶他們去見發行人葛蘭姆（Katherine Graham）。葛蘭姆不但是二十世紀最有影響力的傳奇女報人，對新東西也有強烈興趣。《新聞週刊》還派了一位科技專欄作家和一位攝影師，跟何茲菲德和史密斯回帕羅奧圖，進行深度採訪。

最後，《新聞週刊》刊登了四頁報導，對麥金塔及其團隊成員讚嘆有加。何茲菲德和史密斯的家居照，也刊登在上面。這兩位年輕工程師看起來就像新時代的天使。文章引用史密斯的話：「接下來，我想做出1990年代的電腦。只是我希望，明天就能做出來。」這篇報導也描述他的老闆賈伯斯，反覆無常和獨特的領袖魅力：「賈伯斯並非總是擺出盛氣凌人的一面，只是有時他為了捍衛自己的想法，不免對人大小聲。例如他堅持廢除上、下、左、右的游標鍵。謠傳若有人堅持保留游標鍵，就會被炒魷魚。即使在他心平氣和的情況下，他仍是魅力和急性子的混合體。他既精明含蓄，全身也散發出光和熱，口頭禪則是『瘋狂般的偉大』。」

負責為《新聞週刊》撰寫上述報導的專欄作家李維（Steven Levy），由於他也為《滾石》（*Rolling Stone*）寫稿，準備在《滾石》發表一篇賈伯斯的專訪。賈伯斯希望麥金塔團隊能出現在

《滾石》封面。李維說：「要我們的發行人魏納（Jann Wenner），同意把史汀從封面拉下來，換上一群阿宅一樣的電腦工程師，機率大概是 10 的負一百次方。」

賈伯斯帶李維去一家小披薩店，對他說：「《滾石》現在岌岌可危，老是登一些老掉牙的文章。要想起死回生，除非刊登新主題，爭取新讀者。麥金塔就是《滾石》的救世主！」

李維反駁說，《滾石》其實還不錯，沒有他說的那麼爛，並問賈伯斯最近是否看過《滾石》。賈伯斯說，沒錯，他不久前才在飛機上看到《滾石》一篇有關 MTV 的報導，「簡直像垃圾一樣」。李維說，那篇文章正是他寫的。

賈伯斯並沒有收回他的批評，轉而把矛頭對準《時代》，說該週刊一年前的報導一樣是「令人不忍卒讀的爛文章」。他接著開始用充滿哲思的口吻，說起麥金塔。賈伯斯說，我們總是受惠於走在時代前端的科技，我們也喜歡談論先驅發展出來的東西。「能創造出不凡的東西，增益人類經驗和知識，你知道那種感覺多麼美妙、多麼令人狂喜嗎？」

雖然麥金塔團隊最後沒能出現在《滾石》封面，自此之後，賈伯斯推出的每一項產品，包括 NeXT 電腦、皮克斯電影，以及他重回蘋果東山再起之作，都能登上《時代》、《新聞週刊》或《商業週刊》的封面。

產品發表：1984年1月24日

何茲菲德和同事終於完成麥金塔程式修補，大功告成的那個早上，他拖著虛脫的身體回到家，倒頭大睡，打算好好睡個一天以上。但只睡了六個小時，下午就又開車回到辦公室。他還是有點不安，希望再檢查看看是否有任何問題。他發現，大多數同事都跟他一樣，一顆心一直掛念著麥金塔。他們在辦公室晃來晃去，頭暈腦脹，但興奮莫名。

這時，賈伯斯進來了。「拜託，打起精神，我們還得幹活兒呢。我們必須準備產品發表會了！」他計劃在廣大的觀眾面前，揭開麥金塔的神祕面紗，同時讓這部電腦播放電影「火戰車」的主題曲。他說：「我們必須在這個週末準備就緒。」何茲菲德還記得，大夥兒聽完後，紛紛發出哀嚎聲。「但我們討論過後，都覺得弄點新奇的東西，讓人看得目瞪口呆，應該也挺好玩的。」

產品發表會訂在1月24日蘋果的股東大會上，地點是德安札社區學院的弗林特會議廳。距離現在只剩八天了。除了電視廣告和媒體報導，產品發表會就是賈伯斯使出的第三項絕招了。這幾種招數加起來，讓賈伯斯每次推出新產品，都像是劃時代的事件。此刻，蘋果的信徒陷入瘋狂，就連記者也不由得興奮起來。

為了使麥金塔響起「火戰車」主題曲，何茲菲德全力以赴，在兩天內完成音樂播放程式。但賈伯斯聽了之後，覺得音響效果不夠理想，決定改用唱片播放。不過他倒覺得讓麥金塔開口說話是個好點子。藉由電腦語音生成器，就可把文字轉為語言。他說：「我希望麥金塔能成為全世界第一部會自我介紹的電腦。」賈伯斯於是把製作1984的廣告文案人員找來，為麥金塔寫一段自我介紹的話。另一方面，凱柏斯則設法讓麥金塔說的話，以斗大的字體顯示在大銀幕上，而凱爾則負責繪圖。

大會前一晚的彩排很不順利。賈伯斯不喜歡銀幕上出現的動畫，凱爾只好絞盡腦汁，一改再改。賈伯斯對舞台燈光也有意見，還要史考利站在會議廳的各個角落，看看哪裡需要調整。史考利從沒想過舞台燈光該怎麼調，只能支支吾吾提出一些無關痛癢的建議。他們一連彩排五個小時，一直忙到深夜。史考利悲觀的說：「明天早上看來大有問題。」

更糟的是，賈伯斯開始心煩意亂，甚至把幻燈片亂丟。史考利說：「他簡直要把每個人都逼瘋了。排演有一點不順，他就對舞台人員咆哮。」史考利自認文筆不錯，看了賈伯斯的講稿，不禁手癢，要他改這裡那裡的。賈伯斯雖然有點惱怒，不想照他說的改，但還是知道如何不傷害他的自尊。他對史考利美言：「在我的心目中，你就像沃茲尼克和馬庫拉，也是蘋果的創辦人，只不過他們創造的是蘋果的過去，你和我開創的是蘋果的未來。」賈伯斯的迷湯果然厲害，史考利聽了龍心大悅，多年後還記得這句話。

隔天早上，弗林特會議廳人頭攢動，兩千六百個座位座無虛席。賈伯斯身穿雙排釦的藍色西裝，加上筆挺的白襯衫和淺綠色的領結。在後台等待時，賈伯斯對史考利說：「這是我這一生最重要的一刻。我實在緊張死了，天底下大概只有你能了解我的感覺。」史考利握著他的手，握了好一會兒，然後在他的耳邊低語：「加油！」

由於賈伯斯是董事長，因此第一個上台。他像召喚神助一樣，在開場白引用偶像的詩。他說：「我希望以一首巴布狄倫在二十年前寫的詩，揭開本次大會序幕。」他露出一絲微笑，開始誦讀〈變革的時代〉。他的聲音高亢，一口氣唸了十行，唸到第二段結束為止：「⋯⋯今天的輸家，明日將大獲全勝，因時代變革在今日。」

〈變革的時代〉這首歌，讓這個身價億萬的董事長找到反主流文化的自我定位，賈伯斯最喜歡的版本是1964年萬聖節前夕，狄倫和瓊拜雅在林肯中心愛樂廳現場演唱的側錄帶。

接下來，史考利上台報告蘋果的年度營收。他的報告冗長、單調，觀眾開始不耐煩。他在最後提到個人的感受：「自從九個月前我來到蘋果，最值得一提的就是與史帝夫・賈伯斯為友。這番情誼對我個人來說，意義非常重大。」

這時燈光暗了下來，賈伯斯重新出現在舞台上，才又大放光明。賈伯斯先來一段他在夏威夷銷售大會講過的話：「1958年，IBM錯過一個寶貴的機會，沒能併購一家發展複印科技的新公司。兩年後，這家公司正式誕生，也就是全錄。自此，IBM不斷怨嘆自己看走了眼。」全場哈哈大笑。何茲菲德雖然已聽過這一段，但覺得賈伯斯這次說得更投入、更熱情。細數IBM歷年來犯下的錯誤之後，賈伯斯卯足了勁，把焦點拉回他們即將推出的產品，慷慨激昂的述說：

現在是1984年。看來IBM想要席捲市場，掌控一切，只有蘋果膽敢與之爭鋒。以前對IBM展開雙臂表示歡迎的經銷商，已經開始擔心，深怕IBM會掌控未來。為了未來，為了自由，他們已決定與蘋果站在同一陣線。IBM什麼都要，正把他們的槍口對準業界最後的阻礙，也就是蘋果。整個電腦將被藍色巨人掌控嗎？他們也將成為控制整個資訊時代的老大哥嗎？且讓我們拭目以待，看歐威爾的預言是否會成真？

在這高潮的一刻，觀眾席上的竊竊私語轉為如雷的掌聲，歡呼之聲不絕於耳。接著，舞台又漆黑一片，大銀幕上開始播放麥金塔的 1984 廣告。廣告結束時，全場觀眾起立喝采。

這時，賈伯斯走過黑暗的舞台，走到一張小桌子旁，上面擺了一個布袋。眾人屏息以待。賈伯斯說：「現在，我將親自為各位展示麥金塔。各位在銀幕上看到的一切，都是從這袋子裡的東西投射出來的。」他從布袋裡取出麥金塔、鍵盤和滑鼠，兩三下就連結好了，然後從襯衫口袋掏出一張 3½ 吋的磁碟片。觀眾報以熱烈掌聲。

「火戰車」的主題曲響起，麥金塔螢幕上的一切都投射在大銀幕上。此時，賈伯斯屏氣凝神，由於昨晚的彩排不順，他有點擔心今天會出狀況。結果，今天的表演一氣呵成，完美無瑕。「MACINTOSH」這個大字水平的在螢幕上滑動，在這個大字的下方是「Insanely great」（瘋狂般的偉大）這幾個字的草寫字體，看起來就和手寫的一模一樣。由於觀眾不曾看過如此漂亮的圖像顯示介面，頓時鴉雀無聲，靜到甚至可聽得到有人倒抽一口氣的聲音。接著螢幕上出現亞特金森研發的繪圖程式 QuickDraw、形形色色的字型、文件、圖表、圖畫、下棋遊戲、試算表，最後出現賈伯斯的頭像，上面冒出一個思想的泡泡，泡泡裡有部麥金塔。

接下來，賈伯斯說：「我們談了這麼多有關麥金塔的事，今天，我倒希望麥金塔能自己開口說話。」他走到麥金塔旁邊，在滑鼠上按一下，麥金塔開始以誠摯、低沉且有點顫抖的電子合成語音，自我介紹：「哈囉！我叫麥金塔，能從那個布袋鑽出來的感覺真好。」可惜，這部電腦不懂得在這時打住，享受觀眾席爆發出來的歡呼聲和尖叫聲。它繼續說：「我不習慣公開演講，但我想跟各位分享我第一次看到 IBM 電腦大型主機的感覺：絕對不可信賴你無法舉起來的電腦。」它的結語幾乎被觀眾的喝采聲淹沒了：「顯然我是會開口說話的，但我現在想好好坐著聆聽。在此，我想驕傲的為大家介紹一個人。這個人對我來說，一直就像我的父親。他就是史帝夫．賈伯斯。」

這時，整個大廳變得像萬魔殿一樣瘋狂、吵鬧。很多人跳上跳下，發了瘋似的揮舞著拳頭。賈伯斯慢慢的點點頭。他緊抿著嘴巴，接著露出燦爛的笑容，看大家如此興奮，他幾乎哽咽。眾人歡呼、嘶吼了將近五分鐘，才安靜下來。

那天下午，麥金塔團隊回到辦公室。一部卡車在停車場停下來，賈伯斯請大家到卡車旁邊集合。卡車上有一百部全新的麥金塔，每一部都貼上了名牌。何茲菲德說：「史帝夫親自把電腦送給麥金塔團隊的每一個人，然後一一握手、微笑致意。我們其他人在一旁不禁大聲歡呼。」

麥金塔團隊歷經千辛萬苦，在賈伯斯的淬礪下，個個傷痕累累，但他們還是完成任務了。麥金塔能有今天，不是羅斯金、沃茲尼克、史考利或是公司的任何人做得到的，也不是靠焦點團體和設計委員會來達到這個成果。麥金塔問世那天，《大眾科學》雜誌的記者問賈伯斯，他做過哪些市場調查研究。賈伯斯對這問題嗤之以鼻，反問：「貝爾發明電話前，做過市調嗎？」

16

蓋茲與賈伯斯

當兩顆巨星交會

1991年，賈伯斯與蓋茲。

一時瑜亮

在天文學，所謂的雙星系統是指兩顆恆星因重力交互作用，繞著共同的重心旋轉。翻開歷史，不時可看到兩顆超級巨星交互影響，不論這層關係是敵是友，都開創了一個新時代，像是二十世紀物理學大師愛因斯坦與波耳，美國建國雙雄政治家傑佛遜和漢彌爾頓，都是很好的例子。至於個人電腦發展史的頭三十年，也就是 1970 年代後期以降，左右這個產業的兩大巨星，正巧都是大學中輟生，充滿幹勁，而且同樣出生於 1955 年。

蓋茲和賈伯斯這兩人儘管一樣野心勃勃，希望稱霸科技與商業領域，背景和個性卻迥然不同。蓋茲的父親是在西雅圖執業的大律師，母親是銀行世家名媛、著名的公益組織領導人，也曾擔任大學董事。蓋茲進入西雅圖最有名的貴族學校湖濱中學，一天到晚待在電腦社。他骨子裡沒有反叛精神，沒想過要當嬉皮，對靈性的追求沒多大興趣，也不想和主流文化唱反調。他有電腦方面的長才，但不像賈伯斯會生出盜打長途電話的點子，而是為學校撰寫排課程式，試圖與心儀的女生同班上課。蓋茲也曾為交通單位的工程師寫車輛計數程式。他從哈佛大學輟學的理由，不是要前往印度尋找明師、追求開悟，而是為了創辦電腦軟體公司。

蓋茲會寫程式，賈伯斯不會；蓋茲比較實際、有紀律、善於分析，賈伯斯則喜歡依照直覺行事、個性浪漫，而且眼光精準，他知道如何使科技好用且兼顧設計感，也了解使用介面方便上手的重要。

賈伯斯有追求完美的熱情，對人要求十分嚴苛，但他有特別的領袖魅力，而且凡事專注，不放過任何一個細節。蓋茲做事有條不紊，注重效率，主持產品進度會報總是能切中問題核心，不浪費一分一秒。兩人都有不留情面的特質，但蓋茲在事業剛起步時，像是患了輕微自閉的宅男，儘管有時待人流於尖刻，但對事不對人，而且一語中的。而賈伯斯最厲害的一點，就是咄咄逼人的銳利眼神，刺得人渾身不自在。蓋茲雖然不喜眼神接觸，但基本上寬厚仁慈。

何茲菲德說：「這兩人都自認比對方聰明。但賈伯斯是瞧不起蓋茲的，而且鄙視他的品味與風格。蓋茲則是看不起賈伯斯不會寫程式。」可是兩人交手之初，蓋茲其實有點欣賞賈伯斯，羨慕他影響別人的功力，但蓋茲也發覺賈伯斯這個人很怪，不但言語舉止粗魯，而且對人的態度往往兩極化：「不是把你當狗屎，就是設法拉攏你。」賈伯斯則批評蓋茲是個心胸狹窄的人，說：「如果他吸過一次迷幻藥，或是在年輕一點的時候曾去印度靜修，眼界就會開闊多了。」

賈伯斯與蓋茲的性格差異，也使數位時代出現一道分水嶺。賈伯斯是完美主義者，掌控欲極強，像一位絕不妥協的藝術家。他與蘋果工作團隊精益求精，希望打造出來的產品是一個軟、硬體皆備、無法拆解的整體，更希望這樣的產品就像藝術品一樣精美。蓋茲很聰明、精打細算，在科技與商業方面都是實事求是的分析家。只要價錢談得攏，他很樂意將微軟開發出來的作業系統和軟體，授權給其他電腦製造商。

三十年後，蓋茲雖然認為賈伯斯是個可敬的對手，也不免抱怨：「他對科技實在所知有限，但他的直覺很厲害，知道什麼才行得通。」然而賈伯斯就是不欣賞蓋茲，他認為：「蓋茲沒有想像力，也不曾發明過什麼東西，所以我說他現在做慈善事業比做科技更得心應手。」此話當然有失公允，但賈伯斯又加了一句，「他只會毫無羞恥的搶走別人的點子。」

麥金塔剛發展出來的時候，賈伯斯曾去找蓋茲。微軟已為蘋果二號寫了一些應用程式，包括試算表軟體 Multiplan。賈伯斯希望說動蓋茲和他的工程師，為麥金塔寫出更多程式。微軟辦公室在華盛頓湖畔，對岸是西雅圖市區。賈伯斯坐在會議室與高采烈描述他的願景：不久，他們將開發出一種介面好用、可讓一般大眾使用的電腦，由加州的自動化工廠大量生產，產量可達數百萬部。賈伯斯描述的夢幻工廠就像流沙，矽谷的零件都被吞下去，變成一部又一部的麥金塔。微軟工程師因而為賈伯斯的麥金塔專案，取了個代號叫「沙子」(Sand)，甚至進一步衍生為「史帝夫的神奇新機器」(Steve's Amazing New Device)一詞的縮寫。

因麥金塔而結盟

微軟的開山之作，就是為牛郎星電腦撰寫培基語言(BASIC, Beginner's All-purpose Symbolic Instruction Code，意思是「初學者通用符號指令碼」，是一種設計給初學者使用的程式語言)。由於沃茲尼克為蘋果二號寫的培基編譯器無法處理浮點數(即帶有小數點的數值)，因此賈伯斯請微軟為麥金塔重寫一套培基編譯器。此外，賈伯斯也希望微軟能再幫忙多寫一些應用程式，如文書處理、圖表、試算表等。除了培基語言和文書處理軟體 Word，蓋茲還同意為麥金塔開發圖形介面可以使用的新試算表，也就是 Excel。

這時，賈伯斯就像是國王，而蓋茲則是臣子。1984 年，蘋果的年營收達 15 億美元，微軟只有 1 億美元。為了日後合作，蓋茲帶了三名愛將，一起去庫珀蒂諾看蘋果示範麥金塔作業系統，其中一人就是曾在全錄工作的西蒙尼（Charles Simonyi）*。由於那時還沒有可以操作的麥金塔原型機，何茲菲德於是搬一部麗莎過來，用麥金塔的軟體來執行，接上麥金塔原型螢幕。

蓋茲看了之後，態度並不熱中。「我記得第一次拜訪時，賈伯斯跑了個應用程式，只見螢幕上有東西跳來跳去。就是這樣。他們的 MacPaint 還沒開發出來。」那時，蓋茲也對賈伯斯的態度很感冒。「賈伯斯拉攏我們的方式很怪。他擺出一副我們武功高強，其實不怎麼需要你們的樣子。他的銷售模式就是『我不需要你，但勉強可以讓你參一腳。』」

麥金塔這票海盜也對蓋茲沒什麼好感。何茲菲德說：「蓋茲沒耐心聽人好好把話說完。我們才解釋到一半，他就急著跳出來講自己的詮釋與意見。」例如，麥金塔的游標可在螢幕上平順移動，完全不會閃爍，蓋茲於是問道：「你們使用什麼樣的硬體，才能使游標變成這樣？」由於這樣的游標完全是靠軟體設計出來的，何茲菲德很得意的告訴他：「我們沒用任何特別的硬體！」蓋茲不相信，堅持那樣的游標一定得靠特別的硬體。麥金塔的工程師洪恩說：「碰到這種人，你還能怎樣？顯然，蓋茲不懂得欣賞麥金塔的優雅。」

儘管雙方心裡多少都有疑慮，但微軟畢竟能為麥金塔設計應用軟體，攜手走向個人電腦的新紀元，因此兩方人馬還是大感興奮，一同前往高級餐廳慶祝。微軟在麥金塔應用軟體計畫投入很多人力。蓋茲說：「我們比麥金塔團隊的人多。賈伯斯那邊只有十四或十五個人，我們有二十個人。我們真的拚命在做。」即

---

* 譯注：西蒙尼是軟體開發專家，曾在十多年間主導微軟Office各部件程序的開發工作，堅持物件導向的軟體開發流程，是微軟Office主宰世界市場的大功臣。

使賈伯斯認為微軟工程師欠缺品味，但他們的確是努力不懈的勁旅。賈伯斯說：「雖然他們做出來的東西很爛，但之後會不斷改進。」

微軟最後做出來的 Excel 讓賈伯斯大為激賞，甚至和蓋茲達成祕密協議：如果微軟的 Excel 只讓麥金塔平台使用，兩年期滿後，才授權給 IBM 個人電腦，那麼蘋果可以放棄麥金塔的培基語言研發計畫，無限期使用微軟授權的培基編譯器。蓋茲接受了這個條件，結果是麥金塔培基語言小組為了任務腰斬而忿恨難消，微軟反而多了未來談判的籌碼。

蓋茲與賈伯斯於是成為合作夥伴。那年夏天，電腦產業分析師羅森，在威斯康辛日內瓦湖畔的花花公子俱樂部舉辦會議，蓋茲和賈伯斯都去了。當時，業界沒有人知道蘋果正在研發圖形介面。蓋茲說：「那時，每一個人都認為 IBM 是武林盟主。這樣也好。我和賈伯斯在底下偷笑。嘿，我們有你們不知道的祕密武器。雖然賈伯斯透露了一點端倪，但沒有人知道他在說什麼。」蓋茲也成為蘋果會議假期的固定來賓。蓋茲說：「蘋果辦餐宴，我一定出席。我已經成為他們的班底。」

蓋茲也常去庫珀蒂諾，而且樂在其中。賈伯斯和員工的互動表現得乖張偏執，都讓蓋茲眼界大開。蓋茲說：「史帝夫就像花衣吹笛人，不斷宣揚麥金塔將如何改變世界。每一個員工都被操練到人仰馬翻。公司內部壓力大得像高壓鍋，人際關係複雜。」有時，賈伯斯一開始十分亢奮，沒多久就變得愁眉苦臉，對蓋茲訴說他的憂慮。「我們常在星期五晚上一起去吃飯。賈伯斯看起來心滿意足，說事情進行得十分順利。隔天他就像變了一個人，破口大罵：『媽的，這東西能賣嗎？天啊，我必須提高價格。唉，實在抱歉，我的手下真是一群蠢材。』」

全錄之星上市時，蓋茲見識到賈伯斯「現實扭曲力場」的功力。一個星期五晚上，兩方人馬共進晚餐，賈伯斯問蓋茲，到目前為止，全錄之星賣了幾部。蓋茲回答 600 部。隔天賈伯斯竟然當著蓋茲和所有前晚在場的團隊，說全錄之星只賣了 300 部。蓋茲說：「他團隊裡的每一個人都看著我，好像在問：『你要不要告訴他，說他在鬼扯些什麼？』我當然沒上鉤。」

還有一次，賈伯斯帶人去微軟，雙方在西雅圖網球俱樂部吃晚餐。賈伯斯就像傳道一樣熱情，說麥金塔平台的應用軟體非常容易上手，完全不需要使用手冊。蓋茲說：「照他的說法，如果有人認為麥金塔應用軟體應該附上使用手冊，一定是大白痴。我們大家在想，他真是這個意思嗎？我們已經開始編寫使用手冊了，是不是別讓他知道比較好？」

過了一段時間，兩人的關係開始出現問題。起先他們計劃，每一套麥金塔電腦都附上微軟的應用程式，如 Excel、Chart 和 File，每一套軟體都加上蘋果商標，表示是微軟為蘋果設計的。賈伯斯深信「從頭到尾」全程掌控的系統，蘋果的產品必須是軟、硬體齊全，一開箱就可以使用，因此他還打算附上蘋果自己開發的 MacPaint 和 MacWrite 軟體。接著，由於蓋茲要求每部麥金塔使用的每一種微軟應用軟體，都要從蘋果收取 10 美元的授權金，如此一來，勢必激怒其他軟體開發商，如 Lotus 的卡波；另外，賈伯斯也擔心，微軟應用軟體研發的腳步可能跟不上。最後，賈伯斯和蓋茲談條件，決定麥金塔不附微軟應用軟體。麥金塔使用者如有需要，再直接向微軟購買。

蓋茲沒有太多異議，就接受這個改變。他說早已習慣賈伯斯的「輕率善變」。而且蓋茲研判，麥金塔不搭載微軟的應用軟體也可行，「拆開來單獨販售，說不定可以賺更多錢。這樣也好，那就得以搶攻更大的市場。」

微軟最後決定將應用軟體賣給其他電腦平台，不管是麥金塔或是 IBM 個人電腦的文書軟體，用的都是微軟的 Word。微軟應用軟體不必被麥金塔綑綁兩年，反而海闊天空，蘋果失去的反而比較多。

微軟發表麥金塔 Excel 試算表軟體那天，蓋茲和賈伯斯聯手現身紐約綠苑酒廊，參與媒體餐敘。有人問蓋茲，微軟是否也會推出 IBM 電腦的 Excel 版本？蓋茲沒提他和賈伯斯談好的條件，只說，總有一天會的。賈伯斯拿起麥克風，開玩笑說：「我相信那一天來臨前，我們早就作古了。」

圖形使用者介面之戰

賈伯斯一開始和微軟打交道，就擔心微軟會剽竊麥金塔的圖形使用者介面，進而發展出自己的版本。微軟本來已有自己的作業系統 DOS，並已授權給 IBM 及其相容電腦。但 DOS 是傳統命令列介面，必須使用像 C：\> 之類的命令提示字元，來執行程式。

何茲菲德注意到，微軟工程師問了很多麥金塔作業系統的細節，加深蘋果的疑慮。何茲菲德說：「我告訴史帝夫，我擔心微軟會複製我們的麥金塔，但史帝夫好像不以為意，他覺得微軟應該沒這樣的水準，即使麥金塔擺在他們眼前，他們也做不出一樣的東西。」其實，賈伯斯擔心得要死，只是不肯表現出來。

賈伯斯的確該擔心這點。蓋茲不但相信圖形介面就是未來，而且認為微軟和蘋果一樣，可以開發他們在全錄 PARC 看到的東西。蓋茲後來大方承認：「沒錯，我們也對圖形介面很感興趣，我們也在全錄看到了。」

賈伯斯和蓋茲交涉之初，已說服蓋茲同意，自麥金塔在 1983 年 1 月出貨一年後，微軟才能販售圖形化的應用軟體。可惜，賈伯斯沒想到麥金塔上市會延遲一年。

1983 年 11 月蓋茲透露，微軟即將為 IBM 個人電腦發展一套名為「Windows」的作業軟體系統，這套系統一樣使用圖形介面，有圖示，一樣利用滑鼠點選、拖曳。賈伯斯只能怪自己失算。

為了推出 Windows，蓋茲也主持像麥金塔那樣盛大的產品發表會，這次甚至是微軟史上最大手筆的一次，在紐約漢姆斯里皇宮飯店舉行。同一個月，蓋茲也應邀前往拉斯維加斯資訊展，發表專題演講。這是他有生以來第一次在這麼大的場合演講，他父親還幫他放幻燈片。蓋茲的講題是「軟體的人因工程」，他說電腦環境的圖形化，有無限大的重要性，電腦介面使用起來將更容易，不久滑鼠將成為所有電腦的標準配備。

賈伯斯勃然大怒，但他拿蓋茲沒辦法 —— 按照蘋果與微軟的約定，蘋果獨家使用微軟應用軟體的期限已經快到了。但賈伯斯還是要向蓋茲表達他的憤怒。「你馬上把蓋茲找來，」他如此命令軟體技術宣傳大將柏瞿（Mike Boich）。蓋茲單槍匹馬前來，願意跟賈伯斯把話說清楚。蓋茲說：「他叫我來，只是為了臭罵我一頓。我像接了指令，趕到庫珀蒂諾。我告訴他：『我們正在做 Windows，而且公司的未來就押在這種圖形介面上。』」

蓋茲在賈伯斯的會議室，十位蘋果員工等在一旁，準備看老闆發飆。賈伯斯沒讓他的手下失望。何茲菲德說：「我目不轉睛的看史帝夫對他咆哮。」賈伯斯大吼：「你這個不要臉的小偷！

我信任你，你卻從我們這裡偷東西！」何茲菲德記得蓋茲只是冷靜坐著，直視賈伯斯的眼睛，久久才用粗嘎的嗓音說道：「史帝夫，我想我們應該從另一個角度來看這件事。你我都是全錄的鄰居。有一天，我闖入這個有錢鄰居的家，打算偷走電視機，發現你已經捷足先登。」

蓋茲在蘋果待了兩天，領教了賈伯斯的各種情緒反應及操縱別人的功力。蘋果與微軟的共生關係，已演變為毒蠍之舞 —— 誰都不敢鬆懈、面對面繞圈子，因為不管誰給螫一下，都會造成兩敗俱傷。

賈伯斯和蓋茲在會議室攤牌後，蓋茲私下為賈伯斯展示了微軟研發中的 Windows。「賈伯斯看了，不知道說什麼才好，」蓋茲回憶道：「他或許想說『微軟這樣做可能觸法。』但他沒有，他說的是『噢，這根本是狗屎！』」蓋茲聽了正中下懷，認為這是澆熄賈伯斯怒火的好機會，於是接口：「沒錯，我們的狗屎還不賴吧。」賈伯斯內心百味雜陳。蓋茲說：「賈伯斯跟我談話的時候，有時無禮到極點，有時卻幾乎落淚，很像是想說，『再給我機會解決這件事。』」蓋茲一貫冷靜以對：「我倒是滿會應付情緒化的人。」

賈伯斯每次想要跟人深談，總會提議去外面走走，邊走邊講。他和蓋茲於是到庫珀蒂諾街上，從蘋果總部走到德安札社區學院，再往回走，半途在小店吃點東西，吃飽後再繼續走。蓋茲說：「我只好跟著邊走邊談，但這可不是我的管理風格。後來他說：『好吧，好吧，拜託你們做的介面別太像我們的東西。』」

賈伯斯還能說什麼呢？他需要微軟繼續為麥金塔撰寫應用程式。其實，後來史考利曾威脅微軟說要提告，微軟則以不再為麥金塔寫 Word、Excel 等應用程式做為反擊。最後，蘋果不得不投降。史考利只好授權，讓微軟推出和麥金塔圖形介面相像的 Windows。微軟除了同意繼續為麥金塔開發應用軟體，也同意讓蘋果獨家使用 Excel 試算表軟體，直到合約期滿，才會授權給 IBM 的相容電腦使用。

結果，微軟 Windows 1.0 版直到 1985 年秋天才出貨。剛推出時，依然是個簡陋的產品，問題很多，根本無法和麥金塔優雅的介面相比，不像亞特金森的設計，只要用滑鼠點選，就可讓好幾個視窗移動、相疊。不少人撰文揶揄這個不三不四的圖形介面，消費者也嗤之以鼻。但微軟就是有愈挫愈勇、精益求精的精神，他們的 Windows 雖然一開始出師不利，經過不斷改善，終於有讓人刮目相看的一天，最後變成市場贏家。

賈伯斯一直嚥不下這口氣。就算事情過了三十年，講起來還是一肚子火：「蓋茲是個不要臉的傢伙。微軟根本是吃人不吐骨頭的強盜！」

蓋茲聽到這樣的評語，回應說：「如果他這麼認為，那是因為他深陷於自己建構的現實，無法自拔。」就法律層面來看，蓋茲說得沒錯，微軟並沒違約，法院判決也是如此。從實務層面來看，微軟也完全站得住腳。電腦圖形介面設計的外觀和質感，其實是很容易模仿的，法律不是護身符，儘管蘋果得到授權，得以發展他們在全錄 PARC 看到的圖形介面，但是這無法阻止其他公司發展出類似的東西。

然而，賈伯斯的心情不難理解。蘋果一向想像力豐富、勇於創新、設計精巧，讓人使用起來得心應手。微軟的東西雖然像是粗糙的贗品，卻得以稱霸電腦作業系統之戰。這暴露宇宙的一個缺陷：最好、最創新的東西不一定是贏家。

十年之後賈伯斯依舊耿耿於懷，發出不平之鳴，儘管聽起來狂妄自大、有失厚道，但還是有一點道理。他說：「微軟只有一個問題，就是沒品味，一丁點品味都沒有。我不是挑剔他們的幾個小處，而是他們不尊重原創思考，做出來的東西也沒有什麼文化…… 我的確覺得悲哀。但我並不嫉妒微軟的成功，他們一直努力不懈，才有這樣的成功。我覺得可悲的是，他們只會製造三流的產品。」

17

伊卡洛斯

凡是飛得太高……*

賈伯斯與沃茲尼克在白宮，領取雷根總統頒發的第一屆全國科技獎章。

* 譯注：伊卡洛斯（Icarus）是希臘神話中的人物，他乘著父親雅典發明家戴達羅斯（Daedalus）為他做的人工翅膀，逃離克里特島的監獄，由於飛得太高、離太陽太近，聯結翅膀的蜂蠟融化，而墜落在愛琴海中、現今稱為伊卡利亞海的地方。

振翅高飛

隨著麥金塔上市，賈伯斯光芒更加耀眼，在名流圈也更上一層樓。他去曼哈頓，參加小野洋子為兒子席恩舉辦的生日派對，送給這個九歲男孩一部麥金塔。男孩愛不釋手。

藝術家沃荷（Andy Warhol）和哈林（Keith Haring）也參加了那次派對，他們對麥金塔非常著迷，認為藝術家可以嘗試用電腦輔助創作，如此一來，當代藝術恐怕就危險了。沃荷用麥金塔的 QuickDraw 軟體示範，得意洋洋的說：「你們看，我畫了一個圓圈。」沃荷要賈伯斯也送一部給滾石樂團的主唱米克傑格。不過當賈伯斯和亞特金森來到米克傑格的家時，對方一臉困惑，不知賈伯斯是何方神聖。後來，賈伯斯告訴麥金塔團隊：「傑格要不是嗑了藥，就是腦子壞了。」但米克傑格的女兒潔德立刻愛上麥金塔，用繪圖軟體 MacPaint 玩得不亦樂乎。於是，賈伯斯把麥金塔送給潔德。

賈伯斯曾和史考利去看曼哈頓中央公園西側的聖雷莫雙塔公寓大樓，後來買下頂層兩戶並打通，然後請貝聿銘建築事務所的室內設計師佛里德（James Freed）重新裝潢。他就像以往，對裝潢細節極為挑剔，所以一直沒搬進去住（後來以 1,500 萬美元賣給 U2 的主唱波諾）。賈伯斯也在帕羅奧圖北邊山上的伍得塞德，買下一棟有十四大房、由一位銅業大亨建造的西班牙殖民風格豪宅。賈伯斯雖然搬進去了，但一直買不到滿意的家具，房子就空空如也。

同時，賈伯斯在蘋果的地位止跌回升。史考利不但沒壓制他，反倒全力支持，讓賈伯斯如虎添翼。此時，麗莎與麥金塔這兩個團隊已合而為一，由他一手掌控。賈伯斯飛得更高了，但他的性格並未因此變得柔軟。

賈伯斯在兩個團隊面前說明合併過程之時，語氣極其直接、冷酷。他說，麥金塔團隊的領導人都將晉升為高級主管，而麗莎團隊的人有四分之一要捲鋪蓋。他冷眼看著麗莎團隊的成員：「你們全是失敗者，一票B咖。這裡有太多B咖和C咖，所以今天我還是讓你們走。矽谷還有一些電腦公司，你們可以去那裡工作。」

曾在麗莎和麥金塔待過的亞特金森，認為賈伯斯這麼說不但殘忍，也不公平：「麗莎團隊的人也很拚命，他們都是優秀的工程師。」但賈伯斯還是相信自己帶領麥金塔團隊的經驗：如果你要建立A咖團隊，就必須有一副鐵石心腸。他回憶道：「隨著團隊的成長，不免會隱忍一些B咖成員，如此一來就會吸引更多B咖進來，不久甚至連C咖都來了。我從帶領麥金塔團隊的經驗學會了，A咖高手只希望和同是A咖的人共事。如果你是A咖，就無法容忍B咖。」

此時，賈伯斯和史考利還能說服自己，相信兩人友誼依然深厚。他們仍互相訴說對彼此的欣賞，有如卡片上畫的小情侶那樣如膠似漆。1984年5月，賈伯斯為了慶祝史考利就任一週年，在庫珀蒂諾一家名叫黑羊的高級餐廳舉辦派對。賈伯斯把蘋果的董事、高級主管，甚至連東岸的大股東都請來了，讓史考利喜出望外。史考利還記得現場的人一一向他舉杯祝賀之際，「史帝夫笑容滿面的站在後面，不斷的點點頭，像柴郡貓那樣咧嘴而笑。」

賈伯斯在晚宴一開始的致詞是：「我生命中最快樂的兩天，一天是麥金塔出貨，另一天則是史考利答應加入蘋果。這一年對我而言，真是最美好的一年，因為我從史考利那裡學到很多。」他接著送給史考利一個大相框，上面放了幾張這一年來史考利在蘋果工作的照片，以資紀念。

史考利也說，他很高興能在過去一年，與賈伯斯同心協力為公司奮鬥，最後一句更是令人難忘：「蘋果只有一個領導人，也就是史帝夫和我。我們兩個是一體的。」他環顧四周，發現賈伯斯正笑逐顏開的看著他。史考利說：「即使相隔這麼遠，我們還是能用眼神溝通。」但他也注意到洛克等人面露遲疑。他們擔心史考利完全被賈伯斯控制住了。他們雇用史考利是為了控制、馴服賈伯斯，顯然現在賈伯斯才是擁有控制權的一方。洛克後來說：「史考利急於得到史帝夫的認可，因此對他言聽計從，無法反抗他。」

對史考利而言，讓賈伯斯高興，聽從他的意見，也許是聰明的做法，不管如何，總比跟他作對要來得好。但史考利不明白賈伯斯並不是能與人分享控制權的人。賈伯斯習慣當王，不可能臣服於人，常直言公司該如何經營管理。在 1984 年的營運策略會議上，他要公司的銷售與行銷核心幹部，用投標承包的方式與產品部門合作。沒人贊同他的意見，但他還是一意孤行。史考利說：「每個人都看著我，要我出來掌控大局，叫他坐下，閉上嘴巴，但我做不到。」會議結束，他聽到有人在耳語：「為什麼史考利不叫他閉嘴？」

當賈伯斯決定在費利蒙蓋一間技術先進的工廠，來生產麥金塔電腦，他對美學的熱情和控制欲變本加厲。他希望工廠裡的每一部機器都塗上鮮豔的顏色，就像蘋果商標那樣五顏六色。不過他實在花太多時間研究色卡了。

製造部主管卡特（Matt Carter）安裝機器時，仍舊保持原來機器的米白色或灰色。賈伯斯去巡視工廠的時候，要求照他的意思把機器塗上鮮豔顏色。卡特拒絕了，說這些都是精密機器，如果重新上漆，恐怕運作不良。卡特果然有先見之明。有一部昂貴的機器照賈伯斯的意見塗成藍色，就常常故障。工廠員工都把這部機器叫做「史帝夫的蠢事」。最後，卡特不幹了。他說：「光是跟他爭辯，我就快活活累死。更何況，我們總是為了一些沒意義的事爭吵。我真是受夠了。」

賈伯斯指派柯爾曼接替卡特。柯爾曼原本是麥金塔的財務主管，不但一身幹勁，個性更是溫柔敦厚，她知道如何迎合賈伯斯的要求。但是在賈伯斯不講理的時候，她也膽敢挺身而出，曾獲麥金塔同仁票選的「年度最佳反撲獎」。有一次，蘋果藝術總監莫家明（Clement Mok）告訴她，賈伯斯希望工廠的牆壁漆成純白色。她抗議：「工廠到處是灰塵，東西又多，怎麼能漆成白的？」莫家明只說：「對史帝夫來說，再怎麼白都不夠白。」柯爾曼最後還是照賈伯斯的意思，把牆壁漆成白的，加上漆成藍、黃、紅等五顏六色的機器。她說，廠房看起來就像「考爾德（Alexander Calder）*的公共藝術作品」。

為什麼賈伯斯那麼在意廠房、機器的外觀？他答道，這也是追求完美的一部分。

我戴著白手套去工廠檢查，發現灰塵到處都是，不管是機器、架子、地板，都蒙上一層灰。我告訴柯爾曼，地板要乾淨到食物掉下去還能撿起來吃才行。柯爾曼氣瘋了，她說，沒有人會

* 譯注：考爾德是美國最受歡迎的現代藝術家，他以活動雕塑馳名於世，創作領域很廣，包括巨大的鋼鐵雕塑、繪畫、掛毯、寶石設計等。

從地上撿起食物來吃！她說的雖然沒錯，讓我無從反擊，但我在日本看到的工廠就是那麼乾淨，讓我印象非常深刻。我不但非常欣賞那樣乾淨的廠房，也想到我們廠房所欠缺的。那樣的潔淨表現出了不起的團隊精神和紀律。如果蘋果的廠房無法一塵不染，還談什麼紀律？

某個星期天早上，賈伯斯帶父親去參觀蘋果的工廠。保羅對工藝的要求一向嚴格，總是把工具擺放得井然有序。賈伯斯也很得意，不但得到父親的真傳，甚至青出於藍。那天負責導覽的是柯爾曼，她說：「史帝夫喜形於色，喜孜孜的讓父親看他的成就。」賈伯斯為父親解釋每部機器是如何運作，保羅看起來十分欣賞。「他一直看著他的父親。保羅什麼都想摸一摸，讚嘆我們的廠房實在乾淨、完美。」

然而，法國第一夫人來訪，就沒有這麼溫馨了。她陪同夫婿社會黨黨魁密特朗總統訪美，行程之一就是到蘋果的工廠參觀。賈伯斯找霍夫曼的先生羅斯曼來當翻譯。密特朗夫人是親古巴的左翼知名人士。她透過她帶來的口譯員問了很多問題，像是工廠的工作環境如何。但賈伯斯卻一直介紹蘋果工廠的自動化機械和科技多麼先進。

就在賈伯斯提到即時化生產時程之時，密特朗夫人問道，員工加班費多少。這個問題惹惱了賈伯斯，但他還是耐著性子解釋工廠自動化如何減少勞動成本。他當然知道，這樣回答無法取悅這位第一夫人。她又問：「在這裡工作會不會很辛苦？」「員工的休假時間有多少？」

賈伯斯終於忍不住了，告訴她的口譯員：「如果她對員工福利這麼有興趣，歡迎她隨時來這裡上班。」口譯員臉色發白，什麼都說不出來。這時，羅斯曼趕緊跳出來，用法語回答：「賈伯斯先生說，他非常感謝您大駕光臨，也謝謝您對本公司的關心。」雖然賈伯斯和密特朗夫人變成雞同鴨講，她的口譯員倒是鬆了一大口氣。

密特朗夫人的態度讓賈伯斯一肚子火。她離去後，他開著賓士載羅斯曼，在高速公路上往庫珀蒂諾的方向急馳。羅斯曼說，他開得飛快，時速超過160公里，不久就被交通警察攔下。警察在開罰單的時候，他則一直按喇叭。警察問：「你這是做什麼？」賈伯斯說：「我在趕時間！」他那天實在走運，碰到一個好脾氣的警察，沒跟他計較。警察開好罰單之後，只是警告他不可再超過時速88公里，不然就要進監獄了。但警察一走，賈伯斯上路之後又猛催油門，開到時速160公里以上。羅斯曼大開眼界：「他完全不把常規放在眼裡。」

麥金塔上市幾個月後，霍夫曼陪同賈伯斯視察歐洲市場，也領教了他那種我行我素的作風。她說：「他實在是個討厭鬼，自以為可以為所欲為。」在巴黎的時候，她安排賈伯斯與法國軟體開發商共進晚餐。但賈伯斯突然說他不去了。他用力把門甩上，把她關在門外，說他要去見法國海報插畫家弗隆（Jean-Michel Folon）。霍夫曼說：「那些法國軟體開發商都氣炸了，氣到不肯和我們握手。」

到了義大利，賈伯斯與蘋果在義大利分公司的總經理碰面。這位總經理是個老派的生意人，性情溫和，身材圓滾滾的。賈伯斯一看到他就覺得反感，甚至直截了當的告訴他，他的團隊和銷售策略都乏善可陳。賈伯斯冷冷的說：「你們有資格賣麥金塔電腦嗎？」後來，這個倒楣的總經理在餐廳設宴款待他。賈伯斯點了道「純素素食」，服務生卻在他的菜上淋上酸奶油，賈伯斯當場大發雷霆。霍夫曼最後不得不使出殺手鐧，她靠近他的耳朵，咬牙切齒的說，他要是不冷靜下來，她就把手上那杯滾燙的咖啡往他大腿倒下去。

賈伯斯這趟歐洲之旅，與各國分公司經理人意見相左最嚴重的地方，就是銷售預測。賈伯斯總是利用現實扭曲力場，要銷售團隊做出更大膽的預測，在擬定麥金塔營運計畫之時，他就曾這麼做過。現在，他也把這一套帶到歐洲。他威脅歐洲區經理人，如果他們無法提高銷售預測數字，就得不到任何配額。歐洲區經理人堅持他們的預測合乎現實，不想過度膨脹。最後霍夫曼不得不出來打圓場。她說：「這趟考察快結束的時候，我已經憤怒到身體不住的顫抖。」

賈伯斯也是在這趟歐洲行程，遇見蘋果在法國分公司的經理尚路易．葛賽。葛賽是少數幾個敢反抗他的人。葛賽說：「對於真相，他有自己理解的一套方式。如果他對你兇，你只好比他更兇。」賈伯斯到法國，一樣威脅他，如果他不提高銷售預測數字，配額就會縮減。葛賽生氣了，他說：「我緊緊揪住他的衣領，告訴他住嘴，他這才讓步。我這個人本來就脾氣不好，我知道我過去一直是個渾蛋。我看得出來，我們兩人是同類。」

然而，葛賽也發現，賈伯斯如果願意施展自己的魅力，也可以成為萬人迷。當時，密特朗總統正在為電腦傳福音，在法國推行「全民電腦運動」，麻省理工學院多媒體實驗室創辦人尼葛洛龐帝（Nicholas Negroponte）和人工智慧研究先驅閔斯基（Marvin Minsky）等人，都是密特朗的合音天使。賈伯斯在法國時，曾在布里斯托爾飯店為這群人發表演講。他說，如果法國的每一所學校都有電腦，必然在各方面都能有長足的進步。

巴黎也讓賈伯斯變得浪漫。葛賽和尼葛洛龐帝都說，賈伯斯不時為了巴黎女子神魂顛倒。

墜落

麥金塔一上市雖然造成轟動，但在1984年下半年，銷售量大幅下滑。麥金塔雖然夠酷夠炫，但效能不足且很慢，這是任何宣傳都無法掩飾的事實。這部電腦的使用者介面，就像一個充滿歡樂的遊戲間，而非黑黑的螢幕、閃爍綠光的字母和可怕的命令列，然而這個優點也是麥金塔最大的致命傷。在傳統命令列介面，每個字母所需的記憶體不到一個位元組，麥金塔雖然字型優美，由一個個像素組成，但需要的記憶體大到二、三十倍以上。為了解決這個問題，麗莎電腦配備的隨機存取記憶體大到1000 KB以上，而麥金塔只有128 KB。

另一個問題是，麥金塔沒有內置硬碟。為了這種資料儲存裝置，霍夫曼不知和賈伯斯吵過幾回，賈伯斯說她「執迷不悟」。最後，麥金塔只有一個磁碟機，用的是3½吋的磁碟片。如果你想複製資料，可能會因為必須不斷把磁碟片塞進磁碟機，再退出來，最後因此得到網球肘。

還有，麥金塔沒有風扇。這也是賈伯斯非常堅持的一點。他認為風扇會使電腦很吵，讓人無法享受寧靜的工作環境。但沒有風扇，機體過熱，零件便容易故障，有人於是給麥金塔取了一個綽號，叫做「米色烤麵包機」。

由於麥金塔外觀極為誘人，頭幾個月的銷售數字很漂亮，但缺點一一曝光之後，銷售量就像溜滑梯。霍夫曼後來曾說：「現實扭曲力場的確是一大動力，但終究不能持久，我們最後還是免不了遭受現實的打擊。」

到了 1984 年底，麗莎電腦幾乎一台都賣不出去，麥金塔的銷售量也跌到一個月一萬台以下。賈伯斯只好下猛藥。他把麥金塔的程式，移植到賣不出去的庫存麗莎電腦上，成了新一代的「麥金塔 XL」。麗莎的生產線已經停工，不可能復工，賈伯斯這麼做不但無法起死回生，更是自欺欺人。霍夫曼說：「我氣炸了。麥金塔 XL 根本是個怪物，只是拿賣不掉的麗莎電腦來廢物利用。雖然這部電腦賣得不錯，但庫存的麗莎用完後就沒戲唱了，於是我遞出辭呈。」

這股陰霾也顯現在 1985 年 1 月，蘋果為麥金塔推出的新廣告上。這支廣告希望能延續「1984」造成的迴響，打擊 IBM。很不幸的，這次弄巧成拙。

先前的廣告結尾傳遞了英雄風格樂觀訊息，但是克洛和賽特／戴廣告公司製作的這支名為「旅鼠」的新廣告，卻充滿灰暗與嘲諷。廣告中，一個個穿著深色西裝的企業主管，蒙著眼睛，列隊走上懸崖，集體跳海自殺。一開始，賈伯斯和史考利就很擔心這支廣告效果不好，無法傳遞蘋果的光明與正面，只是侮辱每一個購買 IBM 個人電腦的經理人。

賈伯斯和史考利要求廣告公司想別的點子，但對方不願意，說道：「你們去年也不要那支『1984』的廣告，結果呢？」根據史考利的說法：「當時，克洛說為了這支新廣告，願意賭上自己在業界的聲譽。」新廣告是由「1984」的導演雷利史考特的弟弟東尼執導，效果只能用慘不忍睹來形容。一長排經理人高唱電影「白雪公主」中的七矮人合唱曲〈嗨—唷！〉，影片氣氛要比原來的故事腳本來得陰森、詭異。

柯爾曼看了廣告，對賈伯斯吼道：「我實在不敢相信你們竟然會這樣侮辱企業經理人！」柯爾曼在行銷會議上，站起來明言自己有多討厭這支廣告，她說：「我用麥金塔把辭呈寫好、列印出來，放在賈伯斯桌上。我認為這支廣告羞辱全美國的經理人。我們剛在桌上排版系統的市場，找到一個小小的立足點，推出這樣的廣告是什麼意思？」

然而，賈伯斯和史考利還是向廣告公司低頭，在超級盃播出這支「旅鼠」廣告。兩人還一同去史丹佛體育館觀賽，史考利的太太麗姬（她一直很討厭賈伯斯）和賈伯斯的新女友瑞思（Tina Redse）也去了。這是一場苦戰，第四節比賽接近尾聲之際，球迷抬頭看大螢幕上出現的麥金塔新廣告，幾乎一點反應也沒有。這支廣告在全國播放之後，大多數觀眾的反應都很憤怒。一家市場調查公司的總裁告訴《財星》雜誌：「蘋果這支廣告侮辱了可能會購買麥金塔的消費者。」蘋果的行銷經理甚至建議公司在《華爾街日報》購買廣告版面公開道歉。廣告公司老闆賽特（Jay Chiat）則說，蘋果要是這麼做，他的廣告公司將買下報紙跨頁廣告，為蘋果公開道歉一事致歉。

賈伯斯前往紐約接受媒體一對一專訪。新廣告的挫敗、加上蘋果內部問題叢生，讓他一個頭兩個大。那時，在卡萊爾飯店負責公關事宜的，是蘋果老搭檔麥肯納公關公司的康寧漢。賈伯斯一到飯店就發火了，說套房布置要重新換過。那時已是晚上十點，第二天記者就要來了。最大的問題是，他不喜歡公關公司準備的花。賈伯斯說，他要的是海芋百合。康寧漢說：「為了花的事，我們大吵一架。我知道海芋百合是什麼樣的花，我結婚的時候就擺了很多，但他堅持另一種百合才是海芋百合。他還罵我是豬頭，連什麼花是海芋百合都不知道。」

可憐的康寧漢就在午夜的街頭找花。還好這是紐約，半夜還找得到花店。他們好不容易才把飯店房間重新布置好，賈伯斯又開始雞蛋裡挑骨頭，甚至批評康寧漢的穿著。他說：「你身上的套裝教我看了想吐。」康寧漢知道他只是心情不好，找人出氣。她設法安撫他，說道：「我知道你不高興，我了解你的感受。」

賈伯斯大吼：「你哪裡了解我的感受？你根本不知道我做人有多辛苦！」

三十而立

對大多數的人來說，三十歲是人生的里程碑。不少人曾說：「千萬別相信三十歲以上的人。」對那些人來說，三十歲尤其是一個重要的關卡。1985 年 2 月，為了慶祝自己的三十歲生日，賈伯斯在舊金山聖法蘭西斯酒店，舉辦了一場盛大奢華的生日宴會，邀請了上千位賓客參加。他在邀請卡上寫道：「印度有句古老格言：『在你生命的前三十年，你是習慣的主人，但在你生命的後三十年，你則是習慣的產物。』歡迎與我一起慶祝生日。」

與會賓客有蓋茲與卡波等軟體大亨，也有像伊莉莎白這樣的老朋友（陪她出席的則是一位穿著燕尾服的女子）。麥金塔團隊的何茲菲德和史密斯，也都盛裝赴宴，腳上卻穿著網球鞋。眾人在舊金山交響樂團演奏的史特勞斯圓舞曲中翩翩起舞，何茲菲德和史密斯的球鞋特別搶眼。

賈伯斯邀請巴布狄倫前來，但他婉拒了，那晚獻唱的是爵士樂第一夫人艾拉費茲潔拉。她除了唱幾首拿手好歌，還把巴莎諾瓦名曲〈來自伊帕內瑪的女孩〉改為〈來自庫珀蒂諾的男孩〉。接下來，她請賓客點歌，賈伯斯點了幾首，最後她唱了一首慢板的〈生日快樂歌〉。

史考利上台為賈伯斯祝賀，說道：「敬科技界最有眼光的夢想家。」接著，沃茲尼克也上去送他一件裱框的紀念品：兩人在1977年帶蘋果二號參加西岸電腦展時，沃茲尼克製作的「薩泰爾」電腦假傳單。華倫泰則說這十年來的變化真大，「以前，他長得像越共頭子胡志明，而且曾說絕對不要相信超過三十歲的人。沒想到今天他辦了這麼一場盛大的生日派對，連爵士樂第一夫人艾拉費茲潔拉都來了。」

幾乎每個人都為了送賈伯斯的生日禮物絞盡腦汁。柯爾曼送他一本費茲傑羅（Scott Fitzgerald）的小說《最後一個影壇大亨》（*The Last Tycoon*）初版。不過賈伯斯把所有的生日禮物都留在飯店房間，沒帶回家。沃茲尼克等蘋果元老吃不慣宴會供應的羊奶起司和鮭魚慕斯，後來又去二十四小時營業的丹尼連鎖餐廳續攤。

賈伯斯在生日的前一個月，接受《花花公子》的深度採訪，採訪者是著名專欄作家薛夫（David Sheff）。「藝術家能在三、四十歲就交出驚人之作的少之又少，」賈伯斯語重心長的說：「當然，有些人天生就有強烈的好奇心，而且能永保一顆赤子之心，然而這樣的人非常罕見。」

薛夫的專訪觸及很多主題，包括他對年事漸增、面對未來的感覺：

你的思想會在你的心靈裡如鷹架般搭起某些模式，而你就像化學蝕刻出的模型。不少人就困在這些模式當中，有如在唱片凹槽裡不斷打轉，永遠無法得到解脫。

我一直覺得我和蘋果這家公司緊緊相繫。如果我的人生就是一條經線，蘋果就像一條緯線，兩者互相交織成一幅繡帷。將來或許我會離開蘋果，但我總有一天還是會回來的。這就是我的心願。如果你們將來想起我，請把我想成一個學生或是剛進訓練營的新兵。

如果你希望像藝術家一樣，過著充滿創造力的人生，切記不可常常回頭看。你必須把你以前的成就和身分全部丟掉。

你在外在世界的形象愈強，就愈難成為藝術家。這也就是為什麼藝術家常常會說：「再見，我得走了。如果繼續待在原地，我一定會發瘋。」於是，他們出走，蟄居於某個角落。過一段時間，他們再出現的時候，或許會和以往有點不一樣。

從這些自述看來，賈伯斯似乎已有預感，他的人生不久將會出現巨變。他的人生確實與蘋果交織在一起。或許，此刻他真的需要丟掉過去的一切，重新開始。或許，他現在該說：「再見，我得走了。」日後，他再出現之時，必然會有不同的想法。

大出走

1984 年麥金塔上市之後，何茲菲德請了一段長假，一來希望藉此好好充電，再者就是遠離討厭的主管貝爾維。長假中的某一天，何茲菲德知道賈伯斯發放獎金給麥金塔團隊，即使當時麥金塔的營收不如麗莎，還是有人拿到 5 萬美元之多。於是他去找賈伯斯，希望也能領到獎金。賈伯斯說，貝爾維認定休假員工無法領取獎金。何茲菲德後來才知道，這其實是賈伯斯自己的決定，於是找他理論。起先，賈伯斯還閃爍其詞，說道：「即使你說的是真的，最後結果還不是一樣？」何茲菲德說，如果賈伯斯扣下這筆獎金的原因是希望他回來上班，怕他離職，他就不回來了。賈伯斯最後態度軟化，但何茲菲德還是覺得很不是滋味。

何茲菲德即將結束休假前，約賈伯斯一起吃晚飯。他們從蘋果辦公室走到幾條街以外的一家義大利餐廳。何茲菲德告訴賈伯斯：「我真的想回來蘋果工作，但公司現在一團亂。」他這麼說，讓賈伯斯有點惱火而且不太想聽，但他接下來更火上加油：「軟體部門士氣跌到谷底，幾個月沒完成一件像樣的工作。史密斯挫折感很大，大概撐不到年底，就會走了。」

他還沒說完，賈伯斯就插嘴：「你在胡說些什麼？麥金塔團隊很棒，此刻正是我人生的巔峰。你根本搞不清楚狀況，胡說八道。」賈伯斯灼人的目光一閃即逝，似乎想對何茲菲德的批評一笑置之。

何茲菲德幽幽的說：「如果你真的認為那樣，我就不必回來了。今天的麥金塔團隊已變了樣，不是我願意效勞的那個團隊。」

賈伯斯反駁道：「麥金塔團隊必須成長，你也是。我希望你能回來，如果你不想回來，我也不勉強。你自己決定。其實，你沒有你自己想的那麼重要。」

何茲菲德再也沒回到蘋果。

1985年初，史密斯也準備離開了。他原本擔心賈伯斯會說服他，讓他走不成，畢竟賈伯斯的現實扭曲力場威力強大，不是他抵擋得住的。他和何茲菲德討論了幾個辦法。有一天，他告訴何茲菲德：「我想到一個好辦法了！我知道如何讓他的現實扭曲力場破功。我可以大剌剌的走進史帝夫的辦公室，把褲子脫下來，在他桌上撒一泡尿，這麼一來，他不就無話可說了？這樣保證可以成功。」麥金塔團隊的成員紛紛下注，很多人認為史密斯再有種，也不敢這麼做。

史密斯決定在賈伯斯生日宴會前後，跟他約個時間談談。他一走進賈伯斯的辦公室，卻發現賈伯斯咧嘴而笑，問道：「你真的要那麼做嗎？真的會做嗎？」原來，賈伯斯早就聽說了史密斯的祕密計畫了。

史密斯看著他，說道：「我真的非這麼做不可嗎？如果非做不可，那我還是會做。」從賈伯斯的表情看來，那麼做恐怕多此一舉。史密斯辭職事件就此和平落幕，兩人沒撕破臉，互道珍重之後，賈伯斯讓他走了。

繼史密斯之後，麥金塔團隊的另一個大將洪恩，也待不下去了。洪恩去賈伯斯的辦公室告別時，被狠狠刮了一頓：「麥金塔有任何問題的話，都是你的錯！」

洪恩答道：「麥金塔有很多厲害的地方，也是我拚了命的結果。我這麼做，何苦來哉？」

賈伯斯說：「你說得沒錯。我給你一萬五千股的蘋果股票，留下來吧。」洪恩拒絕之後，賈伯斯終於露出了溫情的一面，說道：「好吧，那你給我一個擁抱吧。」於是兩人相互擁抱。

但那個月最驚天動地的消息，是創辦人之一的沃茲尼克也要離開蘋果了。沃茲尼克想走的原因之一，是他和賈伯斯個性上的差異，他還是像個大孩子，天真、愛做夢，賈伯斯則更感情用事，脾氣也更火爆，但他們不曾發生嚴重衝突。兩人最根本的差異在於對蘋果的經營與策略看法不一。

沃茲尼克一直在蘋果二號部門當個中級工程師，埋頭苦幹，遠離管理階層，對公司政治不聞不問。不管如何，蘋果能有今天這片江山，是靠許多像他這樣的工程師打拚出來的。1984年耶誕假期期間，公司營收的七成都來自蘋果二號這隻金雞母，但沃茲尼克覺得賈伯斯對蘋果二號部門不夠尊重。他說：「在公司，蘋果二號部門的員工像是無關緊要的人。但這些年來，蘋果二號一直是公司最暢銷的產品，未來幾年也將是如此。」

沃茲尼克有一天在忍無可忍之下，做了有違自己性情的事。他打電話給史考利，說他大小眼，只看到賈伯斯和麥金塔部門，簡直把蘋果二號的人當作空氣。

沃茲尼克因為心灰意冷，決定悄悄離開蘋果，另起爐灶。他發明了一種萬用遙控器，這支遙控器能夠控制家裡所有的電器，如電視機、音響等，只有幾個簡單的按鈕，也很容易操作。他決定成立一家新公司，生產這種遙控器。他只把他的決定告知蘋果二號部門事業部主管。他想，這也不是什麼大不了的事，不必告訴賈伯斯或馬庫拉。後來賈伯斯是從《華爾街日報》得知此事。沃茲尼克說話向來直接，回答記者的問題也是如此。是的，他說，在蘋果高層的眼裡，蘋果二號部門根本無足輕重。沃茲尼克還說：「過去五年，蘋果的方向完全錯誤。」

不到半個月，沃茲尼克和賈伯斯一同前往白宮，領取雷根總統頒發的第一屆全國科技獎章。雷根引用海斯總統（Rutherford Hayes）第一次看到電話時說的話：「這真是了不起的發明，但誰會想用這種東西？」雷根說，我想，海斯總統那時可能搞錯了。

由於沃茲尼克即將離職，情況尷尬，蘋果沒為這次獲獎舉辦慶功宴，史考利等高階主管也沒來華盛頓。因此，賈伯斯和沃茲尼克在白宮領獎之後，就到附近散步，在一家小店啃三明治。沃茲尼克記得當時他們只是愉快閒聊，沒觸及任何敏感的話題。

沃茲尼克希望好聚好散，這就是他的風格。因此他同意仍然在蘋果兼差，領最低年薪 2 萬美元，代表公司出席各種活動和商展。他想，如此漸漸從公司淡出也好。

但賈伯斯面對優秀的部下和老友一一離去，似乎無法調適。一個星期六，從華盛頓回來幾個星期後，賈伯斯去青蛙設計在帕羅奧圖的新工作室找艾斯林格。他剛好在那裡看到他們公司為沃茲尼克設計的遙控器外殼草圖，當場大肆咆哮。他說，根據蘋果與青蛙設計簽訂的合約，青蛙設計是蘋果專屬的設計公司，不能為其他公司的電腦相關產品做設計。賈伯斯說：「我告訴他們，我們無法接受他們和沃茲尼克的合作案。」

《華爾街日報》的記者聽聞此事，隨即向沃茲尼克求證。沃茲尼克就和平常一樣坦白。他說，賈伯斯在處罰他。「或許因為我說了蘋果的一些事，賈伯斯記恨在心。」

賈伯斯這麼做似乎太小心眼，但也許是其他人都不了解他的想法：一個品牌的特色，與該產品的外觀及風格息息相關。如果沃茲尼克的產品也由青蛙設計操刀，或許有人會誤以為那是蘋果的產品。賈伯斯告訴記者：「我這麼做，不是針對沃茲尼克。」他解釋說，他只是不希望沃茲尼克生產的遙控器，看起來類似蘋果的產品。「我們不希望別家公司的產品，也用我們的設計語言。沃茲尼克必須去找其他設計公司。我們無法給他特別待遇，讓他利用蘋果的資源。」

賈伯斯願意自掏腰包，支付青蛙設計公司已為沃茲尼克做好的部分。儘管如此，賈伯斯的強勢與霸道，還是讓該公司主管出乎意料。他要青蛙設計交出他們為沃茲尼克畫的草圖，不然就得把這些設計圖毀掉。青蛙設計拒絕了。賈伯斯於是寄給青蛙設計一封信，提及蘋果的合約權利。然而該公司的設計總監菲佛（Herbert Pfeifer）公開對《華爾街日報》記者表示：「這是權力鬥爭，也涉及賈伯斯和沃茲尼克這兩個人的恩怨。」

何茲菲德知道這件事之後，大為光火。他住的地方離賈伯斯家只隔十二個街區，儘管他已離開蘋果，賈伯斯出來散步的時候，有時順道經過他家，還是會找他聊聊。何茲菲德說：「我聽說沃茲尼克的事，氣得火冒三丈。後來，史帝夫出現在我家門前，我還很生氣，不讓他進門。他說，他知道錯了，但他一直為自己辯解。我想，他的現實扭曲力場又要開始發作了。」

沃茲尼克就算再惱怒，也還是像泰迪熊一樣溫和可親。不久他就找到另一家公司為他設計，也同意留在蘋果當個發言人。

攤牌

賈伯斯和史考利在1985年春天決裂，原因很多。有些只是商業觀點不同，例如史考利希望提高麥金塔的售價，以追求更高利潤，賈伯斯卻希望價格更親民點。還有一些則是複雜的心理因素。這兩人一開始像天雷勾動地火般互相吸引：史考利極度渴望得到賈伯斯的仰慕，賈伯斯則在尋找一個兼具父親與良師角色的對象，兩人的熱情熄滅之後，這些期待與情感出現落差。但追根究柢，這兩人會撕破臉，主要有兩個原因。

對賈伯斯而言，史考利的問題在於他不懂產品。說到產品的製造，史考利沒有任何貢獻，也不知道產品的性能或精妙之處在哪裡。反之，史考利則認為賈伯斯對技術與設計細節的堅持，簡直走火入魔，嚴重影響生產進度。史考利過去不是賣可樂，就是零食，但他不必管這些飲料或食品的配方，只管能不能賣出去。在賈伯斯看來，這簡直無法原諒。賈伯斯說：「我耐著性子向他解釋產品的細節，但他還是不知道產品是怎麼做出來的。不久，我們就會為了這樣的事爭吵。但我知道我的看法沒錯。產品就是一切。」他漸漸發現史考利不夠聰明，史考利卻覺得他們是莫逆之交，而且有如雙胞胎一般相像，這樣的幻想只有讓賈伯斯對他更加輕蔑。

在史考利看來，賈伯斯是個討人厭、粗魯、自私、愛發脾氣的傢伙。他如果對你甜言蜜語，必然是為了要操控你。史考利出身富裕家庭，讀的是貴族學校，擅長業務拜訪，待人親切有禮，舉止溫文儒雅，看到賈伯斯魯莽與霸道的一面，自然很不順眼。有一次，他們計劃和全錄的副董事長葛拉文（Bill Glavin）見面。事前，史考利一再求賈伯斯有禮貌一點。但一坐下，賈伯斯就開始放炮：「你們全錄的人完全不知道自己在做什麼。」雙方就此不歡而散。賈伯斯對史考利說：「對不起，我就是控制不了自己。」像這樣的事可說層出不窮。雅達利的艾爾康曾說：「史考利希望讓每個人高興，擔心人際關係。史帝夫才不管這些。但他對產品非常在意，史考利則不在乎產品本身。史帝夫希望在蘋果工作的都是一流人才。如果不是 A 咖高手就會被他羞辱。」

董事會對兩人間的混亂情結，愈來愈憂心，洛克因而在 1985 年初，聯合幾個不滿的董事告誡賈伯斯和史考利。他們告訴史考利，身為公司執行長，該好好管理公司，展示自己的權威，別老是和賈伯斯稱兄道弟。他們也對賈伯斯說，他該好好整頓麥金塔部門，別再插手別的部門的事。賈伯斯回到自己的辦公室之後，在自己的麥金塔電腦上一直打這幾個字：「我絕不再批評其他部門，我絕不再批評其他部門……」

1985年3月，麥金塔銷售量依然教人失望，實際銷售量只有預測數字的十分之一。賈伯斯不是在自己的辦公室生悶氣，就是在走廊上走來走去，責怪每一個人。他的情緒起伏愈來愈大，周遭的人都受波及。中級主管開始起來反抗他。行銷經理穆瑞和史考利一起去參加產業研討會時，要求私下跟史考利談談。兩人正要走進史考利的旅館房間時，正好讓賈伯斯撞見。賈伯斯問，他可以一起進去嗎？穆瑞勸他最好不要。穆瑞告訴史考利，賈伯斯把麥金塔部門搞得一團糟，非得想辦法把他請走不可。史考利則說，他還不想跟賈伯斯攤牌。穆瑞後來直接寫了一封信給賈伯斯，批評他對待同事的態度，用踐踏別人的方式來管理。

幾個星期後，事情似乎有了轉機。賈伯斯那時對帕羅奧圖附近，一家名叫伍得塞德設計公司（Woodside Design）發展的平板螢幕很感興趣。那家公司的經營者濟群（Steve Kitchen）是個脾氣古怪的工程師。當時才研發出的觸控螢幕也讓賈伯斯心動不已，這樣的螢幕用手指頭就可以操控，不需要滑鼠。這些科技整合起來，或許可以幫賈伯斯圓夢，做出像一本書那樣輕薄方便的麥金塔。賈伯斯和濟群一起散步，在門羅帕克附近發現一棟建築，他想到，他們應該合作成立一個研發基地，來實踐理想。這個基地可以叫做蘋果實驗室，且由他一手主導。這能夠讓他重溫過去，享受帶領小團隊發展偉大新產品的過程。

這件事讓史考利很興奮。如此一來，他就不必和賈伯斯撕破臉：賈伯斯可以發揮他的長才，同時公司總部的同事也能鬆一口氣了。史考利甚至已經找好接替賈伯斯帶領麥金塔團隊的人選，那就是蘋果在法國分公司的經理葛賽。葛賽搭機飛到庫珀蒂諾，提出一個條件，只要他能獨立帶領麥金塔團隊，不必在賈伯斯底下工作，就願意上任。公司董事史萊恩也勸賈伯斯，帶領幾個熱血好手去開發新產品。

賈伯斯考慮再三，還是不願把麥金塔的掌控權交出來，投入新產品的研發專案。葛賽見狀，怕捲入權力鬥爭，於是先返回巴黎，等事情明朗再說。那年春天，賈伯斯躊躇不定。有時，他希望做一位稱職的主管，甚至發布一紙節約備忘錄給同事，要他們減少開支，因此公司不再提供免費飲料，出差的人只能坐商務艙或經濟艙，不能坐頭等艙；有時，他又認為他應該聽別人的勸，成立蘋果實驗室，進行研發工作。

3 月間，穆瑞寫了一封信給多位同事，還特別標示「請勿流傳」。他在信上說：「我在蘋果待了三年，從來沒看過像過去三個月那樣混亂、恐懼、運作不良。我們就像一艘沒有舵的船，只能在濃霧中隨波飄流。」穆瑞就像是個雙面人，有時站在賈伯斯那邊，慫恿他推翻史考利，但他在那封信裡卻把矛頭對準賈伯斯：「賈伯斯現在還是大權一把抓。他就是公司亂源。」

月底，史考利終於鼓起勇氣，告訴賈伯斯，要他放棄麥金塔部門。一天晚上，他帶人力資源部經理伊里特，走進賈伯斯的辦公室，正式跟他攤牌。史考利說：「沒有人比我更欣賞你的才華與遠見……」雖然他以前也曾對賈伯斯說出這樣的甜言蜜語，顯然這回他真正要說的話是下一句：「但是我們這樣下去是不行的。」接著，史考利又說：「我們一直是最好的朋友……但我對你管理麥金塔部門的能力已經失去信心。」他還責怪賈伯斯嘴巴很壞，在他的背後說他是笨蛋。

賈伯斯聽了之後，整個人都呆掉了，訕訕的說，史考利應該多幫他、教他。「你該多花點時間跟我在一起。」接下來，他就開始反擊。他告訴史考利：你對電腦一竅不通，不是管理長才，自從你進來蘋果，表現就一直讓人失望。最後，賈伯斯出現第三種反應：他哭了。史考利則坐在一旁咬指甲。

史考利最後宣布：「我要去向董事會報告，請你離開麥金塔部門。」接著，又對賈伯斯好言相勸，請他專心設立自己的實驗室，發展新科技、新產品，不要再做困獸之鬥。

賈伯斯從椅子上跳起來，橫眉怒目的告訴史考利：「我不相信你會這麼做。你這麼做，等於是要毀掉蘋果。」

接下來的幾個星期，賈伯斯的行為更加反覆無常。前一刻，他還對蘋果實驗室的設立充滿雄心壯志，下一刻他又尋求其他同事的支持，密謀把史考利趕出去。賈伯斯一邊對史考利伸出友誼之手，又在他背後放冷箭，有時同一個晚上也會這麼反反覆覆。某天晚上九點，他打電話給蘋果的法律顧問艾森史達特，說他已對史考利失去信心，需要他幫助說服董事會，把史考利趕走。但同一天晚上十一點，他又打電話把史考利叫醒，對他說：「你是最棒的人。我只是希望你知道，我非常喜歡與你共事。」

史考利在4月11日的董事會正式提出報告，希望賈伯斯能退出麥金塔部門，專心研發新產品。接下來發言的是董事洛克，這人脾氣硬，有自己的看法，不買任何人的帳。他說，他受夠了，史考利與賈伯斯兩個人都有錯，應該各打五十大板。過去一年來，史考利沒能控制住賈伯斯，而賈伯斯則像「愛鬧脾氣、乳臭未乾的小子」。為了解決這次爭端，董事會決定與兩人個別談話。

史考利先離開會議室，讓賈伯斯暢所欲言。賈伯斯堅持問題出在史考利身上，史考利一點都不了解電腦。洛克則罵賈伯斯一頓，說他這一年來的所作所為愚蠢之至，不能再擔任部門主管。甚至連向來不遺餘力支持賈伯斯的董事史萊恩，也勸他優雅退場，到實驗室一展長才。

賈伯斯退下，換史考利上場。史考利給董事會下最後通牒：「你們如果支持我，我將負起責任好好管理公司。你們也可以什麼事也不做，那就另請高明吧。」他又說，要是讓他掌權，他必然不會輕舉妄動，在接下來的幾個月會好好說服賈伯斯，讓賈伯斯接受新的角色。董事會所有的成員一致決定站在史考利那邊，他們授權給他，讓他找一個好時機請賈伯斯離開。

站在會議室門外等待的賈伯斯心裡有數，知道自己輸定了。他看到老同事尤肯，頓時悲從中來，淚流滿面。

在董事會做出決議之後，史考利努力安撫賈伯斯。賈伯斯要求給他幾個月的時間，讓他慢慢退出。史考利同意了。那晚，史考利的執行助理巴克皓（Nanette Buckhout），打電話給賈伯斯，看他情況如何。賈伯斯還在辦公室，今天發生的事仍讓他震驚不已。由於史考利已下班，賈伯斯過來跟她談談。他對史考利的態度又開始反覆，一下子說：「史考利怎麼能這樣對我？他背叛了我。」接著，他又改口說，或許他該找時間修復他與史考利的關係。「他對我的友誼比什麼都重要。我想，或許我現在應該做的，就是維繫我倆之間的友誼。」

密謀政變

賈伯斯不是輕易打退堂鼓的人。1985 年 5 月，他走進史考利的辦公室，請史考利給他一點時間，讓他證明他能管理好麥金塔部門。但這次史考利不肯退讓。賈伯斯於是直接向他下戰帖，要求史考利離職。賈伯斯說：「你已經亂了步伐。雖然第一年你的表現不錯，一切順遂，但接下來就差強人意。」儘管史考利一向個性穩重，聽了這話，不由得大動肝火，他反擊賈伯斯總是無法及時完成麥金塔軟體，也不能推出新的機型，更沒能贏得消費者的青睞。

這次的談話變成互相叫囂，兩人不斷批評對方更爛，沒有管理的本事。賈伯斯走出門外，發現很多人站在透明的玻璃牆外觀看。史考利不想面對他們，轉過身去，淚水從他的臉龐滑下。

5 月 14 日星期二，問題終於嚴重到非解決不可的地步。那天，麥金塔團隊向史考利和蘋果高層提交每季營運報告。賈伯斯依然不肯放棄該部門的掌控權。他帶領團隊成員走進董事會會議室，就像要帶兵衝鋒陷陣。一開始，他和史考利就麥金塔的部門任務展開唇槍舌戰。賈伯斯認為，他們的任務是賣出更多部麥金塔；史考利則說，他們的任務在於增進公司的整體利益。那時公司各個部門仍和以前一樣，各做各的。麥金塔部門正在研發新的磁碟機，但這磁碟機和蘋果二號部門開發的，完全不同。根據會議紀錄，這場辯論整整耗了一個小時。

賈伯斯接著描述部門未來的計畫。他們打算推出效能更強的麥金塔，以取代已經停產的麗莎，並發展一種叫做 FileServer（檔案分享）的軟體，讓麥金塔使用者可以分享網路上的檔案。然而史考利直到現在，才知道這些計畫都將延期，於是接著連連放炮，先冷冷的嘲諷穆瑞的行銷紀錄、責怪貝爾維的進度一拖再拖，最後把砲火對準賈伯斯，批評他管理不善。儘管遭到砲轟，會議結束時，賈伯斯還是當著大家的面，懇求史考利私下跟他談談，再給他一次機會證明他可以管理麥金塔。但史考利拒絕了。

那晚，賈伯斯帶著麥金塔團隊，去伍得塞德的妮娜咖啡館吃飯。由於史考利要葛賽準備接管麥金塔部門，因此葛賽又從巴黎搭機飛來了。賈伯斯也邀請葛賽和他們一起去吃飯。貝爾維提議大夥兒舉杯，說道：「來，為自己乾一杯吧。只有我們才真正了解『史帝夫的世界』。」所謂「史帝夫的世界」是蘋果其他部門貶損賈伯斯的話，意指他的現實扭曲力場。所有的人都離去後，貝爾維坐在賈伯斯的賓士車上，鼓勵他打起精神，帶領大家和史考利決一死戰。

雖然賈伯斯向來是操縱別人的高手，為了達到目的，不惜巧言令色哄騙別人，卻不善於算計、謀劃，也沒有耐心和別人打成一片。人資經理伊里特說：「史帝夫從來不玩辦公室政治。他天生就不是政治動物。」他還說，賈伯斯太自傲，不喜歡拍馬屁。例如在尋求老同事尤肯的支持時，居然大言不慚的說，自己比尤肯更了解如何勝任營運經理人的角色。

幾個月前，蘋果得到電腦銷往中國的許可證，賈伯斯受邀在陣亡將士紀念日的那個週末，前往北京人民大會堂，出席簽約儀式。他把這件事告訴史考利，不過史考利已決定自己一個人去，賈伯斯說沒關係，那他就不去了。其實，賈伯斯正想利用史考利不在美國的這段時間，奮力反擊。史考利準備動身的那個星期，賈伯斯找了不少人跟他一起散步，並透露推翻史考利的計畫。他告訴穆瑞：「我得趁史考利到中國出差的時候，發動政變。」

1985年5月的七日流產政變

5月23日星期四：麥金塔部門在這日進行每週例行小組會

議。賈伯斯告訴他的親信，他打算發動政變，把史考利趕走，而且他已描繪一張重整公司的藍圖。他也向人資經理伊里特透露這個祕密。伊里特直言，這個計畫一定會失敗。先前他已跟一些董事接觸，請他們支持賈伯斯，但他發現大多數的人都站在史考利那邊，蘋果多數資深主管也是史考利的人馬。然而賈伯斯還是一意孤行。

這天，賈伯斯在停車場附近散步時，碰到葛賽，也跟葛賽說起這個計畫。他明知道葛賽遠道從巴黎而來，就是準備取代他，但他還是忍不住說了。多年後，他才後悔莫名的說：「我錯了。我不該讓葛賽知道。」

晚上，蘋果的法律顧問艾森史達特在他家舉辦一場小小的烤肉派對，邀請史考利、葛賽和他們的夫人參加。葛賽告訴艾森史達特，賈伯斯正在進行的祕密計畫。艾森史達特建議他還是讓史考利知道比較好。葛賽後來回憶說：「史帝夫準備起兵發動政變。我在艾森史達特的家，用食指抵住史考利的胸骨，告訴他：『如果你明天搭機去中國，回來的時候已沒有你的容身之處。史帝夫計劃把你趕走。』」

5月24日星期五：史考利取消中國之行，決心在星期五早上的主管會議，與賈伯斯對決。賈伯斯遲到了。平常，他總是坐在史考利的旁邊。現在，史考利坐在最前面，而他自己的位子被占走了，只好在另一端坐下。他身穿剪裁合身的高級西服，看起來神采奕奕，史考利則臉色蒼白。史考利宣布今天將討論一項重大議題。他看著賈伯斯，說道：「我已經知道你想把我趕走。我想請問你，這是不是真的？」

賈伯斯沒想到他會來這一招。然而，對史考利這個單刀直入的問題，他毫不退縮。他瞇著眼睛，眨也不眨的緊盯著史考利，緩慢冷靜的說道：「我認為你待在這裡，對蘋果沒有好處。這家公司不該由你來管理。你真的應該離開這裡。你現在不知道怎麼經營管理這家公司，以後也一樣。」接下來，他指控史考利對產品發展過程一無所知，又加上一句相當自我的考評：「我請你來，是要你幫助我成長，結果你一直幫不上忙。」

在場的每個人都愣住了，一動也不動。史考利終於發火了。他兒時有口吃的毛病，後來矯正好了，整整二十年不曾再出現這個問題，但今天被氣得結結巴巴，好不容易才說完這句：「我不相信你。我無法忍受缺乏信賴的關係。」賈伯斯口口聲聲說自己比史考利更好，更能把公司管理好。事到臨頭，史考利決定孤注一擲，他提議大家投票表決誰來當領導人。

三十五年後，思及此事，賈伯斯依然心痛如絞：「他那招確實高竿。在那次主管會議，他就是擺明要大家在他和我之間選一個。他早就策劃好了，只有白痴才會投票給我。」

與會的每一個人突然坐立不安。第一個表態的是尤肯。他說他很欣賞賈伯斯，希望賈伯斯能繼續在公司扮演同樣的角色。接著，他鼓起勇氣，在賈伯斯灼人的目光下，說出他的結論：他也「尊敬」史考利，支持他經營公司。

第二個發言的是艾森史達特，他看著賈伯斯，說出差不多相同的話：他也欣賞賈伯斯，但他支持史考利。

接下來，以外部顧問身分列席的資深公關顧問麥肯納，說得更直接。他盯著賈伯斯說道：「你還無法承擔經營公司的大任。」同樣的話，他以前就說過了。

其他的人也都站在史考利那邊。這一刻，行銷部主管康貝爾十分掙扎。他一向是賈伯斯那一派的，不怎麼喜歡史考利。他用有點顫抖的聲音說道，即使他決定支持史考利，他還是非常喜歡賈伯斯，希望賈伯斯和史考利兩人能一起努力解決問題，讓賈伯斯留在公司。他告訴史考利：「你不能讓史帝夫走。」

賈伯斯就像遭到致命的打擊，有氣無力的說：「我想，我知道情況是怎麼樣了。」說完就衝出會議室，沒有人追上去。

賈伯斯回到麥金塔辦公室，把長久以來追隨他的人找來，忍不住掩面痛哭。他說，他不得不離開了。就在他走出房門之際，柯爾曼擋住他的路。她和其他同事都請他冷靜，不要做出傻事。他們勸他利用這個週末好好想想，說不定可以想出一個好辦法，使公司免於四分五裂。

史考利雖然大獲全勝，但他贏得十分痛苦，就像是個遍體鱗傷的戰士。他走進艾森史達特的辦公室，請他載自己回家。他坐進艾森史達特的保時捷，嘆了一口氣，說道：「我實在不知道自己能不能撐下去。」艾森史達特問他這麼說是什麼意思。他答道：「我真的想辭職了。」

「不行！」艾森史達特驚呼：「這麼一來，蘋果就完了。」

史考利又重複方才的話：「我想辭職。我自認沒有能力領導蘋果。請你打電話給董事，讓他們有所準備，好嗎？」

艾森史達特答道：「好的，我會讓他們知道。但是我想，你只是想逃避現實。你一定要挺身而出，勇敢面對，別被賈伯斯擊垮。」接著，他就送史考利回家。

史考利大白天就回到家，他太太麗姬吃了一驚。他哀傷的說：「我真沒用。」麗姬是個火爆的女人，不但對賈伯斯沒有好感，更討厭老公老是賈伯斯長、賈伯斯短的。她知道發生什麼事之後，立刻跳上車，衝到賈伯斯的辦公室。有人告訴她賈伯斯去愛地球餐廳了。麗姬走到餐廳停車場，賈伯斯正好和柯爾曼等麥金塔團隊的人走出來。

「史帝夫，我可以跟你談談嗎？」賈伯斯驚訝得目瞪口呆。麗姬說：「你知道能認識像史考利這樣的好人，是多大的福氣嗎？」賈伯斯別過頭去。麗姬追問：「我在跟你說話，你就不能好好看著我的眼睛嗎？」賈伯斯於是目不轉睛的看著她。這時麗姬卻退縮了，她說：「算了，還是別看著我。我看著別人的眼睛，總是能看見他們的靈魂，但是你的眼睛就像無底洞，什麼都沒有。」說完，她就走了。

5 月 25 日星期六：穆瑞來到賈伯斯在伍得塞德的家，想要勸勸他。穆瑞說，他該成立蘋果實驗室，遠離總部的是是非非，開發新產品。賈伯斯似乎願意考慮此事，但他必須先和史考利重修舊好。他於是拿起話筒，打電話給史考利，問道第二天下午可否跟他碰頭，一起去史丹佛大學的山上散步？史考利沒想到他會打電話來示好。他們以前感情好的時候，曾去那裡散步，也許舊地重遊，兩人可以想出一個解決辦法。

賈伯斯不知道史考利已經跟艾森史達特表達辭意。但這無所謂，到了晚上，史考利已改變心意，決定留下來，而且渴望與賈伯斯復合，並得到他的肯定，因此接到賈伯斯邀請他去散步的電話，即欣然同意。

這天晚上，賈伯斯原本打算跟穆瑞一起看史詩電影「巴頓將軍」，也許巴頓將軍不屈不撓的故事，能鼓舞他。由他選擇看這部片，似乎看不出來他有意與史考利講和。但這卷錄影帶不在家裡，由於他父親曾在運輸艦上服役，為巴頓將軍把士兵送到義大利，因此他把片子借給了父親。他和穆瑞開車回老家去拿，但他父母都不在家，他也沒鑰匙。他們走到後院，也沒發現哪扇窗或哪扇門沒鎖。因為進不去，只得放棄。附近的錄影帶出租店沒有他們要的影片，最後他決定看大衛瓊斯導演的「背叛」（*Betrayal*）*。

5月26日星期日：賈伯斯和史考利依照約定，這日下午在史丹佛校園後方碰面。他們在蜿蜒的山路和牧場上，走了好幾個小時。賈伯斯求史考利讓他留在蘋果擔任主管。這次，史考利立場堅定，一直說這樣是沒有用的。史考利還是勸他設立自己的實驗室，但賈伯斯拒絕了，他說這麼一來，他不過是個「虛位元首」，只有象徵意義，沒有任何實權。

接下來，賈伯斯突然拋出一個讓人想不到的問題，也恐怕只有他才說得出來。他說：「我們交換角色，你來當董事長，我來當總裁兼執行長，如何？」史考利心頭一震：他非常認真，不是開玩笑的。

史考利答道：「這太荒唐了吧。」賈伯斯退而求其次，說道他們可以分工合作，一起管理公司，他負責產品，史考利負責行銷和業務。然而董事會要史考利做的是拿出魄力，好好馴服賈伯斯。史考利說：「只有一個人能治理公司。我得到大家的支持，而你沒有。」最後，他們握手道別，賈伯斯同意會再考慮設立實驗室的事。

賈伯斯在回家的路上，順道去找蘋果創辦人之一的馬庫拉。他不在家，於是賈伯斯留言，邀請馬庫拉隔天晚上到他家吃飯。賈伯斯在麥金塔部門還有幾名忠臣，他也打算請他們過來，幫忙說服馬庫拉。

---

* 譯注：中文片名是「危險女人心」。

5 月 27 日星期一：這天是陣亡將士紀念日，天氣晴朗溫暖。麥金塔團隊的幾名忠臣，包括柯爾曼、穆瑞、貝爾維、巴恩斯（Susan Barnes），晚餐前一個小時在賈伯斯家集合商量策略。夕陽西下，他們坐在陽台上。柯爾曼重提穆瑞的建議，要他考慮接受史考利的條件，當一位產品先知，設立實驗室。

在賈伯斯所有的親信當中，柯爾曼最務實。史考利已提出一份重整計畫，打算讓她負責生產部門，因為史考利知道她不只是忠於賈伯斯，也忠於蘋果。其他人則比較像是鷹派，都希望說服馬庫拉，讓賈伯斯重掌大權，或起碼讓他留下來，在產品部門擔任主管。

馬庫拉現身之時，他答應聽他們說，但是有個條件：賈伯斯必須保持安靜。他說：「我真的想要傾聽麥金塔團隊的心聲，而非看著賈伯斯號召你們起來反叛。」天氣變冷了，他們於是進入室內，在空蕩蕩的房子裡，坐在火爐旁。賈伯斯的廚子做了全麥素食披薩，放在牌桌上。馬庫拉從桌上的小木籃，拿了些當地生產的櫻桃來吃。為了避免這次的聚會流於批判大會，馬庫拉請大家就具體管理事項發表意見，如 FileServer 軟體的生產問題是什麼造成的，以及麥金塔配銷系統為何反應那麼慢，無法因應變化。

大家都說完之後，馬庫拉還是斷然拒絕支持賈伯斯。馬庫拉回憶道：「我說，我不支持他的計畫。就是這樣。史考利才是老闆。麥金塔團隊的人非常生氣，陷入情緒化，想要繼續反抗，然而他們這麼做根本無濟於事。」

史考利這天則徵詢了很多人的意見。他該不該屈服於賈伯斯的要求？幾乎每一個人都告訴他，他要是再考慮這樣的事，就是瘋了。他一副失魂落魄的模樣，似乎還渴望跟賈伯斯復合。一位資深主管告訴他：「我們都支持你，希望你展現出領導人的魄力，千萬不能再讓賈伯斯回來。」

5月28日星期二：得到那麼多人的支持，史考利的腰桿挺直了。他從馬庫拉那裡聽聞，前一晚賈伯斯還想把他拉下來，不禁怒火中燒。於是，他在這天早上走進賈伯斯的辦公室，要跟他理論。史考利說，他已經跟董事會談過，他們全力支持他，他希望賈伯斯離開。接著，他開車到馬庫拉家，給馬庫拉看他寫的公司重整計畫書。就實行細節，馬庫拉問了一些問題，最後他對史考利說，祝你成功。史考利回到辦公室之後，打電話問其他董事是否還支持他。他們都說，沒錯。

然後，史考利打電話給賈伯斯，確定賈伯斯已經了解情勢發展：董事會同意他的重整計畫，這個星期即將進行；葛賽將接掌賈伯斯最愛的麥金塔部門和其他產品，賈伯斯的權力完全遭到架空，沒能管理任何部門。史考利雖然安撫他，說他仍然可以擔任董事長，做產品的先知，只是不必承擔任何營運責任。但在此時，連蘋果實驗室這樣的研發單位，也已經不存在了。

賈伯斯終於了解大勢已去，再怎麼懇求也沒用，他無法扭曲現實。他哭了起來，開始打電話，打給康貝爾、伊里特、穆瑞等老戰友。賈伯斯打電話給穆瑞時，他老婆正在打越洋電話，賈伯斯不得不請總機告訴她，這是緊急電話。她告訴總機：「最好是重要電話。」結果聽到賈伯斯的聲音在另一頭說：「沒錯，很重要。」於是穆瑞接了電話，賈伯斯在電話另一頭哭泣，說道：「一切都完了。」然後掛上電話。

穆瑞很擔心賈伯斯陷入這樣的低潮，會做出什麼衝動的事。他立刻回撥電話給賈伯斯。沒有人接，於是穆瑞開車到他在伍得塞德的家。他敲了門，沒人應門，所以走到後院，從院子裡的階梯爬上去。他從臥房窗戶看到賈伯斯躺在床墊上。賈伯斯讓穆瑞進去，兩人聊到快天亮。

5月29日星期三：賈伯斯終於拿到「巴頓將軍」的錄影帶，這天晚上再看一次。穆瑞勸他別再挑起另一場戰爭。史考利將在星期五宣布公司重整計畫，穆瑞要他到公司聽聽。他說，識時務者為俊傑，與其帶兵叛變，不如自己當一名好兵。

滾石不生苔

史考利對蘋果大軍發布新的戰鬥命令那天，賈伯斯悄悄溜進會議廳的最後一排。不少人偷偷瞄他一眼，然而幾乎沒有人過來跟他打招呼。他目不轉睛的盯著史考利。多年後，史考利還記得他的目光：「他的眼神充滿輕蔑，透露永不屈服的意志。那樣的目光就像X光，深入你的骨頭、你的弱點，要把你徹底毀滅。」站在台上的史考利假裝沒看到賈伯斯，但他想起一年前兩人曾一起去麻州的劍橋，探望他心目中的英雄蘭德。蘭德一手創辦寶麗來公司，卻被自己的公司掃地出門。賈伯斯用不屑的語氣說道：「他不過是虧了幾百萬，他們竟然把他的公司搶走。」史考利想到，此時此刻，自己也正從賈伯斯手中，把他的蘋果搶走。

史考利仍假裝沒看到賈伯斯，繼續發表他的計畫。他在螢幕上顯示公司重整後的組織圖。葛賽不但取代賈伯斯，成為麥金塔部門的主管，蘋果二號部門也由他執掌。圖上有個小框框寫著「董事長」，但這小框沒有連到其他部門或人員，就連史考利本人也無須向這位董事長報告。史考利簡要的說，這就是賈伯斯在公司扮演的角色，也就是蘋果全球市場的先知。這時他仍假裝賈伯斯不在場。會議廳響起零零落落、令人尷尬的掌聲。

何茲菲德從朋友那裡，聽到這個消息。辭職之後，他再也沒回去蘋果總部，但為了幫老同事打氣，他決定去一趟麥金塔辦公室。何茲菲德說：「我仍覺得不可置信，蘋果竟然會把賈伯斯趕走。儘管他這個人有時不好相處，但畢竟是這家公司的靈魂人物。蘋果二號部門有些人長久以來，一直討厭賈伯斯高高在上的樣子，看他也有這麼一天，不由得幸災樂禍。還有一些人則巴望利用這個機會得到升遷，但大多數的員工都很難過，不知道未來將會如何。」何茲菲德一度以為賈伯斯會設立蘋果實驗室。如果真的這樣，他願意回來蘋果，為賈伯斯工作，然而事與願違。

接下來的幾天，賈伯斯都待在家裡，足不出戶。他放下百葉窗，打開電話答錄機，只有女友瑞思陪伴他。他一直播放巴布狄倫的歌，不知聽了幾個小時，特別是那首〈變革的時代〉，也就是一年四個月前，他在蘋果股東大會讓麥金塔面世時朗誦的歌。那段結尾頗為勵志：「今天的輸家，明日將大獲全勝……」

星期天晚上，麥金塔那一票人過來安慰他，包括亞特金森和已職離的何茲菲德。他們敲了門，等了好一會兒，賈伯斯才出現在門口。賈伯斯帶他們到廚房隔壁的一個房間。他家還是一樣空空如也，只有那個房間和其他一、兩個地方有家具。他從素食餐館叫了外送，瑞思幫他上菜。何茲菲德問：「到底是怎麼回事？情況很糟嗎？」

賈伯斯愁眉苦臉的說：「糟透了，比你想像的要糟很多。」他說史考利背叛他，還說如果沒有他，蘋果要如何營運？他抱怨說，所謂的董事長只是個虛銜，沒有任何實權。他被迫離開蘋果總部的辦公室，搬進一棟很小的、空蕩蕩的樓房。他給他的新辦公室取了個名字，叫做「西伯利亞」。何茲菲德提到他們一起打拚的往事，為他打氣。

前一個星期，巴布狄倫才發行一張叫做「滑稽帝國」的新專輯。何茲菲德也將它帶了過來，用賈伯斯的高級音響播放。這張專輯最有名的一曲叫做〈夜幕低垂〉，有點世界末日的味道，似乎滿符合那晚的氣氛，但賈伯斯不喜歡這首曲子的曲風，認為聽起來像迪斯可舞曲，然後感嘆狄倫自 1975 年顛峰之作「血淚交織」專輯之後，就開始走下坡。於是何茲菲德跳到那張專輯的最後一曲〈黑眼睛〉。這首歌的伴奏，只有狄倫的吉他聲和口琴，曲調緩慢哀傷，何茲菲德希望藉由此曲，讓賈伯斯回味早期的狄倫。但賈伯斯也不喜歡這首，也沒興趣聽這張專輯的其他曲子。

賈伯斯會有這樣的反應，是可以理解的。史考利對他而言，就像慈愛的父親，馬庫拉和洛克也是。但在這個星期，這三個人都背棄他。賈伯斯的律師友人瑞里（George Riley）說：「他內心深處的糾結又更深了。他發覺自己擺脫不了遭人拋棄的命運。」多年後賈伯斯說，連馬庫拉和洛克都離他而去之時，他覺得胸口像被揍扁了，無法呼吸。

失去洛克的支持，尤其讓他痛徹心扉。賈伯斯說：「洛克對我來說，就像是父親，一直很照顧我。」洛克教他聽歌劇，也曾和太太東妮帶他去他們在舊金山和亞斯本的家。賈伯斯向來不喜歡送人禮物，但是他去日本，回來的時候會送洛克禮物，例如索尼的隨身聽。賈伯斯說：「記得有一次，我們在舊金山市區開車。我說：『老天，美國銀行那棟建築真醜。』他說：『不對，那一棟是最棒的建築。』接著，他給我上了一堂建築欣賞課。他的評論果然是有道理的。」

多年後，提到這段往事，賈伯斯不禁淚眼盈眶。「他寧可選擇史考利，不要我。這麼做豈不是丟給我一條繩子，要我自盡？我從來沒想過，有一天他會拋棄我。」

更糟的是，他摯愛的公司已經換人當家，而在他眼裡，那人卻是一個笨蛋。賈伯斯說：「董事會認為我不該管理公司，這就是他們的決定。但他們犯了一個天大的錯誤。他們該分別考慮如何安排我和史考利。就算他們認為我不夠成熟，不能管理蘋果，公司出了亂子，也該把史考利革職，不該拿我開刀。」

即使賈伯斯漸漸走出陰霾，他對史考利的怨恨，依然有增無減。他覺得史考利在他背後捅了一刀。兩人共同的朋友希望能當和事佬，讓賈伯斯與史考利重修舊好。

1985年夏天，在全錄PARC發明乙太網路的梅特卡夫（Bob Metcalfe）新居落成，邀請賈伯斯和史考利一同前來他在伍得塞德的新家。梅特卡夫說：「我不得不承認，我錯了，我不該請這兩個人來。史考利和賈伯斯離得遠遠的，不肯和對方說話，我無法打破這樣的僵局。賈伯斯或許是偉大的思想家，但有時完全不把別人看在眼裡。」

更有甚者，史考利告訴一群分析師，賈伯斯已經出局，雖然保有董事長的頭銜，但公司已不關他的事了。「從公司營運的觀點來看，不管是今天，或是未來，都沒有賈伯斯可以扮演的角色。我不知道他還能做什麼。」這番言論讓在座的分析師感到驚愕，很多人聽了都倒抽了一口氣。

賈伯斯心想，也許他該去歐洲散散心。6月，他去了巴黎，在蘋果法國分公司舉辦的活動，發表了一場演講。當時的美國副總統老布希也在法國訪問，法國為布希舉辦盛宴，賈伯斯也出席了。

接著，賈伯斯去了義大利，和女友在托斯卡尼的山丘上，開車兜風。他還在當地買了一輛腳踏車，一個人到處晃晃。他到了佛羅倫斯，沉浸在這座城市的建築之美，品味當地建築的質地，特別是石板路。佛羅倫斯的鋪路石，出自菲倫佐拉（Firenzuola）附近的卡松採石場。那裡出產的石頭是藍灰色的，予人寧靜舒服的感覺。二十年後，賈伯斯下令，蘋果主要零售店的地板，都必須採用卡松採石場的砂岩。

那時，蘋果二號即將在蘇聯上市，於是賈伯斯前往莫斯科，在那裡和艾森史達特會合。由於他們還無法從華盛頓方面取得出口許可證，於是去美國駐莫斯科大使館，拜會一位叫梅文（Mike Merwin）的商務專員。梅文警告說，美國法律明文禁止與蘇聯進行科技交流。賈伯斯非常惱火。不久前，他參加巴黎商展，副總統布希還鼓勵他想辦法讓美國電腦衝過鐵幕，「利用個人電腦撼動蘇聯政體」。

他們稍後在一家供應烤肉串的名店共進晚餐。賈伯斯向梅文抱怨說：「如果俄國人也能用麥金塔，就能自己印報紙了。這是民主的一大步，對我們來說有利無害，為什麼你說這麼做會違反美國法律？」

賈伯斯在蘇聯停留期間，不斷提到被史達林暗殺的革命英雄托洛斯基（Leon Trotsky）。有一次，負責監視賈伯斯的KGB特務，不得不提醒他小聲一點，別說得太慷慨激昂。那個特務說：「拜託，別再提托洛斯基。我們的歷史學家已經做了研究，我們不再認為他是偉人。」賈伯斯把他的話當耳邊風。後來他去莫斯科的國立大學，對資訊工程系的學生演講，又大肆讚美托洛斯基。不管如何，托洛斯基是賈伯斯認同的革命英雄。

賈伯斯和艾森史達特一同參加美國大使館在7月4日舉辦的國慶宴會。賈伯斯寫了一封感謝函給美國大使哈特曼（Arthur Hartman）。艾森史達特發現他在信上提到，「蘋果在未來的一年將更積極開拓蘇聯市場。我們希望在9月重回莫斯科。」似乎賈伯斯正如史考利所言，擔任蘋果的「市場先知」，在全球各地開疆拓土。其實不然，所謂物換星移幾度秋，到了9月，賈伯斯的人生與蘋果的命運，又將出現很大的變動。

18

NeXT

普羅米修斯解縛

藍德所設計的NeXT商標。

海盜棄船

史丹佛大學校長甘乃迪（Donald Kennedy）有一次在帕羅奧圖舉辦午宴，賈伯斯也是座上賓，而且他旁邊正好坐著諾貝爾化學獎得主柏格（Paul Berg）。生化學家柏格向他描述基因剪輯和重組 DNA 技術的進展。賈伯斯向來喜歡吸收新知，特別是遇到懂得比他多的人，總會把握機會求教。1985 年 8 月，他從歐洲回來之後，就不斷盤算未來要怎麼走。他打了通電話給柏格，希望能再碰個面。他們在史丹佛校園漫步，最後去一家小咖啡館共進午餐，邊吃邊聊。

柏格解釋生物實驗室做實驗的種種困難，從發展實驗到驗收結果，往往要花上幾個星期。「你們何不用電腦模擬？」賈伯斯問：「這樣不只可以讓實驗變快，將來全美國修習微生物學的大一學生，都可以利用『柏格基因重組軟體』來學習。」

柏格說，搭載此種功能的電腦太昂貴，大學實驗室無法負擔。「然而這個可能性馬上激起賈伯斯的興趣，」柏格說：「他已經盤算要再開一家新公司。畢竟，他年輕多金，未來大有可為。」

賈伯斯接連探詢不少學術界人士，希望知道他們對電腦工作站的效能需求。自 1983 年起，賈伯斯就對學術界使用的電腦很感興趣；那年他去了布朗大學電腦系示範麥金塔，結果那裡的教授卻告訴他，麥金塔還不夠高階，大學實驗室的電腦必須具備強大的運算能力。學術研究者夢想中的工作站系統，不但要能進行超級運算，還要足夠個人化。

賈伯斯主導麥金塔部門期間，已著手研發這種研究人員使用的超級個人電腦，這個專案就叫「大麥金塔」(Big Mac)。他們計劃利用 Unix 作業系統，加上麥金塔的友善介面。但自 1985 年夏天，賈伯斯被迫離開麥金塔部門之後，繼任主管葛賽就把這個專案砍掉了。

大麥金塔晶片組的工程師裴吉，打電話給賈伯斯，語氣沮喪的告訴他這個噩耗。在裴吉之前，已有好幾位蘋果員工求他創立一家新公司，解救他們。9 月 5 日勞動節那個週末，賈伯斯和麥金塔部門最初的軟體主管崔博爾談過之後，就有成立一家新公司的念頭，希望生產高效能的個人電腦工作站。麥金塔部門還有兩位老員工跟他接觸，也就是工程師克羅（George Crow）和負責財務的巴恩斯。這兩人說，他們不想再待在蘋果了。

再來一位熟悉教育機構的行銷高手，賈伯斯的新公司就可以成軍了。顯然，這人是魯文。魯文本來在索尼銷售部，賈伯斯常去翻看他們的廣宣小冊。1980 年，賈伯斯延攬魯文，負責麥金塔的大專院校採購業務。魯文有幾分神似「超人前傳」主角克拉克肯特，有著雕像般的英俊輪廓，長春藤高材生的風範，以及游泳校隊的明星丰采。儘管兩人成長背景截然不同，卻十分投契。魯文在普林斯頓曾寫過一篇論文，研究巴布狄倫及領袖魅力。賈伯斯對兩者剛好都有涉獵。

魯文負責的大學採購案帶來的利益，對麥金塔部門來說，簡直如天賜甘霖，但在賈伯斯離開後，行銷部門經過康貝爾重整，大學業務遭大幅縮減。勞動節那個週末，魯文本來就想打電話給賈伯斯，沒想到賈伯斯心有靈犀，先一步來電。魯文開車到賈伯斯的家，兩人在附近散步，並討論開一家新公司的可能性。魯文很興奮，但還不敢給賈伯斯承諾。下週他要和康貝爾去奧斯汀出差，他打算回來之後再做決定。

魯文回來後，告訴賈伯斯他決定加入。這個答覆來得正是時候，因為 9 月 13 日就是蘋果召開董事會的日子。雖然賈伯斯名義上還是董事長，但交出大權之後，就沒在會議現身過。這回賈伯斯打電話給史考利，表示將出席 13 日的會議，要求在議程末了加上「董事長報告」。賈伯斯沒透露報告內容，史考利估計，他多半要批評最近的組織重整。結果賈伯斯在會議中坦言，他即將開一家新公司。

「我想了很久，我該繼續好好過我的人生，」賈伯斯如此開場：「顯然，我必須找事做，畢竟我才三十歲。」接著，他拿出準備好的小抄，說明新公司的計畫，這會是專攻教育市場的電腦公司，致力出產高效能電腦。賈伯斯承諾，新公司不會與蘋果競爭，儘管有幾位蘋果員工會隨他去新公司打拚，但他們都不是蘋果的決策高層。賈伯斯表示會辭去董事長一職，但希望日後仍有合作機會。他說，日後蘋果也許會爭取新公司產品的發行權，或是將麥金塔的軟體授權給他們。

馬庫拉得知賈伯斯可能會挖走蘋果員工，不禁火冒三丈。

「你為什麼要帶走我們的人？」他質問。

賈伯斯說：「別生氣。他們都不是重要幹部，對蘋果而言，根本可有可無。再說，他們也打算離職了。」

董事會起先似乎挺贊同賈伯斯自立門戶。私下討論之後，有些董事甚至提議蘋果買下新公司 10% 的股份，賈伯斯也可繼續留在蘋果董事會。

那晚，賈伯斯和他的五名海盜在家裡吃飯。賈伯斯贊成讓蘋果入股，但其他人卻期期以為不可。他們也決定同時離職，而且愈快愈好，早點跟蘋果一刀兩斷，免得夜長夢多。

於是賈伯斯寫了一封正式信函，告知史考利有哪五人即將離職，簽下他慣用的小寫姓名縮寫。第二天一早，趕在七點半的主管會議之前，親手交給史考利。

史考利看了之後驚呼：「賈伯斯，這幾個人對蘋果而言，絕不是可有可無。」

賈伯斯答道：「反正他們已經要離職了。今天早上九點前，他們就會把辭呈交給你。」

賈伯斯認為此舉開誠布公。這五位棄船海盜既非部門經理，也非史考利的左右手，而且在公司新的人事組織下，有志難伸。但是從史考利的角度來看，這五人都很重要，裴吉是蘋果的研究員，魯文是高等教育市場的行銷高手，而且他們都知道蘋果的大麥金塔計畫。雖然這個計畫已遭冷凍，卻仍是不可外傳的公司機密。儘管如此，一開始史考利還是對賈伯斯自立門戶樂觀其成。史考利問賈伯斯，是否依然願意擔任公司董事。賈伯斯說，他會考慮。

但七點三十分，史考利踏進會議室，告訴手下大將誰將離職，立刻掀起軒然大波。多數人都認為賈伯斯破壞了董事長應盡的職責，行為不忠，令人髮指。根據史考利的說法，當時康貝爾大聲咆哮：「我們應該揭露他的欺騙行為。讓公司每一個人都認清，賈伯斯絕對不是救世主。」

雖然康貝爾日後不遺餘力護衛賈伯斯，在董事會支持賈伯斯的決定，但那天早上他像吃了炸藥。康貝爾坦承：「那天，我真的很憤怒，特別是他要把魯文帶走。魯文已跟各大學打好關係，這小子總說賈伯斯有多難搞，卻這樣走了。」

康貝爾氣到衝出會議室，打電話到魯文的家。結果魯文正在洗澡，康貝爾告訴魯文的太太：「我等。」幾分鐘後，魯文還沒洗好，康貝爾說：「好，我繼續等。」魯文終於洗完澡，出來接電話，康貝爾劈頭問他是否真要跟賈伯斯走。魯文說，一點也沒錯。康貝爾不發一語，掛上電話。

史考利看到高階主管義憤填膺，於是去探詢董事會的意見。他們也覺得賈伯斯說話不算話，不該帶走公司重要員工。洛克尤其生氣。儘管在陣亡將士紀念日攤牌那天，洛克支持史考利，但後來一直努力與賈伯斯重修舊好。洛克的家位於舊金山高級住宅區的太平洋高地，前一星期，洛克夫婦才邀請賈伯斯帶女友瑞思來家裡，跟大家認識，好好吃了頓飯。當時，賈伯斯完全沒提到新公司的事，因此聽了史考利的話，洛克覺得遭到背叛，「他對董事會滿口謊言，」洛克怒氣難消：「他說想開一家新公司。這不只是一個想法，他早就付諸行動了。他說，跟他走的人對公司可有可無，卻帶走五個老鳥。」

馬庫拉生性低調，但也很不高興：「他離開前，還祕密集結幾位高層主管。這絕不是做事的態度，非常不厚道。」

接下來的週末，不管是董事會或主管，都要求史考利，蘋果必須對賈伯斯宣戰。馬庫拉寫了一封正式的聲明書，指控賈伯斯「帶走蘋果的關鍵員工，違反了他對公司的承諾」，並語帶威脅：「我們正在評估將採取什麼樣的行動。」《華爾街日報》引述康貝爾，說賈伯斯的所作所為讓人「非常震驚」。另一位不願具名的總監則說：「我這輩子合作過許多企業，沒看過如此憤怒的一群經理人。我們每一個人都認為賈伯斯欺騙了我們。」

賈伯斯和史考利談完就離開，以為事情或許進行順利，一直沒對外發言。等到看了報紙，他才發現自己非出面澄清不可。賈伯斯打了幾通電話給相熟的記者，請他們隔天來家裡聽他私下說明。賈伯斯還打電話找康寧漢來幫忙（她任職麥肯納公關公司時，曾負責賈伯斯的公關事宜）。康寧漢說：「於是我去了他在伍得塞德的家。房子很大，但沒幾件家具。我發現他和五位手下在廚房交頭接耳。幾個記者在外頭草皮上閒晃。」賈伯斯告訴康寧漢，他要召開記者會，把事情說清楚，接著就惡聲惡氣的開罵，康寧漢嚇壞了。「這招數恐怕對你自己不利，」康寧漢說。賈伯斯終於放棄公開發言，他將辭職信影本發給記者，對外說詞也僅限於可供刊載的幾句話。

賈伯斯本想將辭職信付郵，巴恩斯說這麼做顯得姿態過高，於是賈伯斯決定去馬庫拉家，結果蘋果的法律顧問艾森史達特正好在場。雙方談了十五分鐘，氣氛緊繃。接著，巴恩斯來到馬庫拉家門口，帶走賈伯斯，免得他說出後悔莫及的話。賈伯斯留下那封用麥金塔電腦打的、並從蘋果新推出的雷射印表機LaserWriter列印出來的辭職信：

親愛的邁克：

根據今天的早報，蘋果考慮取消我的董事長頭銜。我不知道消息來源為何，但這些報導不但誤導社會大眾，對我也不公平。

你該記得，在上星期四的董事會中，我說明了創辦新公司的決定，而且願意辭去董事長一職。

董事會慰留我，要我再考慮一星期。鑑於董事會鼓勵我創立新公司，加上蘋果也有意投資這家公司，我因此同意審慎考慮。

上星期五，我告訴史考利哪幾位員工將跟隨我到新公司，他表明蘋果可能會與我的新公司合作，我們可就這方面進一步討論。

接下來，公司卻對我和我的新公司採取敵對態度。因此，請立刻接受我的辭呈……

如你所知，公司最近經過重整，我已無事可做，也無從得知例行管理報告。我才三十歲，希望未來能有貢獻和成就。

我們曾共同為蘋果創下佳績，我希望即使分道揚鑣，也能保持和氣與尊重。

史帝芬．P.．賈伯斯敬上

1985 年 9 月 17 日

蘋果總務室的人，來賈伯斯辦公室收拾他的東西時，發現地上躺著一個相框，裡面是賈伯斯與史考利的合照，照片裡的兩人相談甚歡，照片上寫著：「謹此紀念偉大的理念、偉大的經驗與偉大的友誼！史考利贈。」相框玻璃已經粉碎。賈伯斯臨走之前，把這個相框往辦公室的另一頭甩過去。從那天起，他沒再跟史考利講過半句話。

賈伯斯宣布辭職那天，蘋果的股票漲了將近 7%。《科技股快訊》的一位編輯解釋道：「蘋果不時傳出衝突的火花，讓東岸的股東提心吊膽。現在沃茲尼克和賈伯斯都走了，股東也就鬆了一口氣。」但十年前調教過賈伯斯的雅達利創辦人布許聶爾，告訴《時代》，蘋果不能沒有賈伯斯。「賈伯斯走了，蘋果的靈感將從何而來？說不定蘋果會出現百事可樂的風格，就好像百事的新品牌。」

過了幾天，史考利和賈伯斯依舊無法達成協議，史考利與蘋果董事會決定以「違反受任人義務」，對他提出告訴。根據訴狀，賈伯斯的罪名如下：

> 賈伯斯在擔任蘋果董事長與主管期間，對蘋果應盡受任人義務，卻假稱忠於蘋果的利益並……
>
> （a）暗中計劃成立一家新公司與蘋果競爭；
>
> （b）暗中利用蘋果的計畫，以設計、發展、銷售下一代的電腦產品……
>
> （c）暗中勸誘蘋果的核心員工……

那時，賈伯斯手上有650萬股蘋果股票，持股占公司總股本的11%，市值超過1億美元。他開始拋售手中的蘋果股票，不到五個月幾乎賣光了，只留下1股，以保留參加蘋果股東大會的資格。他心中燃燒著熊熊怒火，儘管他口口聲聲說不會與蘋果競爭，顯然他的新公司就是衝著蘋果來的。霍夫曼也離開蘋果去賈伯斯的新公司工作，但不久就離職了。她說：「賈伯斯很氣蘋果。蘋果在教育市場開拓得不錯，他要跟蘋果搶這塊地盤，顯然就是為了復仇。」

當然，賈伯斯的說法大異其趣。他告訴《新聞週刊》：「我完全沒有暗藏籌碼。」他再次請了幾位交好的記者到家裡，這回少了康寧漢在旁提點。賈伯斯駁斥了五位蘋果員工被他祕密挖角的說法。他在空曠的客廳對來訪記者說：「這幾位同事主動打電話給我，表示想離開蘋果，因為公司讓他們坐冷板凳。」

賈伯斯還決定給《新聞週刊》一篇封面故事，從他的觀點來看這事件的曲折，他接受專訪時相當直言不諱：「我的強項就是扮演伯樂，找尋千里馬，和他們一起奮鬥。」他還說他對蘋果永遠有無法割捨的情感。「我想起蘋果，就像每個男人回憶初戀情人。」然而如果蘋果高層要向他宣戰，他也不會退卻。「如果有人公開說你是小偷，你一定得站出來反擊。」

賈伯斯認為，蘋果威脅對他和他的同事提出告訴，此舉不僅過分，也十分可悲，暴露出蘋果不再信心滿滿、不敢反叛主流。「很難想像一家市值20億美元、有4,300個員工的公司，竟然會怕我們六個穿牛仔褲的傢伙？」

為了對付賈伯斯，史考利找沃茲尼克來，掀賈伯斯的底。沃茲尼克不會操縱人，也不喜歡復仇，但他有話直說。那個星期他告訴《時代》：「史帝夫對人惡劣起來，會毫不留情。」他也透露賈伯斯找他加入新公司，此舉對蘋果高層又是一擊。但沃茲尼克對這種鬥爭沒有興趣，因此沒回賈伯斯的電話。沃茲尼克還告訴《舊金山紀事報》，他在生產遙控器時，賈伯斯曾以不得與蘋果產品競爭為藉口，阻撓青蛙設計公司跟他合作。沃茲尼克對記者說：「我期待他做出偉大的產品，也希望他成功，但我無法信賴他的人品。」

自立門戶

洛克後來說：「我們把賈伯斯開除，叫他滾蛋，這麼做雖然殘忍，他也因此找到人生的契機。」這說法很多人都認同。因為經過這樣的考驗，賈伯斯才變得更有智慧與成熟。

其實，沒這麼簡單。賈伯斯遭到一手創立的公司開除，於是更能憑藉直覺，全力發揮。雖然他的直覺不一定對，但總算解開所有束縛，推出一系列讓人目眩神迷的產品。然而這些產品並未締造銷售佳績，這才是真正的學習經驗。人生如戲，如果蘋果沒在第一幕把他踢出家門，他沒有在第二幕慘敗，我們也就看不到賈伯斯在第三幕的勝利了。

成立新公司後，賈伯斯隨即展現對設計的熱情，並取了簡單直接的公司名稱：Next。為了打響品牌，凸顯特色，他決定請人設計世界級的商標。他希望請當代平面設計大師藍德（Paul Rand）出馬。藍德生於布魯克林，已高齡七十一，很多世界知名企業的商標都出自他的手筆，像是《君子》雜誌、IBM、西屋、ABC和UPS。由於他仍和IBM有合約關係，公司主管說，如果他為另一家電腦公司設計商標，顯然會有衝突。於是賈伯斯去電IBM執行長艾克斯（John Akers）。他到外地去了，但賈伯斯還是堅持要跟他連絡，最後只好由副董事長里卓（Paul Rizzo）接電話。被賈伯斯纏了兩天之後，里卓投降了，他知道如果不同意藍德為Next設計商標，賈伯斯絕不會罷休。

藍德於是飛到帕羅奧圖，和賈伯斯一邊散步，一邊聽他為新公司描繪的遠景。賈伯斯說，他們公司設計的電腦是立方體，他一直很喜歡這種既簡單又完美的形狀。藍德說，那就把商標設計成視線傾斜28度角的正立方體。賈伯斯問藍德，是否可想出幾種設計讓他選擇。藍德說，他一次只給客戶一個提案。「我負責解決問題，你負責付錢，」藍德說：「你可以採用我的設計，也可以不用，但我不會一次給好幾種設計。而且無論你採用與否，都必須付費。」

賈伯斯喜歡他的想法。但這次請出藍德的價碼高達10萬美元，有如一場豪賭。賈伯斯說：「藍德有藝術家的純粹，也有生意人的精明。雖然他外表強硬難相處，內心就像泰迪熊一樣柔軟。」在賈伯斯的評語中，「有藝術家的純粹」可說是最高的禮讚了。

藍德只用了兩星期就完成。他帶著圖稿飛來加州，來到賈伯斯位於伍得塞德的家。他們先共進晚餐，接著藍德給他一本設計優雅的冊子，細述設計的發想過程，翻到最後是一張跨頁，藍德擺出這次設計的成果。

冊子裡寫著，「這個商標的設計、色彩配置與方位，是對比研究的呈現。傾斜的角度少了正式感，卻為整個圖案增添活力與親和力，像是耶誕節的小封緘，同時又具備橡皮圖章的權威。」NeXT 的四個字母分成兩行，占滿立方體頂面的正方形，只有 e 是小寫，其他三個字母都大寫。藍德在冊子中解釋：「e 這個字母與眾不同，代表教育（education）、卓越（excellence）……，以及 $e = mc^2$。」

賈伯斯的反應有時很難預料，可能批評一個作品是垃圾，也可能把人捧上天，他的想法從來讓人摸不清。賈伯斯面對傳奇設計大師藍德的提案，一直盯著他設計的商標，久久才抬起頭來。他看著藍德，然後擁抱他。他們只有一個小地方有不同的意見：藍德為商標中的 e 字母選擇的顏色偏向暗黃，賈伯斯則想改為比較明亮、傳統的黃色。藍德用拳頭用力敲了一下桌面，說道：「我在這一行已經幹了五十年，我知道我在做什麼。」賈伯斯只好讓步。

這家公司不只有了新商標，連名字也換新了，不再是 Next，而是 NeXT。或許有人不解，為了一個商標有必要這樣一擲千金嗎？但對賈伯斯來說，儘管還沒端出任何成果，但從 NeXT 誕生的那一刻起，就必須以世界級的產品自居，也得讓人有這樣的感覺。正如馬庫拉教他的，光是一本書的封面就能決定這本書好不好看，因此一家偉大的公司給人的第一印象很重要，必須要讓人感受到這家公司的價值。再說，藍德設計的商標實在很酷。

藍德答應賈伯斯幫他設計專屬名片，當作額外的服務。藍德想出來的彩色字體設計，讓賈伯斯很滿意，但最後為了他姓名中間字的縮寫 P 後面的那個點，發生激烈爭執。藍德主張那點在 P 的右下，就像鉛字排版一樣，而賈伯斯則希望稍微往左，移到 P 的右半圓下方，就像電腦印刷字體。凱爾說：「這就是標準的小題大作。」

就「這一點」而言，賈伯斯獲得最後勝利。

賈伯斯還需要一位他可以信賴的工業設計師，才能使 NeXT 商標與實體產品結合在一起。他和幾個設計師談過，但沒有任何一個人像他從巴伐利亞帶來蘋果的艾斯林格，那麼有才氣。因為賈伯斯的幫忙，艾斯林格的青蛙設計公司在矽谷成立，而且與蘋果簽下利潤豐厚的專屬合約。要 IBM 放人，讓藍德為 NeXT 設計商標，只是一個小小的奇蹟，他只要稍微發揮扭曲現實的功力，就可以做到了。然而，要蘋果同意專屬設計師艾斯林格為 NeXT 工作，實在比登天還難。

但賈伯斯沒那麼容易放棄。1985 年 11 月初，蘋果對他提出告訴五個星期後，賈伯斯寫了一封信給蘋果法律顧問艾森史達特，要求蘋果讓艾斯林格的青蛙設計公司與 NeXT 合作。他在信上說：「我在週末的時候和艾斯林格談過，他建議我寫一封信告訴你，我請他的公司為 NeXT 設計。」賈伯斯在信上論道，他不知道蘋果正在發展什麼樣的產品，但艾斯林格知道。「NeXT 對蘋果現在與未來的產品設計一無所知，其他設計公司也是，因此有可能 NeXT 與其他公司合作設計的產品，看起來和蘋果的產品設計風格雷同。如果蘋果和 NeXT 都信賴艾斯林格的專業，他自然會避免這種情況，這樣對蘋果和 NeXT 都有好處。」艾森史達特說，賈伯斯的大膽，讓他眼珠子差點跳出來。他回覆賈伯斯說：「我先前已代表蘋果表示，我們很擔心你的新事業會利用蘋果的業務機密。看了你的信，不但不能減輕我的疑慮，反而加倍憂心。你說，你對蘋果現在與未來的產品設計一無所知，這實在是一派胡言。」艾森史達特覺得最不可思議的是，一年前賈伯斯才阻止青蛙設計公司與沃茲尼克的遙控器公司合作。

賈伯斯了解，為了和艾斯林格合作，他必須先解決與蘋果的法律訴訟。幸好，史考利願意言和。1986 年 1 月，他們在庭外達成和解。為了回報蘋果撤銷告訴，NeXT 同意下列限制：NeXT 產品必須標明是高檔的工作站，直接銷售給大專院校，而且出貨時間不得早於 1987 年 3 月。蘋果還堅持 NeXT 電腦「不得使用與麥金塔相容的作業系統」。

雙方達成和解之後，賈伯斯自然又向艾斯林格頻送秋波，直到這位設計大師同意與蘋果重新定約，放寬限制。因此，到了 1986 年底，青蛙設計就能和 NeXT 攜手合作了。艾斯林格堅持他希望像藍德一樣，有充分的自由，不想被合約綁死。他說：「有時候，真的得像賈伯斯那樣態度強硬。」然而，艾斯林格和藍德一樣是藝術家，因此得到賈伯斯的寬容，一般人可別想得到這般的禮遇。

賈伯斯決定 NeXT 電腦應該是完美的正立方體，每一邊都是 30.48 公分（一英尺長），每個角都是 90 度。他喜歡立方體，因為這種形狀既莊重、又有一點玩具的趣味。從 NeXT 的立方體來看，這又是一個機能隨形式而生的例子，而非包浩斯派等的功能取向。然而，一般容易裝進披薩盒的電路板，如果要裝進賈伯斯的立方體電腦，非得重新設計不可。

再者，完美的立方體很難製造。大多數的模具鑄出來的外殼都比 90 度角稍大一點，如此才容易脫模（就像從烤模中取出蛋糕）。但艾斯林格要求一定要是標準的 90 度角，賈伯斯也完全支持他。為了立方體的純粹與完美，他們不容許「脫模角度」這樣的誤差。因此，NeXT 電腦外殼的每一面都必須單獨製造，無法一體成形，他們只好向芝加哥一家可以生產特殊模具的製造廠，訂製專用模具，總共花費 65 萬美元。賈伯斯追求完美的熱情，自此更是走火入魔。如果他發現脫膜的產品表面有一絲細痕，就會飛到芝加哥，要求鑄模廠重做模具。其實，這種細痕無可避免，其他電腦製造商都可以容忍。NeXT 的工程師凱利（David Kelley）說：「鑄模師從沒碰過有這等名人搭機來訪。」賈伯斯還花了 15 萬美元買了一部打磨機，以磨平每一面的接縫。賈伯斯還堅持鎂合金外殼必須漆成碳黑，但如此一來，細微的瑕疵就更明顯了。

凱利還必須想辦法，使彎曲的螢幕底座站穩。由於賈伯斯要求底座必須帶有傾斜的角度，他的任務就更加困難了。凱利告訴《新聞週刊》：「總該有人保持理智。我告訴賈伯斯：『這麼做會增加太多成本』或是『這樣是不可能做出來的』，他的回應總是：『你這沒用的傢伙。』他讓你覺得自己格局太小。」

因此凱利和他的團隊夜以繼日研究，終於把賈伯斯的美學奇想化為可以使用的產品。NeXT 行銷單位有一個應徵者，目睹賈伯斯像變戲法一般掀開布幕，展示曲線優美的螢幕底座，上面放了一塊煤磚代替真正的螢幕。應徵者還看得一頭霧水，不知道螢幕底座為什麼要設計成這個樣子。賈伯斯則得意洋洋的說，他是這種底座的專利權所有人。

賈伯斯連一般人看不到的產品內部，也非常在意，他強調內部應該和外表一樣美麗，就像他父親做櫃子，即使是靠牆的背板也用很好的木料，做工講究。他在製造 NeXT 的時候，更把這種精神發揮到極致。不但機器裡面的螺絲有昂貴的鍍層，就連只有維修人員看得到的外殼內部，他也要求塗成碳黑。

為《君子》雜誌寫稿的諾瑟拉（Joe Nocera）如此捕捉賈伯斯的 NeXT 公司召開同仁會議的緊繃氣氛：

賈伯斯開會時坐不久，事實上他在其他場合也極少坐著不動，移動是他掌控全場氣氛的方式。有時他會跪坐在椅子上，有時又蜷著身子，下一刻他可能從椅子上跳起來，在背後的黑板振筆疾書。賈伯斯的小動作非常多。他會咬指甲，極端認真的緊盯著正在發言的人，那眼神令人不安。賈伯斯那雙手，不知為何總帶點黃色，而且始終動個不停。

諾瑟拉印象尤其深刻的是，賈伯斯「幾乎故意表現無禮」。如果他覺得對方說的話很蠢，他總是直言無諱，絲毫不會修飾自己的意見。賈伯斯似乎隨時準備譏諷人、羞辱人，藉此顯示自己有多聰明。例如魯文交來一張公司組織圖，賈伯斯翻個白眼，說道：「這種表格是垃圾。」而且他還是延續了過去在蘋果那反覆無常的風格，一下子把人捧上天，一下子又踩到腳下。例如，有個財務部門的人進來會議室，賈伯斯滿口誇獎他「有件事做得非常非常之棒」，但前一天那人才被他罵，「做那什麼爛合約。」

NeXT 最初的十位員工裡，有一位負責公司在帕羅奧圖第一座總部的室內設計。即使賈伯斯租了一棟設計美觀的新建築，他還是全部打掉，重新裝潢——水泥牆換成玻璃牆，地毯拆掉，改釘木質地板。1989 年，公司搬遷到紅木市另一幢更寬敞的建築，所有裝潢又得重來。賈伯斯還堅持電梯必須改個方向，大廳才會顯得氣派。賈伯斯並請貝聿銘在大廳中央，設計出一座有飄浮視覺效果的玻璃樓梯，做為視覺焦點。包商說辦不到。賈伯斯說，非辦到不可。那座樓梯還是完工了。多年後，賈伯斯要求很多蘋果專賣店都必須設置這樣的樓梯。

NeXT電腦

在新公司剛成立的那幾個月，賈伯斯常帶著魯文等人到各大學院校造訪，詢問意見。他們去哈佛的時候，碰到 Lotus 軟體公司的董事長卡波。兩人前往哈佛餐廳共進晚餐。卡波拿起麵包，厚厚抹上一層奶油，賈伯斯看著他，問道：「你知道什麼是血清膽固醇嗎？」卡波幽默以對：「我跟你做生意。你少批評我的飲食習慣，我也不管你個性如何。」但他的公司真的為 NeXT 作業系統寫了試算表軟體。卡波後來說：「人際關係從來不是賈伯斯的強項。」

賈伯斯希望 NeXT 電腦裡有很酷的內容，公司裡的工程師霍利（Michael Hawley）於是開始研發電子字典。有一天，霍利買了一套牛津大學出版社剛出版的《莎士比亞全集》。他從版權頁看到一個朋友的名字，這朋友負責的是該書的排版作業。這意味，或許可從牛津大學出版社買到《莎士比亞全集》的電子檔，放入

NeXT 的記憶體中。霍利說：「我打電話給賈伯斯，告訴他這個點子。他說，太棒了，於是我們一起飛往牛津洽談。」

1986 年，一個美麗的春日，他們在牛津出版社那棟古色古香的建築簽約。為了取得授權，賈伯斯預付了 2,000 美元再加 74 美分，未來每一部 NeXT 電腦都將內建一整套的《莎士比亞全集》。霍利說：「沒想到，不費吹灰之力就到手了。從來沒有人想過這麼做，我們將走在時代前端。」賈伯斯覺得他說得沒錯。接著兩人一起去十九世紀浪漫詩人拜倫常去的酒館，玩九柱遊戲、喝啤酒。到了 NeXT 上市之時，除了電子字典和《莎士比亞全集》，還有同義語辭典、《牛津引用語辭典》等，NeXT 可說是為「可搜尋的電子書」開先河。

NeXT 電腦沒有使用現成的晶片，賈伯斯要工程師特別設計出多功能的晶片。這個任務已經夠艱難了，賈伯斯又不斷要他們修改晶片功能。一年後，他們發現這就是出貨延遲最主要的原因。

賈伯斯還堅持建造全自動、具有未來風格的工廠，就像當年的麥金塔工廠。可見，他並沒有從麥金塔的經驗得到教訓。他不但犯了同樣的錯誤，而且變本加厲。工廠器械和機器人不知上了幾次漆，他才滿意。廠房牆壁就和博物館一樣雪白，賈伯斯甚至砸了 2 萬美元購買黑色皮椅，還特別訂製和總部大廳一樣的玻璃樓梯。至於那長達 50 公尺製造電路板的生產線，賈伯斯則規定必須由右而左輸送，只因從訪客廊的角度看起來比較順眼。空的電路板從一端送進去，完全採用機械手臂，二十分鐘後，完成的電路板就從另一端出來了。這樣的流程是學習日本企業的「看板」管理系統，也就是透過「看板」來控制生產流程，只有在後面的工序提出要求之時，前面的工序才會供應必要數量的零件。

賈伯斯對員工的要求也和過去一樣嚴厲。崔博爾說：「他會甜言蜜語，也會公然羞辱你，大抵而言都可以達到效果。」但這一套也有失靈的時候。有一位叫柏爾森（David Paulsen）的工程師，來 NeXT 上班的前十個月，每週工時高達 90 個小時。他說：「某個星期五下午，賈伯斯走過來，說他對我們的表現只能搖頭。」柏爾森不久就離職了。

《商業週刊》曾經訪問賈伯斯，問他為何對員工那麼苛刻。賈伯斯答道，因為這麼做可以讓公司變得更好。他說：「我的責任之一，就是拿著品質的量尺仔細檢驗。我們這個環境需要一流的人才，可惜有些人就是無法達到我們的期待。」從另一方面來看，賈伯斯總是精神奕奕，而且很有領袖魅力。他常帶員工去考察旅行，請合氣道大師來指導大家，也常舉辦度假會議。他仍像海盜頭子一樣積極進取、野心勃勃。

賈伯斯離開蘋果後，蘋果換了廣告公司，不再和賽特／戴繼續合作。賽特／戴曾為蘋果製作經典廣告「1984」，也幫他們在《華爾街日報》刊登廣告向 IBM 挑釁：「IBM，衷心歡迎你們加入戰局。」賽特／戴被蘋果撤掉之時，賈伯斯則在《華爾街日報》刊登全版廣告：「賽特／戴，衷心恭喜你們……我可以保證：離開蘋果之後，日子可以過得更好。」

NeXT 時代的賈伯斯，也把他打造麥金塔的絕招使出來了，那就是現實扭曲力場。1985 年底，他們在加州海岸的圓石灘進行第一次度假會議。賈伯斯宣布第一台 NeXT 電腦將在十八個月內，也就是 1987 年夏天前出貨。每個人都心知肚明：賈伯斯又在打誑語了。有位工程師說，1988 年出貨比較合乎實際吧。賈伯斯說：「這個世界不斷在運轉，科技的浪潮一下子就超越我們，如果到那時才出貨，我們做的東西不如丟到馬桶裡沖下去。」

麥金塔的女將霍夫曼，隨賈伯斯轉戰 NeXT 之後一樣強悍。她挑戰站在白板前的賈伯斯，說道：「我承認現實扭曲力場能激勵我們，的確是有價值的東西。然而，現在就訂立出貨時間表，讓產品設計受到影響，那就麻煩了。」賈伯斯反駁道：「如果我們不訂定一個目標，而被科技的浪潮淹沒，最後恐怕連信用也沒有了。」

很多人都懷疑，他會訂下這個出貨時間表，是因錢快燒光了。的確如此，只是他沒說出來。為了這家公司，賈伯斯承諾投入 700 萬美元，但以目前燒錢的進度來看，要是不趕快出貨，再過十八個月，錢就燒完了。

三個月後，也就是在 1986 年的春天，他們回到圓石灘舉辦第二次度假會議，賈伯斯的標語換成「蜜月結束」。

1986 年 9 月，他們在加州北部的酒鄉索諾瑪，舉辦第三次度假會議，那時賈伯斯已不再提出貨時間表的事。看來，NeXT 就要撞上彈盡糧絕的冰山了。

裴洛帶來及時雨

1986 年底，賈伯斯偷偷放出消息給創投公司，如果有人願意出 300 萬美元，就可得到 NeXT 總持股的十分之一。可見 NeXT 的資產達 3,000 萬美元，但這個數字卻是賈伯斯憑空捏造的。至今，賈伯斯挹注 NeXT 的資金不到 700 萬美元，除了一個漂亮的商標圖案和時髦的辦公室，NeXT 還沒有任何可以展示的東西。這家公司沒有營收，沒有產品，未來會如何，現在也還看不到。無怪乎每一家創投公司都袖手旁觀。

然而，這時卻有一個精神抖擻、勇氣十足的牛仔，十分心儀NeXT。他就是矮小好鬥的德州富商裴洛（Ross Perot）。他把自己一手創立的電子數據系統公司（Electronic Data Systems）賣給通用汽車，賺了24億美元。1986年11月，他看到美國公共電視播出的紀錄片「創業者群像」，其中有一段就是講述賈伯斯創辦NeXT的經過。他非常欣賞賈伯斯和他手下那群海盜，甚至覺得自己跟他們同類。裴洛說：「他們話沒說完，我就可以接下去。」這話不禁讓人起雞皮疙瘩，因為史考利過去常用此語，形容他和賈伯斯靈犀相通。第二天，裴洛就打電話給賈伯斯：「如果你需要金主，歡迎隨時打電話給我。」

裴洛對賈伯斯而言，不只是金主，更像救世主。他雖有燃眉之急，還是忍住，一星期之後才打電話給裴洛，歡迎他成為NeXT股東。裴洛派幾個財務分析師去了解NeXT的情況，但賈伯斯希望直接跟他談。裴洛後來說，他這輩子最大的憾事，就是沒買下微軟，或成為微軟的大股東。1979年，年輕的比爾．蓋茲曾去達拉斯找他，可惜他錯過了那次機會，沒能狠狠賺一大票。在裴洛打電話表達希望入股NeXT的意願之時，微軟剛上市，公司市值達10億美元。裴洛希望自己別再犯同樣的錯誤。

賈伯斯對裴洛提出條件：如果他願意拿出2,000萬美元，就可獲得NeXT總持股數的16%，同時他自己則會再挹注500萬美元。三個月前，賈伯斯對創投公司要求的價碼，不過才三分之一而已。裴洛的資金到位之後，預估NeXT的資產可達1.26億美元。錢對裴洛來說，當然不是主要的考量。和賈伯斯見面談了之後，他就決定入股。他告訴賈伯斯：「我先挑騎師，騎師再去挑他中意的馬。我把賭注押在你們身上了。」

除了 2,000 萬美元，裴洛還給 NeXT 幾乎同等價值的東西：此人妙語如珠、精神抖擻，常為 NeXT 打氣。他也是 NeXT 的頭號推銷員。他在接受《紐約時報》訪問時說：「我在電腦這個產業待了二十五年。我敢說，投資這麼一家新公司的風險是最小的。我們請一些行家來看公司製造出來的硬體，每個人都讚不絕口。賈伯斯與他的 NeXT 團隊是我看過，最了不起的完美主義者。」

裴洛在上流社會和商界都很吃得開。石油大亨之子戈登夫婦（Gordon and Ann Getty）在舊金山為來訪的西班牙國王卡洛斯一世舉辦晚宴，裴洛找了賈伯斯一同前往。卡洛斯一世問裴洛，他該認識哪一個人，裴洛立刻引薦賈伯斯。賈伯斯為國王描述下一波的電腦發展，兩人相談甚歡。最後，國王開了一張支票給他。裴洛問：「怎麼回事？」賈伯斯說：「我賣了一部電腦給他。」

裴洛不管走到哪裡，都會談到賈伯斯傳奇。有一次他在華盛頓的全國新聞俱樂部演講，把賈伯斯的發跡過程，編織成一則傳奇故事：

有個年輕人很窮，窮到沒錢上大學。他的興趣是晚上在車庫玩電腦晶片。他老爸有一天走進車庫對他說：「兒啊，你要是不能做出可以賣錢的東西，就去找工作吧。」這老爸活脫是從洛克威爾（Norman Rockwell）的畫作裡走出來的工人。六十天後，年輕人做出第一部蘋果電腦，裝在他爸為他釘的木箱裡。這個只有高中學歷的年輕人，就是改變世界的人。

這則故事只有兩句話是真的：賈伯斯的父親確實很像洛克威爾畫作中的人物，此外說賈伯斯是改變世界的人，倒也沒錯。當然，裴洛對賈伯斯深信不疑。他就像史考利，從賈伯斯身上看到自己的影子。

他告訴《華盛頓郵報》的記者雷尼克（David Remnick）：「賈伯斯就像我。我們不僅意氣相投，也是天涯知己。」

與蓋茲冤家路窄

蓋茲可不是賈伯斯的知己。賈伯斯曾說服他為麥金塔開發軟體，這些軟體後來成為微軟征服全世界市場的利器。賈伯斯的現實扭曲力場不管多強大，碰到蓋茲就沒轍了。

蓋茲從一開始就不打算為 NeXT 量身訂做應用軟體。NeXT 定期在加州舉辦展示會，蓋茲也會到場瞧瞧。他告訴《財星》：「麥金塔的確獨一無二，但我就看不出，賈伯斯的新電腦有什麼特別的。」

蓋茲與賈伯斯這兩大電腦霸主，相處不來的原因之一，是兩人都自大傲慢，不把對方看在眼裡。1987 年夏天，蓋茲第一次到 NeXT 在帕羅奧圖的總部，賈伯斯讓他在大廳足足等了半個小時。蓋茲明明透過玻璃牆，可以看到賈伯斯在裡頭，賈伯斯還是晃來晃去，好整以暇的跟人聊天。「我去 NeXT 總部時，喝的是最昂貴的有機胡蘿蔔汁，也沒看過哪家科技公司辦公室這樣氣派。」蓋茲一面回憶，一面搖頭，淡然笑道：「賈伯斯足足晚了半小時才現身開會。」

蓋茲說，賈伯斯的說法很簡單。「我們一起合作過麥金塔的案子，結果如何？好處多多吧！我們再次聯手，應該會相當不賴。」

賈伯斯常常口不擇言，現在該他領教蓋茲的利嘴。「這電腦是廢材。光碟機太慢，機殼貴得離譜。這玩意真的可笑極了。」蓋茲當下決定，微軟沒有必要浪費資源，去研發 NeXT 需要的應用軟體。後來每次造訪，他都會再度強調此點。更糟的是，蓋茲也一再公開表示這個看法，讓其他軟體公司也不想幫忙 NeXT。蓋茲告訴《資訊世界》雜誌：「開發軟體給 NeXT ？我尿在上面還差不多。」

冤家路窄，有一次兩人在一場電腦研討會的走廊外巧遇。賈伯斯罵蓋茲小心眼，說他不肯為 NeXT 開發軟體。蓋茲冷冷說道：「等你在市場上站穩了，我會再考慮。」賈伯斯聽了之後怒火中燒。現場目睹的全錄 PARC 工程師高柏格（Adele Goldberg）回憶：「這兩人就在那裡，當著所有人的面叫罵起來。」賈伯斯一再堅持 NeXT 就是電腦的未來。他愈是激動，蓋茲就愈是面無表情。最後，蓋茲搖搖頭，離開現場。

賈伯斯與蓋茲這兩人之所以水火不容，除了個人恩怨，主要是兩人對電腦的觀念有很大的不同。賈伯斯喜歡硬體與軟體結合，成為無法分割的整體，但他的機器因而無法和其他電腦相容。蓋茲則主張，不同公司製造出來的電腦應可相容，只要使用標準作業軟體（當然是微軟的 Windows）就可以運作，也可使用相同的應用軟體（如微軟的 Word 和 Excel）。蓋茲告訴《華盛頓郵報》：「說到賈伯斯的電腦，最有趣的特色就是：不相容。他的電腦就算再棒，也不能利用既有的一些軟體。如果我來設計一種不相容的電腦，必然沒他那麼厲害。」

1989 年，賈伯斯與蓋茲先後在麻州劍橋舉行的一場座談會上現身，暢談自己對未來電腦的觀點。賈伯斯說，每幾年電腦產業就會出現一波新浪潮，像麥金塔就帶動了圖形介面革命，下一波將是 NeXT 電腦的物件導向環境和功能強大的光碟機。他說，每一個軟體開發商都了解他們必須趕上這一波，只有一家例外，那就是微軟。接下來上台的是蓋茲。他重申賈伯斯那種軟體和硬體綁在一起的策略，注定要失敗，就像蘋果根本沒辦法和微軟的 Windows 競爭。他說：「硬體市場和軟體市場是分開的。」

有人問蓋茲，賈伯斯的產品設計得到一致好評，他有什麼看法？蓋茲指著講台上的 NeXT 原型機，嗤以之鼻：「如果你要黑色，我可以給你一桶黑漆。」

與IBM的短暫友情

接下來，賈伯斯想出對付蓋茲的妙招，可以永遠改變電腦產業的權力平衡。然而在此之前，賈伯斯必須去做兩件違背他本性的事：一是將 NeXT 軟體授權給另一家硬體製造商，另一則是和 IBM 結盟。儘管賈伯斯是個夢想家，多少還是有實際的一面，因此他壓抑心中反感，放手去做。然而這畢竟不是他心甘情願的，最終這些合作不過曇花一現。

1987 年 6 月，《華盛頓郵報》發行人葛蘭姆七十大壽。六百位賓客受邀前去參加這位傳奇女報人的壽宴，連雷根總統都大駕光臨。賈伯斯從加州坐飛機去，IBM 董事長艾克斯也來到紐約。賈伯斯的機會來了。

這是他與艾克斯第一次碰面。賈伯斯趁機說微軟的壞話，希望 IBM 能不再依賴微軟的 Windows 作業系統。賈伯斯說：「我忍不住告訴艾克斯，我覺得微軟的東西根本不怎麼樣，IBM 那麼依賴微軟的軟體，等於是豪賭。」

沒想到艾克斯說：「那你願意來幫我們嗎？」就在一、兩星期以內，賈伯斯即帶著軟體工程師崔博爾，出現在 IBM 位於紐約州阿蒙克的總部。他們展示 NeXT，讓 IBM 工程師眼睛為之一亮。NeXT 的物件導向作業系統 NeXTSTEP 更讓他們大為折服。IBM 工作站發展部門的總經理海勒（Andrew Heller）說：「NeXTSTEP 可解決很多繁瑣的程式設計過程，加快軟體發展過程。」海勒對賈伯斯印象極佳，甚至將自己的兒子取名為史帝夫。

由於賈伯斯對許多細節總是不肯放過，因此 NeXT 與 IBM 的合作案一直拖到 1988 年，還無法拍板定案。雙方開會商談的時候，有時只是色彩或設計不合他的意，他就離席發脾氣，崔博爾或魯文還得跟上去安撫他。賈伯斯似乎不知道自己怕的是 IBM，還是微軟。到了 4 月，裴洛決定出面調停，召集雙方前往他的達拉斯總部達成交易。IBM 將可獲得 NeXTSTEP 軟體目前版本的授權，有些 IBM 工作站也可以使用這套軟體。

IBM 把長達 125 頁的合約書寄去帕羅奧圖，但賈伯斯連看都不看，就把合約書扔到地上，走出辦公室，喃喃自語：「搞什麼嘛！」他要求 IBM 重新訂立合約，不要又臭又長，簡明扼要寫個幾頁就好。不到一個星期，他就收到 IBM 的新合約書。

賈伯斯希望此事能夠保密，等到 1988 年 10 月 NeXT 新機發表會之後，再讓蓋茲知道。但 IBM 堅持要馬上告知微軟。蓋茲聞訊後，非常火大，他有烏雲罩頂之感，IBM 已經變心，以後不會那麼依賴微軟作業系統了。蓋茲對 IBM 主管大聲咆哮：「NeXTSTEP 跟任何電腦都不相容！」

起先，賈伯斯似乎真成了蓋茲最可怕的噩夢。其他使用微軟作業系統的電腦製造大廠，紛紛來探消息，連康柏和戴爾都來探詢授權 NeXTSTEP 作業系統和製造 NeXT 相容電腦的可能性。他們表示，如果 NeXT 願意退出硬體市場，他們願意付更多的錢取得 NeXTSTEP 的授權。

一下子出現這麼多變化，讓賈伯斯吃不消。他先回絕複製 NeXT 相容電腦的要求，接著對 IBM 的態度轉為冷淡，IBM 的熱火也漸漸熄滅。原來跟賈伯斯談合作的 IBM 代表離職了，賈伯斯於是到阿蒙克，和新任代表康納維諾（Jim Cannavino）談。他們把會議室所有的人都趕出去，兩人單獨進行協商。賈伯斯又提高價碼，但答應日後還會授權 NeXTSTEP 更新的版本給 IBM。康納維諾沒給賈伯斯任何承諾，後來連電話都不回了。

NeXT 與 IBM 的進一步合作案，就此胎死腹中。NeXT 雖然賺到不少授權金，卻失去改變世界的機會。

NeXT產品發表會

NeXT 電腦於 1988 年 10 月，在舊金山音樂廳首度公開亮相，賈伯斯把產品發表會升高為一場大秀。他希望能超越自己，要懷疑的人啞口無言。

發表會召開前幾星期，賈伯斯幾乎每天都開車到舊金山，躲在凱爾那間維多利亞風格的屋子裡。凱爾是 NeXT 的平面設計師，設計過麥金塔的字型和圖示，現在幫忙賈伯斯製作投影片。賈伯斯不但對講稿字斟句酌，甚至為了背景要哪一種綠色，都得傷透腦筋。他在排演時，以自豪的心情對台下的員工說：「這就是我最喜歡的綠色。」大夥兒全都喃喃的說：「這綠色很棒，這綠色很棒。」每張投影片上的字句，都經他細心推敲，就像詩人艾略特在寫長詩〈荒原〉（*The Waste Land*）之時，仔細根據摯友龐德（Ezra Pound）的意見修改。

沒有一個細節可以忽略。賈伯斯親自審閱邀請名單，當然還有午餐菜單（礦泉水、可頌麵包、奶油起司和芽菜）。為了舞台聲光效果，他花了 6 萬美元和一家影像藝術公司合作，甚至請後現代劇場的製作人寇茨（George Coates）策劃演出。賈伯斯和寇茨決定舞台走極簡風，上面空蕩蕩的，中央有一張桌子，上面擺著蓋了黑布的電腦和一束插在瓶子裡的花。由於硬體和作業系統尚未完全準備就緒，公司的人都勸賈伯斯以模擬的方式來介紹就好。但他悍然拒絕。他知道這種模式就像高空走鋼索，而下面完全沒有護網。

那天出席人次超過三千人，開場前兩小時，大家已在音樂廳外排隊等候。至少這場戲很精采，沒讓他們失望。賈伯斯在台上站了三個小時。《紐約時報》記者波雷克（Andrew Pollack）認為：「這場產品發表會與韋伯（Andrew Lloyd Webber）的經典音樂劇相比，毫不遜色，具備令人震懾的舞台演出和特效。」《芝加哥論壇報》的史密斯則說：「這次的發表會，猶如電腦產業的第二次梵蒂岡會議。」

賈伯斯光是一句開場白，就得到全場喝采：「回來的感覺，真好。」他先描繪個人電腦架構演進的歷史，然後保證在場的人將可親眼目睹「每十年才會發生一次或兩次的事件 —— 由於全新架構的出現，為電腦產業帶來革命。」他說，他花了三年時間，走遍全美各大學，終於打造出高等教育機構需要的軟、硬體。「我們了解，他們需要的是可供個人使用的主機。」

他還是愛用驚嘆語和最高級形容詞。他說，NeXT 是「不可思議」的產品，是「我們能想像的最好的東西。」他甚至讚美從外面看不到的零件。他用指頭撐起方形電路板，熱切的說：「我希望你們有機會可以看看這部電腦的內部。這是我一生看過最漂亮的印刷電路板。」接下來，他讓電腦發聲，朗誦金恩博士的演講「我有一個夢」，和甘迺迪總統的就職演說「不要問國家為你們做些什麼」。他說，這部電腦可傳送附上聲音檔案的電子郵件，接著他靠在電腦的麥克風前面，錄下自己的聲音：「嗨，我是史帝夫，在這歷史性的一天，傳送一則訊息。」他請在場觀眾鼓掌，把掌聲也一併錄進去。

賈伯斯的經營哲學也流露出賭徒性格。公司有時必須為新理念或新技術賭上一把。開發 NeXT 之時，他把賭注押在高容量的讀寫光碟片上，而不使用一般的磁碟片*。他說：「兩年前，我們做了一個決定。有一項新的技術讓我們眼界大開，於是我們決定在這方面下賭注。」

接下來，他展示的是 NeXT 的創新特色 —— 牛津版《莎士比亞全集》等電子書都在電腦裡頭了。他說：「自古騰堡以來，印刷術一直沒有什麼進展，直到 NeXT 出現，我們才擁有第一套真正的電子書。」

賈伯斯還用電子書自嘲。他說：「有人常會用這個單字來形容我這個人，也就是 mercurial。」觀眾露出會心一笑，特別是坐在最前排的 NeXT 員工，和他以前在麥金塔的手下。他接著利用 NeXT 的電子辭典查這個字，唸出第一個定義：「水星的，或指一個人生辰星位與水星有關。」他繼續往下拉，說道：「我想他們指的是第三個解釋：情緒反覆無常。」有人噗哧笑了出來。「如果查看同義與反義詞，還可找到這個字 saturnine。咦，這個字是什麼意思？」他用滑鼠連點兩下，立即查出字義。「這個字是指陰

---

* 譯注：賈伯斯選擇佳能光碟機，做為NeXT的主要儲存媒介。NeXT也是率先使用光碟機的電腦。但NeXT的光碟機速度慢，效能和可靠性也有問題。

沉、憂鬱，不願改變。」他露出微笑，說道：「相形之下，『反覆無常』好像沒那麼糟。」在掌聲過後，他利用引用語辭典來影射自己的現實扭曲力場。他引用的是卡洛爾（Lewis Carroll）的《愛麗絲鏡中奇遇》。愛麗絲嘆道，不管她怎麼努力，都無法相信不可能的事物。白皇后反駁：「怎麼會呢？有時我在早餐前，就可以相信六件不可能的事。」全場哄然！坐在前幾排的，笑得特別開心。

賈伯斯的妙語和笑話就像糖衣，讓大家可以吞下苦藥。賈伯斯描述這部電腦的特色，說「這樣的機器絕對值得你掏出好幾千美元出來」云云，先讓觀眾想像可能會有多貴。接著他宣布數字，希望大家聽了之後鬆一口氣，像不可思議的便宜似的：「各大專院校皆不二價：6,500 美元」。這時出現零零星星的掌聲。有意採購的學校早就向他表明，他們希望的價格在 2,000 到 3,000 美元之間，他們以為賈伯斯聽進去了。因此，他宣布的定價讓不少人咋舌，特別是印表機還要再花 2,000 美元，再者嫌光碟機速度太慢的人，還得再花 2,500 美元加購外接式硬碟機。

最後，還有一個令人失望的地方。賈伯斯說：「明年初，我們將先發行 0.9 版，讓軟體開發商和積極的終端使用者嘗鮮。」現場傳出一點尷尬的笑聲。他的意思是，一直要到 1989 年初，軟體與硬體的 1.0 正式版才會上市。事實上，他只是大概提出一個日期而已，或許到那一年的第二季才會推出。早在 1985 年底，NeXT 第一次舉辦度假會議，霍夫曼便質疑出貨日期不切實際，當時賈伯斯還信誓旦旦的說，非在 1987 年夏天之前出貨不可。現在看來，將比原訂日期延遲兩年以上。

還好發表會的結尾重現高潮。賈伯斯請舊金山交響樂團的一位小提琴家走上舞台，和 NeXT 電腦以二重奏的方式，演出巴哈的 a 小調小提琴協奏曲。演奏完畢，瘋狂的掌聲響起，似乎每一個人都忘了 NeXT 的價格和延期上市的事。後來有一個記者問道，NeXT 為何還要等這麼久才能上市，賈伯斯答道：「怎麼會久？這部電腦可說比現在的電腦技術超前五年！」

為了搶攻封面報導，賈伯斯正如以往，跟雜誌社說，他願意讓他們得到「獨家」採訪權。但這次他做得太過火了。他不但答應《商業週刊》的哈芙納（Katie Hafner）在產品發表會前接受她的獨家採訪，也承諾給《新聞週刊》和《財星》「獨家」報導的機會。他不知道《財星》編輯委員會的傅雷克（Susan Fraker）嫁給了《新聞週刊》總編輯帕可（Maynard Parker）。

《財星》開編輯會議時，大夥兒都對賈伯斯願意接受他們獨家專訪一事，興奮不已。但傅雷克淡淡的說，賈伯斯也答應給《新聞週刊》獨家，而且出刊時間會比《財星》早個幾天。最後，《財星》打退堂鼓，賈伯斯只出現在兩家雜誌的封面上。

《新聞週刊》給了賈伯斯「晶片先生」的頭銜，封面上的他靠在一部美麗的 NeXT 電腦上，雜誌還報導「這是近年來令人最興奮的一部機器」。《商業週刊》封面上的賈伯斯則穿深色西裝，帶著天使般的微笑，兩手指尖相觸，看起來就像牧師或教授。然而哈芙納也在她的「獨家報導」批評賈伯斯的操縱手法，她寫道：「NeXT 精心安排了多次媒體專訪。這個策略固然能達到宣傳的目的，但也要付出代價。這種操縱手法可說是為了一己之利而不擇手段。賈伯斯當時在蘋果因此身受重傷，但他沒有得到教訓。他總是什麼都想一手掌控。」

在 NeXT 產品發表會的高潮過後，不久就很少人再談論這部電腦了。畢竟，這部電腦在市面上還買不到。NeXT 的勁敵昇陽電腦形容，NeXT 是「第一個雅痞工作站」。蓋茲當然不可能說 NeXT 的好話，他告訴《華爾街日報》說：「老實說，我很失望。1981 年麥金塔上市，才真令人振奮。你把麥金塔和其他電腦擺在一起，立刻可以看出麥金塔是前所未有的。」但 NeXT 不是如此，他說：「這部電腦大部分的特點就像花拳繡腿。」並說他們過去不打算為 NeXT 寫軟體，以後也不會。

在 NeXT 產品發表會後，蓋茲還寫了一封電子郵件給他的手下，嘲諷賈伯斯的現實扭曲力場。蓋茲說：「有人已完全脫離現實了。」多年後，蓋茲回想起這件事，仍然得意的說，那大概是他這一生寫得最好的一封信。

1989 年中，NeXT 電腦終於上市。預估工廠每月可生產 1 萬台，但實際銷售量一個月只有 400 台。NeXT 工廠裡那些色彩豔麗的機器人，大部分時間都無事可做。公司現金就像大出血，不斷流失。

19

皮克斯

當科技碰上藝術

皮克斯最重要的三個人：卡特慕爾、賈伯斯與拉塞特。攝於1999年。

投資盧卡斯電腦工作室

1985 年夏，賈伯斯在蘋果逐漸遭到架空。曾在全錄 PARC 工作的蘋果研究員凱伊和他一起散步。凱伊知道賈伯斯對藝術和科技結合的東西很感興趣，於是告訴賈伯斯，不妨見見他的朋友卡特慕爾，這人負責盧卡斯電影動畫公司的電腦工作室，地址是馬林郡的盧卡斯天行者農場。

賈伯斯與凱伊便租了豪華轎車，前去拜訪。賈伯斯說：「我看了之後非常心動，苦勸史考利買下這個部門。但蘋果的人對這不感興趣，他們正忙著想辦法把我趕走。」

盧卡斯電影動畫公司的電腦工作室分成兩個小組：一組負責研發可將影片膠捲數位化、並加入特效*的電腦，另一組則是製作電腦動畫短片，最著名的作品是拉塞特在 1984 動畫年播放的「安德魯與威利的冒險」。這時，盧卡斯已經拍完「星際大戰」三部曲的第一部，正為了離婚官司傷透腦筋，不得不賣掉這個工作室。他要卡特慕爾盡快找到買主。

卡特慕爾在 1985 年秋天，與幾個可能的買主接觸之後，決定與合作創立動畫部門的史密思聯手，找投資人幫忙買下這個工作室。於是他們打電話跟賈伯斯約時間，然後開車到他在伍得塞德的家。賈伯斯對這兩個人大吐苦水，講到史考利如何愚蠢，又如何背叛了他，最後賈伯斯說，乾脆讓他獨資買下這個工作室。卡特慕爾和史密思表示，他們只想找個大股東，而不是新老闆。後來，他們想出折衷方案：賈伯斯可以成為最大股東，也可擔任董事長，但必須讓他們自己經營。

賈伯斯後來說：「我想買下這個工作室，因為我真的很喜歡電腦繪圖。我見到盧卡斯電腦工作室的人，就知道他們在結合藝術和科技的表現，已超前所有的人，而這個領域一直是我很感興趣的。」賈伯斯知道，再過幾年，電腦處理能力會強大一百倍以上，在動畫和3D電腦繪圖都會有重大進展。他說：「盧卡斯團隊所處理的問題，需要強大電腦處理能力，因此我知道歷史會站在他們那一方。我很看好這個發展方向。」

賈伯斯答應付給盧卡斯500萬美元，另外再拿出500萬美元，讓這個工作室變成一家獨立的公司。雖然這個數字和盧卡斯的開價相去甚遠，但賈伯斯掌握到最好的時機。雙方決定開會協商。盧卡斯公司的財務長發現，賈伯斯不但高傲自大，而且脾氣不好。在協商之前，這個財務長告訴卡特慕爾：「我們必須給他立個先來後到的規矩。」他們的計畫是，先召集所有人和賈伯斯一起進入會議室，幾分鐘後財務長再現身主持會議。卡特慕爾說：「但是妙事發生了。賈伯斯竟然不等財務長，準時召開會議，等到財務長走進來時，他已經以主席自居，主導會議了。」

賈伯斯只和盧卡斯見過一面。盧卡斯警告他，這個工作室的人在乎的是製作動畫電影，而非製造電腦。盧卡斯對賈伯斯說：「這些人的心都在動畫上。」盧卡斯後來回憶：「我真的警告過他，讓他知道卡特慕爾和拉塞特想做什麼。我想他會買下公司，正因他也想朝動畫發展。」

1986年1月，雙方終於簽訂合約。賈伯斯投資1,000萬美元，將可持有公司70%的股份，其他的股權則分給卡特慕爾、史密思和其他三十八位創始員工，包括接線生。由於公司最重要的硬體是一部能產生高級視覺成像效果的皮克斯圖像電腦，於是

＊譯注：例如幫絕地武士畫光劍、上光束，或是幫太空船畫引擎發動時冒出的火花。

以皮克斯（Pixar）做為公司名稱。最後雙方只剩簽約地點喬不攏：賈伯斯希望在 NeXT 辦公室，盧卡斯那邊的人則希望在天行者農場，最後雙方協議，在舊金山一家律師事務所正式簽約。

有一陣子，賈伯斯放手，讓卡特慕爾和史密思管理皮克斯，自己幾乎不干涉公司事務。每個月開一次董事會，地點通常是在 NeXT 總部。賈伯斯主要關注公司的財務和發展策略。但由於他個性使然、加上喜愛掌控，不久就展露強勢的一面，而且程度遠超過卡特慕爾和史密思的預期。

不當虛位董事長

關於皮克斯的軟硬體發展，賈伯斯有很多理念，有些點子還算合理，有些則天馬行空。賈伯斯造訪工作室的次數不多，但每次來都會舌粲蓮花，鼓舞員工。史密思說：「我是在南方成長的浸信會教徒，在復興佈道會上，總是會看到令人如痴如醉、但卻貪汙腐化的傳道牧師。賈伯斯也有這種鼓起如簧之舌，用激情言語魅惑人心的能力。我們知道這點，因此在開會的時候想出一套暗號，像是抓鼻子或是拉耳朵，提醒彼此，有人墜入賈伯斯的現實扭曲力場了，趕快想辦法把他拉出來。」

賈伯斯一直很欣賞軟硬體整合的優點，皮克斯的高階圖像電腦及其渲染軟體，就是很好的例子。其實，皮克斯還有第三個元素，也就是很酷的內容，例如動畫和繪圖。賈伯斯結合藝術創意和先進技術，就能增強這三個元素，也就是硬體、軟體和內容。賈伯斯後來說：「矽谷人並不尊重好萊塢的創意類型，而好萊塢則認為，如果有電腦技術的需求，花錢請矽谷人做就可以了，根本不需要跟他們見面。只有皮克斯對於技術與藝術這兩種文化都很尊重。」

起先，皮克斯的營收看似源於硬體。皮克斯製造的高階圖像電腦一部要價 12.5 萬美元，主要客戶是動畫業者和繪圖設計師，但不久他們發現，這部機器在醫療業和情報領域都有市場，例如電腦斷層掃瞄的資料，以及偵察機、衛星拍攝回來的資訊，都可利用 3D 影像來呈現。因為皮克斯要賣電腦給國家安全局，賈伯斯必須接受身家調查。奉命調查他的 FBI 探員一定碰到不少趣事。一位皮克斯主管透露，有次 FBI 探員請賈伯斯接受藥物使用調查，賈伯斯竟然可以臉不紅氣不喘的說：「上回我使用迷幻藥是在……」對於某些提問則堅決否認，說自己不曾使用過某些特定藥物。

賈伯斯要皮克斯負責電腦硬體的小組，打造一台價格比較便宜的圖像電腦，定價約是 3 萬美元。他堅持要請青蛙設計公司的艾斯林格來設計，儘管卡特慕爾和史密思反對，說他的設計費太貴，賈伯斯還是非艾斯林格不可。結果，這部電腦的外觀就像原來那部高階電腦，一樣是中央有個小圓渦的立方體，然而那細紋溝槽的設計，一看就是出自艾斯林格之手。

賈伯斯希望將皮克斯的電腦推向大眾市場，因此他要皮克斯的人在各大都市設立銷售辦公室。他認為，創意人員會很快就想出利用這部電腦的各種方式。他說：「我認為人類是具有創造力的動物，會想出連發明者當初都沒想到的巧妙方式，來運用工具。麥金塔電腦就是很好的例子。我想，皮克斯電腦也是這樣的工具。」然而，這樣的電腦卻得不到一般消費者的青睞，首先是價格太貴，其次，可以使用的應用軟體還不多。

至於軟體方面，皮克斯有一種稱為雷耶斯（Reyes, Renders

Everything You Ever Saw）的圖像渲染程式，可用於 3D 繪圖和影像處理。賈伯斯當上董事長之後，皮克斯創造了稱為 RenderMan 的新語言和介面，希望它能成為 3D 繪圖渲染的標準，就像 Adobe 的文件描述技術 PostScript 成為雷射印刷的標準。

如同在硬體方面的做法一樣，賈伯斯決定，皮克斯應該為他們發展的軟體尋求大眾市場，他從來都不滿足於只專注企業或高階專門市場。皮克斯行銷總監克爾文（Pam Kerwin）說：「賈伯斯對大眾市場擁有雄心壯志，認為人人都會對 RenderMan 感興趣。他在開會的時候不斷提出一些點子，例如一般人可以怎麼利用 3D 繪圖軟體或擬真圖像。」皮克斯團隊表示，RenderMan 不像 Excel 或 Adobe 圖像工具 Illustrator 那麼容易使用，想藉此勸阻賈伯斯。賈伯斯聽了之後，立刻走到白板旁，告訴他們如何讓 RenderMan 更簡單，對使用者更友善。克爾文說：「我們點點頭，興奮的說道：『是啊，這樣一定很棒！』等他離開之後，我們想了一下，就像大夢初醒般，說道：『他到底在想什麼啊？』他的現實扭曲力場太強了，不管你怎麼說，最後都只能被他牽著走。」結果，一般消費者對昂貴的繪圖軟體依然興趣缺缺。RenderMan 終究無法在市場占有一席之地。

然而這時有一家大公司，渴望將動畫師的繪圖渲染作業自動化，製作電腦動畫電影。華特．迪士尼的姪子羅伊（Roy Disney）在迪士尼董事會發動革命之時，新上任的執行長艾斯納問羅伊想扮演什麼樣的角色。羅伊說，他希望能重振迪士尼脆弱且日漸式微的動畫部門。艾斯納的提案之一就是利用電腦來製作動畫，結果皮克斯拿到了合約。皮克斯為迪士尼量身訂做了一套軟硬體兼備的電腦動畫製作系統，簡稱 CAPS，首次應用在 1988 年迪士尼

「小美人魚」川頓國王向愛麗兒揮手告別的最後那一幕。後來，迪士尼購買了幾十部皮克斯圖像電腦，做為動畫製作的重要工具。

拉塞特製作「頑皮跳跳燈」

皮克斯的數位動畫業務最初只是公司的小角色，幾乎不做動畫，主要任務是展示公司的軟硬體。這個小組的負責人是拉塞特。他長得一派天真，行事也是如此，不過他對藝術的完美堅持一點也不輸賈伯斯。拉塞特生於好萊塢，幼時最愛每星期六早上的卡通節目。他在九年級寫的讀書報告，主題就是講述迪士尼公司發展史的〈動畫藝術〉，也因此找到畢生的志趣。

拉塞特高中畢業後，就進入華特・迪士尼創辦的加州藝術學院，修習動畫課程。他不但利用暑假和餘暇研究迪士尼的檔案，也在迪士尼樂園的叢林巡航擔任解說員。樂園的工作讓他了解，說故事的時間與步調該如何掌握，這是在製作動畫影片時很重要、也很難抓到的竅門。拉塞特大三那年製作的短片「小姐與燈」，拿到學生奧斯卡獎。此片不但可看出「小姐與流氓」等迪士尼影片對他的影響，也展現出他的本事，能讓無生命的物體變得活靈活現。拉塞特自藝術學院畢業後，就前往他心目中的聖地迪士尼擔任動畫設計師。

但他的夢想並未成真。拉塞特說：「我們幾個小伙子希望做出和『星際大戰』不相上下的動畫特效，然而有志難伸。我有理想幻滅的感覺，加上捲入兩個老闆的惡鬥，最後動畫部門主管把我炒魷魚了。」

1984年，卡特慕爾和史密思把拉塞特延攬到盧卡斯電影動畫公司，拉塞特終於可以實現願望了，做出像「星際大戰」動畫特效的東西。但由於盧卡斯已開始顧慮電腦工作室的成本，大家擔心他不願再聘一位全職動畫設計師，所以拉塞特的職稱是「介面設計師」。

賈伯斯入主皮克斯之後，因為他與拉塞特都熱愛繪圖設計，兩人一拍即合。拉塞特說：「我是皮克斯工作室裡唯一的藝術家，賈伯斯很喜歡藝術設計，因此我們相當投緣。」拉塞特愛穿夏威夷花襯衫，喜歡人群，活潑討喜。他愛吃起司漢堡，辦公室擺滿了懷舊玩具。可是賈伯斯吃素，身材乾瘦，性格挑剔，喜歡極簡風格。不過這兩人卻很合得來。在賈伯斯心目中，天底下只有兩種人，不是天才就是蠢材，拉塞特屬於藝術家，當然是他敬佩的天才。賈伯斯的確對他另眼相待，非常欣賞他的才華。拉塞特也很慶幸碰到賈伯斯這樣的貴人，因為這位貴人不但懂得欣賞藝術，也知道如何把科技和商業結合在一起。

賈伯斯與卡特慕爾為了展示皮克斯的軟硬體，於是要拉塞特製作另一支短片，在 1986 年電腦動畫年會 SIGGRAPH 參展。兩年前，拉塞特的「安德魯與威利的冒險」才在電腦動畫年會大出風頭。這次，拉塞特原本以他桌上的檯燈做為圖像渲染模型，後來決定將它變成擬人化的角色。友人的小孩又帶給他靈感，他因此加入小檯燈的新角色。

拉塞特製作了幾格畫面，拿給鼓勵他一定要以此為主題說故事的另一位動畫設計師。拉塞特說，他製作的只是短片，但這位設計師朋友提醒他，儘管只有幾秒，也能說出一個精采的故事。拉塞特牢牢記住這點。雖然他以檯燈製作的動畫「頑皮跳跳燈」（*Luxo Jr.*）僅略比兩分鐘長一些，但述說了一個爸爸檯燈與小孩檯燈把球推來推去、直到球洩氣扁掉，讓小檯燈很難過的故事。

這支作品讓賈伯斯很興奮，他甚至暫時放下 NeXT，和拉塞特搭飛機去達拉斯，參加那年 8 月舉辦的 SIGGRAPH 年會。拉塞特說：「那時天氣悶熱得不得了，一走到室外，熱氣就像網球拍迎面擊來。參加年會的有一萬人以上，賈伯斯很喜歡那裡的氣氛。藝術創造力就像氧氣，讓他精神抖擻，特別是藝術與科技結合，那就更令人興奮了。」

那時，禮堂外大排長龍，大家都等著進去觀看影片。賈伯斯不想等那麼久，直接找主辦單位，讓他得以帶皮克斯的人率先進場。「頑皮跳跳燈」放映完畢之後，全場觀眾起立鼓掌叫好，而且榮獲最佳影片。賈伯斯說：「哇！太棒了！我知道動畫的魔力了！」他後來解釋：「只有我們的作品有藝術內涵，而不是只有科技。皮克斯要像麥金塔，成為科技與藝術的完美結合。」

那年，「頑皮跳跳燈」也獲得奧斯卡最佳動畫短片提名，賈伯斯飛到洛杉磯參加典禮。雖然這支短片最後沒能得獎，動畫短片也不能為公司帶來營收，但賈伯斯還是決定每年都要製作新的短片。在皮克斯資金困窘時，賈伯斯大刀闊斧的砍掉一些預算，但是拉塞特求他把省下來的錢供他拍攝下一支影片，他總是會點頭答應。

死對頭史密思

賈伯斯和皮克斯的關係，並非始終水乳交融。他碰到最嚴重的衝突，來自卡特慕爾的創業夥伴史密思。出身德州北部浸信會的史密思，長大後轉而擁抱自由精神，成了嬉皮電腦影像工程師。他塊頭大、笑聲宏亮，個性鮮明，自我意識也很強。行銷總監克爾文說：「史密思渾身散發光和熱，臉色紅潤，面帶笑容，開會時總有一群支持者。史密思這種人不怕惹毛賈伯斯。他們兩個人都有遠見、精力充沛，自我主張也很強。史密思不像卡特慕爾一樣願意和平處事，他看不慣的絕不放過。」

在史密思眼裡，賈伯斯有領導魅力，也因太過自我而濫用權力。史密思說：「賈伯斯就像電視上的福音傳道人。他想操縱別人，而我不願當他的奴隸，這就是我們起衝突的原因。卡特慕爾比較隨和，願意配合他。」賈伯斯在會議中，有時會說出過分或違背事實的話當開場白，以便宣示掌控權。史密思很喜歡當場戳破他，然後大笑，接著裝傻，讓賈伯斯很不是滋味。

某次開會時，賈伯斯對史密思和其他皮克斯高層破口大罵，因為他們拖延了許久，依舊搞不定新一代皮克斯圖像電腦的電路板。這時，NeXT 的電路板其實也沒做出來。史密思挑明了說：「喂，NeXT 的電路板不是搞更久，你就別挑我們毛病了。」結果賈伯斯氣得七竅生煙 —— 或用史密思的說法，是氣到「完全失去理智」。史密思一旦自覺受到攻擊或挑釁，他的西南部口音就出來了，這時賈伯斯會學他的腔調，冷嘲熱諷。史密思說：「這根本欺人太甚，太過分了。我氣炸了什麼話都罵出口，於是我們幾乎是貼上對方（大約只隔一掌寬）互相叫罵。」

賈伯斯開會時，一定要把白板據為己有，不輕易讓人使用。史密思這大塊頭會推開他，逕自寫白板。賈伯斯吼叫：「你給我住手！」

「嗄？」史密思回嘴：「我不能寫你的白板？胡扯。」賈伯斯氣得當場離席。

史密思最後還是離職，自創軟體公司，專攻電腦繪圖和影像編輯。他在皮克斯自創的一些程式碼卻無法使用，因為未得賈伯斯同意。這下兩人樑子結得更深了。卡特慕爾說：「史密思後來還是得到他想要的東西，但他有一年壓力大到得了肺炎。」史密思最後還是獲得命運之神的眷顧，微軟買下了他的公司。

在電腦界，史密思算是很特別的人物，因為他創立了兩家公司，一家賣給賈伯斯，另一家則賣給蓋茲。

「小錫兵」立大功

即使在經營順利的時候，賈伯斯就習慣刁難人，經營不順時更變本加厲。不久，他發現皮克斯的硬體、軟體和動畫三個部門都在賠錢，臉色變得非常難看。他回憶說：「這都是我要推的計畫，搞得我不得不掏出更多錢。」他會拍案怒罵，罵完了還是得撥款。他已經被蘋果掃地出門，NeXT 又出師不利，實在禁不起第三個打擊。

為了減少損失，賈伯斯下令大幅裁員，而且祭出他一貫毫不留情的手段。克爾文說：「對那些被裁的員工，賈伯斯全然不管他們的感受，也沒給出應有的補償。」賈伯斯堅持裁員計畫立即生效，而且不發離職金。克爾文找賈伯斯去停車場散個步，要求給員工兩星期的緩衝期。賈伯斯說：「好吧，裁員通知回溯到兩星期前，他們今天還是得走！」當時，卡特慕爾在莫斯科，克爾文心急如焚打了好幾通電話，請他趕快回來。卡特慕爾回來之後，設法訂定離職金計畫，讓被裁員工起碼能領到一點補貼，事情才稍微平靜下來。

為了開拓財源，皮克斯的動畫團隊試圖說服英特爾，讓皮克斯製作英特爾的廣告，但合作案敲不定，讓賈伯斯很不耐煩。有一次開會時，他大聲斥責英特爾的行銷總監，然後拿起電話直接打給英特爾執行長葛洛夫（Andy Grove）。葛洛夫仍舊以導師自居，試圖教賈伯斯一課：在外人面前，他是完全支持英特爾主管的。葛洛夫回憶說：「我當然要挺我的員工。賈伯斯不喜歡我們把他當成供應商。」

皮克斯開發出一些強大的軟體，並鎖定一般消費者，或至少是那些和賈伯斯一樣對設計有興趣的消費者。賈伯斯依然希望，在家製作超擬真 3D 影像的能力，會成為電腦排版的熱潮之一。例如，皮克斯的 Showplace 軟體即可改變 3D 物體的明暗，並顯示物體在各種角度之下的陰影。雖然賈伯斯認為這是很酷的工具，但一般消費者並不需要這種軟體。可見，賈伯斯的熱情有時會使他盲目。這種繪圖軟體具有很多驚人的特色，但欠缺賈伯斯一向要求的簡約。這一點，皮克斯比不上 Adobe，Adobe 的軟體沒那麼複雜，價格也便宜多了。

即使皮克斯的軟體和硬體部門都岌岌可危，賈伯斯還是不遺餘力保護動畫部門。對他而言，這個部門猶如一座神奇的藝術小島，帶給他深度的情感撫慰，他願意好好栽培這個部門，並押上公司的籌碼。

1988 年春，由於現金不足，賈伯斯不得不召開會議，進一步縮減支出。會議結束之後，拉塞特和他的團隊想爭取再拍一部短片的資金，但不知如何啟齒。他們最後還是提出了計畫。賈伯斯聽了之後，不發一語，看起來心存疑慮，因為這個計畫需要他再從口袋掏出 30 萬美元。他考慮了半晌，要求看看分鏡腳本。卡特慕爾帶他到動畫部門，拉塞特拿出分鏡腳本，自己配音說故事。賈伯斯看到他對作品的熱情表露無遺，心中不安也慢慢消退。

這個故事就是「小錫兵」，以拉塞特喜愛的經典玩具為主角，講一個身上背了多種樂器的小錫兵和嬰兒相遇，小錫兵覺得嬰兒很可愛，但後來被嬰兒嚇到，連忙躲到沙發底下，結果在那裡發現其他被小嬰兒嚇壞的玩具。最後嬰兒撞到頭，哇哇大哭，於是小錫兵又現身安慰他，逗他開心。

賈伯斯說他願意出錢。他說：「我相信拉塞特所做的事。那是藝術，是他在意的東西，而我也在意。他要做什麼，我總是贊同。」拉塞特的獨腳戲唱完後，賈伯斯特別對他說：「我只有一個要求：請做出偉大的作品。」

「小錫兵」後來贏得1988年奧斯卡最佳動畫短片獎。在此之前，沒有任何完全以電腦製作動畫的短片能拿下小金人。賈伯斯帶拉塞特和他的團隊到舊金山一家高級素食餐廳慶祝。拉塞特舉起桌子中央的小金人，向賈伯斯致謝，說道：「你唯一的要求，就是要我們做出偉大的電影。」

這段時間，迪士尼的新團隊——執行長艾斯納和電影部門的卡森伯格，想邀請拉塞特回迪士尼。他們很喜歡「小錫兵」，認為故事還可以進一步發展，對玩具像人一樣有七情六欲這方面，再多著墨。但是拉塞特為了感謝賈伯斯的知遇之恩，謝絕迪士尼的挖角，他認為只有皮克斯，可以讓他開創電腦動畫的新世界。拉塞特告訴卡特慕爾：「我去迪士尼，可以當導演，但我留在皮克斯，可以創造歷史。」

迪士尼見無法說動拉塞特，只好跟皮克斯談合作計畫。卡森伯格說：「拉塞特短片述說的故事非常吸引人，電腦動畫技術更是爐火純青。我想把拉塞特找回來，但他對賈伯斯和皮克斯忠心耿耿。有句話說，要是打不贏，就合作吧。於是我們決定和皮克斯合作，請他們幫我們製作，以玩具為主題的動畫電影。」

賈伯斯如今挹注在皮克斯的資金，已將近 5,000 萬美元，他離開蘋果時的資產已耗掉一半以上，更何況 NeXT 還在燒錢。賈伯斯不得不露出殘酷的一面：他可以在 1991 年增資，讓公司繼續營運，但皮克斯所有員工必須放棄認股權。然而，賈伯斯也有浪漫的一面，他深信藝術與科技結合，必能創造出偉大的成品。只是他以為，一般消費者會喜歡用皮克斯繪圖軟體做出 3D 圖像，結果證明他看錯了。但賈伯斯的另一個銳利直覺，卻很快抓到新趨勢：偉大藝術和數位科技結合，將使動畫電影脫胎換骨，這也是 1937 年迪士尼製作「白雪公主」以來最大的突破。

回首過去，賈伯斯說，要是他當初能看出這樣的趨勢，就會早一點聚焦動畫部門，不必為皮克斯的軟硬體傷神。但從另一個角度來看，要是他早知道皮克斯的軟硬體不會賺錢，也就不會砸下巨資挹注皮克斯了。他說：「冥冥中，我好像給牽著鼻子，走上這條路。或許，這樣更好。」

20

凡夫俗子

愛，不可說*

1991年，賈伯斯與蘿琳。

* 譯注：〈愛，不可說〉（Love is just a four letter word），這是巴布狄倫在1965年前後所寫的一首歌曲。狄倫更改多次，一直未能完成，瓊拜雅偷偷拿去唱。後來，狄倫在收音機聽到這首歌，打電話給瓊拜雅，說這首歌曲寫得很棒。瓊拜雅說，你忘了，那是你自己寫的。「愛，不可說」典出田納西．威廉斯的劇作「國王大道」。

瓊拜雅

1982 年，賈伯斯還在研發麥金塔時，民謠歌手法琳娜發起送電腦到監獄的慈善活動，賈伯斯共襄盛舉，並經她介紹，認識了她姊姊瓊拜雅。幾個星期之後，賈伯斯和瓊拜雅在庫珀蒂諾共進午餐。「我其實沒什麼特別期望。但瓊拜雅真是出人意表的聰慧，而且幽默。」

那時，賈伯斯和女友雅辛斯基瀕臨分手。雅辛斯基是帶有玻里尼西亞與波蘭血統的美女，任職於麥肯納公關公司。賈伯斯和雅辛斯基曾一起去夏威夷度假，在聖塔克魯茲山區的洛斯嘉圖斯共築愛巢，還一起去聽瓊拜雅的現場演唱會。後來兩人濃情轉淡，賈伯斯對瓊拜雅也愈來愈著迷。他二十七歲，瓊拜雅四十一歲，之後交往了好幾年。賈伯斯回憶起來依然神往：「我們認識只是偶然，結果對彼此愈來愈認真，後來從朋友變成戀人。」

賈伯斯大學時期的朋友伊莉莎白認為，他和瓊拜雅會在一起，除了瓊拜雅美麗、有才情、有幽默感，另一個原因就是她曾是巴布狄倫的情人。伊莉莎白後來說：「賈伯斯崇拜狄倫，因此他覺得這樣的連結很妙。」瓊拜雅和狄倫在 1960 年代初期相戀，後來以朋友的身分一起巡迴演唱，包括 1975 年的「Rolling Thunder Revue」。（這些演唱會側錄帶，都在賈伯斯的珍藏之中。）

瓊拜雅認識賈伯斯的時候，兒子已經十四歲了。他叫嘉布里爾，是她與反戰份子的前夫哈里斯的愛情結晶。她與賈伯斯共進午餐時，跟賈伯斯說她正在教嘉布里爾打字。賈伯斯問：「用打字機嗎？」她說，是的。賈伯斯接著說：「打字機已經是過時的東西。」

她問：「如果打字機過時了，那我呢？」賈伯斯一時語塞。瓊拜雅後來告訴我：「我一說出口，就知道答案再明顯不過。那個問題就這麼懸在半空中，讓我不寒而慄。」

有一天，賈伯斯突然帶瓊拜雅到辦公室，展示麥金塔原型機給她看。麥金塔團隊的每一個人都覺得不可思議，賈伯斯向來不遺餘力保守祕密，怎麼會讓一個外人看麥金塔？可她不是一般人，民謠天后大駕光臨，讓麥金塔團隊目瞪口呆。賈伯斯送嘉布里爾一部蘋果二號，後來又送瓊拜雅一部麥金塔。賈伯斯常去瓊拜雅的家，展示他喜歡的幾個特殊功能給她和她兒子看。她說：「他人很好，又有耐心，但他具備的電腦知識太豐富，而我又一竅不通，為了教我怎麼使用，他著實花了好多腦筋。」

賈伯斯白手起家，蘋果上市之後，他一夜之間成了百萬富翁，而瓊拜雅雖是聞名全球的歌手，卻一直簡樸度日，並沒有想像中富有。當時她不了解賈伯斯是什麼樣的人，將近三十年後談到他，依然覺得他像是謎。

瓊拜雅說，他們剛交往時，賈伯斯在一次晚餐時提到雷夫羅倫（Ralph Lauren）和他的 Polo 衫專賣店。瓊拜雅說沒去過。賈伯斯說：「雷夫羅倫有件紅色洋裝很適合你。」接著，他們開車去史丹佛購物中心的雷夫羅倫專賣店。瓊拜雅回憶說：「我對自己說，哇，太酷了，我和全世界最富有的男人交往。他想要我擁有這件美麗的洋裝。」走進那家專賣店後，賈伯斯為自己買了好幾件襯衫，要瓊拜雅去看那件紅洋裝，說她穿起來一定很好看。她也有同感。接著他說：「你應該買下來。」她有點驚訝，說道這洋裝太貴了，她買不起。但他一句話也沒說，兩人就離開那家店了。

瓊拜雅問我：「你不覺得，如果有個人像那樣說了一整晚，他就應該會買給你嗎？」她似乎真的大惑不解，說道：「這就是那個紅洋裝之謎。我一直覺得這事有點奇怪。」他送她電腦，但不送她洋裝，他送她花的時候，還附帶強調那些花是公司辦活動之後留下來的。她說：「他似乎是很浪漫的人，可又不想做出浪漫舉動。」

賈伯斯研發 NeXT 電腦的時候，曾到瓊拜雅在伍得塞德的家，讓她看看這部電腦處理音樂的能力。她回憶說：「他用電腦播放布拉姆斯的四重奏，告訴我有一天電腦播放出來的音樂，聽起來將會比現場演奏還棒，還說電腦掌握節拍與樂曲風格會更為精準。」她聽了覺得很倒胃口。「他愈講愈興奮，我則氣得發抖，心想：你怎麼能這樣褻瀆音樂？」

賈伯斯曾對柯爾曼和霍夫曼這兩位女同事，提到他和瓊拜雅的關係，他擔心若要娶瓊拜雅，她兒子都大了，可能不會想再生了。霍夫曼說：「有時，賈伯斯會說，她只是個『異議』歌手，不像狄倫是真正的『政治』歌手，透過歌曲進行政治抗議與社會評論。但她不是弱女子，不是賈伯斯可以掌控的女人。他還說，他想要結婚生子，如果跟瓊拜雅在一起，恐怕不能擁有他想要的婚姻生活。」

因此，大約三年後，兩人由情人變成朋友。賈伯斯說：「我以為我愛她，其實我只是很喜歡她。我們注定無法結合。我想要小孩，但她不想再懷孕了。」

瓊拜雅在 1989 年出版的回憶錄中，談到她和前夫仳離的經過，以及為何不再婚。她在書上寫道：「我喜歡孤獨，這就是為什麼我到現在還形單影隻。偶爾有人會與我同行，但那大多只是野餐。」在這本書最後的謝辭，她特地提到賈伯斯：「感謝賈伯斯在我家廚房裝了一台電腦，強迫我學會使用電腦打字。」

尋找生母和妹妹

賈伯斯三十一歲那年，也就是離開蘋果一年後，他的養母克蕾拉因為菸抽得太兇，得了肺癌。他在她的病榻旁陪她，在她耳邊輕言細語，還問了多年來他一直想問又不敢問的問題。他問：「你和爸爸結婚的時候，還是處女嗎？」儘管言語困難，她還是擠出一絲微笑，告訴他實情：在她與保羅．賈伯斯結婚之前，她已結過婚，但她丈夫在前線戰死了。她還說了當初收養他的一些細節。

差不多在那時候，賈伯斯已打聽到他生母的下落。他從 1980 年初就雇用一個私家偵探，但是一直沒有查出結果。後來，賈伯斯注意到他的出生證明書上，有一位舊金山醫師的名字。賈伯斯說：「我從電話簿找到這個醫師的電話，於是打電話給他。」醫師告訴他，他的出生資料已在火災中焚毀。

其實不然。在接到賈伯斯的電話之後，醫師寫了一封信，放入信封裡封起來。信封上寫著：「在我死後，把這封信寄給史帝夫．賈伯斯。」不久，這位醫師離開人世，他的遺孀把信寄給賈伯斯。醫師在信中解釋，他的生母是威斯康辛人，名叫裘安．許爾博，是個未婚懷孕的女研究生。

賈伯斯雇用另一個私家偵探，花了幾個月的工夫，才追查出她的一切。裘安把他生下來，交給賈伯斯夫婦撫養之後，嫁給他的生父江達里，不久兩人又生下一個女孩，名叫夢娜。五年後，江達里拋棄裘安母女，後來裘安嫁給外向開朗的溜冰教練辛普森（George Simpson）。這段婚姻一樣無法長久。1970 年兩人離婚後，裘安就帶著夢娜，前往洛杉磯開展新生活。（這時，這對母女還是用辛普森的姓氏。）

賈伯斯不敢讓他的養父母知道，他在追查他生母的下落，賈伯斯很少會這麼貼心，這顯示他深愛養父母，不願讓他們傷心。所以一直到 1986 年初，克蕾拉過世後，他才與生母連絡。他說：「我擔心他們誤以為我沒把他們當父母看，其實他們才是我心目中真正的父母。我很愛他們，因此不敢告訴他們我在找尋生母的事。如果有記者挖掘出我的身世，我甚至請他們幫我保守祕密。」克蕾拉去世後，賈伯斯讓保羅知道他已找到他的生母。保羅很坦然，還說如果他要與生母連絡，也沒關係。

於是，有一天賈伯斯打電話給裘安，表明自己的身分，而且想去洛杉磯跟她見面。賈伯斯後來說，他完全是基於好奇才這麼做。「我相信後天環境對個人特質的影響，遠大於遺傳，但還是很想知道自己身世的根源。」他要裘安放心，她當初並沒有做錯。「我想見我的生母，主要是想知道她過得好不好，謝謝她把我生下來。要是她當年墮胎，就沒有今天的我了。那時她才二十三歲，為了把我生下來，必然歷盡千辛萬苦。」

賈伯斯來到裘安在洛杉磯的家，母子相認那一刻，她非常激動。她知道兒子現在既有錢又有名，然而還不大了解他是怎麼成功的。她講述當時要把他送人領養，實在萬分不捨，得知他的新父母保證會好好把他撫養成人，才願意在出養同意書上簽字。她常常想到他，一想到自己狠心把他拋棄，就心如刀割。她一再道歉，賈伯斯則說沒關係，他能諒解，再說養父母對他真的很好。

裘安平靜下來之後，告訴賈伯斯，他還有一個同父同母的妹妹夢娜・辛普森。她是新秀作家，目前住在曼哈頓。裘安從未告訴夢娜，她還有一個哥哥。

賈伯斯走了之後，裘安打電話給夢娜，說道：「你還有個哥哥。他可是個大名人，我想帶他去紐約和你見面。」夢娜那時正在寫一本小說《遠走高飛》（*Anywhere But Here*），講述她母親帶她一路從威斯康辛，長途跋涉到洛杉磯的經過。凡是看過這本小說的人，都可以想像裘安如何用神祕兮兮的口吻，對夢娜說起她哥哥的事。她不肯透露他的姓名，只說他曾經很窮，現在不但帥氣而且名利雙收，頭髮又長又黑，住在加州。

夢娜當時在普林浦頓（George Plimpton）創辦的文學雜誌《巴黎評論》任職，辦公室就在曼哈頓東河附近，是普林浦頓自有公寓的一樓。她和同事開始玩一個遊戲：「猜猜看，誰是夢娜的哥哥？」很多人都猜是約翰屈伏塔，其他幾個演員也是熱門人選。有人曾拋出這麼一個答案：「也許是創辦蘋果的那個人。」然而，那一票文藝青年沒人想起來，蘋果創辦人叫什麼名字。

賈伯斯與他的生母和妹妹，相約在聖瑞吉斯飯店大廳見面。夢娜發現她的哥哥果然是蘋果的創辦人。她說：「他很坦率、可愛，是個平凡可親的人。」他們坐在大廳聊了幾分鐘，之後賈伯斯就帶他妹妹出去散步。賈伯斯沒想到這個妹妹有很多地方跟他相像：兩人都對藝術專注、對環境有敏銳的觀察力、性情敏感而且意志堅強。在前往餐廳的路上，他們都注意到相同的建築細節或有趣的東西，之後談得興高采烈。賈伯斯後來興奮的告訴蘋果的人：「我有個作家妹妹！」

1986年底，夢娜出版她的第一本小說《遠走高飛》，普林浦頓為她辦了一場盛大的派對，賈伯斯也飛來紐約陪她出席，自此這對兄妹也就愈來愈親近。然而，鑑於兩人的身分以及相認的過程，這段兄妹之情比較複雜，是可想而知的。

賈伯斯後來說：「我突然走入夢娜的生命，加上她看到母親那麼愛我，起先她實在有點不適應。但我們愈來愈了解彼此之後，就像真正的知己，她已成了我的家人，如果沒有她，我還真的不知道該怎麼辦。我無法想像能有更好的妹妹。我還有一個妹妹佩蒂，也就是保羅和克蕾拉在我之後領養的女兒，但我一向跟她不親。」夢娜雖和哥哥感情很好，有時也很保護他，但她後來還寫了一本關於他的尖銳小說《凡夫俗子》，書中描述了他對於精確這回事的怪異堅持。

這對兄妹很少發生爭執，比較嚴重的一次是針對夢娜的衣著。她不重視打扮，就像一個窮作家，賈伯斯常批評她的穿著不但沒有品味，簡直「難以入目」。有一回調侃得過火，夢娜忍不住寫信反擊。「我是個年輕小說家，我愛怎麼過日子，沒人管得著。再說，我又不想當模特兒。」

他沒回信。不久，夢娜收到三宅一生專賣店寄來的一個大盒子。三宅一生利用科技生產特別的針織布料，風格獨特，一直是賈伯斯最欣賞的設計師。夢娜說：「他親自去幫我買衣服。他眼光很好，挑選的式樣、顏色都沒有話說，而且正是我的尺寸。」他特別喜歡一套褲裝，一次買了一模一樣的三套給她。

賈伯斯說：「我還記得我送給夢娜的第一批套裝。褲子是亞麻材質，上衣是淡淡的灰綠色，和她的紅髮很配。」

消失的父親

夢娜也一直在追查生父的下落。她五歲時父親就離她而去。

她透過紐約兩位知名作家奧莱塔與皮勒吉的介紹，認識了一個私家偵探。這個偵探本來是紐約警察，退休後開了徵信社。夢娜回憶說：「我把僅有的一點錢都付給他了。」但這次的追查一直沒有結果。後來她又在加州找到另一個私家偵探，那偵探從汽車監理所那邊下手，終於找到江達里在沙加緬度的地址。夢娜把結果告訴她哥哥，然後從紐約飛到加州，跟他們的父親見面。

但是賈伯斯不想見生父。他後來的解釋是：「他對我不好。我對他沒有成見，我很開心自己能活著。讓我難過的是，他對夢娜也不好，還拋棄了她。」賈伯斯雖然也有一度不承認麗莎是他女兒，但現在他正努力修復他們父女的關係。然而，他並沒有因為這段經歷而改變他對生父的態度。夢娜於是獨自前往沙加緬度去見父親。

夢娜說：「我們倆都很緊張。」她父親在一家小餐館工作，他似乎很高興見到她，然而卻不太主動問起他們的過去。他們聊了好幾個小時。他說，自從他離開威斯康辛，就不再教書，改做餐館生意。他的第二次婚姻沒維持多久，後來又再娶一個年紀較長的有錢女人，他始終沒再生小孩。

賈伯斯要求夢娜別提到他，所以她沒有提。但她父親卻不經意的提到，在她出生之前，他和裘安還生了一個男孩。夢娜問：「那個男孩呢？」他答道：「我們把他送人領養之後，就沒再見過他了。他就這麼消失了。」夢娜的心抽了一下，但什麼也沒有多說。

接著，更令人震驚的真相逐步曝光。江達里提到他以前經營過的餐廳。他說，有幾家甚至比沙加緬度這家餐廳還高級。他眉飛色舞的談到當年的榮景。他說，真希望夢娜能看到他在聖荷西北邊經營的一家地中海料理餐廳。他說：「那地方真的很棒。很多矽谷的風雲人物都常去那裡用餐，包括史帝夫・賈伯斯。」夢娜驚訝得說不出話來。他又說：「噢，是的，他是我們的常客。他人很好，小費給得很大方。」夢娜好不容易才忍住這句：賈伯斯就是你兒子！

夢娜與父親道別後，偷偷溜到餐廳附近的公用電話亭，打電話給賈伯斯，約他在柏克萊的羅馬咖啡館碰頭。這次，賈伯斯甚至帶他女兒麗莎前來。麗莎已經上小學，跟母親克莉絲安一起住。賈伯斯帶麗莎來到咖啡館的時候，已將近晚上十點，夢娜把她和江達里碰面的經過，一五一十的告訴他。夢娜提到聖荷西附近那家餐廳時，賈伯斯真是嚇了一跳。他還記得曾去那裡吃飯，甚至跟老闆說過話，沒想到那個人就是他的生父。

賈伯斯後來說：「太不可思議了！我去過那家餐館幾次，記得那老闆是敘利亞人，我們還握過手。」

然而，賈伯斯還是不想見他。他說：「我那時已經很有錢，我擔心他會勒索我，或是對媒體說出我的身世，因此我要求夢娜千萬別對他提起我的事。」

夢娜未曾對父親說過賈伯斯的事，但幾年後，江達里在網路上看到他和賈伯斯的關連（有一個部落客發現，夢娜在參考資料提到她的生父是江達里，由此推論，江達里應該也是賈伯斯的生父）。那時，江達里已梅開四度，在雷諾西邊的榮城賭場酒店擔任餐飲部經理。2006 年，他帶著新任老婆去紐約看夢娜，終於提出這個問題：「我和賈伯斯是什麼關係？」

夢娜證實賈伯斯就是他兒子，而且老實告訴他，賈伯斯不想和他見面。江達里似乎很認命。夢娜說：「我父親對人體貼，很會說故事，也很逆來順受，他從此不再提這件事，也不曾連絡史帝夫。」

夢娜在 1992 年出版的第二本小說《消失的父親》，寫的就是這段找尋父親的經過。（賈伯斯說服為 NeXT 設計商標的設計大師藍德，為她的新書設計封面，但夢娜說：「那個封面醜死了，我們根本沒採用。」）夢娜也追查江達里家族成員在敘利亞哈馬城和美國的近況。2011 年，她已動筆寫另一本小說，描寫自己的敘利亞根源。敘利亞駐華盛頓大使曾為她舉辦派對，來賓包括她的一位表哥和表嫂，他們特地從定居地佛羅里達飛來參加。

夢娜一直以為，賈伯斯總有一天會和江達里見面，然而他一直興趣缺缺。2010 年，夢娜生日那天，在洛杉磯的住處請家人來聚餐，賈伯斯和他的大兒子里德都去了。里德很好奇的看著親爺爺的照片，但賈伯斯視若無睹。他似乎對敘利亞的血統漠不關心。當人們在談話中提到中東時，這個話題似乎吸引不了他，也引不出他通常會有的強烈意見，就連在 2011 年「阿拉伯之春」民主運動橫掃敘利亞之後也一樣。

我問他，歐巴馬政府是否應該對埃及、利比亞和敘利亞多加干預。他只說：「我想，根本沒有人知道我們應該在中東做些什麼。你積極干預會挨罵，袖手旁觀也照樣挨罵。」

反之，賈伯斯和他的生母裘安的關係一直不錯。這些年來，裘安常和夢娜一起去賈伯斯家過耶誕節。雖然家人團聚是溫馨美好的事，有時也會讓人覺得很累。裘安動不動就一把鼻涕一把眼淚，對賈伯斯說她多愛他，抱歉當初把他拋棄。賈伯斯只能一再勸她，沒關係，他一直過得很好。有一年耶誕節，他說：「別再擔心了，我有個快樂的童年，而且已經平安長大成人。」

麗莎

然而，麗莎的童年並不快樂。在她小時候，父親幾乎不曾來看過她。賈伯斯說：「那時，我不想當父親，也就沒想過要負起父親的責任。」他的語氣只有一絲的懊悔。然而，有時他還是覺得心裡過意不去。

麗莎三歲的時候，有一天賈伯斯開車經過他買給她們母女倆住的房子附近，最後決定停下來。麗莎不知道他是誰。他不敢進屋裡，而是坐在門口的階梯上，和克莉絲安說話。這種情景每年大概出現一、兩次。賈伯斯每次總是悄悄的來，和克莉絲安聊了一下，問麗莎可能會進什麼學校等等，然後就開著他的賓士車離開了。

但是到了1986年，麗莎八歲了，賈伯斯比較常來看她。那時，他不再為了麥金塔焦頭爛額或是與史考利權力鬥爭，他已創辦了NeXT。公司總部在帕羅奧圖，工作環境比較平靜友善，離克莉絲安和麗莎住的地方也近。此外，麗莎升上小學中年級之後，不但聰明而且漸漸顯露藝術天分，老師還特別誇獎她的寫作能力。她生氣勃勃，也有點反骨，這點恐怕是來自父親的遺傳。她也長得像她父親，特別是那彎彎的眉目以及臉型的稜角，也有點像中東人。有一天，賈伯斯把她帶到辦公室，讓同事嚇了一大跳。她在走廊玩滑板車，高興得尖叫：「你看！」

NeXT工程師郤凡尼恩還記得，有時他和賈伯斯出去吃晚飯，會在克莉絲安家門口停下來，讓麗莎上車。郤凡尼恩說：「史帝夫對麗莎很好。他和克莉絲安都吃素，但麗莎則什麼都吃。他覺得所無謂，到餐廳還建議她點雞肉。」郤凡尼恩高高瘦瘦，人緣不錯，後來成為賈伯斯的好友。

由於麗莎夾在長年茹素的克莉絲安和賈伯斯之間，吃雞肉於是成了她小小的享受。她後來寫道：「我們在彌漫酵母氣味的店裡，買了羅馬菊苣、藜麥、塊根芹以及有一層角豆膠質的堅果。在那裡買東西的女人都不染頭髮。有時，我們也會吃一些異國美食。還有幾次，我們在一家美食鋪買了一隻香噴噴、熱騰騰的烤雞。那家店有好幾排的雞，在烤爐的鐵架上翻轉。我們就坐在車子裡，用手把錫箔紙袋裡的烤雞扒開來吃。」不過她父親的食癖一發作，就變得極其嚴格。有一次，他們一起吃飯，他才喝下一口湯，知道湯裡摻了奶油，立刻吐了出來。賈伯斯在蘋果的時候，吃東西比較沒那麼挑，之後又開始吃純素。

儘管麗莎還小，她已經知道，賈伯斯的素食習慣反映出一種人生哲學，希望透過禁欲和簡樸的生活，提升性靈的層次。麗莎說：「他相信，旱地也能豐收，克制自己的欲望才能得到快樂。他知道大多數人都不了解的公式：物極必反。」

同理，由於她父親常常不在身邊，冷落了她，偶爾出現在她眼前、對她好，她就格外滿足。麗莎說：「我沒跟他一起住，但他有時會突然在我家門口出現，就像天神降臨一般，於是我們一起度過充滿驚喜的幾小時。」由於麗莎是個有趣的孩子，不久賈伯斯就帶她一起散步。他們甚至會在寧靜的帕羅奧圖老舊街區溜直排輪，也會一起去同事霍夫曼或何茲菲德的家玩。

賈伯斯第一次帶麗莎去霍夫曼的家，敲敲門介紹說：「她是麗莎。」霍夫曼立刻知道她是誰。霍夫曼說：「我一看便知她是他的女兒。那下巴就是賈氏正字標記，除了她，沒有人有那樣的下巴。」霍夫曼透露，她自己的父母在她兒時離異，直到十歲之後，她才知道父親的模樣，因此她鼓勵賈伯斯盡可能對女兒好一點。賈伯斯後來很感謝霍夫曼給他這樣的建議。

他去東京出差，也帶麗莎一起去，入住精緻俐落的大倉飯店。父女倆在地下室優雅的壽司吧用餐，賈伯斯點了一大盤鰻魚壽司。他太喜歡這道壽司，因此把烤得溫熱的鰻魚歸類為素食。鰻魚壽司上面，有一層細鹽和一抹甜甜的醬汁，麗莎還記得那入口即化的口感。她與父親的距離也消失了。她後來寫道：「在吃那幾盤鰻魚壽司時，我第一次感覺和他在一起可以那麼輕鬆、滿足。冷盤沙拉之後，我感受到的是豐盛、溫暖與接納，過去難以企及的封閉空間，頓時豁然開展。他讓自己變得比較放鬆，甚至對挑高天花板下的窄小椅子、食物以及我，都變得和善起來。」

但這對父女的關係並非一直是這麼甜蜜輕鬆。賈伯斯一向反覆無常，對自己女兒麗莎也一樣忽冷忽熱。他有時心情很好，可以跟麗莎玩得很開心，有時則很冷淡，一副心不在焉的樣子。何茲菲德說：「麗莎不知道她父親是不是真的愛她。有一次我去參加她的生日派對，史帝夫應該到的，但我們等了他老半天，他還是沒來。麗莎愈來愈焦急、失望，到他終於現身那一刻，她一整個人的神采都亮了。」

麗莎也學會用變化無常的脾氣來回報他。多年來，這對父女的關係就像雲霄飛車，由於兩人一樣頑固，停留在低點的時間愈來愈長。有一次兩人關係陷入低潮，甚至好幾個月不講話。父女都一樣執拗，不肯先伸出手、道歉或努力修復兩人的關係，甚至在他生病的時候也一樣。

2010年的秋天，我和賈伯斯一起翻看老照片，有一張是他去看麗莎的時候拍的，那時她還只是個小女孩。他說：「那時，我大概很少去看她。」由於他們已一整年沒說話了，我問賈伯斯，他要不要打個電話給她或是寫封電郵給她。他用空洞的眼神看著我，不發一語，過了半晌，又繼續看其他舊照。

多情種子

賈伯斯也有浪漫多情的一面。在他墜入情網時，不管因熱戀而狂喜，或跟女友吵架，他都會告訴他的好朋友。一旦和女友別離，也不管是不是當著別人，就擺出失魂落魄的樣子。

1983 年夏天，他帶瓊拜雅一起出席在矽谷舉辦的小型晚宴。坐在他隔壁的，是一個名叫珍妮佛．伊綆（Jennifer Egan）的賓州大學女學生，伊綆還不知道他是何許人也，她只是利用暑假到舊金山一家週刊工作。那時，他和瓊拜雅都知道自己不年輕了，也不可能永遠在一起。賈伯斯對伊綆一見鍾情，他追查到她的連絡方式，打電話給她，帶她去電報山附近的賈桂琳咖啡館，吃素食舒芙蕾。

在他們交往的那一年，賈伯斯常飛到東岸去看她。有一次他在波士頓主持麥金塔世界大會，竟然當眾表示他在戀愛，必須趕搭飛往費城的班機去看女友，在場的每一個人聽了都很陶醉。他如果在紐約，伊綆會搭火車前去相會，兩人常窩在卡萊爾飯店或是借用廣告公司老闆賽特在上東區的公寓。這對戀人一起去魯森堡咖啡館吃飯，去他準備裝修的聖雷莫雙塔公寓（一去再去），有時也去看電影或聽歌劇（至少一次）。

他和伊綆也經常熱線不斷，每晚講好幾小時電話，他們起爭執的一個話題是他的信念。賈伯斯說，他是學禪的人，因此必須避免被世間的物質牽絆。他告訴伊綆，想買東西的欲望是不健康的，要去除執著、脫離物欲，才能達到開悟的境界。他還寄給她一卷他的禪學老師乙川弘文的錄音帶，內容是講述物欲帶來的問題。伊絪不以為然的說，那他製造讓消費者垂涎的電腦等產品，不正是助長物欲，有違那種哲學？伊絪說：「這種二分法讓他很生氣，我們為此經常激辯。」

最後，賈伯斯對麥金塔的自豪，還是超過禪學信念。1984年1月麥金塔上市，伊絪放寒假，住在她母親在舊金山的公寓。一晚，她母親做東，請客人吃飯，賈伯斯出現在門口時，讓大家嚇了一跳。他們沒想到會看到這麼一位名人。賈伯斯送一部剛出廠的麥金塔給伊絪，幫她安裝在臥室。

賈伯斯對伊絪說，他有預感自己無法活很久，因此急著想把一些事情完成。伊絪說：「他老是有一種急迫感，擔心不趕快把想做的事完成，就來不及了。」1984年秋，伊絪對他言明，她還年輕，不想那麼早結婚，兩人的感情於是漸漸變淡。

1985年初，這段戀情告吹，而賈伯斯與史考利之爭，則漸漸浮上檯面。有一天，賈伯斯在蘋果基金會現身，這個基金會的主要任務是把電腦送到非營利組織。賈伯斯走進某個人的辦公室要跟他談事情，看到他辦公室裡坐著一位體態輕盈的金髮女子，帶著自然純淨的嬉皮風采，又兼具電腦顧問的實事求是。原來她叫瑞思，任職於人民電腦通訊社。賈伯斯說：「她是我所見過最美麗的女人。」

他第二天就打電話給她，約她共進晚餐。她說，不行，她跟男友住在一起。幾天後，他帶她到附近的公園散步，又說要請她吃飯。這次，她回去告訴她男友，說她會赴約。瑞思是一個誠實開朗的女人。跟賈伯斯吃飯後，她哭了，她知道她的人生即將出現巨變。後來果真如此。不到幾個月，她就搬進賈伯斯在伍得塞德的家。賈伯斯後來說：「她是我第一個真正深愛的女人。我們的關係非常親密，她也是最了解我的人。」

瑞思來自問題家庭，賈伯斯把他自己被親生父母棄養的痛苦說給她聽。瑞思說：「我們倆在童年都曾歷經創傷。他說，我和他都命運多舛，因此我們是天造地設的一對。」他們的戀情有如天雷勾動地火，常在眾目睽睽之下表現出濃情蜜意，NeXT 員工都記得他們在公司大廳熱情擁吻的樣子。

但這對戀人吵起架來也是不管三七二十一，在電影院裡吵，家裡有客人的時候也曾大吵特吵。不過，賈伯斯經常讚嘆她純真自然，也灌輸她各種靈性特質。談到賈伯斯為何迷戀超凡出塵的瑞思，務實的霍夫曼指出：「在賈伯斯眼中，脆弱和神經質都會變成靈性上的優點。」

賈伯斯在 1985 年被趕出蘋果之後，瑞思陪他一起去歐洲進行療傷之旅。某天晚上，他們站在塞納河的一座橋上，聊起一個浪漫而非認真的想法：或許他們該在法國住下來，永遠不回美國也沒關係。瑞思很想這樣，但賈伯斯不肯，他雖然受挫，但仍野心勃勃。賈伯斯告訴瑞思：「你可以從我的行動，看出我是什麼樣的人。」到頭來，兩人黯然分手，但還是像知己一樣互相關心。

二十五年後，她寄給他一封懇切動人的電子郵件，提到那次的巴黎之行：

1985 年夏天，我們並肩站在巴黎的一座橋上。天色陰鬱，我們倚靠光滑的石欄杆，盯著在腳下翻騰的綠色河水。你的世界雖然天崩地裂，然而平靜下來，恢復秩序之後，你就可以展開人生的新頁。但我想逃離一切，希望說服你與我一起拋開痛苦的過去，兩人在巴黎過著神仙眷屬般的日子。你的世界已然粉碎，我希望我們能一起從黑暗的深淵爬出，到一個沒有人知道我們的地方，隱姓埋名，過著簡樸的生活。我可以為你煮簡單的飯菜，每天就像玩扮家家酒一樣甜蜜。你曾笑著說：「怎麼辦？公司不願雇用我了。」我想，那時你該考慮過，跟我一起過與世無爭的日子。在那一刻，我們對未來徬徨之時，我一廂情願的希望我們可以一起在法國南部的農莊，過著簡簡單單的生活，直到我倆白髮蒼蒼，兒孫滿堂。這樣的人生，平靜、溫暖而美好，就像剛出爐的麵包，猶如一個和諧、融洽的小世界。

這段關係時好時壞，延續了五年之久。瑞思討厭伍得塞德那棟空蕩蕩的大房子，賈伯斯於是請了一對既年輕又時髦的夫婦，來當管家兼廚子。這對夫婦以前曾在柏克萊最有名的餐廳潘尼斯之家工作（這餐廳是名廚愛麗絲．華特斯開設的），但他們反倒讓瑞思覺得自己是外人。

她偶爾跟賈伯斯吵架，就回帕羅奧圖住自己的公寓。有一次他們吵得特別厲害，瑞思於是在通往臥室的走廊牆上寫著：「不理不睬也是一種虐待。」賈伯斯雖然讓她著迷，但她也很疑惑，為何他對自己如此漠不關心。她後來曾說，和一個自我中心的人相戀，是極度痛苦的事。她覺得愛上一個無法關心別人的人，就像被打入第十八層地獄，並希望這樣的悲劇別落在任何人身上。

其實，賈伯斯和瑞思的個性在許多方面都不同。何茲菲德後來說：「如果我們把對人的態度看成是光譜，一端是親切，另一端是殘忍，這兩人剛好落在這個光譜的兩個極端。」瑞思的寬厚在大大小小的事情顯露無遺，她會給街友錢，志願幫助精神病患者（她父親也是這樣的病人），甚至對麗莎和克莉絲安示好，希望她們能把她當朋友，她也常勸賈伯斯多花時間陪麗莎。

但瑞思缺乏賈伯斯那樣的雄心壯志，也沒有想要成功的驅動力。賈伯斯喜歡她的空靈脫俗，但這樣的特質，也使他們無法擁有同樣的心靈波長。何茲菲德說：「這段感情可說風雨不斷，因為這樣的個性衝突，他們必然有吵不完的架。」

他們對審美品味也有不同的看法。瑞思認為所謂的審美品味是個人的事，但就賈伯斯所見，在這世上有一種理想的、絕對的美，是所有的人應該學習的。她說他被包浩斯運動影響太深，她回憶：「史帝夫認為我們該教導大眾什麼是美學，教他們如何審美。我則不以為然，我認為我們該用心聆聽自己或別人，讓最本然、最真實的感受，從自己的心中浮現。」

儘管他們在一起好幾年，問題仍無法解決。但是他們一分開，賈伯斯就無法承受思念的煎熬。最後，在1989年夏天，他向瑞思求婚，但她沒辦法答應。她告訴朋友，要是當賈伯斯的妻子，她一定會發瘋。她在一個不正常的家庭成長，她和賈伯斯的關係也有太多類似的問題。她說，他們倆是如此的不同，才會互相吸引，但在一起之後，不只是擦出火花，更有太多的火爆衝突。瑞思後來解釋說：「對賈伯斯而言，我不會是一個好太太。我如果嫁給他，這段婚姻一定會搞砸。就我們的互動來說，我無法忍受他的冷漠。我不想傷害他，可我也不想站在一旁看他傷害別人。那太痛苦了，而且很累。」

他們分手後，瑞思協助創立加州精神病患慈善組織「敞開心靈」（OpenMind）。她從一本精神醫療衛教手冊，看到關於「自戀型人格障礙」的介紹，認為賈伯斯就是很典型的一個例子。她說：「我們經歷的問題，完全符合手冊上的描述。我這才明白，要史帝夫對別人好一點，或是別那麼自我中心，有如希望盲人重見光明。他會對他的女兒麗莎那樣，正因他有那樣的人格障礙。我想，關鍵就在同理心。他是一個無法將心比心的人。」

瑞思後來結婚，且生了兩個孩子，但這段婚姻還是以仳離收場。儘管賈伯斯已經結婚，而且幸福美滿，有時仍會公然表示對瑞思的思念。在他開始與癌症纏鬥之時，瑞思主動跟他連絡，給他支持。她回想起過去和賈伯斯相戀的點點滴滴，仍會情感起伏。她說：「儘管我們倆的價值觀衝突，不可能長相廝守，但這麼些年來，我對他的關心與愛未曾稍減。」

有一天下午，賈伯斯坐在家中客廳，想起瑞思，不禁淚如泉湧。他說：「她是我所見過最單純的人。她充滿靈性，我們曾經擁有的愛也充滿靈性。」他說，他一直覺得遺憾，無法和瑞思相愛到白頭。他知道瑞思也一樣惋惜，但他們倆都同意，這是命中注定。

真命天女

此時，如果有人要為賈伯斯作媒，必然可從他的情史推算出最適合他的女人：聰明、不矯揉做作、強悍到能與他對抗，而且要有超然的個性。賈伯斯欣賞的不是言聽計從的小女人，而是受過良好教育、獨立，但又願意隨時為了丈夫孩子做調整的現代女性。做事務實，但又有點空靈脫俗。她必須精明一點，知道如何馭夫，又不能干涉他太多。如果是身材纖細的金髮美女，當然可以加分，要是有幽默感又喜歡有機素食，那就更理想了。

1989年10月，賈伯斯與瑞思分手之後，一個具有上列特質的女人，剛好走入他的人生。

正確的說，應該是這麼一個女人正好走進教室，準備聽他演講。賈伯斯答應史丹佛商學院擔任「眺望全球」系列演講的主講人之一，在某個星期四晚上演講。蘿琳・鮑威爾是商學院研究所新生，班上有個男同學說服她一起來聽。他們遲到了，一時找不到空位，只好坐在走道上。後來，有人要他們起來，以免擋住走道，他們只得坐在第一排的保留席。

賈伯斯來到之後，就坐在蘿琳的旁邊。他說：「我發現我右手邊有個非常美麗的女孩，我利用等候主持人介紹我上台的空檔，跟她聊了一下。」蘿琳開玩笑說，她參加抽獎活動，結果中獎了，獎項是「和賈伯斯共進晚餐」，才會坐在這個位子上。她說：「他真的很有魅力。」

演講完畢之後，賈伯斯在講台附近停留了一下，和學生聊天。他看到蘿琳離開，然後回來，在人群邊站了一會兒，又走了。他衝出去找她。雖然商學院院長想找他說話，他還是急忙往外邊跑。最後，他終於在停車場追上她了。他說：「等一下，你不是抽到與我共進晚餐的獎項，我該請你吃飯吧？」她呵呵笑開了。他問：「星期六如何？」蘿琳點點頭，寫下自己的電話號碼給他。

接下來，賈伯斯準備開車前往伍得塞德上方的聖塔克魯茲山，NeXT教育銷售小組要在山上的湯瑪斯佛嘉堤酒莊共進晚餐。但他突然停下腳步、回頭。「我想，與其和教育銷售小組吃飯，不如跟她，於是我跑回她停車的地方，說我們今晚就共進晚餐，如何？」她說，好啊。

他們在那個美好的秋夜，走進帕羅奧圖一家名叫聖邁可小巷的素食餐館，一聊就是四個小時。賈伯斯說：「從那一刻起，我們就在一起了，直到今天。」

郜凡尼恩和 NeXT 的同事，一直在酒莊的餐廳等候賈伯斯到來。他說：「史帝夫有時很不可靠，但我打電話給他的時候，我知道這次很特別。」那晚，蘿琳在午夜之後才回到她住的地方。她打電話給她最要好的朋友凱瑟琳·史密斯（Kathryn Smith）。凱瑟琳不在家，蘿琳於是在電話答錄機留言：「你一定不相信今晚發生在我身上的事！你一定不相信我碰到什麼人了！」凱瑟琳第二天早上回她電話，蘿琳對她述說前一晚的「奇遇」。「我們都知道史帝夫。我們都是商學院的學生，當然會對他感興趣。」凱瑟琳回憶道。

但何茲菲德和其他某些人認為，這一切都是蘿琳計劃好的。他說：「蘿琳人很好，但是她也相當工於心計。我想，她從一開始就鎖定賈伯斯了。她的大學室友告訴我，蘿琳蒐集了好幾本賈伯斯當封面人物的雜誌，發誓說有朝一日一定要認識他。如果真是這樣，被操縱的人就是賈伯斯了。真是諷刺。」

但是後來蘿琳堅決否認這回事。她說，她會去聽賈伯斯的演講，都是朋友拉她去的，一開始她還搞不清楚來演講的是什麼人。「我雖然知道那天的演講者是賈伯斯，浮現在我腦海裡的卻是蓋茲的臉。我常把他們兩個搞混了。那時是 1989 年，他在 NeXT 工作，對我而言，還不是什麼了不起的大人物，因此我不是那麼熱中，但我的朋友很崇拜他，於是我們就一起去了。」

蘿琳・鮑威爾

蘿琳・鮑威爾在1963年生於紐澤西，很早就學會獨立。她的父親是海軍陸戰隊的飛官，在加州聖塔安娜墜機身亡。他因飛機故障必須迫降，為了避免飛機墜落在住宅區，波及無辜百姓，只好繼續飛，因此未能及時從飛機彈出，最後機毀人亡。她母親後來改嫁，沒想到遇人不淑，嫁的人是個酒鬼，而且有暴力傾向。由於蘿琳的母親沒有謀生能力，加上要撫養好幾個孩子，只得忍氣吞聲，無法離婚。

蘿琳和她的三個兄弟，在這個可怕的家庭成長，足足有十年之久，一邊應付各種棘手的問題，一邊力爭上游。蘿琳一直很爭氣。她說：「我從人生學到的第一課，就是我得自立自強。我對這一點感到自豪。我認為錢只是自給自足的一種工具，而非我的一部分。」

她從賓州大學畢業後，就在高盛擔任固定收益交易員，經手金額龐大。她的上司想把她留在高盛，好好栽培，但她認為這樣的工作沒多大意義。她說：「你可以做得很好，但只是為公司增加更多的資本。」三年後，她離職了，之後去義大利佛羅倫斯待了八個月，才到史丹佛商學院註冊、就讀。

自從她和賈伯斯在星期四共進晚餐之後，她邀賈伯斯星期六到她住的公寓。她住在帕羅奧圖，閨友凱瑟琳則從柏克萊開車過來，假裝是她的室友，想一睹賈伯斯的本尊。凱瑟琳回憶說，蘿琳和賈伯斯一開始就打得火熱。「他們經常熱吻。賈伯斯已拜倒在蘿琳的石榴裙下。他還曾打電話，問我：『你覺得蘿琳喜歡我嗎？』真沒想到，這種偶像級的人物會打電話給我。」

1989年跨年夜，賈伯斯和蘿琳、凱瑟琳一起去柏克萊的著名餐廳潘尼斯之家用餐。賈伯斯的女兒麗莎也去了，那年她十一歲。吃飯的時候發生了一件事，賈伯斯和蘿琳因此吵架，兩人後來分別離開餐廳。蘿琳那天在凱瑟琳那裡過夜。

第二天早上九點，有人敲門。凱瑟琳前去開門，發現賈伯斯來了。他站在細雨中，手裡拿著在路邊摘的野花。他說：「我可以進去看看蘿琳嗎？」蘿琳還在睡覺，他便走進臥室，關上房門。凱瑟琳在客廳等了兩個小時，不能進房間換下睡衣，最後只好披上一件外套，去皮特咖啡館吃點東西。賈伯斯直到中午過後，才從房間出來。他說：「凱瑟琳，你能過來一下嗎？」於是，三人都在臥室。他說：「如你所知，蘿琳的父親很早就過世了，她母親又不在這裡，而你是她最好的朋友。我想問你一個問題：我想跟蘿琳結婚。你願意祝福我們嗎？」

凱瑟琳爬到床上，坐在蘿琳身邊想了一下，問她：「你覺得可以嗎？」蘿琳點點頭。凱瑟琳宣布：「這就是答案囉。」

然而，那並不是最終的答案。賈伯斯要是對某項事物專注，他的注意力都會放在那項事物上，但過了一會兒，他又會突然別過頭去，相應不理。在工作的時候，他的注意力都集中在他想要的東西上，他想什麼時候要，就一定得要到！然而對其他事情則一副事不關己的樣子，不管別人怎麼說，他都完全沒有反應。

他的私人生活也是如此，有時他和蘿琳會在別人面前表現出濃情蜜意，讓人看了臉紅。像凱瑟琳和蘿琳的母親，都是尷尬的見證人。

蘿琳有時會跟賈伯斯在伍得塞德的大房子過夜。早上，他會把音響開得很大聲，播放年輕善良食人族樂團演唱的〈她讓我瘋狂〉，用這首輕快的情歌把她喚醒。然而，有時候，他好像把她當空氣一樣。凱瑟琳說：「史帝夫是個忽冷忽熱、反覆無常的人。他對你熱情的時候，你會感覺自己像宇宙的中心，但他專注在他的工作時，則會變得很冷漠。他的注意力就像雷射光一樣，你被這道光束照到的時候，會覺得無比明亮，但這道光束離開之後，你就好像身在一個很黑很黑的角落。因此，蘿琳常常不知如何是好。」

1990年元旦，蘿琳接受了賈伯斯的求婚，但接下來的幾個月，賈伯斯完全沒提結婚的事。有一天，他們在帕羅奧圖坐在一個沙池的旁邊，凱瑟琳終於問他，結婚的事他究竟有何打算？賈伯斯答道，他希望蘿琳能適應他的生活，也能了解他是什麼樣的人。9月，蘿琳終於等得不耐煩而搬出去。翌月，他送她一只訂婚鑽戒，她又搬回伍得塞德。

12月，賈伯斯帶蘿琳到他很喜歡的度假地點，也就是夏威夷大島上的柯納村。九年前，他還在蘋果工作，被壓力壓得喘不過氣來，於是要助理幫他找一個度假地點讓他放空。他第一眼看到這個村落時，並不喜歡沙灘上稀稀疏疏聚集的茅屋，那是與人同桌共餐的家庭度假村。但是幾個小時之後，他就發覺這裡才是天堂，此地的簡樸之美，讓他完全放鬆、自在快活，後來他就常來這裡度假。

那年12月，他帶蘿琳來這裡度假，玩得特別開心，他們的愛情也更穩固了。在耶誕夜，他用正式的口吻說他要娶她。不久，蘿琳懷孕了，婚事更是不能再拖。賈伯斯後來笑著說：「我們百分之百確定，這個新生命是在夏威夷受孕的。」

告別單身

儘管蘿琳已有身孕，婚事依然無法拍板定案。即使在 1990 年的元旦和耶誕節，他都向蘿琳求婚，蘿琳也答應了，他又開始三心兩意，甚至不想結婚了。蘿琳在盛怒之下，從賈伯斯的房子搬出去，回到自己的公寓。

有好一陣子，賈伯斯不是繃著一張臉，就是無視蘿琳已經懷孕的事實。他在想，或許他還愛著瑞思，於是送花給瑞思，希望她回到他的身邊，更希望她能嫁給他。他不知道自己想要什麼，問朋友或熟人說，他該怎麼辦才好？甚至提出這樣的問題：瑞思和蘿琳，哪一個比較漂亮？他該娶哪一個才好？

賈伯斯的妹妹夢娜，在《凡夫俗子》這本影射小說，也把這件事寫進去，描述主人翁問了超過一百個人說誰比較漂亮。但那是小說，事實上，他詢問的人應該不到一百個。

還好他最後選對人了。瑞思告訴朋友，就算她回到賈伯斯身邊，恐怕也沒什麼好結果，即使結婚，最後還是會分手。儘管賈伯斯對他和瑞思的靈性之愛念念不忘，但他與蘿琳的關係還是穩固得多。他喜歡蘿琳，也愛她、尊重她，跟她一起覺得很自在。雖然蘿琳沒有瑞思那種空靈的美，卻是安定他人生的錨。

他跟不少女人交往過，從克莉絲安開始，幾乎每一個都是情感脆弱的女人，但蘿琳不同。霍夫曼說：「他能和蘿琳結為連理，可說是三生有幸。蘿琳是個聰明、理智的女人，而且能承受他的成敗起伏和狂暴的性格。」何茲菲德心有同感：「蘿琳不是神經質的女人，史帝夫可能覺得她不像瑞思那麼神祕。這種想法實在很蠢。蘿琳的長相與瑞思神似，但她的個性強悍，和瑞思的纖弱恰恰相反。這就是這段婚姻能夠維繫下去的關鍵。」

賈伯斯也知道這點。儘管他情緒紛亂，他與蘿琳還是克服了種種困難，得以忠貞不渝、白頭偕老。

1991年3月18日，婚禮

郃凡尼恩決定在賈伯斯婚前，為他辦個告別單身派對。由於賈伯斯不喜歡派對，加上朋友不多，要幫他辦這個派對很傷腦筋。他甚至連一個伴郎都沒有。最後參加這個派對的，只有郃凡尼恩和里德學院的電腦科學教授克蘭岱爾（Richard Crandall）。克蘭岱爾只是利用休假到 NeXT 兼差，剛好躬逢其盛。郃凡尼恩租了一輛豪華轎車，開到賈伯斯的家。蘿琳前來應門，她身穿西裝，戴了假鬍子，說她也想參加。這當然是開玩笑的。不久，那三個單身漢就朝舊金山出發了。

賈伯斯喜歡的一家素食餐廳，是在梅森堡的青綠蔬食餐廳，但是郃凡尼恩訂不到位子，只好到一家飯店裡的高級餐廳吃飯。沒想到麵包才上桌，賈伯斯的牛脾氣又來了，他說：「我不想在這裡吃飯。」

郃凡尼恩不知道賈伯斯過去在餐廳發飆的「前科」，見他這副模樣，簡直嚇壞了。賈伯斯不管三七二十一，要他們走人，然後帶他們到北灘的賈桂琳咖啡館，一起享用他最愛的舒芙蕾，這才皆大歡喜。之後，他們開車經過金門大橋，來到蘇沙里多的一間酒吧。他們三個都點了龍舌蘭酒，但淺嚐即止。

郃凡尼恩說：「雖然這個告別單身派對辦得差強人意，但我們已經盡力了。除了我和克蘭岱爾，根本沒有人志願幫忙辦這個派對。」事後，賈伯斯還是很感激郃凡尼恩，甚至要郃凡尼恩去追自己的妹妹夢娜。雖然這事沒有結果，還是可以看出賈伯斯和郜凡尼恩已情同手足。

從選喜帖開始，賈伯斯就給蘿琳碰了個大釘子。喜帖設計師拿了很多樣本到伍得塞德，給這對準新人挑選。伍得塞德的房子沒有椅子可坐，蘿琳於是和設計師坐在地上討論。賈伯斯看了一下，就起身離開房間。她們等了很久，但他一直沒過來。之後，蘿琳才在賈伯斯的房間找到他。他說：「叫她滾蛋。她設計的東西簡直是垃圾，我根本看不下去。」

1991年3月18日，三十六歲的史帝夫·保羅·賈伯斯與二十七歲的蘿琳·鮑威爾，在優勝美地國家公園的阿瓦尼旅館舉行結婚典禮。阿瓦尼旅館建於1920年代，建築呈Y字形，也就是有三個延伸出去的側廳，用了大量的花崗石、混凝土和原木，有裝飾藝術風格，也可以看到工藝美術運動*的影響，旅館的一大特色就是巨大的石頭壁爐。阿瓦尼旅館以景觀壯麗著稱，可從落地玻璃窗觀看優勝美地的地標半圓頂山和瀑布。

參加這場婚禮的親朋好友約有五十人，包括賈伯斯的養父保羅、妹妹夢娜等人。夢娜也帶了她的未婚夫亞波爾（Richard Appel）前來。亞波爾本來是律師，後來改行當編劇，為電視喜劇寫劇本。（亞波爾就是卡通「辛普森家庭」的編劇之一，他把主角河馬的母親取名為夢娜·辛普森，也就是賈伯斯的妹妹的姓名。）

賈伯斯租了一輛大巴士把親友們載過來。他希望婚禮的一切都在他的掌控之中。

婚禮在旅館的日光室舉行。那天，雪下得很大，可從日光室的透明玻璃牆眺望冰河點。賈伯斯恭請他的禪修老師乙川弘文福證。乙川禪師拿著一根木棒，把鑼敲響，然後點上一炷馨香，喃喃唸誦經文。大多數的賓客都聽不懂他在唸什麼。郃凡尼恩說：「我以為他醉了。」當然，禪師沒醉。

婚禮蛋糕也做成優勝美地半圓頂山的形狀，然而這是純素蛋糕，沒有蛋、牛奶或任何加工食材，很多賓客都覺得難以入口。典禮結束，大夥就在附近散步。蘿琳的三兄弟都是彪形大漢，三人開始打雪仗，玩得很瘋。賈伯斯對夢娜說：「蘿琳家的人都是運動健將，我們則是愛好山林那一派的。」

溫馨家園

蘿琳也和賈伯斯一樣喜歡天然食物。她還在商學院研究所念書的時候，就曾在奧德瓦拉有機果汁公司兼職，為公司擬定第一份行銷計畫。嫁給賈伯斯之後，她認為自己的職涯還是很重要。她母親以前就是因為沒有謀生能力，才無法離開會酗酒又暴力的第二任丈夫。

於是蘿琳自行創業，開了一家名叫泰拉薇拉（Terravera）的食品公司，生產有機即食餐點，銷售點遍布加州北部。

由於伍得塞德的大房子在偏遠的山上，加上沒有家具，像是陰森森的鬼屋。這對新婚夫妻決定在帕羅奧圖舊街區，找一間簡單溫馨、適合家庭居住的房子。他們找到的房子位於寧靜的住宅區，沒有高高的圍籬、長長的車道，就是像一般家庭住的房子，一間挨著一間，周遭有適合散步的人行道。

然而那一帶還是住了不少名人，像是獨具慧眼的創投家杜爾

---

* 譯注：工藝美術運動（Arts & Crafts Movement）起源於1861年的英國，反對矯揉做作的維多利亞風格，提倡簡單樸實而實用的中世紀修道院風格。

（John Doerr）、Google 創辦人佩吉（Larry Page）、Facebook 創辦人祖克柏（Mark Zuckerberg）。此外，賈伯斯在蘋果的老戰友何茲菲德和霍夫曼，也住在這裡。賈伯斯後來說：「這裡很適合家居生活，我們的孩子走路就可以到朋友家，因此我們決定住在這裡。」

賈伯斯和蘿琳住的那一間，不是讓人駐足驚嘆的大豪宅。他們的房子建造於 1930 年代，由當地的設計師瓊斯（Carr Jones）所建造的。如果是賈伯斯自己設計的房子，必然走極簡風，或是有現代主義風格，但這棟老房子就像童書裡的英法鄉村小屋一樣溫馨可愛。

這棟房子是兩層的紅磚建築，露出原木屋樑，木瓦屋頂有點弧度。這房子讓人想起英格蘭卡茲沃德鄉間的小屋，也像是有錢哈比人住的地方。只有房子側翼的傳教士風格庭園看得出加州風情。客廳採挑高設計，天花板則呈圓拱形，地板則是磁磚和紅土做的。客廳一端有扇巨大、直通屋頂的三角形窗戶，上面還有賈伯斯買的彩繪玻璃，使客廳看來就像教堂，後來賈伯斯還是換成透明玻璃。他和蘿琳重新裝修過廚房，安裝了一座燒柴的披薩烤爐，也擴大了餐廳空間，好擺放一張長型木桌，一家大小通常在這裡聚集。

重新裝潢本來預計四個月可完成，但賈伯斯一再修改設計，最後拖了一年四個月才完工。他們還買下後方的小房子，把它鏟平成為後院，打造出一座美麗的自然花園，讓蘿琳在這裡蒔花弄草，兼種些蔬菜、藥草。

賈伯斯非常佩服房屋設計師瓊斯利用老材料的巧思，包括磚頭和電話線桿的木頭，打造出既簡單又穩固的結構。廚房的樑木本來是舊金山大橋混凝土基座模板的材料，那座大橋和他們住的房子差不多是同時興建的。賈伯斯指出房子的細節，解釋說：「瓊斯是很謹慎的工匠，而且是無師自通。他注重的是創造力的表現，而不是賺錢，因此不曾變成有錢人。他一生沒離開過加州，而他的點子都是透過閱讀來的，像是讀圖書館裡的書和《建築文摘》。」

至於賈伯斯在伍得塞德的那棟房子，長久以來只有幾樣簡單的家具，包括臥房裡的一個抽屜櫃和一張床墊，充當飯廳的房間則有一張牌桌和幾張折疊椅。由於賈伯斯堅持，他生活周遭的物品必須是他能欣賞的東西，但是很少家具是他看得上眼的，最後房子就變得空空如也。但他現在和太太住在一般住宅區，不久孩子即將呱呱墜地，他不得不妥協。

他們好不容易才買到床組、櫃子和音響，沙發則一直找不到中意的。蘿琳說：「有關家具的理論，我們足足討論了八年。我們不斷自問：沙發的目的是什麼？」購買家電一樣需要哲學思索，不能只是因為想買就買了。多年後，賈伯斯接受《連線》（*Wired*）雜誌訪問時，曾提到他的「洗衣機理論」：

美國人製造的洗衣機和烘衣機根本設計錯誤。歐洲人設計的洗衣機比較好，但洗衣消耗的時間是美國洗衣機的兩倍！儘管如此，和美國洗衣機相比，可省下四分之三的水，殘留的洗劑也比較少。更重要的是，歐洲品牌的洗衣機不會把你的衣服洗成破布。他們的洗衣機，既省水，也不用倒那麼多的洗衣粉，而且洗得更乾淨、衣服也變得更柔軟，只是非常耗時。

我和我太太常討論到我們需要什麼樣的家電，以及該如何取捨。我們也談到設計和家庭價值。我們最在意的是洗衣要多花一倍時間嗎？或者我們希望衣服洗完變得柔軟而且能穿得更久？我們在意洗衣機省水嗎？有兩個星期，我們每天吃晚餐的時候都在討論這些問題。

最後他們買了德國 Miele 牌洗衣機和烘衣機。賈伯斯說：「他們的產品，遠比任何高科技的東西讓我驚豔。」

賈伯斯家中客廳唯一的藝術品，是亞當斯（Ansel Adams）的攝影壁畫「從加州孤松看內華達山脈冬日日出」。這是亞當斯給女兒收藏的作品，但他女兒後來把這幅作品賣了。有次，賈伯斯的管家用濕布擦拭這幅作品，致使表層毀損。神通廣大的賈伯斯竟然找到曾和亞當斯一起工作的人，到家裡來修復這幅壁畫。

賈伯斯這棟在帕羅奧圖的房子，實在簡樸得可以，因此蓋茲和他太太來訪的時候，不可置信的問道：「你們真的都住在這間房子裡？」那時，蓋茲正在西雅圖附近大興土木，要蓋一棟將近兩千坪的豪宅。即使賈伯斯已重返蘋果執掌大權，舉世聞名，身價高達數十億美元，但他的住家不但沒有任何保全人員，也沒請家僕，白天後門甚至沒鎖。

很遺憾、也很奇怪的是，賈伯斯唯一的安全問題來自於史密斯，也就是那個頂著一頭亂髮、臉頰像天使一樣肥嘟嘟的麥金塔軟體設計師。這人也是何茲菲德的死黨，和他住在同一條街上。

史密斯離開蘋果之後，飽受躁鬱症和精神分裂症的折磨。他的病情日益嚴重，有時會脫光衣服在街上漫遊，有時則會敲破車窗或教堂的窗戶。再大劑量的藥物，似乎也控制不了他的行為。他有一次發作，在晚上潛入賈伯斯家的庭院，拿起石頭砸碎玻璃窗，留下不知所云的信件，還曾經把一種叫做櫻桃彈的爆竹，從窗口扔進賈伯斯的家。史密斯後來遭到逮捕，由於他願意接受治療，也就沒被起訴。賈伯斯說：「他是一個天真、很愛開玩笑的年輕人，在某個四月天突然發病。人生最怪異、最悲哀的事，莫過於此。」

史密斯後來服用大量的精神治療藥物，而且完全退縮到自己的內心世界。2011 年仍在帕羅奧圖的街上游蕩，無法與任何人交談，就連何茲菲德也不能跟他說上半句話。賈伯斯很同情他，常問何茲菲德，他能幫上什麼忙。有一次史密斯被捕入獄，不肯說自己是誰。三天後，何茲菲德才發現這件事，於是打電話給賈伯斯，請他幫忙保釋史密斯。賈伯斯幫了這個忙，但他後來問何茲菲德：「如果同樣的事發生在我身上，你也願意照顧我，像你對待史密斯那樣嗎？」

賈伯斯在伍得塞德的房子，離帕羅奧圖約有十六公里，興建於 1925 年，具有西班牙殖民復興風格，共有十四個房間。由於年久失修，賈伯斯想整棟拆掉，在原地建一棟大小只有原來三分之一、擁有日式極簡風的現代住家。但二十多年來，當地的人認為那棟房子是歷史遺跡，有保存價值，呼籲政府插手，不要讓賈伯斯把房子拆掉改建。歷經多年纏訟，直到 2011 年，賈伯斯終於得到重建許可，但是他已經不想大興土木再蓋一個家了。

因為那裡還有一座游泳池，有時賈伯斯還是會利用這個半廢棄的大宅院，開家庭派對。柯林頓當總統時，由於女兒在史丹佛念書，曾和希拉蕊下榻於主屋旁邊一棟興建於 1950 年代的農莊。農莊空空的，沒有任何擺設，因此蘿琳去租了家具和藝術品，以便接待總統伉儷。在總統大駕光臨之前，蘿琳做最後檢查時，發現一幅畫不見了。她很擔心，於是詢問柯林頓的先遣小組和特勤人員發生了什麼事。

有個人把她拉到一旁，在她耳邊悄悄說，因為不久前才爆發陸文斯基（Monica Lewinsky）醜聞，而那幅畫作畫的是掛在衣架上的一件洋裝，很可能會讓人聯想到陸文斯基那件沾到精液的藍色洋裝，因此他們決定把那幅畫藏起來。

父與女

麗莎八年級的時候，她的老師打電話請賈伯斯來學校一趟，告訴他，由於問題嚴重，社會局認為她或許搬出她母親的家會比較好。於是賈伯斯和麗莎一起散步，問她到底是怎麼回事，也歡迎她跟他一起住。

那年，麗莎剛滿十四歲，是個成熟的孩子了，她考慮了兩天，最後決定搬到帕羅奧圖，和賈伯斯與蘿琳住在一起。她已經知道她想住哪一個房間：就是她父親房間隔壁那間。她搬進去之後，有一天沒有人在家，她就躺在地板上，望向天花板，看看那是什麼樣的感覺。

那段時間，克莉絲安想必很難受。有時她會跑到賈伯斯家門口，對他們大聲嘶吼。我後來問她，為什麼她會做出那樣的事，以及促使麗莎搬出她家的一些指控。克莉絲安說，她還搞不清楚那個時期，她究竟是怎麼回事。但後來她寫了一封很長的信給我，她在信上說：

你知道史帝夫如何讓伍得塞德市政府允許他拆掉那棟老房子？那棟房子是有歷史價值的古蹟，伍得塞德有很多人都希望將它保留下來，但史帝夫就是想拆掉，重建一個擁有果園的家。史帝夫放任這房子年久失修，荒蕪髒亂，最後到無法挽回的地步。他的策略就是擺爛，撒手不管。所以，就靠著他什麼都不管，甚至多年來打開窗戶讓風雨進來，這間房子終於搖搖欲墜了。很聰明，不是嗎？現在，他如願以償，可以照他的計畫重建了。

他也是用同樣的手段來對付我。在麗莎十三、十四歲的時候，要她離開我，跟他一起住，於是我變得毫無價值，我的幸福也毀了。他就這樣接二連三的打擊我，也為麗莎帶來更多的問題。雖然這麼做很卑鄙，但他得到了他想要的。

麗莎在帕羅奧圖就讀中學那四年，都住在賈伯斯和蘿琳的家，而且改名為麗莎・布雷能－賈伯斯。賈伯斯雖然盡力想扮演好父親的角色，有時還是會表現得冷漠疏遠。麗莎覺得在這個家待不下去時，就去附近的朋友家住。蘿琳一直待她很好，學校辦活動也都是她出席。

麗莎念十二年級那年，成了學校的風雲人物，不但加入校刊社，還參與學校報紙《鐘塔》的編輯。有個叫班恩・惠立的男同學也是編輯，他就是惠普創辦人比爾・惠立的孫子，賈伯斯的第一份差事就是比爾・惠立給他的。麗莎曾和班恩等人一起揭露學校董事會給行政人員加薪的祕辛。

到了申請大學的時候，她決定去東岸。她在填寫哈佛大學入學申請書時，由於父親出差去了，她就偽造她父親的簽名。而且也順利錄取了，在1996年進入哈佛就讀。

麗莎上了哈佛，一樣投入學校刊物的編務，先後擔任過學校報紙《紅潮》和文學雜誌《倡導者》的編輯。和男友分手後，她在倫敦大學國王學院讀了一年。

在她念大學時期，和父親的關係依然沒有改善。她偶爾回到家裡，父女總是為小事吵個沒完，例如晚餐該吃什麼。賈伯斯也常指責她，說她不關心同父異母的弟妹。最後，兩人陷入冷戰，不再跟彼此說話，常常好幾個星期、甚至幾個月都沒說過一句話。吵得厲害的時候，這對父女簡直就像仇人，賈伯斯甚至不幫她付生活費，使她不得不去跟何茲菲德等人借錢。

有一次她以為父親不幫她付學費，就向何茲菲德借了 2 萬美元。何茲菲德說：「史帝夫知道麗莎向我借錢，對我很生氣，但他第二天就請他的會計，把那筆錢匯還給我。」2000 年，麗莎自哈佛大學畢業，賈伯斯沒參加她的畢業典禮。他說，麗莎沒邀請他去。

但那幾年也有甜蜜的回憶。有一年暑假，麗莎回到加州。電子前線基金會在舊金山著名的菲爾摩廳，舉辦慈善音樂會。死之華樂團、傑佛遜飛船合唱團和吉米罕醉克斯，都曾在這個音樂廳獻藝。麗莎也在這次慈善音樂會上台演出，她唱的是黑人民謠歌手崔西查普曼的歌〈談論革命〉：「窮人將起來反抗，爭取他們應得的……」她在台上高唱那一刻，她父親則抱著一歲大的女兒艾琳，輕輕搖啊搖。

麗莎大學畢業後，搬到曼哈頓當自由作家，和賈伯斯的關係仍時好時壞。由於克莉絲安的關係，父女之間的問題更加嚴重。他曾花 70 萬美元買了一棟房子給克莉絲安母女住，房子登記在麗莎名下，克莉絲安卻說服麗莎簽字，把房子賣掉，然後拿走所有的錢，和一個靈修老師遠走高飛，住在巴黎。錢花光之後，她回到舊金山當畫家，以光和佛教的曼陀羅為主題創作。她在自己的網站宣稱：「我是個『連結者』，也是個有靈視的人，願為人類和地球的未來貢獻一己之力。我在創作時，可以感受一種神聖的震動，並體驗特別的形狀、顏色和音頻。」（那個網站是由何茲菲德幫她維護。）

克莉絲安曾得過嚴重鼻竇炎，牙齒也有問題，需要治療，但賈伯斯拒絕給她醫藥費，麗莎因此氣得好幾年不跟他說話。這對父女的關係一直都是如此，始終沒有太大的轉變。

《凡夫俗子》

夢娜把這些事都寫進她的第三本小說《凡夫俗子》，當然還加上自己的想像。小說出版於 1996 年，書中主人翁無疑是賈伯斯本人的寫照。有些地方的描述的確是事實，例如：賈伯斯有一個非常有才華的友人得了退化性關節炎，他悄悄買了一部特別的車子送給他。此外，她對賈伯斯和麗莎這對父女的描寫也很真確，例如他起先遲遲不肯承認麗莎是他女兒。

但《凡夫俗子》有些地方則明顯是虛構，例如在麗莎很小的時候，克莉絲安就教她開車。書中描述「珍」在五歲那年，獨自開車在山林中尋找父親，當然是不可能的事。

還有一些細節，用記者的行話來說，則是「死無對證」的事，例如小說第一句如此描述主人翁：「他很忙，忙到連上廁所都沒時間沖馬桶。」

表面上看來，這本小說對主人翁的批評似乎有點嚴厲，像他「無法迎合別人的需要或興致」。他的衛生習慣也和賈伯斯一樣讓人不敢恭維。「他認為體香劑根本沒用，他相信只要注意飲食，加上用薄荷橄欖香皂，就不會冒汗，也不會有體臭。」但整部小說的基調卻是抒情的，筆法也很細膩，結局則是主人翁失去他一手創立的公司，學著去愛曾被他拋棄的女兒。最後一個場景，則是主人翁與女兒一起翩翩起舞。

賈伯斯後來說，他沒看過這本小說。他告訴我：「我聽說這本小說是在寫我。如果真的寫我，那我看了一定會氣死，但我不想對我妹妹生氣，因此決定不看。」但他對《紐約時報》的說法又有出入。他告訴記者羅爾（Steve Lohr），在小說出版幾個月後，他已經看了，也從主人翁身上看到自己的影子。他說：「書中對主人翁的描述，約有四分之一的確像我，簡直可說是唯妙唯肖。但是我絕不告訴你，那四分之一在書中的哪裡。」蘿琳則說，賈伯斯瞄了一下那本小說，要她幫忙看看，把心得告訴他，他再決定要看或不看。

在出版前，夢娜就把手稿寄給麗莎。麗莎只看了開頭，就讀不下去了。她說：「我翻開書來看，我的家庭、我的過去、我的私事、我的想法、我自己，全部躍然紙上。那個『珍』就是我。但小說虛虛實實，事實與事實之間夾著虛構，就像三明治一樣。但虛構是如此貼近事實，因此會讓人誤以為真。」

麗莎覺得很受傷。為了解釋這件事，她在哈佛的《倡導者》雜誌發表了一篇文章，語調本來非常憤怒、尖刻，但出版前修改過，免得火藥味太重。她覺得姑姑背叛了她。「我渾然不知，這六年來，姑姑一直在蒐集寫作材料。她不只安慰我、給我建議，也利用我。」

最後，麗莎還是和夢娜修好。她們一起去咖啡館把話說開。麗莎說，她一直沒辦法讀完。夢娜則說，她一定會喜歡這個小說的結局。雖然這麼些年來，麗莎和夢娜不常相聚，但她和姑姑還是比和父親來得親近。

孩子們

1991年春天，賈伯斯與蘿琳舉行結婚典禮，幾個月後，蘿琳就生了。足足有半個月，他們不知要給這孩子取什麼名字才好，只好叫「賈伯斯之子」。

對這對夫妻而言，為孩子命名，差不多和挑洗衣機一樣傷腦筋。最後，他們決定為他取名為里德．保羅．賈伯斯。保羅是為了紀念這孩子的祖父，而叫他「里德」，只是因為這名字好聽，與賈伯斯當年就讀的里德學院，完全沒有關係。

里德和他父親有很多方面都很像，如聰明、優柔寡斷、常目不轉睛的盯著別人，也像他父親一樣迷人。和他父親不同的是，他是個貼心、謙虛的孩子。

里德很有創造力，小時候喜歡穿戲服，扮演另一個角色。他也是個優秀的學生，對科學特別有興趣。儘管他那目不轉睛、盯著人看的樣子，可說是得到他老爸的真傳，但他眼中流露的卻是溫情，沒有一絲殘酷。

1995年，艾琳出生。她是個文靜的孩子，有時會因為得不到父親的關注，而感到落寞。她和她父親一樣，對設計和建築很感興趣，但她後來也學會在情感上，與她父親保持一點距離，免得常因受到冷落而受傷。

最小的孩子伊芙出生於1998年。她是個意志堅定、愛開玩笑、活力旺盛的女孩，不纏人，膽子也大，知道該如何面對她父親，如何跟他談判（有時還能占上風），甚至敢取笑他。她父親常開玩笑說，如果她沒當上美國總統，總有一天還是會成為蘋果的掌門人。

賈伯斯和女兒比較有距離，和兒子里德則很親。但不管再怎麼親，他要是忙起來，總是六親不認。蘿琳說：「他對工作非常專注，陪女兒的時間不多。」有一次，賈伯斯對蘿琳說，瞧，我們的孩子真棒，「尤其是，我們並不是一直陪伴在他們身邊。」蘿琳聽了又好氣又好笑：賈伯斯忘了，自從里德兩歲大，她決定多生幾個孩子，就完全放棄了自己的職涯，待在家裡陪伴孩子。

1995 年，賈伯斯四十歲生日那天，甲骨文執行長艾利森幫他辦了生日派對，邀請科技界的巨星和大亨共聚一堂。那時，艾利森是賈伯斯最要好的朋友，常請他們一家坐上他的豪華遊艇出遊。里德開始以「我們的有錢伯伯」來形容艾利森，可見他父親多低調，從不炫耀財富。

賈伯斯年輕時從禪修學到的一課就是：物欲不但無法豐富人生，而且會使人生變得亂七八糟。賈伯斯說：「我認識的每一個執行長，都雇用了一堆保全人員，甚至住家也少不了保鑣。真是瘋狂。我和我太太想通了：我們不希望如此教育子女。」

21

玩具總動員

巴斯光年與胡迪前來相救

「玩具總動員」上映前，皮克斯團隊成員在播映室內大合影。

暴君卡森伯格

華特．迪士尼說：「明知不可為而為之，別有一番樂趣。」這個態度正合賈伯斯的胃口。賈伯斯非常欣賞華特．迪士尼對細節與設計感的執著，也認為皮克斯動畫工作室與迪士尼創立的電影工作室是天作之合。

迪士尼公司曾經使用皮克斯的電腦動畫製作系統（CAPS），成為皮克斯電腦的最大客戶。一天，迪士尼電影部門主管卡森伯格邀請賈伯斯南下，前往伯班克，參觀當地工作室。跟隨工作人員參觀途中，賈伯斯問卡森伯格：「跟皮克斯合作，你們滿意嗎？」卡森伯格欣然點頭表示肯定，接著賈伯斯問：「你認為皮克斯也滿意嗎？」卡森伯格認為應該也是。「錯了，我們不滿意。」賈伯斯說：「我們要跟你們一起做一部電影，這樣我們才會滿意。」

卡森伯格樂觀其成。他相當欣賞拉塞特製作的動畫短片，曾試圖邀請他回迪士尼卻沒成功。因此，卡森伯格邀請皮克斯人員南下協商合作的可能。皮克斯共同創辦人卡特慕爾、賈伯斯、拉塞特在會議室坐定之後，卡森伯格看著拉塞特，開門見山的表示：「既然你不願意接受我的聘請，那麼我打算換個方式。」

迪士尼與皮克斯有許多氣味相投之處，卡森伯格與賈伯斯之間亦是如此。只要他們願意，都能散發出迷人風采，當興之所至，或利之所趨，他們也能變得非常強悍，甚至帶有攻擊性。即將離開皮克斯的史密思，當時也參加了會議，他回憶道：「我當時的印象就是，卡森伯格與賈伯斯這兩個人很像，都是口才極佳的暴君。」卡森伯格欣然接受這一點，他告訴皮克斯團隊：「大家都認為我是暴君，我的確是，但我的判斷通常是對的。」完全想像得到，能從賈伯斯口中聽到一模一樣的話。

同樣滿腔熱情的兩個人，一協商起來，就耗費了兩個月。卡森伯格堅持迪士尼必須擁有皮克斯製作 3D 動畫的專利技術，賈伯斯不同意，並成功贏得這回合的勝利。賈伯斯同樣有他的要求：皮克斯須持有影片與其中角色的部分所有權，並且共享發行影帶與續集的權益。這回卡森伯格說：「如果你要這個，那我們不必再談，你現在就可以走了。」賈伯斯沒有離開，決定讓步。

拉塞特目不轉睛的看著這兩位精明強悍又神經緊繃的老闆，不斷閃避對方攻擊、隨時見縫插針。他回憶道：「觀看他們交手，我目瞪口呆。就像看了一場劍術高手的對決。」不過卡森伯格是拿著軍刀上場，賈伯斯手中則只有一把鈍劍。當時皮克斯已瀕臨破產，遠比迪士尼更需要這次的合作案。此外，迪士尼的財力足以支應全案所需資金，皮克斯則否。

最後在 1991 年 5 月談成的交易是：迪士尼全數持有影片與其中角色的所有權；支付皮克斯 12.5% 票房收入；擁有創作決定權；有權於任何時間點終止影片製作，且只需支付小額賠償金；有權（但無義務）製作皮克斯後續兩部影片；有權以片中角色製作續集，且無論皮克斯是否參與。

拉塞特提出的點子，名為「玩具總動員」，發想來源出自他和賈伯斯的共同理念：產品都有其存在意義，亦即產品被製造出來的目的。這些物品若有感覺，必然具備了表現本質的渴望。例如，杯子存在的意義是盛水，杯子若有感覺，必定在盛滿水時感到愉悅，滴水不剩時傷心難過。電腦螢幕存在的意義是與人互動，單輪腳踏車存在的意義是在馬戲團供人騎乘，而玩具製造出來的目的就是給孩子玩，玩具最深切的恐懼就是被丟棄，或是讓新玩具給取代。

因此，在這部以友情為主軸的電影中，讓孩子的舊愛與新歡搭檔演出，戲劇性想必極高，特別是當玩具們與主人分開時的互動情節。劇情一開始就點明：「每個人在童年時代，都曾因為失去心愛的玩具而傷心，這個故事從玩具的觀點出發，看它如何在失寵之後，努力贏回最在意的事：主人是否拿它起來玩耍。這是所有玩具存在的目的、情感之所繫。」

經過多番討論，兩位主角最後定名為巴斯光年與胡迪。每隔一兩星期，拉塞特就帶隊向迪士尼說明劇情主軸最新進展，或播放某些片段。初期試鏡時，皮克斯也利用某些場景，展示神乎其技的動畫技術，例如胡迪在衣櫃上快速移動的同時，陽光穿過百葉窗灑進屋內，在胡迪的格紋襯衫上形成陰影；若用手繪方式，幾乎不可能製造出這種效果。

不過要讓迪士尼對劇情感到滿意，可就難多了。皮克斯每次報告進度，卡森伯格都會否決多數劇情，厲聲提出巨細靡遺的批評與指示。一旁還有一群幹部拿著筆記板埋頭記錄，以便後續確認卡森伯格提出的建議都得到確實執行。

卡森伯格最主要的意見，是希望兩位主角的個性更鮮明。這或許是一部名為「玩具總動員」的動畫電影，但不應只以兒童為對象。「起初既沒有戲劇性、沒有故事性，也沒有衝突感，」卡森伯格回顧當時的狀況表示：「劇情根本沒有生命力。」他推薦拉塞特參考幾部經典的共同歷經生死的情義電影，例如「逃獄驚魂」或「48 小時」，都是兩位性情各異的主角給兜在一塊冒險犯難。

此外，卡森伯格也不斷提出他的「鮮明」要求：胡迪面對玩具箱裡新來的巴斯光年，必須表現得更加嫉妒、壞心、暴躁。於是，胡迪有一次把巴斯光年推落窗外後，說：「這是個玩具吃玩具的世界。」

經過了卡森伯格與其他迪士尼主管幾輪意見之後，胡迪本性的優點幾乎給剝奪殆盡了。其中一幕裡，胡迪把其他玩具丟下床去，還命令彈簧狗過來幫忙，彈簧狗遲疑了一會兒，胡迪就向它咆哮：「有人請你思考嗎！彈簧臘腸！」彈簧狗接下來問的問題，也是皮克斯即將面對的問題：「這牛仔怎麼這麼嚇人呀？」為胡迪配音的湯姆漢克斯一度宣稱：「這小子真是個渾蛋！」

暴君對抗暴君

1993年11月，拉塞特與皮克斯團隊完成電影前半段，於是南下到伯班克，讓卡森伯格等迪士尼高階主管看片。動畫主管史奈德（Peter Schneider）一直不甚認同卡森伯格請外人幫迪士尼製作動畫的做法，如今更認為此片一塌糊塗，下令中止影片製作。卡森伯格也沒反對，他問身邊的同事舒馬克（Tom Schumacher）：「為什麼會這麼糟糕？」舒馬克直言：「因為這根本不是皮克斯的電影了。」

舒馬克後來進一步解釋：「他們一直遵照卡森伯格的指示，製作方向因此完全脫離原軌。」

拉塞特知道舒馬克說得沒錯，「我坐在那兒看，螢幕上的東西實在丟人現眼，」他回憶道：「我從沒看過這樣的故事，裡頭充斥著最不快樂、脾氣最壞的角色。」拉塞特要求迪士尼再給一次機會，讓他回皮克斯重新編劇。

賈伯斯在當中的角色是執行製片（另一位是卡特慕爾），但並未干預創作過程。他是如此的在乎設計與品味，卻如此克制個性中的控制欲，顯示他多麼尊重拉塞特與皮克斯的藝術工作者，但也表示拉塞特與卡特慕爾很懂得如何箝制他。

不過，賈伯斯在處理皮克斯與迪士尼的關係上，幫了大忙，因此皮克斯團隊也非常感激他。卡森伯格與史奈德中止影片製作時，賈伯斯拿出個人資金，讓製作過程免於中斷，並且與皮克斯一起對抗卡森伯格。

「是他搞砸了『玩具總動員』，是他要胡迪當壞人。」賈伯斯後來表示：「後來他要求停工，我們就把他踢出門外，告訴他：『那不是我們要的。』然後照我們一直以來想要的方式繼續做下去。」

三個月後，皮克斯團隊帶著新劇本回來了。胡迪從暴君蛻變成玩具們的睿智領袖，他對新玩具巴斯光年的嫉妒心，也被刻劃得更能引起觀眾共鳴，並配上蘭迪紐曼的歌曲〈奇事〉。胡迪將巴斯光年推出窗外的那一幕，也改寫成胡迪只是想拿 Luxo 檯燈玩個小把戲，卻不慎讓巴斯光年跌落窗外。而 Luxo 檯燈的現身，則是要向拉塞特在皮克斯的第一部動畫短片「頑皮跳跳燈」表示敬意。卡森伯格等人同意了新劇本，於是在 1994 年 2 月，影片製作重新上路。

卡森伯格相當讚賞賈伯斯控制預算的能力，他說：「在預算作業初期，史帝夫就對成本有很清楚的概念，也很努力提高成本效益。」但迪士尼當初承諾的 1,700 萬美元製作費用，顯然不足，又因為卡森伯格逼皮克斯團隊把胡迪描繪得太暴躁，造成他們必須大幅修改，因此為了讓影片達到理想目標，賈伯斯要求迪士尼追加經費。卡森伯格提醒他：「請注意，我們之間是有協議的。我們給你管控權，你也同意用我們的資金做完影片。」

賈伯斯氣壞了，無論是致電或親自搭機南下，他那樣子就像卡森伯格所形容的：「全然義無反顧的狠勁，只有史帝夫做得到。」賈伯斯堅持迪士尼必須為預算超支負責，是卡森伯格攪亂了原創概念，才造成他們必須付出額外心力、重新調整。卡森伯格回嗆道：「等等！我們當時是提供協助，你們等於是接受我們在創作上的協助，現在居然要我們因此付錢給你？」這兩位控制狂為了究竟是誰幫了誰的忙，彼此爭論不休。

外交手腕總是比賈伯斯略勝一籌的卡特慕爾，最後出手解決了問題。他說：「比起其他工作人員，我對卡森伯格的觀點算是比較正面。」但這次事件也促使賈伯斯開始思考，往後面對迪士尼時，該如何持有更多籌碼。他不希望自己只是個包商，他希望有控制權，所以皮克斯未來必須參與出資，也必須重新擬定與迪士尼的協議。

佳評無限，票房無垠！

隨著影片製作漸有進展，賈伯斯的心情愈來愈好。他原本曾找了賀軒卡片，還有微軟等公司進行協商，希望出售皮克斯，但眼見胡迪與巴斯光年逐漸誕生，他看到了扭轉電影工業的可能性。當電影場景逐漸完成，他反覆的觀看，也邀請朋友到家中分享他最新的熱情。甲骨文創辦人艾利森說：「『玩具總動員』上映前，我不知看過多少版本，後來簡直像遭到凌虐，我常得過去看那些最新修改了百分之十的版本。不論就劇情或技術的品質，史帝夫簡直著了魔，非達到盡善盡美不可。」

後來的一次經驗，讓賈伯斯更加相信，投資皮克斯終將獲得報酬。1995 年 1 月，他應邀到曼哈頓中央公園的帳篷，參加迪士尼動畫影片「風中奇緣」的媒體試映會，迪士尼執行長艾斯納宣布「風中奇緣」的首映，將會在中央公園大草坪上，架起二十五公尺高的螢幕，供十萬人欣賞。賈伯斯是深諳新品發表之道的大師級人物，卻也對這樣的首映計畫感到大開眼界。巴斯光年的名言：「宇宙無限，浩瀚無垠！」此時聽來不無道理。

賈伯斯決定，「玩具總動員」在當年 11 月上映時，也將是皮克斯上市之際。即便是向來積極的投資銀行家，都對此上市案不看好，認為難以實現，畢竟皮克斯已經連續虧損五年，但是賈伯斯心意已決。拉塞特回憶道：「我很忐忑，認為應該等推出第二部電影後再說，但史帝夫否決我的意見，並表示我們需要現金，才有辦法拿出往後影片的半數預算，並且與迪士尼重新協商。」

1995 年 11 月，「玩具總動員」舉行了兩次首映會。迪士尼在洛杉磯的豪華老戲院「酋長石戲院」舉辦第一次首映，並且在戲院旁蓋了一座以片中角色為主題的遊戲屋。皮克斯只拿到些許入場券，當晚的氛圍與到場的名人，在在顯示這是迪士尼的場子。

賈伯斯並不捧場，反而在隔晚租用舊金山一處相似的場地「麗晶戲院」，舉辦自己的首映會。他的賓客名單裡沒有湯姆漢克斯或史帝夫馬丁，而是艾利森、英特爾創辦人葛洛夫，以及昇陽執行長麥克里尼（Scott McNealy）等矽谷名流，當然也包含賈伯斯本人。這顯然就是賈伯斯的場子，是他（而非拉塞特）上台介紹影片。

首映會鬧雙胞，凸顯了愈來愈棘手的問題：「玩具總動員」究竟是迪士尼的電影，還是皮克斯的電影？皮克斯只是幫迪士尼製作影片的動畫包商嗎？或者，迪士尼只是負責幫皮克斯發行影片？答案其實介於兩者之間，問題是雙方（主要是艾斯納與賈伯斯）均以自我為中心，這樣的夥伴關係有辦法維持下去嗎？

隨著「玩具總動員」成為票房電影，叫好又叫座之後，上述問題變得更加尖銳了。該片上映第一個週末就回本，美國國內首映票房3,000萬美元，總票房1億9,200萬美元，全球票房3億6,200萬美元，打敗「蝙蝠俠3」與「阿波羅13」，成為年度票房冠軍。

根據影評網站「爛番茄」的調查，73位影評人全都給予正面評價。《時代》雜誌影評人柯力斯稱許為「年度最佳創意喜劇」，《新聞週刊》影評人安森則以「大開眼界」讚之，《紐約時報》的瑪絲琳也將此片同時推薦給大人與小孩，認為此片「在迪士尼傳統的老少咸宜路線裡，展現出無比的靈活度」。

賈伯斯唯一不滿的是，瑪絲琳等影評人寫的是迪士尼傳統，而非皮克斯的崛起。事實上，瑪絲琳的評論根本不曾提及皮克斯。賈伯斯意識到必須扭轉情勢，他和拉塞特接受美國電視談話節目主持人查理羅斯訪談時，強調「玩具總動員」是皮克斯的電影，甚至特別強調皮克斯動畫工作室的誕生，具有歷史性的意義。賈伯斯告訴羅斯：「從『白雪公主』上映以來，所有主要製片公司都試圖打入動畫市場，但直到現在，仍然只有迪士尼有能力出品票房動畫片，如今第二個有此能耐的製片公司，就是皮克斯。」

賈伯斯刻意將迪士尼定位為皮克斯電影的發行商。「他不斷說：『我們皮克斯的人，才是真貨，迪士尼的那些傢伙不過是個屁。』」艾斯納後來表示：「但是，是我們讓『玩具總動員』成功，是我們推動影片成形，也是我們動用行銷部門、迪士尼頻道等公司資源，才讓票房大賣的。」

面對這個大哉問：「這到底是誰的電影？」賈伯斯最後認為口水戰無益，必須透過合約加以解決，他說：「『玩具總動員』成功之後，我發現若想建立製片公司，而非代工廠，就必須與迪士尼重新談判。」

為了取得對等協商的地位，皮克斯必須有能力出資，因此，掛牌上市之舉必須成功。

皮克斯上市總動員

「玩具總動員」上映一週後，皮克斯上市了。賈伯斯賭的是電影大賣，這筆高風險的賭注果然贏了，而且是頭彩。如同當初蘋果上市一樣，早上 7 點股市開盤的同時，他們就準備在主要承銷券商的舊金山辦公室舉辦慶祝會。股價原本訂在保守的 14 美元，但賈伯斯堅持提高為 22 美元，如果上市成功，公司就能籌得更多資金。結果股價攀升得比他的預期還高，超越了 Netscape，成為當年最高的上市股價，開盤半小時內就衝高到 45 美元，甚至因為買氣過熱而必須暫停交易。接著一度漲到 49 美元，最後回檔到 39 美元收盤。

就在這年，賈伯斯還曾試圖為皮克斯找個買主，以便回收當初投資的區區 5,000 萬美元。這天結束時，他持有的 80% 股份，價值已經漲了二十倍以上，成了令人咋舌的 12 億美元，對他而言，報酬率是當初蘋果在 1980 年上市時的五倍。不過，賈伯斯對《紐約時報》記者馬柯夫表示，這些錢對他並無太大意義：「我永遠不會去買遊艇，我做這些從來不是為了錢。」

皮克斯成功上市，代表不再需要仰賴迪士尼的資金，這就是賈伯斯想要的籌碼。「我們負擔了一半成本，就可以要求一半利潤。」他回想道：「但更重要的是，我要聯合品牌，以後的電影就是皮克斯與迪士尼共同出品。」

賈伯斯搭機南下與艾斯納共進午餐，艾斯納對他的大膽行徑感到相當訝異。他們當初談成的是三部電影的協議，而皮克斯只做了一部。雙方各擁王牌。

這時，卡森伯格已經因為與艾斯納嚴重不和，離開迪士尼，與史蒂芬史匹柏、大衛葛芬共同創辦「夢工場」。賈伯斯表示，如果艾斯納不願意與皮克斯重新協商，那麼皮克斯完成三部電影的合約之後，就會找其他製片商合作，例如卡森伯格的公司。而艾斯納的籌碼則是在與皮克斯拆夥後，可以自行製作「玩具總動員」續集，繼續使用拉塞特創造的胡迪、巴斯光年等角色。賈伯斯後來表示：「那就像凌虐我們的孩子一樣，拉塞特一想到這個可能性，就開始掉眼淚。」

所以他們協議重修舊好，艾斯納同意讓皮克斯出一半資金，並享有一半利潤。「他認為我們做不了多少賣座影片，所以認為他正在幫自己省錢，」賈伯斯說：「後來證實合約對我們有利，因為皮克斯有能力一路做出十部票房大片*。」

此外，雙方也同意聯合品牌，但經過一番討價還價後，才釐清何謂聯合品牌。「我的立場是這些影片必須是迪士尼的電影、由迪士尼出品，最終卻還是讓步了。」艾斯納回憶道：「我們就像四歲小孩一樣，開始討論『迪士尼』的字體要多大、『皮克

---

* 譯注：皮克斯一路做出的票房大片，已不只十部了：「玩具總動員」（1995）、「蟲蟲危機」（1998）、「玩具總動員2」（1999）、「怪獸電力公司」（2001）、「海底總動員」（2003）、「超人特攻隊」（2004）、「汽車總動員」（2006）、「料理鼠王」（2007）、「瓦力」（2008）、「天外奇蹟」（2009）、「玩具總動員3」（2010）、「汽車總動員2」（2011）。

斯』的字體要多大。」儘管如此，他們仍在1997年初，達成十年內合作五部電影的協議。離開談判桌時甚至成了朋友，或起碼暫時如此。賈伯斯後來表示：「我當時認為艾斯納很講理、很公正，但合作十年之後，我很肯定他是個性格陰沉的人。」

賈伯斯在給皮克斯股東的一封信中說明，這場談判最重要的成果就是：所有與迪士尼合作的影片（以及廣告與玩具）都將是聯合品牌。「我們要將皮克斯變成一個品牌，一個像迪士尼一樣令人信賴的品牌。」他寫道：「為了讓皮克斯贏得消費者的信任，就必須先讓消費者知道，這些電影是皮克斯的產品。」

賈伯斯之所以赫赫有名，除了創造優質產品之外，就是創立擁有響亮品牌的優質企業。在他的時代中，他創造了最優秀的兩家企業：蘋果與皮克斯。

22

二度聖臨*

是怎樣的猛獸，牠的時代已然來臨

賈伯斯攝於1996年。

* 譯注：出自愛爾蘭詩人葉慈（William Butler Yeats, 1865-1939）的詩。〈二度聖臨〉（The Second Coming）本來是描寫耶穌在橄欖山上向門徒述說世界末日、人子再臨的種種情景。

情勢崩解

賈伯斯在 1988 年推出 NeXT 電腦時，曾掀起陣陣驚嘆，等到隔年電腦開始銷售時，卻是雷聲大雨點小，賈伯斯迷惑、嚇唬和操作媒體的才能逐漸使不上力，公司面臨重重困境的傳聞甚囂塵上。美聯社記者齊格勒（Bart Ziegler）寫道：「資訊業正走向系統互通的時代，NeXT 卻無法與其他電腦相容，可以在 NeXT 電腦運作的軟體相對稀少，因而難以獲得消費者青睞。」

NeXT 試圖在「個人工作站」這個新類別，將自己重新定位為領導者，讓使用者既擁有工作站的威力，又擁有個人電腦的方便性。但這塊市場的顧客開始轉向快速成長的昇陽電腦公司。NeXT 在 1990 年的營收是 2,800 萬美元，昇陽則是 25 億美元。由於 IBM 放棄 NeXT 軟體授權合約，賈伯斯被迫採取違背理念的做法：他雖然深信軟硬體必須整合，卻在 1992 年 1 月同意授權其他電腦使用 NeXTSTEP 作業系統。

令人意外的是，葛賽出面為賈伯斯說話，他曾在蘋果與賈伯斯交手，接掌麥金塔團隊，但是後來跟賈伯斯一樣被趕出蘋果。葛賽撰文讚許 NeXT 產品深具創意：「NeXT 也許不是蘋果，但賈伯斯始終是賈伯斯。」幾天後，有人來敲葛賽家的大門，葛賽妻子開門一看，馬上衝上樓去告訴葛賽，賈伯斯來了！他前來致謝，並邀請葛賽參加一項活動：葛洛夫將與賈伯斯一起宣布，NeXTSTEP 會移植到 IBM ／英特爾平台。

葛賽回憶：「我旁邊坐著賈伯斯的父親保羅，他尊貴的氣度令人動容，雖然養了個難纏的兒子，但看到兒子和葛洛夫一起站在台上，他依然感到驕傲與開懷。」

一年後，賈伯斯跨出必然的下一步，決定完全放棄硬體生產。就如同他放棄皮克斯的硬體生產一樣，這是痛苦的決定。他非常在意自家產品的每一個面向，對硬體尤其熱中，只要看到出色的設計，就渾身是勁，對產品製造細節也念茲在茲，可以連續數小時盯著他的機器人生產他的完美機種。如今，他卻必須解雇公司超過半數的人力，將心愛的工廠賣給佳能公司，連廠內的高級家具也遭佳能拍賣。他只能接受公司現況：試著授權許可平庸的電腦製造商，使用其作業系統。

1990 年代中期，新的家庭生活以及成績斐然的電影事業，讓賈伯斯獲得不少快樂，但個人電腦業卻讓他失望透頂。1995 年底，他對《連線》雜誌編輯沃夫（Gary Wolf）表示：「創新幾乎停擺。微軟主宰市場，卻鮮少創新。蘋果輸了，桌上型電腦市場進入黑暗時代。」

大約同一時期，他接受《紅鯡魚》（*Red Herring*）雜誌總編輯柏金斯（Anthony Perkins）與編輯群的專訪時，也顯得陰沉乖張。一開始，他擺出個性中惡劣的一面，在柏金斯率領同仁抵達之際，就從後門溜出去「散步」，過了四十五分鐘才出現。雜誌攝影師開始拍照時，他又以尖酸語氣厲聲要她停手。柏金斯後來表示：「他頤指氣使、自私無禮，我們不懂他為何要如此暴躁。」等他終於願意接受訪問，他表示：即便是網際網路的出現，也無法阻擋微軟的宰制。他說：「Windows 贏了，Mac、UNIX、OS/2 都不幸敗北，次級產品反而占上風。」

NeXT 銷售整合軟硬體的產品失利，等於是對賈伯斯的整體理念提出質疑。他在 1995 年曾說：「我們犯的錯誤是，不該遵循過去在蘋果的相同模式，試圖製造軟體與硬體一體成型的產品。我想我們應該意識到世界已經改變，應該一開始就只做軟體公司。」但無論怎麼努力，賈伯斯都無法真心喜歡這種切割的做法。他沒做出令消費者喜愛的「從頭到尾軟體與硬體一體成型」產品，反而被迫向每間公司兜售企業版軟體，讓他們把 NeXT 軟體安裝到不同的硬體平台。賈伯斯後來感嘆：「那並非我心之所欲，我不能把產品銷售給一般大眾，心裡很不開心。我存在的目的，不是銷售企業版產品，或是把軟體授權給別人的差勁硬體使用。我從來都不喜歡這樣。」

蘋果墜落

賈伯斯被趕出蘋果之後的幾年，蘋果仰賴「桌上排版」的短暫主導優勢，獲取高利潤，順水推舟成為市場一霸。1987 年，以奇才自居的史考利做出一連串聲明，如今聽來分外難堪。他曾寫道，賈伯斯希望蘋果「成為一流的消費產品公司，簡直是愚蠢的計畫……蘋果永遠不可能成為消費產品公司……我們不可能扭曲事實，來迎合自己想要改變世界的夢想……高科技不可能被設計成消費產品來銷售。」

賈伯斯聞言色變，他覺得既生氣又不齒，因為史考利要對蘋果 1990 年代的市占率與營收持續下滑負責，他感嘆：「史考利引進貪腐的人與墮落的價值觀，毀了蘋果。他們在意的是賺錢（主要是為他們自己，同時也為蘋果），而非創造好產品。」賈伯斯認為史考利為了追求利潤，犧牲了提升市占率的考量。「麥金塔輸給微軟，只因為史考利堅持要賺進每一分能賺的錢，而非提升產品品質，並訂定適當的價格。」

微軟耗費數年光陰，才學會麥金塔的圖形使用者介面。到了

1990年，它推出的Windows 3.0開始主宰桌上型電腦市場，1995年8月推出的Windows 95更成為史上最成功的作業系統，麥金塔的銷售量開始崩盤。賈伯斯後來說：「微軟根本是偷別人做的東西，然後持續利用它對IBM相容產品的掌控權。蘋果活該，我離開後，他們就再也沒有開發新產品。Mac幾乎沒有進步，對微軟來說，蘋果簡直是待宰羔羊。」

他對蘋果的失望，也表露在一次演講會上。史丹佛商學院某社團在學生家裡舉辦活動，請他前來演講。這位盡地主之誼的學生，請他在一個麥金塔鍵盤上簽名。賈伯斯答應了，條件是必須讓他拔掉蘋果在他離職後加上去的幾個鍵。他拿出車鑰匙，撬掉了那四個當初被他禁用的上下左右鍵，以及最上面一排的F1、F2、F3等功能鍵。「我正在改變世界，一次改變一個鍵盤，」賈伯斯面無表情的說完，然後在這殘缺不全的鍵盤上簽名。

1995年，賈伯斯在夏威夷柯納村度耶誕假期，和他那位總是精力充沛的朋友，也就是甲骨文董事長艾利森，在海灘上散步。他們討論如何出價收購蘋果，讓賈伯斯回去當老闆。艾利森表示可以拿出30億美元，他說：「我買下蘋果，你立刻可以拿到25%的股份，擔任執行長，然後我們就可以讓蘋果恢復過去的榮景。」但賈伯斯不同意，他解釋：「我不是搞惡意收購的人。但如果他們請我回去，就是另一回事。」

1996年，蘋果的市占率從1980年代末期的高點16%，大幅下跌到4%。三年前史考利鞠躬下台，繼位接掌大權的史賓德勒（Michael Spindler）曾試圖將公司賣給昇陽、IBM、惠普，卻都未能成功，他在這年2月也下台了，由研發工程師出身的國家半導體公司執行長艾米里歐接手。艾米里歐上任第一年，公司便虧損

10 億美元。1991 年曾達到 70 美元的股價，如今跌到 14 美元，即使當時科技泡沫正帶領股市攀上雲霄。

艾米里歐不怎麼喜歡賈伯斯，他們首次會面是在 1994 年，艾米里歐剛獲選進入蘋果董事會，賈伯斯來了通電話：「我想過去跟你見個面。」艾米里歐邀請賈伯斯到國家半導體的辦公室，他後來回憶，賈伯斯到的時候，他透過辦公室玻璃牆看到人，對方看起來「像個強悍中透著神祕的拳擊手，也像伺機撲向獵物的優雅山貓」。

兩人寒暄了幾分鐘（遠超過賈伯斯平時寒暄的長度），然後賈伯斯突然宣布來訪目的，他要艾米里歐協助他回蘋果擔任執行長。賈伯斯說：「只有一個人可以帶動蘋果團隊，只有一個人可以整頓公司。」賈伯斯辯稱，麥金塔的時代已經過去，蘋果必須另行開創劃時代的新產品。

艾米里歐問：「如果麥金塔已死，拿什麼來取代？」賈伯斯的答案並未讓他留下深刻印象。「賈伯斯似乎沒有具體答案，」艾米里歐回憶：「除了那幾句經典妙語。」艾米里歐覺得賈伯斯又使出現實扭曲力場了，而他相當得意自己能全身而退，最後他毫不客氣的把賈伯斯請出去。

1996 年夏天，剛出任蘋果執行長不久的艾米里歐，意識到問題的嚴重性。蘋果將所有希望繫於新作業系統 Copland 的誕生，但他已經發現，那只是過度炒作的玩意兒，最後還可能跳票，根本無法解決蘋果對於強化網路與記憶體保護的需求，也不可能如期在 1997 年出貨。艾米里歐公開承諾將盡快覓得替代方案，問題是他手中根本沒有任何方案。

因此，蘋果需要有能力製造穩定作業系統的合作夥伴，而且那種作業系統最好類似 Unix，並且有物件導向應用層。眼下顯然有一家公司能提供這樣的軟體，那就是 NeXT，但蘋果花了一點時間，才開始看清事實。

蘋果起先看上葛賽創辦的公司 Be，雙方開始協商轉讓事宜，但是 1996 年 8 月，葛賽在夏威夷與艾米里歐會面時，卻高估自己的分量，表示他希望帶五十人的團隊進入蘋果，並要求 15% 的蘋果股份（市值約 5 億美元）。艾米里歐目瞪口呆，因為蘋果估算過，Be 大概只值 5,000 萬美元。經過幾度討價還價，葛賽要求 2.75 億美元，一毛不少，他認為蘋果已經別無選擇，還說：「我已經抓住他們的蛋蛋了，而且我會愈捏愈緊，直到他們喊痛為止。」這話令艾米里歐十分不悅。

蘋果技術長韓考克（Ellen Hancock）認為，應該採用昇陽電腦以 Unix 為基礎的 Solaris 作業系統，只是這套系統還沒發展出好用的使用者介面。這時，艾米里歐竟然開始考慮使用微軟的 Windows NT，認為可以從外觀上改頭換面，讓系統看起來和感覺上像是麥金塔，同時又能與 Windows 使用者可應用的各種軟體相容。蓋茲的合作意願非常高，親自打了好幾通電話給艾米里歐。

當然，蘋果還有另一個選項。兩年前，《麥金塔世界》雜誌專欄作家川崎蓋伊（Guy Kawasaki，曾任蘋果軟體公關總監）發表了一篇搞笑新聞稿，謊稱蘋果將併購 NeXT，並邀請賈伯斯擔任執行長。這篇諷刺文章說，馬庫拉問賈伯斯：「你要一輩子販賣裹了糖衣的 Unix，還是要改變世界？」賈伯斯表示同意，說：「現在我當了爸爸，需要更穩定的收入。」這篇新聞稿指出：「鑑於賈伯斯在 NeXT 的歷練，預期將能為蘋果注入一股謙虛清流。」新聞稿還引用了蓋茲的話，說如今又有更多賈伯斯的創作可供微軟剽竊了。當然，文章裡的每一件事都純屬笑談，只是現實情況總是相當奇妙的跟著文章內容走。

步步逼近庫珀蒂諾

「有誰跟賈伯斯夠熟，可以打電話跟他商量這件事？」艾米里歐問幕僚。他兩年前跟賈伯斯交手時，不歡而散，因此不願親自致電。但其實他不需要這麼做，蘋果已經開始獲得來自 NeXT 的音訊了。NeXT 中階行銷人員賴斯（Garrett Rice）未徵詢賈伯斯的意見，便拿起電話打給韓考克，問她是否有興趣考慮 NeXT 的軟體。韓考克於是派人與賴斯會面。

1996 年感恩節，雙方中階層級開始會談，賈伯斯拿起話筒，直接致電艾米里歐：「我現在要去日本，一星期後回來，希望回國後可以立刻跟你見面。在此之前，不要做任何決定。」雖然過去經驗不甚愉快，這次艾米里歐接到電話卻欣喜異常，兩人合作的可能性也讓他飄飄然。艾米里歐後來回憶：「對我來說，接了賈伯斯這通電話，就好似聞到上等陳年美酒的香氣。」他承諾在兩人見面之前，不會與 Be 或其他公司簽約合作。

對賈伯斯而言，與 Be 之間既是專業競爭，也是個人較勁。NeXT 正在走下坡，被蘋果併購的可能性，是相當誘人的救生索。此外，賈伯斯記仇，有時恨到骨子裡。在他的宿敵名單上，葛賽的排名恐怕是數一數二，或許還超過史考利。賈伯斯後來說：「葛賽非常惡劣，是我此生所見少數極度邪惡的人之一，他曾在 1985 年從背後捅我一刀。」至於史考利，他還算有紳士風度，他那把刀是正面插在賈伯斯的胸口。

1996 年 12 月 2 日，賈伯斯來到位於庫珀蒂諾的蘋果總部，這是他被迫離開十一年之後，首次回到舊地。

賈伯斯在高階主管會議室，與艾米里歐、韓考克見面，向他們推銷 NeXT。就像時光倒轉一般，他又在那裡的白板上寫字，這次的演講主題是：電腦系統的四波發展，因為 NeXT 上市而達到高潮（起碼他自己這麼認為）。他辯稱，Be 作業系統既不完整，也不如 NeXT 成熟。雖然眼前的兩個人都不曾得到他的尊敬，但他仍全力施展魅力。他尤其懂得如何偽裝謙虛，他說：「這或許是一個很瘋狂的想法……」只要對方的興趣給挑起了，他便接著說：「但我可以創造出任何你想要的合作方式。授權這套軟體，或是把公司賣給你，都行！」

事實上，賈伯斯一心想要促成併購，也努力推動那個方案。他說：「你們仔細想想，就會知道你們要買的不只是軟體，而是整家公司，包含其中所有員工。」

那年耶誕節，他與艾利森都在夏威夷柯納村度假，兩人在沙灘上散步時，他對艾利森說：「你知道嗎？我覺得我已經找到讓自己重返蘋果、並且再次掌權的辦法，你不需要把它買下來。」艾利森回憶道：「他說明他的策略，也就是讓蘋果買下 NeXT，接著他進入董事會，那麼距離執行長的位置就只差一步了。」

艾利森認為賈伯斯漏掉了一大重點。「可是，我倒是有一個疑問，」艾利森問：「如果我們不把蘋果買下來，怎麼可能賺到錢？」從這點就能看出，這兩人想要的東西有多大的差異。賈伯斯伸手攬著艾利森的左肩，把他拉近到貼上鼻尖的距離，然後說：「賴瑞，這就是我身為你的朋友的重要性。你，並不需要更多的錢！」

艾利森說，他當時的回應幾近哀鳴。「我或許不需要那些錢，但為什麼要把賺錢機會送給那些富達基金經理人？為什麼要讓給別人賺？為什麼不是我們自己賺？」

賈伯斯答道：「我想，如果我回到蘋果，而且不是股東，你也不是股東，我的立場就能完全超然。」

「史帝夫，這種超然立場就像昂貴無比的房地產，」艾利森回答：「聽著，你是我最要好的朋友，蘋果是你的公司。你想做什麼，我都全力配合。」

雖然賈伯斯後來表示，他當時並不準備拿下蘋果，但艾利森認為這是必然的結局。艾利森後來說：「你只要跟艾米里歐相處半個小時，就能知道，這人的所做所為都是在自我毀滅。」

志在必得

NeXT 與 Be 之間的大型競賽，12 月 10 日在帕羅奧圖花園飯店舉行，觀賽者是艾米里歐、韓考克，以及其他六位蘋果高層主管。NeXT 先上陣，郤凡尼恩負責展示軟體功能，賈伯斯負責施展他的催眠行銷術。他們示範這套軟體如何能夠在螢幕上同時播放四部影片、製作多媒體，同時連結到網際網路。

艾米里歐說：「賈伯斯推銷 NeXT 作業系統的手法，令人目眩神迷，他盛讚系統的優點與強項，好像在描述名演員勞倫斯奧利佛在莎翁名劇『馬克白』的偉大演出。」

葛賽接著上場，但他一副探囊取物的態度，簡報內容並無新意，只表示蘋果團隊很清楚 Be 作業系統的功能，問他們是否有進一步的問題，於是簡報很快就結束了。就在葛賽進行簡報時，賈伯斯與郤凡尼恩正在帕羅奧圖街上散步，沒多久就遇見方才與會的一位蘋果高層主管，他說：「你們會是贏家。」

郃凡尼恩後來表示，他並不意外。「我們的技術領先，提供了完整的解決方案，而且我們有賈伯斯。」艾米里歐深知，邀請賈伯斯回鍋將是一刀兩刃的做法，但讓葛賽回鍋也有相同的問題。從全錄 PARC 跳槽蘋果的退休老將泰斯勒，建議艾米里歐選擇 NeXT，但也說：「無論你選哪家公司，都會有人奪走你的位置，不是賈伯斯，就是葛賽。」

艾米里歐選擇了賈伯斯，他致電賈伯斯，表示他將在董事會上建議，由他負責談判併購 NeXT 事宜，並問賈伯斯是否要參加會議。賈伯斯表示他會參加。後來賈伯斯走進會議室，見到馬庫拉時，兩人看起來都百感交集，馬庫拉曾是賈伯斯的精神導師，兩人情同父子，但自從 1985 年馬庫拉選擇站在史考利那一邊之後，兩人就沒再說過話。賈伯斯走上前跟馬庫拉握手，然後不靠郃凡尼恩或其他人的協助，自己做完 NeXT 的展示，接近尾聲的時候，董事會已經完全倒向賈伯斯。

賈伯斯邀請艾米里歐到他在帕羅奧圖的家，這樣的協商環境比較輕鬆友善。艾米里歐開著 1973 年的骨董賓士車抵達，賈伯斯相當讚賞這輛車。在終於整修完畢的廚房裡，賈伯斯拿水壺煮水，準備泡茶，他們坐在面對開放式披薩烤爐的木桌邊。財務方面的協商十分順利，賈伯斯謹慎避免犯下葛賽那樣貪得無厭的錯誤，建議蘋果以每股 12 美元購買 NeXT，總價約 5 億美元。艾米里歐說，這個數字太高，提議每股 10 美元，總價約略超過 4 億美元。NeXT 與 Be 並不同，NeXT 已擁有實際的產品、也有實質的營收，以及堅強的團隊，但沒想到賈伯斯十分滿意這個價位，立刻接受了。

唯一陷入膠著的，是賈伯斯要求拿現金，艾米里歐則堅持，賈伯斯必須大量持有公司股票，要他接受以蘋果股票付款的方式，並且必須同意持股至少一年。賈伯斯並不願意，最後他們彼此妥協。賈伯斯拿 1.2 億美元現金，以及面額 3,700 萬美元的蘋果股票，並承諾至少持股六個月。

一如往常，賈伯斯希望一邊散步，一邊繼續討論，當他們在帕羅奧圖漫步之際，他極力要求進入蘋果董事會。艾米里歐試圖阻擋，表示過去有太多風風雨雨，不宜操之過急。賈伯斯說：「這話真讓人傷心，這是我的公司，自從 1985 年 5 月底與史考利攤牌以來，我就被拒於門外。」艾米里歐表示他了解，但他並不確定董事會意見如何。艾米里歐準備跟賈伯斯談判之前，曾在心裡提醒自己必須「以邏輯思考為指導原則，向前邁進」並且「避免被個人魅力影響」。但在散步途中，他和其他人一樣，陷入賈伯斯的現實扭曲力場。他回憶道：「我完全被賈伯斯無窮的精力與熱情迷住了。」

在長街上繞了幾圈之後，他們回到家裡，賈伯斯的老婆與孩子剛好也回家了，大家一起慶祝談判順利，然後艾米里歐便開著他的賓士離開，他回憶：「他讓我覺得，自己是他一輩子的老朋友。」賈伯斯確實有這種能耐，後來艾米里歐遭到逼退，回想起那天賈伯斯的殷勤態度，嘆道：「我很痛心的領悟到，那不過是賈伯斯極度複雜人格的其中一面罷了。」

艾米里歐先把蘋果併購 NeXT 的決定告知葛賽，接下來得做一件讓他更不安的事：通知蓋茲。艾米里歐回憶：「他勃然大怒。」賈伯斯能夠成功達陣，蓋茲認為荒謬至極，但或許也不意外，他問艾米里歐：「你真的認為賈伯斯手中有東西嗎？我很了解他的技術，說穿了就是 Unix 的冷飯熱炒，而且絕對沒有辦法用在你的機器上。」蓋茲跟賈伯斯一樣，總會把自己弄得愈來愈激動，艾米里歐回想當時蓋茲持續咆哮了兩、三分鐘。「難道你不了解史帝夫根本不懂技術？他只是個超級業務員，真不敢相信你做了這麼蠢的決定……他根本不懂電腦工程，而且他所說的、所想的，有 99% 都是錯的。你到底為什麼要把那種垃圾買回來？」

幾年後，當我跟蓋茲提到這件事，他表示不記得自己曾那麼生氣，但他也認為，蘋果併購 NeXT 之後，並未獲得新的作業系統。「艾米里歐用高價買進 NeXT，老實說，NeXT 作業系統並沒有真正派上用場。」

但是這項併購案帶進了郘凡尼恩，是他協助發展現有的蘋果作業系統，讓系統最後整合了 NeXT 技術的核心。蓋茲知道，這項交易一定會導致賈伯斯重新掌權，他說：「但那是命運的轉折，蘋果最後買到的，是一位大多數人眼中無法擔當執行長大任的傢伙，因為他的經驗根本不足。不過此人聰明絕頂，而且非常有工藝設計品味。他適度壓抑了瘋狂的那一面，才被董事會任命為代執行長。」

近鄉情怯

儘管艾利森與蓋茲都有同樣的想法，賈伯斯對於是否該在蘋果再度扮演積極的角色，心中其實很矛盾，起碼艾米里歐在位的時候是如此。併購 NeXT 的消息即將公布的前幾天，艾米里歐邀請他回蘋果任職，負責作業系統研發，但他一直迴避艾米里歐的邀請，不願給任何承諾。

最後，就在艾米里歐要宣布這個大消息的當天，他請賈伯斯進辦公室，要求他給一個答案。艾米里歐問：「你只要拿錢走人嗎？如果這是你的想法，也沒關係。」賈伯斯沒有回答，只是盯著艾米里歐。「你要支薪嗎？當顧問？」他還是沉默不語。艾米里歐走出去，抓著賈伯斯的律師索西尼（Larry Sonsini）問賈伯斯到底在想什麼。索西尼說：「你問倒我了。」所以艾米里歐又回到辦公室，關上門繼續努力。「史帝夫，你心裡在想什麼？你的感覺是什麼？拜託，我需要你現在做決定。」

賈伯斯說：「我昨晚一夜沒睡。」

「為什麼？有什麼問題？」

「我想著所有該做的事，以及我們敲定的交易，這一切都在我腦裡不停打轉，我現在真的很疲倦，沒辦法想清楚。我不想再聽到任何問題。」

艾米里歐說不可能，要求他給個說法。

最後，賈伯斯回答了：「如果你一定要給他們一個說法，就說董事長顧問好了。」艾米里歐照做了。

當天（1996年12月20日）傍晚，消息發布，聽眾是蘋果總部250位歡欣鼓舞的員工。艾米里歐依照賈伯斯的要求，宣布賈伯斯的新角色僅僅是兼任的顧問。賈伯斯並非從舞台旁邊現身，而是從大廳後方走進來，沿著走道慢慢前進。艾米里歐跟大家說，賈伯斯太疲倦，無法致詞，但眾人的掌聲已經讓他恢復精力，他說：「我感到無比振奮，很期待重新認識過去的老同事。」《金融時報》科技評論員柯霍（Louise Kehoe）走到台上，幾乎以質問的語氣，問他最後是否會接掌蘋果。賈伯斯說：「不會的，柯霍，我現在的生活非常緊湊，我有家庭，還有皮克斯，時間非常有限，不過我希望可以貢獻一些想法。」

第二天，賈伯斯開車前往皮克斯，他愈來愈喜歡這個地方，希望讓這裡的員工知道他依然會是總裁，依然非常投入。但皮克斯的人卻很樂意見到他重返蘋果兼職，少一點賈伯斯的關注，應該是好事。每當有重大談判，他可以發揮很大的作用，但他時間太多的話，恐怕就不妙了。

那天他抵達皮克斯，走進拉塞特的辦公室解釋，即便在蘋果只是顧問，也會占據很多的時間，他希望得到拉塞特的祝福。賈伯斯說：「我一直想著，這樣會犧牲多少陪伴家人的時間，皮克斯那邊也會受到影響，但我要做這件事唯一的理由就是：有了蘋果，這個世界會更美好。」

拉塞特微笑說：「我祝福你。」

23

復辟

今日的輸家，明日將大獲全勝

1997年麥金塔世界大會，賈伯斯、沃茲尼克與艾米里歐三人同台。

地下執行長

賈伯斯年近三十之際曾說：「藝術家能在三、四十歲交出驚人之作的，少之又少。」

賈伯斯可說就是這種「少之又少」的人物。1985 年賈伯斯三十歲，被趕出蘋果電腦，載沉載浮。不過，在 1995 年邁入四十大關之後，賈伯斯又開始大展雄風。那一年「玩具總動員」上映，隔年蘋果併購 NeXT，讓他有機會重返自己創辦的公司。

返回蘋果後，賈伯斯向世人展示，既使是年過四十，依然能成為最佳創新者。他二十幾歲的時候，已促成個人電腦業的轉型，現在他要用同樣的創新手法，推動音樂播放器、唱片界商業模式、手機、應用程式、平板電腦、書籍，以及新聞媒體的轉型。

賈伯斯當初告訴艾利森，他重返蘋果的策略是把 NeXT 賣給蘋果、進入董事會，然後在一旁等待艾米里歐出紕漏。當他表示背後動機並非為財，艾利森或許不能理解，但其中確有幾分真實。他沒有艾利森那樣強烈的消費欲望，也不似蓋茲有獻身公益的衝勁，更無意競爭《富比士》雜誌的富豪排名。相反的，自我的追尋與十足的幹勁，才是賈伯斯追求成就的動力，他要創造令世人驚嘆的遺產，而且是雙重遺產，一是製造出既創新又能改變世界的偉大產品，二是建立永續經營的企業。他要躋身名人堂，和拍立得發明家蘭德及惠普公司創始人惠立、普克等人平起平坐，甚至更勝一籌。而達成目標的最佳途徑，就是重返蘋果，奪回他的王國。

然而，就在復辟的契機浮現之際，他心中浮現莫名的躊躇。他並非對艾米里歐下不了手，殘酷其實是他的本性，而且一旦認定艾米里歐毫無定見，他也很難不下手。但是，當掌握權力對他來說猶如探囊取物的時候，他不知怎地反倒猶豫起來，甚至有些抗拒，或者說是扭捏。

1997年1月，賈伯斯走馬上任，成了非正式的兼任顧問，也開始在一些人事領域展現自己的權威，特別是保護從NeXT轉入蘋果的員工方面。但是在其他方面，賈伯斯異常被動。未獲邀請加入董事會的這項決定，讓他感到不悅，建議他掌管作業系統部門，也讓他覺得遭到貶抑。艾米里歐讓賈伯斯處於一種既在門內又在門外的狀態，這可不是有助於穩定情勢的安排。賈伯斯後來表示：

艾米里歐不希望我在他身邊。我覺得他是個蠢材，我把公司賣給他之前，就知道這一點。我想我的功用大概是偶爾擺出來展示一下，參加麥金塔世界大會之類的活動。這也沒關係，因為我當時仍在皮克斯工作。我在帕羅奧圖市中心租了辦公室，每週工作幾天之後，約有一、兩天開車北上到皮克斯。那段時間的生活很愜意，我可以把步調放慢，花時間陪伴家人。

就在1月初，賈伯斯果然成了麥金塔世界大會的展示品。這讓他更加確信，艾米里歐是個蠢材。

這場由艾米里歐主講的大會，吸引了將近四千名忠實追隨者湧入舊金山萬豪酒店宴會廳。介紹他出場的是美國演員傑夫高布倫，他曾在「ID4星際終結者」電影裡，用蘋果筆電PowerBook拯救世界。高布倫說：「我在『侏儸紀公園2：失落的世界』飾演混沌理論專家，我猜，這讓我有資格在蘋果的活動上講話。」

接著他便介紹艾米里歐出場。

艾米里歐身穿鮮艷的運動夾克，襯衫領口扣到第一個釦子，脖子箍得緊緊的。《華爾街日報》記者卡爾頓（Jim Carlton）形容他「活像拉斯維加斯的喜劇演員」。科技作家馬隆的說法則是：「就像是家族裡剛離婚的叔叔，第一次出門約會的打扮。」

更嚴重的問題是，艾米里歐才剛度完假，跟他的演講撰稿人又起了嚴重爭執，並且拒絕排練。賈伯斯抵達後台時，對現場的混亂很不滿，看到艾米里歐站在會場講台上，報告做得結結巴巴又凌亂冗長，更是一肚子火。提詞機畫面顯示講話要點，但艾米里歐並不熟悉講稿，只想快速帶過，並數度前言不對後語。就這麼過了一個多小時，他的表演之糟，讓觀眾看得瞠目結舌。

不過，期間也不是沒有幾個小高潮。例如，艾米里歐邀請歌手彼得蓋布瑞爾上台展示一套新的音樂程式，以及他點名拳王阿里就坐在觀眾席第一排。只是原本他該請拳王上台，宣傳一個帕金森氏症的網站，但從頭到尾，拳王都沒上台，艾米里歐也沒說明拳王何以在場。

艾米里歐咕噥了兩個多小時，最後終於邀請大家引頸期盼的人上台。卡爾頓寫道：「賈伯斯渾身散發著自信、格調，以及所向披靡的迷人魅力。他跨步上台之際，狠狠對照出艾米里歐的笨拙。就算是貓王再世，也無法引起更大的騷動。」群眾幾乎是跳起來，給他超過一分鐘響亮無比的起立鼓掌。被放逐的十年，這一刻結束了。最後，他揮手請大家安靜，一開口就直指眼前的核心挑戰。他說：「我們必須恢復往日光輝，麥金塔幾乎停滯了十年，才會被 Windows 迎頭趕上，所以我們必須創造出更好的作業系統！」

賈伯斯的信心喊話，原本可以在艾米里歐的恐怖表現之後，扳回場面，可惜艾米里歐二度上台，繼續喋喋不休了整整一小時。節目共進行三小時後，艾米里歐在尾聲邀請賈伯斯再度出場，意外的是，他也請了沃茲尼克同時上台，場面再度騷動。但賈伯斯顯然相當不悅，他不想加入三巨頭一同舉手的勝利場景，慢慢一步步退下舞台。艾米里歐後來抱怨道：「他就那樣無情的破壞了我盤算好的謝幕場景。他比較在意自己的感覺，而不是蘋果的形象。」

新的一年才來到第七天，就已經明顯看出，蘋果的核心已經撐不住了。

布局奪宮

賈伯斯隨即著手安插親信，擔任蘋果高階職務。他說：「我要保護 NeXT 這些真正的好手，不讓他們被蘋果那些相對無能的高階主管，從背後偷襲。」蘋果技術長韓考克，名列賈伯斯蠢材名單上的第一名，她原就傾向選擇昇陽的 Solaris，而非 NeXT，之後還想在新的蘋果作業系統採用 Solaris 的核心技術。曾有記者問她，賈伯斯在這項決策上扮演什麼角色，她簡短回答：「什麼也沒有。」

她錯了，賈伯斯的第一項行動，就是安排 NeXT 的兩位好友取代她的位置。

他選定部凡尼恩主掌軟體工程部門，硬體部門則交給盧賓斯坦。當初 NeXT 仍有硬體部門時，負責人就是盧賓斯坦。賈伯斯親自打電話給他，當時他正在斯開島度假。賈伯斯說：「蘋果需要幫手，你願意加入嗎？」盧賓斯坦答應了，回來的時候，正趕上麥金塔世界大會，見證艾米里歐在台上的慘狀。

後來，事情比他想像的更糟。盧賓斯坦和郃凡尼恩經常在開會時交換眼神，感覺他們好像不小心踏進瘋人院似的：蘋果的舊官僚自顧自地發表自欺欺人的言論，桌子的首位坐著似乎處於恍神狀態的艾米里歐。

賈伯斯並沒有天天來辦公室，但經常和艾米里歐通電話。待他成功安插郃凡尼恩、盧賓斯坦等親信擔任高階主管後，便開始將焦點轉向一團混亂的產品線。讓他惱火的產品之一，就是號稱具有手寫辨識功能的「牛頓」掌上型PDA，這個產品雖然還不至於像四格漫畫或坊間笑話所嘲諷的那樣糟糕，卻令賈伯斯痛恨至極。賈伯斯不喜歡用手寫筆在螢幕上寫字，他揮動著手指說：「上帝賜給我們十枝手寫筆，我們就別再發明另一枝了。」此外，賈伯斯認為「牛頓」是史考利的一大創新和得意傑作，在他眼中，光是這一點就注定「牛頓」在劫難逃。

「你一定得砍掉『牛頓』，」他有一天在電話上對艾米里歐這麼說。

這真是天外飛來一筆的建議，艾米里歐擋了回去，他說：「砍是什麼意思？史帝夫，你知道那代價有多高嗎？」

賈伯斯說：「就是得關閉、取消或扔了！代價多高不重要，如果你除掉這東西，大家會為你歡呼。」

艾米里歐聲稱：「我仔細研究過『牛頓』，絕對會是棵搖錢樹，我不贊成丟了。」然而到了5月，艾米里歐宣布，將「牛頓」相關部門分割出去。該產品漸漸在一年後走向墳墓。

郃凡尼恩和盧賓斯坦經常到賈伯斯家中報告公司情況，沒多久，矽谷多數人都知道，賈伯斯正暗中蠶食艾米里歐的權力。這與其說是權謀鬥爭，倒不如說，賈伯斯明白展現自己喜愛掌控的本性。

《金融時報》記者柯霍曾在12月的發表會上，對賈伯斯與艾米里歐提出疑問，當時她就預見現在的發展。首先將此事揭櫫媒體的也是她，她在2月底報導：「賈伯斯已經開始在背後操控了，據說，他指揮蘋果該裁撤哪些部門。賈伯斯勸進幾位過去的蘋果同仁重返公司，他們表示，這明顯代表他正準備掌權。賈伯斯的某位親信表示，賈伯斯認為艾米里歐的團隊無法重振蘋果雄風，他意圖取而代之，以確保『他的公司』得以繼續生存。」

就在那個月，艾米里歐必須面對年度股東會議，說明公司在1996年最後一季，銷售成績何以比去年衰退30%。股東們在麥克風後面排隊，準備宣洩憤怒，艾米里歐卻毫不自知他處理會議的方式有多麼拙劣，後來還誇口：「我那天的報告，公認是我表現最好的一次。」

曾任杜邦執行長的蘋果董事長伍拉德（Ed Woolard，此時馬庫拉已降為副董事長）大為反感，他太太當時在他耳邊說：「實在慘不忍睹。」伍拉德也這麼認為。他回想道：「艾米里歐穿得很體面，但是他看起來、聽起來都像個傻蛋。他不回答問題，也根本不知道自己在說什麼，完全無法激勵大家的信心。」

於是伍拉德拿起電話，打給從未謀面的賈伯斯。他的藉口是邀請賈伯斯到德拉瓦市跟杜邦高層會面，賈伯斯婉拒了，但就如伍拉德後來說的：「我只是找機會跟他討論艾米里歐。」伍拉德立即把話題引到這個方向，直截了當問賈伯斯對艾米里歐的印象。他記得賈伯斯有些謹慎，只說艾米里歐被放錯位子了。賈伯斯自己腦海中的版本，則比較直率：

我心裡想著，要不就直接說艾米里歐是個蠢材，否則我等於是撒謊。伍拉德是蘋果的董事長，我有責任說出真正的想法，但我若直言，他就會告訴艾米里歐，那麼艾米里歐就再也不會聽我的話，而且會惡整那些我帶進蘋果的人。就在那半分鐘裡，這些思緒在我腦裡打轉，最後我認為必須說實話。我真的非常在乎蘋果。於是我和盤托出，說這傢伙是我見過最糟的執行長，如果有執行長執照這種東西，他一定考不取。後來掛電話的時候我還想著，剛才可能做了一件很蠢的事。

那年春天，艾利森在某個宴會上遇見艾米里歐，引介了身旁的科技記者史蜜絲（Gina Smith）。史蜜絲向艾米里歐詢問蘋果的現況，他答道：「你知道，蘋果就像一艘船，船上滿載寶藏，但船底有個洞。我的職責就是讓大家朝著同一個方向划去。」史蜜絲有些困惑，又問：「是的…… 但那個洞怎麼辦？」

自此，艾利森和賈伯斯就笑說這是「船說」。賈伯斯說：「艾利森描述給我聽的時候，我們正坐在壽司店裡，我真的笑到跌下椅子。他真是個丑角，還自以為了不起，堅持要大家稱他為艾米里歐博士。在蘋果搞這種尊稱，就是一個警訊。」

《財星》雜誌的史蘭德（Brent Schlender）是個消息靈通的科技記者，他了解賈伯斯，熟悉他的思路。他在3月的一篇報導中，詳述蘋果的亂象：「說到怪異的管理方式與缺乏頭緒的科技理念，蘋果電腦正是矽谷的代表，如今它又再次進入危機模式，以慢動作進行悲慘掙扎，試圖處理崩盤的銷售數字、紊亂的技術策略，以及嚴重內傷的品牌名聲。任何稍有權謀的人都可看出，賈伯斯表面上正接受好萊塢的誘惑（最近全權掌管了製作『玩具總動員』等電腦動畫片的皮克斯公司），但暗地裡可能正在密謀奪取蘋果。」

艾利森再次公開釋出訊息，意圖進行惡意併購，好讓他「最要好的朋友」賈伯斯當上執行長。他告訴記者：「史帝夫是唯一能夠拯救蘋果的人，我已經準備好了，只等他開口。」但就像狼來了的故事一樣，艾利森這次的併購主張不再受到關注，所以當月稍後，他又對《聖荷西信使報》的吉爾摩（Dan Gillmor）表示，他正在召集投資人，準備募集10億美元，取得蘋果大股東的地位（蘋果當時市值約23億美元）。

消息披露當天，蘋果股價飆漲11%，且交易十分熱絡。艾利森繼續加油添醋，設立電郵信箱 savapple@us.oracle.com，讓民眾投票決定他的行動是否應該繼續。艾利森原本將電郵名稱訂為saveapple（拯救蘋果），卻發現公司電郵位址的@前面有八個字元的限制。

看著艾利森自導自演，賈伯斯不免發噱，但他不太確定該如何解讀此事，因此避免發表評論。他對一位記者說：「艾利森偶爾會提起這回事，我也試著解釋，我在蘋果的角色是顧問。」

至於艾米里歐，則是怒氣沖沖打電話找艾利森發飆，但艾利森不接電話，於是他便打給賈伯斯，得到的回答既模稜兩可又有幾分真實。賈伯斯對他說：「我真的不懂這是怎麼回事，這整件事很瘋狂。」然後又毫無誠意的安慰艾米里歐：「我們兩人的關係很好。」賈伯斯大可終結外界所有猜測，只要發表聲明婉拒艾利森的想法就成，但是賈伯斯偏偏沒有任何動作，繼續袖手旁觀。因為這麼做，既符合他的利益，也是他的本性。

艾米里歐更嚴重的問題，就是失去伍拉德的支持。伍拉德是工業工程師出身，率直明智，懂得聽取建言。賈伯斯並非唯一抱怨過艾米里歐的人，蘋果財務長安德森（Fred Anderson）也曾提出警告，表示公司幾乎就要違反銀行契約，無法履行債務責任，此外也提到士氣低落的情形。在3月的董事會議上，董事們投票否決了艾米里歐提出的廣告預算，以表達不滿。

此外，媒體也開始跟艾米里歐作對。《商業週刊》以封面故事質問「蘋果成為俎上肉？」《紅鯡魚》雜誌的社論頭條是「艾米里歐，請下台」，而《連線》的封面也把蘋果商標如聖心一般釘上了十字架，周圍圈著一環荊棘，標題是「請祈禱」。《波士頓環球報》（*Boston Globe*）巴尼可（Mike Barnicle）也批判蘋果多年以來的不當經營方式，寫道：「這些笨蛋把唯一一台不曾嚇跑使用者的電腦，變成了科技版的1997年紅襪牛棚，他們怎敢繼續領薪水？」5月底，艾米里歐接受《華爾街日報》的卡爾頓訪問，卡爾頓問艾米里歐，是否能扭轉外界認為蘋果處於死亡漩渦的觀感，艾米里歐凝視著他，說：「我不知道怎麼回答這個問題。」

賈伯斯與艾米里歐在2月簽訂最終交易合約時，賈伯斯開心得蹦蹦跳跳，嚷著：「你跟我應該去喝一杯，好好慶祝一下！」艾米里歐表示，願意提供他家酒窖的藏酒，並建議兩人攜伴。此事到6月才敲定日期，雖然情況愈見緊繃，餐會依然十分愉快。餐點和紅酒完全不搭，就像用餐的人一樣不協調；艾米里歐帶了兩瓶紅酒，一瓶是1964年的法國白馬，另一瓶來自蒙哈榭酒莊，每瓶要價300美元。賈伯斯則挑了紅杉市的素食餐廳，餐點帳單一共才72美元。艾米里歐的太太後來說：「他真是迷人，他太太也是。」

賈伯斯可以隨心所欲對人施展魅力與殷勤，他也樂此不疲。

艾米里歐與史考利等人以為賈伯斯對他們親切有加，就表示他喜歡且尊重他們。賈伯斯有時會製造這種印象，對渴望獲得讚美的人說一連串甜言蜜語，只是他有本事魅惑他討厭的人，也可以侮辱他喜歡的人。艾米里歐不懂這一點，他跟史考利一樣，渴望獲得賈伯斯關愛的眼神。他描述自己多麼想跟賈伯斯維繫良好關係，所用的字眼幾乎跟史考利說過的一樣。艾米里歐回想道：「我面臨難題的時候，就跟他一起從頭到尾進行檢討，十之八九都得出相同的見解。」他不知怎的，讓自己相信賈伯斯真的很尊重他。「賈伯斯處理問題的思考方式令人讚嘆，我覺得正跟他建立相互信賴的關係。」

艾米里歐的幻滅，就發生在共進晚餐之後沒隔幾天。兩人先前協商時，他堅持賈伯斯必須持股至少六個月，最好是久一點。沒想到這約定在6月就結束了，當150萬股蘋果股票大批被拋售時，他打電話給賈伯斯說：「我跟別人說那些賣出的股票不是你的，請記得，你跟我協議過，除非先跟我們商量，否則你不會出售股票。」

賈伯斯答道：「沒錯。」艾米里歐把這話解讀成賈伯斯並未出售股票，還發表了一份聲明。等到證券與交易委員會的註冊資料公布，艾米里歐卻看到賈伯斯果然賣掉手上的股票。「可惡，史帝夫，我明明直接問過你，你也否認那些股票是你的。」賈伯斯說，他是因為想到蘋果未來的走向，心情「突然一陣沮喪」才賣掉股票，他沒承認，是因為覺得有些不好意思。數年後我問到此事，他只說：「我不認為有必要告訴艾米里歐。」

那麼，他為何要誤導艾米里歐？其中有個簡單的原因：賈伯斯有時就是會迴避實情。美國外交政策專家桑尼菲德（Helmut

Sonnenfeld）曾說，季辛吉說謊並非為自己的利益，而是天性。同樣的，在某些時候，當賈伯斯認為有必要，就會展現誤導他人或搞神祕的天性。但有時他也喜歡不加掩飾，說出多數人會盡量委婉或迴避的殘酷事實。不論欺瞞或坦誠，都只是他尼采哲學態度的各種面向，一般的規則並不適用於他。

艾米里歐退位

賈伯斯無意平息艾利森的收購論調，卻又暗自出售自己的持股，誤導他人想法。艾米里歐終於明白，賈伯斯的槍口其實就對準他，「我終於認清事實，我一廂情願以為賈伯斯跟我站在同一陣線，」艾米里歐後來說：「因此，他設法攆我走的計畫一路暢行無阻。」

賈伯斯確實一有機會就說艾米里歐的壞話，他忍不住，更何況他的批判也屬實。但還有另一個更重要的因素鼓動董事會反對艾米里歐——財務長安德森認為，他有責任讓伍拉德與董事會了解蘋果的情勢危急。伍拉德說：「是安德森告訴我，公司現金流失、人才流失的情形，而且不少重要幹部都正考慮離開。他直言，船隻就要觸礁，連他自己都想走人。」伍拉德眼見艾米里歐在股東會議上出糗之後，就已經很擔心，如今更是憂心如焚。

伍拉德請高盛投資銀行研究出售蘋果的可能性，但銀行表示，因為蘋果公司市占率萎縮太多，很難找到合適的策略買家。6 月的營運董事會議上，艾米里歐不在場，伍拉德向現任董事說明他做的風險評估，他說：「如果我們留下艾米里歐當執行長，公司將有 90% 的機率破產。如果開除他，然後說服史帝夫接手，就有 60% 的機率可以生存。如果開除艾米里歐，但不找史帝夫回來，而是另尋他人擔任執行長，那麼存活率大約40%。」董事會授權他詢問賈伯斯回鍋的意願，不論賈伯斯允諾與否，都訂在7月4日獨立紀念日當天，透過電話召開緊急董事會議。

伍拉德偕夫人依計畫飛往倫敦，觀看溫布敦網球賽。他白天看球，晚上就在公園飯店套房，打電話到正值白天的美國，後來退房時，付了2,000美元的電話費。

他先打給賈伯斯，表示董事會將開除艾米里歐，並邀請他回來當執行長。賈伯斯一直大肆嘲諷艾米里歐，希望以他自己的主張引領蘋果的發展方向，但是當權杖突然遞到他面前，他又退縮了，只回答：「我會幫忙。」

伍拉德問：「是擔任執行長嗎？」

賈伯斯不肯。伍拉德極力勸說他至少擔任代理執行長，賈伯斯再度拒絕，他說：「我可以擔任顧問，無給職顧問。」他也同意擔任董事（這倒是他渴望已久的位子），但婉拒董事長的職位，他說：「這是我現在所能做的。」

賈伯斯發電子郵件給皮克斯員工，保證不會拋棄他們，他寫道：「我三星期前接獲蘋果董事會來電，邀請我回蘋果擔任執行長，我婉拒了。他們接著希望我擔任董事長，我也婉拒。所以請放心，謠言再瘋狂也只是謠言，我並沒有離開皮克斯的計畫，各位甩不掉我的。」

賈伯斯為何不接下權杖？為何不願抓住機會，拿回他似乎渴望了二十年的位子？我這麼問他，他回答：

我們才剛讓皮克斯上市，我在皮克斯做執行長十分開心。我從沒聽說過，誰有辦法同時擔任兩家上市公司的執行長，即便是暫時性職務也沒聽過，我甚至不確定這樣是否合法。我不知道該怎麼做，也不知道自己想怎麼做。我有了許多時間陪家人，正感到很快樂，因此陷入兩難。我知道蘋果陷入混亂，所以心想：我要放棄這種快樂的生活嗎？皮克斯的股東將作何感想？我打算向前輩請益，於是在星期六一大早（八點左右）就打電話給葛洛夫，向他說明正反兩面的意見，他聽到一半時插嘴說：『史帝夫，我他媽的根本不在乎蘋果。』我呆住了，那時候才意識到，我他媽的確實在乎蘋果。我成立了這家公司，這世上有蘋果存在，確實是好事，這一刻，我決定以暫時性的方式回到蘋果，幫助他們尋找執行長。

事實上，皮克斯團隊很高興，賈伯斯能少花一點時間在他們身上，他們暗地裡（有時也公開）慶幸，蘋果可以瓜分他的時間。卡特慕爾過去擔任執行長時就很稱職，現在不論以正式或非正式的方式重新扛起責任，都非難事。至於賈伯斯所說，陪伴家人的快樂呢？他從來都不是模範父親，手上有再多閒暇都一樣。他確實已經比較懂得多關心兒女，特別是對里德，但他的重心依然是工作。他對兩個小女兒多半疏遠冷淡，和大女兒麗莎又漸行漸遠，對妻子也常常動怒。

那麼，他猶豫是否接管蘋果的真正原因，究竟是什麼？儘管他個性執著，又有無窮盡的控制欲，但每當面臨令人猶豫的抉擇時，他又顯得優柔寡斷、謹慎壓抑。他是完美主義者，經常不懂得如何退而求其次或順應情勢。他不喜歡複雜，這一點反映在他的產品和設計，以及家中擺設，也反映在他必須做個人承諾的時候。如果他確知某個方向是正確的，那麼什麼也阻擋不了他。但如果他心中有疑慮，有時便會退縮。不是完全適合他的事情，他寧願不要去想。就像艾米里歐問他想扮演什麼角色，他便陷入沉默，無視當下讓對方不悅的窘態。

會有這種態度，或許也是因為他傾向於以二分法的觀點看待所有事物。人不是英雄就是蠢材，產品若非卓越即是糞土。但當他面對更複雜、隱晦、微妙的事物時，便顯出障礙來了，例如結婚、挑選合適的沙發、承諾去經營某家公司等等。此外，他不想被拖下水。安德森說：「我想賈伯斯是想評估一下蘋果還有沒有救。」

即便還不清楚賈伯斯願意「顧問」到什麼程度，伍拉德與董事會仍然決定開除艾米里歐。當時，艾米里歐正準備跟太太、孩子、孫子去野餐，伍拉德從倫敦打來的電話只說：「我們要請你下台。」艾米里歐表示不方便談話，但伍拉德認為他必須繼續說下去：「我們就要宣布你被撤換的消息了。」

艾米里歐抗拒：「記得嗎？我說過，我需要三年時間讓公司重新步上軌道，現在只過了不到一半。」

伍拉德回答：「董事會已經做出最後決定，不會再進一步討論此事。」艾米里歐詢問，還有誰知道這個決定，伍拉德照實說了：全體董事會，以及賈伯斯。他說：「我們也跟賈伯斯討論過這件事。他認為，你真的是個很好的人，但你對電腦業的了解不夠透澈。」

艾米里歐開始動氣了：「你竟然讓賈伯斯參與這樣的決策！他甚至不是董事，到底憑什麼加入討論？」但伍拉德不退讓，艾米里歐掛上電話，依然跟家人出去野餐，之後才告訴他太太。

賈伯斯有時會出現複雜又矛盾的情結 —— 既暴躁又需要別

人關愛。他通常一點也不在乎旁人怎麼看他，他可以拋棄你、永遠不在乎你，或永遠不跟你說話，但有時也會突然湧起一股為自己辯解的衝動。那天晚上，艾米里歐意外接到賈伯斯的電話，說：「唉呀！艾米里歐，我只是希望你知道，我今天跟伍拉德談了這件事，我真的覺得很糟。我希望你知道，我跟這些事情的發展一點關係也沒有，都是董事會做的決定，但他們要我提供建議與看法。」他說他很尊敬艾米里歐，因為艾米里歐是他所見過最正直的人，接著又自己奉送了一些建議：「休假半年吧！當初我被踢出蘋果之後，就立刻接著去工作。我很後悔，當初應該讓自己休息一下的。」他說，如果艾米里歐需要任何建議，他都願意當他的諍友。

艾米里歐給迷湯灌得暈頭轉向，胡亂囁嚅了幾句謝辭，然後轉頭對太太描述了賈伯斯說的話，他跟太太說：「就某些方面而言，我還是喜歡這個人，但我不相信他說的話。」

她說：「我完全被賈伯斯收服了，覺得自己真是蠢。」

艾米里歐回答：「誰不是呢。」

擔任非正式顧問的沃茲尼克得知賈伯斯即將回鍋，感到欣喜萬分，他說：「這就是我們需要的結果，不管你對史帝夫有什麼看法，他就是知道如何幫公司找回魔力。」賈伯斯戰勝艾米里歐，沃茲尼克並不意外，事後他告訴《連線》雜誌：「艾米里歐對上賈伯斯，全盤皆輸。」

重整旗鼓

那個星期一，蘋果重要員工集結在禮堂，艾米里歐顯得十分平靜，甚至可說輕鬆。他說：「很遺憾跟大家報告，該是我離開的時候了。」同意擔任代執行長的安德森接著發言，明白指出，他將接受賈伯斯的指導。接著，整整十二年前，在7月4日國慶假期鬥爭中敗退的賈伯斯，再度走上蘋果的舞台。

情勢立即明朗，無論他是否願意公開（或甚至對自己）承認，他已然大權在握，絕不僅是擔任「顧問」。穿著短褲、球鞋，以及逐漸成為個人註冊商標的黑色高領衫，賈伯斯現身舞台的這一刻起，便著手為他心愛的公司重新注入生命力。他說：「告訴我，這個地方出了什麼問題？」台下有些咕噥聲，賈伯斯打斷他們，給了答案：「是產品！」他又問：「那麼，產品到底出了什麼問題？」又有人試圖回答，直到賈伯斯大聲公布正解：「產品爛透了！完全沒有吸引力！」

經過伍拉德好說歹說，賈伯斯答應擔任「積極」的顧問，並由公司發布聲明，表示他「同意在未來三個月內更深入參與公司營運，直到公司聘任下一任執行長為止」。伍拉德在聲明稿當中的巧妙說法是，賈伯斯將回公司擔任「領導公司團隊的顧問」。

賈伯斯接受高階主管樓層的一間小辦公室，就在會議室旁，明顯避開艾米里歐在角落的大辦公室。他涉入每個營運層面：產品設計、該做哪些削減、與供應商談判，以及甄選廣告公司。他也覺得必須阻止重要員工離職潮，決定為他們調整股票選擇權的價格。由於蘋果股價低迷，選擇權變得毫無價值，賈伯斯希望降低履約價格，讓選擇權恢復吸引力。這在當時並不違法，但一般認為並非良好的營運措施。重返蘋果的第一個星期四，他召開電話董事會，說明了問題所在。董事們十分猶豫，要求花一點時間研究這項改變在法規與財務上的影響。賈伯斯告訴他們：「必須盡快執行，優秀人才正在流失。」

即便是一向支持他的伍拉德（當時是薪酬委員會主委）都表示反對，他說：「我在杜邦從沒見過這種做法。」

賈伯斯表示：「你要我解決問題，而人才就是關鍵。」董事會建議的研究案預計耗時兩個月，賈伯斯爆發了：「你們瘋了嗎？！」他沉默許久才繼續說：「各位若不同意，我星期一就不進辦公室了。我還有無數個更困難的決策等著執行，你們若不能支持我做這種決定，我注定要失敗。所以，如果你們沒辦法做這件事，那我就走人，你們可以怪到我頭上，告訴別人：『賈伯斯做不來。』」

伍拉德諮詢董事會之後，隔天打電話給賈伯斯：「我們會批准，但有幾位董事不高興，感覺好像被你用槍指著頭。」重要員工的選擇權（賈伯斯完全沒有）重新調整為13.25美元，也就是艾米里歐被掃地出門當天的股價。

賈伯斯並未慶祝勝利或感謝董事會，必須跟董事會打交道讓他極端不耐，因為他對目前的董事會毫無敬意。賈伯斯告訴伍拉德：「踩剎車吧！行不通的。公司搖搖欲墜，我沒時間當董事會的奶媽，我要你們全部辭職，否則我就要辭職，下星期一就不會出現了。」他說，唯一能留下的只有伍拉德。

眾董事聞言驚駭不已。賈伯斯依然沒答應接受正式職位或擔任顧問以外的工作，卻自認有能力逼他們走路，但殘酷的事實就是：他的確辦得到。他們無法承擔賈伯斯拂袖而去的後果，此外，在這種時候繼續擔任董事，也不見得是樂事。伍拉德回想：「經歷過那些風波之後，多數人都很樂於離開。」

於是董事會再度讓步，只提出一個要求：賈伯斯可否允許伍拉德之外的另一位董事留任？這對於光學部門有幫助。賈伯斯同意了，他後來說：「董事素質太差，簡直糟透了。我同意他們留下伍拉德和另一位名叫張鎮中（Gareth Chang）的傢伙，後來證明那個人也沒用。他並不糟糕，只是沒用。伍拉德則是我見過最好的董事，具有崇高風範，是我遇過最慷慨、睿智的人。」

被要求解職的人，也包含馬庫拉。1976年，馬庫拉還是個年輕的創投業者，曾經造訪賈伯斯的車庫，愛上了工作檯上那部剛萌芽的電腦，承諾投資25萬美元，成為新公司第三位合夥人，並持有三分之一的股份。接下來的二十年，馬庫拉都是唯一不變的董事，數度見證執行長的更替。他有時支持賈伯斯，有時站在對立面，最著名的就是1985年的攤牌事件，他選擇站在史考利那一邊。現在賈伯斯回鍋，他心知已是他離開的時候了。

賈伯斯可以相當冷血殘酷，特別是對那些曾經惹惱他的人。但他對早年的創業夥伴也相當念舊，沃茲尼克當然是被歸類為可以享受特別待遇的人，只是後來漸行漸遠。其他還包含何茲菲德與麥金塔團隊的少數幾個人，現在看來，馬庫拉也是。賈伯斯後來說：「我深覺他背叛了我，但他對我來說，就像父執輩，我總是很在意他。」因此，當馬庫拉必須走路的時候，賈伯斯親自驅車前往伍得塞德，拜訪馬庫拉如城堡般的家，希望親口傳達這個消息。一如往常，賈伯斯要求到外面散步，於是兩人漫步走到紅杉林裡的一處野餐桌旁。馬庫拉說：「他告訴我，他要一個新的董事會，因為他想重新開始，擔心我不能接受。知道我不反對，他就放心了。」

後來他們開始討論蘋果未來的重心。賈伯斯的企圖心是建立永續經營的企業，他問馬庫拉，這需要什麼條件才能做到。馬庫拉說，可長可久的企業懂得如何脫胎換骨，惠普就曾經多次蛻變成功，起初是生產儀器，而後變成生產計算機，最後是生產電腦。他說：「蘋果在個人電腦業被微軟邊緣化了，你必須讓公司脫胎換骨，做些其他的消費產品或設備等等，你得像蝶蛹一樣蛻變。」賈伯斯沒有多說，但都認同。

董事會在 7 月底召開會議，批准交接事宜。相對於賈伯斯的暴躁無常，伍拉德展現了一種紳士風範，當他看到賈伯斯穿著牛仔褲與球鞋現身，一時有些錯愕。他也擔心賈伯斯可能斥責董事們把公司搞砸，但賈伯斯只親切說了聲：「大家好！」他們就開始進行投票程序，接受董事們辭職，並遴選賈伯斯進入董事會，然後授權伍拉德與賈伯斯尋找新董事。

賈伯斯第一個想網羅的當然是艾利森，而他也樂於接受，只是討厭開會。賈伯斯說，他只要參加半數會議就好。（一段時間後，艾利森只參加大約三分之一的會議，賈伯斯把他出現在《商業週刊》封面的相片，複製、放大到真人尺寸、貼在硬紙板上、裁成人形，放在他的空位上。）

賈伯斯也找來康貝爾，他曾在 1980 年代初期主管蘋果行銷部門，身陷史考利和賈伯斯的鬥爭時，選擇史考利一方，最後卻與史考利交惡，因此獲得賈伯斯原諒。他現在是 Intuit 公司執行長，在帕羅奧圖的住處，距離賈伯斯家只有五條街，是賈伯斯的散步夥伴。康貝爾回憶道：「我們坐在他家後門外面，他說他要回蘋果，要我進入董事會。我說，天老爺！我當然願意。」康貝爾曾是哥倫比亞大學美式足球教練，賈伯斯認為他的一大天賦就是「讓 B 咖選手拿出 A 咖成績」。賈伯斯對他說，在蘋果，他完全是跟 A 咖選手合作。

伍拉德幫忙找來曾任克萊斯勒與 IBM 財務長的約克（Jerry

York），但其他人選都被賈伯斯否決，包括當時是孩之寶玩具公司（Hasbro）部門總經理、曾任迪士尼策略規劃員的惠特曼（Meg Whitman，她在 1998 年成為 eBay 執行長，後來曾競選加州州長失敗）。

多年以來，賈伯斯總會邀請領導精英進入蘋果董事會，像是美國前副總統高爾（Al Gore）、Google 的施密特（Eric Schmidt）、基因科技公司的列文森（Art Levinson）、Gap 與 J. Crew 的崔斯勒（Mickey Drexler），以及全球雅芳的鍾彬嫻。賈伯斯也總會要求這些人保持忠誠，甚至是盲目忠誠。儘管這些人有其地位，他們仍對賈伯斯又敬又畏，也都非常希望讓他感到滿意。

賈伯斯重回蘋果後幾年，一度邀請前證管會主席李維特（Arthur Levitt）擔任董事。李維特在 1984 年買了生平第一台麥金塔電腦，從此很自豪成了蘋果迷，受邀之際欣喜若狂，興高采烈的來到庫珀蒂諾，與賈伯斯討論他的角色。但是賈伯斯後來讀到他以企業治理為題的一篇演講稿，其中主張董事會應該扮演強勢獨立的角色。賈伯斯便打電話給他，撤回邀請。李維特說，賈伯斯告訴他：「亞瑟，我想你在我們的董事會可能不會開心，也許不找你來才是最好的做法。老實說，我認為你的主張雖然適用於一些公司，卻實在不適用於蘋果的文化。」李維特後來曾寫道：「我啞口無言⋯⋯蘋果董事會在設計上，顯然無法獨立於執行長之外運作。」

瘋狂的麥金塔世界

股票選擇權重新定價的內部公告上，署名的是「史帝夫與管理團隊」。不久之後，賈伯斯就公開主持所有的產品檢討會議，從這些會議和其他跡象都可看出，他已經深深介入蘋果營運，蘋果股價因此在 7 月間從 13 美元漲到 20 美元。

1997 年 8 月，蘋果忠實信徒聚集在波士頓麥金塔世界大會，也掀起一波興奮的騷動。活動開始前幾個小時，有五千多人提早到場，擠進公園廣場飯店的城堡會議廳，為的就是賈伯斯的主場演講。他們前來瞻仰復出的英雄，想確定他是否真的準備再次領導他們。

當大螢幕上打出賈伯斯 1984 年的照片時，群眾立刻爆出歡呼聲，開始喊著：「史帝夫！史帝夫！史帝夫！」，此時主持人還沒有請賈伯斯出場呢！等他終於步上舞台，身穿黑色背心、無領白襯衫、牛仔褲，並帶著頑皮的笑容，現場掀起一陣熱情的尖叫和鎂光燈閃爍，絕不亞於搖滾巨星的排場。一開始，他先澆熄眾人的興奮之情，提醒大家留意他當時的正式職務：「我是史帝夫．賈伯斯，皮克斯總裁兼執行長。」銀幕上的投影片打出這個頭銜。接著賈伯斯解釋自己在蘋果的角色，「我跟其他很多人正一起努力，幫助蘋果恢復經營體質。」

然而，當他在台上來回踱步、用手上按鈕控制投影片播放之際，他很顯然已經是蘋果的主事者了，未來也會繼續下去。他的演講經過細心雕琢，沒有講稿。他說明蘋果股價為何在過去兩年跌了 30%，他說：「蘋果有很多優秀人才，但做的事情不對，因為整體規畫錯誤。我發現他們都迫不及待要支持正確策略，但我們就是少了正確的策略。」群眾又是一陣尖叫、口哨、歡呼。

隨著演講的進行，賈伯斯的熱情逐漸高漲，談到蘋果未來的作為，他開始轉而使用「我們」、「我」，而非「他們」。賈伯斯說：「我認為，你依然必須有不同的想法，才會購買蘋果電腦。蘋果的消費者確實不同凡想，他們就是這個世界的創意靈魂，他們會改變世界。『我們』為這些人提供了工具。」他強調「我們」二字的時候，彎起手掌，用手指點點胸口。

演講進入尾聲，他談到蘋果的未來，依然強調「我們」二字。「我們也必須有不同的想法，為這些從一開始就購買我們產品的人，提供良好的服務。很多人認為他們都瘋了，但從這些瘋狂當中，我們看到了天才。」觀眾起立鼓掌，久久不息，大家在讚嘆中交換眼神，有人拭去眼角的淚水。賈伯斯已經清楚展示，他和蘋果的「我們」就是一體。

蘋果與微軟締結和平協議

賈伯斯在 1997 年 8 月麥金塔世界大會也宣布了一個爆炸性的消息，這消息成了演講的高潮，後來也上了《時代》與《新聞週刊》的封面。

演講就要結束前，他停下來喝了一口水，然後壓低嗓音繼續說：「蘋果是生態系統的一環，需要其他夥伴的協助。在這個行業中，彼此傷害的關係對任何人都沒好處。」為了製造戲劇效果，他再次暫停了一會兒，接著說明：「我今天要宣布我們第一位新夥伴，這位夥伴意義非凡，就是微軟。」眾人倒抽一口氣，銀幕上打出微軟與蘋果的商標。

為了各種著作權與專利問題，蘋果與微軟已經交火十年，最著名的官司就是：微軟是否竊取蘋果的圖形使用者介面的外觀與風格。當賈伯斯在 1985 年逐漸被排擠出蘋果之際，史考利做了一次形同投降的交易，同意微軟購買蘋果的圖形使用者介面，用在 Windows 1.0，交換條件是讓 Excel 供麥金塔電腦專用，為期兩年。

1988年，微軟推出Windows 2.0之後，蘋果再度提告。史考利認為1985年的協議並不適用於Windows 2.0，而且Windows最新的升級內容（例如模仿亞特金森的「裁剪」重疊視窗）甚至是更加明目張膽的侵權行為。1997年，蘋果打輸這場官司，幾次上訴也失敗，但零星官司與繼續興訟的可能性仍在。

除此之外，柯林頓政府的司法部，正準備依據反托拉斯法案控告微軟。賈伯斯邀請助理司法部長克雷（Joel Klein）到帕羅奧圖，品嚐咖啡的同時，對他說，別擔心是否能從微軟手上拿到大筆罰金，只要讓他們身陷訴訟就可以了，他解釋道，這樣就能讓蘋果有機會「採取迂迴戰術」，推出能與微軟一爭高下的產品。

艾米里歐主事時期，微軟與蘋果的對峙情勢升高。微軟拒絕為未來的麥金塔作業系統開發Word與Excel，此舉將可能摧毀蘋果。其實蓋茲並非只是為了報復，他的不情願也可以理解，因為當時沒有任何人（包含更迭頻繁的蘋果高層）知道，未來的麥金塔作業系統到底是什麼模樣。蘋果併購NeXT之後，艾米里歐與賈伯斯立刻一同搭機前往微軟，但蓋茲弄不清楚這兩人究竟誰是老大。幾天後，他私下打電話給賈伯斯，他記得自己是這麼問的：「喂，到底是怎樣！我應該把我的應用軟體放在NeXT作業系統嗎？」賈伯斯講了幾句嘲諷艾米里歐的話，然後只說情勢將逐漸明朗。

艾米里歐被掃地出門之後，領導權的問題獲得部分解決，賈伯斯很快就致電蓋茲。他後來說：

我打給比爾，說我要扭轉目前的局勢。比爾對蘋果總是有心軟的一面，是我們讓他把應用軟體事業做了起來，微軟首次做的應用程式就是麥金塔的 Excel 與 Word。我在電話上跟他說：「我需要幫忙。」

微軟正在侵犯蘋果的專利，我說，如果繼續打官司，幾年之後我們就會贏得價值數十億美元的專利訴訟帳單，這一點，你知我知；但蘋果無法在持續交戰的情況下，生存那麼久，這一點我知道。所以我們來想想如何立刻解決這件事吧！我唯一需要的，就是微軟必須承諾繼續為麥金塔開發軟體，而且微軟必須投資蘋果，才能真正在乎蘋果的成功與否。」

我轉述這段話給蓋茲，他也認可無誤：「我們有一群人很喜歡做麥金塔的東西，而且我們真的喜歡麥金塔。」蓋茲已經與艾米里歐協商半年，得到的方案愈來愈冗長複雜。「然後史帝夫出現了，他說協議內容太複雜，他要簡單的東西，他只要我們的承諾和投資。然後我們在四星期內，就把這兩樣東西準備好了。」

蓋茲與他的財務長馬費伊（Greg Maffei）前往帕羅奧圖擬定協議架構，然後馬費伊在隔週的星期日獨自前往處理細節。他抵達賈伯斯家中時，賈伯斯從冰箱拿了兩瓶水，帶他到附近散步。兩人都穿著短褲，賈伯斯打赤腳。他們坐在浸信會教堂前面，賈伯斯切入要點，他說：「我們最在乎的，就是你們承諾幫麥金塔做軟體，並且投資蘋果。」

雖然談判進行迅速，但直到賈伯斯在波士頓麥金塔世界大會演講之前數小時，最後的細節才完成。賈伯斯正在公園廣場飯店城堡會議廳排演的時候，手機響了。「嗨！比爾。」賈伯斯的聲音迴盪在古舊的大廳內，於是他走到角落輕聲說話，以免旁人聽見。他講了一個小時，最後，僅餘的幾項交易細節解決了。「比爾，謝謝你支持蘋果，」賈伯斯蹲在地上說：「因為你的支持，世界將變得更美好。」

在麥金塔世界大會主場演講中，賈伯斯詳述蘋果與微軟的協議。起初，死忠蘋果迷當中傳出抱怨與噓聲，最令他們惱火的就是賈伯斯宣布雙方的和平協議之一：「蘋果決定使用 Internet Explorer 做為麥金塔電腦的預設瀏覽器。」聽眾噓聲四起。賈伯斯馬上說：「我們認為消費者有選擇的權利，因此將提供其他網路瀏覽器，使用者當然有權更改預設系統。」現場傳來一些笑聲與零星的掌聲，觀眾的不滿逐漸緩和，特別是當賈伯斯宣布微軟將投資 1.5 億美元，並且只能擔任「無表決權」的股東時。

但和緩氣氛一度又蕩然無存，因為接下來是賈伯斯舞台生涯中極少數的失算時刻。他說：「我剛好透過衛星連線，邀請了一位特別來賓。」蓋茲的臉瞬間出現在巨幅銀幕上，俯瞰著賈伯斯與大廳。蓋茲臉上一抹微笑，虛實之間似是竊笑。觀眾嚇得倒抽一口氣，接著有人發出噓聲與喝倒采，這一幕殘酷的模擬了之前「1984」廣告裡的老大哥，幾乎令人以為（或說預期？）有位身手矯捷的女人，就要沿著走道衝過來，丟出一根鐵鎚，讓銀幕畫面瞬間消失。

但這場面切切實實的呈現在眼前。不知道正遭受嘲諷的蓋茲，開始透過衛星連線，從微軟總部用他尖細平板的特殊音調，發表演說：「我的職涯中幾件最令人興奮的案子，都是跟史帝夫一起為麥金塔所做的事。」他接著開始推銷為了麥金塔而做的最新 Office 版本，觀眾逐漸平靜，似乎慢慢開始接受新世界的秩序。當蓋茲說「在很多方面，Word 與 Excel 新的麥金塔版，都比 Windows 的版本更先進」時，甚至還能獲得一點掌聲。

賈伯斯發現，讓蓋茲的影像凌駕在他和觀眾之上，確實是個錯誤，他後來說：「我原本是要他親自到波士頓來。那次是我最糟、最蠢的一次上台經驗，情況那麼糟，是因為我和蘋果相對之下顯得渺小，好像一切都在比爾的掌握之中。」蓋茲看到活動影帶時，也一樣感到尷尬，他說：「我並不知道我的臉，會給放大到活似帶頭老大的程度。」

賈伯斯開始即興佈道，試圖安撫眾人，他說：「如果我們要向前走，並看到蘋果恢復健康，就必須做一點犧牲。我們要放棄一個想法：如果微軟贏，蘋果就必須輸……我想，麥金塔若要使用微軟的 Office 軟體，我們對待這家公司最好表現出一點感激之情。」

宣布與微軟合作，再加上賈伯斯懷抱熱情重整公司營運，蘋果終於得到期盼已久的激勵。這天結束時，蘋果股價飆漲 6.56 美元，漲幅達 33%，以 26.31 美元收盤，是艾米里歐辭職那天的兩倍。光是這一天的漲幅，就讓蘋果的市值多出 8.3 億美元，公司於是從墳墓邊緣重返人間。

24

不同凡想

代執行長賈伯斯

賈伯斯於1998年麥金塔世界大會現場。

向瘋狂人士致敬

賽特／戴廣告公司創意總監克洛，曾經為麥金塔的首航製作精采的「1984」廣告片。1997 年 7 月初，他正在洛杉磯街頭開車，電話響了，是賈伯斯來電：「嗨！克洛，我是史帝夫。你猜怎樣？艾米里歐剛剛辭職了，你可以上來一趟嗎？」

蘋果正重新遴選廣告商，至今沒有一家能挑起賈伯斯的興趣。因此他要克洛和他的公司（當時叫做 TBWA ／賽特／戴）前來加入比稿競賽。賈伯斯說：「我們必須證明蘋果依然活著，依然代表獨特的品牌。」

克洛表示他不參與比稿，他說：「你知道我們的規矩。」但賈伯斯央求他。當時若要拒絕其他知名廣告商，如 BBDO、全球（Arnold Worldwide），然後直接委託「老相好」（賈伯斯的用詞），其實並不容易。克洛同意帶一些展示創意發想的作品，搭機前往庫珀蒂諾。回想到當年這一幕，賈伯斯開始啜泣：

我真的哽咽到說不出話來。克洛對蘋果顯然有很深的感情，他是廣告界翹楚，已經十年不需參加比稿，但他卻來了，而且掏心掏肺全力參加比稿競賽，因為他對蘋果的愛，不會比我們少。

他的團隊想出很棒的創意：「Think Different」（不同凡想），比其他人的東西好上十倍，我又哽咽了，現在回想起來都會流淚，不只因為克洛這麼有情有義，也因為他的「Think Different」實在太出色。

只要我感受到純淨的事物，純淨的精神與愛，我總忍不住落淚，純淨總是深深打進我心裡，深深吸引我。當時我就是遇到這種狀態，那種純淨令我永遠無法忘懷。他在辦公室裡對我說明創意概念的時候，我就流淚了，之後每次想起來還是會掉淚。」

賈伯斯與克洛都認為，蘋果是世上最偉大的品牌之一，就情感訴求而言，可能排名前五大。但蘋果必須提醒世人了解蘋果的獨特，因此他們想要品牌形象宣傳，而非以產品為主的廣告，訴求方向並非說明電腦能做什麼，而是強調創意人士可以用電腦做什麼。賈伯斯說：「重點不是處理器的速度或記憶體，而是創造力。」廣告的目標對象不只是潛在顧客，還包含蘋果員工。「我們已經忘記自己是誰，要提醒你想起自己是誰，方法之一就是先想起你的英雄。這就是這一波廣告創意發想的源起。」

克洛的團隊嘗試各種推崇具有「不同凡想」的「瘋狂人士」的方法，他們製作了一段影片，配上歌手席爾的歌曲〈瘋狂〉，歌詞有一句是「我們不可能生存下去，除非多點瘋狂成分……」但無法取得使用權。於是嘗試改用朗誦佛斯特的詩作〈不曾踏上的路途〉，或是借用羅賓威廉斯在電影「春風化雨」的演講詞。最後，他們還是決定要自己撰文，短文草稿一開始是這麼寫的：「向瘋狂人士致敬……」

賈伯斯一如過往的苛求。克洛的團隊帶著短文搭機北上，賈伯斯對著年輕的文案人員發飆，厲聲吼叫：「這是狗屎！廣告公司常用的狗屎！我覺得爛透了！」這位年輕文案是第一次見到賈伯斯，只能默默呆立，事後也沒再回來過。不過，有本事面對賈伯斯的人，像是克洛和他的夥伴席格（Ken Segall）與谷本（Craig Tanimoto）仍繼續與他合作，設法創作令他滿意的交響詩。60 秒原創版本如下：

向瘋狂人士致敬。脫軌的、叛逆的、惹禍的，還有不合常規的、眼光另類的傢伙。他們討厭規矩，不滿現況。你可以引用他們的話、反對他們、讚賞或誹謗他們，你唯一做不到的，就是忽視他們，因為他們推動人類向前邁進。在某些人眼中，他們可能是瘋子，我們卻看到天才。因為只有那些瘋狂到以為自己能夠改變世界的人…… 才真能改變這個世界。

賈伯斯親自撰寫其中某些文字，包含「他們…… 推動人類向前邁進」。8 月初舉行波士頓麥金塔世界大會時，已有初稿可供賈伯斯向團隊展示，大家都認為還有雕琢空間，不過賈伯斯已經在主場演講納入其中理念，包括「think different」的說法。他當時說：「偉大的創意正在萌芽，蘋果代表的就是跳脫主流思考框架的人，希望利用電腦來幫助他們改變世界。」

他們也討論過文法問題。如果 different 是用來修飾動詞 think，就應該寫成副詞，如 think differently。但賈伯斯堅持將 different 讀成名詞，例如 think victory（勝利思維）或 think beauty（美的思維）。此外，它也能反映一般俗語的用法，例如 think big（遠大思維）。

賈伯斯後來解釋：「在發表之前，我們就討論過正確性的問題。就我們想表達的理念而言，文法上是正確的。不是 think the same（相同思維），而是 think different，你若能說 think a little different（有些不同的思維）、think a lot different（非常不同的思維），就能夠說 think different（不同凡想）。如果寫成 think differently，對我來說就少了那個味道。」

為了傳達如電影「春風化雨」的精神，克洛團隊與賈伯斯希望由羅賓威廉斯朗誦短文，但羅賓威廉斯的經紀人表示他不接廣告。賈伯斯設法聯繫本人，還跟羅賓威廉斯的太太通上話，但她知道賈伯斯是勸說高手，不肯讓丈夫聽電話。賈伯斯也考慮過知名作家安潔洛與湯姆漢克斯，並曾在當年秋天的一場募款餐會上，將在場的柯林頓總統拉到一旁，拜託總統致電湯姆漢克斯，但柯林頓聽了卻沒照辦。賈伯斯最後邀請到的是美國演員李察德瑞佛斯，他是忠誠蘋果迷。

除了電視廣告之外，他們也創造了史上最令人難忘的平面廣告，每次以一位歷史人物的黑白肖像為主題，只在角落打上蘋果商標，以及「Think Different」字樣。更酷的是，肖像並未標明身分，其中如愛因斯坦、甘地、約翰藍儂、巴布狄倫、畢卡索、愛迪生、卓別林、金恩博士等，都是辨識度很高的人物，但其他幾位便讓觀者有些困惑，或許得想一下，或問問朋友才能知道名字，如現代舞蹈家瑪莎・葛蘭姆、攝影師亞當斯、物理學家費曼、女高音卡拉絲、建築師萊特、DNA 雙螺旋結構發現人之一的華生、女飛行員埃爾哈特等。

這些大部分都是賈伯斯崇拜的人，大多是創作家，曾經冒險、不畏困境，以另類方式在職業生涯上孤注一擲。賈伯斯本身是攝影愛好者，因此非常深入參與選照，希望挑出這些歷史名人最完美的肖像。他曾對克洛咆哮：「甘地不應該是這個模樣！」克洛解釋，由攝影師柏克懷特拍攝的那張紡車旁的著名肖像，版權屬於「時代生活圖集」所有，不做商業用途。於是賈伯斯致電《時代》總編輯博爾斯汀（Norman Pearlstine），糾纏著要他破例。

賈伯斯中意甘迺迪總統在阿帕拉契山區旅遊的一張照片，也致電甘迺迪的姊姊施萊佛，說服她的家人同意提供弟弟的照片。

他也跟韓森的子女通話，取得了這位已故芝麻街布偶大師最適合的照片。

賈伯斯還致電小野洋子，希望取得約翰藍儂的相片。小野洋子寄了一張，但賈伯斯並不十分滿意。「廣告發布之前，我人在紐約，去了一間我喜歡的日本料理小店，然後讓她知道我會在那兒，」賈伯斯回憶。他抵達後，小野洋子走到他桌前說：「這張比較好。」然後交給他一個信封。「我想我應該會碰到你，所以帶了這張照片。」那是她與藍儂坐在床上，手上各拿一朵花的經典相片，蘋果最後就採用這張。賈伯斯後來說：「我能理解藍儂為何愛上她。」

德瑞佛斯旁白的效果十分理想，但克洛另有想法：若是由賈伯斯親自配音呢？克洛對他說：「這些是你的理念，應該由你配音。」因此賈伯斯到錄音室試錄幾次，很快就做出大家都滿意的版本。他們的想法是，若決定使用賈伯斯的錄音，將不說明旁白者的身分，就像處理肖像的方式一樣，讓大家最後才發現原來是賈伯斯。克洛認為：「聽你親口敘述，將會帶來震撼，也能替你重新拿回品牌發言權。」

賈伯斯無法決定該用自己的聲音，或維持德瑞佛斯的版本。最後，在廣告必須寄出的前夕（巧妙配合隔天「玩具總動員」的電視首映播放廣告）。一如往常，賈伯斯不喜歡被迫做選擇，他最後請克洛把兩個版本都寄出去，讓他再思考一個晚上。翌晨，他決定採用德瑞佛斯的版本，他告訴克洛：「如果用我的聲音，等大家發現，會認為廣告代表的是我，這樣不對，廣告代表的是蘋果。」

基於過去在嬉皮公社的經驗，賈伯斯將自己（亦可說是蘋果電腦）視為主流文化的反對黨。在「Think Different」與「1984」等廣告中，他為蘋果品牌做定位，重申他自己的叛逆性格（即便成為億萬富翁亦不改），並且讓戰後嬰兒潮世代與他們的下一代也能跟他一樣。克洛說：「賈伯斯還是年輕小伙子的時候，我就認識他了。他向來憑直覺就能預想到，自己的品牌能對眾人產生什麼衝擊。」

鮮少（或許完全沒有）其他企業領導人，膽敢將自己的品牌與甘地、愛因斯坦、金恩、畢卡索、達賴喇嘛連結在一起，並且還能全身而退。賈伯斯有能力鼓舞他人做自我定位：反大企業集團、有創意、具革新能力的叛逆份子，而其中的決定因素，只是他們使用的電腦品牌。艾利森說：「史帝夫創造了科技業唯一一個生活風格品牌，你會因為開某些車子而驕傲，例如保時捷、法拉利、豐田油電車，因為你的愛車會透露某些個人訊息，而蘋果的產品也給人同樣的感覺。」

賈伯斯從「Think Different」的廣告活動開始，每星期三下午都跟主經銷商、行銷、公關人員開三小時不拘形式的會議。克洛說：「這世上沒有一個執行長像賈伯斯這樣處理行銷業務，他每星期三批核新的廣告片、平面廣告，以及看板廣告。」

會議結束後，賈伯斯經常帶克洛和兩位廣告人（米爾納與文森），到管制嚴密的設計工作室看開發中的產品。文森說：「他展示開發中的產品時，情緒會變得非常澎湃激昂。」產品仍處於開發階段，賈伯斯就跟合作的行銷高手分享他對產品的熱情，藉此要求他們製作的廣告，無論在哪方面，都能淋漓盡致的呈現他的感受。

代執行長 iCEO

即將完成「Think Different」廣告時，賈伯斯自己也做了些不同凡想，決定正式接管公司，至少短時間內是如此。

自從十星期前艾米里歐被趕走後，他就是實質領導人了，但職務只是「顧問」，安德森才是名義上的代執行長。1997 年 9 月 16 日，賈伯斯宣布他將接下代執行長（interim CEO）一職，職銜最後縮寫成 iCEO，他只承諾擔任暫時性角色，依然不支薪，也不負責簽約。但他的行動可一點也不暫時，他掌握實權，而且他的決策並非共識決。

這星期，賈伯斯召集高層主管與幕僚到蘋果公司大廳聚會，接著在園區舉行野餐，招待大家喝啤酒、吃素食，慶祝他的新角色以及公司的新廣告。他穿短褲、打赤腳，臉上有鬍碴。他說：「我已經回來十個星期了，非常努力工作。」他看起來有疲態，但意志堅定。「我們努力的方向不是膨脹自己，而是回歸基本，做好產品、做好行銷、做好配銷，蘋果已經與基本偏離太遠。」

接下來幾個星期，賈伯斯與董事會持續尋找執行長，浮出檯面的名單包含柯達的費雪（George M. C. Fisher）、IBM 的帕米薩諾（Sam Palmisano）、昇陽的桑德（Ed Zander），但可想而知，在賈伯斯扮演積極董事角色的情況下，多數候選人都不願接任執行長。《舊金山紀事報》報導，桑德婉拒邀請，因為他不希望賈伯斯在背後扯後腿，對他的每一項決策放馬後炮。

這期間，賈伯斯與艾利森還捉弄了某位搞不清楚狀況的電腦顧問，他想爭取這個位子，他們便用電郵通知他獲選了。最後報紙披露，他們只是跟他鬧著玩的，使得此事帶點尷尬又有娛樂新聞的效果。

時至12月，情勢趨於明朗，賈伯斯的iCEO狀態已經從過渡期演變成無限期。他繼續經營公司，董事會也悄悄停止尋人作業。賈伯斯後來說：「我回到蘋果，設法聘請一位執行長，還請獵人頭公司幫忙，歷時將近四個月，但他們無法提出適當人選，因此我最後終於留下來。蘋果當時的狀況無法吸引到好人才。」

賈伯斯面臨的問題是，同時經營兩家公司，體力難以負荷。回首當時，他將健康問題追溯到那段期間：

> 很難捱，真的很難捱，是我此生最艱困的時期。我才剛成家，又有皮克斯，當時常常早上七點上班，晚上九點才回到家，孩子都睡了。我沒辦法說話，是真的說不出話來，實在筋疲力竭。我沒辦法跟太太聊天，只能看半小時電視，像植物人一樣。我簡直快要沒命了，我開著黑色敞篷保時捷，在皮克斯和蘋果之間奔波，開始出現腎結石的問題，常得趕到醫院，在屁股上挨一針嗎啡類麻醉止痛藥，最後結石終於排掉。

儘管工作時間很折磨人，賈伯斯介入得愈深，就愈了解到他不可能抽身。1997年10月的一場電腦貿易展上，有人問戴爾（Michael Dell），如果他是賈伯斯，接管蘋果之後會怎麼做，他說：「關門大吉，把錢還給股東。」賈伯斯氣得發電郵給他說：「執行長應該要有格調，我想那應該不是你的意見。」

賈伯斯喜歡作弄敵人，當作凝聚內部力量的方式，過去面對IBM與微軟都曾如此操作，現在又拿來用在戴爾身上。當他召集旗下經理準備建立「接單後生產」(build-to-order)的製造與配銷系統，就在背後打出戴爾的放大照片，上面加了一個標靶。他說：「老兄，我們就要發動攻勢了！」藉此激勵部隊。

在背後推動他的熱情之一，就是建立永續經營的企業。他十二歲那年在惠普做暑期工作時，就體會到，公司若是經營得當，可以促成更多創新成果，力量遠勝於任何個人的創意。他回想：「我發現，最棒的革新作為有時就是公司本身，也就是公司的組織方式。你究竟該怎麼建立一家公司？這其中蘊含了很多引人入勝的想法。我有機會回到蘋果之後，才意識到，沒有了蘋果，我毫無用武之地，因此我決定留下來改造公司。」

終結麥金塔相容機

關於蘋果電腦的一大爭議就是，究竟是否該更積極的將作業系統授權給其他電腦製造商使用，就如同微軟提供 Windows 的授權一樣。

沃茲尼克一開始就支持這種做法，他說：「我們的作業系統太美了，但你得付出兩倍的價錢買我們的硬體，才使用得到。這樣不對，我們應該訂定一個合理價格，授權給他人使用。」全錄 PARC 研究中心的明星級人物、1984 年以研究員身分進入蘋果的凱伊，也極力推動麥金塔作業系統軟體的授權。他回想道：「軟體人員總是使用多種平台，因為你總想在所有系統上作業。這真是一場硬仗，可能是我在蘋果敗得最慘的一次。」

蓋茲因為授權微軟作業系統而累積一大筆財富，他曾在 1985 年勸說蘋果跟進，當時賈伯斯已逐漸淡出核心。蓋茲認為，即便蘋果搶走微軟作業系統的客戶，微軟仍可透過應用軟體獲利，例如開發 Word 與 Excel，供麥金塔與麥金塔相容機使用。蓋茲說：「我當時用盡辦法，希望讓他們變成一大軟體授權公司。」他發出正式備忘錄給史考利，上面說明：「以產業目前的發展狀況而言，蘋果電腦若缺少其他個人電腦製造商的支持與信任，將無法以自身的創新科技設立標準。蘋果電腦應該授權三到五家大型製造商使用麥金塔技術，發展麥金塔相容產品。」

蓋茲並未收到回音，接著擬出第二份備忘錄，其中也推薦某些有能力製造麥金塔相容機的廠商，蓋茲並表示：「本人願意竭盡所能協助授權事宜，請惠予回覆。」

蘋果一直抗拒麥金塔作業系統的授權，直到 1994 年，當時的執行長史賓德勒，終於允許動力計算（Power Computing）與瑞迪爾斯（Radius）這兩家小公司製造麥金塔相容機。1996 年，艾米里歐接手後，授權製造商名單中又增加了摩托羅拉（Motorola）。結果證實，這是勝負難測的商業策略，因為每賣出一台相容機，蘋果可以獲得 80 美元授權費，但它不僅沒有因而拓展市場，反而侵蝕了蘋果自己的高階電腦的銷量。（每銷售一台蘋果自己的高階電腦，獲利高達 500 美元。）

不過，賈伯斯反對相容機，除了考量獲利因素，還有就是他打從心裡討厭這玩意。他最堅持的原則之一，就是硬體與軟體應該緊密整合，他喜歡掌控事情的每個層面，就電腦而言，唯一的方式就是自己生產「軟體與硬體一體成型產品」，從頭到尾照顧使用者的所有需求。

因此，他重返蘋果後，第一要務就是除掉麥金塔相容機。他推動艾米里歐下台成功後的幾星期內，麥金塔作業系統的新版本在 1997 年 7 月出貨，賈伯斯不准相容機製造商進行升級。動力計算的老闆史帝芬・姜（Stephen“King”Kahng）在當年 8 月波士頓麥金塔世界大會舉辦期間，籌劃抗議活動，倡議支持相容機，並公開提出警告：如果賈伯斯不繼續授權，麥金塔作業系統將會滅亡。他說：「封閉式平台一定完蛋，完全滅亡，封閉就是死亡之吻。」賈伯斯不這麼認為，他致電伍拉德，表示將終結授權業務，董事會默許這項做法。於是賈伯斯在 9 月達成交易，支付動力計算 1 億美元後，終止授權並取得顧客資料庫。

不久之後，賈伯斯也終止了其他相容機授權。他後來說：「允許那些製造劣級硬體的公司使用我們的作業系統，並且侵蝕我們的銷量，實在是全世界最蠢的事。」

產品線總體檢

懂得聚焦是賈伯斯的強項之一，他說：「決定『不做』什麼，跟決定『做』什麼，一樣重要。就公司而言是如此，就產品而言亦同。」

賈伯斯重返蘋果之後，立刻開始執行他的原則。

有一天，他在走廊上碰到華頓商學院畢業、曾任艾米里歐助手的一位年輕人，對方說自己的工作快做完了。賈伯斯告訴他：「很好，因為我有件苦差事需要人幫忙。」於是這年輕人的新任務，就是在賈伯斯與幾十個產品團隊開會時，幫忙做紀錄。賈伯斯請每個團隊說明當前業務，並要求他們講出，自己的產品或專案應當繼續推行的理由。

賈伯斯也徵召了他的朋友席勒（Phil Schiller），席勒當時任職於做圖像軟體的巨集媒體（Macromedia），過去曾在蘋果服務過。席勒回想道：「賈伯斯常在可容納二十人的會議室，召集各個產品團隊，他們便帶來三十個人，做一大堆賈伯斯不想看的PowerPoint。」所以賈伯斯在這些產品檢討會議上做的第一個決定，就是禁止使用PowerPoint，他後來說：「我不喜歡他們做簡報時，光是放投影片，而不去思考。他們遇到問題就只會做一堆投影片，我要他們深入參與，反覆研究問題，而不只是放一堆投影片。言之有物的人，不需要PowerPoint。」

產品檢討結果指出，蘋果嚴重失焦，只因為官僚體系的運作，或為了滿足零售商的即興需求，就胡亂生產各種產品的各種版本。席勒後來說：「那簡直是瘋狂。自我欺騙的團隊製造出琳琅滿目的產品，多數都是垃圾。」

蘋果有十幾種版本的麥金塔，每種版本都有令人混淆的編號，從1400到9600不等。賈伯斯說：「我要求他們跟我解釋這個現象，解釋了三個星期，我還是理不出頭緒。」他最後便開始問一些簡單的問題，例如：「我應該介紹朋友買哪一款？」

他得不到簡單的答案，於是著手砍掉許多機型或產品，沒多久就刪去了70%。他對其中一個團隊說：「你們是聰明人，不應該把時間浪費在這些爛產品上面。」

許多工程師對賈伯斯的「砍殺焚毀」策略感到憤怒不已，這種策略最後會造成大幅裁員。但賈伯斯後來聲稱，優秀的人（包含手上案子被終止的人）都心存感激，他在1997年9月的一次幕僚會議上說：「工程團隊都極度興奮，我剛和他們開完會，其中有些人雖然自己的產品才剛被砍掉，卻雀躍不已，因為他們終於知道我們的方向在哪裡。」

經過幾星期之後，賈伯斯終於受夠了。「別再鬧了！」他在一次大型產品策略會議上大喊：「這簡直瘋了！」他抓起一支奇異筆，以白板為框，中間畫一條縱軸與一條橫軸，分成四格矩陣，接著說：「我們要的是這個。」他在矩陣的兩個縱列上方，各寫了「一般消費者」與「專業人士」，橫排的左側則各寫上「桌上型電腦」與「可攜式電腦」。他說，蘋果的任務就是為這四個領域各製造一種偉大的產品。席勒回想：「整間會議室陷入錯愕的沉默。」

9月份的董事會議上，賈伯斯提出這項計畫，同樣得到錯愕的沉默。伍拉德後來說：「艾米里歐每次開會，都想說服我們批准更多產品，他不斷說我們需要更多產品。然後賈伯斯來了，告訴我們應該減少產品。他畫一個四格方塊，然後說，這就是我們應該著重的地方。」

起初董事會不願接受，表示這其中有風險，但是賈伯斯說：「我可以讓它行得通。」董事會一直沒有否決這個策略，賈伯斯才是老大，於是他著手落實計畫。

聚焦四項偉大的產品

結果，蘋果的工程師與管理者，突然有了僅僅四個清楚的重點。針對專業桌上型電腦，他們將專注於製造 Power Macintosh G3；針對專業可攜式電腦，生產重點是 PowerBook G3；至於消費者桌上型電腦，則準備開發 iMac；而消費者可攜式電腦的重點，則是後來的 iBook。

因此，蘋果也必須剔除其他方面的業務，例如印表機與伺服器。1997 年，蘋果銷售 StyleWriter 彩色印表機，這基本上是惠普 DeskJet 的版本之一，惠普就靠著賣墨水匣，賺走大部分的錢。賈伯斯在產品檢討會議上說：「我不懂，你們出貨 100 萬台，卻不賺錢？沒道理嘛！」

他起身離開會議室，打電話給惠普的老闆說：我們分道揚鑣吧！我們不再做印表機，就讓你們自己做。然後他回到會議室，宣布退出印表機市場。席勒回想：「賈伯斯審度情勢之後，立刻看出我們必須跳脫窠臼。」

賈伯斯最受矚目的決策，則是徹底根除了手寫辨識功能還過得去的「牛頓」PDA。他討厭「牛頓」，一來這是史考利的得意之作，二來它的功能未臻完美，還有就是他實在討厭手寫筆。賈伯斯曾在1997年初，試圖讓艾米里歐取消這項產品，最後艾米里歐只答應，設法把這個部門分割出去。

到了1997年底，賈伯斯進行產品檢討時，「牛頓」依然存在。他後來說明這項決策：

> 如果蘋果的狀況不那麼危急，我就會親自督軍，設法改善產品。我不信任經營這個部門的人，但感覺到這其中藏著相當好的技術，只是被不當管理搞砸了。部門關閉之後，釋出的某些優秀工程師，可以去研發新的行動裝置。我們最後終於做對了，因為我們把方向轉往iPhone與iPad。

這種聚焦能力拯救了蘋果。賈伯斯重返蘋果第一年，就資遣三千多名員工，挽救了公司的資產負債表。他在1997年9月成為代執行長，那年會計年度結束時，蘋果已經虧損10.4億美元。賈伯斯說：「我們只剩不到九十天，就要破產了。」

1998年1月舊金山麥金塔世界大會上，賈伯斯站在一年前艾米里歐出糗的舞台上，蓄著滿臉鬍鬚，身穿皮夾克，大力推銷新的產品策略。簡報結束時，他第一次用了那句話，後來成為他另一個經典口頭禪：「對了，還有一件事……」

而這天的「還有一件事」，就是「Think Profit」（獲利思維），他說出這幾個字的時候，觀眾報以熱烈掌聲。歷經兩年嚴重虧損之後，蘋果終於好好過了利潤豐厚的一季，進帳 4,500 萬美元。1998 會計年度，蘋果創造了 3.09 億美元的利潤。

賈伯斯回來了，蘋果也回來了。

25

設計理念

賈伯斯與艾夫的設計工作室

2002年，賈伯斯與艾夫，以及兩人的寶貝 iMac。

強尼・艾夫

1997 年 9 月賈伯斯重掌蘋果兵符之後不久，他召集公司高階主管進行了一次精神講話，在座包括蘋果的設計團隊負責人，年方三十、敏銳熱情的英國人強納森・艾夫。

事實上，這位大家口中的「強尼」正打算離開蘋果，因為他受夠了當時蘋果只重獲利最大化卻忽視了產品設計。賈伯斯的談話卻讓他重新考慮離職一事。「我記得非常清楚，史帝夫向大家宣告，我們的目標不只是賺錢，而且還要做出最棒的產品，」艾夫回憶：「以這個理念為基礎所產生的決策，與蘋果過去的模式天差地遠。」艾夫與賈伯斯很快就建立起堅固的情誼，而這份情誼也創造出，當代最偉大的工業設計二人組。

艾夫生長於倫敦東北郊的清福鎮。他的父親是在當地學院教書的銀器藝術家。「他是神奇的工匠，」艾夫回憶道：「他給我的耶誕節禮物，就是讓我在他的學校工作室裡待上一整天。耶誕節期間，工作室裡完全沒有人，他會帶著我做一件由我自己設計的銀器。」唯一的條件就是，強尼必須親手繪出自己心目中的作品。「我一向欣賞手工藝品之美。我慢慢了解到，真正重要的是你在製作過程中投入的心力。我最鄙視的就是看到某件成品裡面的漫不經心。」

就讀新堡技術學院時，艾夫的所有閒暇時間及暑假，都在一家設計顧問公司打工。當年他所設計的產品之一，就是一支頂端有顆小球、把玩起來非常有意思的筆。這個設計讓使用者與筆產生有趣的情感連結。艾夫的畢業作品，是為了與聽障兒溝通而設計的麥克風耳機，塑膠材質，而且是純白色。他的公寓堆滿了發泡塑膠的自製模型，每個都是不斷修正的版本，力求達到完美的設計。他還設計了一台自動提款機以及一支彎曲造型的電話機，而且雙雙榮獲英國皇家藝術學會的設計大獎。

和許多設計師不同的是，艾夫不只會畫出美麗的設計圖，還極端重視產品的工程原理及內部零件的功能。大學裡某次使用麥金塔做設計的經驗，對他來說有如神啟。「我發現了麥金塔，而且深深覺得自己和做出這個產品的人之間，有某種特殊連結，」他回憶說。「我忽然了解，一家公司該是什麼樣子，或說，企業應該具備什麼樣子。」

大學畢業，艾夫協助創立了位於倫敦的橘子（Tangerine）設計公司，這家公司後來贏得了一紙蘋果的設計顧問合約。1992年，艾夫移居加州庫珀蒂諾，正式加入蘋果設計部門。1996年，也就是賈伯斯重返蘋果的前一年，艾夫當上了蘋果設計部門的主管，但並不快樂，因為時任蘋果執行長的艾米里歐，完全不重視產品設計。「當時公司根本沒有在產品上用心，他們只是想要賺到最多錢，」艾夫說：「他們對我們這些設計人員的要求，只是做出產品的外殼，然後工程師會想辦法，以最低廉的成本來製造產品。我當時連辭呈都寫好了。」

賈伯斯重返蘋果、對高階主管精神講話之後，艾夫決定再留一陣子。但起先，賈伯斯拚命對外物色世界級的頂尖設計師，像是設計 IBM Think Pad 的薩帕（Richard Sapper），以及設計出法拉利 250 及 Maserati Ghibli I 等超級跑車的義大利名家喬治亞羅。直到賈伯斯前往蘋果設計部門巡視時，才發現了態度可親、誠懇且充滿熱忱的艾夫，兩人一拍即合。

「我們針對設計的形式與材質，進行了一番討論，」艾夫回憶說：「我們的頻率完全一致。我忽然了解到，自己為什麼會如此喜歡這家公司。」

一開始時，艾夫的上司是盧賓斯坦，賈伯斯請來的硬體部門主管。但艾夫很快就開始直達天聽，並與賈伯斯建立起了穩固且少有人及的關係。他們經常共進午餐，而賈伯斯也會在一天工作結束之前，繞到艾夫的工作室來聊一聊。「強尼的地位非常特殊，」蘿琳說：「他三不五時就會繞到我們家來坐一坐，我們兩家人變得非常親密。史帝夫從來不會故意傷強尼的感情。史帝夫生命中絕大多數人都是可以取代的，但強尼卻不一樣。」

賈伯斯後來也這麼向我形容，他對艾夫的尊重：

強尼的影響力非常深遠，不僅對蘋果，也是對整個世界。他在任何方面都聰穎過人。他深深了解企業經營概念以及市場行銷概念。他學東西有如彈指般輕易。他比任何人都了解蘋果的核心理念。如果我在蘋果有一個心靈伴侶，那一定就是強尼了。大多數的產品都是強尼和我一起想出來的，然後才是把其他人找來問道，「你們覺得這個東西怎麼樣？」

強尼不但掌握得住大方向，而且還看得到每一項產品最微小的細節。他非常了解蘋果是一家產品導向的公司。強尼絕對不只是一位設計師。這就是他可以直接對我負責的原因。他在蘋果擁有的執行權力僅次於我。沒有人可以叫他做什麼或不做什麼。這是我的安排。

艾夫和多數的設計師一樣，樂於花時間分析每樣設計背後的哲學及整個發想流程。但對賈伯斯而言，設計這件事多半是直覺。他會直接指出他喜歡的模型或草圖，看不入眼的就斷然拋棄。然後艾夫會據此進一步發展賈伯斯中意的概念。

艾夫是德國工業設計大師拉姆斯的忠實粉絲。拉姆斯是德國百靈牌電器的設計總監，他曾提出「因為簡單，所以更好」(less but better，德文是 Weniger aber besser）的名言。因此，賈伯斯與艾夫也極力簡化每一項設計。在蘋果電腦的第一份使用手冊中，賈伯斯就曾引用達文西的名言：「簡約是細膩的極致」。自此，他就致力於征服複雜（而非忽略複雜），來創造出簡約的最高境界。「要讓一件事情變得簡單，要真正了解隱藏其下的挑戰、創造出優雅的解決方案，絕對得下很大的苦功，」賈伯斯如是說。

賈伯斯在艾夫身上找到了追求純粹簡約、而非僅表象簡化的心靈伴侶。有次艾夫坐在他的設計部門裡，說明自己的設計理念：

> 為何我們認為簡單就是美？因為就產品實體而言，我們必須得到掌控感。只要在複雜中建立起秩序，你就找到了讓產品聽命於你的方式。簡約不只是一種視覺風格，也不只是一種形式上的極簡或不散亂、不嘈雜，你必須深入發掘及掌握複雜的內涵。
>
> 要創造出真正的簡約，必須走到非常深。比方說，如果你想要讓某件產品看不到一顆螺絲，結果卻可能做出一件極其迂迴而複雜的產品。比較好的方法是深入簡約的核心，徹底了解這件東西及它的製造方式。你必須真正深入了解一項產品的本質，才能去蕪存菁。

這就是賈伯斯和艾夫共同擁抱的理念。設計不僅是產品的外觀，它還必須反映出產品的本質。「在多數人的字典裡，設計的定義就是外觀，」賈伯斯剛重掌蘋果時，如此告訴《財星》雜誌。「但對我而言，設計的定義無遠弗屆。設計是任何人工製品的靈魂，它們以許多不同層次的外貌，來表達自己。」

正因如此，蘋果的產品設計一向與使用功能、以及製造流程密切整合。艾夫以某一代蘋果 Power Mac 為例說明：「我們想要拿掉所有不必要的東西。要做到這一點，設計人員、產品開發人員、工程師，還有製造團隊，就必須完全整合、密切合作。我們不斷回頭問自己一些最根本的問題。我們一定需要這部分的功能嗎？我們可以讓它整合另外四種不同的功能嗎？」

產品設計、產品精神，以及產品製造之間的關連性，具體呈現在賈伯斯和艾夫的一次法國之旅中。那次他們走進一家廚房用品店，艾夫拿起一把令他十分欣賞的刀具，但卻立刻失望的把它放下。賈伯斯的情況也一模一樣。

「我們都注意到那刀柄和刀刃之間，殘留了一些黏膠。」艾夫回憶。他們都覺得，那把刀的精巧設計，完全被製造流程給毀了。「我們無法接受，自己的刀子是靠黏膠接合的感覺。史帝夫和我都非常在意這種細節，它足以摧毀產品的純淨度，減損了餐具這類產品的精髓與本質。產品應該看起來極度純淨、天衣無縫，我們對此的想法完全一致。」

在多數企業裡，功能需求通常主導了產品設計。工程人員會提出產品的規格和需求，然後設計人員就得根據這些規格，設計出可以將所有零件都裝進去的外殼。對賈伯斯而言，這個流程通常是反過來的。在蘋果早期，都是麥金塔的原型先得到賈伯斯認可，然後再要求工程人員想辦法，將他們的主機板及一干零件全部塞進去。

賈伯斯遭罷黜之後，蘋果的製造流程也被改回工程導向。「史帝夫重返蘋果之前，工程師會說『這些是產品的內臟』，例如處理器、硬碟等，然後就交由設計師負責弄出個殼子，將它們全裝進去，」蘋果產品行銷資深副總裁席勒說：「當你以這種流程來製造產品時，你得到的就是一堆恐怖的東西。」

當賈伯斯重掌大權，並與艾夫聯手之後，設計部門又重回鎂光燈下。「史帝夫一再對我們強調，蘋果之所以偉大，絕對與設計息息相關，」席勒說：「設計部門再度主導工程部門。」

然而，這種做法偶爾也會出狀況。賈伯斯和艾夫就曾堅持採用一整圈的霧面鋁框做為 iPhone 4 的邊框，全然不顧工程師的再三警告 —— 金屬邊框會影響收訊（請見第 38 章）。但一般來說，賈伯斯重掌大權之後，蘋果獨樹一格的設計，包括 iMac、iPod、iPhone、iPad，通常都讓蘋果產品獨樹一格，成為市場寵兒。

一窺設計聖地

艾夫掌理的設計部門，位於蘋果總部「無限迴圈」二號的一樓，整個大樓的外圍是一圈反光玻璃窗，以及一道緊閉上鎖的厚重金屬大門。走進去先是一個玻璃接待室，裡面是兩位接待助理，看守通往內部的入口。就算是蘋果的員工，大多也不得其門而入。

為了寫這本傳記，我與艾夫的專訪多數是在別處進行的。直到 2010 年的某一天，艾夫忽然安排一個下午，讓我參觀他的設計工作室，同時聊聊他和賈伯斯在這裡的工作模式。

入口左方是一整排的辦公桌，坐著許多年輕設計師。右邊則是一間大展示室，裡面擺了六張長長的鋼鐵桌子，上面展示了正在醞釀的各項產品，而且還可以讓人拿起來把玩。展示室的後面是電腦輔助設計室，裡面全都是電腦。再後面則是一間模具機室，可以把螢幕上的設計圖變成發泡塑膠模型。最後面則是一間機械控制的噴漆室，好讓模型看起來更真實。

整個設計部門看來很空曠、工業味十足，裝潢基調是金屬灰。大樓外頭樹木扶疏，綠葉隨風搖曳，在反光玻璃灑下跳動光影。電子音樂與爵士樂四處流瀉。

賈伯斯只要人在公司，體力許可，他都會和艾夫共進午餐，然後在下午晃進設計工作室。一進門視野所及，就是桌上一系列的產品。賈伯斯會停下細看，思考它們如何融入蘋果的策略，他會用手指仔細撫觸每一項正在逐步成形的設計。這時通常只有他和艾夫兩人單獨互動，其他設計師只會偶爾抬頭看看，但通常都會保持距離，以示尊重。如果賈伯斯有什麼特別的想法，才會找來機械設計主管或艾夫的任何一位副手。如果某一項產品讓他特別興奮，或觸及某些重要的企業策略，他就會請營運長庫克或負責行銷的席勒，過來一起討論。

艾夫形容他們平常的工作流程：

在大展示間裡，你可以一眼看到蘋果正在開發中的所有產品。史帝夫進來之後，他會找張桌子坐下。比方說，假如我們正在研發新的iPhone，他可能會自己拉過一張椅子，開始把玩不同的模型，在手上掂一掂感覺一下，然後告訴我們，他最喜歡的是哪幾項。

然後，他會再晃到其他幾張桌子前面——就只有我們兩個人，看看所有那些產品的進展。這樣，他就可以了解整個公司所有正在開發的產品，包括 iPhone、iPad、iMac，還有筆電，以及所有我們正在醞釀的東西。這能夠幫助他了解公司都把精神和時間放在哪些事情上，而這些事情如何互相串連。

他可能會提問，「做這件事情有道理嗎？因為我們在那個區塊的成長力道強得多……」或其他類似的問題。他可以看到每件事情的關連性。對一個大型企業而言，這種本事相當難得。從桌上這些模型，他可以看到公司未來三年的發展。

我們的設計過程多半來自對話，就在我們繞著每張桌子、把玩模型、反覆討論的過程中慢慢成形。他不喜歡讀複雜的設計圖。他喜歡看到、親手摸到產品模型。他自有道理。有時我們做出模型後，才訝然發現那根本是廢物。但原本在電腦設計圖上看來，可是棒透了。

他非常喜歡來我們這裡，因為這裡非常寧靜平和。如果你是個視覺型的人，這裡簡直是天堂。我們這裡沒有所謂正式的設計審核會議，所以也不會有什麼偉大的決策要做。事實上，我們的決策多半是水到渠成。由於我們每天不斷檢視這些設計，而且不會召開愚蠢的提案會議，所以也不會出現任何重大的歧見。

這一天，艾夫正在察看麥金塔的新型歐規電源插頭，以及連接器的設計。設計團隊製作了好幾十個各有些微差異的發泡塑膠模型，還噴上了顏色，讓艾夫檢視。有些人或許會覺得，這種事還要勞動設計部門的大頭出馬，實在有點奇怪，但是在蘋果，這種事情連賈伯斯本人都會參與。

自從賈伯斯為蘋果二號特別打造了一個電源供應器之後，他就開始非常注重這類的零件 —— 不僅是工程上的創新，還包括外觀的設計。蘋果筆電 MacBook 使用的白色變壓器、以及磁性連接器的發明專利上，就有賈伯斯的大名。事實上，截至 2011 年初，他總共列名 212 項美國專利的共同發明人。

艾夫和賈伯斯連蘋果產品的包裝設計都不放過，不但樂在其中，而且還拚命申請專利。舉例來說，2008 年 1 月 1 日頒布的美國第 D558572 號專利，就是 iPod nano 的包裝盒，其中還包括四幅插圖，顯示包裝盒一打開，iPod 躺在裡頭那個小托盤上的樣子。2009 年 7 月 21 日所頒發的第 D596485 號專利，則是 iPhone 的包裝盒，其中也包含了它那緊實的蓋子，以及裡面那個白色的亮面塑膠小托盤。

馬庫拉很早就告訴過賈伯斯「形象」的重要性，因為一般人真的非常「以貌取人」。也就是說，賈伯斯必須要求蘋果所有產品的包裝，都能傳遞這個訊息：盒子裡頭裝的一定是稀世珍寶。無論是 iPod mini 或是 MacBook Pro，打開簡潔外盒，就是別出心裁的內裝，襯著誘人的蘋果產品。每個蘋果迷都深知這種魅力。

「史帝夫和我花很多時間在包裝設計上，」艾夫說：「我非常喜歡打開東西的過程。你可以創造出一種拆封的儀式，讓人感覺裡面的產品非常特別。包裝就像一個劇場，本身就可以創造出一個故事。」

艾夫有藝術家的敏感氣質，因此，他有時也會因為賈伯斯一個人搶去太多光采，而感到十分不爽。事實上，賈伯斯這種習慣多年來惹惱了不少人。由於艾夫與賈伯斯私交甚篤，有時反而變得非常容易受傷。

「他常常會瀏覽一遍我的創意與設計，然後說，這個不太好，這個也普普；我比較喜歡那個，」艾夫說：「然後，過一陣子，我就會坐在觀眾席裡，看著他在講台上口沫橫飛，彷彿一切都來自他的創意。我非常講究分辨自己的創意從何而來，我甚至有一本筆記本，裡面記滿了我的想法與點子。因此，當他把我的創意講成是他的，我會覺得很不舒服。」

當外人把賈伯斯形容為蘋果的創意王時，艾夫也會變得渾身是刺，隨時準備跳起來反駁。「這種情形對一家公司很不好，」艾夫說得誠懇，語氣溫和。但他停了一下，立刻又轉而肯定賈伯斯的角色。「在許多企業裡，好的創意及精采的設計，經常不幸被埋沒，」他說：「如果不是史帝夫一直在背後推動我們、和我們共事、幫我們擋住來自四面八方的抗拒與壓力、讓創意終能變成產品，我和我的團隊所有的創意，可能早就不知所終、煙消雲散了。」

26

iMac

哈囉（又見面了）

達志影像

1998年，iMac 亮相。

回到未來

賈伯斯與艾夫聯手出擊的第一大戰功，就是 1998 年 5 月推出的、以家用市場為目標的桌上電腦 iMac。賈伯斯早就想好了產品規格。它必須一體成型 —— 將主機、螢幕及鍵盤整合成一個簡單的產品，只要打開包裝盒，接上電源，就可以使用。它的外觀一定要獨特，才能充分呈現蘋果的品牌主張。至於售價，則應該在 1,200 美元上下；當時蘋果沒有任何一項產品的售價低於 2,000 美元。

「他叫我們回頭去看看 1984 年第一代麥金塔的原始架構，那就是一體成型的消費性電子產品，」席勒回憶道：「這意味著，設計部門與工程部門必須完全整合、聯手作業。」

他們的原始計畫是要打造出一台「網路電腦」，這是甲骨文執行長艾利森大力提倡的概念。艾利森的想法是製造一台便宜的終端機，不搭載硬碟，主要功能是連結到網際網路及其他網絡。但是蘋果的財務長安德森，卻力主在這部電腦上加裝磁碟機，好讓它成為一部功能齊備的家用桌上電腦。賈伯斯後來也同意這個做法。

負責硬體部門的盧賓斯坦決定，在這部新電腦中使用蘋果高階電腦 Power Mac G3 的微處理器，以及其他零組件。它會有硬碟及光碟托盤，但賈伯斯和盧賓斯坦更大膽決定：排除當時慣用的軟式磁碟機。賈伯斯引用了曲棍球明星葛瑞茲基（Wayne Gretzky）的名言：「跑到球盤即將抵達的位置，不要待在球盤目前的定點。」賈伯斯確實首開風氣之先，多數電腦後來也都捨棄了軟碟機。

艾夫和他最重要的副手寇斯特（Danny Coster）開始丟出一些未來感十足的設計。賈伯斯否決了他們一開始製作出來的那十幾個模型，但艾夫知道如何以溫和的方式引導賈伯斯。艾夫同意，沒有一個模型真正掌握到他們要的感覺，但艾夫也指出了一個極具潛力的模型。那個設計帶點曲線，看來很好玩，一點也不像一個「釘死在桌上的厚盒子」。「它感覺上就像是剛剛來到你的桌上，但也隨時準備去到別的地方，」艾夫這麼告訴賈伯斯。

第二次秀給賈伯斯瞧時，艾夫已經修改過那個比較有趣的模型。這一次，表達好惡向來明確的賈伯斯，嚷嚷著他愛死這個設計了，還帶走了模型。接下來，賈伯斯揣著這個模型在蘋果總部四處蹓躂，若碰到信任的主管及董事會成員，他會信心滿滿的秀給他們看。

蘋果的廣告一直歌頌創新，但始終沒有拿出任何一項真正有別於一般電腦的產品。終於，賈伯斯有了一個新法寶。

艾夫及寇斯特設計出來的透明機殼，是有如大海一般的藍綠色，後來他們命名為「邦迪藍」（Bondi blue），因為他們覺得這個顏色就像澳洲邦迪海灘的海水一般，而且還是透明的，讓你可以看到裡面的機器。艾夫說：「我們要傳達的理念是，這部電腦可以根據你的需求而不斷改變，就像變色龍一樣。這也是為什麼我們喜歡透明的原因。你可以用一般的藍色，但它感覺起來呆板，而且看起來會有點俗氣。」

不論就象徵意義或實際意義來看，這種透明材質讓電腦的外觀設計與內部工程結構緊密結合。

賈伯斯一向認為，電路板上那一排排的晶片實在太美了，但使用者卻欣賞不到。現在，大家終於可以看到這些晶片了。這個透明機殼可以展示出，電腦零組件的製造與組合是多麼精細與用心。這個設計巧思不僅充分傳達了簡潔的感覺，而且還顯現了真正簡約需要的深度。

即使是簡單的塑膠外殼，其實也異常複雜。為了讓機殼的製造流程更臻完美，艾夫和他的設計團隊以及蘋果的韓國代工廠，還曾聯袂拜訪一家QQ軟糖工廠，研究該如何讓透明色澤看起來更誘人。這個透明機殼的成本超過60美元，是一般電腦機殼成本的三倍。碰到這種情形，一般企業恐怕都會要求內部進行大量研究、召開無數次會議，一定要確定此舉所提高的銷售量，足以涵蓋成本的增加。但是賈伯斯完全沒有如此要求。

除此之外，iMac的機殼上還設計了一個把手。這個把手的趣味與象徵意義，遠大於實際功能。這是一台桌上型電腦，沒有人會真的成天提著它走。但艾夫後來解釋道：

那個年代，一般人碰到科技產品還是覺得相當陌生。如果你很怕一樣東西，恐怕也不會想去碰它。我就看到我媽相當抗拒這些。於是我想，如果它上面有個把手，應該可以與使用者建立某些連結，看起來比較平易近人。

這把手直覺上就是讓人去抓握的，它讓你覺得這部電腦聽令於你。可是，製作一個嵌入式的把手非常花錢。如果在過去的蘋果公司，我一定打不贏這一仗。但史帝夫最棒的一點就是，他一看到的反應就是：「這夠酷！」我還沒解釋這背後的邏輯，他馬上抓到了。史帝夫完全知道，這正是iMac想要創造的人性化及趣味性。

賈伯斯必須努力排除來自製造部門的反對意見。他們的背後是硬體部門的主管盧賓斯坦。碰到艾夫的美學追求及千奇百怪的創意時，盧賓斯坦常會提出最實際的成本考量。

「我們把設計概念拿給工程部門看，」賈伯斯說：「他們提出了三十八個做不到的理由。然後我說，『錯，錯，我們就是要這樣做，』他們反問，『為什麼？』我回答，『因為我是CEO，而且我認為這辦得到。』他們只好心不甘、情不願的照做。」

賈伯斯請TBWA／賽特／戴廣告集團的克洛及席格，率人飛來蘋果，看看他們正在開發的這項新產品。他把他們帶進門禁森嚴的設計部門，以戲劇化的手法，揭開艾夫設計的透明水滴型機殼——那就像是1980年代搞笑動畫影集，描寫未來的「摩登家庭」裡面的產物。克洛與席格一度相當咋舌，「我們簡直嚇到了，但又不能直說。」席格回憶：「我們心裡想的其實是，『老天爺，你們知不知道自己在搞什麼啊？』這實在太前衛了吧。」

賈伯斯請他們為新產品建議一些名字。後來席格提了五個選項，其中一個就是iMac。起先賈伯斯每一個都不喜歡，於是席格又花了一星期的時間，提出了另外幾個選擇，但他說他們公司還是比較中意iMac這個名字。賈伯斯回答：「這個星期我算是不討厭這個名字了，但我還沒開始喜歡它。」

賈伯斯試著把「iMac」拓印到幾個模型上，然後就慢慢接受了這個名字。最後，它就是大家看到的iMac。

飆出新氣象

iMac的完工期限愈來愈逼近，賈伯斯出名的壞脾氣開始變本加厲了，特別是碰到製造問題的時候。一次產品審查會議中，賈伯斯發現進度有點緩慢。「他上演了一齣令人膽戰心驚的暴怒戲碼，而且這把怒火燒得可旺著呢，」艾夫回憶。賈伯斯繞著桌子咆哮，數落每一個人。第一個遭殃的就是盧賓斯坦。「你曉不曉得我們正在努力拯救這家公司呀，你們這些傢伙卻還在拚命扯後腿！」

和先前的麥金塔團隊一樣，iMac 小組也是一路跌跌撞撞，好不容易勉強趕上偉大的產品發表會。不過，賈伯斯還是得再發一次飆。

產品發表會的彩排前，盧賓斯坦努力拼湊出兩台原型機，但賈伯斯和所有人都還沒見過 iMac 最後的長相。當賈伯斯看到舞台上的電腦，前面有個按鈕，就在螢幕下方。他按了下去，結果彈出的是一個光碟托盤。「這他媽的是什麼鬼東西？！」賈伯斯問道，毫不客氣。

「我們沒一個敢回話，」席勒說：「他當然知道光碟托盤是做什麼用的。」於是，賈伯斯繼續開罵。他堅持這部電腦上原本該裝的是一個俐落的光碟插槽，也就是當時高級汽車配備的吸入式光碟機。他氣得把席勒轟了出去，而席勒趕緊打電話找盧賓斯坦，叫他火速趕到。

「史帝夫，我們討論這部電腦的零組件時，我給你看的就是這個光碟機呀，」盧賓斯坦趕緊說明。

「不對，我從來沒說要托盤，我講的是插槽！」賈伯斯很堅持。盧賓斯坦不肯退讓，而賈伯斯的火氣也絲毫不減。

賈伯斯後來回憶說：「我當時幾乎要哭出來了，因為那時已經來不及做任何修改了。」

彩排暫停，而且賈伯斯好像打算乾脆取消整個產品發表會。

席勒回憶道：「盧賓斯坦看著我，彷彿在說，『是我瘋了，還是怎樣？』那是我和史帝夫的第一次產品發表會，也是我第一次認知到他的心態 —— 要是不能把事情弄對，那就乾脆不要發表。」

最後，他們達成協議，將來新版的 iMac 一定會把托盤改為插槽。「除非你答應我，盡快把光碟盤改成光碟槽。這樣我才願意繼續辦這場發表會，」賈伯斯說話時，眼淚好像都快飆出來了。

賈伯斯在發表會上要放的影片也出了問題。那段影片裡，艾夫會解釋自己的設計理念，並提問：「摩登家庭裡的電腦會是什麼樣子？應該像是回到未來那樣吧。」這時，螢幕上應該出現一段兩秒鐘的影片 —— 摩登家庭的女主人正盯著一個電視螢幕。之後則再出現另一段兩秒鐘的畫面，內容是摩登家庭一家人都站在耶誕樹旁邊咯咯笑。有一次彩排中，製作助理告訴賈伯斯，卡通片段必須刪除，因為還沒獲得原創者授權。「不准刪！」賈伯斯對著他大叫。那位助理跟他解釋，這樣會有法律問題。「我不管！我們就是要用！」賈伯斯狂吼。動畫片段就這樣原封不動的保留了。

克洛當時也正在設計一系列的 iMac 雜誌廣告，當他把廣告打樣寄給賈伯斯之後不久，他立即接到一通氣急敗壞的電話。賈伯斯堅稱，廣告裡的藍色跟蘋果所提供的 iMac 照片完全不同。「你們簡直搞不清楚自己在幹什麼！」賈伯斯大吼，「我要找別人做這些廣告了，因為你們簡直完全搞砸了。」

克洛努力辯解：「你把它們拿起來比較一下。」當時賈伯斯人並不在辦公室，但他堅持自己是對的，然後繼續飆罵。最後，克洛總算讓賈伯斯坐了下來，實際比較原始照片。克洛回憶說：「我終於證明這種藍就是他們的藍，沒別的藍色。」

多年後，美國著名八卦網站「窺探者」中的賈伯斯論壇裡，一位當年在賈伯斯住家附近生鮮超市工作的人，提供了以下這段故事：「某天下午，我正在超市的停車場裡整理購物車，這時，我看到一部銀色的賓士，大剌剌的停在殘障車位上。賈伯斯坐在車裡，對著電話狂吼，那是 iMac 正式上市前不久的事，我很確定自己當時聽到以下幾個字：不對！我他媽的！藍色！夠了！！」

賈伯斯一如往常，碰上準備他那戲劇張力十足的新產品發表會時，自己的強迫症傾向就發作了。由於之前為磁碟機問題大怒，而停掉了一次預演，所以後來的幾次彩排，他都一再延長時間，以確保發表會能絕對吸睛。他一再練習發表會的高潮時刻，也就是由他從舞台的一端走到另一端，然後宣告：「讓我們跟新 iMac 問好。」

他希望燈光打得分毫不差，讓新電腦的透明感更為剔透耀眼。但他試了好幾次，卻一直不滿意。

這簡直就是 1984 年第一台麥金塔發表會彩排時的惡夢重演，當年的執行長史考利，就見證過賈伯斯對舞台燈光的奇特偏執。賈伯斯命令燈光師提高亮度，而且還要早一點打燈，但這一切還是無法滿足他。於是，他乾脆跳下舞台，一屁股坐在會場中央的一張椅子上，兩腿蹺上前座椅背。「咱們就繼續搞，一直弄到對為止！」他說。他們又試了一次。「不對！不對！」賈伯斯高聲抱怨，「簡直一場糊塗嘛。」再一次，燈光的亮度終於對了，但進來得還是太晚了一點。「拜託，我不要一直這樣要求了！」賈伯斯拚命咆哮。最後，iMac 的燈光竟然打得一絲不差。「就這樣！就這樣！太棒了！」賈伯斯興奮大喊。

一年之前，賈伯斯才剛把他早期的事業導師兼合夥人馬庫拉趕出董事會。但賈伯斯對嶄新的 iMac 簡直太滿意了，而且對它與麥金塔之間的關係念念不忘，於是他居然邀了馬庫拉來庫珀蒂諾，參加一次貴賓限定展。馬庫拉喜出望外，但他對新電腦唯一的意見是艾夫設計的新滑鼠。馬庫拉說：「它看來像個曲棍球盤，大家恐怕不會喜歡。」

賈伯斯不同意。但事後證明馬庫拉是對的。除此之外，這部新電腦就一如它的前身機種，一推出立刻轟動武林。

iMac發表會：1998年5月6日

1984 年的麥金塔產品發表會之後，賈伯斯等於創造了一種新的劇場形式：將產品發表會變成劃時代的大事，而這儀式的最高潮就是一場上帝「說有光，就有了光」的開天闢地劇碼 —— 天空裂開，一道光照射下來，天使高歌、聖徒歡唱哈利路亞。

由於賈伯斯非常期待這場 iMac 揭幕大戲能夠挽救蘋果，同時再度改變個人電腦的面貌，因此他選擇在德安札社區學院的弗林特會議廳，舉行這場發表會。這個地點別具象徵意義，因為 1984 年麥金塔的發表會就是在同一地點舉行。賈伯斯將以這場大戲，全力去除外界的疑慮，重新集結蘋果大軍，爭取產品開發商的支持，並迅速啟動 iMac 的市場行銷。而他這麼大張旗鼓的另一個原因，也是因為他超愛當秀場主持人。推出一場大戲，有如推出一項新產品，兩件事都激起賈伯斯最澎湃的熱情。

發表會的開場，是賈伯斯介紹三位人物，讓他們接受大家的歡呼，此舉顯示出賈伯斯溫情的一面。之前，他與這三人已漸行漸遠，但現在他顯然希望與他們拉近距離。

「我和史帝夫．沃茲尼克在我父母家的車庫裡，一起創立了這家公司，史帝夫就在現場。」賈伯斯指向沃茲尼克，並請全場鼓掌。「之後，邁克・馬庫拉也加入了我們，接下來則是我們的第一任總裁邁克・史考特。」他繼續介紹：「這兩位今天也在我們中間。如果沒有他們三位，我們今天不會聚集在這裡。」掌聲再起，賈伯斯的眼眶也濕了。坐在觀眾席裡的，還包括何茲菲德及許多當年的麥金塔成員。賈伯斯給了他們一個微笑，感覺像是接下來他會讓他們倍感榮耀。

介紹完蘋果的產品策略、放完有關 iMac 功能的投影片之後，賈伯斯準備要讓他的新寵，正式與大家見面了。「這是電腦今天的樣子，」邊說，賈伯斯背後的大銀幕上同時打出了一張照片，上面是一台米色的塑膠殼子，外加一台顯示器，還有一些雜亂的電線及零件。「我很榮幸為大家介紹，從今以後，這會是你看到的電腦。」他隨即掀開舞台中央檯子上的蓋布，一台嶄新的 iMac 在精準的燈光、音效下閃閃發亮。

正如先前的麥金塔發表會一樣，他按了一下滑鼠，螢幕上快速閃過電腦的所有神奇功能。最後，筆觸生動的「哈囉」兩字浮現螢幕，就和 1984 年躍出麥金塔螢幕時一模一樣。但這一次，「哈囉」後面還加了一個括弧，裡面是「又見面了」── 哈囉（又見面了）。全場響起如雷掌聲。

賈伯斯退後一步，得意洋洋的看著他的新寵。「它看起來好像是另一個星球的產物，」他說，觀眾爆出笑聲。「相當優秀的星球。那裡的設計師顯然厲害多了。」

賈伯斯創造了另一個巨星級產品，但這一次，它同時也預示了新千禧年的到來。它完全實現了蘋果所揭櫫的偉大理想「不同凡想」，電腦不再只是一台米灰色的塑膠殼、配上一台笨重的顯示器，再加上一堆亂七八糟的電纜線。現在，我們看到了一台輕便、平易近人的家用產品，它的觸感平滑、賞心悅目。你可以抓起它那可愛的小把手，一把將它從優雅的白色包裝盒中拎出來，直接插上插座。

從前對電腦心存畏懼的人，現在都想要有一部 iMac，而且還希望把它放在房間裡最醒目的地方，讓所有訪客都能瞻仰羨慕一番。

「這部電腦結合了科幻趣味，和類似雞尾酒杯上那把小陽傘的噱頭，」《新聞週刊》知名專欄作家李維如此形容，「它不但是近年來長得最酷炫的電腦，同時也是一個驕傲的宣告：矽谷夢工廠的先行者終於醒過來了，不再繼續夢遊。」

《富比士》雜誌稱它是「一個足以改變整個產業的巨大成功」。連蘋果前執行長史考利後來也不甘寂寞的稱道：「賈伯斯沿用了十五年前使蘋果一戰成功的簡單策略：創造一個火紅產品，然後以絕佳的市場策略全力行銷。」

僅有的批評，來自一個大家都非常熟悉的人。正當 iMac 享受眾人讚嘆之際，蓋茲對一群到訪的財務分析師保證，iMac 將只是一陣熱潮，維持不了多久。「蘋果唯一做到的，就是在色彩運用上領先群倫。」說時，蓋茲指向一台他故意請人漆成大紅色的 Windows 系統電腦。「要趕上這個趨勢，應該不用花太多時間。」這可讓賈伯斯勃然大怒。他曾公開揶揄蓋茲這人毫無品味可言。他跟一位記者說，蓋茲根本搞不清楚為什麼 iMac 會那麼吸引人。「我們的競爭者完全搞不懂的是，他們以為 iMac 只是比較時尚而已、只是膚淺的外觀設計而已，」賈伯斯譏諷：「他們會說，只要在一台爛電腦上塗點顏色，我們就也有一台 iMac 了。」

邁向新千禧年

iMac 於 1998 年 8 月上市，每台售價 1,299 美元。推出後六個星期之內，就賣出 27.8 萬台。當年年底，它總共賣出了 80 萬台，也是蘋果史上銷售得最快的電腦。更重要的是，購買 iMac 的人當中，有 32% 是電腦首購族，有 12% 是從 Windows 系統轉投 iMac 的懷抱。

除了邦迪藍之外，艾夫很快又推出了四種鮮豔的顏色。一次推出五種顏色，當然會對生產、庫存及通路系統帶來極大的挑戰。大多數的公司，包括之前的蘋果，必定會先進行一大堆的研究、開一大堆的會議，來確認這件事的成本效益。但當賈伯斯看到這些新顏色時，簡直完全著迷了，並立刻將所有主管都召集到設計部門來。「我們要推出這全部的顏色！」他興奮的說。所有人離去之後，艾夫與團隊成員面面相覷。「在絕大多數的地方，這種決策一定都得花上好幾個月的時間才做得成，」艾夫回憶道：「史帝夫卻只花了半個小時。」

賈伯斯對 iMac 還有另外一項重要的要求：立刻解決那個討人厭的托盤式光碟機。他說：「我在一部高檔索尼音響上，看過一種吸入式的光碟機，所以我跑去光碟機製造工廠，要求他們為蘋果製造出一款吸入式光碟機，好用在九個月後要推出的新版 iMac 上。」

盧賓斯坦想阻止賈伯斯，他研判，有音樂燒錄功能的新光碟機很快就會出現，而且是先以托盤式型態問世。「如果你現在就改為吸入式的，你會永遠比科技發明晚一步，」盧賓斯坦堅稱。

「我不管，我就是要吸入式的！」賈伯斯嗆回去。他們當時正在舊金山一家壽司店吃中飯，賈伯斯堅持他們飯後必須散個步，繼續完成討論。「請你務必使用吸入式光碟機，就算是賣我一個人情吧，」賈伯斯要求說。盧賓斯坦當然答應了，但事後證明他還是對的。松下電器後來推出了一款新型光碟機，可聽、可寫入、可燒製，但卻先以傳統的 CD 托盤形式供電腦使用。

這件事情產生極為長遠的影響：對於使用者自行收錄或燒製音樂這項需求，蘋果的腳步一直慢半拍。然而，這件事後來也迫使蘋果再度發揮創意，大膽超越競爭者，因為賈伯斯終於明白：他必須打進音樂這個市場。

27

CEO

多年以後依然瘋狂

2007年，賈伯斯與庫克。

提姆．庫克

賈伯斯在重返蘋果的第一年，就交出了那支「不同凡想」廣告以及 iMac。這件事證明了許多人早就知道的一件事：賈伯斯不僅有創意，而且是不折不扣的夢想家。這些特質在他第一次擔任蘋果執行長時，就已充分展現。只不過，大家比較不清楚的是，他是否具備帶領一家公司的本事。賈伯斯在上一次任期中，可絕對沒有展現這方面的能力。

賈伯斯以一種極端注重細節的務實作風，擔負起管理職責。過去許多人都看到，賈伯斯自認宇宙的規範無法適用於他，這些人現在都大感意外。把賈伯斯引回來的蘋果董事長伍拉德，回憶說：「他成了一個管理者，這和當主管或夢想家可不一樣。這件事真讓人喜出望外。」

賈伯斯的管理格言是「聚焦」。他一舉淘汰了許多生產線，也刪除了蘋果正在發展的作業系統中，許多不必要的功能。他放下過度控制的欲望，不再要求蘋果的產品必須完全由自己生產，反而將產品製造全數外包 —— 從電路板到最終的組裝。他要求蘋果供應商必須嚴守一套新的紀律。當他接手時，蘋果的庫存量高達兩個月，遠高於業界其他公司。電腦的保鮮期和雞蛋、牛奶一樣，非常之短，這樣的庫存表示蘋果得承受至少 5 億美元的損失。1998 年初，他已成功將蘋果的庫存量減半到只剩一個月。

賈伯斯的成功當然也付出了不少代價，因為圓融的外交手腕始終不是他的強項。賈伯斯覺得，為蘋果運送零組件的安邦快遞（Airborne Express）動作太慢，於是要求負責主管立即解除安邦的合約。這位蘋果主管告訴他，此舉可能引起法律訴訟，賈伯斯回答：「你告訴他們，如果再他媽的胡搞我們，就別想從本公司拿到他媽的半毛錢。永遠休想！」這位主管憤而辭職，官司風波也難免，而且花了一年時間才解決。「如果我當時沒有離開，我手上擁有的蘋果股票，如今的市值將高達一千萬美元，」這位主管說：「但我知道我一定撐不下去。反正他早晚會把我開除。」

蘋果新的經銷商被要求必須減少 75% 的庫存量，而他們也做到了。「在賈伯斯底下做事很恐怖，他對工作不力的忍受度是零，」這家公司的 CEO 說。另一個例子是，VLSI 科技公司無法準時提交足夠的晶片時，賈伯斯曾氣沖沖的跨入會議室，破口大罵他們是一群「他媽的沒種的渾蛋」。後來，VLSI 果然開始準時供貨，而且內部主管還訂做了一批夾克，背上印了「沒種團隊」（Team FDA—Fucking Dickless Assholes）。

在賈伯斯底下工作三個月之後，蘋果的營運主管自認承受不了壓力，決定辭職。接下來將近一年的時間，營運部門由賈伯斯親自帶領，他說前來面試的「似乎全是跟不上時代的製造業老人」。他要的人必須能建立及時生產體系和供應鏈，就像戴爾電腦那樣。

1998 年，他終於遇到了庫克 —— 三十七歲、溫文有禮的康柏電腦（Compaq）採購暨供應鏈主管。庫克日後不但成了賈伯斯的營運主管，而且還逐漸成為他經營蘋果無可或缺的夥伴。賈伯斯回憶道：

提姆．庫克的背景是採購，這正符合我們的需求。我發現我們對事情的要求幾乎完全一致。我在日本參訪過許多及時生產工廠，我也為麥金塔和 NeXT 建立過同樣的生產體系，我知道自己要的是什麼。然後我就遇上了提姆，他的想法和我完全一致。於是我們開始合作。沒多久，我就可以完全放手了。他和我有同樣的願景和目標，我們可以進行極高層次的策略溝通。除非他主動找我商量，否則我可以不用再擔心很多事情。

庫克是造船工人之子，生長於阿拉巴馬州的羅伯茲戴爾，那是一個離墨西哥灣只有半小時車程的小鎮。庫克在奧本大學主修工業工程，後來又在杜克大學拿到商學學位。接下來的十二年，他都在北卡羅萊納州「三角科學園區」的 IBM 工作。賈伯斯與他面談時，他才剛轉到康柏電腦。他一直是個邏輯型的工程師，康柏顯然是一個比較合理的事業選擇。但他完全傾服於賈伯斯的才氣。「和史帝夫相談不到五分鐘，我就決定把謹慎、理性全拋在一旁，立刻進蘋果工作，」庫克後來說：「直覺告訴我，加入蘋果是一生難逢的機會，可以為一位真正的創意天才工作。」

他就這樣加入了蘋果。「學工程的人被訓練要以嚴謹的分析來做決策，但有時你也不得不憑直覺行事。」

在蘋果，他的角色則是執行賈伯斯的直覺，而他也總是努力但不著痕跡的完成使命。庫克一直未婚，全心投入工作，每天早上四點半起床後，立刻開始發電郵，然後進健身房一個小時。六點之後就能看到他坐在辦公桌前。他固定在星期日晚上召開視訊會議，預備接下來一個星期的工作。

在一家老闆易怒、動輒得咎的公司裡，庫克卻能鎮靜行事，以他安定人心的阿拉巴馬口音，以及沉穩的凝視來掌控場面。《財星》雜誌記者拉辛斯基（Adam Lashinsky）曾如此形容：「當然庫克也有輕鬆的一面，但他的招牌表情就是皺眉，而他的幽默感也比較偏冷。開會時，他常常突然停下來思考，時間長到令人坐立難安。這時，整個會議室裡就只剩下他撕『能量棒』包裝紙的聲音。」

接任營運長初期，有一次，庫克在會議中得知，蘋果的一家中國供應商出貨大有問題。「這實在很糟糕，」他說：「應該有人要去中國處理一下。」三十分鐘後，他看了看會議桌上的一位營運主管，淡淡問道：「你怎麼還在這裡？」那位主管趕緊起身，沒有回家打包，就直接驅車前往舊金山機場，買了機票飛往中國。這人後來成了庫克的左右手。

庫克將蘋果的主要供應商，從 100 家減少到只剩 24 家，逼他們以更優惠的條件，來保住蘋果這個大客戶。並說服許多供應商把工廠遷到蘋果附近。蘋果原有 19 處倉庫，庫克關了 10 處，藉由減少倉庫數量，成功降低蘋果的庫存。

1998 年初，賈伯斯把蘋果的存貨量從兩個月減少到一個月。同年 9 月，庫克又將存貨量一舉降低到六天。隔年 9 月，蘋果的存貨竟然只剩兩天，有時甚至低到只有 15 小時。除此之外，庫克也將製造一台蘋果電腦的生產流程，從四個月縮短到兩個月。所有成就不但替蘋果省下不少錢，同時也讓新產品都能採用最新研發的零件。

高領黑衣與團隊合作

1980 年代初，賈伯斯在一趟日本行中，突然問起索尼的總裁盛田昭夫，為什麼索尼的員工都要穿著制服。賈伯斯回憶說：「他看起來很窘，說是二次大戰之後，日本人幾乎沒衣服可穿，因此像索尼這樣的公司就必須為員工提供一些衣物，好讓他們有東西可以穿來上班。」一段時間之後，日本企業的員工制服慢慢發展出了各自的風格，尤其是像索尼這樣的公司，而且成了凝聚同仁向心力的方法。賈伯斯說：「我覺得蘋果也該有這種凝聚力。」

一向講究造型的索尼，找來全球知名的服裝設計師三宅一生為他們量身打造員工制服。它是一件以抗撕裂防水尼龍做成的夾克，袖子還可以拆下來，讓夾克變成一件背心。「所以我也立刻打了通電話給三宅一生，請他也為蘋果設計一件背心，」賈伯斯說：「我帶了一些他所設計的樣品回來，告訴大家，如果每個人都能穿這些背心來上班，那豈不太棒了。沒想到，我差一點被轟下台。大家都討厭這個點子。」

然而，賈伯斯卻因此與三宅一生成了好友，並經常造訪他。而賈伯斯也慢慢喜歡上讓自己擁有一套制服的想法，這不僅方便（這是他宣稱的理由），同時也能傳遞一種個人風格。「我很喜歡三宅一生設計的黑色高領上衣，於是我請他幫我做個幾件，結果他送來了一百件左右。」賈伯斯注意到我一臉訝異，於是決定讓我親眼見識一下，衣櫥裡那成疊的高領上衣。「我就穿這些，」他說：「大概夠我穿一輩子了。」

雖然賈伯斯自己的個性獨裁專斷，從不相信共識這回事，但他卻非常努力為蘋果打造一種強調團隊合作的企業文化。許多企業以公司不常開會為傲，賈伯斯卻有不少會議：每星期一的主管會議、每星期三整個下午的行銷策略會議，以及無止盡的產品審查會議。由於賈伯斯對制式的 PowerPoint 以及正經八百的簡報依然過敏，因此堅持由會議桌上的每個人，各自從不同的角度、根據各部門的需求，提出各式各樣的議題及觀點，再進行徹底討論，決定解決方案。

賈伯斯相信，蘋果的最大優勢在於整合產品設計、硬體、軟體和內容，以製造「從頭到尾軟體與硬體一體成型的產品」，因此他要求公司所有部門必須同步作業、密切合作。賈伯斯最愛用的名詞是「深度合作」(deep collaboration）以及「同步工程」(concurrent engineering)。他完全捨棄序列式的產品開發流程，不再讓產品從工程部門到設計、生產、行銷、配銷，一步步照流程走，反而要求所有部門必須同時作業、彼此合作。賈伯斯說：「我們的策略是發展出整合型的產品，這表示我們的產品開發流程也必須完全整合、互相合作。」

這種模式也同樣適用於重要主管的聘任。賈伯斯會請主要人選，見過公司所有高階主管（庫克、郃凡尼恩、席勒、盧賓斯坦、艾夫），而非只與他們未來可能的部門主管面談。「然後，我們會聚在一起討論這些人選，決定他們和蘋果是否相合，」賈伯斯說。他的目標就是要全力防範所謂的「蠢材充斥效應」，免得公司裡不時出現一些二流人才。他說：

就生命中絕大部分的事情而言，頂尖與平庸之間的差距大約是30%。最好的飛機航班、最好的餐飲，大概都比一般的航班或餐飲好個30%左右。在我看來，沃茲尼克就比一般工程師高明至少50倍。他可以在自己的腦袋裡開會。麥金塔團隊就是希望打造出每一個成員都是A咖的團隊。

有人說，頂尖好手很難彼此共事，他們討厭和別人合作。但我發現，頂尖好手其實很喜歡與其他頂尖好手合作，他們只是討厭和C咖共事而已。皮克斯就是一家每個人都是A咖的公司。

回到蘋果，我想做的也是這件事。你必須創造出協同式的人員聘雇流程。當我們聘用一個人時，雖然他們未來可能會去行銷部門工作，但我還是要求他們必須跟設計部門、工程部門的人談一談。我最佩服的人是歐本海默（J. Robert Oppenheimer，原子彈之父）。我曾經讀到他如何為美國原子彈計畫找人。我跟他當然差遠了，但我也希望達到他那樣的目標。

這種人員聘雇的流程可能很繁瑣，但賈伯斯確有識人之明。有一次當他們正要找一些人，為蘋果新的作業系統設計圖形介面時，賈伯斯收到一位年輕人的郵件，於是請他前來。面談進行得並不順利，因為那人太緊張了。當天稍晚，賈伯斯剛好又碰到他，一副沮喪模樣坐在蘋果大廳裡。那年輕人問賈伯斯，是否可以很快的看一下他設計的東西，賈伯斯於是站在他背後看了一眼他的說明影片：他用 Adobe Director 設計了一種方法，讓電腦螢幕下方的快捷列塞進更多圖示。當他把游標移到那些擁擠的圖示時，游標竟然成了放大鏡，可以讓快捷列中的圖示一一放大。「我說，天哪，當場就叫他來上班，」賈伯斯回憶。

這項功能後來成了麥金塔 OS X 作業系統中，極受歡迎的一部分，而那位年輕設計師後來還設計出了多點觸控螢幕上的拖曳功能，就是在你的手指掃過之後，螢幕會繼續滑動的那個有趣功能。

積習難改

NeXT 的經驗讓賈伯斯變得比較穩重，但卻沒讓他變得更成熟。他的賓士車還是沒掛車牌，而他也還是把車停在公司大門口的殘障車位，有時甚至歪歪斜斜霸占兩個車位。這件事成了眾人口中的笑柄。蘋果員工曾經製作標語，寫著「不同凡停」（Park Different）；也曾有人特意將殘障車位裡的輪椅圖樣，改漆成賓士標誌。

每一次會議結束之前，賈伯斯都會煞有介事的宣布一個決定或策略，方式也是一貫的唐突。「我有一個很棒的想法，」他會如此昭告，即使那根本是別人之前所提的建議。他也可能會誇張的說：「這個想法太爛了，我才不要這麼做。」當他還不想面對某個問題時，他會有一陣子當作沒這回事。

他允許、甚至鼓勵大家挑戰他，有時他還會因此而特別尊敬你。但該有的心理準備是，討論你的想法時，他一定會拚命攻擊你，甚至會咬得你血肉模糊。文森是克洛手下一位非常有創意的年輕人，他說：「你絕不可能當場辯贏他，但或許你可以在事後得到平反。有時你提出一個建議，結果他會痛批：『這想法簡直蠢斃了！』但他後來可能又會回頭來告訴你：『我知道我們該怎麼做了。』你會很想反問：『那不是我兩個星期前提出來，但卻被你痛批的愚蠢想法嗎？』可是你不能這麼說。你只能說：『太棒了，我們就這麼做吧。』」

大家偶爾也得忍受一下賈伯斯某些非理性或錯誤的堅持。不論是在家裡或公司，他常會深信不疑的提出一些，與事實完全不符的科學論證或歷史典故。艾夫說：「那可能是他完全沒概念的東西，但因為他那種狂妄的作風、以及深信不疑的態度，他可能會讓你相信，他說的應該是真的。」艾夫眼中的賈伯斯是「怪得可愛」。

克洛記得曾給賈伯斯看一段廣告片，內容已經依照他的要求做了些細微的修改，結果賈伯斯看了卻一陣猛轟，說他們完全毀了這支廣告。克洛最後只好調出之前的版本，來證明他們並沒有毀了那支廣告。

然而，對細節異常敏銳的賈伯斯，卻也常能一眼揪出其他人都遺漏的細微問題。「有一次，他發現我們的影片中多出了兩格影像，這種事一般人幾乎無法用肉眼分辨出來，」克洛說：「而他說，他希望確保畫面出來的時間，能與音樂節拍完全吻合。結果我們發現他果然是對的。」

超級大導演

iMac 發表會大獲成功之後，賈伯斯開始擘劃每年四到五次的新產品發表大戲。他逐漸精於此道，而且意外的是，竟然沒有其他企業領袖膽敢起而效尤。蓋洛（Carmine Gallo）在《大家來看賈伯斯：向蘋果的表演大師學簡報》一書中如此描述：「賈伯斯的發表會，可以讓他的觀眾腦袋急速釋放大量多巴胺。」

賈伯斯堅持以戲劇手法，做為新產品揭幕的儀式，這也強化了他對神祕感的偏執 —— 他一向要等到自己完全準備好，才願意讓事情曝光。為此，蘋果甚至一狀告上法院，強迫一個知名的趣味部落格關站。這個名為「揭祕凡想」的部落格，是由熱愛麥金塔的哈佛學生席亞瑞利（Nicholas Ciarelli）經營。他常在部落格中針對蘋果即將上市的新產品，發表一些內幕消息及臆測報導。另一個例子是，蘋果在 2010 年要求檢調強勢對付 Gizmodo 科技網站的一位記者，因為他在 iPhone 4 上市前取得一台原型機，並對外揭密。蘋果的強硬行動引發了不少批評，但也刺激了外界對賈伯斯揭幕大戲的期待，有時甚至升高成一種熱潮。

賈伯斯的產品發表會，向來都經過精心策劃。他會穿上黑色高領上衣、牛仔褲，手裡拿著一瓶礦泉水，在舞台上從容踱步。觀眾席擠滿了他的信眾。蘋果的發表會簡直就像是某種宗教佈道大會，而非企業的產品發表會。記者被安排坐在觀眾席正中央。

賈伯斯每次都親自撰寫、修改每一張投影片的內容；他會請朋友幫他看過，與同仁一起絞盡腦汁。「每張投影片他都會修改個六、七次，」他太太蘿琳說：「發表會的前幾個晚上，我都會陪他一起熬夜，因為他會一再檢視、修改那些投影片。」有時，同一張投影片他會做出三個版本給蘿琳看，然後請她挑出其中最好的一張。「他簡直就像著了魔。他會一再演練講稿，更動一、兩個字，然後繼續演練。」

他的發表會和蘋果的產品頗為神似，因為看來都非常簡單：空空蕩蕩的講台，道具不多。然而，這一切的背後卻都經過細膩的安排。

蘋果產品工程師依凡傑李斯特（Mike Evangelist），負責製作賈伯斯發表會上使用的 iDVD 軟體，並且打理產品秀相關的大小事。大戲上演之前幾個星期，依凡傑李斯特和他的團隊會花好幾百個小時，努力搜尋賈伯斯可能想在舞台上秀出的圖片、照片及音樂。「我們會請我們認識的每一位蘋果同仁，奉獻出自己最精采的家庭錄影帶及照片，」依凡傑李斯特回憶：「賈伯斯的完美主義絕非浪得虛名，他看得上眼的絕對沒幾張。」依凡傑李斯特過去常認為，賈伯斯簡直不可理喻。但他後來也承認，一再挑三揀四，的確讓最後的結果好得太多。

第二年，賈伯斯欽點依凡傑李斯特，負責上台示範影片剪輯軟體 Final Cut Pro 的功能。彩排時，賈伯斯就坐在觀眾席正中央監看他的表現，依凡傑李斯特變得非常緊張。賈伯斯可不是個循循善誘的長官。不到一分鐘他就喊停，相當不耐的說：「可不可以麻煩你振作一點，否則我們就只好把示範從發表會中剔除。」

席勒把依凡傑李斯特拉到一旁，教他如何可以看來比較輕鬆一點。他撐過了彩排，以及後來的正式發表會。依凡傑李斯特說他仍萬分珍惜那次經驗，不只是因為賈伯斯會後的稱讚，也包括他在彩排時的嚴厲批評。「他逼得我必須更加努力。後來，我的表現當然比原先好得多了，」他說：「我相信這是賈伯斯對蘋果最重要的影響之一。他對不完美簡直毫無耐心，不論是對自己或對其他人，都要求絕對出類拔萃。」

從「代執行長」到執行長

伍拉德是賈伯斯在蘋果董事會中的前輩、也是導師。他花了兩年以上的時間，催逼賈伯斯拿掉執行長頭銜前面的「代」字。賈伯斯不但一直沒答應，而且只拿象徵性的年薪1美元，婉拒所有股票選擇權，此舉讓所有人一頭霧水。賈伯斯經常開玩笑說：「我每天會進辦公室，所以領五毛錢出席費，另外那五毛錢則是我的績效獎金。」

自1997年7月賈伯斯重返蘋果以來，蘋果的股價已經從不到14美元，一路飆升到2000年初網路泡沫高峰時的每股102美元。早在1997年，伍拉德就曾求他至少接受一些分紅配股，賈伯斯當時就予以婉拒。他的說法是：「我不希望蘋果的人認為我回來是為了想發財。」如果他當年收下那些股份，此時市值應該已高達4億美元了。但那兩年半裡，他總共只向蘋果領了2.5美元。

賈伯斯不肯拿掉「代」字的主要原因是，他對蘋果的未來並沒有太大把握。但在即將進入2000年之際，蘋果顯然已經止跌反彈，而這都是因為他的緣故。賈伯斯和妻子蘿琳在一次漫長的散步中，仔細討論了是否應該正式回任蘋果執行長一事。對多數人而言，這不過是形式而已，但是對賈伯斯卻仍是大事一樁。他深思，如果他同意拿掉「代」字，蘋果就有可能成為他實現一切夢想的舞台，包括帶領蘋果進入電腦以外的產品領域。於是，他決定放手一搏。

伍拉德簡直樂翻了。他告訴賈伯斯，董事會打算提供給他一大筆分紅配股。「我有話直說，」賈伯斯回答：「如果你們真要給，我寧可你們給我一架飛機。我家老三剛出生。我不喜歡搭一般的商用飛機。我想帶家人去夏威夷。去東岸時，我也希望有個自己熟悉的駕駛。」他從來就不是會在飛機上或登機門前，展現風度或耐心的人。

甲骨文執行長艾利森也是蘋果的董事之一，他覺得給賈伯斯一架飛機，對蘋果而言簡直太划算了。（賈伯斯之前就曾租用艾利森的私人飛機。1999 年，蘋果曾為賈伯斯支付了 10.2 萬美元的飛機租用費。）「光從他的成績來看，我們送他五架飛機都不為過！」艾利森主張。他後來提到，「那應該是給史帝夫最好的一份謝禮，他挽救了蘋果，而且分文未取。」

因此，伍拉德相當樂意完成賈伯斯的心願，為他買一架灣流五型噴射機，同時還提供他 1,400 萬股的選擇權。賈伯斯的回應卻大出眾人意料。他開出更高的數字：2,000 萬股選擇權。伍拉德相當不解，而且不悅。股東會只授權蘋果董事會，每年可分配 1,400 萬股的選擇權。「你原本說自己什麼都不要，所以我們就給你一架飛機，因為你說那才是你要的。」伍拉德說。

「我過去一直沒想要拿選擇權，」賈伯斯回應說：「但你們說我最多可以拿到公司 5% 的股票選擇權，這就是我現在要的。」賈伯斯正式回鍋，原本是一件值得大大慶祝的事，現在卻出現了這麼一個尷尬的爭議。最後，大家終於達成了一項頗為複雜的協議（由於蘋果在 2000 年 6 月進行了一次兩股配一股的股票分割，使得這個協議變得更為複雜）。2000 年 1 月，蘋果給了賈伯斯 1,000 萬股以時價計算的選擇權，但也同意將贈與時間追溯到 1997 年，外加一筆預計在 2001 年執行的配股。更麻煩的是，由於網路泡沫破裂、全球股價大跌，賈伯斯因此並未行使自己的選擇權。直到 2001 年底，他才又要求變更為另一筆履約價格更低的選擇權。股票選擇權的爭議，日後也一再讓蘋果頭痛不已。

就算沒有從股票選擇權中獲利，那架飛機也夠讓賈伯斯高興的了。但賈伯斯卻開始為飛機的內裝設計大傷腦筋，這點毫不令人意外。這件事最後整整花了他一年工夫才搞定。他以艾利森的飛機為藍圖，並直接聘請艾利森的設計師來操刀。但他很快就幾乎把她弄瘋。比方說，艾利森的灣流五型機艙裡有一道隔間門，這道門開、關各有一顆按鈕。賈伯斯卻堅持他只要一顆按鈕同時負責開和關。他也不喜歡按鈕原來的亮面不銹鋼材質，所以他要求將它改成霧面金屬。最後，他終於有了一架完全符合自己心意的飛機，而且非常喜歡它。「我看了一下我們兩人的飛機，我發現他改的每一樣東西，真的都比較好，」艾利森說。

2000 年 1 月在舊金山舉行的麥金塔世界大會上，賈伯斯端出了最新的麥金塔作業系統 OS X。OS X 裡面使用了三年前蘋果從 NeXT 購得的一些軟體。就在 NeXT 作業系統整合進入蘋果電腦的同時，賈伯斯也剛好願意重返蘋果執行長的寶座，應該是一件頗為合理的事（應該不完全是巧合）。

在此之前，郇凡尼恩已將 NeXT 作業系統中的 UNIX-related Mach kernel 轉變成麥金塔的作業系統，並命名為「達爾文」。它可以提供保護模式的記憶體、高階網路、先占式多工（preemptive multitasking）的功能。這完全符合麥金塔當時的需要，而它也將成為往後 Mac OS X 作業系統的基礎。

蓋茲等人指出，蘋果其實並未完全採納 NeXT 的作業系統。這種說法有其根據，因為蘋果後來決定不要開發全新的系統，而是直接將現有系統加以升級。為舊的麥金塔系統所撰寫的應用軟體，基本上都可以與新的作業系統相容，或是很容易轉換到新作業系統。麥金塔使用者在升級後，將會發現許多新的功能，但卻不必去適應一個全新的介面。

參加麥金塔世界大會的蘋果迷，對此當然大表歡迎，而賈伯斯展示游標滑過快捷列的圖示，會把它們一個個瞬間放大的效果，此時更讓所有的人大聲叫好。不過過程中的最高潮，來自賈伯斯保留的精采結尾：「對了，還有一件事……」，他談到自己在皮克斯及蘋果的工作，並表示自己終於覺得身兼二職應該是可行的。「因此，我今天很高興向大家宣布，我將正式放棄『代』執行長，」他給觀眾一個大大的微笑。全場觀眾瘋狂尖叫，彷彿披頭四宣布再度合體一般。

賈伯斯咬了咬嘴唇，調整了一下麥克風線，然後以謙虛態度作結，「各位真的讓我覺得有點不好意思。我何其有幸，能夠每天到蘋果、皮克斯上班，與地球上最優秀的一群人一起工作。這些工作必須靠團隊合作，因此，我謹代表蘋果的每一位同仁，在此接受大家的歡呼。」

28

蘋果專賣店

天才吧與瑟琳娜砂岩

達志影像

紐約曼哈頓第五大道上的蘋果專賣店。

顧客體驗

賈伯斯最痛恨失去掌控，尤其是牽涉到顧客體驗的事。但他碰上了一個難題，這事他真的無從掌握：蘋果產品的購物體驗。

與拜特電腦商店合作的日子早已過去。電腦的銷售已經從電腦專賣店，移轉到各種大型連鎖賣場及量販店，那裡的店員多半欠缺電腦知識，也無誘因去介紹蘋果產品的特點。賈伯斯說：「店員關心的，只是賣一台電腦可以拿到 50 美元佣金。」

其他品牌的電腦都大同小異，但是蘋果電腦卻有許多創新功能，而且價格較貴。賈伯斯不希望 iMac 和戴爾電腦、康柏電腦給擺在同一個貨架上，然後由穿著制服的店員，機械式的複誦電腦的規格。賈伯斯回憶道：「要是沒辦法把蘋果的信念傳達給顧客，我們就完了。」

1999 年底，賈伯斯開始祕密尋找主管人才，來建立蘋果連鎖店。當時有一位應徵者對設計特別鍾情，而且擁有零售人員天生的率真熱情，他叫強森。

強森當時是美國大型連鎖賣場 Target 的商品部副總裁，負責行銷一些特殊造型的產品，例如知名建築師暨設計師葛瑞夫所設計的笛音壺。「和史帝夫談話很輕鬆，」強森回想他第一次與賈伯斯見面的經驗，「一個穿著破牛仔褲及高領毛衣的人，忽然跑進來坐下，然後就開始滔滔不絕，說明為何他一定需要建立一些很棒的專賣店。他告訴我，蘋果必須靠創新，才能成功。但除非你能找到一種與顧客溝通理念的方式，否則你就無法靠創新而成功。」

2000 年 1 月，當強森回蘋果進行第二次面談時，賈伯斯提議去散個步。他們早上八點三十分，就來到擁有140家店面的史丹佛購物中心。購物中心裡的店家都還沒開門，因此他們就在購物中心裡上上下下、逛來逛去，同時討論整個購物中心的規劃、大型百貨公司在購物中心裡所扮演的角色，以及它們和其他商店之間的關連性；還有，為何某些專賣店會特別成功。

十點鐘一到，所有商店紛紛開門，他們仍邊走邊談。他們繞進美國知名休閒品牌 Eddie Bauer 的專賣店。這家店開了兩扇門，一扇面對購物中心內部，另一扇則直通外面的停車場。賈伯斯決定，蘋果專賣店只能開一扇門，因為這比較容易掌控顧客的整體購物體驗。他們兩人都覺得，這家 Eddie Bauer 專賣店的設計太過狹長。他們認為，讓顧客一進門就能馬上掌握整間店的陳設，是一件很重要的事。

購物中心裡沒有任何電子產品專賣店，強森解釋原因：業界一般的想法是，顧客想要採購一些比較重要的產品時，他們應該會願意開車到一個不那麼方便的地點去，而那些地方的店租當然也比較便宜。賈伯斯完全不同意。他認為，不論店租有多昂貴，蘋果專賣店絕對應該開在購物中心裡、或是最熱鬧的大街上，也就是人群熙來攘往的地方。「我們或許無法讓他們特意開幾公里路去看我們的產品，但我們絕對可以讓他們多走十步路，」賈伯斯說，蘋果尤其需要突襲微軟 Windows 的使用者。「只要他們平常有機會經過，而我們又把專賣店設計得很吸引人，他們可能就會出於好奇，而進來看一眼。只要他們有機會看到我們的產品，我們就贏了。」

強森告訴賈伯斯，店面規模可以反映品牌的重要性。「蘋果的品牌比得上平價服裝 Gap 嗎？」他問。賈伯斯說，蘋果大多了。強森說，那麼專賣店就應該比 Gap 的店面還要大。「否則你看起來就無足輕重。」賈伯斯告訴他馬庫拉的格言：一家好的公司必須產生獨特的形象，也就是說，它所做的一切，從包裝到行銷，都必須能夠傳達自己的價值觀及重要性。強森非常喜歡這個概念，認為這概念絕對適用專賣店的設計。「專賣店可以成為品牌最強而有力的實體呈現。」

強森提起小時候，他第一次走進紐約麥迪遜大道雷夫羅倫專賣店的驚豔感受：優雅的木紋牆面、擺滿藝術品、華麗如豪宅。「從此以後，每當我去買 polo 衫時，我都會想起那間豪宅。它正是雷夫羅倫設計理念最具體的呈現，」強森說：「零售王子崔斯勒的 Gap，也創造了相同的效果。當你一想到 Gap 的產品，你一定會想起 Gap 專賣店裡的開闊空間、木質地板、雪白牆面，以及折疊得整整齊齊的衣服。」

逛完購物中心，他們開車回到蘋果，走進一間會議室，開始玩起裡面的蘋果產品。蘋果的產品並不多，不足以擺滿一家傳統商店的貨架，但這也是一項優勢。他們決定，蘋果專賣店將以產品種類不多為特色。它將充分展現極簡風格、空間寬敞、有許多地方可供人試用產品。

「多數人並不熟悉蘋果的產品，」強森說：「他們覺得蘋果似乎有點像狂熱的宗教團體。我們必須把蘋果這種形象，轉化為一種酷炫感。擁有一間精采的專賣店，讓大家可以試用我們的產品，絕對大有幫助。」專賣店將可充分傳達蘋果產品的特質：有趣、簡單、時尚、創意十足，而且只會讓人覺得時髦，不會讓人覺得難以親近。

原型店

賈伯斯終於向蘋果董事會提出專賣店的構想，但董事會並不太熱中。因為捷威（Gateway）電腦公司推出一系列市郊專賣店，結局十分悽慘。賈伯斯說，蘋果專賣店絕不會步其後塵，因為專賣店將開在高檔的購物中心裡。然而這個說法，顯然沒有讓蘋果董事會更為寬心。「不同凡想」和「向瘋狂人士致敬」或許是很好的廣告詞，但蘋果董事會卻不太希望這兩個廣告詞主導了蘋果的企業策略。

「我猛抓頭，心想，這似乎有點瘋狂，」列文森回憶說。列文森是基因科技公司的執行長，2000 年受賈伯斯之邀加入蘋果董事會。

「蘋果只是一家小公司，並不是市場上的主角。我不覺得自己可以支持這個想法，」伍拉德也表達了自己的考量，「捷威電腦試過，失敗了，而戴爾電腦則乾脆採取郵購方式，根本不用開什麼專賣店，或做任何後續服務。」

伍拉德知道，賈伯斯對於董事會的阻擋，可沒太大耐心。上一次董事會妨礙到他的時候，他的做法是把大多數董事給撤換掉。這一次，為了不想再和賈伯斯角力、以及某些私人原因，伍拉德覺得，是他辭去蘋果董事長職務的時候了。但在他正式卸任前，董事會終究批准了四家蘋果專賣店的試行計畫。

不過，還是有一位董事是鼎力支持賈伯斯的，就是 1999 年受賈伯斯邀請加入的「零售王子」崔斯勒。出身紐約布朗克斯的崔斯勒是 Gap 執行長，他將這家原來死氣沉沉的成衣連鎖店，變身為美國休閒文化代表企業，他也是當今世上少數能夠在設計、品牌形象及消費者吸引力上，與賈伯斯並駕齊驅的企業領袖之一。

除此之外，崔斯勒還堅持採行「從頭到尾全程掌控」的策略：Gap 專賣店只賣 Gap 產品，而 Gap 的產品也只能在 Gap 專賣店買得到。「我之所以離開百貨公司，就是因為無法忍受不能掌控自己產品的情況 —— 從製造一路到販售，」崔斯勒說：「史帝夫和我一模一樣，我想這就是他找我來的原因。」

崔斯勒給了賈伯斯一個建議：先在蘋果總部附近，祕密打造一家專賣店原型，完全根據自己的理想去做，一直到完全滿意為止。於是，強森和賈伯斯在庫珀蒂諾租了一間空倉庫，每星期二早上都在那裡開一整個上午的動腦會議，在倉庫中邊踱步邊琢磨他們的零售哲學，就這樣持續六個月。那裡正如艾夫的設計工作室，是賈伯斯可以安靜思考的避難所，讓他充分發揮自己視覺型的創新能力，藉由實際觸摸、目睹發展出來的成品，進而不斷創新。「我非常喜歡獨自在那裡晃蕩，隨便東摸摸、西看看，」賈伯斯回憶。

有時他會要求崔斯勒、艾利森，以及其他幾位信任的朋友，到倉庫裡去看他的成果。「有太多個週末，他不是逼我去看『玩具總動員』新完成的片段，就是把我拉到倉庫裡去看他的樣品店，」艾利森說：「他簡直像著了魔一般，絕不放過任何美學跟服務體驗的相關細節。後來，我乾脆跟他攤牌：『史帝夫，如果你又要拉我去你的專賣店，那我就不過來找你了。』」

艾利森的甲骨文公司，當時正在開發一種手持式的收銀系統，讓賣場不必再設置一堆收銀櫃檯。每次去原型店時，賈伯斯都會逼艾利森仔細思考，如何才能讓結帳流程更為精簡，減少一些不必要的步驟，例如要顧客拿出信用卡或是列印紙本收據等。

「只要看一眼蘋果的專賣店或蘋果的產品，你就會發現，賈伯斯對『簡單就是美』有多麼著迷，連專賣店的結帳流程也必須符合包浩斯美學與極簡風格的標準，」艾利森說：「也就是說，店裡的結帳流程也必須達到精簡的極致。史帝夫給了我們非常精確的處方，要我們完全照他的要求，去設計結帳流程。」

當崔斯勒受邀去欣賞接近完工的原型店時，他提出了一些批評意見。「我覺得整個空間太零散了，不夠俐落。店裡有太多讓人分心的建築語彙及色彩。」他強調，當消費者進入一個零售空間時，他應該要能夠簡單掃視一下，就完全掌握整個店的動線。賈伯斯很同意：簡潔、去掉讓人分心的事物，是優秀販售空間的關鍵，就如同產品一樣。

「一切就此定調，」崔斯勒說：「賈伯斯的願景，就是完整且透徹的掌控全套產品體驗 —— 從設計理念、生產流程，一直到產品的販售方式。」

錯了，打掉重來

2000年10月，正當賈伯斯認為專賣店的設計已大致就緒，強森卻在他們星期二會議的前一晚，突然半夜驚醒，腦中出現一個恐怖的想法：有一件事情他們完全搞錯了。

他們原本是根據蘋果的四大產品，來進行店內的空間規劃：Power Mac、iMac、iBook、PowerBook各有專屬區域。但賈伯斯當時已經開始在發展一種新的概念：以電腦為中心，來規劃大家的數位生活。也就是說，你的電腦將可以為你處理攝影機所拍下的影片檔案及照片；將來或許還可以管理你的音樂播放器及所儲存的歌曲，或是你會閱讀的書籍與雜誌。強森的夜半靈感卻讓他明白，專賣店不應以蘋果的四個主要電腦產品線為核心，而應以消費者的數位生活為核心。「比方說，我認為專賣店裡應該有一個『電影區』，讓各種機型的麥金塔隨時播放 iMovie，並示範如何將影像資料從錄影機中，轉到電腦裡進行播放或剪輯。」

那天早上，強森早早來到賈伯斯的辦公室，告訴他自己的夜半體會，並建議專賣店原型應該重新規劃。他早就耳聞賈伯斯的語言暴力，卻從未體驗過它的威力，這一刻終於來了。賈伯斯勃然大怒，「你知道這個改變有多嚴重嗎？」他大吼：「整整六個月，我為這間店忙得要死要活，現在你卻告訴我要全盤重來！」忽然，他安靜下來，說道：「我累了。我不知道自己是否還有力氣從頭來過。」

強森嚇得說不出半句話來，賈伯斯則希望他繼續閉嘴。大夥兒都已經集結在專賣店，準備開會了。前往專賣店途中，賈伯斯交代強森不准說半句話，不論是對他或其他任何人。於是，七分鐘的車程完全安靜無聲。他們抵達時，賈伯斯的腦袋裡已經整理好所有資訊。「我知道強森是對的，」他事後回憶。

因此，令強森萬分驚訝的是，賈伯斯開會的第一句話竟然是：「強森覺得我們全搞錯了。他認為專賣店不應該根據蘋果的產品線來規劃，而是要依照消費者的生活行為來設計。」停了一會，賈伯斯繼續說：「他說得一點都沒錯。」

賈伯斯要求重新規劃店內的空間，這也表示原訂 2001 年 1 月的開幕日，必須延後三到四個月。「我們只剩一次機會，這次一定得做對。」

賈伯斯很喜歡跟人說一件事（他這天也對專賣店團隊成員說了）：他每次做對一件事情的時候，都是因為先前有機會讓自己暫停、按一下倒帶鈕。每一次，他發現事情不夠完美，一定重新再做一次。賈伯斯以「玩具總動員」為例，當時片中主角胡迪，幾乎快要變成一個討人厭的傢伙了；而最早的麥金塔也發生過幾次類似的情況。「如果你發現有些事情不太對勁，你不能當作沒看見，之後再回頭來處理，」賈伯斯說：「那是別家公司的做法，不是蘋果的做法。」

2001 年 1 月，重新來過的原型店終於完成，賈伯斯第一次讓董事前來參觀。他先在會議室的白板上，畫圖說明專賣店的設計理念，然後把所有董事送上一台廂型車，開到三公里外的倉庫。當董事們看到賈伯斯和強森做出來的成果時，全部無異議通過專賣店的計畫。他們相信專賣店可以結合蘋果的零售與品牌形象，並且提升到一個新層次，這絕對能讓消費者看到，蘋果電腦絕非戴爾或康柏之流的大宗電子產品。

媒體和外界的專家卻多半不這麼認為。《商業週刊》的標題寫道：「或許賈伯斯不應該再這麼『不同凡想』了。」副標寫的是：「抱歉，史帝夫，蘋果專賣店行不通。」蘋果前任財務長格拉齊亞諾（Joseph Graziano）受訪時指出：「蘋果的問題是，它相信成長來自堅持為顧客提供魚子醬，可是大家有起士餅乾就滿足了。」零售業顧問高德斯坦（David Goldstein）也宣稱：「我給他們兩年時間，到時這個昂貴的錯誤一定會關燈打烊。」

木頭、石材、鋼鐵、玻璃

2001 年 5 月 19 日，第一家蘋果專賣店在維吉尼亞州泰森角（Tysons Corner）正式開幕。店裡有閃閃發亮的白色櫃檯、海灘風情的木質地板，以及一幅巨大的海報，上面是窩在床上的約翰藍儂與小野洋子，上頭印著標語「不同凡想」。

心存懷疑的人都錯了。從前，捷威電腦專賣店平均每星期只有 250 人上門。蘋果專賣店從開幕到 2004 年，每星期上門人數平均高達 5,400 人。2004 那年，蘋果專賣店的總營收一舉衝上 12 億美元，創下零售業營收破 10 億美元的紀錄。艾利森的收銀軟體讓蘋果專賣店的營收數字，每四分鐘就更新一次，為生產、供應及銷售的整合作業，提供了最即時的資訊。

蘋果專賣店的業績強強滾，但賈伯斯依然事必躬親。克洛回憶說：「有一次，大約是專賣店正要開門的時候，我們剛好在開行銷會議，結果史帝夫逼我們花半個小時，來決定專賣店洗手間的指示牌應該用哪一種灰色。」蘋果專賣店是由知名的波賽傑建築師事務所（Bohlin Cywinski Jackson）負責設計，但重要的決定都是賈伯斯說了算。

賈伯斯對樓梯設計情有獨鍾，正如他在 NeXT 費心打造的那座樓梯。有一次，賈伯斯前往一家正在興建的蘋果專賣店視察，當然他又對樓梯的設計提出了修改建議。有兩項樓梯的專利申請是由他掛名主設計者，一項是全透明的階梯設計，其中包括結合鈦金屬的玻璃支架，另一項則是一套施工系統，可以將多塊玻璃板壓成一整片厚玻璃，強化承重。

1985 年賈伯斯被逐出蘋果之際，他去了一趟義大利，並對佛羅倫斯由灰色岩石鋪成的人行道，留下深刻的印象。2002 年，他慢慢覺得，蘋果專賣店裡的淺色木質地板看起來挺沒趣的（微軟執行長就不會為這種事煩惱），希望換成佛羅倫斯的石板地。有些同仁想要以水泥複製出石板的顏色與質感，成本只需要十分之一，但是賈伯斯堅持原汁原味。這種藍灰色調的瑟琳娜砂岩，質地細膩，來自佛羅倫斯外圍菲倫佐拉的卡松採石場。

「採下來的石材裡，我們選中的不過3%，因為只有那少部分符合我們想要的顏色、紋理及純度，」強森說：「史帝夫覺得我們一定得挑對顏色，而且純度一定要很高。」於是，他們請佛羅倫斯當地的設計師，挑出符合標準的石材，親眼盯著工廠切割成正確尺寸的石板，然後為每塊石板依序編號，以確保最後施工完成時，相鄰石板的紋理能夠完美銜接。強森說：「只要想到這些石頭和佛羅倫斯人行道上的石頭系出同源，你就覺得它們一定會流傳久遠。」

「天才吧」是蘋果專賣店裡的另一項特色。強森在某次兩天一夜、與團隊外宿的會議中，想出這個點子。當時，他要求每個人都要提出一項自己享受過的最佳服務品質。幾乎所有人都提到了四季飯店或麗池卡爾登飯店。於是強森把他手下第一代的五位店長，送到麗池卡爾登去受訓，還想到要創造一個介於接待櫃檯與吧檯之間的東西。「如果我們把最頂尖的麥金塔工程師，請來負責照顧吧檯，不知結果會怎樣？」他對賈伯斯說：「而且我們可以乾脆叫它『天才吧』。」

賈伯斯認為這個想法簡直太瘋狂了。他甚至反對用那個名字。「你不能隨便稱他們為天才，」賈伯斯說：「他們只是電腦宅男，根本沒有足夠的人際能力去負責叫『天才吧』的東西。」強森覺得這個想法絕對是胎死腹中了，結果第二天，他碰到蘋果的法務主管時，對方卻說，「對了，史帝夫剛剛叫我去把『天才吧』這個名字註冊起來。」

賈伯斯的眾多熱情，都在2006年開張的紐約第五大道專賣店獲得了最充分的發揮：一棟方形建築、一座賈式招牌樓梯、大量的玻璃，還有以極簡風格闡述出最豐富的內涵。「它完全是史帝夫的店，」強森說。這家開幕於7月24日的專賣店，證明了賈伯斯在黃金地段開店的策略完全成功。第一年，它每星期平均吸引5萬人光顧。（還記得捷威專賣店每星期只有250個人上門吧？）「這家店的坪效世界第一，」2010年，賈伯斯驕傲的說：「它的營收也是全紐約的第一名 —— 我說的是總金額，不單只是坪效而已。對手可是包括了『薩克斯』及『布魯明戴爾』（兩間紐約最高檔的百貨公司）。」

賈伯斯很懂得，如何讓蘋果的新店開幕造成轟動，這與他的新產品發表會如出一轍。許多人專程跑去有新店開張的城市，徹夜排隊、餐風露宿，就為了能夠搶先一步進入蘋果的新殿堂。「那時我十四歲的兒子說服了我，於是我的初次守夜排隊，獻給了帕羅奧圖的分店開張，但這次經驗卻成了非常有意思的社交活動，」艾倫（Gary Allen）寫道。他還為此成立了一個專門供蘋果專賣店粉絲交流的網站。「我們後來又參加了許多次徹夜排隊，其中五次還是在國外，而我們也因此認識了許多有趣的人。」

2011年，也就是距第一家蘋果專賣店開張整整十年之後，蘋果在全球已擁有317家專賣店。最大的一家位於倫敦的科芬園，最高的一家則是在東京的銀座。平均每間專賣店每星期來店人數高達17,600人，平均每間店的年營收高達3,400萬美元，而蘋果專賣店2010年的總營收更高達98億美元。蘋果專賣店的效果不只是營收（它們只占蘋果總營收的15%左右），而是創造出熱潮及品牌效應，讓蘋果所做的每一件事都大大受益。

即使深受癌症之苦，賈伯斯在2010年仍然花許多時間，思考新的開店計畫。一天下午，他拿出一張第五大道專賣店的照片給我看。他特別指出專賣店兩側各十八片的大型玻璃。「這已經是當時玻璃製造科技的極致了，」他說：「我們當年還得自己打造玻璃加壓器，才能做出我們想要的玻璃。」之後，他又拿出一張設計圖，顯示那十八片玻璃又被四片超級巨大的玻璃給取代了。他說那是他接下來想要做的事。當然，那又是一次美學與科技的雙重挑戰。「如果我們要用現有科技來做的話，我們的玻璃建築就得縮減一尺，」賈伯斯說：「但我不想這樣。所以我們就得跑到中國去製造新的玻璃加壓器。」

強森對這個想法比較保留。他覺得十八片玻璃反而比四片好看。「我們今天用的比例，與通用大樓廊柱配合得天衣無縫，」他說：「整個建築閃閃發光，就像個珠寶盒。如果我們把玻璃弄得太透明，它反而會失去特色。」他大力遊說賈伯斯，但當然完全無效。強森說：「只要是科技可以做到的新花樣，他一定先試為快。而且，對史帝夫而言，愈少絕對代表愈多、愈簡單也絕對代表愈美。所以，如果你能以更少的元素來建造一個玻璃盒，它就一定代表更好、更簡潔，而且也絕對代表走在科技的最尖端。那就是史帝夫追求的境界 —— 不論是他的產品或他的專賣店。」

29

數位生活中樞

從 iTunes 到 iPod

2001年，第一代 iPod 現身。

創意大集合

每一年，賈伯斯都會邀集蘋果公司裡一百位最有價值的同仁，到外地去舉辦一場度假會議，他稱這些人為「精英 100」。他挑選這一百個人的原則非常簡單：假如只能帶一百個人上救生艇去一家新公司，自己會帶哪些人？

每次度假會議結束前，賈伯斯都會站在白板前（他超愛白板，因為這可以讓他掌控全場、成為所有人注意力的焦點），詢問台下：「我們接下來應該做哪十件事情？」於是所有人都會拚命讓自己的建議擠進名單。賈伯斯會將所有建議寫在白板上，然後刪掉那些他覺得太愚蠢的建議。一番熱烈討論過後，團隊會選出最後的十大清單。接著，賈伯斯會再一筆劃掉後面的七項，宣布：「我們只能做三件事。」

2001 年，蘋果已成功挽回了個人電腦版圖。現在該是開始真正「不同凡想」的時候了。那一年，在他的白板上，「未來清單」全是些嶄新的創意。

當時，數位世界彷彿即將壽終正寢。網路泡沫剛破滅，那斯達克指數從最高點一路狂洩 50%。2001 年 1 月的超級盃球場中，只剩三家科技公司的廣告看板，前一年則有十七家。看壞產業的情緒，讓情況雪上加霜。自賈伯斯和沃茲尼克創立蘋果二十五年以來，個人電腦始終是數位革命的中心。但現在，專家預言，個人電腦即將揮別這個王座。這項產品已經「成熟到變得太無聊了，」《華爾街日報》資深科技作家摩斯伯格（Walt Mossberg）如此寫道。捷威執行長威森（Jeff Weitzen）也宣稱：「個人電腦正逐漸脫離樞紐地位。」

就在這個當口，賈伯斯提出了一項即將扭轉蘋果，以及整個科技產業的重要策略。個人電腦不但不會脫離核心，還會成為大家的「數位生活中樞」(digital hub)，結合各式各樣的數位產品，從音樂播放器、錄影機、到照相機等等。電腦將為你連結起所有這些數位產品，同時也為你管理你的樂曲、照片、影片、資訊，以及賈伯斯口中「數位生活型態」所包含的任何方面。蘋果將不再只是一家電腦公司，所以它乾脆拿掉了公司名稱中的「電腦」二字。麥金塔即將進行絕地大反攻，至少還會繼續稱霸十年，因為它即將成為蘋果一系列新產品（包括 iPod、iPhone 及 iPad）的運籌中樞。

賈伯斯在他即將踏入而立之年時，曾以黑膠唱片做個比喻。他當時正在思考，為什麼年過三十的人思考模式會出現僵化，創新能力也開始衰弱。「大家都困在一些思考模式之中，完全無法脫身，就好像黑膠唱片上的溝槽一樣，」他說：「當然，總有些人天生比較好奇、內心永遠像個孩子，但是這些人畢竟是稀有動物。」四十五歲的賈伯斯，此時似乎已經準備好，即將從他的溝槽中脫身。

FireWire

賈伯斯所謂「電腦就是數位生活中樞」的想法，可回溯到蘋果在 1990 年代發展出的一種連結技術 ——FireWire。它是一種高速串列埠（serial port），可以將影片等數位檔案，從一個裝置轉到另一個裝置上。日本的攝錄影機製造商就採用了這項技術，而賈伯斯也決定將它納入 1999 年 10 月推出的新版 iMac 之中。他開始想像，FireWire 似乎可以發展成一個系統，好讓攝影機中的影像資料可轉到電腦裡，進行剪輯或再傳送出去。

要實現這個目標，iMac 就必須擁有功能超強的影片剪輯軟體。於是賈伯斯跑去找他在 Adobe 的老朋友（Adobe 成立時，他曾助一臂之力），請他們把 Windows 系統電腦上極受歡迎的數位剪輯軟體 Adobe Premiere，再製作出一個新的麥金塔版本。大出賈伯斯意外的是，Adobe 的主管竟然直接拒絕了他。他們認為麥金塔的使用者太少，製作這個產品並不划算。賈伯斯氣炸了，深深覺得自己遭受了無情的背叛。「我將 Adobe 拉進科技產業的版圖，結果他們竟然這樣惡整我。」他如此形容自己的憤怒心情。

雪上加霜的是，Adobe 也沒有為麥金塔的作業系統 Mac OS X 特別撰寫其他幾種頗受歡迎的軟體，包括 Adobe 的影像處理軟體 Photoshop—— 麥金塔電腦在設計師及創意人的圈子裡廣受喜愛，他們可都是這些軟體的主要消費者。

賈伯斯從來未原諒 Adobe。十年之後，他因為拒絕讓 Adobe Flash 播放軟體用在 iPad 上，而與 Adobe 公開決裂。當年遭到無情拒絕的寶貴教訓，更堅定了他希望掌握系統內所有關鍵元素的想法。「在 Adobe 惡整我們時，我得到最重要的啟示就是，在還沒掌控住軟硬體之前，絕不隨便進入任何一個領域，否則我們就只有任人宰割的份。」賈伯斯說。

於是，蘋果從 1999 年開始，自行為麥金塔開發應用軟體，並且將重心放在身處人文與科技交會口的消費者。這些自行開發的軟體包括：剪接數位影片的 Final Cut Pro、一般消費者使用的簡易版 iMovie、將影片或音樂燒進光碟的 iDVD、與 Adobe Photoshop 競爭的 iPhoto、專為創作及混音開發的音樂軟體 GarageBand、管理個人音樂典藏的 iTunes，以及音樂商店 iTunes Store。

「數位生活中樞」的概念很快成為蘋果的核心策略。「我是從攝錄影機上了解到這件事，」賈伯斯說：「iMovie能讓攝錄影機的價值提高十倍。」你不會再坐擁自己永遠不會去看的幾百小時影片內容。相反的，你可以在自己的電腦上開始剪輯，製造美美的畫面效果、配上音樂，然後在片尾打出「製作人」自己的大名。它讓大家能夠發揮創意、表達自我、創造出真正寄託情感的東西。「這時我忽然發現，個人電腦將變成很不一樣的東西。」

賈伯斯還領悟到另外一件事：如果電腦變成數位中樞，行動裝置應該就可以變得更輕巧、更簡便。許多公司都希望在行動裝置中塞進各式功能（例如影片、照片的編輯功能），但結果卻慘不忍睹，因為這些產品的螢幕太小，根本放不下那麼多功能圖示。但電腦卻可以輕鬆辦到。

對了，還有一件事⋯⋯賈伯斯也認清了：要做到這件事，就必須將所有元素完全整合——從周邊設備到電腦硬體、軟體、應用功能、FireWire。他回憶說：「我愈來愈信服從頭到尾全程掌控的解決方案。」

這項認知最棒的一點是：只有一家公司最能夠提供這種整合型的產品。微軟很會寫軟體，戴爾和康柏很會做硬體，索尼很會製造各種數位產品，Adobe開發了許多應用軟體，但只有蘋果具備這全部的本事。「我們是唯一從硬體、軟體、到作業系統，所有產品線全包的公司，」賈伯斯向《時代》雜誌分析：「我們可以為消費者的數位生活體驗，負起完全的責任。我們可以做到其他人都做不到的事。」

蘋果從影視功能開始，發動「數位生活中樞」策略的第一波攻勢。蘋果的FireWire連結技術，可以讓你把影片資料轉到麥金塔上，而 iMovie 則可以幫你把影片剪輯成一部曠世巨作。接下來呢？這時你一定想把它燒成 DVD，然後和朋友一起用電視來欣賞。「所以我們花了很多時間，與驅動程式廠商一起研究，最後終於做出了一般消費者也可以燒錄 DVD 的裝置，」賈伯斯說：「我們是有史以來第一家提供這種產品的公司。」

一如以往，賈伯斯努力讓這個產品用起來愈簡單愈好，而這正是它成功的關鍵。在蘋果軟體部門工作的依凡傑李斯特，回憶他最初展示這個介面給賈伯斯看的情況。在看了一堆畫面之後，賈伯斯突然跳起來，抓起麥克筆，在白板上畫了一個四方形。「我知道它該怎麼用了，」他說：「它應該有一個視窗。你只要把影片拖進這個視窗，然後點一下『燒錄』按鍵。就這樣，我們要做的東西就是這麼簡單。」依凡傑李斯特簡直目瞪口呆，但這正創造了日後使用起來超簡單的 iDVD。賈伯斯甚至幫忙設計了「燒錄」按鍵的圖示。

賈伯斯知道，數位照片也將蔚為風潮。於是，蘋果也想辦法讓電腦成為大家的照片處理中心。不過，他完全沒注意到另一個真正重要的機會（至少在第一年的時候）。惠普與其他幾家公司當時已研發出可以燒錄音樂 CD 的磁碟機，但賈伯斯卻堅持蘋果應該把重心放在影視功能而非音樂。不僅如此，由於賈伯斯強力要求 iMac 必須換掉托盤式磁碟機、改用較俐落的吸入式磁碟機，也使得 iMac 無法擁有 CD 燒錄功能，因為 CD 的燒錄功能一開始只有托盤式磁碟機的規格。「我們在這件事上錯過了早班車，」他回憶道：「因此我們必須迅速趕上。」

以創新取勝的公司，不只必須比別人早一步提出創新概念，它還必須在發現自己落後時，知道如何迎頭趕上、快步超前。

iTunes

賈伯斯過沒多久就明白，音樂市場即將風起雲湧。2000 年，人們已經開始拚命將音樂從 CD 上擷取到自己的電腦裡，或是從 Napster 之類的檔案分享網站大量下載音樂，然後將點播清單燒進自己的空白光碟上。那一年，美國空白光碟的銷量高達 3.2 億片。美國的總人口不過 2.81 億。換句話說，還真的有人在瘋狂燒錄 CD，而蘋果卻沒有分到這杯羹。賈伯斯告訴《財星》雜誌：「我覺得自己簡直像個笨蛋，我們可能已經錯過了這個趨勢。我們只能拚命追趕。」

賈伯斯在 iMac 上加了 CD 燒錄功能，但他當然不會就此滿足。他的目標是要讓消費者能輕易從 CD 上轉拷音樂、在電腦上處理它們，然後燒出自己的點播清單。其他公司已經推出各自的音樂管理軟體，可是都既複雜又難用。賈伯斯的特異功能之一就是，他非常知道如何掌握那種二流產品充斥的重要市場。他仔細研究當時市面上所有影音播放軟體，包括 Real Jukebox、Windows Media Player，以及內建在惠普 CD 燒錄機裡的軟體。他的結論是：「這些東西都超級複雜，即使是天才，也只能搞懂其中一半的功能。」

這時，金凱德（Bill Kincaid）出現了。他曾經是蘋果的軟體工程師，此時他正飛車前往加州柳木市的賽車場，去飆他的福特方程式賽車，而他也一邊收聽美國國家公共廣播電台（NPR）的新聞 —— 這跟飆車族、科技宅男的形象好像有點不搭。金凱德突然聽到一則報導，提到一款名叫 Rio 的隨身音樂播放器，可以播一種叫做 MP3 的數位音樂格式。當新聞主播提到：「麥金塔的使用者就不必太興奮了，因為它無法使用在麥金塔上面。」這時，金凱德興致來了，他對自己說，「哼，看我來解決這個問題！」

為了幫麥金塔撰寫 Rio 的管理軟體，金凱德打了電話給羅賓（Jeff Robbin）及海勒（Dave Heller），這兩人之前也都是蘋果軟體工程師。三人最後開發出了 SoundJam，為麥金塔用戶同時提供了 Rio 的操作介面、可管理歌曲的點唱機，以及會隨著音樂而跳動的小小燈光秀。

由於賈伯斯一直逼迫團隊必須弄出一個音樂管理軟體來，於是，蘋果在 2000 年 7 月買下了 SoundJam，而且還把它的創辦人一併帶回了蘋果。（三人後來一直留在蘋果。羅賓後來還帶領蘋果的音樂軟體開發團隊至今。賈伯斯非常重視羅賓。某位《時代》雜誌記者打算採訪羅賓，還得先答應賈伯斯不讓羅賓曝光，才得以順利進行採訪。）

賈伯斯親自下場，與他們三人一起將 SoundJam 變成蘋果的產品。剛開始，這個軟體裡塞滿了各種功能，因此也搭配了一堆複雜的螢幕。賈伯斯逼他們一定要將它變得更簡單、更有趣。賈伯斯不接受使用者得先選擇要搜尋的是音樂家、歌名或是專輯名稱的操作介面，他堅持螢幕上只有一個簡單欄位，使用者只需打進自己想找的東西就可以了，不論打進去的是音樂家、歌名或專輯名稱。這個團隊決定借用 iMovie 的霧面金屬外觀和它的名字，他們稱這個音樂軟體為 iTunes。

賈伯斯於 2001 年 1 月的麥金塔世界大會發表了 iTunes，將它定位為「數位生活中樞」策略的一環。賈伯斯宣布，麥金塔的使用者將可免費下載 iTunes。「請與 iTunes 一起加入這場音樂革命，讓你的音樂播放器提高十倍價值！」他在滿堂掌聲中如是說。而 iTunes 日後的廣告詞正是：「擷・混・燒」(“Rip. Mix. Burn.”）。

當天下午，賈伯斯剛好安排了要與《紐約時報》的馬柯夫見面。那次採訪非常不順利，但在採訪結束前，賈伯斯忽然在他的麥金塔前坐下，開始炫耀他的 iTunes。「它讓我想起自己年少輕狂的歲月，」一邊說，螢幕上一面上演迷幻燈光秀。他回想起自己的戒毒經驗。賈伯斯告訴馬柯夫，吸食迷幻藥是他這輩子做過最重要的幾件事之一。沒吸過毒的人，恐怕永遠無法了解他在說什麼。

iPod

「數位生活中樞」策略的下一步，是打造行動音樂播放器。賈伯斯意識到，蘋果可以善加利用 iTunes，設計出一個極簡的產品：複雜的工作交給電腦，簡單的功能則由播放器來做。iPod 就此誕生。而它也將在未來十年內，讓蘋果從一家電腦公司，轉變為全球最有價值的科技公司。

賈伯斯對這個計畫興趣特別高，因為他本來就熱愛音樂。他告訴身旁的同事，市面上所有的音樂播放器都「爛透了」。席勒、盧賓斯坦，還有其他人也都這麼想。在打造 iTunes 的同時，蘋果也花了許多時間研究 Rio 以及其他音樂播放器，然後開心的將它們丟進垃圾桶。席勒回憶說：「我們會坐在那裡一起批評這些東西有多糟，它們大概只裝得下 16 首歌，而且你還搞不清楚該怎麼使用它們。」

2000 年秋天，賈伯斯開始逼他們要弄出一個行動音樂播放器，盧賓斯坦告訴他，有些關鍵零組件當時在業界還找不到。他請賈伯斯再耐心等一下。幾個月之後，盧賓斯坦終於找到了合用的液晶小螢幕，還有可以重複充電的鋰電池。但最困難的卻是要找到體積夠小、記憶體又夠大的硬碟，否則做不出最棒的音樂播放器。2001 年 2 月，盧賓斯坦例行性的飛往日本，拜訪當地的蘋果供應商。

就在他即將結束東芝的訪問時，東芝的工程師忽然提起，他們的研究室即將在 6 月研發出一項新產品。那是一個 1.8 吋（不到 4.6 公分）、容量 5GB（相當於 1,000 首歌曲）的超小型硬碟，但他們不太確定它可以用在什麼地方。盧賓斯坦一看到工程師拿過來的東西，馬上就知道它的用途。把 1,000 首歌放進他的口袋裡！簡直太完美了。

但他完全不動聲色。當時賈伯斯人也在日本參加東京的麥金塔世界大會。他們當晚就在賈伯斯下榻的大倉飯店見面。「我知道該怎麼做了，」盧賓斯坦告訴賈伯斯，「我現在只需要一張 1,000 萬美元的支票。」賈伯斯立刻授權撥款。於是，盧賓斯坦開始與東芝談判，要求東芝做出來的迷你硬碟，全數獨家供應給蘋果。而他也開始物色整個開發團隊的負責人。

東尼・費德爾是性子很急、滿懷開創熱情的程式設計師，他完全是一副典型網路叛客的模樣，但臉上卻常掛著迷人的笑容。還在密西根大學念書時，他就已創立了三家公司。他曾在手持設備製造商通用神奇公司（General Magic）任職，並在那裡遇見了何茲菲德及亞特金森這兩位「蘋果難民」。然後他又在飛利浦待了一段時間，以一頭白色短髮和叛逆風格，大大衝撞了飛利浦那沉穩的企業文化。

他當時對於如何打造出一台優秀的數位音樂播放器，已經有了一些想法，曾輾轉向真實網路公司（RealNetworks，因影音播放軟體Realplayer而一舉成名的軟體公司）、索尼及飛利浦兜售他的創意。一天，他與叔叔正在科羅拉多州的度假勝地維爾滑雪，手機響起時，他剛好坐在纜車上。電話那頭是盧賓斯坦，他告訴費德爾，蘋果正在找一位能夠負責開發一項「小型電子產品」的人。自信十足的費德爾立刻表明，自己正是打造這種產品的奇才。盧賓斯坦邀請他來一趟庫珀蒂諾。

費德爾原以為，蘋果找他是為了開發新一代的個人數位助理（PDA），也就是新一代的「牛頓」。但見到盧賓斯坦時，話題很快就轉到上市才三個月的iTunes上。盧賓斯坦告訴他：「我們一直想將iTunes與市面上的一些MP3播放器結合，但結果卻非常恐怖，真是慘不忍睹。我們覺得蘋果應該自己動手做一個。」

費德爾非常興奮。「我超愛音樂。我曾經想為真實網路公司開發一個類似的產品，也曾向Palm*推銷過一個MP3的開發構想。」他同意加入蘋果，至少以顧問的身分。幾個星期之後，盧賓斯坦堅持說，如果他要帶領這個團隊，他就得成為蘋果的全職人員。費德爾非常抗拒，他很想保有自由。盧賓斯坦對費德爾這種不情不願的態度，感到非常不悅。「這是一生難得的機會，」他告訴費德爾：「你不會後悔的。」

盧賓斯坦決定強迫費德爾就範。他把受命參與這個計畫的二、三十位同仁，全都聚到一間會議室裡。當費德爾走進來時，盧賓斯坦當眾對他說：「東尼，除非你願意全職為蘋果工作，否則我們就會取消這個計畫，解散這支隊伍。你是加入還是退出？你必須現在就做決定。」

* Palm曾因PDA產品紅極一時，也是智慧型手機的先驅。2010年被惠普購併。

費德爾盯著盧賓斯坦瞧，之後轉身面對所有人說：「蘋果一向都是這樣逼迫別人就範的嗎？」停了一會兒，他同意了，沒好氣的與盧賓斯坦握了個手。「這件事在我和盧賓斯坦之間留下了疙瘩，而且持續了好幾年，」費德爾回憶說。盧賓斯坦也承認：「我覺得他從來都沒原諒我。」

費德爾與盧賓斯坦天生注定無法和平共處，因為他們兩人都認為自己才是 iPod 的催生者。從盧賓斯坦的角度來看，他在幾個月前就從賈伯斯手上接下這個任務、找到了東芝的迷你硬碟，還安排好螢幕、電池以及其他一些關鍵元素，之後他才邀請費德爾來接手打理。他和其他一些看不慣費德爾搶走所有光彩的人，開始在背後謔稱他為「大話東尼」（Tony Baloney）。

然而，從費德爾的角度來看，加入蘋果之前，他早已構思出製造一個更好的 MP3 的計畫，而他在同意為蘋果開發這項產品之前，也早已向許多公司推銷過這個計畫。誰的功勞最大，或誰才應該享有「iPod 之父」的榮銜？兩人將在未來多年的記者採訪、新聞報導、網站頁面、甚至維基百科的資料中，頻頻過招。

但接下來的幾個月，他們根本沒時間吵架。賈伯斯要求 iPod 必須趕在耶誕節上市。也就是說，他們得在 10 月底前完成所有工作、舉行新產品發表會。他們開始尋找現有的 MP3 播放器開發廠商，以便為新產品找到基本架構。他們最後找上 PortalPlayer。費德爾告訴這家小公司的開發團隊，「這是一個即將徹底改變蘋果公司的計畫。十年之後，這將成為音樂產業，而非電腦產業。」費德爾說服他們簽下一紙獨家契約，而蘋果的團隊也開始修正 PortalPlayer 的缺點，包括過度複雜的介面、過短的電池壽命，以及連 10 首歌都裝不下的點播清單。

「這就對了！」

有些會議特別讓人記憶深刻，因為它們不但別具歷史意義，而且還能反映出領導人的行事模式。2001 年 4 月，蘋果大樓四樓所舉行的一場會議正是如此。在這場會議中，賈伯斯決定了 iPod 所有的基本元素。在場聆聽費德爾進行產品簡報的人，包括盧賓斯坦、席勒、艾夫、羅賓，以及蘋果的行銷總監史丹・吳（Stan Ng）。

費德爾只在一年前、何茲菲德家的生日派對上見過賈伯斯，但他早已聽過太多賈伯斯的故事，而且多半令人汗毛直豎。基於自己從未真正和賈伯斯共事過，他對賈伯斯有著極高的戒心。「當他走進會議室時，我坐直了身子，心想，『喔，這就是賈伯斯！』我保持高度警戒，因為我聽說了，他可能會凶狠成什麼模樣。」

會議一開始，費德爾先由潛在市場及競爭者的報告切入。一如往常，賈伯斯非常不耐煩。「他不會為一張投影片花超過一分鐘，」費德爾說。當一張投影片正顯示市場上有哪些潛在競爭者時，賈伯斯不耐煩的揮了揮手。「不必擔心索尼，」他說：「我們知道自己在做什麼，但他們不知道。」之後，他們乾脆草草結束投影片，而賈伯斯則立刻拿一堆問題，對在場所有的人進行一輪猛攻。費德爾因此學到了一個教訓：「賈伯斯比較喜歡直接講清楚。他曾告訴我，『如果你需要用到投影片，就表示你根本不知道自己在說什麼。』」

賈伯斯也喜歡別人拿實物給他看，讓他能夠直接碰觸、感覺、審視。因此，費德爾帶了三種模型進入會議室。盧賓斯坦也事先教他該如何安排展示的順序，好讓自己最喜歡的設計能夠成為真正的「主菜」。他用一個大木碗，把自己最喜歡的模型蓋了起來，放在桌子的正中央。

費德爾開始他的說明秀。他一邊介紹，一邊把產品的零組件一個個從盒子裡拿出來放到桌上，其中包括那個 1.8 吋的迷你硬碟、液晶小螢幕、晶片，還有鋰電池，而且每一個零件都貼上各自的價格及重量。展示的同時，大家也開始討論一年後這些東西的價格、以及大小可能會有多大的變化。有些零件會像樂高積木一樣拼裝起來，以表現其他可能的設計方式。

接著，費德爾陸續揭開三種模型。它們都以保麗龍做成，裡面塞了釣魚用鉛錘，來模擬正確的重量。第一個模型上有一個插槽，用來擴充音樂記憶卡。賈伯斯嫌它太複雜。第二個模型用的則是動態隨機存取記憶體，它的成本比較便宜，可是只要電池一用完，所有歌曲也會統統消失。賈伯斯仍然不滿意。

接下來，費德爾把幾個零組件拼湊起來，讓賈伯斯看到一個使用 1.8 吋硬碟的播放器會長成什麼樣子。賈伯斯似乎頗有興趣。於是，費德爾進入展示的最高潮 —— 他掀開木碗、秀出完全組裝好的第三個模型。「我原本希望能再繼續拼湊一下那些零件，但史帝夫馬上決定要用我們原先設計好的模型，」費德爾回憶道。他有點嚇到，「我已經習慣了飛利浦的運作模式，以為像這類的決定，必然得經過一堆的會議、進行一堆簡報，然後不斷回去做更多的研究。」

接下來，輪到席勒上場。「現在我可以跟大家說我的想法了嗎？」他問道。他走出會議室，回來時手上拿了一大堆 iPod 模型，所有模型正面都有一個相同的裝置 —— 即將名聞遐邇的選曲滾輪（trackwheel）。「我一直在想，要怎樣瀏覽點播清單？」席勒說：「又不能讓人一直按按鈕，因為可能得按好幾百次。如果能有個小圓盤，不就太棒了嗎？」你只需要用拇指滑一下滾輪，就可以快速瀏覽歌曲清單。滑得愈久，清單就跑得愈快，你就可以迅速瀏覽好幾百首歌。「這就對了！」賈伯斯大叫。他請費德爾和工程部門立刻開始研究，如何把它做出來。

計畫啟動之後，賈伯斯也馬上埋首其中。他最主要的要求就是「簡化」！他會檢視每一個使用者介面，並逐一進行嚴苛的測試：如果他想找歌或使用某項功能，就必須在三個動作之內完成，而且這些動作必須符合一般人的直覺反應。如果他找不到某樣東西，或是得花到三個動作以上，他的反應絕對冷酷無情。

「有時候我們一群人想破了腦袋，還是無法解決一個使用者介面的問題，這時，史帝夫卻會不經意的問：『你們有沒有想過……？』」費德爾說：「然後我們每個人都會大叫，『哇靠！對呀！』他就是可以從完全不同的角度來看事情，然後我們那個偉大的問題，就會立刻煙消雲散。」

每個晚上，賈伯斯都不厭其煩的打電話來提供意見。只要賈伯斯丟出一個想法，費德爾和所有的人，甚至連盧賓斯坦都會通力合作，全力支援費德爾應戰。他們會立刻打電話給彼此，通報賈伯斯的最新建議，密謀如何讓他接受他們的想法，不過他們的成功機率大概只有一半左右。「史帝夫的點子宛如一個漩渦，我們每個人都得使盡吃奶力氣，跑在它的前頭，」費德爾說：「這種事每天都在上演，可能是某個開關、某個按鈕的顏色，或是定價策略。因為他的這種行事風格，你必須與所有同事緊密合作、彼此照應，才能應付得了。」

賈伯斯還提出了一個非常重要的想法：必須盡量將功能交由電腦裡的 iTunes 來處理，而非擺在 iPod 上。他後來回憶說：

為了讓 iPod 用起來非常簡便，我可是費了不少唇舌才讓大家就範。我們必須限制 iPod 的功能。因此必須將相關的功能盡量放進電腦的 iTunes 上面。比方說，我們故意讓 iPod 無法製作點播清單。你必須在 iTunes 上製作完，再轉到 iPod 上面。大家對這件事有不少意見。但 Rio 及其他播放器之所以那麼腦殘，就是因為它們太複雜。它們沒有和電腦裡的點播軟體整合在一起，所以就得添加製作點播清單的功能。因此，當我們同時擁有 iTunes 軟體及 iPod 時，我們就可以讓電腦為 iPod 服務，也就是將複雜的功能放到它應該在的地方。

賈伯斯在「簡化」這件事上，最饒富禪意的要求是：iPod 上不要設計任何開關裝置。這可讓他的同仁萬分錯愕。但這項要求日後也成為許多蘋果產品的一大特色。它們根本不需要開關。不論就美學或哲理而言，有個開關都是一件很突兀的事。不使用的時候，蘋果產品會自動進入休眠狀態，但只要你碰觸任何一個按鍵，它又會自己醒過來。因此，你根本不需要按任何按鍵——「喀嚓」一聲，叫它關機、再見。

突然之間，似乎所有元素都就了定位、萬事齊備：有一顆可容納 1,000 首歌的晶片、一個讓人能夠輕易搜尋 1,000 首歌的操作介面及選曲滾輪、可以在十分鐘內傳輸 1,000 首歌的 FireWire 連結技術、一枚可以讓你連聽 1,000 首歌的電池。「大家忽然望著彼此，說『這個產品真的會很酷！』」賈伯斯回憶：「我們知道它絕對會很酷，因為我們每個人都希望立刻擁有一台。而它的概念又那麼簡單、那麼漂亮：1,000首歌盡在你口袋。（A thousand songs in your pocket.）」一位文案人員建議將它取名為Pod（豆莢之意）。賈伯斯則借用了iMac及iTunes的傳統，命名為iPod。

1,000首歌要從哪裡來？賈伯斯知道，有些人會從買來的CD轉拷歌曲，這當然不會有問題。然而，許多歌曲也可能透過非法方式下載而來。若不以嚴謹的角度來看企業經營，非法下載或許更能讓蘋果賺大錢，因為大家不必花太多錢，就能讓自己的iPod裡裝滿歌曲。雖然賈伯斯反主流文化的傾向，讓他不至於對大唱片公司有太多的同情，但他卻相信，智慧財產權應該受到保護，而且作曲者、演唱者的權益也不應該被剝奪。因此，在開發過程接近尾聲之際，他忽然決定iPod只能單向轉拷音樂。也就是說，大家可以從電腦裡將歌曲轉到自己的iPod上，但卻不能把iPod中的歌曲轉到電腦裡去。這麼做可以防止大家利用iPod轉拷一堆音樂，然後再轉到一堆親朋好友的iPod裡去。他也決定在iPod的透明塑膠包裝紙上，加印一行簡明訊息：「請勿盜拷音樂。」

白鯨之白*

從舊金山家中驅車前往庫珀蒂諾的路上，艾夫一直把玩著iPod的模型，不斷思考這個產品最後應該是何長相。忽然，他腦中靈光一閃：它的正面應該是純白色的！他還告訴車上的同事，而且應該與亮面不銹鋼背殼無縫結合。「大多數小型電子產品都有一種可拋式的感覺，」艾夫說：「它們都少了一種文化重量。iPod讓我最感驕傲的一點就是，它感覺起來份量十足，完全不像

＊譯注：「白鯨之白」（The whiteness of the whale）源自美國名作家梅爾維爾（Herman Melville, 1819-1891）的小說《白鯨記》（*Moby Dick*，1851）。白鯨記第42章的名稱就是「白鯨之白」。

那種可以用過即丟的產品。」

它的白絕非一般的白色，它必須是「純淨的白」。「不僅產品本身，還包括它的耳機、耳機線，甚至電源處理器，」艾夫回憶說：「就是要『純白』。」其他人卻認為，耳機當然應該是黑色的 —— 就像任何耳機一樣。「但史帝夫立刻就明白我的想法，而且欣然接受，」艾夫說：「它必須傳達出一種純淨感。」

純白色細長蜿蜒的耳機線，也使 iPod 成了獨樹一格的經典產品。艾夫如此形容：

它有一種很有份量、不容輕忽的感覺，但它又有一種沉靜、嚴謹的感覺。它不會在你面前搖尾奉承。它極端自制，但因為它那自由擺盪的耳機線，它看來又有些瘋狂。這就是我喜歡白色的原因。它不只是一種中性的顏色。它是如此的純粹而安靜、大膽而出眾，然而卻又毫不招搖。

克洛的 TBWA ／賽特／戴廣告團隊希望廣告能夠凸顯 iPod 的獨特質地及它的「淨白」，而非只是製作一些炫耀產品功能的尋常作品。文森是一位瘦瘦高高的年輕英國人，他玩過樂團、當過 DJ，剛剛加入克洛的公司。他是幫助 iPod 主攻「追求時尚的千禧世代」，而非「以反叛為標誌的嬰兒潮世代」最合適的人選。在藝術總監愛琳桑岡（Susan Alinsangan）的協助下，他們為 iPod 設計了一系列的廣告看板及海報，並將它們羅列在會議室的長桌上，等候賈伯斯校閱。

在桌子的最右邊，擺放的是最傳統的設計，直接在海報中央放一張襯著白色背景的 iPod 照片。桌子的最左邊，放的則是最圖像化、最具表徵特質的設計。海報上頭是一個邊聽著 iPod 邊跳舞的人形剪影，而 iPod 的白色耳機線也彷彿隨著音樂在起舞。

「這個設計完全傳達了人與音樂之間，那種強烈的個人及情緒的連結，」文森說。他建議創意總監米爾納，請所有人都站到桌子最左邊，看是否能暗暗將賈伯斯吸引到那頭去。

賈伯斯走進會議室後，竟然直接往右邊走，緊盯著那些以 iPod 照片為主題的海報。「這些看起來不錯。」他說。

「或許你也可以看一下這邊這幾張。」站在另一頭的文森、米爾納及克洛不肯輕言放棄。賈伯斯終於抬起頭來，看了一眼那些圖像式的設計，說：「我知道，你們大概比較喜歡這些吧。」他搖搖頭。「我看不到產品。你根本看不出它們在說什麼。」

文森建議說，他們還是可以用圖像化的設計，但可以再補上一句：「放 1,000 首歌在你口袋裡」。這就道盡了一切。

賈伯斯往右邊再看了一眼，最後終於同意。毫不意外的，賈伯斯很快就對外宣稱，他們之所以會採用這些圖像式的廣告，完全是因為他的堅持。「有些人質疑，這種設計要怎樣賣 iPod？」賈伯斯說：「但這就是當執行長的好處了，你可以堅持採用這個創意。」

賈伯斯知道，擁有完整的產品線（從電腦硬體、軟體、到周邊產品），還有另一項優勢：iPod 的銷售也可以帶動 iMac 的市場。這意味著，他可以將原本用來行銷 iMac 的 7,500 萬美元廣告費用移作 iPod 的廣告費，好來個一石二鳥、一箭雙鵰。事實上，這甚至是「一石三鳥」之計，因為這些廣告將為整個蘋果品牌，創造出亮眼的時尚與年輕感。他事後回憶道：

> 我忽然有個瘋狂的想法：或許我們可以因為 iPod 的廣告而賣出相同數量的 iMac。不只如此，iPod 還會喚出蘋果的創新、新世代形象。因此，我挪用了 7,500 萬美元的廣告費給 iPod。原本編列給 iPod 的廣告費用，應該連百分之一都不到。但這也表示我們將掌控整個音樂播放器的市場，因為我們比別人整整多砸了一百倍的廣告費。

電視廣告中那些剪影舞者正在聆聽的音樂，則是由賈伯斯、克洛和文森一起挑選的。「挑選音樂成了我們每個星期行銷會議上最大的樂趣，」克洛說：「我們會播一些最流行的音樂，史帝夫會說『我討厭它，』然後文森就會努力遊說、讓他接受。」iPod 的電視廣告讓不少新樂團一舉成名，其中最有名的就是「黑眼豆豆」，而那首〈嘿！辣媽〉更成了剪影音樂的經典之作。

每當新廣告要開拍之前，賈伯斯常會突然產生一些疑慮，他會立刻打電話給文森，要求取消那支廣告。「這支曲子聽起來太頹廢了，」或「聽來太輕佻了，」然後說：「取消它吧。」文森聽了頭皮發麻，趕緊努力安撫。「別擔心，做出來以後一定會很棒。」幾乎毫無例外，一陣安撫之後，賈伯斯會稍微平靜下來，讓廣告按照原訂計畫製作，而他對成品也一定是讚不絕口。

2001 年 10 月 23 日，賈伯斯在一次典型的賈式產品發表會上，將 iPod 介紹給全世界。「給大家一個提示：它不是一部麥金塔，」邀請函上這麼寫著。賈伯斯按慣例介紹了新產品的各項功能，終於到了該揭開新產品神祕面紗的時候，賈伯斯卻沒有像往常那般，慢慢走到舞台中央，一把掀開桌上的絨布。這一次，他不動聲色的說：「這個產品剛好就在我的口袋裡。」他把手伸進牛仔褲口袋，拿出那個純白色、閃閃發亮的小東西。「這個神奇的小東西可以容納1,000首歌曲，而且還可以直接放進我的口袋裡。」他把iPod放回口袋，在如雷掌聲中，慢慢走下舞台。

一開始，有些科技玩家對iPod提出了質疑，尤其是那399美元的定價。部落客圈子裡，有人酸溜溜的戲稱iPod這幾個字其實代表了「為這項產品定價的是一群呆子」（Idiots Price Our Devices.）。然而，消費者很快就讓iPod所向披靡、大獲全勝。不僅如此，iPod還實現了蘋果的一切夢想：浪漫與工程的結合、人文及創意與科技的交會、既大膽又簡單的設計。它使用起來非常簡單，因為它是「從頭到尾整合」系統中的一部分——從電腦、FireWire、周邊設備、軟體，一路到內容管理。當你從包裝盒裡將iPod拿出來時，它美得好像在發光。它讓所有其他音樂播放器，看來好像是在烏茲別克製造的一樣。

自從麥金塔電腦問世以來，沒有一項產品能夠像iPod一樣，擁有如此清晰的產品意象，足以將創造它的公司，一口氣推向未來。賈伯斯告訴當時的《新聞週刊》專欄作家李維，「如果有人問，蘋果存在這個世界上的意義為何，我會舉iPod當作最好的例子。」一直對整合系統頗有微詞的沃茲尼克，也開始修正自己的想法。「會由蘋果來推出這項產品，確實有它的道理，」iPod推出後，沃茲尼克也不禁興奮的說：「畢竟，整個蘋果的歷史一直都是軟硬體兼顧。兩相配合起來，結果確實比較好。」

李維拿到蘋果送給媒體的iPod同一天，他剛好和蓋茲相約共進晚餐。他將iPod秀給蓋茲看。「你看過了沒？」李維問說。他後來寫道：「蓋茲進入了某種狀態，就好像科幻電影裡，當外星人碰到一個前所未見的東西時，會在自己和那個東西之間創造一種力場隧道，好把和這東西有關的一切資訊，都傳輸到自己的腦子裡。」蓋茲開始把玩 iPod 的選曲滾輪，按下每一個功能組合，雙眼緊緊盯著那個小螢幕。「看起來是個很棒的產品，」他終於開口。然後，他頓了一下，似乎有點困惑的問道：「這真的只能和麥金塔一起用嗎？」

30

iTunes 線上音樂商店

花衣吹笛手

2003年，賈伯斯向觀眾介紹新一代 iPod 與 iTunes。

華納音樂

2002年初，蘋果面臨一項重大挑戰。iPod、iTunes軟體與麥金塔電腦之間的無縫接軌，固然讓蘋果使用者能輕鬆管理自己所擁有的音樂，但是若要取得音樂，大家仍得離開蘋果建構的舒適環境，向外頭購買CD或是上網下載音樂。

在網路下載音樂，通常表示你得進入檔案分享或盜版音樂服務的危險海域。賈伯斯希望能夠為iPod使用者提供一個簡單安全合法的管道，來下載音樂。當時的音樂產業也正面臨嚴酷挑戰，因為Napster、Grokster、Gnutella及Kazaa等盜版網站十分盛行。這些網站讓大家得以免費下載音樂，2002年全球合法CD銷量慘跌9%，多少也拜盜版網站之賜。

各大唱片公司主管儘管手忙腳亂、茫無頭緒，還是串連起來倉促成軍，希望建立一套數位音樂標準，來共同保護數位音樂版權。華納音樂的維第奇（Paul Vidich）和美國線上時代華納*的瑞德徹爾（Bill Raduchel），當時正與索尼音樂聯手合作，他們也希望將蘋果拉入他們的陣營。於是，2002年1月，一行人飛到庫珀蒂諾去找賈伯斯。

這場會議開得場面很難看。維第奇當天重感冒、完全失聲，因此由他的副手蓋吉，上場做簡報。會議桌首位是賈伯斯，一副坐立難安的煩躁表情。四張投影片之後，他大手一揮打斷蓋吉。「你們腦袋長到屁眼去了，完全狀況外！」賈伯斯一針見血。大家趕緊轉頭，看著拚命想擠出一點聲音的維第奇。「你說得沒錯，」維第奇好一會兒才開口：「我們確實不知道該怎麼辦，你得幫我們的忙。」賈伯斯事後回憶，他當時其實有點震驚，但他還是同意與華納、索尼合作。

要是當時這幾大唱片公司真的攜手合作，建立起一個標準的編碼解碼器，來保護音樂檔案，合法線上音樂商店應該早就在網路世界蓬勃發展，而賈伯斯將會面臨更多阻礙，才能打造出 iTunes Store，並主導線上音樂的銷售模式。然而，索尼卻白白放過這個大好機會，在庫珀蒂諾會面之後，決定退出合作。他們希望建立自己的音樂格式，好收取權利金及版稅。

「你也知道史帝夫，他做什麼事都有他的目的，」索尼音樂執行長出井伸之，告訴《紅鯡魚》雜誌總編輯柏金斯，「雖然他是個天才，但他並不會與你分享一切。對一家大型企業而言，他是很棘手的合作對象⋯⋯絕對是噩夢一場。」當時的索尼北美區負責人史川傑（Howard Stringer）也補充說：「老實說，和賈伯斯合作絕對是浪費時間。」

索尼決定與環球音樂（Universal）合作，並共同建立了一個名為 Pressplay 的線上音樂訂閱網站。而美國線上時代華納、BMG、EMI 則與真實網路公司聯手成立了「音樂網」（MusicNet）線上音樂網站。兩個集團都不願將自己的音樂授權給對方使用，因此，兩個網站各自只能提供市場上一半的音樂給消費者。另外，兩個網站也都只提供訂閱服務；也就是說，消費者只能下載音樂，卻無法擁有，只要訂閱期滿，你就失去收聽權利。

這兩個音樂網站的規定極其繁瑣，使用介面也超級複雜，因此獲選為《PC 世界》雜誌「史上最糟 25 項科技產品」的第 9 名。

* 譯注：2001年1月，美國線上（AOL）併購時代華納，將公司改名為美國線上時代華納，成為全球最大的媒體集團。但受到網路泡沫的衝擊，美國線上的業務萎縮，到了2003年9月，美國線上時代華納宣布把公司名稱改回時代華納，美國線上變成了時代華納的一個部門。2009年12月，美國線上從時代華納分割出去，再度成為獨立的公司。華納音樂（Warner Music）則是跨國的唱片娛樂集團，母公司為時代華納。

《PC 世界》指出，「這兩個音樂服務網站的腦殘功能足以顯示，這些唱片公司依舊沒搞清楚狀況。」

這時，賈伯斯大可決定好好享受一下盜版音樂的好處。因為免費音樂絕對能讓 iPod 銷量一飛沖天。然而，由於賈伯斯真的非常熱愛音樂，也非常喜愛作曲家和歌手，他決定反對這種偷竊創意作品的行為。他後來對我說：

從一開始，我就知道蘋果必須仰賴智慧財產的保護，才能蓬勃發展。如果大家都盜用我們的軟體，我們根本就沒戲唱了。如果智慧財產權不能受到保護，我們就沒有任何動力，去創造新的軟體或打造新的設計。一旦沒有了智慧財產權的保護，靠創意存活的企業也將消失，或根本不會出現。但最根本的原因還是：偷竊就是不對。不只傷害別人，也有損自己的人格。

不過他也知道，阻止盜版最好的方法，也是唯一的方法，就是創造一個比那些唱片公司所提供的腦殘網站更好、更有吸引力的選擇。「我們相信，盜拷音樂的人裡面，有 80% 其實並不想這麼做，只是他們根本找不到合法的管道，」他告訴《君子》雜誌的樂評人蘭格（Andy Langer）：「所以我們決定，『讓我們為大家創造一個合法管道吧。』這讓每個人都成了贏家 —— 音樂公司贏了、音樂工作者贏了、蘋果贏了。消費者是最終的贏家，他們獲得更好的服務，根本不必偷。」

因此，賈伯斯開始構思 iTunes Store 線上音樂商店，並希望能說服五大唱片公司授權 iTunes Store 來銷售他們的數位音樂。賈伯斯回憶說：「我從來沒花過這麼大的工夫，去說服別人做一件對他們自己有利的事情，」當時那些唱片公司對於網路下載的定價模式，以及打散唱片專輯、只販售其中單曲，產生很大的疑慮。

賈伯斯告訴他們，他只會在麥金塔電腦上提供這項服務，因此它將只占整個音樂市場的 5%。唱片公司不必冒太大風險，就可以嘗試這種新辦法。賈伯斯回憶：「我們把自己市占率小，變成一種優勢，跟他們說，即使事後證明，線上音樂商店真的對他們不利，這也不會是世界的盡頭。」

賈伯斯建議以每首歌 0.99 美元的價格，來販賣數位音樂。這是一種簡單而直覺式的購買行為，唱片公司可以分得其中的 0.7 美元。賈伯斯認為，這絕對比唱片公司的月租模式有吸引力。他相信（而且這個想法非常正確）一般人與自己喜愛的音樂會產生一種感情連結，他們會想要擁有滾石的〈Sympathy for the Devil〉，巴布狄倫的〈Shelter From the Storm〉，而非只是租來聽。他告訴《滾石》的撰述古戴爾（Jeff Goodell），「就算是把石玫瑰搖滾樂團的復出之作『*Second Coming*』放上去，音樂訂閱服務也未必能成功。」

賈伯斯還堅持，iTunes Store 必須以單曲的形式來銷售音樂，而非整張專輯。結果這成了蘋果與唱片公司之間最大的爭執點，因為唱片公司推出的專輯中，通常只有兩、三首真正精采的作品，其他則多屬充數之作。樂迷必須買下整張專輯，才能擁有自己想要的歌曲。有些藝人則是基於藝術理念，而反對賈伯斯將專輯打散銷售。譬如「九吋釘」重金屬搖滾樂團的川特雷諾（Trent Reznor）就認為：「好的專輯都有其連貫性，裡面的每首歌彼此呼應。這才是我喜歡的做音樂方式。」但是這樣的反對意見，其實毫無意義。賈伯斯說：「盜版與網路下載，早已徹底拆解了專輯。不賣單曲，就永遠無法與盜版行為競爭。」

問題的核心，其實是橫亙在科技擁護者與藝術擁護者之間的鴻溝。但賈伯斯兼具兩者特質，這從他在皮克斯及蘋果的成績就能夠證明，因此他最適合來擔任雙方溝通的橋樑。他後來說明：

到皮克斯工作之後，我發現了一個很大的歧異。科技公司不懂得創意，他們不重視直覺性思考；唱片公司的經紀部門就不同了，他們有能力聽完幾百個人的作品，然後直接點出哪五個人最可能成功。

科技人覺得，創意人只是成天窩在沙發裡，毫無工作紀律可言，那是因為科技人從未見識過皮克斯裡的創意人，以及他們旺盛的工作動力及紀律。但另一方面，唱片公司對科技也是懵懂無知。他們以為工程人員隨便找就有，但那就像是叫蘋果自己找人製作音樂一樣。結果是，我們只找到一堆二流經紀人，而唱片公司的科技部門也只找得到二流人才。

極少數人如我，能清楚了解創造科技產品需要用到直覺與創意，而藝術工作也必須嚴守紀律。

賈伯斯與時代華納集團的美國線上部門執行長舒勒（Barry Schuler）認識已久，他開始向舒勒討教：如何才能夠把唱片公司拉進 iTunes Store。舒勒跟他說：「現在，盜版的問題讓每個人都傷透腦筋，你可以強調 iTunes Store 提供的是從頭到尾的整合服務，從 iPod 一路服務到線上音樂商店。這才是最能夠保護他們的音樂的方式。」

2002 年 3 月，舒勒接到賈伯斯來電，然後他們透過視訊會議，找到維第奇共同討論。賈伯斯問維第奇，能否到庫珀蒂諾一趟，順便把華納音樂的老闆安姆斯（Roger Ames）一併請過來。這回，賈伯斯表現得可迷人了。安姆斯是個聰明幽默又帶機鋒的英國人，正是賈伯斯喜歡的那一型，就像文森與艾夫一樣。因此賈伯斯擺出善解人意的一面。會議剛開始時，賈伯斯甚至不尋常的扮演起和事佬的角色，因為安姆斯和負責 iTunes 的蘋果主管庫依，針對英國廣播事業為何不像美國多采多姿的問題，出現唇槍舌戰。賈伯斯趕緊介入說：「我們是很懂科技，但沒那麼懂音樂，所以，咱們就別再爭辯了吧。」

會議一開始，安姆斯就邀請賈伯斯支持他們提倡的新 CD 格式，裡頭暗藏版權保護碼。賈伯斯一口應承，然後將話題轉移到他自己真正有興趣的議題。賈伯斯說，華納音樂應該支持他打造一個運作起來非常簡單的 iTunes 線上音樂商店，大家一起把這個系統推廣到整個唱片業界。

安姆斯才剛在董事會吃了敗仗，因為他想請時代華納的美國線上部門，好好改善他們剛起步的音樂下載服務，卻吃了閉門羹。「我用美國線上的系統下載音樂之後，就是無法在自己的狗屁電腦上找到那首歌，」安姆斯回憶。因此，當賈伯斯向他示範 iTunes Store 的原型時，安姆斯真是滿意極了，「沒錯，沒錯，這就是我們一直想要的東西。」安姆斯立刻同意，讓華納音樂加入 iTunes Store 計畫，而且他願意協助邀請其他唱片公司加入。

賈伯斯稍後飛到東岸去，為華納音樂的高層主管展示 iTunes Store 的運作模式。維第奇回憶：「他坐在麥金塔前面，像個小孩玩著自己心愛的玩具。他和別家公司的執行長完全不同，他對自家產品非常了解，完全投入。」

安姆斯和賈伯斯開始確認 iTunes Store 的相關細節，包括一首音樂允許同一名消費者下載到多少部電腦，以及版權保護系統應該如何運作等等。他們很快就達成共識，開始向其他唱片公司進攻。

整合起一盤散沙

第一個該拉攏的人物，是環球音樂集團的老闆摩里斯（Doug Morris），他旗下擁有搖滾天團 U2、白人饒舌天王阿姆、瑪麗亞凱莉等超級巨星，以及摩城唱片、Interscope-Geffen-A&M 等重量級唱片公司。摩里斯對他們的計畫非常有興趣。與其他唱片公司的大老闆相較，他對盜版橫行更是深惡痛絕，而且對唱片公司的科技部門也非常不滿。摩里斯回憶說：「當時的情況簡直像是美國的西部蠻荒時代，根本沒人在販賣數位音樂，因為盜版四處氾濫。我們這些唱片公司想盡辦法要扭轉局面，但都一敗塗地。音樂界與科技界的技術差距，實在太大了。」

安姆斯陪著賈伯斯，走去摩里斯位於百老匯大道的辦公室，一路上對他耳提面命，見了摩里斯應該怎麼說。結果大為成功。最讓摩里斯感到滿意的，就是賈伯斯以 iTunes Store 把一切都兜攏了起來，讓消費者享受到最便利的服務，同時也保護到唱片公司的權益。摩里斯說：「賈伯斯的規劃確實高明，他提出了一個完整的體系：iTunes 線上音樂商店、音樂管理軟體，以及 iPod。整個系統運作起來順暢無比。他提供的是全套的解決方案。」

摩里斯認定，賈伯斯擁有一種唱片公司都缺乏的技術願景。摩里斯直接告訴環球音樂科技部門的副總裁，「我們當然得靠賈伯斯來做這件事，因為環球音樂沒有半個人懂科技。」這樣子講話太傷人，當然不會讓環球音樂科技部門的人，真誠期待與賈伯斯的合作，而摩里斯也只得一再要求他們放棄無謂的掙扎，盡快與賈伯斯達成協議。他們確實在蘋果的數位版權管理系統 FairPlay 中，多加了幾項限制，以防止消費者將一首歌用在太多部電腦和音樂播放器上面。但他們基本上，還是接受了賈伯斯和安姆斯的華納團隊發展出來的 iTunes Store。

摩里斯對賈伯斯倍感折服。他打了電話給自己旗下 Interscope-Geffen-A&M 唱片公司的總裁艾歐文（Jimmy Iovine）。艾歐文講話很快、個性很急，也是摩里斯最好的朋友。過去三十年來，他們幾乎天天連絡。摩里斯回憶道：「一碰到史帝夫，我就覺得他簡直就是我們的救星，因此我立刻與艾歐文連絡，告訴他這個好消息。」

只要賈伯斯願意，他絕對可以讓人不得不愛上他。當艾歐文親自飛到庫珀蒂諾，來看他示範 iTunes Store 時，他就充分展現了迷人的一面。「看到它有多麼簡單了嗎？」賈伯斯對艾歐文說：「你們技術部門的人，永遠做不出這樣的東西。整個唱片界，沒有人能夠設計出這麼簡單的系統。」

艾歐文立刻打了個電話給摩里斯，讚嘆說：「這傢伙確實是厲害！你說得沒錯，他真的弄出了一個非常完整的系統。」他們倆對於自己竟然與索尼磨蹭了兩年，結果還是原地踏步，好生抱怨了一番。艾歐文告訴摩里斯，「索尼永遠不可能搞清楚。我一直想不透，索尼怎麼可能錯過這件事，他們真的是搞出了史上最大的烏龍。」艾歐文繼續說：「如果蘋果各個部門不好好合作，史帝夫會馬上開除一票人，但索尼的部門之間卻天天吵翻天。」他們決定立刻放棄索尼、加入蘋果的行列。

確實，索尼真是蘋果最好的對照組。他們擁有歷史悠久、做出了許多優秀產品的電子部門，他們的音樂部門也擁有許多舉世愛戴的藝人（包括巴布狄倫），但由於每個部門都想全力保護自己的利益，因此索尼從來沒有好好發揮自己的整體戰力，打造出一個真正從頭到尾整合的服務體系。

索尼音樂新上任的執行長萊克（Andy Lack）肩負一個燙手的任務：與賈伯斯談判，決定是否將索尼的音樂放在 iTunes Store 上販售。強勢聰明的萊克，在電視新聞界擁有極為輝煌的成就。他曾擔任美國三大電視網中，哥倫比亞廣播公司（CBS）的新聞製作人，以及國家廣播公司（NBC）的總裁。他很懂得評估事情的輕重，同時又不失幽默。他了解，索尼在 iTunes Store 販售歌曲，是一件瘋狂卻又不得不做的事，而這類決策在音樂產業所在多有。當然，這讓蘋果看來像是個大強盜 —— 蘋果不但可以在販賣歌曲上抽成，還可以大大提升 iPod 的銷售。萊克認為，既然唱片公司在提升 iPod 的銷售量上功不可沒，他們至少也該從 iPod 上頭分到一些好處。

賈伯斯對萊克的許多說法都表示贊同，聲稱蘋果絕對願意成為唱片公司最好的夥伴。「賈伯斯，只要你能讓我在 iPod 的銷售上至少得到一點好處，咱們這樁生意就算談成了，」萊克曾以洪亮的聲音告訴賈伯斯，「iPod 真的是一項很棒的產品。但我們的音樂對於行銷 iPod 也絕對功不可沒。在我看來，這才叫真正的夥伴關係。」

「我非常同意！」賈伯斯不只一次這麼回答。但他又會回過頭來對摩里斯和安姆斯抱怨，說萊克完全搞不清楚狀況，他對音樂產業完全沒概念；然後不著痕跡的送上高帽，說摩里斯和安姆斯顯然比萊克頭腦清楚。

「標準的賈伯斯作風是，他會先答應你一件事情，然後完全不付諸實行，」萊克說：「他會表面上同意你的要求，轉頭之後卻又一推三不知。這真的很病態，但這一招在談判上還真的很管用。他在這方面完全是個天才。」

萊克知道，自己代表最後一家抵死不從的大唱片公司，他必須獲得其他公司的支持，才有可能贏得這場戰爭。但是賈伯斯卻對其他公司極力奉承，而且知道如何以蘋果在市場上的影響力做為誘惑，讓這些公司乖乖就範。萊克說：「如果當時唱片界能夠團結起來，我們大有機會爭取到一些音樂授權費用，而這是大家都非常需要的雙重收入來源。畢竟讓 iPod 大賣的是我們，這樣做才公平。」

當然，這就是賈伯斯的「從頭到尾全程掌控策略」最精妙的地方：iTunes Store 的歌曲銷量有助推升 iPod 的銷量，而 iPod 的銷售又可以推升麥金塔的銷售。最令萊克氣結的是，原本索尼也可以做到這件事，但他們偏偏無法讓自己的軟體部門、硬體部門以及內容部門同心合作。

賈伯斯竭盡所能的誘惑萊克。有一次，賈伯斯到紐約，住在四季飯店。他特地邀請萊克前來他下榻的頂樓客房，而且事前就吩咐飯店準備兩人的早餐，燕麥粥及各色莓果。萊克回憶說：「當時賈伯斯極盡殷勤之能事。但是傑克・威爾許教過我，千萬不要隨便讓愛沖昏頭。摩里斯和安姆斯沒能抵擋住誘惑，他們埋怨我，說『你怎麼這麼難搞，你應該大膽去愛。』他們自己真的墜入了情網。結果，我成了唱片界的孤鳥。」

即使索尼同意透過 iTunes Store 販賣他們的音樂，雙方接下來的關係依舊緊張。每一次續約或調整合約內容時，都得一再過招。「萊克最大的問題就是他太自我中心，」賈伯斯聲稱：「他其實從未真正了解音樂市場，因此也永遠做不出成績來。我覺得有時他真的很渾球。」

當我告訴萊克，賈伯斯這麼說他時，萊克回答說：「我為了索尼以及整個音樂界與他奮戰，我當然了解為什麼他會說我是個渾球。」

光是說服唱片公司加入 iTunes Store 還不夠。許多唱片公司旗下的大牌藝人，都會在合約中要求：他們的音樂在網路上的行銷方式必須由他們自己來決定，或是他們的專輯根本不可以拆開來銷售。於是，賈伯斯又得針對大牌藝人展開勸誘行動。雖然他覺得這件事還算有趣，卻也比他想像中來得困難一些。

正式推出 iTunes 之前，賈伯斯拜訪了大約二十位重要藝人，包括 U2 的波諾、滾石的米克傑格，以及搖滾才女雪瑞兒可洛。華納音樂老闆安姆斯回憶說：「賈伯斯有時會在晚上十點鐘打電話到我家，跟我說，他還需要找到齊柏林飛船或瑪丹娜。他的意志非常堅定。事實上，除了賈伯斯之外，有些藝人恐怕任誰都不可能搞定。」

嘻哈教父 Dr. Dre 到蘋果總部拜訪賈伯斯，應該是最奇特的一次經驗。賈伯斯熱愛披頭四和巴布狄倫，但他承認，自己對饒舌歌曲會那麼受歡迎，其實頗為不解。現在，賈伯斯需要說服白人饒舌天王阿姆和其他饒舌歌手，同意將他們的歌曲放在 iTunes Store 販賣，所以他把阿姆的師父請到蘋果來。賈伯斯將 iTunes Store 與 iPod 無縫接軌的運作方式，秀給 Dr. Dre 瞧。Dr. Dre 看了之後十分讚嘆：「好樣的，終於有人把事情做對了。」

音樂光譜的另一端，則是爵士小號大師馬沙利斯。他當時剛好來到西岸，為他在紐約林肯中心的爵士音樂季進行募款巡迴。他和賈伯斯的太太蘿琳約好碰面。賈伯斯堅持請他到帕羅奧圖的家中作客，好向他展示自己的 iTunes。賈伯斯問他：「你想搜尋什麼音樂？」馬沙利斯回答：「貝多芬。」

「讓你瞧瞧它的本事！」當馬沙利斯的注意力轉移時，賈伯斯不斷把他拉回來，要他仔細瞧。馬沙利斯後來回憶說：「我對電腦實在沒什麼興趣，而且我也一直這麼跟他說，但他一口氣搞了兩小時，簡直像被鬼附身一樣。過了一會兒，我開始注意觀察他，而非看電腦，因為我覺得這個人的熱情和意志力，簡直令人嘆為觀止。」

2003 年 4 月 28 日，賈伯斯在舊金山莫斯康會議中心，將 iTunes Store 公開介紹給世人，當然少不了他的招牌產品發表會。

此時的賈伯斯已經理了短髮，髮際線也後退不少，而且留了鬍碴。他又在台上來回踱步，一邊說明為何線上音樂分享網站 Napster「清楚顯示了網路是音樂最好的銷售管道」，而它的後繼者如 Kazaa 等，都在網路上免費提供歌曲下載。「你要如何跟它們競爭呢？」為了回答這個問題，他開始說明使用這些免費下載服務的缺點。這些下載的服務極不穩定，而且品質通常也很差。「許多歌曲都是由七歲大的小孩上傳的，他們當然不懂得如何做好這件事。」不僅如此，這些網站也不提供試聽服務，更沒有任何與唱片相關的背景資料。賈伯斯再補上一句：「最糟糕的是，這是一種偷竊的行為 —— 小心報應上身哦。」

為何這些盜版音樂網站會如此盛行？因為大家沒有更好的選擇，賈伯斯說。唱片公司推出的 Pressplay 及 MusicNet 等音樂訂閱網站「把大家當成罪犯來防備，」他一邊說，背後邊打出一張穿著囚服的犯人照片。然後一張巴布狄倫的照片躍上了螢幕，「大家都想擁有自己所愛的音樂。」

經過與唱片公司多次協商，賈伯斯說：「他們終於願意與我們攜手，一起改變世界。」iTunes Store 將從 20 萬首音樂開始，而且曲目將每天不斷增加。藉著 iTunes Store，他說，大家將可以擁有這些歌曲、將它們燒成 CD、享受最好的下載品質、下載前可以先試聽，然後與 iMovie 及 iDVD 配合，「創作出屬於自己的生命樂章。」價格呢？ 99 美分，不到一杯星巴克拿鐵咖啡三分之一的價錢，他說。為何值得花這個錢？因為從 Kazaa 下載一首歌大約得花十五分鐘的時間，而非一分鐘。從盜版網站花一個小時下載音樂，你只能省下 4 美元。他計算過，「連政府規定的基本工資都不到！」對了，還有一件事……「使用 iTunes，你就不必用偷的了。這會給你帶來好報！」

坐在觀眾席第一排熱烈鼓掌的人，包括了摩里斯、戴著招牌棒球帽的艾歐文，以及一整批華納音樂的人。負責 iTunes Store 的庫依預估，蘋果應該可以在六個月內突破 100 萬首歌曲的銷量。結果，iTunes Store 在六天之內就賣出了 100 萬首歌。賈伯斯如此宣稱：「歷史將會記載，這是整個音樂產業的轉捩點。」

微軟顏面無光

「我們這下難看了。」

負責微軟 Windows 作業系統的歐慶（Jim Allchin），看到 iTunes Store 之後，當天下午五點發出一封郵件給四位同事，信裡說得很直接。這封只寫了兩句話的電子郵件裡，另一句是：「他們是怎麼搞定這些唱片公司的？」

那天晚上，負責微軟線上業務的柯爾（David Cole）回了一封信。「等到蘋果向 Windows 系統提出合作案時（我想他們應該不至於犯下不向 Windows 系統提案的錯誤吧），我們才會真的很難看！」他指出，Windows「必須為市場提供這種服務。這件事必須大家集中力量、目標一致，才能為使用者提供最有價值的從頭到尾的服務，但今天我們並沒有做到這件事。」即使微軟也有自己的網路服務（MSN），但它根本無法提供像蘋果那樣從頭到尾的服務。

蓋茲也在晚上10點46分加入討論。他的「主旨」欄寫著：「又是蘋果的賈伯斯！」足以顯示他的挫折感。蓋茲寫道：「賈伯斯能夠專注於少數幾件重要的事，找到做得出正確操作介面的人，再以革命者之姿將產品推出市場，這三項能力確實非常神奇。」蓋茲也對於賈伯斯能夠說服唱片公司與 iTunes Store 合作，感到十分驚訝：「這真是非常令我不解。這些唱片公司自己所提供的線上音樂服務，對消費者極不友善。然後他們居然決定為賈伯斯提供彈藥，讓他去把這件事做對。」

同樣令蓋茲不解的是，為何其他人只是提供付費訂閱的服務，卻沒有想要打造一個可以讓大家購買音樂的網站。「我的意思不是說，這表示我們搞砸了——如果我們搞砸了，那麼 Real、PressPlay、MusicNet，以及所有其他人同樣也搞砸了，」蓋茲寫道：「既然賈伯斯已經推出了這項服務，我們就得加緊行動，做出跟他們的使用介面及版權保護一樣好的東西來……我覺得我們需要一個計畫來證明這一點。即使賈伯斯又把我們弄得臉上無光，我們還是必須加緊行動，不但要跟上腳步，甚至還要做得比他更好。」

這話非常令人驚訝，因為蓋茲等於私下承認：微軟再度被蘋果擺平、搞得灰頭土臉，而他們得再度以模仿蘋果來跟上腳步。但和索尼一樣，微軟也永遠無法跟上腳步；即便賈伯斯已為大家指出該往哪條路走。

反倒是蘋果讓微軟一路腳步踉蹌、顏面無光，正如柯爾所預料的：蘋果終究讓 iTunes 軟體和線上音樂商店，登上了微軟的 Windows 系統。只是此舉在蘋果內部，卻曾引發不小的爭議。

首先，賈伯斯和他的團隊必須決定，他們是否願意讓 iPod 和 Windows 系統的電腦相容。賈伯斯一開始極力反對，他說：「正是因為採取 iPod 只能和麥金塔共用的策略，才使得麥金塔的銷售遠遠超過我們的預期。」然而，他的四大主管 —— 席勒、盧賓斯坦、羅賓、費德爾，卻聯手反對他。爭議的核心是蘋果的未來走向。席勒說：「我們覺得蘋果應該走進整個音樂播放器的市場，而非只停留在麥金塔的市場。」

賈伯斯一直希望，蘋果能夠創造一個自己的烏托邦，這是個魔術般的「高牆內的花園」。在這個烏托邦裡，所有的硬體、軟體及周邊設備都能夠緊密連結，為使用者創造出最佳的產品體驗，而其中某一項產品的成功，還能夠帶動所有產品一起大賣。但是他現在卻面臨了極大的壓力，要求他把自己最火紅的新產品與 Windows 電腦分享，這完全違反賈伯斯的本性。賈伯斯回憶說：「這項爭議延燒了好幾個月。我一個人得對抗所有其他人。」

有一次，他甚至撂下狠話，「除非我死了，」否則，Windows 使用者別想用 iPod。但他的團隊同仁仍然步步進逼，費德爾強調：「iTunes 必須進入 Windows 電腦的市場。」

最後，賈伯斯宣布：「除非你們能夠證明這件事對蘋果絕對有利，否則我絕不讓步。」其實這就是賈伯斯的讓步方式。只要能夠放下自己的情緒和堅持，要證明讓 Windows 使用者也能購買 iPod 是一件對蘋果有利的事，絕對很容易。他們請來一堆專家、提出一堆研究分析，得到的結論都是：這件事將為蘋果帶來更高的獲利。席勒說：「我們提出了一份試算表，顯示在任何情況之下，iPod 銷售帶來的收益，都遠超過麥金塔受到的衝擊。」

雖然賈伯斯的專制惡名遠播，但他也有願意讓步的時候；只是他的敗選聲明，絕對不會得到最佳風度獎。「去你媽的！」一次會議中，大家把分析報告拿給他看，結果換來他一陣發作：「我簡直受夠了你們這些渾球的胡說八道。你們想怎樣就他媽的怎樣吧！」

而這又產生了另一個問題：如果蘋果允許 iPod 與 Windows 電腦相容，是否也應該為 Windows 電腦的使用者，提供一套 Windows 版的 iTunes 音樂管理軟體？一如以往，賈伯斯認為軟體、硬體當然應該同進退，因為 iPod 與電腦裡的 iTunes 軟體必須無縫接軌，才能保證讓使用者獲得完整體驗。席勒卻不同意。「我覺得這種想法簡直瘋狂，因為我們根本不做 Windows 軟體，」席勒回憶說：「可是賈伯斯一直說，『如果我們真的要做，就要把事情做對。』」

剛開始，席勒的意見占上風。蘋果決定與一家叫 MusicMatch 的公司合作，讓 iPod 與他們所製作的軟體配合，使 Windows 電腦能夠使用 iTunes Store 的服務。然而，由於那個軟體奇笨無比，反而證明了賈伯斯的想法才是對的。於是蘋果展開火速行動，自己替 Windows 電腦打造一套 iTunes 軟體。賈伯斯回憶：

為了讓 iPod 能夠與 Windows 系統的電腦相容，我們一開始決定與另一家做線上音樂播放的公司合作，並且大方把 iPod 的連結祕方提供給他們。但他們做出來的結果簡直一塌糊塗。這真是個天大的悲劇，因為我們讓這家公司負責了很大一部分的使用者體驗。我們只好忍受這套爛軟體六個月，最後終於自己做出了 Windows 版的 iTunes。你就是不能讓別人插手你的使用者體驗。許多人的看法或許和我不太一樣，但我對這點一直非常堅持。

將 iTunes 放上 Windows 電腦，代表蘋果必須回頭找唱片公司協商。這些唱片公司先前之所以同意與蘋果合作，是基於 iTunes 只提供給市占率極小的麥金塔電腦。這下子，蘋果必須與這些唱片公司重新談判。

索尼對此最為不滿。萊克認為，這又是另一個賈伯斯過河拆橋的例子。事實也的確如此。但這時，其他唱片公司已對 iTunes Store 的表現深感滿意，因此很快就同意與蘋果擴大合作。索尼被迫屈服。

2003 年 10 月，賈伯斯在舊金山的一場發表會上宣布，Windows 版 iTunes 正式上市。「這是一個大家認為蘋果絕不會增添的功能，但是它出現了！」賈伯斯手一揮，指向背後的大螢幕，投影片上寫的是「地獄真的結冰了！」發表會上還播放了許多大牌藝人透過錄影帶、或蘋果即時通 iChat 所發表的祝賀感言，其中包括米克傑格、Dr. Dre 及波諾。「對音樂工作者和音樂而言，這真的是一件超酷的事，」波諾如此讚譽 iPod 及 iTunes，「這就是為什麼我會在這裡吹捧蘋果的原因。我可是不隨便吹捧人的。」

賈伯斯從來不以謙虛聞名。對著滿場瘋狂喝采的觀眾，他宣稱：「Windows 版的 iTunes 應該是 Windows 系統中，最棒最棒的一個應用軟體。」

微軟當然不領情。「他們用的仍是與個人電腦產業相同的那套策略，也就是同時控制硬體和軟體，」蓋茲如此告訴《商業週刊》。「我們做事的方法一向和蘋果不太一樣，我們喜歡給大家選擇的機會。」但直到三年以後，也就是 2006 年 11 月，微軟才推出自己的音樂播放器。他們叫它 Zune，看來和 iPod 很像，但就是沒有 iPod 那麼輕巧俐落。兩年之後，Zune 的市占率依然不到 5%。賈伯斯對微軟依然毫不留情，他認為 Zune 之所以賣相平庸、市場吸引力之所以那麼差，原因是：

> 年紀愈大，我愈能體會「原動力」的重要。Zune 之所以那麼蹩腳，是因為微軟的人不像我們是真心熱愛音樂藝術。我們勝出的原因在於，我們本身就熱愛音樂。我們是在為自己設計 iPod。當你是在為自己或自己最好的朋友、家人做一些事情時，你絕不會敷衍了事。如果你不愛一樣東西，你就不會願意多用一分心力、多花一個週末加班、盡全力挑戰現狀。

鈴鼓先生*

萊克就任索尼音樂執行長後的第一次公司年會，是在 2003 年 4 月，那個星期也是蘋果發表 iTunes Store 的時點。萊克領軍音樂部門不過四個月，這段時間裡，他大部分的精神都花在和賈伯斯周旋。事實上，他是直接從庫珀蒂諾飛往東京出席索尼年會的，身上還帶著一台最新版的 iPod，以及一份 iTunes Store 的說明書。

* 譯注：〈鈴鼓先生〉（Mr. Tambourine Man）是巴布狄倫1965年的暢銷歌曲。

他在兩百位索尼高階主管面前，從口袋中掏出了 iPod。「這就是 iPod！」說話時，索尼集團執行長出井伸之，以及北美區負責人史川傑都盯著它瞧。「這就是隨身聽的殺手。它可不是等閒之輩。你買下一家唱片公司的目的，就是希望自己能夠做出一個像這樣的產品。我們應該可以做得更好。」

但是索尼真的無法做得更好。索尼以隨身聽創造出可攜式音樂播放器市場、擁有一家非常棒的唱片公司，而且也以製造出一系列精美的消費電子產品而聞名於世。在硬體、軟體、周邊設備和影音內容各方面，索尼顯然無不具備，卻為何無法從頭到尾整合起來，戰勝賈伯斯的蘋果大軍？部分原因是，和美國線上時代華納一樣，索尼也將公司分割成許多不同的部門，各自為政。在這樣的企業集團裡，要各部門齊心合力、彼此配合，簡直就是痴人說夢。

賈伯斯卻並未將蘋果劃分為多個半自治的部門。他嚴密控管所有工作團隊，要求彼此合作，成為一個凝聚力、彈性都超強的公司，而且整個蘋果只有一個共同的最終損益。庫克說：「我們沒有各自為政的『部門』，蘋果整個企業只有一份損益表。」

除此之外，和許多企業一樣，索尼也非常擔心「自相殘殺」的問題——如果他們推出讓消費者可以輕鬆分享數位歌曲的音樂播放器及線上音樂商店，很可能會傷害到他們的唱片部門。但賈伯斯的企業經營原則是，絕不害怕吃掉自己既有的市場。他說：「你不自己吃，別人也會吃下去！」因此，即使 iPhone 有可能侵蝕 iPod 的市場，iPad 也可能吃掉蘋果筆電的市場，賈伯斯也從不卻步。

2003 年 7 月，索尼找來數位音樂老將沙米特（Jay Samit），幫他們打造自己的「類 iTunes」音樂服務網站 Sony Connect。這個網站將在線上銷售音樂，並讓歌曲能夠在索尼的音樂播放器上收聽。《紐約時報》報導指出：「這項行動明顯是為了統合索尼內部、經常彼此傾軋的電子部門及影音內容部門。這種內部傾軋正是導致索尼，也就是隨身聽以及可攜式音樂播放器市場的創造者，被蘋果打得潰不成軍的最大原因。」Sony Connect 於 2004 年 5 月正式上市，但它只存活了三年，就因經營不善而關門大吉。

微軟很願意將自己的 Windows Media 軟體及數位版權格式，授權給其他廠商使用，正如他們在 1980 年代同意將 Windows 作業系統授權給其他廠商一樣。相反的，賈伯斯完全不肯將蘋果的 Fairplay 授權給其他廠商使用，Fairplay 只能專屬於 iPod。賈伯斯也不允許 iPod 播放其他線上音樂商店所販售的歌曲。

許多專家認為，這種做法最終將使蘋果的市場逐漸流失，後果如同 1980 年代輸掉電腦大戰一樣。蓋茲說：「音樂和其他事情沒有什麼不同。同樣的事情已經在個人電腦市場上演，開放性策略顯然大獲全勝。」哈佛商學院知名教授克里斯汀生（Clayton Christensen）告訴《連線》雜誌：「如果蘋果繼續堅持自己的專屬架構，iPod 很可能會變成小眾產品。」（克里斯汀生一直是全球眼光最精準的企業分析大師，賈伯斯也深受他的著作《創新者的兩難》所影響，只是這回大師看走眼了。）

2004 年 7 月，真實網路公司的創辦人葛雷澤（Rob Glaser）以一項名為 Harmony 的技術，試圖突破蘋果的規範。他曾希望能說服賈伯斯，將蘋果的 FairPlay 格式授權給 Harmony，但是無功而返。葛雷澤於是以逆向工程（還原工程）來處理 Fairplay，並將它使用於 Harmony 所販售的音樂。葛雷澤的策略是：要讓 Harmony 所販賣的音樂能夠使用於任何一種播放器，包括 iPod、Zune 以及 Rio。他還展開了行銷活動，口號就是「選擇的自由」。

賈伯斯勃然大怒，並發布新聞稿宣稱，蘋果「非常訝異真實網路竟然採取了駭客的心態與行徑，入侵 iPod。」真實網路也出招反擊，發動網路連署「嘿，蘋果！別砸了我的 iPod。」接下來幾個月，賈伯斯默不作聲，到了 10 月，卻突然推出新版 iPod 軟體，於是從 Harmony 買來的音樂只能消失在 iPod 上。「賈伯斯這人真夠狠的，獨一無二，」葛雷澤說：「只要跟他做過生意，你就會知道。」

在此同時，賈伯斯和他的團隊（盧賓斯坦、費德爾、羅賓、艾夫），則不斷推出各種新版的 iPod，每一個版本都受到蘋果迷瘋狂熱愛，同時更不斷拉大蘋果的領先幅度。2004 年 1 月，蘋果發表第一款新版 iPod，叫 iPod mini。它比原有的 iPod 小了許多，大約只有一張名片大小。它的容量較小，但價格居然和原版的 iPod 相同。賈伯斯一度想放棄這個版本，因為他覺得沒有人會願意付相同的價錢，去買一個容量變小的產品。

費德爾說：「賈伯斯不運動，所以他根本無法了解 iPod mini 對慢跑者或上健身中心的人來說，有多麼好用。」事實上，iPod mini 才是讓 iPod 稱霸市場的功臣，因為它一舉殲滅了來自隨身碟播放器的競爭。iPod mini 推出之後十八個月內，蘋果的音樂播放器市占率從 31% 一舉衝到 74%。

2005 年 1 月推出的 iPod Shuffle，更是一項革命性的創新。

賈伯斯之前已注意到，iPod 上面能讓歌曲隨機播放的 shuffle（洗牌）功能，似乎愈來愈受歡迎。大家似乎很享受「意外的驚喜」，而且也真的不想一直更新自己的播放清單。有些使用者甚至拚命想搞清楚，這些歌曲真是隨機出現的嗎？因為若是如此，為何他們的 iPod 會不斷播放（比方說）納維爾兄弟的歌曲？

這項功能鼓勵了 iPod Shuffle 的出現。當盧賓斯坦和費德爾不斷想要開發出體積更小、更便宜的隨身碟播放器時，他們也一直嘗試想要縮小播放器上的螢幕。有一次，賈伯斯突然提出一個瘋狂的建議：乾脆不要螢幕了。

「什麼？」費德爾回答說。

「乾脆不要螢幕！」賈伯斯堅持要求。

費德爾問說，這麼一來，使用者要如何瀏覽曲目呢？賈伯斯的看法是，他們根本不需要瀏覽曲目。所有的歌曲都將隨機播放。畢竟，這些曲目原本就是他們自己挑選的歌曲。他們只需要一個按鈕，可跳過不符合當下心情的歌曲就行了。「擁抱不確定」── iPod Shuffle 的廣告上這麼說。

就在競爭者踉蹌追趕，而蘋果一路持續創新的過程中，音樂已逐漸成為蘋果最重要的營業項目。2007 年 1 月，iPod 的營業額已達蘋果營收的一半，它也為蘋果的品牌增色不少。

但是更大的成功，則是來自 iTunes Store 這個線上音樂商店。2003 年 4 月推出後，就在六天之內狂賣 100 萬首歌曲；開張第一年，更締造了 7,000 萬次下載的驚人成績。2006 年 2 月，iTunes Store 賣出了第 10 億首歌，下載的人是密西根州西布魯明飛德市的十六歲少年奧斯特洛夫斯基（Alex Ostrovsky）。他因為下載了酷玩樂團的〈Speed of Sound〉，而接到賈伯斯來電道賀，還獲贈 10 台 iPod、1 台 iMac，以及 1 萬美元的音樂禮券。

突破 iTunes Store 第 100 億次下載紀錄的，則是喬治亞州伍斯塔克市的七十一歲老先生史奧瑟（Louie Sulcer）。他在 2010 年 2

月下載了美國傳奇鄉村歌手強尼凱許的〈Guess Things Happen That Way〉。

iTunes Store 的成功，還帶來另一個微妙的優勢。2011 年出現了一個重要的新商機 —— 線上服務必須獲得社會大眾信任，消費者才願意提供線上身分及付款資訊。

蘋果已經建立起一套資料庫，為那些願意將個人資料交給他們的消費者，提供安全方便的線上購物服務。能這樣做的企業還包括亞馬遜網路書店、Visa、網路金流公司 PayPal、美國運通，以及其他幾家公司。以雜誌訂閱服務為例，蘋果透過它的網路商店提供訂閱服務，就能跨過這份雜誌所屬的媒體企業，與消費者建立起直接的互動關係。由於 iTunes Store 後來也開始提供影音內容、應用軟體的販售及訂閱服務，到了 2011 年 6 月，蘋果已經建立起一個擁有 2 億 2,500 萬個有效用戶的龐大資料庫，這也讓蘋果在未來的數位商務時代，搶得了先機。

31

音樂人

賈伯斯的生命樂章

2004年，艾歐文、波諾、賈伯斯與The Edge，因 iPod 同台亮相。

賈伯斯的iPod

iPod 現象風起雲湧，有一個問題也一夕爆紅。不論是總統候選人、B 咖明星、第一次約會的對象、英國女王，或任何一個擁有一對白色耳機的人，都會被問到：「你的 iPod 裡面有什麼？」

2005 年，《紐約時報》記者巴米勒（Elisabeth Bumiller）寫了一篇小布希的文章，其中分析了小布希針對這個問題所提供的答案。從此，這個猜猜看遊戲就成了全球最夯的話題。「小布希的 iPod 裡有許多早期的鄉村歌手，」她的報導中說：「他蒐集了許多范莫里森的歌曲，〈Brown Eyed Girl〉是他的最愛。他也有不少約翰佛格堤的作品，〈Centerfield〉當然名列其中。」她還找了《滾石》雜誌編輯里威（Joe Levy）幫忙分析小布希的曲目。里威的結論是：「非常有趣的一件事情是，總統大人專門喜歡那些討厭他的藝人。」

「只要把你的 iPod 交給一位朋友、交給初次見面的約會對象，或是飛機上完全陌生的鄰座乘客，你就彷彿一本敞開的書，別人馬上一目了然。」《新聞週刊》的李維在《為什麼是 iPod ？—— 改變世界的超完美創意》一書中如此寫道：「別人只需要在你的選曲滾輪上按一下、看看你資料庫中的曲目，就音樂上而言，你等於是赤裸裸的讓人看光光了，人家不僅會知道你喜歡什麼音樂，還知道你是個什麼樣的人。」因此，有一天當我和賈伯斯坐在他的客廳一起聽音樂時，我也要求賈伯斯讓我看看他 iPod 裡的歌單。他給了我一份他在 2004 年下載的曲目。

巴布狄倫的六張「珍藏作品精選」果然全在裡面，而且還有當年賈伯斯剛開始迷巴布狄倫時，和沃茲尼克一起用盤式錄音帶錄下的一些歌曲；這些歌曲多年後才收進巴布狄倫的精選集正式發行。除此之外，裡面還有15張巴布狄倫專輯，從1962年的第一張同名專輯「巴布狄倫」開始，但是到1989年的「*Oh Mercy*」就結束了。事實上，賈伯斯花了不少時間，和何茲菲德及其他人爭辯說，巴布狄倫往後的專輯都不如他早期的作品那樣有力。

的確，從1975年的「*Blood on the Tracks*」（血淚交織）之後的專輯，都不如早期的作品。賈伯斯認為唯一的例外是2000年「*Wonder Boys*」（天才接班人）專輯中所收錄的〈Things Have Changed〉。引起我注意的是，賈伯斯的iPod裡，並沒有1985年「*Empire Burlesque*」（滑稽帝國）這張專輯——這是他被逐出蘋果的那個週末，何茲菲德送給他的專輯。

賈伯斯的iPod中，另一批珍貴的收藏則是披頭四，選曲來自七張專輯：「*A Hard Day's Night*」、「*Abbey Road*」、「*Help!*」、「*Let it Be*」、「*Magical Mystery Tour*」、「*Meet the Beatles!*」和「*Sgt. Pepper's Lonely Hearts Club Band*」。披頭四分道揚鑣後所出的個人專輯，則都未受賈伯斯青睞。

接下來是滾石合唱團，包括六張專輯：「*Emotional Rescue*」、「*Flashpoint*」、「*Jump Back*」、「*Some Girls*」、「*Sticky Fingers*」以及「*Tattoo You*」。所有巴布狄倫及披頭四的專輯，幾乎都是整張收藏。但是滾石及其他藝人的專輯，則大半只選了三到四首歌，這與他相信專輯應該可以拆開來欣賞的想法頗為吻合。他也收藏了早年女友瓊拜雅四張專輯中的許多歌曲，包括了兩個不同版本的〈Love is Just a Four Letter Word〉。

賈伯斯的iPod歌單，反映出一個1970年代年輕人對上個十年的情懷。包括歌手艾瑞莎弗蘭克林、比比金、巴弟哈利、水牛合唱團、唐麥克林、唐納文、門戶合唱團、珍妮絲賈普林、傑佛遜飛船合唱團、吉米罕醉克斯、強尼凱許、強麥倫坎、賽門與葛芬柯，甚至還包括了 The Monkees 的〈I'm a Believer〉以及 Sam the Sham 的〈Wooly Bully〉。

所有的歌曲中，大約只有四分之一是屬於比較近代的歌手或樂團，例如一萬個瘋子搖滾樂團、艾莉西亞凱斯、黑眼豆豆、酷玩樂團、英國女歌手蒂朵、年輕歲月龐克樂團、約翰梅爾、DJ 魔比、波諾（以上這三人都是賈伯斯及蘋果的好友）、席爾，以及臉部特寫合唱團。

至於古典音樂，賈伯斯的 iPod 裡則有一些巴哈的作品，包括《布蘭登堡協奏曲》，以及馬友友的三張演奏專輯。

2003 年 5 月，賈伯斯告訴搖滾才女雪瑞兒可洛，他正在下載一些阿姆的作品，而且他也「慢慢開始喜歡他的東西。」文森後來還帶賈伯斯去聽了一場阿姆的演唱會。即使如此，阿姆還是沒有擠進賈伯斯的歌單裡。賈伯斯在演唱會後對文森說：「我不曉得耶……」賈伯斯後來告訴我：「我很尊敬阿姆這位音樂人，但我就是不想聽他的音樂，我無法像認同巴布狄倫那樣，也認同他的價值觀。」所以，賈伯斯 2004 年的點播清單確實沒那麼前衛。

往後七年，賈伯斯喜愛的音樂並沒有太大改變。2011 年 3 月 iPad 2 上市後，他將自己最喜歡的歌曲轉拷到 iPad 2 上面。一天下午，我們坐在他的客廳裡，他瀏覽了一下 iPad 2 裡的曲目，帶著懷舊的心情，點選了幾首想聽的歌。

一如往常，我們聽了一些巴布狄倫及披頭四的經典歌曲，然後他忽然陷入沉思，並點播了〈Spiritus Domini〉。這是一首由本篤會修士所吟頌的葛利果聖歌。有那麼一分鐘，他彷彿進入一種出神的狀態。「真美啊，」他喃喃的說。

接著他播放了巴哈的《第二號布蘭登堡協奏曲》，以及《平均律鋼琴曲集》中的一首賦格。他說，巴哈是他最喜歡的古典音樂家。他特別喜歡聽鋼琴怪傑顧爾德為《郭德堡變奏曲》所灌錄的兩個版本，聆聽其中的不同詮釋。第一次錄音是1955年顧爾德二十二歲的時候，當時他還沒沒無名；第二次錄音則是在1981年，隔年他就去世了。

「它們的差異宛如白晝與黑夜，」一天下午，賈伯斯把兩個版本都播放了一遍之後說：「第一個版本生氣勃勃、年輕而且光彩奪目，演奏速度之快，宛如天啟。第二個版本則是那麼的直接而素樸，你幾乎可以碰觸到他那飽經世事的深邃靈魂。比較起來，第二個版本深沉而有智慧許多。」那天下午，賈伯斯正三度因病告假在家。我問他比較喜歡哪個版本。「顧爾德自己比較喜歡第二個版本，」他說：「我以前比較喜歡第一個，生氣盎然的那個版本。但現在，我完全可以了解，為什麼他會比較喜歡第二個版本。」

然後，他又從莊嚴的心情轉入了1960年代：唐納文的〈Catch the Wind〉。他注意到我的不以為然，抗辯道：「唐納文也有很多很棒的作品，真的呀。」他播了〈Mellow Yellow〉，然後立刻承認，或許這首曲子並非最好的例子。「這首歌年輕時聽起來，好像比較有感覺。」

我問他，我們年輕時所聽的歌曲中，有哪些比較禁得起時間的考驗。他轉了一下iPad的清單，點播了死之華樂團的〈Uncle John's Band〉。他隨著歌詞打拍子，「當生活感覺像條悠閒的街道，危險其實就在你門口……」那一刻，我們彷彿回到了狂亂的1970年代，慵懶的1960年代才剛在喧囂中結束。「喔，喔，我想知道的是，你是否仁慈？」

然後，他開始談到瓊妮蜜雪兒。他說：「她也有一個孩子送給了別人領養，這首歌就是為她的女兒而寫的。」他按下〈Little Green〉，我們開始聆聽她那憂鬱的旋律與歌詞，「於是你在所有文件上簽上了自己的姓名／你很悲傷、覺得虧欠，但卻不覺得羞愧／小綠，希望妳有個快樂的結局。」

我問他是否仍會想起自己被人領養的事。他說：「不會，我已經不太想這件事了。」

他說，他最近想得比較多的是，自己逐漸老去這件事，而非自己的過往。這讓他按下瓊妮蜜雪兒最經典的一首歌〈Both Sides Now〉，其中也提到了愈老愈有智慧這件事：「我已經從正反兩面體驗過人生／或贏或輸，但是依然／那只是人生的幻夢／我依然不了解人生。」如同顧爾德的郭德堡變奏曲錄音，瓊妮蜜雪兒的〈Both Sides Now〉也有許多不同的版本。第一個版本錄製於1969年，另一個則是2000年所錄製的痛苦而緩慢的版本。賈伯斯播放了第二個版本，他說：「人變老這件事，真的很有意思。」

他接著說，有些人即使年紀輕，變老的過程也很難看。我問他有沒有什麼例子。賈伯斯回答說：「約翰梅爾*可能是流行音樂史上最好的吉他手之一，但我很擔心他可能會死得很難看，他的生命已經完全失控。」

賈伯斯很喜歡約翰梅爾，偶爾也會請他到家中作客。二十七歲那年，約翰梅爾在2004年的麥金塔世界大會擔任貴賓。賈伯斯就是在那一年推出蘋果的音樂軟體Garage Band，而約翰梅爾從此也成為麥金塔世界大會的固定來賓。賈伯斯按下約翰梅爾的暢銷曲〈Gravity〉。歌詞裡描述一位內心充滿愛，但卻又急於把所有的愛都拋棄的男子，「地心引力與我作對／地心引力想拉我墮落」。賈伯斯搖搖頭說：「我覺得他本質上真的是個好孩子，但他真的完全失控了。」

音樂欣賞結束之前，我拿了一個老掉牙的問題問他：比較喜歡披頭四、還是滾石？「如果金庫失火，我只能拿走一套原版錄音帶，我會帶披頭四，」他回答說：「比較困難的抉擇是披頭四和巴布狄倫。或許有人可以成為復刻的滾石，但絕對沒有人可以變成巴布狄倫或披頭四。」

正當賈伯斯反思道：「我們這一代人真的非常幸運，成長過程中竟然可以經歷所有這些人，」這時候，他十八歲的兒子里德剛好走進客廳。「里德就無法了解這些事。」賈伯斯嗟嘆說。

但里德或許了解。他身上正穿著一件瓊拜雅的 T 恤，上面大大的印著兩個英文字：Forever Young。[†]

巴布狄倫

賈伯斯記憶中唯一的一次舌頭打結經驗，就是當他第一次見到巴布狄倫的時候。2004 年 10 月，巴布狄倫在帕羅奧圖附近開演唱會，賈伯斯不久前才接受第一次癌症手術，正在休養復原。巴布狄倫不是一個很喜歡與人相交的人，他不是波諾或大衛鮑伊。他和賈伯斯從來沒有任何交集，而且也不見得有興趣認識賈伯斯。

---

* 譯注：約翰梅爾（John Mayer），美國流行樂壇知名的浪蕩才子，搖滾、藍調、爵士樣樣專精，葛萊美獎最佳男歌手。

† 〈Forever Young〉也是活躍於1980年代的知名樂團阿爾發村的經典名曲，謳歌青春的美好與短暫，也道盡 對青春逝去的哀傷與不捨。

但是他還是邀請了賈伯斯，在演唱會前到他飯店見個面。賈伯斯回憶道：

我們坐在他房間的陽台上聊了兩個小時。我非常緊張，因為他一直是我的偶像，不過我也很擔心他已大不如前、不像從前那麼聰明，變得像個冒牌貨一樣。很多人年紀大了之後都如此。但我非常高興，因為他還是一樣犀利。他正如我一切所期望的。他非常坦率、誠實。他跟我談了他的一生、他的創作。他說：「那些歌是直接從我腦子裡跑出來的，我根本不必絞盡腦汁去作詞作曲。但這種情況已不再發生，我已不再能夠那樣寫歌了。」他停頓了一下，然後用他那沙啞的聲音，笑著對我說：「還好，我還是可以唱這些歌。」

下一次巴布狄倫到帕羅奧圖附近演唱時，他邀請賈伯斯在開演之前，到他的改裝巡迴巴士上坐坐。他問賈伯斯最喜歡他的哪一首歌，賈伯斯提到了〈One Too Many Mornings〉。於是巴布狄倫當晚就唱了這首歌。

演唱會結束後，賈伯斯走回後台區，巴布狄倫的巡迴巴士倏地開到他身旁，猛然煞車。巴士門打開，「你有沒有聽到我為你唱的歌？」巴布狄倫用他招牌的沙啞聲音問道。然後馬上就把車開走了。當賈伯斯告訴我這個故事時，他學巴布狄倫的聲音還真的有模有樣。「他一直是我的偶像，」賈伯斯說：「我對他的喜愛與日俱增，現在應該算是全心全意愛著他了。我真無法想像，他怎麼能在那麼年輕的時候，就有那麼成熟的思想。」

聽完巴布狄倫演唱會之後幾個月，賈伯斯忽然想到一個偉大的計畫。iTunes 線上音樂商店應該把巴布狄倫曾經錄過的每一首歌曲（總數超過七百首），包裝成一個全集來販賣，全套售價 199 美元。賈伯斯將成為巴布狄倫音樂在數位時代的規劃者。但是巴布狄倫是索尼唱片的王牌，如果賈伯斯不願意大幅讓步，萊克根本沒有興趣討論 iTunes 這件事。除此之外，萊克也覺得，199 美元的價格實在太便宜了，而且絕對有損巴布狄倫的身價。萊克說：「巴布狄倫可是國寶級的歌手，而史帝夫卻想把他當成便宜貨一樣，放在 iTunes 上販賣。」這件事其實也跟唱片大老們對賈伯斯的一個心結有關：現在，決定音樂價格的人好像成了賈伯斯，而非這些唱片大老。於是，萊克一口拒絕。

「沒關係，我可以自己打電話給巴布狄倫，」賈伯斯說。但巴布狄倫從不自己經手這類事情，於是這件事到了他的經紀人婁森（Jeff Rosen）的手上。

「這是個很爛的主意。」萊克告訴婁森，也把賈伯斯提出來的價格跟他說了。「巴布狄倫是賈伯斯的偶像，他會讓步的。」婁森說。萊克有太多的理由要阻擋賈伯斯，或是故意讓他的日子不好過（包括專業上的理由以及個人恩怨）。所以他向婁森提出一項建議：「只要你暫時不要答應賈伯斯，我明天就開一張一百萬美元的支票給你。」萊克後來解釋說，那只是巴布狄倫未來版稅的預付款而已，「那是唱片公司常有的一種會計作業。」四十五分鐘後，婁森回電表示同意。「萊克和我們達成了一項協議，要求我們不要同意賈伯斯提的事，所以我們就沒做，」婁森回憶說：「萊克是以一筆類似預付款的錢，來要求我們暫緩這件事。」

2006 年，萊克已經離開索尼博德曼* 執行長的位子，賈伯斯

---

* 譯注：索尼於2004年底收購BMG（Bertelsmann Music Group, BMG）一半的股權，成立了「索尼博德曼」（Sony BMG）。

於是決定重啟談判。他送了巴布狄倫一台 iPod，裡面裝了他所有的作品，而且也讓婁森了解蘋果所能提供的行銷能量。8 月份，賈伯斯宣布了一項重大協議，這項協議讓蘋果得以用 199 美元，販售巴布狄倫所有的錄音作品，包括最新專輯「*Modern Times*」的獨家預售權。

「巴布狄倫是我們這個時代最受敬愛的詩人與音樂家之一，他也是我個人的偶像。」賈伯斯在發表會上說。這份包含了 773 首歌的套裝全集中，有 42 個珍稀錄音，例如巴布狄倫 1961 年在明尼蘇達一家旅館所錄製的〈Wade in the Water〉、1962 年在紐約格林威治村煤氣燈酒館的一場現場音樂會所錄製的〈Handsome Molly〉，以及 1964 年新港民謠節（賈伯斯的最愛）演唱的〈Mr. Tambourine Man〉，最後還有 1965 年〈Outlaw Blues〉的不插電原音呈現版。

協議中還包括，巴布狄倫將出現在 iPod 的電視廣告中，而且將同時為他的最新專輯「*Modern Times*」打廣告。這將是繼《湯姆歷險記》中的小湯姆旋乾轉坤、讓朋友爭相幫他完成漆籬笆那椿苦差事之後的另一傑作。

過去，企業想要請名人為產品拍廣告，通常都得端出巨額代言費。但是到了 2006 年，情勢已然大逆轉。大牌藝人都很想要幫 iPod 拍廣告，因為這個曝光機會幾乎可以保證他們的新歌大賣。多年以前，當賈伯斯說他已連絡了一些大咖藝人，並且願意捧錢請他們幫 iPod 拍廣告時，文森就已預料到會發生這種狀況。文森告訴賈伯斯：「不行，情勢將有重大改變。蘋果已經成為一個特殊的品牌，比大多數的藝人都還要大牌。我們可以為每一個代言的樂團，帶來千萬美元以上的媒體效益。我們應該告訴他們，蘋果可以為他們創造機會，而不是付錢給他們。」

廣告大師克洛回憶，當時蘋果內部和廣告公司裡的一些年輕同仁，都很不想用巴布狄倫當 iPod 的代言人。「他們擔心巴布狄倫已經不夠酷了。」克洛說。賈伯斯對此充耳不聞。巴布狄倫願意為 iPod 代言，他興奮都來不及了。

賈伯斯對於巴布狄倫那支廣告的每一個細節，都吹毛求疵到了極點。婁森專程飛了一趟庫珀蒂諾，以便一起聆聽整張專輯，選出廣告用的曲子，最後是由〈Someday Baby〉雀屏中選。賈伯斯同意克洛先找替身來拍一支測試帶，然後克洛再將巴布狄倫本人請到納許維爾（美國音樂重鎮）正式開拍。片子回來以後，賈伯斯極不滿意。它不夠獨特，賈伯斯要的是另一種不同風格。於是，克洛找了另一位導演，婁森則說服巴布狄倫重拍整支廣告。這一次，他們創造出另一種剪影廣告。後方打來的燈光映著巴布狄倫戴著牛仔帽、坐在一張高腳椅上邊彈吉他邊唱歌的剪影，同時也穿插了另一位戴著貝雷帽的時髦女子，戴著 iPod 隨音樂起舞的剪影。賈伯斯非常滿意。

這支廣告充分展現了 iPod 的光環效應 —— 正如它為蘋果電腦創造了年輕人的市場，它也幫助巴布狄倫贏得了許多年輕粉絲。由於這支廣告，巴布狄倫的新專輯在推出第一個星期，就站上美國告示牌排行榜冠軍，一舉擠下了克莉絲汀和流浪者合唱團。這是巴布狄倫自 1976 年「*Desire*」專輯以來，首次再度登上排行榜冠軍寶座，時隔整整三十年。

《廣告時代》雜誌以頭條新聞來報導，蘋果在巴布狄倫專輯大賣所扮演的角色。報導中說：「這支 iTunes 廣告可不是一個普通的代言交易，它不是哪個品牌以一張巨額支票，來換取某位大明星的市場號召力。這個交易逆轉了市場行銷公式，蘋果以其無堅不摧的品牌力量，為巴布狄倫開闢了打進年輕市場的管道，並讓他的唱片銷量達到了福特總統時代以來，未曾見過的高點。」

披頭四

賈伯斯珍藏的 CD 中有一張經典作品，其中收錄了約翰藍儂與披頭四反覆修改〈Strawberry Field Forever〉時，所留下來的十多次錄音。它成了最足以反映賈伯斯追求完美理念的一份音樂作品。這張 CD 是何茲菲德先發現的，並在 1986 年拷貝一份給賈伯斯。但賈伯斯有時會告訴別人，他是從小野洋子那裡得到這張 CD 的。有一天，在帕羅奧圖家中，賈伯斯從一排玻璃書架中找到了這張 CD，然後邊放音樂、邊述說這張 CD 給他的啟示：

這首歌曲很複雜，聽他們這樣花好幾個月的時間反覆修改、終於完工的創作過程，真是一種非常令人著迷的體驗。約翰藍儂一直是我最喜歡的披頭四成員。（當約翰藍儂在第一遍錄音途中突然叫停，讓整個樂團等他修改一個和弦時，賈伯斯笑出來。）你有沒有聽到他們突然停下來？前面的編曲有點問題，所以他們回去修改，然後再從那裡開始重新練習。他們在這個版本裡，聽起來真的還很不成熟，它讓披頭四聽來簡直就像凡人一樣。一直到這個版本，你甚至可以把他們想成是一般人在練團：或許作曲和內涵不是一般人可以比擬，但演奏、演唱絕對和一般人沒有兩樣。然而，他們並沒有停止不前。他們都是完美主義者，因此還會一直不斷修改、不斷修改。三十幾歲時聽這卷錄音帶，給我留下極為深刻的印象。你可以清楚知道，他們在這首歌上面花了多大的工夫。

每次錄音的間隔期，他們都會下許多工夫。他們會一直回頭修改，以求達到最完美的效果。（播放到第三首錄音時，賈伯斯特別指出，這個版本中的樂器部分變得更複雜了。）蘋果做東西的過程也差不多是如此，我們為一台新筆電或一台 iPod 所做的模型及版本數量，也和他們差不多。我們會先做出一個版本來，然後一直修改、一直修改。不管是產品的設計或某個按鈕，或是某項功能，我們都會做出許多極精密的產品模型。這樣做非常花工夫，但最後的結果一定會是更好。然後，大家就會突然說，哇，他們是怎麼做到的？！？他們把螺絲釘都藏到哪裡去了？

這也難怪，賈伯斯先前會因為披頭四無法納入 iTunes 的曲目而差一點發瘋。

賈伯斯與披頭四所屬的「蘋果唱片公司」之間的商標官司，整整糾纏了三十幾年，以至於無數記者一再以披頭四的經典歌曲〈The Long and Winding Road〉來形容雙方的關係。雙方的爭議始於 1978 年蘋果電腦上市之後，出品披頭四唱片的公司也叫蘋果，因此提出訴訟。三年後，這場官司以蘋果電腦付給蘋果唱片 8 萬美元賠償金，達成和解。當年的和解條件看來似乎非常合理：披頭四永遠不得製造任何電腦相關產品，而蘋果則不得販售任何音樂相關的產品。

披頭四謹守承諾。他們的成員中，沒有人製造過任何電腦相關產品。然而，蘋果卻一路轉進音樂產業。1991 年，蘋果再度挨告，因為麥金塔電腦增加了音樂檔案播放功能。2003 年，iTunes 線上音樂商店開張，蘋果又再挨告。一位長期代表披頭四的律師指出，賈伯斯似乎覺得自己可以為所欲為，好像法律協議完全不適用在他身上一樣。2007 年，雙方的法律訴訟終告結束，蘋果決定付出 5 億美元給蘋果唱片，以換取「蘋果」這個名稱的全球使用權，然後再將「蘋果唱片公司」授權給披頭四，讓他們繼續使用這個名稱來發行唱片。

然而，這卻未能解決 iTunes 販售披頭四音樂的問題。要讓披頭四的音樂納入 iTunes 的曲目，披頭四必須先與擁有他們多數歌曲版權的 EMI 協商，針對如何處理數位版權的問題先達成共識。

賈伯斯日後指出：「所有披頭四成員都希望自己的音樂能夠上 iTunes，但他們和 EMI 就像一對結婚多年的怨偶，彼此厭惡卻離不了婚。我最愛的披頭四，竟然是最後一個上不了 iTunes 的主要樂團，我非常希望自己能夠在死前解決這問題。」結果，他做到了。

波諾

U2 的主唱波諾，非常了解蘋果的市場威力。從都柏林起家的 U2 是全球最頂尖的樂團。2004 年，縱橫樂壇將近三十年之後，U2 希望能夠重新塑造自己的形象。他們剛完成了一張很棒的專輯，其中有一首歌被他們的吉他手 The Edge（本名 David Howell Evans）認定為「一切搖滾樂之母」。波諾知道他需要找到一個方法，來為這首歌造勢，所以他打了個電話給賈伯斯。

波諾告訴賈伯斯說：「我想跟蘋果要一樣非常特別的東西。我們有一首歌，叫做〈Vertigo〉，它裡面有一段非常獨特的吉他演奏，肯定會造成轟動，但我們必須先讓大家不斷聽到這段演奏。」他擔心找廣播電台打歌的方式已經落伍了，所以波諾來到帕羅奧圖的賈伯斯家中，與賈伯斯一起在花園散步，然後提出了一個石破天驚的建議。

U2 過去曾經毫不猶豫，推掉過高達 2,300 萬美元的廣告代言費。現在，波諾卻願意免費出現在賈伯斯的 iPod 電視廣告中；或至少談一個對雙方都有利的交易。賈伯斯後來說：「他們從來沒有幫人拍過廣告。但他們深受免費下載的剝削，非常認同 iTunes 的做法，也覺得我們可以協助他們，打入年輕樂迷的市場。」

波諾要的不只是 U2 歌曲出現在 iPod 的廣告裡，他要的是整個樂團都能進去。換做是其他的執行長，他們早就不計代價，同意 U2 出現在自家廣告裡，但賈伯斯卻有點遲疑。iPod 廣告裡從來沒出現過真人的面貌，只有圖像式的人物剪影。（巴布狄倫的那支廣告當時還未出現。）「你們一向都是使用歌迷的剪影，」波諾反問他：「所以，下個階段何不開始使用歌手的剪影？」賈伯斯覺得這個建議非常值得考慮。波諾把他們尚未發行的專輯「*How to Dismantle an Atomic Bomb*」（如何拆除原子彈）拷貝，留下給賈伯斯試聽。「除了樂團成員，他是唯一擁有專輯拷貝的人，」波諾說。

一連串會議緊鑼密鼓的展開。賈伯斯跑到艾歐文位於洛杉磯知名豪宅區荷爾貝山的家中，因為艾歐文的 Interscope 唱片公司負責所有 U2 唱片的發行。The Edge 人也在那裡，還有 U2 的經紀人麥金尼斯（Paul McGuinness）也在場。另一次會議則是在賈伯斯家中的廚房舉行，麥金尼斯在筆記本的背面，寫下了協商的主要結論：U2 將出現在 iPod 的廣告裡，而蘋果則會運用他們一切的管道，來協助宣傳這張專輯。U2 將不收取任何費用，但每一台特製的「U2 專屬 iPod」須付給他們一些版稅。

和萊克一樣，波諾也認為藝人應該從每一台 iPod 的銷售中，獲得一些版稅，這是波諾希望為 U2 樂團固守的最後一點原則。艾歐文回憶說：「波諾和我要求史帝夫，為我們特別製作一台黑色的 iPod。我們不是只想拍一支廣告，我們想要的是品牌合作。」

波諾也回憶說：「我們想要一台專屬於 U2 的 iPod，不同於白色的標準款，我們希望它是黑色的。但史帝夫說，『我們試過白色以外的顏色，結果都行不通。』但是他後來還是拿了一台黑色的 iPod 給我看，我們都覺得它美呆了。」

iPod 的電視廣告中，隱約看得出面貌的 U2 影像不斷閃動，另外還是搭配了年輕女子戴著 iPod 耳機隨音樂起舞的一貫剪影。但即使廣告已經在倫敦開拍，U2 與蘋果的合作細節還是沒有確定。賈伯斯對於黑色 iPod 仍然心存疑慮，而版稅及宣傳經費也都還未精算。賈伯斯打了一通電話給文森，請他暫停所有作業（文森當時負責監督廣告公司的整體廣告規劃）。賈伯斯說：「我覺得這件事恐怕行不通，他們根本不了解我們為 U2 提供了多高的價值，這件事大有問題。讓我們想想其他可能性吧。」身為死忠 U2 樂迷，文森知道這個廣告有多麼重要，對 U2、蘋果都一樣。他請求賈伯斯給他一個機會，讓他打個電話給波諾，看看事情是否有所轉圜。賈伯斯把波諾的手機給了他。波諾在都柏林家中廚房，接到了文森的電話。

波諾和賈伯斯一樣心存疑慮。波諾告訴文森：「我覺得這件事恐怕真的不行，我們的成員不太願意做這件事。」文森問他問題出在哪裡。波諾回答說：「當我們還是一群都柏林的小伙子時，就說自己以後絕不做沒品的事。」即使文森是英國人，對於搖滾界的行話也還算熟悉，但他告訴波諾，他真的不太了解沒品到底是什麼意思。波諾為他釋疑：「沒品就是為了錢而做一些沒意義的事情。我們最在意的就是歌迷。我們覺得拍廣告可能會讓歌迷失望，感覺起來就是不太對。很抱歉，浪費了你們的時間。」

文森問說，蘋果可以做些什麼來讓這件事情有所轉圜？波諾說：「我們給了你們最重要的東西，就是我們的音樂。結果你們給了我們什麼？廣告！我們的樂迷會覺得那是為你們做的。我們需要獲得更多的回饋。」文森當時並不了解 U2 專屬 iPod 及版稅的最新進展，所以他開始大力推銷這兩個條件。文森告訴他：「這是我們所能提供的最有價值的東西。」從第一次與賈伯斯見面開始，波諾就一直希望能夠爭取到這些條件，他想趁機一舉搞定：「這很棒呀，但你得讓我知道是否真的可行。」

文森立刻打電話給艾夫（另一位 U2 死忠歌迷，他第一次去聽 U2 演唱會是在 1983 年的新堡），向他報告目前碰到的狀況。艾夫說他已經做好一個黑色的 iPod，上面還有個紅色的選曲滾輪，正如波諾之前提出的要求，用以配合新專輯的封面顏色。文森打了個電話給賈伯斯，建議讓艾夫飛到都柏林，直接把紅黑配的 iPod 帶給波諾看。賈伯斯同意了。

文森趕緊打電話給波諾，問他是否認識艾夫（他不曉得波諾與艾夫已見過面，彼此十分欣賞）。「認不認識強尼．艾夫？」波諾大笑說：「我超愛那個傢伙的。他的洗澡水我都願意喝。」

文森回答說：「這麼說實在太超過了吧。你願不願意讓他來拜訪你，給你看一下你們的 iPod 長得有多酷？」

波諾說：「我會親自開著我的瑪莎拉蒂跑車去接他。他可以直接住我家，我會帶他出去，好好把他灌醉。」

第二天，艾夫正準備前往都柏林，而文森卻仍得努力安撫賈伯斯，因為他又開始想東想西了。賈伯斯說：「我不知道我們做這件事到底對不對，我們一定不會再為任何人做這件事。」他擔心的是，每賣出一台 iPod 就要付若干元版稅給藝人的事。文森向他保證，U2 絕對是特殊個案。

「強尼來到都柏林，我讓他住在我的客房。那是一棟位於鐵道上方，看得到大海、非常寧靜的房子，」波諾回憶說：「他給我看那個漂亮的黑色 iPod，配上暗紅色的選曲滾輪。我立刻說，沒問題了，我們就這麼決定了。」他們跑去當地的一家小酒館，確認最後的一些細節，然後打了個電話到庫珀蒂諾找賈伯斯，問他是否同意。

賈伯斯對這樁交易以及 iPod 的每一個小細節，都仔細討價還價了一番，但這件事卻讓波諾萬分折服。波諾說：「一位執行長會關心到所有這些細節，其實是很讓人感佩的。」所有的問題都解決了，艾夫和波諾開始把酒狂歡。他們都是常上酒吧的人。酒過三巡之後，兩人決定也給人在加州的文森打個電話。文森不在家，於是波諾在他的答錄機留了話。這段留言文森視若珍寶，小心翼翼的保存著。留言裡這麼說：「我和你的朋友強尼，現在正在熱鬧滾滾的都柏林，我們有點醉了，而且我們都愛死了這個棒透的 iPod，我簡直不敢相信世上會有這麼美的東西，而我的手裡正握著它呢。謝謝你！」

賈伯斯租下了聖荷西的一座古典劇場，來發表這支電視廣告以及 U2 的專屬 iPod。波諾和 The Edge 親自登上舞台，與賈伯斯一同亮相。他們的專輯第一週就賣出了 84 萬張，立即衝上告示牌排行榜第一名。

波諾事後告訴記者，他之所以願意免費拍這支廣告，是因為

「U2 因這支廣告所獲得的利益，將會和蘋果一樣多。」艾歐文則補充道，這次合作將可以讓 U2「打入一個更年輕的族群」。

整件事真正精采之處在於，與一家電腦及電子產品公司合作，正是讓一支搖滾樂團看來更時尚、對年輕人更有吸引力的最佳方法。波諾後來說，不是每一樁企業交易都是與魔鬼打交道。「我們看一下，」他告訴《芝加哥論壇報》的樂評寇特（Greg Kot）：「這裡所謂的魔鬼，其實是一群超有創意的頭腦，或許比許多搖滾樂團還要有創意。這個樂團的主唱是賈伯斯。這些人創造出了自電吉他以來，音樂文化中最美的藝術品，也就是 iPod。藝術的目的，就是趕走醜陋。」

2006 年，波諾又將賈伯斯拉進了另一樁交易。這一次是為了他的「紅色產品」慈善募款計畫。這個計畫的目的，是號召全球一起幫助非洲民眾對抗愛滋。計畫一發起，許多知名企業即紛紛響應，推出自家的紅色限量產品。賈伯斯對慈善事業一向沒多大興趣，但他同意推出一款紅色 iPod 來響應波諾的行動。

不過，他顯然沒有百分之百認同這件事。比方說，他完全抗拒這個計畫將每一家參與企業的名稱都用括弧括起來，然後在後面加個 ^{RED} 的做法，例如（APPLE）^{RED}。「我才不要把蘋果的英文字放進括弧裡，」賈伯斯非常堅持。波諾回答說：「但是史帝夫，這正是我們展現團結的方式呀。」兩人之間的對話變得非常火爆，甚至連髒話都飆了出來。後來，他們同意讓彼此冷靜個兩天再說。最後，賈伯斯終於讓步（依然不情不願），波諾可以在他的廣告裡想怎麼做就怎麼做，但賈伯斯絕不會在自己的產品上或專賣店裡，將蘋果的英文字放進括弧裡。最後，紅色 iPod 的標籤訂為（PRODUCT）^{RED}，而非（APPLE）^{RED}。

波諾回憶說：「史帝夫有時真的很火爆，但這卻讓我們成為更親密的朋友，因為在我們的生命中，其實並沒有那麼多人可以跟你進行那麼激烈的爭辯。他是主見很強的人。巡迴演唱結束之後，我和他聊天，他還是對每件事都有意見，罵個沒完。」

賈伯斯和家人偶爾會跑去法國南部蔚藍海岸邊的尼斯，拜訪波諾和他太太以及四個孩子。2008 年，賈伯斯在一次度假時包下一艘船，將它停靠在波諾家附近。兩家人一起用餐，波諾則放了一些他和 U2 正在排練的歌曲。這些曲子就是他們後來推出的「*No Line on the Horizon*」（消失的地平線）專輯。雖然交情深厚，但是賈伯斯談起生意來依然六親不認。他們曾經計劃再合作一支廣告，同時推出 U2 的新歌〈Get On Your Boots〉（邁開大步），但雙方的條件就是談不攏。

2010 年，波諾背部受傷、必須取消一趟巡迴演唱，蘿琳寄上一個慰問的禮物籃給他，裡面裝了一張紐西蘭痞客二人組的 DVD、一本有關腦力開發的書《莫札特的腦袋與戰機駕駛員》、從自家花園採來的蜂蜜，以及一罐痠痛藥膏。賈伯斯附上了一張小紙條，上面寫著：「這個痠痛藥膏 —— 真是好東西。」

馬友友

還有一位古典音樂家深受賈伯斯的尊崇 —— 馬友友，一位個性溫潤、愉悅又極有深度的音樂大師，就和他的大提琴所創造出來的聲音一樣。兩人認識於 1981 年，當時賈伯斯參加的是亞斯本國際設計研討會，而馬友友也正在當地參加知名的亞斯本音樂節。賈伯斯一向很容易被展露純淨特質的藝術家所感動，他立刻迷上了馬友友。

他曾經想請馬友友來他的婚禮上演奏，但馬友友當時將在國外巡迴演出。多年以後，馬友友來到賈伯斯家作客。在賈伯斯的客廳裡，他拿出自己那把1733年的史特拉底瓦里名琴，開始拉起一首巴哈。「這就是我當初打算在你婚禮上演奏的曲子，」他跟他們說。賈伯斯眼泛淚光，告訴他：「你的演奏是上帝存在最有力的證明，因為我不相信光靠人的能力可以創造出這麼美的東西。」在後來的一次拜訪中，當大家圍坐在廚房聊天時，馬友友竟讓賈伯斯的女兒艾琳幫他扶著大提琴。

當賈伯斯遭受癌症攻擊之後，他逼馬友友答應，一定要在他的葬禮上演奏。

32

皮克斯的朋友

創意需要冒險

2006年，賈伯斯與迪士尼執行長伊格於 iPod 發表會。

蟲蟲危機

iMac 開發出來之後，賈伯斯和艾夫一同前往皮克斯，將它秀給皮克斯的人看。賈伯斯覺得 iMac 散發的獨特個性，對巴斯光年及胡迪的創造者拉塞特，應該會極具吸引力。而且，他非常高興艾夫和拉塞特都同樣擁有一種特殊天分，能以趣味方式將藝術和科技結合起來。

對賈伯斯而言，皮克斯宛如避難所，可以讓他暫時逃離庫珀蒂諾的緊張氣氛。蘋果主管通常都很暴躁、精神緊繃，因為賈伯斯自己就非常反覆無常，所以他身邊的人也都只好將神經繃緊。但是在皮克斯，這些編劇家、插畫家卻顯得非常怡然自得，行事風格也比較溫和，不論是對彼此，甚至對賈伯斯都是如此。換句話說，最高主管的風格決定了這兩個地方的氛圍。賈伯斯轄下的蘋果及拉塞特所帶領的皮克斯，氣氛截然不同。

賈伯斯深深迷上了嬉鬧精神中，帶著嚴肅態度的製片工作。電腦合成的雨滴能夠反射出耀眼的陽光，還能讓一根小草迎風快樂搖曳，這都深深吸引賈伯斯。但他卻又能克制自己，不致想要控制皮克斯的創作過程。他在皮克斯學會如何放手，讓創意人盡情揮灑。其實，最主要的原因是他非常欣賞拉塞特，因為這位溫文儒雅的藝術家和艾夫一樣，能夠誘發出賈伯斯最好的一面。

在皮克斯，賈伯斯所扮演最重要的角色就是對外交涉。在這件事上，賈伯斯強勢的個性絕對是一項重要優勢。

「玩具總動員」推出之後沒多久，賈伯斯就和迪士尼電影部門主管卡森伯格發生嚴重衝突。卡森伯格在 1994 年夏天離開迪士尼，隨後就與史蒂芬史匹柏及葛芬（David Geffen）籌組了一家新電影公司夢工廠（DreamWorks SKG）。賈伯斯確信，卡森伯格還在迪士尼的時候，皮克斯團隊就曾向卡森伯格提起，他們希望製作的第二部電影「蟲蟲危機」，但是卡森伯格卻竊取了這個創意，跑到夢工廠去籌拍「小蟻雄兵」。

賈伯斯說：「卡森伯格還在迪士尼的時候，我們就向他提出了『蟲蟲危機』的拍片計畫。六十年來的動畫史裡，從來沒有人想過要拍一部以昆蟲為主角的片子，這是拉塞特率先提出來的想法。這是他的另一個精采創意。後來卡森伯格離開了迪士尼，跑去夢工廠，結果，他的腦子裡突然出現了一個創意，他想拍一部很特別的動畫電影，主題是⋯⋯咦？竟然就是昆蟲耶！他說他從來沒聽過這個提案。他撒謊！他根本是睜眼說瞎話。」

其實倒也不真是這樣。事情背後的經過比較曲折一點。卡森伯格在迪士尼時，確實並未聽過「蟲蟲危機」的提案，但是他加入夢工廠之後，一直與拉塞特保持聯繫，不時會打個電話，來個「兄弟，最近如何？只是跟你打聲招呼！」之類的問候。某天，拉塞特剛好前往位於環球影城的特藝彩色公司（Technicolor），由於夢工廠就在附近，於是他打了電話給卡森伯格，帶著兩位同仁順道過去拜訪了一下。拉塞特回憶說：「我們跟他提起了『蟲蟲危機』，告訴他這部片子的主角會是一隻螞蟻，整部片子說的是牠如何將其他螞蟻組織起來，還找來一群馬戲團的失業昆蟲，一起打敗了蚱蜢惡霸。我實在應該更警覺一點，因為卡森伯格一直問我，打算什麼時候推出這部片子。」

1996年初，拉塞特聽到傳言，說夢工廠也可能推出一部有關螞蟻的動畫電影，他開始擔心起來。他決定打電話給卡森伯格，直截了當問他。卡森伯格吞吞吐吐、左閃右躲的反問拉塞特，從哪裡聽來這個消息。拉塞特繼續追問，卡森伯格終於承認是有這麼回事。

「你怎麼做得出這種事？」一向溫和、很少拉高嗓門的拉塞特，激動的對著他大叫。

「我們有這個想法已經很久了！」卡森伯格解釋說，這是夢工廠一位創意開發主管向他提出來的想法。

「我不相信！」拉塞特說。

卡森伯格承認，為了與過去的老東家迪士尼競爭，他確實加快了「小蟻雄兵」籌拍的腳步。夢工廠的第一部電影原本是預定於 1998 年感恩節推出的「埃及王子」，但是當他聽說迪士尼將於同一個週末推出皮克斯的「蟲蟲危機」時，他吃了一驚，於是決定提前開拍「小蟻雄兵」，以逼迫迪士尼更改「蟲蟲危機」推出的時間。

「我操你媽的！」拉塞特賞了他一句國罵，一反他從不口出穢言的行事風格。此後十三年，他再也沒和卡森伯格說過半句話。

賈伯斯勃然大怒，而他發洩情緒的本事，當然比拉塞特經驗豐富得多。他打了個電話給卡森伯格，對他不停咆哮。卡森伯格提出一個建議：如果賈伯斯和迪士尼願意更改「蟲蟲危機」的發行時間、避開「埃及王子」的上檔日期，他就願意延緩「小蟻雄兵」的拍攝。「這簡直是公然勒索，我才不吃他那一套，」賈伯斯回憶。他告訴卡森伯格，他不可能左右迪士尼的發行日期。

「當然可能！」卡森伯格回答：「你連移山都有本事做到。這可是你教我的！」他提醒，皮克斯當初瀕臨破產，給皮克斯機會去拍「玩具總動員」的正是他本人。「當時救你們一命的人是我，現在你卻讓他們利用你來對付我？」卡森伯格建議，賈伯斯大可放慢「蟲蟲危機」的拍攝腳步，根本不必告訴迪士尼。若是如此，卡森伯格說他願意暫停「小蟻雄兵」的拍攝。

「想都別想！」賈伯斯回應。

卡森伯格此舉自有他的理由。迪士尼執行長艾斯納確實是利用皮克斯的電影來報復他離開迪士尼、另組一家動畫公司。卡森伯格說：「『埃及王子』是夢工廠的第一部作品，而他們就故意選在我們新片發行的同一天，安排了另一部片子來報復。我的想法就跟『獅子王』辛巴一樣，如果你把手探進我的地盤裡來耀武揚威，那就別怪我不客氣了。」

沒有人願意讓步，捉對廝殺的兩部螞蟻電影，立刻成為媒體焦點。迪士尼想要賈伯斯按捺住性子，因為他們認為，雙方對打只會讓「小蟻雄兵」獲益。但賈伯斯哪是任何人能夠輕易叫他封口的。「壞人很少會贏的。」賈伯斯跟《洛杉磯時報》說。而夢工廠經驗老到的行銷總監普瑞斯（Terry Press）則回敬：「賈伯斯該吃藥了。」

「小蟻雄兵」於1998年10月上映。這部電影並不難看。伍迪艾倫用聲音詮釋了那個神經兮兮、亟思在傳統社會中表達獨立性格的螞蟻。《時代》雜誌這麼評論：「這是一部伍迪艾倫自己已經不拍的伍迪艾倫式電影。」「小蟻雄兵」在美國獲得了9,100萬美元的票房，全球票房則為1.72億美元。

「蟲蟲危機」按原訂計畫於六星期後推出。它的史詩格局顯然宏大多了，完全顛覆了《伊索寓言》中〈螞蟻與蚱蜢〉的故事，而且它的美學與擬真技術，也在銀幕上創造出了像是從一隻蟲的視角，來觀看一枝枝草葉的驚人畫面。《時代》雜誌的影評這回熱情多了，資深影評家柯里斯（Richard Corliss）寫道：「它的美術設計簡直出神入化。它創造出了一個落葉蔽天、宛如迷宮的寬銀幕伊甸園，而其中躲了一小群醜醜的、活蹦亂跳、可愛又好笑的傢伙。它讓夢工廠的『小蟻雄兵』看來好像活在以前的廣播年代。」

「蟲蟲危機」的票房成績比「小蟻雄兵」高出了一倍：全美票房 1.63 億美元，全球票房更高達 3.63 億美元（也打敗「埃及王子」）。

幾年後，卡森伯格有次與賈伯斯偶遇，他希望能夠化解彼此的心結。他堅稱自己在迪士尼時從未聽過「蟲蟲危機」的提案。如果他聽過，他的離職協議中應該會包括「蟲蟲危機」所分配到的利潤，這並不是他可以隨便抵賴的。賈伯斯笑了笑，沒答腔。

卡森伯格又說：「我請你調動一下你們的發行日期，但是你不肯。你總不能怪我想要保護自己的寶貝呀。」他記得賈伯斯當時「非常平靜，宛如禪定狀態」，然後回答：了解。

但賈伯斯後來表示，他從來沒有原諒過卡森伯格：

我們的電影在票房上把他們打得落花流水。我覺得很爽嗎？並沒有，我的感覺還是很糟，因為大家開始說，好萊塢怎麼一窩蜂的拍昆蟲電影。他把拉塞特的創意給奪走了，這件事是永遠也無法彌補的。這是一件非常無恥的事，所以我也永遠不可能再相信這個人——即使他非常想要修補我們之間的關係。

他在「史瑞克」大獲成功之後，跑來跟我說了一堆「我完全脫胎換骨，我的心終於完全平靜了」之類的廢話。我心想，拜託一下好不好。他真的是一個很努力的人。但我絕不希望看到他那種道德觀，在這個世界上抬頭。

好萊塢騙子多的是。這件事真的很奇怪。但他們之所以撒謊，是因為這個產業根本不重視誠信。完全不重視。所以，這些人可以為所欲為。

雖然雙方樑子結得很深，但比打敗「小蟻雄兵」更重要的是，「蟲蟲危機」證明了皮克斯不是一家曇花一現的公司。「蟲蟲危機」的票房和「玩具總動員」一樣好，這件事證明了之前的成功絕非僥倖。「產業界有一種潛規則，也就是所謂的第二產品症候群，」賈伯斯後來解釋說，你還沒抓準第一個產品是怎麼成功的，因此需要第二個產品的成功來印證，「我在蘋果就經歷過這種狀況。我當時覺得，只要可以熬過第二部電影，皮克斯就算成功了。」

賈伯斯親自執導

1999年11月推出的「玩具總動員2」比第一集還要成功，全美票房高達2.46億美元，全球則有4.85億美元。既然皮克斯的成功已無庸置疑，該是打造一間總部的時候了。賈伯斯與皮克斯的工作小組在柏克萊和奧克蘭之間的愛莫利維，隔著奧克蘭海灣大橋與舊金山彼此相望的一個工業區，找到了台爾蒙食品公司（Del Monte）的一座廢棄罐頭廠。

他們把舊廠房拆了。賈伯斯再度找來設計蘋果專賣店的波賽傑建築師事務所，請建築師波林（Peter Bohlin）在這塊16英畝的地上，打造具有代表性的新建築。

賈伯斯對這個新總部的關注，簡直巨細靡遺，從建築理念到與材料、工法相關的所有細節，完全事必躬親。皮克斯總裁卡特慕爾說：「賈伯斯讓全公司相信，對的建築可以對企業文化產生巨大的影響。」賈伯斯掌控這新總部建築的方式，就像一位導演對待自己的電影一樣，每個鏡頭都錙銖必較。拉塞特說得好：「皮克斯大樓就是由賈伯斯親自執導的一部電影。」

拉塞特原本想要的是一座傳統的好萊塢影城，不同部門有各自獨立的大樓，每個工作團隊也都有自己的獨立空間。但迪士尼的人說他們很不喜歡新園區，因為每個團隊都覺得自己很孤立。賈伯斯非常同意。事實上，他決定採取另一個極端的做法，也就是：建造龐大的集合建築來圍繞著中庭，讓大家能夠經常不期而遇。

賈伯斯身為數位世界的一員，自然深知身處數位世界可能伴隨的孤立感，因此非常重視面對面的溝通。他說：「在網路時代，我們很容易誤以為創意可以透過電子郵件或 iChat 產生，這完全是痴人說夢。創意來自不期而遇的碰撞、隨機發生的討論。你碰到一個人，問他最近在忙什麼，結果你突然會說『哇』，然後很快就開始出現各種不同的想法。」

所以，他將皮克斯總部設計成一個讓大家能夠經常碰面、激盪火花、隨時可以產生合作機會的地方。賈伯斯說：「如果這棟建築物不能做到這一點，你就會喪失許多創新以及『意外』所能帶來的神奇力量。所以我們將它設計成一個能夠引誘大家經常走出自己的辦公室、隨時都能碰到不同人的地方。」大門及主要樓梯、走廊都直通中庭，大樓裡的咖啡廳及信箱也都設計在中庭；所有的會議室都有大窗面向中庭，就連那間可以容納 600 人的劇院以及兩間小一點的試片室，出口也都直接對著中庭。

拉塞特說：「賈伯斯的理論從第一天就發揮功效，我不斷碰到好幾個月沒見的同事。我從來沒見過任何一個地方，可以像我們這裡一樣，這麼容易創造合作的機會。」

賈伯斯甚至極端到，要求整個總部只能有兩間大廁所，一男一女，而且都必須經由中庭出入。皮克斯總經理克爾文回憶說：「他對這一點非常非常堅持。不少人認為這種做法實在矯枉過正。有位懷孕的女同事就說，公司不應該逼她走上十分鐘，才能上到廁所。這件事真的引起了很大的爭議。」這是少數拉塞特與賈伯斯意見相左的時候。後來他們達成協議：在這棟兩層樓的建築裡，中庭兩側都必須有兩個完整的廁所區，包括男廁、女廁。

由於建築物的鋼樑會裸露在外，賈伯斯看了從全美各地送來的鋼材樣本，希望找到顏色及質地最好的鋼材。他選擇了阿肯色州一家鋼鐵廠的產品。他要求他們必須將鋼樑處理到能夠呈現出最純粹的顏色，而且運送過程一定要小心防護，絕對不可以弄出任何一點刮痕。他還堅持所有的鋼樑必須完全使用螺絲，不可以焊接。賈伯斯說：「所有鋼材都經過噴槍處理，而且塗上了透明漆，所以大家可以看到鋼材最原始的本色。工人在組裝鋼樑時，會邀請家人在週末過來，親眼見識這些成果。」

新總部建築中最荒誕的一個無心之作，是個名為「愛戀小酒館」的地方。有位動畫師搬進辦公室時，發現自己背後的牆有一道小門。那道門後面是一條低矮的走廊，彎腰通過之後就會來到一間四面都是金屬牆面的房間，後頭是空調閥門。他和幾位同事決定將這個祕密空間占為己有。他們在裡面掛了許多聖誕燈泡，還有1970年代頗為流行的熔岩燈，外加幾張長椅，罩著豹紋布料，擺些流蘇抱枕、一張折疊式的雞尾酒長桌、幾種酒，再弄來小吧檯以及上面印有「愛戀小酒館」字樣的餐巾紙。他們還在長廊裡裝了一台攝影機，好讓夜店裡的人了解外頭來了哪些人。

拉塞特和賈伯斯帶了不少重要訪客到那裡小坐，並請他們在牆上簽名留念。牆上的大名包括：迪士尼執行長艾斯納、迪士尼董事羅伊．迪士尼、提姆艾倫（巴斯光年的配音人）、配樂大師藍迪紐曼等人。

賈伯斯非常喜歡這個愛戀小酒館，但他自己不喝酒，所以他有時稱這個地方為「冥想室」。他說，這裡讓他回想起他和卡特基在里德學院裡的那間冥想室，只是這裡少了迷幻藥。

海底總動員

2002 年 2 月，在美國參議院的一場聽證會上，艾斯納竟然對賈伯斯為蘋果 iTunes 創作的廣告，展開猛烈抨擊。艾斯納說：「有電腦公司買下全版廣告及看板，大力鼓吹『擷．混．燒』，換句話說，他們的意思是，只要買了這一台電腦，大家就可以努力偷竊，然後將偷來的東西大方與好朋友分享。」

這項批評極不明智。一來，完全誤解了「擷」的意思，以為那代表了不告而取。但其實，那只是將 CD 上的音樂轉到電腦上而已。更重要的是，這項批評真的惹惱了賈伯斯。艾斯納不可能不知道會有這種結果。皮克斯最近才剛推出與迪士尼合作的第四部電影「怪獸電力公司」，而且還刷新了賣座紀錄，全球總票房高達 5.25 億美元。迪士尼與皮克斯的合約即將到期，艾斯納在參議院公然扯合作夥伴的後腿，絕對無法讓續約之事順利進行。賈伯斯覺得整件事離譜至極，他甚至打了通電話給迪士尼的一位高層，痛罵：「你知道艾斯納剛剛對我幹了什麼好事嗎？」

艾斯納和賈伯斯有著完全不同的出身背景，一個來自美國東岸、一個來自美國西岸。但他們都是意志非常堅強的人，而且絕不輕易妥協。兩人對於做出好產品都有極大的熱情，這也代表他們都喜歡事必躬親，批評起來有話直說，毫不留情。艾斯納可以不厭其煩的在迪士尼世界的「動物王國」裡，一遍又一遍的搭乘「野生動物特快車」，親自找出方法來改善顧客體驗，這種作風簡直就跟賈伯斯手握 iPod、努力操作各種介面，想要找出簡化辦法如出一轍。但另一方面，觀察他們如何管理下屬，也是相當令人吃不消的經驗。

兩人對逼迫別人都很有一套，但自己卻都不喜歡讓步。因此當他們打定主意要互嗆，場面通常不太好看。碰到意見不合的情況，他們通常會認定對方在撒謊。不只如此，艾斯納與賈伯斯似乎都不認為自己可以從對方身上學到任何東西，而且他們連客套都省了，對彼此了無敬意。賈伯斯將一切歸咎於艾斯納：

我覺得最糟的是，皮克斯成功挽救了迪士尼，一再推出精采的作品，但迪士尼則是爛片一部接一部。你會認為，迪士尼的執行長一定會非常好奇皮克斯是怎麼做到。但是在我們二十年的合作歲月中，他到皮克斯來的時間，總共不超過兩個半小時，而且只是來簡單恭喜我們而已。他從來不覺得好奇。這可真讓我大開眼界。好奇心真的非常重要。

賈伯斯的批評有點言過其實。艾斯納去皮克斯的次數，其實比他所說的要多一點，因為有些時候賈伯斯並不在場。但艾斯納對於皮克斯的藝術及科技成就，沒有顯出太多的好奇，卻是事實。不過，賈伯斯同樣也沒花太多時間，去學習迪士尼的管理。

賈伯斯與艾斯納的公開對立，始於 2002 年夏天。賈伯斯一直非常景仰迪士尼公司創辦人華特．迪士尼的創意精神，特別是他建立了一個可以屹立數十年的王國。因此賈伯斯也將華特．迪士尼的姪兒羅伊，視作這個歷史傳承與創意精神的具體象徵。羅伊雖與艾斯納日漸失和，但他仍坐鎮迪士尼的董事會。賈伯斯告訴羅伊．迪士尼，只要艾斯納在位一天，皮克斯就不會與迪士尼續約。

羅伊．迪士尼與迪士尼另一位董事高德（Stanley Gold）交情很好，兩人開始向其他董事發出皮克斯傳來的警告。這使得艾斯納在 2002 年 8 月底，寄出一封電子郵件給迪士尼的所有董事，他自認有把握讓皮克斯最終還是與迪士尼續約，理由之一是，迪士尼握有皮克斯電影中每一個角色的所有權。而且，一年之後皮克斯會完成「海底總動員」，到那時迪士尼將擁有更好的談判條件。艾斯納寫道：「昨天，我們又看了一遍皮克斯最新的一部電影『海底總動員』，他們預計明年 5 月可以推出。這將是皮克斯那些傢伙面對現實的一刻。這部電影還算可以，但絕對遠遠比不上先前幾部；當然，他們自己還是覺得很棒。」

這封電子郵件犯了兩大錯誤：第一，它竟然落入《洛杉磯時報》手中，這當然大大激怒了賈伯斯。第二，艾斯納的判斷完全錯誤，大錯特錯。

「海底總動員」成了皮克斯（以及迪士尼）到那時為止最賣座的電影，一舉超越「獅子王」，成為史上最成功的動畫片。「海底總動員」在全美創下 3.4 億美元的票房紀錄，全球票房更高達 8.68 億美元。2010 年以前，更是史上銷量最好的 DVD，總共賣出 4,000 萬張，並成了迪士尼樂園中最受歡迎的遊樂設施之一。

不只如此，這部片子豐富細膩的質感、精緻美麗的藝術表現，更拿下了當年的奧斯卡最佳動畫片獎。賈伯斯說：「我之所以喜歡這部電影，是因為它說的是冒險，以及學會放手，讓你心愛的人也大膽去冒險。」皮克斯因為這部片進帳 1.83 億美元的現金收入，讓皮克斯的口袋裡擁有 5.21 億美元的戰備金，可以與迪士尼進行最後對決。

「海底總動員」完成後不久，賈伯斯向艾斯納提出了一項完全一面倒的續約提案，擺明是要讓艾斯納斷然拒絕。原來合約規定的收益五五分帳不見了，賈伯斯提出的新合約中要求，皮克斯擁有未來所有電影的全部相關權利，而迪士尼只能收取 7.5% 的發行費用。而且，現有合約中的最後兩部電影「超人特攻隊」及「汽車總動員」，也要改採新的發行規定。

然而，艾斯納手中握有一張王牌，那就是即使皮克斯不肯續約，迪士尼仍然擁有製作所有電影續集的權利，包括「玩具總動員」以及皮克斯先前製作的其他電影。這些電影中，所有角色的智慧財產權，從胡迪到小丑魚尼莫，都屬迪士尼所有，正如他們擁有米老鼠和唐老鴨的智慧財產權一樣。既然皮克斯拒絕再為迪士尼製作「玩具總動員 3」，艾斯納還開始規劃，或說是威脅，要由迪士尼動畫部門自製「玩具總動員 3」。

賈伯斯不屑的說：「當你看過迪士尼做的『仙履奇緣 2』，接下來會弄出什麼，真令人寒毛直豎。」

2003 年 11 月，艾斯納竟有辦法把羅伊・迪士尼趕出董事會，但鬥爭並未結束。羅伊・迪士尼發表了一封措辭嚴厲的公開信。他寫道：「迪士尼已經完全失焦，也失去了原有的創造力及文化傳承。」艾斯納的罪狀還包括：未能與皮克斯建立起有建設性的合作關係。這時，賈伯斯已經決定不再和艾斯納合作，他在 2004 年 1 月公開宣布：皮克斯將終止與迪士尼的協商。

賈伯斯儘管在自家廚房裡，對友人說了許多尖酸的批評，但一向十分自制，不輕易對外透露。這回不一樣了，他完全沒有試圖隱瞞。某次與記者進行視訊會議時，賈伯斯說，皮克斯一再推出叫好又叫座的片子，迪士尼動畫卻一再製作出「丟人現眼的爛片」。艾斯納認為迪士尼貢獻皮克斯電影許多創意，賈伯斯完全嗤之以鼻。「實情是，多年來，我們和迪士尼之間幾乎已經沒有任何創意合作。你們可以自行比較一下皮克斯的電影和迪士尼最近的三部電影，在創意品質上的表現，然後自己做個判斷。」

除了建立起一支卓越的創意團隊之外，賈伯斯的另一大成就是，他已經在影迷心中，創造了另一個與迪士尼同樣偉大的電影品牌，「我們認為皮克斯已經成為動畫電影界最有力量、最受信任的一個品牌。」

當賈伯斯打電話給羅伊，給他提出一些警示時，羅伊回答：「等到壞巫婆死了，我們就又可以在一起了。」

拉塞特卻十分不安，因為與迪士尼分手，後果難料。他說：「我非常擔心自己的寶貝，他們會如何對待我們創造出來的那些角色？這簡直就像拿把刀插進我胸口。」拉塞特在會議室裡，對著高階主管宣布消息時，竟然流下淚來。後來他面對皮克斯中庭聚集的八百多位員工講話時，又哭了一次。

賈伯斯隨後上台，希望緩和一下大家的情緒。他說：「這就好像你生了一堆寶貝孩子，卻得把他們交給一個有虐童前科的人收養。」他解釋為何必須與迪士尼分道揚鑣，而且對大家曉以大義：皮克斯已經是大企業了，必須向前看，才能再創高峰。

「賈伯斯有一種完全說服你的神奇能力，」皮克斯的資深技術師傑考伯（Oren Jacob）說：「忽然間，大家彷彿產生了一種奇妙的信心，不管發生什麼事，皮克斯一定會繼續大放光芒的。」

迪士尼的營運長伊格必須插手了，以便進行損害控管。與身邊那些夸夸其談的人相比，伊格通情達理且十分務實。他出身電視界，曾擔任美國三大電視網之一的美國廣播公司（ABC）總裁。迪士尼於 1996 年併購了 ABC。

伊格是典型的企業人，嫻熟管理，對人才別具慧眼，同時以幽默來與人交往。他還具備了沉靜的特質，因為足夠自信，所以不怕保持沉默。這點和艾斯納及賈伯斯大不相同。伊格的冷靜自持，使他足以應付那些過度自我的人。「賈伯斯大動作宣布終止協商，於是我們啟動了危機管理，而我也整理出一些談判重點，好解決相關問題，」伊格事後回憶。

艾斯納擔任迪士尼執行長的頭十年，表現十分傑出。當時的總裁是威爾斯（Frank Wells）。威爾斯替艾斯納分擔了很多管理雜務，因此艾斯納得以為迪士尼的電影、主題樂園、電視節目、以及無數其他計畫運籌，提出許多有價值的指示。那段時期，他堪稱極為英明。但是，威爾斯在 1994 年因直升機意外而喪生，艾斯納從此再也找不到合適的搭檔。卡森伯格曾經希望獲得威爾斯的遺缺，而這也是艾斯納決定讓他走人的原因。1995 年，奧維茨（Michael Ovitz）接任迪士尼總裁，但結果一塌糊塗，他兩年不到就離職。賈伯斯事後對艾斯納的評價是：

> 前面十年，艾斯納的表現極為優異。但後面十年，他的表現卻糟透了，其中的關鍵就是威爾斯的過世。

艾斯納是個很棒的創意人才，他給的意見通常都很好。因此當威爾斯在負責經營管理時，艾斯納可以像隻大黃蜂，到處飛來飛去，幫助每一件事都變得更好。但當艾斯納必須同時負責管理工作時，他顯然是個很糟的主管。大家都不喜歡與他共事。他們覺得自己一點權力也沒有。艾斯納組了一個宛如蓋世太保的策略規劃小組。只要他們不點頭，沒有人可以動用一毛錢。

即使我決定跟他拆夥，但我還是得佩服他前面十年的成就。他有一部分特質，我也確實非常欣賞。跟他在一起，有時非常有趣，因為他很聰明、詼諧。但他也有陰暗的一面。他的自我中心毀了他。剛開始時，艾斯納對我很講道理，處事很公平，但在與他相處十年之後，我逐漸看到他陰暗的那一面。

2004年，艾斯納最大的問題是，他完全沒有看出自己的動畫部門出了多大問題。他們新推出的兩部電影「星銀島」及「熊的傳說」，完全無法反映出迪士尼應有的水準，而且賣座欠佳。熱賣的動畫電影是迪士尼的命脈，因為它們可以發展成為迪士尼樂園中的遊樂區、玩具，以及電視節目。以「玩具總動員」為例，它創造出一個電影系列、一齣「迪士尼冰上世界」的表演、一齣在迪士尼郵輪演出的音樂劇、一部直接發行影碟的巴斯光年影片、一本電腦故事書、兩種電玩遊戲、十幾款玩偶（總銷量2,500萬個）、一個服飾系列，以及迪士尼樂園中的九項遊樂設施。「星銀島」可沒締造出這種成績。

伊格後來說：「艾斯納沒有意識到迪士尼的問題有多嚴重，所以他才會如此處理皮克斯的問題。他從來不知道自己有多麼需要皮克斯。」不僅如此，艾斯納很喜歡談判，但卻不喜歡妥協。碰到賈伯斯，這絕對不會帶來最好的結果，因為賈伯斯和他一模一樣。伊格說：「談判一定需要妥協，可是他們兩人都不是妥協高手。」

料理鼠王

這個難解的僵局，終於在2005年3月的一個星期六晚上打破了。伊格先後接到前參議員、現任迪士尼董事的米契爾（George Mitchell）以及其他幾位迪士尼董事的來電。他們告訴他，幾個月之內，將由他取代艾斯納成為迪士尼的執行長。

第二天早上起床後，伊格先打電話給自己的女兒，接著就打給賈伯斯和拉塞特。他開門見山的說，他非常重視皮克斯，希望和他們繼續合作。賈伯斯非常興奮。他喜歡伊格，甚至也對他們之間的一點小淵源，覺得十分神奇；賈伯斯的前任女友伊綆，與伊格的太太薇露竟然是賓州大學的室友。

那年夏天，在伊格正式上任之前，他和賈伯斯有了練習打交道的機會。蘋果當時即將推出一款能夠播放影片的iPod。他們需要取得一些電視節目來賣給顧客，但賈伯斯並不想四處張揚，因為一如往常，他還是希望他的產品在正式面世之前，必須保持神祕。美國最成功的兩檔電視影集「慾望師奶」及「LOST檔案」都是ABC的產品，而迪士尼負責督導ABC業務的正是伊格。

自己就擁有好幾個iPod的伊格，每天從早上五點起床運動，就開始與iPod為伍，他早就在思考iPod與電視節目合作的可能性。伊格說：「這個案子非常複雜，但我們只花了一星期就談成了。這件事非常重要，因為我必須讓賈伯斯知道我的行事風格，而且這還可以告訴每一個人，迪士尼是可以和賈伯斯合作的。」

賈伯斯租下聖荷西一家戲院，來發表新的 iPod。伊格受邀擔任神祕嘉賓。伊格回憶道：「我從來沒參加過他的新產品發表會，根本不曉得那會是這麼盛大的場面。他肯邀我出席，這對我們之間的關係是一個重大突破。他發現我非常喜愛科技，也願意冒險。」

賈伯斯進行了他的拿手表演，先介紹了新 iPod 的所有功能，而且，它當然又是「我們所創造出來的、最精采的產品之一，」而 iTunes Store 也會開始販售音樂錄影帶及短片。然後，一如往常，他又以「當然，還有一件事……」做為最後的高潮，那就是 iPod 將可以收看電視節目。全場歡聲雷動。賈伯斯提到，當今最紅的兩個電視影集都是 ABC 的出品。「誰擁有 ABC 呢？迪士尼！我跟這些傢伙可熟了，」他笑著說。

伊格走上台去，看起來和賈伯斯一樣輕鬆自在。這位神祕嘉賓開口了，他說：「最讓我和史帝夫興奮的就是，最棒的媒體內容可以與最棒的媒體科技結合。我很高興在此宣布，迪士尼與蘋果的關係將更上層樓！」他停頓了一下，又補上一句：「不是和皮克斯哦，是和蘋果。」

這種融洽的關係足以顯示，皮克斯與迪士尼的新協議已露出一線曙光。伊格回憶說：「這件事反映了我的行事風格，我喜歡愛情，而非戰爭。我們一直與羅伊、康卡斯特（Comcast，全美最大有線電視網）、蘋果、皮克斯在打仗。我想要修復關係，第一個對象就是皮克斯。」

9 月中旬，伊格剛從香港回來，他去參加香港迪士尼樂園的開幕典禮，那是艾斯納身為迪士尼執行長的最後一役，伊格當時就站在艾斯納的旁邊。開幕典禮中，當然舉行了傳統的迪士尼大遊行。伊格發現，遊行中所有在過去十年所打造出來的角色，全都是皮克斯的創作。「我的腦中突然一亮，」伊格回憶道：「我就站在艾斯納旁邊，但我什麼也沒說，因為這等於是為他過去十年經營的迪士尼動畫，做了最殘酷的注解。在前十年創造出『獅子王』、『美女與野獸』及『阿拉丁』的輝煌成績之後，接下來的十年顯然一片空白。」

回到迪士尼總部之後，伊格請人做了一些財務分析。他發現，過去十年，迪士尼動畫部門根本一直在虧錢，而且在創造周邊商品上幾乎也毫無建樹。

上任後的第一次董事會議上，伊格提出了這份報告。董事會成員非常生氣，因為他們從來不知道這個情況。伊格跟董事會說：「動畫沒戲唱，迪士尼也就沒戲唱了。一部熱賣的動畫片，就像一道巨大的波浪，它的漣漪會擴散到公司的每一項業務，從迪士尼大遊行中的角色，到音樂、迪士尼樂園、電玩遊戲、電視、網路、消費產品。如果沒有創造波浪的源頭，迪士尼不可能成功。」伊格提出了幾種可能性。一是維持現狀，但他不覺得現在的動畫部門主管能夠讓它翻身。二是撤換現有動畫部門主管，但他不知道還能找誰來擔此重任。

伊格的最後一個選項是，買下皮克斯。他說：「問題是，我不知道他們是否有意出售，即使他們願意賣，這也將是一筆龐大的金額。」董事會授權伊格去試一下水溫。

伊格以他一貫的風格進行此事。當他第一次向賈伯斯提出時，他坦白說出自己在香港所發現的殘酷事實，並且表示這件事讓他認清，皮克斯對迪士尼有多重要。

賈伯斯回憶說：「這就是為什麼我那麼喜歡伊格的原因，他完全有話直說。對於談判而言，這簡直是最笨的一件事；至少根據傳統的談判法則就是如此。但他就這樣直接把底牌全部掀開，然後說，『我們完了。』我立刻就喜歡上這傢伙，因為這也是我的行事風格。大家開誠布公，所有的牌都攤在桌子上，然後該怎麼辦就怎麼辦。」（事實上，這當然不是賈伯斯慣用的招數。他和別人談判時，通常都會先聲奪人，大肆批評別人的產品或服務有多爛。）

那段期間，賈伯斯和伊格一起散了很多步，在蘋果總部裡、在帕羅奧圖、在投資銀行 Allen & Co 於太陽谷舉行的年度媒體大會。起先他們規劃了一個新協議：皮克斯可取回之前所拍攝的電影及角色的所有權，而迪士尼則可獲得一部分皮克斯的股權。皮克斯未來將支付一些單純的費用，請迪士尼為他們發行新影片。然而伊格卻擔心，這個協議會使皮克斯成為迪士尼更大的競爭對手；即使迪士尼擁有皮克斯部分股權，也於事無補。

於是伊格開始暗示賈伯斯，或許他們應該考慮一樁更大的交易。伊格說：「我要你知道，我現在的想法完全不設限。」賈伯斯對這個發展方向似乎也很感興趣。「沒多久，我們就明白，這項討論可能導引出一樁收購談判。」賈伯斯回憶。

不過，賈伯斯需要先取得拉塞特和卡特慕爾的同意，因此，他把他們請到家中來。賈伯斯直接切入重點，說：「我們需要更了解伊格這個人。我們可能需要和他聯手，幫他重整迪士尼。他是個不錯的人。」兩人剛開始時很震驚，極度質疑。賈伯斯說：「如果你們不想做這件事，我沒問題。但我希望你們能先認識一下伊格這個人再做決定。我剛開始的感覺跟你們一模一樣，但後來我卻愈來愈喜歡這個傢伙。」賈伯斯告訴他們，他與伊格討論將ABC的影集放上iPod的事，進行得有多容易，同時補充說：「這和艾斯納手下的迪士尼，簡直是天壤之別。伊格非常坦率，而且毫不虛矯作態。」拉塞特記得，他和卡特慕爾兩人只能張口結舌，呆坐在那裡。

伊格立即展開行動。他從洛杉磯飛到拉塞特家中吃晚飯，見了他的太太和家人，然後與拉塞特一路聊到半夜。他也邀請卡特慕爾共進晚餐，然後，他又造訪了皮克斯，這次單獨一人，沒帶任何隨行人員，也沒有請賈伯斯同行。「我一一拜訪了皮克斯的導演，他們向我介紹自己正在拍攝的電影。」伊格說。

拉塞特對於自己的團隊讓伊格如此大開眼界，感到萬分自豪，而這當然也讓他和伊格的關係大大升溫。他說：「我從來沒有像那一天那麼得意，每個團隊的簡報都棒極了，簡直讓伊格佩服得五體投地。」

確實，看過了皮克斯未來幾年計畫推出的影片，包括「汽車總動員」、「料理鼠王」、「瓦力」，伊格回到迪士尼，告訴財務長：「我的天哪，他們真的有許多非常精采的東西。我們得趕快把這件事情談定。這會決定迪士尼的未來。」他承認自己對迪士尼自己的動畫部門正在進行的電影，根本毫無信心。

雙方達成的協議是：迪士尼將以74億美元購入皮克斯的股權，而賈伯斯也將因為擁有7%的迪士尼股權，而成為迪士尼最大的股東；當時，艾斯納只擁有1.7%，羅伊只擁有1%。迪士尼動畫部門將改隸皮克斯轄下，拉塞特及卡特慕爾將負責主導合併後的動畫工作室。皮克斯仍然是一家獨立的公司，動畫工作室及皮克斯總部也將留在愛莫利維市，甚至還保有原來的電子郵件網域名稱。

伊格請賈伯斯在一個星期天的早上，帶拉塞特及卡特慕爾前往洛杉磯世紀城，出席迪士尼的祕密董事會議，目的是要讓他們對這樁破天荒的交易感到放心。從停車場出發前，拉塞特對賈伯斯說：「如果我待會兒顯得太亢奮或講太長的話，你就推一下我的腿。」後來，賈伯斯只推了他一次，而拉塞特的簡報做得實在好極了。「我談到怎麼製作影片、我們的理念、我們如何彼此誠實以待，以及我們如何培養創意人才。」拉塞特回憶。

迪士尼的董事們提出了許多問題，賈伯斯多半讓拉塞特負責回答。但是賈伯斯特別提到，讓藝術與科技結合是一件多麼令人興奮的事情。他說：「這就是皮克斯整個企業文化的精髓，就和蘋果一樣。」

伊格回憶說：「當天，每個人都覺得這兩人的才華及熱情，簡直不可思議。」

天外奇蹟

然而，在迪士尼的董事會還來不及批准這樁合併案之前，艾斯納竟然又陰魂不散的大聲提出反對。他打電話告訴伊格，這樁交易的價錢高得太離譜了。艾斯納跟他說：「你可以自己重整動畫部門。」

「怎麼個重整法？」伊格反問。

「我知道你一定做得到。」艾斯納堅持。

伊格有點惱火，質問他：「艾斯納，為什麼你自己都做不到的事，還要說我一定可以做得到？」

艾斯納說他希望出席一次董事會，他希望能夠對這樁購併案提出反對意見。但是他已經既非董事、又非迪士尼的執行長了。

伊格不同意。於是，艾斯納打了電話給迪士尼的大股東巴菲特，以及董事會的重要成員米契爾。後來，米契爾這位前參議員說服伊格，讓艾斯納有機會發表看法。

艾斯納告訴董事會：「迪士尼根本不必買下皮克斯，因為迪士尼早已經擁有皮克斯所拍過的電影 85% 的所有權。」艾斯納的意思是，在所有已推出的電影中，迪士尼本來就可以取得 85% 的收益，而且，迪士尼也擁有拍攝續集的權利，以及所有電影角色的智慧財產權。「迪士尼尚未擁有的皮克斯只剩 15%。你們花大錢從這樁交易中可以獲得的，就只有這麼多。其他的，就是要賭皮克斯未來的電影是否依然賣座。」可是艾斯納又說，皮克斯過去確實打過幾場很漂亮的仗，但是這種情況不可能持續。艾斯納特意挑選了某些製片家及導演的歷史紀錄，秀給董事會看，「這些人一連推出了好幾部超級大片，後來卻都歸於沉寂。史蒂芬史匹柏如此，華特・迪士尼也是如此，無一例外。」若要讓這樁交易值回票價，艾斯納計算了一下，每一部新的皮克斯電影都必須創造出 13 億美元的價值。

「我對這些事情知道得那麼清楚，簡直快把賈伯斯給弄瘋了。」艾斯納後來表示。

艾斯納離開之後，伊格一一駁斥了他的說法，「讓我告訴大家，他的說法有哪些問題。」他開砲說。聽完兩造的說法之後，董事會很快批准了伊格的提案。

伊格飛到愛莫利維市去見賈伯斯，兩人要一起向皮克斯的員工宣布這個消息。但在此之前，賈伯斯自己先找拉塞特與卡特慕爾來談談。「如果你們心裡有任何顧慮，」他說：「我可以立刻告訴他們交易取消。」這其實有點矯情，因為這時已不可能有任何轉圜餘地。但這個舉動確實很窩心。「我沒有問題。」拉塞特說。「我們就這麼辦了吧。」卡特慕爾也同意。他們緊緊擁抱，賈伯斯還感動落淚。

所有人都集合到中庭。賈伯斯宣布說：「迪士尼即將買下皮克斯。」有些人傷心落淚，但當賈伯斯解釋了整樁交易的條件之後，大家忽然明白，就某種程度而言，這應該算是皮克斯購併了迪士尼的動畫部門。卡特慕爾將成為迪士尼動畫的總裁，而拉塞特也將擔任合併後的創意總監。最後，大家反而高聲歡呼。伊格之前一直站在角落，賈伯斯這時邀請他來到舞台中央。當他談到皮克斯的企業文化，以及迪士尼有多麼珍惜皮克斯、需要好好向他們學習時，現場爆出一陣歡呼。

「我的目標一直不是光製作好的產品，而是建立起一家偉大的公司，」賈伯斯事後說：「華特・迪士尼做到了。在進行這樁購併案的時候，我們不但保有了皮克斯這家偉大的公司，同時也幫助迪士尼繼續成為一家偉大的公司。」

33

二十一世紀麥金塔

一夫當關

1999年，賈伯斯與 iBook。

蛤蠣、冰磚、向日葵

自從 1998 年 iMac 問世之後，賈伯斯和艾夫就讓令人著迷的設計，變成蘋果電腦的註冊商標。他們有一款筆記型電腦看起來就像一個橘色的大蛤蠣，還有一款桌上型電腦像一塊禪味十足的冰磚。然而有些設計，就像你在衣櫥底層不小心翻到的舊喇叭褲，在當時看來或許非常新潮，但後來再看卻顯得有點俗氣。

蘋果這種對設計的熱情，有時似乎玩得過火了點。然而這卻讓蘋果電腦獨樹一幟，同時也為蘋果提供了重要的曝光機會，因此能在 Windows 霸占的電腦世界中存活。

蘋果在 2000 年推出的 Power Mac G4 Cube 設計得如此迷人，甚至成了紐約現代美術館的典藏品。這塊 8 吋見方的冰磚，剛好和立方形的舒潔面紙盒一般大小，是「賈伯斯美學」的極致表現。它的細膩來自於極簡，機台表面完美無瑕，不見任何按鈕，也沒有 CD 托盤，只有一個隱密的 CD 插槽。和傳統的麥金塔一樣，當然沒有散熱風扇。這真是純粹的禪風實踐。

賈伯斯告訴《新聞週刊》，「當你看到一個東西的外觀是如此精緻，你會說，『嗯，它的裡面必定也是同樣細膩』。我們確實不斷削減多餘的東西，移除一切不必要的累贅。」

G4 Cube 極簡到幾乎有點做作，但處理速度倒是很強。不過並沒有締造銷售佳績。蘋果原先將它設定為一款高階電腦，但賈伯斯卻一如往常的，想把任何產品都推進大眾消費市場。結果是兩個市場都不討好。專業人士並不想在自己的辦公桌上，搞一個宛如珠寶盒的雕塑品，一般人也不願意花兩倍價錢在一台電腦上，他們寧可將就使用那些看來毫不吸引人的米色塑膠產品。

賈伯斯原本預估蘋果一季可賣出20萬台G4 Cube。第一季，他們只賣了10萬台。下一季，更賣不到3萬台。賈伯斯後來只好承認G4 Cube的設計或許玩過了頭，而它的價格或許也高過了頭，正如從前的NeXT電腦。但他也慢慢學到了教訓，後來再打造像iPod之類的產品時，他已經學會控制成本，也知道必須妥協，才能及時推出符合成本的產品。

G4 Cube的銷售不如預期，也是蘋果2000年營收慘澹的原因之一。當時正值網路泡沫破滅，蘋果在教育機構的市場也大幅萎縮。之前一直維持在60美元以上的蘋果股價，竟然在一天之內跌掉一半。2000年底，蘋果股價只剩不到15美元。

但這一切並沒有妨礙賈伯斯追求獨特設計（甚至奇特設計）的決心。當平面顯示器已經可以投入市場時，賈伯斯覺得那也是iMac應該改頭換面的時候了。（iMac就是那部半透明、彷彿來自「摩登家庭」卡通影集的桌上型電腦。）

艾夫提出了一種有點傳統的設計，他將電腦的主機集中在平面顯示器後方。賈伯斯不喜歡這個設計。正如他在皮克斯及蘋果常有的行徑，他立刻喊停，決定重新思考。他覺得這個設計少了一點純粹感。他問艾夫：「如果要把這一堆東西塞在平面顯示器後面，我們為什麼還要用平面顯示器？我們應該讓每一個元素都忠於它的本質。」

賈伯斯當天提早下班，以便回家仔細思考這個問題。他也把艾夫找到家中，兩人又在花園裡散步。賈伯斯的太太當時在花園種了向日葵。「每一年我都會在花園裡做點不一樣的事，而那年我決定種向日葵，讓孩子有個充滿向日葵的家，」蘿琳回憶說：「艾夫和史帝夫正在討論他們的設計難題，忽然，艾夫問道，『我們何不直接將螢幕和底座分開，讓它看起來就像一朵向日葵？』他忽然變得非常興奮，開始拿起筆來畫草圖。」

艾夫希望他的設計能夠反映出某種意涵，而他發現，向日葵的形狀可以讓平面顯示器呈現出一種流動、回應的意象，不斷朝太陽伸展。

在艾夫的新設計中，麥金塔的螢幕背後有一支可以轉動的金屬支架，看起來不僅像一朵向日葵，甚至還有點像一盞長相滑稽的小檯燈。沒錯，它的模樣確實會讓人想起拉塞特為皮克斯所拍攝的第一部短片「頑皮跳跳燈」中的那盞小檯燈。後來，蘋果為這項設計申請了多項專利，其中大多屬於艾夫所有；但有一項設計：「經一可活動的組件連接平面顯示器與電腦系統」，賈伯斯則將自己列為主要發明人。

事後看來，麥金塔有幾款設計確實顯得太花俏了一點。但其他電腦業者卻是處於另一個極端。一般人總認為，電腦產業應該非常重視創新，但這個產業卻製造出太多完全缺乏設計感的廉價產品。經過幾次失敗的嘗試，包括替產品加點顏色、換換造型等等，戴爾、康柏、惠普這些公司都為了削價競爭，而將生產過程大量外包，使得電腦成了高度規格化的產品。蘋果獨樹一幟的產品設計，以及類似 iTunes 和 iMovie 等開創性應用軟體不斷的推陳出新，蘋果儼然成為電腦產業中唯一持續創新的公司。

把英特爾藏在心底

蘋果的創新絕不只是表面功夫。從 1994 年開始，蘋果使用的微處理器都是「威力晶片」。這是 IBM 和摩托羅拉共同研發的產品。多年來，它的處理速度一直比英特爾的晶片快，而蘋果還曾以它為主題，製作過許多支詼諧的電視廣告。然而就在賈伯斯重回蘋果時，摩托羅拉的新一代晶片研製進度卻大幅落後，這使得賈伯斯與摩托羅拉的執行長蓋文（Chris Galvin）產生了極大的衝突。

1997 年，賈伯斯重返蘋果後不久，賈伯斯就決定停止將麥金塔作業系統授權給相容機的業者。他告訴蓋文，只要摩托羅拉可以加速開發筆電用的威力晶片，他就願意讓摩托羅拉的熱門相容機 StarMax Mac 破例使用麥金塔的作業系統。這通電話會談後來不歡而散。賈伯斯老實不客氣的批評摩托羅拉晶片爛透了，脾氣也不小的蓋文當然也毫無好話，賈伯斯憤而掛了蓋文的電話。摩托羅拉的 StarMax 被取消授權，而賈伯斯則祕密展開計畫，要將蘋果裡面的摩托羅拉／ IBM 威力晶片轉換為英特爾的晶片。這可不是一件小工程，它無異於重寫一套新的作業系統。

賈伯斯並沒有與他的董事會分享任何權力，但他充分利用董事會來測試一些想法、祕密商討策略。他會拿支筆站在白板前，引導大家進行腦力激盪。為了是否改用英特爾的晶片，蘋果董事會整整討論了十八個月。「我們不斷辯論、問了一堆問題，最後終於決定此舉勢在必行，」董事會重要成員列文森回憶。

當時的英特爾總裁，也就是後來的執行長歐德寧，開始與賈伯斯密商。他們是在賈伯斯全力挽救 NeXT 電腦時，慢慢熟稔起來的。歐德寧後來說：「當時賈伯斯曾暫時收斂自己的傲慢。」

歐德寧有一種沉穩、幽默的待人之道。當他在 2000 年初再度與賈伯斯合作時，他發現，「賈伯斯的活力又回來了，他當然也不再像以前那麼謙遜了。」但是歐德寧卻能夠幽默以對，而非心生反感。

英特爾有許多老顧客，賈伯斯這個新上門的客人卻要求拿到比較低的價錢。歐德寧說：「我們得找一些特別的方法來解決價格上的歧見。」一如賈伯斯的習慣，他們的談判多半都是在漫長的散步中完成的。有時他們會一起走到史丹佛校園後方，一座暱稱為「碟子」的電波望遠鏡附近。賈伯斯通常會用一個故事當作開場，再開始說明他是如何看待電腦發展的歷史。到了散步的尾聲，他通常就已進入討價還價的階段。

歐德寧說：「英特爾過去在外有一種『很難搞』的名聲，這主要是從葛洛夫與貝瑞特（Craig Barrett）的時代流傳下來的印象。而我想要讓外界知道，英特爾其實是一家很好合作的公司。」於是，英特爾組織了一個特別小組，開始與蘋果合作，而他們竟然可以提前六個月，完成蘋果電腦的換心手術。

賈伯斯邀請歐德寧參加了當年蘋果的「精英 100」度假會議。歐德寧穿了一套英特爾著名的防塵衣出場，那模樣活像兔寶寶，然後給了賈伯斯一個大大的擁抱。2005 年的 iMac 發表會上，一向穩重的歐德寧又表演了一次變裝秀，那時螢幕上大大打出幾個字：「蘋果英特爾，終於團圓了」。

蓋茲對此倍感訝異。弄出一些五顏六色的電腦外殼，並不會讓他覺得蘋果有多偉大。但是能夠神不知鬼不覺的，完全無縫密合而且準時的更換掉電腦核心的中央處理器（CPU），卻是讓他真心佩服不已。「如果你說，好，我們決定更換我們的微處理晶片，而且中間不能有半點時間差錯。這種事聽來實在有點像天方夜譚。但他們竟然做到了。」多年後，當我問到賈伯斯的成就時，蓋茲這麼說。

股票選擇權風波

賈伯斯對待金錢的態度，也是他的諸多怪異行徑之一。1997年重返蘋果時，他將自己塑造成可以只為一塊錢工作，一心只想重振蘋果聲譽，並非求取個人利益。然而賈伯斯卻又決定熱情擁抱巨額的股票選擇權（以特定價格買入大量蘋果股票的權利），數額還超過董事會的權限能給予的正常分紅獎勵。

賈伯斯在2000年初拿掉「代執行長」、成為蘋果正式的執行長時，伍拉德及蘋果董事會除了買給他那架灣流五型私人噴射機之外，還給了他一大筆股票選擇權，這可完全牴觸了賈伯斯一心想要建立的形象：視錢財如無物。但賈伯斯竟提出了遠高過董事會提議的數字，讓伍拉德不解又不悅。

不過，就在賈伯斯獲得那筆選擇權之後不久，這場算計竟成了白費心機。蘋果的股價因G4 Cube銷售失利及網路泡沫破滅，在2000年9月突然一瀉千里，於是他的選擇權變成了廢紙。

更糟的是，2001年6月《財星》以肥貓執行長為題，推出了封面故事：「偉大執行長的搶錢大作戰」。賈伯斯一張滿臉沾沾自喜的大頭照，成了當期封面。雖然他的認股權已形同壁紙，但根據配發當時的價格計算（使用的是所謂Black-Scholes期權訂價模型），那筆選擇權的價值依舊高達8.72億美元。《財星》說這是有史以來，執行長所拿過的最大一筆紅利，遠遠超過所有其他肥貓。賈伯斯彷彿被打入了十八層地獄。他花了四年時間拚命工作，讓蘋果起死回生，不但一毛現金都沒撈到，還成了貪婪執行長的代表人物！這讓他看來表裡不一，嚴重傷害了他的形象。

賈伯斯於是給《財星》的總編輯寫了一封措辭嚴厲的信，強調他的選擇權根本「一文不值」，並說他非常願意以 8.72 億這個數字的一半，將這些選擇權賣給《財星》。

在此同時，賈伯斯卻又要求董事會，再送他另一筆巨額選擇權，因為舊的選擇權已一文不值。他對董事會（或許也是對他自己）說，他之所以要這筆選擇權，並不是想要發財。「這件事其實無關金錢，」他後來在美國證管會針對他的選擇權而提出的訴訟中，辯駁說：「每個人都希望受到同儕的肯定⋯⋯我覺得蘋果的董事會並沒有給我該有的肯定。」既然股價已經低於他的選擇權，他覺得蘋果的董事會理應主動授予一筆新的選擇權，而不是還要他去向他們開口。「我覺得自己在蘋果的表現還不錯。如果他們當時那麼做了，我會感覺舒服得多。」

賈伯斯欽點的董事會對他真是寵愛有加。他們決定在 2001 年 8 月再賞給他另外一筆巨額選擇權，當時蘋果的股價還不到 18 美元。問題是，在《財星》的封面故事報導之後，賈伯斯很擔心自己的形象。因此，除非董事會同時取消他舊有的選擇權，否則他將不願接受新的餽贈。但這麼做將會帶來會計上的疑慮，因為這等於是修改原有選擇權的價格，也會影響當期盈餘。要避免這種「會計變動」的問題，唯一的辦法就是在授予新的選擇權後，等上至少六個月再取消原來的選擇權。

不過，賈伯斯已開始針對自己多快能夠拿到新的選擇權，不斷跟董事會討價還價。

一直到 2001 年 12 月中，賈伯斯才終於接受了新的選擇權，而且願意大膽等候六個月，再取消之前獲得的選擇權。但是這時蘋果股價已經上漲了 3 美元，來到 21 美元，如果將履約價格訂在 21 美元，賈伯斯新的選擇權每股價值將減少 3 美元。於是，蘋果法務長漢娜（Nancy Heinen）查看了一下蘋果近期的股價，選擇了10月19日做為正式的授予日期，因為當天股價為18.3美元。漢娜也批核了好幾份會議紀錄，指稱蘋果董事會是在10月19日當天批准了這項股權授予。對賈伯斯而言，這次的股權追溯大約值2,000萬美元。

賈伯斯的名聲再一次大大受損，而他還沒拿到半毛錢呢。蘋果的股價繼續下滑，到了2003年3月，新的選擇權價格又再泡湯，於是賈伯斯決定全部拿來換成價值7,500萬美元的蘋果股票。也就是說，從他1997年重返蘋果，一直到2006年股權授予結束，他等於每年從蘋果獲得830萬美元的報酬。

徒惹爭議

要不是《華爾街日報》在2006年刊登了一系列有關股權追溯的報導，這一切早就無聲無息的過去了。雖然那一系列的報導中並未提及蘋果，但蘋果的董事會還是籌組了一個三人委員會，包括前副總統高爾、Google執行長施密特、曾任IBM及克萊斯勒財務長的約克（Jerry York），來進行調查。

「我們一開始就決定，如果賈伯斯有問題，我們也一定會秉公處理。」身為蘋果董事的高爾回憶。委員會發現，賈伯斯及其他好幾位蘋果高層的認股權授予確實有問題，於是他們立刻將調查結果送交美國證管會。調查報告指出，賈伯斯事先知道股權日期追溯之事，但他並未從股權追溯獲得任何利益。（迪士尼的一個委員會也發現，在賈伯斯當家的時候，皮克斯也曾發生過股權日期追溯的情形。）

其實，股權追溯的相關法令並不十分明確，而蘋果確實也沒有人因股權追溯而獲得任何好處。美國證管會花了八個月時間調查此事。

2007 年 4 月，證管會宣布將不對蘋果採取任何法律行動，部分原因是「蘋果在本會調查期間提供了快速、全面、徹底的合作，以及蘋果本身迅速的自我調查行動。」雖然證管會發現，賈伯斯對日期追溯之事的確事先知情，但因他「並不了解追溯行為在會計原則上的影響」，因此認定賈伯斯無不當行為。

但美國證管會卻對蘋果的前財務長安德森（亦為蘋果董事）以及法務長漢娜提出告訴。

安德森是退休空軍軍官，他的下頷與人品同樣端正。他在蘋果公司裡一直擁有一種睿智而沉穩的影響力，並以能夠控制賈伯斯的脾氣而聞名。他因某些認股權的文書作業（與賈伯斯的認股權無關）而被證管會認定「疏失」，但並未被禁止擔任上市公司的董事或主管。安德森最終還是辭去蘋果董事職務。當高爾的委員會向董事會報告調查結果時，安德森和賈伯斯雙雙被請出會議室。他和賈伯斯兩人單獨在他辦公室中共度了一段時間，但那也是他們兩人最後一次交談。

安德森認為自己成了代罪羔羊。當他和證管會達成和解時，他的律師發表了一份聲明，將部分問題推回賈伯斯身上。聲明指出，安德森「曾提醒賈伯斯先生，主管團隊的認股權必須以董事會批准當日的價格為履約價格，否則可能產生會計上的疑慮，」但賈伯斯卻回答，「董事會已事先批准這些股權的授予。」

漢娜原先對這些指控也極力抗辯，但最終也以和解收場，並遭罰款。相同的，蘋果公司本身也在一項股東訴訟中達成協議，並支付了 1,400 萬美元的賠償金。

《紐約時報》的諾瑟拉論道：「很少有人會因過度執著於自己的形象乃至造成一大堆可以避免的問題，然而這次又是賈伯斯。」賈伯斯視規則和法條如糞土，在他創造出來的企業氛圍之下，像漢娜這樣的人實在很難和他唱反調。雖然這種作法有時可以生出偉大的創意，但他周遭的人可能就得付出代價。特別是就薪酬這件事而言，由於沒有人能夠拂逆他，致使一些好人做出一些可怕的錯誤。

賈伯斯的薪酬問題似乎也呼應了他停車的怪異行徑。他一方面不肯接受「執行長專屬車位」的禮遇，另一方面卻又認為自己有權隨意霸占殘障車位。賈伯斯希望在自己與別人眼中，是個願意一年只領一塊美金的人，但他也希望董事會能夠主動大方送上巨額的選擇權。

賈伯斯深信自己能夠開啟內在自我，對外在世界實踐理想，但絕不出賣靈魂，也不唯利是從；可是他的舉止，卻充分反映出一個反主流文化者搖身變為創業家後的矛盾。

34

第一回合

勿忘人生終有一死

攬著伊芙的蘿琳、庫依、拿著相機的拉塞特與蓄鬍的克洛等人，環繞在賈伯斯身邊，為他慶祝五十歲生日。

發現罹患胰臟癌

賈伯斯後來懷疑，他之所以罹癌是因為 1997 年以來，長年奔波於蘋果和皮克斯之間，過度勞累所造成的。來回奔波確實讓他得了腎結石及一些其他的毛病。回到家時，他通常已累得連話都說不出來。他說：「我的癌症或許就是那個時候開始醞釀的，因為當時我的免疫系統真的很差。」

沒有證據顯示疲憊或免疫系統虛弱可能造成癌症，但腎結石問題確實讓他的癌症提早被發現。2003 年 10 月，他剛好碰到曾經治療過他的泌尿科醫師，她建議他應該再做一次腎臟和輸尿管的電腦斷層掃描，因為距離他上一次做斷層掃描已經有五年了。新的斷層掃描顯示他的腎臟沒有問題，但他的胰臟卻有個陰影。醫師要求賈伯斯立刻安排做一次胰臟檢查。

他當然沒做。一如往常，他總是故意忽視自己不想面對的問題。但醫師緊盯不放。「賈伯斯，這件事非常重要，」幾天後醫師又對他說：「你真的必須做這件事。」

由於醫師的語氣急迫，賈伯斯只好遵命。一天早上，他早早就來到醫院，醫師團隊研究過他的斷層掃描之後，告訴他一個壞消息：他的胰臟長了一顆腫瘤。有位醫師甚至暗示他，應該趕快把所有的事情好好處理一下，這等於是委婉告訴他，剩下不過幾個月的時間了。

當天晚上，醫院幫他做了切片檢查。他們把內視鏡從他的喉嚨伸進腸子裡，然後讓內視鏡的探針刺入他的胰臟，從腫瘤中取出一些細胞進行化驗。蘿琳記得那些醫師當時眼中帶著喜悅的淚光 —— 那是一種胰島細胞神經內分泌腫瘤，雖然罕見，但因為生長速度較慢，所以也比較容易治癒。賈伯斯很幸運，因為發現得早（他是在做例行腎臟檢查時發現了這顆腫瘤），因而得以在癌細胞轉移之前，透過外科手術進行摘除。

流行病學家布里恩特是賈伯斯最早打電話諮詢的人之一，他們是在印度喜馬拉雅山腳下的一處道場認識的。賈伯斯問他：「你仍然相信神嗎？」布里恩特說「對」，兩人討論了一會兒印度高僧卡洛里上師教導的各種通往神的途徑。最後，布里恩特問賈伯斯到底發生什麼事。賈伯斯才說：「我得了癌症。」

賈伯斯最早打電話諮詢的另一個人是蘋果董事列文森。他看到手機顯示賈伯斯來電時，正在主持自己公司（基因科技）的董事會。休息時間一到，他立刻回電並得知了腫瘤的事。列文森有癌症生物學背景，他的公司也生產癌症藥物，因此他成了賈伯斯的重要顧問。

英特爾的葛洛夫也一樣，因為他曾成功打敗自己的攝護腺癌。賈伯斯在確診後的那個星期日打電話給他，葛洛夫立刻開車來到賈伯斯家，兩人談了兩小時。

然而，讓蘿琳和好友驚懼萬分的是，賈伯斯竟然決定不開刀摘除腫瘤。手術是當時唯一可行的治療方式。「我真的不想被人家開腸破肚，所以我嘗試了一些其他方法，看是否可行。」多年後他這麼對我說，語氣中帶著一絲遺憾。更嚴重的是，他決定嚴格吃素，並食用大量的紅蘿蔔與果汁。除此之外，他還在自我診療的藥方中，加了針灸和草藥治療，以及偶爾在網路上或四處找人問來的偏方。他醫療諮詢的對象還包括一位靈媒。有一陣子，賈伯斯還聽信一位在南加州開設自然療法診所的醫師所提的建議，這位醫師強調要使用有機藥草、果汁斷食、清腸、水療等自然療法，以及完全釋放內心所有的負面情緒。

「最主要的問題是，他還沒有準備好打開身體讓人看，」蘿琳回憶：「你很難逼一個人做這件事。」但她還是努力一試，「身體是為了服事心靈而存在，並沒有那麼神聖不可侵犯。」蘿琳與賈伯斯爭辯。

許多好友也一再懇求他趕快動手術、接受化療。葛洛夫回憶說：「賈伯斯告訴我他正在自我治療，結果我發現，他根本是在吃草，我跟他說，他這麼做簡直是瘋了。」

列文森也說他「天天央求」賈伯斯，結果卻落得「萬分挫折，因為賈伯斯什麼都聽不進去。」這些爭執差一點讓兩人反目。當賈伯斯跟他解釋自己的食療法時，他激動反駁：「治療癌症不是這樣搞的！要對付癌症，你就是得動手術、用化學藥物徹底轟掉那些癌細胞。」

即使是大力鼓吹另類療法及營養療法的先驅歐寧胥（Dean Ornish），也跟著賈伯斯做了一次很長的散步，強力建議他：有時正統醫療方式才是最正確的選擇。歐寧胥告訴賈伯斯：「你真的應該動手術。」

2003 年 10 月確診以後，賈伯斯頑強抵抗了九個月。部分原因是他那現實扭曲力場的陰暗面在作祟。列文森猜測：「我覺得史帝夫的意志堅強到，相信自己可以用念力讓世界按照他的意志來運作，但這種做法不是每次都行得通。現實是無情的。」

賈伯斯有驚人的專注力，但它的另一面則是嚇人的意志力，足以過濾掉他不想面對的事情。這種神奇的能量讓他在事業上迭有驚人突破，但有時卻也可能傷害他。「他有一種奇特的能力，能夠完全忽視自己不想面對的事，」蘿琳說：「他天生如此。」

不論是家庭、婚姻等私人領域的事，或是與工程科技、企業發展相關的專業事務，甚至是健康及癌症，賈伯斯有時就是聽不進任何意見。

動手術切除部分胰臟

過去，他曾因蘿琳所說的這種「奇特的能力」，認為事情可以按照他的意志發生，而獲得極大的報償，但癌症可不聽他的。蘿琳開始求助於賈伯斯最親近的友人與家人，包括他的妹妹夢娜，希望他們能說服他改變心意。終於，2004 年 7 月，賈伯斯看到了一張電腦斷層的片子，那腫瘤不但變大了，而且可能已經擴散。他不得不面對現實。

2004 年 7 月 31 日，賈伯斯在史丹佛大學醫學中心進行了手術。他接受的並不是完整的胰臟十二指腸切除手術（Whipple procedure），那得切除大片胃部、膽囊、十二指腸、部分小腸和部分胰臟。醫師曾經考慮過這個做法，但後來還是決定進行比較不那麼極端的手術，只切除了部分的胰臟。

手術第二天，賈伯斯就在病房中將自己的 PowerBook 接上蘋果的 AirPort Express 無線基地台，給蘋果的同仁寫了一封電子郵件，向大家宣布他動了手術。賈伯斯告訴大家，他所患的胰臟癌很罕見，「只占每年診斷出的胰臟癌中的 1%，只要及時發現（我的胰臟癌就是如此），就可經由手術移除而完全治癒。」他說他不用進行任何化療或放射線治療，而且將於 9 月銷假上班。「這段期間，我已經請庫克負責蘋果的日常運作，所以不會對蘋果造成任何影響，」他寫道：「相信 8 月起，我就會開始打電話來煩人。非常期待 9 月與大家再度見面。」

手術帶來一個副作用，對賈伯斯來說很難克服：他從青少年時期就開始遵行一套非常極端的飲食法，包括怪異的定期清腸及斷食。由於胰臟可以提供胃部消化食物及吸收養分所需的酵素，因此，移除部分胰臟將使他無法獲得足夠的蛋白質。醫師都會要求患者增加每天進食次數，並維持均衡營養，像是食用多種肉類及魚類蛋白質、和大量的全脂乳製品。賈伯斯從來沒有這種飲食習慣，而且他也不打算遵守醫師的吩咐。

賈伯斯在醫院待了兩個星期。回家之後，他開始努力恢復體力。「記得剛回家那陣子，坐在搖椅上，」他指著客廳中的一把搖椅，「一開始我根本沒有力氣走路。我花了一個星期，才開始在我家周圍散步。我逼自己要走到幾個路口外的花園附近，然後慢慢再更遠一點。六個月後，我的體力幾乎完全回來了。」

不幸的是，他的癌細胞也已經擴散。手術時，醫師發現了三處肝臟轉移。如果九個月前就動刀，他們或許能夠趕在轉移之前就處理掉，不過，誰知道呢。賈伯斯開始進行化療，這讓他的飲食習慣受到了更大的挑戰。

史丹佛大學畢業典禮演說

賈伯斯對他的抗癌行動十分保密，他告訴大家他的癌症已經「治癒」，正如 2003 年 10 月確診後，他並未對外公開病情。這種保密的行徑並不令人意外，因為他本性如此。比較讓人意外的是，他竟然決定公開講述個人的健康問題。除了蘋果的產品發表會之外，賈伯斯鮮少對外演講，但他竟接受了史丹佛大學之邀，在 2005 年的畢業典禮上擔任演講貴賓。在發現罹癌及人生將屆半百之時，他顯然進入了一種反思的心境。

為了準備演講稿，他打了通電話給知名編劇家索爾金[*]。索爾金同意幫忙，於是賈伯斯寫了一些自己的想法寄給他。「那是2月的事情，但接下來索爾金卻音訊全無。我在4月又追了他一次，結果他竟然說：『對喔。』於是我又寄了一些想法給他，」賈伯斯回憶那段過程，說：「我後來又拚命給他打電話，他一直說『好、好』，但這時已經到了6月初，還是沒有隻字片語。」

賈伯斯開始緊張。他一向親自撰寫蘋果產品發表會的稿子，但他從沒寫過畢業典禮的講稿。某天晚上，他決定自己坐下來寫這篇演說稿，除了與蘿琳交換一點意見之外，他沒有任何外力的協助。結果，它成了一篇非常深刻而簡單的講稿，質樸無華，完完全全是史帝夫・賈伯斯個人的產品。

作家海利[†]曾說，開始一篇演講最好的方式就是：「讓我給大家說個故事。」沒有人想聽一篇演講，但每個人都喜歡聽故事。而這正是賈伯斯選擇的方式：「今天，我只想跟各位說三個我個人的故事。就這樣，不談大道理，只有三個故事。」

第一個故事是有關他從里德學院休學的事。「從此我再也不用去上那些我沒興趣的課，我開始把時間拿去聽那些我真正有興趣的課。」

第二個故事是關於自己被蘋果開除，結果卻因禍得福的事，「成功的沉重負擔被從頭來過的輕鬆所取代，每件事情都不再那麼確定。」即使畢業典禮會場上空，有一架小飛機來回盤旋，機尾還掛著一幅要賈伯斯「回收所有電子廢物」的抗議布條，台下的學生卻異常專注。

---

* 譯注：索爾金（Aaron Sorkin）是美國知名編劇，以「社群網戰」一片獲得奧斯卡最佳改編劇本獎。其他知名作品包括「軍官與魔鬼」及「白宮風雲」。

† 譯注：海利（Alex Haley）於1976年出版《根》，描述美國黑人致力尋根的故事，獲得普立茲獎。

然而，真正吸引學生的，其實是他的第三個故事——他被診斷出癌症，以及這件事所帶來的體悟：

知道自己即將死亡，是我在面對人生抉擇時，最重要的憑藉。因為幾乎每件事情，包括所有外界的期待、所有的驕傲、對困窘或失敗的恐懼，在面對死亡時，全都消失了，剩下來的才是真正重要的東西。知道自己即將死亡，也是超越得失心這個陷阱的最好方法。既然生不帶來、死不帶去，為什麼不順心而為？

這篇演說的極簡風格，傳遞出簡單、純粹與魅力。你可以盡量搜尋，從精選文集到 YouTube 上的影片，相信找不到一篇更好的畢業典禮演說。或許有些演說對後世的影響更大，例如國務卿馬歇爾 1947 年在哈佛大學畢業典禮中，宣布美國將全力支持歐洲戰後重建（即著名的「馬歇爾計畫」）。然而，你絕對找不到一篇更優雅自持、充滿悲憫的畢業典禮演說。

五十雄獅

過三十歲和四十歲生日的時候，賈伯斯邀請了矽谷的超級巨星及各界名流，一起來熱鬧慶祝。但當 2005 年過五十歲生日時，賈伯斯剛動完癌症手術後返家。蘿琳為他安排的驚喜慶生會，只邀請了他最親近的友人及工作上的夥伴。

生日宴會在一位好友舒適的舊金山家中舉行。柏克萊潘尼斯之家的名廚華特斯，為他們準備了來自蘇格蘭的鮭魚、北非的蒸小米，以及許多從自家花園採來的各式蔬菜。「聚會非常溫馨、親密，每個人以及所有的孩子都能夠待在同一間屋子裡，」華特斯回憶。當天的餘興節目是由即興喜劇節目「對台詞」（Whose Line Is It Anyway?）的班底負責。賈伯斯的好友史雷德（Mike Slade，曾任 NeXT 行銷主管）以及蘋果和皮克斯的同事都在場，包括拉塞特、庫克、席勒、克洛、盧賓斯坦，以及郃凡尼恩。

賈伯斯病假期間，庫克的代班表現得可圈可點。他讓蘋果那些個性稜角分明的奇才都能表現良好，自己也盡量避免鎂光燈。賈伯斯喜歡有個性的人，但只到某個程度。他從未指派過副手，或與任何人分享舞台。要當他的替身並不容易。光芒太露，你就死定了；沒有光芒，你也死定了。庫克避開了所有的暗礁。該他上場的時候，他非常沉著、有決斷力，但他不需要別人關愛的眼神或特別的稱許。庫克說：「有些人很討厭賈伯斯搶走所有的光采，但我從來不鳥這些事。老實說，我寧可自己的名字永遠不要上報。」

賈伯斯銷假上班之後，庫克也重返原有的崗位，負責讓蘋果順利運作，而且依然不受賈伯斯情緒的干擾。庫克說：「許多人都誤以為賈伯斯的批評出自惡意或蓄意否定別人，但那只是他表達極端投入某些事情的一種方式。我的處理態度是，我從來不把他的大發雷霆當成是對我個人的不滿。」事實上，庫克剛好是賈伯斯的反面形象：鎮定、情緒平穩，典型的土星性格而非水星性格（NeXT 的同義詞字典中，就是如此記載）。

賈伯斯後來說：「我是個談判好手，但庫克比我還厲害，因為他是個冷靜的顧客。」繼續稱讚了庫克幾件事之後，賈伯斯淡淡加了一項保留意見，這個保留意見很重要，但他鮮少說出來：「可惜庫克並不是真正做產品出身的人。」

2005 年秋天，賈伯斯不動聲色的任命了庫克擔任蘋果的營運長。當時他們正一同飛往日本。賈伯斯並沒有「請」庫克出任這項職務。他只是轉過頭來跟庫克說：「我決定讓你出任營運長。」

同樣在那段期間，賈伯斯的老友盧賓斯坦和郤凡尼恩卻先後決定離去。兩人分別是蘋果硬體與軟體部門的大頭目，都是賈伯斯 1997 年重返蘋果時找進來的。

郤凡尼恩的情況比較單純，他覺得自己已經賺夠了，不想再繼續工作。賈伯斯說：「郤凡尼恩極其聰明、善良，比盧賓斯坦踏實許多，而且也不會過度放大自我。郤凡尼恩的離開，對我們真是一大損失。這種人找不到幾個，他是個天才。」

盧賓斯坦的情況就比較複雜一些。他不是很樂見庫克升遷，而且在賈伯斯麾下工作九年，他也確實累了。他們之間的對罵愈來愈頻繁，而這背後另有一個重要原因：盧賓斯坦和艾夫衝突不斷。艾夫原本歸他管轄，後來卻直屬賈伯斯。艾夫一直以各種酷炫的設計來挑戰極限，但這些設計為工程部門帶來極大的麻煩。盧賓斯坦必須負責把產品製造出來，因此他常抵制艾夫的設計。盧賓斯坦天性謹慎。「沒辦法，他畢竟出身惠普，」賈伯斯說：「盧賓斯坦從來不願深入鑽研，他就是缺了那麼點企圖心。」

以拴住 Power Mac G4 把手的螺絲為例，艾夫覺得這些螺絲必須打磨出特定形狀與色澤。但盧賓斯坦覺得它的成本簡直是「天文數字」，而且會讓計畫延後好幾個星期，於是否決了艾夫的點子。盧賓斯坦的責任是準時做出產品，也就是說，他必須有所取捨。艾夫覺得這種心態就是扼殺創意，於是他不但越級上報賈伯斯，還繞過盧賓斯坦，直接找上工程部的中階主管。「盧賓斯坦會說，這件事我們辦不到，它將使計畫延宕，但我會告訴他，我覺得我們一定辦得到，」艾夫回憶說：「我知道我們辦得到，因為我曾經背著他，直接和產品開發團隊的人一起研究過。」往往，賈伯斯最後都選擇站在艾夫這一邊。

這種傾軋有時幾乎讓兩人公然翻臉。最後，艾夫終於告訴賈伯斯，「不是他走，就是我走。」賈伯斯選擇了艾夫。

事實上，盧賓斯坦這時也已經準備要辭職了。他和妻子在墨西哥買了一塊地，他希望自己可以有一些時間，親自去那裡蓋一棟房子。後來他轉而投效手機生產商 Palm，而當時 Palm 正打算與蘋果的 iPhone 較勁。賈伯斯勃然大怒，因而向波諾大大抱怨 Palm 挖他的牆角。（波諾與蘋果前財務長安德森共組的私募基金擁有 Palm 很大的股份。）

波諾回了賈伯斯一封短信說：「你應該冷靜看待此事。這就好像披頭四打電話給赫曼隱士*，抱怨他們搶了自己巡迴演唱團隊的工作人員一樣。」

賈伯斯後來承認自己確實有點反應過度。「他們的慘敗撫平了我的傷口。」賈伯斯說。

只聚焦於少數幾件重要的事

賈伯斯後來成功建立起一支比較不好鬥、而且順服的團隊。除了庫克和艾夫之外，主要成員還包括負責 iPhone 軟體的佛斯托爾、主管行銷的席勒、負責麥金塔硬體的曼斯菲德（Bob Mansfield）、主掌網路服務的庫依，以及財務長歐本海默（Peter Oppenheimer）。雖然賈伯斯的高階團隊外表看來與從前非常相似，清一色中年白人男性，但他們的風格卻十分不同。艾夫比較

* 譯注：赫曼隱士（Herman and the Hermits）是1960年代與披頭四同樣出身英倫，但征服美國的搖滾樂團。

情緒化而且外放，庫克則是鋼鐵般冷靜。他們知道自己必須服從賈伯斯，但同時也有勇氣反對他的想法、與他爭辯。這是很微妙的平衡，但他們都掌握得很好。庫克說：「我很早就發現，如果你不把自己的想法表達出來，史帝夫就會吃死你。他會利用別人的反對意見，來創造討論的機會，因為這才可能創造出更好的結果。如果你不習慣和他爭辯，你根本不可能存活。」

百花齊放最主要的場合，就是每星期一早上的主管會議。從早上九點開始，一連開三到四個小時。庫克會先花十分鐘，用圖表向大家簡報公司的業務狀況，接下來就由所有人一同針對每一項產品進行廣泛討論。大家討論的永遠是「未來」：每項產品接下來該做些什麼？蘋果應該開發些什麼新東西？

賈伯斯利用主管會議，為蘋果建立起一種共同的使命感。這種集權式的管理，不僅讓蘋果宛如它的產品般嚴密整合在一起，同時也得以避免了分權式企業最頭痛的部門傾軋。

賈伯斯也利用會議來強化聚焦。從前，他在傅萊蘭德的農場裡負責的工作就是修剪蘋果樹，以便蘋果樹能夠維持旺盛生命力。他在蘋果所做的事情，剛好呼應了年少時的工作。賈伯斯不鼓勵每個團隊任由產品線根據行銷考量而枝葉亂竄，或是容許上千個概念同時間百花齊放，他堅持蘋果一次只能聚焦在兩到三項主力產品上。庫克說：「沒有人比他更懂得如何消弭噪音，這使得他能夠專注於少數幾件重要的事，對其他的事說不。這沒有幾個人能夠做到。」

相傳古羅馬時代，將軍凱旋歸來，在街市舉行勝利遊行時，背後總有僕役負責不斷對他喊「勿忘人生終有一死」（memento mori），提醒將軍不可得意忘形、勿忘心存謙卑。賈伯斯的提醒來自他的醫師，卻還是未能讓他謙卑。

在他恢復體力後，賈伯斯再度來勢洶洶，懷抱更大的熱情，彷彿自知只剩最後一點時間來完成任務。正如他在史丹佛大學畢業典禮上所說的，癌症提醒他，他已沒有什麼可以失去的了，因此他應該義無反顧、全力向前衝。庫克說：「他帶著強烈的使命感回來，即使他所主掌的已經是一家大型企業，但他依舊不斷做出其他人不可能做到的大膽行動。」

有那麼一段時間，大家似乎覺得、或至少是希望，他的性情彷彿緩和了一些。面對癌症與年屆半百，似乎讓他在動怒時，不再那樣粗魯無理。郃凡尼恩回憶：「剛動完手術回來時，他好像稍微收斂了一下動不動就羞辱別人的作風。當他不高興時，他還是會對人大聲咆哮、暴跳如雷、爆粗口，但他不會再像從前那樣徹底摧毀別人。罵人只是他想要讓別人做得更好的方式。」說完後，郃凡尼恩思考了一下，然後加上一句：「當然，除非他覺得那人真的無可救藥、必須滾蛋。這種情況偶爾還是會發生。」

賈伯斯終究還是故態復萌。由於大多數的同事已習慣了他的粗野，所以他們也已學會如何應付。但最讓他們受不了的，則是他對陌生人也同樣無禮。艾夫回憶說：「有一次我們去一家超市買杯奶昔，做奶昔的是位老婦人，他竟然批評人家手腳笨拙。事後，他開始同情那位婦人。『她年紀大了，而且顯然很不情願做這件事。』但他並沒有把年紀大和事情做不好這兩件事放在一起考慮。他完全是分開處理的。」

還有一次，他們一起去倫敦。很不幸，艾夫必須負責挑選旅館。他選了罕普酒店，一家禪風十足的五星級精品旅館，完全的精緻極簡，他覺得賈伯斯應該會喜歡。一住進房間，艾夫雙手抱胸等著，果不其然，他的電話一分鐘後響起。「我簡直受不了我的房間，」賈伯斯宣稱：「簡直是狗屎，我們換一家。」艾夫拎起行李，剛到飯店櫃檯，只見賈伯斯正把自己完全不加修飾的想法，飆給那個驚嚇過度的櫃檯人員。

艾夫認為，當我們覺得一件事情很糟糕時，多數人（包括他自己）都不會直接說出來，因為我們都不希望討人厭，「這其實是一種虛矯的特質。」這簡直是一種過度體諒的開脫說詞。但無論如何，反正那絕不會是賈伯斯的特質。

由於艾夫秉性如此善良，他完全無法理解為何賈伯斯這個他那麼欣賞的人，竟然會有這樣的行為模式。一天晚上，在舊金山的某家酒吧裡，艾夫神情嚴肅的湊過來，試著分析這個問題：

> 他是一個非常、非常敏感的人。這也正是他這種反社會行為、他的粗魯最讓人無法忍受的原因之一。一個厚顏、遲鈍的人行為粗魯，我還可以理解，但生性敏感的人還會如此，那就真的匪夷所思了。有一次我問他，為什麼會這麼容易發怒。他說，「可是我又不會憤怒很久。」他很像小孩子，反應非常直接、強烈，可是事情過了，他也立刻就忘了。但有些時候，我也真的覺得，當他非常挫折的時候，他是會以傷害別人來洩憤。我覺得他好像認為自己有權這麼做。他好像覺得一般的社會規範並不適用於他。由於他是那麼的敏感，他完全知道要怎麼樣打擊人，才最有效。而他真的會那麼做。不是很常，但有時真的會。

有時，總有些聰明的同事會把賈伯斯拉到一邊，讓他冷靜下來。在這方面，克洛就是個高手。「史帝夫，我可以跟你說句話嗎？」當賈伯斯正當眾侮辱某人時，他會小聲對他說，然後他會走進賈伯斯的辦公室，告訴他大家工作得有多辛苦。「當你羞辱他們時，你只會打擊他們，而非激勵他們，」有一次克洛這麼說。賈伯斯表示歉意，說他了解。但沒多久，他絕對又會再犯。賈伯斯會說：「我這人就是這樣呀。」

給落在地獄裡的人送上冰水

有一件事他確實變得圓熟了一些，那就是對蓋茲的態度。1997 年，微軟同意持續為麥金塔開發新的軟體，這件事微軟一直信守承諾。而且，由於微軟在複製「數位生活中樞」策略上一路慘敗，因此微軟也不再是蘋果的重要競爭者。蓋茲和賈伯斯對產品和創新的看法南轅北轍，但這種敵對關係卻讓他們產生了一種很特別的自我認知。

為了舉辦 2007 年 5 月的年度盛事「All Things Digital」研討會，《華爾街日報》專欄作家摩斯伯格和史葳雪（Kara Swisher）希望邀請他們兩人進行一次對談。摩斯伯格先向賈伯斯提出邀請。賈伯斯很少出席這類活動，當他說如果蓋茲同意，他也願意參與時，摩斯伯格可真是大喜過望。聽到賈伯斯的回應，蓋茲也同意了。

但這件事後來差點破局。因為蓋茲有一次接受《新聞週刊》記者李維的採訪，當李維問到他有關蘋果的「麥金塔 vs. PC」電視廣告取笑 Windows 電腦的使用者、將他們描繪成一群笨蛋，而麥金塔則是潮男潮女的最愛時，蓋茲簡直怒火中燒。「我不知道他們為什麼會搞得好像自己真的比別人優秀，」蓋茲說，火氣也愈來愈大，「大家到底還管不管『誠實』這件事？還是說只要你覺得自己很酷，就可以隨便撒謊？那個廣告裡沒有半點事實。」李維火上加油繼續問，微軟最新的 Windows 作業系統 Vista，是否真的仿用了許多麥金塔的功能？蓋茲回答說：「如果你真的想知道事實，你應該仔細檢查一下這兩個系統，看看到底是誰先推出這些功能的。如果你一心認為，『賈伯斯創造了這整個世界，然後你們這些人全是跟屁蟲，』那我也沒辦法。」

賈伯斯打電話給摩斯伯格說，由於蓋茲對《新聞週刊》說了那些話，現在兩人來對談其實不會有什麼好處。眼看對談即將破局，摩斯伯格費了一番唇舌，還是把事情拉回軌道。摩斯伯格說他希望當天晚上的對談是一次誠懇的對話，不是辯論。

然而，對談當天稍早，賈伯斯在接受摩斯伯格單獨採訪時，對微軟進行了攻擊，卻讓「誠懇的對話」變得愈來愈不可能。當摩斯伯格提到，蘋果為 Windows 所開發的 iTunes 軟體似乎非常受歡迎時，賈伯斯笑說：「當然啦，這就好像給落在地獄裡的人，送上一杯冰水嘛。」

對談開始前，蓋茲和賈伯斯必須先在貴賓室碰面，摩斯伯格為此擔心不已。蓋茲與他的助理柯恩（Larry Cohen）先抵達貴賓室，而且蓋茲已經從柯恩口中聽到賈伯斯之前的大放厥詞。幾分鐘後，賈伯斯優哉游哉的晃進貴賓室，先從冰桶裡抓了一瓶礦泉水，然後找了張椅子坐下。安靜半晌，蓋茲先開口：「看來，我應該就是那個地獄來的代表吧？」他臉上可沒任何笑容。賈伯斯頓了一下，露出他招牌的頑皮笑容，然後把那瓶冰礦泉水遞給了蓋茲。蓋茲沒好氣的卸下了武裝，緊張氣氛立時緩解。

結果，當天晚上有了一場極為精采的對話。兩位科技界的奇才先是小心翼翼的談到彼此，後來則是語中充滿溫暖。當知名科技策略專家拜爾（Lise Buyer）從觀眾席中提問說，兩人從觀察對方的過程中學到了什麼時，兩人的回答更是令人難忘。

「我願意付出很大的代價，來擁有史帝夫的品味，」蓋茲回答。觀眾的笑聲中帶點緊張，因為賈伯斯十年前曾經公開表示，他最無法忍受微軟的，就是它毫無品味可言。但蓋茲強調，他說這話是出自真心，賈伯斯「在品味上完全渾然天成，包括對人和對產品。」他回憶當年，和賈伯斯一起檢視微軟為麥金塔所開發的軟體，「我看過史帝夫做決策，他完全是根據一種對人和產品的……大家也曉得，我很難說明清楚。他做事情的方法真的跟別人很不一樣，我覺得非常神奇。碰到這種情況，我當然只能說，哇。」

蓋茲說話時，賈伯斯的雙眼一直盯著地板。後來他告訴我，當時蓋茲的誠實與大度，真的完全在他意料之外。

輪到賈伯斯回答時，他同樣誠實以對；但顯然少了蓋茲的大氣。他提到了蘋果和微軟在策略上的巨大差異：蘋果相信從頭到尾全程掌控的整合策略，微軟則完全公開自己的軟體給硬體製造商。他指出，在音樂市場裡，整合策略顯然比較成功，例如 iPod 與 iTunes 的結合；但是，微軟的軟硬體分離策略，在個人電腦市場裡卻顯然比較成功。他不假思索的提出一個問題：「哪一種策略在手機市場會比較成功呢？」

接著，他自問自答的提出了一個極為精闢的看法：這種整合的設計理念，讓他和蘋果比較難與其他公司合作。「因為沃茲尼克和我是以全套自己動手做起家的，對於和別人合作比較不在行，」賈伯斯說：「我覺得，如果蘋果的 DNA 裡能夠有多一點這種基因，一定可以讓蘋果受益匪淺。」

35

iPhone

三大革命性產品融於一體

蘋果有史以來最精采的產品， iPhone。

可以打電話的iPod

2005 年，iPod 銷量早已一飛沖天。那一年，蘋果總共賣出了 2,000 萬台 iPod，是前一年的整整四倍。iPod 的營收對蘋果而言已經愈來愈重要，已達全公司總營收的 45%。同時，它也使蘋果成了全球最潮的科技品牌，因而推升了麥金塔的銷量。

但這卻又開始讓賈伯斯擔心。蘋果董事列文森說：「他永遠在擔心哪裡可能會出錯，因而搞垮這家公司。」賈伯斯得出一個結論：「未來最可能搶走我們飯碗的，就是手機。」他向董事會解釋：數位相機已到了窮途末路，因為現在手機都已具備攝影功能。如果手機製造商也開始將音樂播放器加進手機裡，同樣的事情也可能發生在 iPod 身上。「每個人都有手機，這可能會讓 iPod 變成多餘。」

他所採取的第一個策略，就是對付自己在蓋茲面前所承認的弱點，也就是他和蘋果的 DNA 裡缺乏的基因：與其他公司合作的能力。賈伯斯和摩托羅拉新任執行長、原先任職於昇陽的桑德熟識，他開始與桑德討論雙方的合作，把 iPod 與摩托羅拉極受歡迎的 RAZR 手機結合。於是，ROKR 誕生了。

但結果是，新手機既沒有 RAZR 的方便與輕巧，也失去 iPod 迷人的簡約風格。ROKR 不但醜陋、下載困難，而且還只能容納 100 首歌，簡直具備了各家之短。

ROKR 不是由一家公司全程掌控所有硬體、軟體及內容所產生的結晶，而是由摩托羅拉、蘋果及無線通訊業者 Cingular 三方拼湊的產物。「這真的可以稱為未來的電話嗎？」《連線》雜誌在 2005 年 11 月的封面如此嘲諷。

賈伯斯簡直氣炸了。「我受夠了跟摩托羅拉這種愚蠢公司打交道，」他在一次 iPod 產品檢討會上，告訴費德爾和在場所有的人，「我們自己做！」

他注意到一件非常奇怪的事：市場上的手機都極為笨拙，就像從前的隨身聽一樣。賈伯斯說：「我們坐在那裡一直嫌棄自己的手機有多笨。這些手機都極為複雜，沒人搞得清楚它們的功能，連通訊錄都一樣。它們簡直就像是遠古時代的產品。」律師友人瑞里記得，有次他與賈伯斯開會討論一些法律問題，賈伯斯覺得開會內容非常無聊，於是一把抓起瑞里的手機，接著就開始批評為何那支手機簡直是「腦殘」。

賈伯斯和他的團隊開始興奮的談起，該如何打造一支他們自己會想要的手機。「對我們而言，這就是最大的誘因。」賈伯斯回憶說。

潛在的市場則是另一大誘因。2005 年，全球總共賣出 8.25 億支手機，消費年齡從小學生到老祖母。由於現有產品都很糟，因此一支優秀而酷炫的手機絕對大有可為，情況就像從前的音樂播放器市場一樣。剛開始，賈伯斯把這個計畫交給了 AirPort 無線基地台的工作團隊，原因是手機也是一項無線通訊產品。但他很快就發現，手機其實是一種消費性電子產品，就像 iPod 一樣。於是他把計畫轉交給費德爾和他的團隊。

他們剛開始的做法是以 iPod 為基礎來進行改造。他們想要讓使用者繼續以選曲滾輪（而非鍵盤）來操作電話的各種功能，包括輸入電話號碼。但這種方法極不自然。費德爾說：「我們在選曲滾輪上碰到了很多困難，尤其是電話的撥號，用滾輪來撥號真的非常麻煩。」雖然以滾輪來翻閱通訊錄並沒有什麼問題，但要用它來撥號或輸入資料可就恐怖了。費德爾的團隊一直想自圓其說，反正一般人用手機多半都是打給通訊錄裡的人，但他們知道這真的行不通。

當時，蘋果內部還有另一項計畫正在進行。他們正在祕密開發一種平板式的電腦。2005 年，這兩件事產生了交集，平板電腦的許多創意開始被引進手機計畫中。也就是說，iPad 的概念其實比 iPhone 還要早出現，而且它還促成了 iPhone 的誕生。

多點觸控

一位負責開發微軟平板電腦的工程師，剛好是蘿琳與賈伯斯好友的先生。為了慶祝他的五十歲生日，夫婦二人決定舉行一場晚宴。他們同時邀請了賈伯斯夫婦與蓋茲夫婦。賈伯斯不情不願的去了。「事實上，宴會當天史帝夫對我的態度還滿友善的，」蓋茲事後回憶說，但賈伯斯對當天的壽星「卻不怎麼友善」。

蓋茲對那位同事不斷在宴會上透露微軟平板電腦的資訊，覺得十分不悅。「他到底是我們的員工，而那也是我們的智慧財產。」蓋茲說。

賈伯斯也覺得此人簡直討厭透了。而且，這件事還帶來了蓋茲最擔心的結果。賈伯斯回憶說：

那傢伙一直來煩我，說什麼微軟的這個平板電腦軟體將會改變這個世界，還會徹底消滅所有筆電的競爭者，蘋果最好趕緊取得他在微軟的軟體授權。可是他所開發的東西完全搞錯了方向，他的東西必須使用觸控筆。

一旦你得使用觸控筆，你就死定了。他在晚宴上大概煩了我十次不止，我簡直快被他搞瘋了。回家後我忍不住大罵，「去他媽的，我們得讓他瞧瞧真正的平板電腦應該是什麼模樣。」

第二天進辦公室後，賈伯斯把他的團隊找來，跟他們說：「我們要做一台平板電腦，但不能有鍵盤，也不能用觸控筆。」使用者只要用手指觸控螢幕，就可以打字。這就意味著，它的螢幕必須具備如今大家早已熟知的多點觸控（multi-touch）功能，也就是同時處理多項輸入的能力。「各位可不可以幫我做出一個多點觸控，而且是手感觸控的顯示器？」他問。

他的團隊花了六個月的時間，終於做出一個粗糙但確實可用的原型機。賈伯斯把它交給蘋果的另一位使用介面設計師，一個月後，他交出了所謂的慣性捲頁（inertial scrolling）功能，也就是使用者只需要用手指滑過螢幕，就可以直接翻頁的功能。「我的眼睛都快掉出來了！」賈伯斯回憶。

但是，艾夫對於蘋果的多點觸控功能是如何產生的，卻有非常不同的記憶。艾夫說，他的設計團隊老早就開始為蘋果的筆電 MacBook Pro 開發一種可以多點輸入的觸控板（trackpad），而且他們也正在實驗，怎樣把這項功能轉移到電腦螢幕上。他們用投影機把多點觸控的畫面打在牆壁上，看看操作起來的效果會是什麼模樣。「這將改變一切！」艾夫告訴他的團隊。但他並不想立刻秀給賈伯斯看，尤其他的團隊當時是利用做專案以外的時間，來開發這項功能的。他可不想讓他們的熱情遭到無謂的打擊。

艾夫說：「史帝夫很容易對事情太快就下判斷，所以我通常不會在別人面前秀東西給他看，因為他很可能會說，『這簡直是狗屎！』然後直接就扼殺了那個創意。我覺得創意非常脆弱，所以在發展過程中，你必須溫柔以待。我知道如果史帝夫對它嗤之以鼻，那就太不幸了，因為我知道這項功能實在太重要了。」

艾夫在自己的會議室裡，單獨將它秀給賈伯斯看，他知道如果沒有觀眾在場，賈伯斯比較不會急著下判斷。幸好，賈伯斯非常喜歡它。「這就是未來！」他驚嘆。

這個創意好到讓賈伯斯認為，足以解決他們在設計手機介面時碰到的瓶頸。當時，手機計畫對蘋果顯然重要得多，於是他決定暫停平板電腦計畫，將這個多點觸控的介面放上手機螢幕。他回憶說：「如果它能夠用在手機上，我知道我們隨時都可以把它放回平板電腦上使用。」

賈伯斯要求費德爾、盧賓斯坦和席勒，一起到艾夫的設計工作室來開一個祕密會議。艾夫將多點觸控功能秀給他們看。「哇塞！」費德爾驚呼。每個人都非常喜歡它，但當時並不確定能否應用在手機上面。於是，他們決定雙軌並行：代號 P1 是指用 iPod 滾輪來操作手機的開發計畫，代號 P2 則是以多點觸控螢幕為操作介面。

德拉瓦州一家名叫 FingerWorks 的小公司，當時已開發出一系列的多點觸控板。這家公司的創辦人是德拉瓦大學的兩位研究員埃利亞斯（John Elias）及魏斯特曼（Wayne Westerman）。他們當時已經開發出具有多點觸控功能的平板電腦，並將某些可以轉換為操作功能的手勢，申請了專利，包括兩指縮放（pinch）及掃觸（swipe）等。2005 年初，蘋果悄悄收購了這家公司和旗下所有專利，並獲得公司兩位創辦人的技術支援。FingerWorks 不再對外販售任何產品，並開始用蘋果的名義申請專利。

使用滾輪的 P1 和使用多點觸控的 P2，各自努力了六個月之後，賈伯斯將他的親信再度找進會議室，要做最後決定。費德爾非常努力想要開發出滾輪操作的模式，但他承認，他們無法找到簡易的方法來用滾輪撥號。多點觸控的風險比較高，因為他們並不確定是否能夠克服工程上的困難，但它確實比較讓大家興奮，也比較有潛力。「我們都知道這才是我們想要的，」賈伯斯指著觸控螢幕說：「所以，我們就努力把它做出來吧！」他最喜歡使用「賭上公司前途」這個說法，而這正是這麼一個時刻：風險很高，但若成功，報酬也將極為驚人。

有鑑於黑莓機的成功，有人提到手機上是否還是要有鍵盤，但賈伯斯一口否決。鍵盤將使螢幕的尺寸變小，而它也不會像觸控鍵盤那麼有彈性、易於使用。賈伯斯說：「加一個硬體鍵盤，似乎是比較簡單的解決方案，但其實它會帶來很多限制。想想螢幕鍵盤可以讓我們進行多少創新。我們就賭一下，我們一定可以找到讓它成功的方法。」

他們找到的方法是，要打電話的時候，你可以從螢幕上叫出一個數字鍵盤，要寫東西時，你又可以叫出打字用的鍵盤，以及所有你需要使用到的按鍵。當你在看影片時，鍵盤又可以全部消失。以軟體鍵盤取代硬體鍵盤，使用介面變得既流暢又有彈性。

一連六個月，賈伯斯每天都撥時間協助修改手機的螢幕設計。他回憶道：「那是我所經歷過最複雜的樂趣，我們就像是披頭四的成員，正在不斷重複修改比伯軍曹那首歌。」

今天我們所享受到的許多看來簡單的功能，都是蘋果團隊當時發揮創意、殫精竭慮的成果。比方說，工作團隊設想到，希望當手機放在口袋裡時，不會因為誤觸螢幕而突然播放音樂或撥打電話。賈伯斯天生嫌惡開關裝置，他覺得「非常不優雅」。工作團隊想到的解決方法是：用手指滑過螢幕，來讓手機從休眠中甦醒過來。另一項突破則是讓手機能夠感應到它已貼近使用者的耳朵，所以我們的耳垂就不會不小心再啟動任何功能。當然，螢幕圖示使用的也是賈伯斯最愛的形狀，就是當年他請亞特金森為麥金塔對話框和視窗所設計的圓角四方形。

經過一次又一次的腦力激盪，在賈伯斯緊盯每一個細節的情況下，團隊成員努力把種種操作方式都一一簡化。他們還在螢幕下方添加一條功能列，讓使用者能夠輕易暫停通話或進行多方通話。這款手機使用者可以輕鬆檢查 e-mail，此外，新開發的水平挪移圖示，讓使用者能夠迅速找到各種應用軟體。由於使用者可以直接透過螢幕來操作，而非使用鍵盤，因此消費者使用起來非常簡便順手。

大金剛玻璃

賈伯斯不斷迷上一些特別的材質，正如他對某些食物特別著迷一樣。1997 年重返蘋果、開始醞釀 iMac 時，他曾熱情擁抱透明的彩色塑膠。下一個階段則是金屬。他和艾夫以鈦金屬做的 PowerBook G4 筆電，取代了 PowerBook G3 的圓弧塑膠外殼。兩年後，他們又推出了鋁製外殼的筆電。彷彿只是想證明他們有多麼熱愛各種不同的金屬。

之後，他們又做了陽極氧化鋁（anodized aluminum）外殼的 iMac 及 iPod nano。這種鋁材必須經過酸浴及電解，讓表面生成氧化膜。聽說供應商生產不出那麼多的陽極氧化鋁，賈伯斯於是要艾夫親自到中國，督導下游廠商的生產流程。當時 SARS 正嚴重蔓延，艾夫回憶說：「我在宿舍裡待了三個月，以便就近搞定整個流程。盧賓斯坦和其他人都說這件事不可能做到，但我就是想要把它做成，因為史帝夫和我都覺得，陽極氧化鋁有一種特別的個性。」

接下來則是玻璃。「用過金屬之後，我望著艾夫，跟他說，我們一定要學會使用玻璃，」賈伯斯說。他們為蘋果專賣店打造了超大型的玻璃窗及玻璃樓梯。他們原本計劃讓 iPhone 使用和 iPod 一樣的塑膠螢幕，但賈伯斯認為，用玻璃螢幕絕對會更好，拿在手裡感覺優雅扎實得多。於是他們決心去找一種堅不易破、質地不怕刮的玻璃。

最可能的地方是亞洲，因為蘋果專賣店的玻璃就是從那裡來的。賈伯斯的朋友布朗（John Seely Brown）是康寧公司的董事，他建議賈伯斯應該找康寧那位年輕、活力十足的執行長魏文德（Wendell Weeks）。於是，賈伯斯親自撥電話到康寧公司的總機，報上大名，請他們轉接魏文德。一位助理接起電話，她非常願意幫他留言。「我不要留言。我是賈伯斯，」他回答：「請幫我接魏文德。」那位助理拒不從命。賈伯斯立刻打了個電話向布朗抱怨，說他碰到了「最典型的東岸狗屎」。

魏文德聽說了此事，於是他也打了一通電話到蘋果，要求總機幫他轉接賈伯斯。魏文德得到的答覆是，請以書面寫下自己的需求，然後傳真進來。當賈伯斯聽到這件事，覺得這年輕人很有意思，於是請他前來庫珀蒂諾。

賈伯斯形容了一下蘋果想為 iPhone 找的玻璃，魏文德說康寧在 1960 年代曾經開發出一種化學交換法，製造出他們暱稱為「大金剛」（Gorilla glass）的強化玻璃。這種玻璃非常堅硬，但他們一直沒找到適合的市場，因此康寧早已停產。賈伯斯說他懷疑大金剛是否夠好，然後開始對魏文德大談玻璃的製造流程。魏文德覺得這簡直有趣極了，因為他對玻璃可是比賈伯斯懂得太多了。

「可否請你閉嘴，」魏文德打斷賈伯斯，「讓我給你上一堂玻璃課？」賈伯斯大吃一驚，安靜了下來。魏文德走到白板前，好好給賈伯斯上了一堂化學課，告訴他如何以離子交換法來幫玻璃表面加一層壓縮層。賈伯斯完全給說服了，並說想要買下康寧未來六個月的大金剛玻璃產能。「我們沒有這種產能，」魏文德回答：「我們現在沒有任何工廠在生產這種玻璃。」

賈伯斯說：「怕什麼！」魏文德嚇了一跳，他雖然幽默有自信，但卻不清楚賈伯斯這種現實扭曲力場。他想告訴賈伯斯，錯誤的自信並無法解決技術問題。但這正是賈伯斯從來不肯接受的論調。他眼神堅定的看著魏文德，說：「你一定做得到。好好花點腦筋，你一定做得到的。」

說這個故事時，魏文德依然不可置信的猛搖頭。「但是我們真的做到了，而且是在六個月之內，我們開發出了一種全新的玻璃。」康寧在肯塔基州哈洛茲堡的工廠，原本做的是液晶螢幕，他們幾乎是徹夜將它改成大金剛玻璃製造廠。「我們投入了最優秀的科學家和工程師，硬是把它給做了出來。」在寬敞的辦公室裡，魏文德只放了一個相框，裡面放的是賈伯斯在 iPhone 上市當天寄給他的一封短箋：「沒有你，我們不可能做得到。」

後來，魏文德和艾夫成了好友。艾夫不時就會去造訪他在紐約上州的湖濱別墅。「我可以拿幾塊非常類似的玻璃給艾夫，他只要一摸，就可以告訴我哪些不一樣，」魏文德說：「這件事只有我的研發部門主管才做得到。當你拿一個東西給賈伯斯看時，他馬上就會決定自己喜歡或不喜歡。但艾夫會把它拿起來把玩、仔細思考，發掘出最細微的差別及可能性。」

2010年，艾夫帶著自己最頂尖的團隊成員前往紐約州，跟隨康寧的老師傅一起學做玻璃。那一年，康寧正在開發一種超硬的強化玻璃，他們稱做「酷斯拉玻璃」（Godzilla Glass）。康寧希望能製造出更強韌的玻璃或陶瓷，好讓iPhone不必再使用任何金屬邊框。魏文德說：「賈伯斯和蘋果逼我們更上層樓，我們每個人都非常著迷於自己做出來的東西。」

賈式設計

賈伯斯在進行許多重要計畫時，例如「玩具總動員」或蘋果專賣店，常會在最後一刻緊急喊停，決定進行一些重大的修正。這種情況也發生在iPhone身上。

iPhone的原始設計是要把玻璃螢幕，嵌在一個鋁製邊框中。某個星期一早晨，賈伯斯跑來找艾夫。「我昨晚一夜沒睡，」他說：「因為我發現自己真的不喜歡它現在的樣子。」這是賈伯斯從第一部麥金塔以來最重要的產品，但他就是看它不順眼。艾夫驚覺，賈伯斯說得沒錯，「我記得自己當時覺得萬分羞愧。這種事竟然還要他來告訴我。」

問題出在iPhone的重點應該完全放在它的螢幕上，但在目前的設計裡，它的外殼一直在搶螢幕的光采，而非在旁低調幫襯。整支手機看來太過陽剛、太重視功能、太講求效率。「各位，我知道大家為了這支手機，已經過了九個月的非人生活，但我們還是得改變，」賈伯斯對著艾夫的團隊說：「大家都得日夜趕工、犧牲休假。如果你們真的想，我現在就可以給各位幾把槍，讓大家把我們給轟了。」整個團隊非但沒有推諉，反而一致同意繼續拚下去。「那是我在蘋果感到最驕傲的時刻之一。」賈伯斯回憶。

新設計只有一個細細的不鏽鋼框，好讓玻璃螢幕一路延伸到手機的最邊緣。新設計看來極為簡約，但依舊友善。你會很想把玩。不過，這就表示他們得重新設計電路板、天線，以及處理器安放的位置，賈伯斯下令進行修改。費德爾說：「其他公司或許就會讓產品直接出門了，但是蘋果卻會按下重新啟動鍵，從頭來過。」

另一件事，也反映了賈伯斯的完美主義及控制欲。

整個 iPhone 是完全密封的。它的外殼不能打開，連換電池也不行。就像 1984 年的麥金塔，賈伯斯不要任何人把手伸進他的機器裡去亂動。事實上，當蘋果在 2011 年發現，竟然有非維修廠商把 iPhone 4 給打開來了，他們立刻將它的小螺絲換成了一般起子絕對無法打開的五瓣防撬螺絲。

在不必由使用者更換電池的情況下，蘋果得以將 iPhone 設計得非常薄。對賈伯斯而言，愈薄當然就代表愈好。庫克說：「他一直相信薄就是美，你在蘋果的每一項產品都可以看到這一點。我們有最薄的筆電、最薄的智慧型手機。我們也把 iPad 做得非常薄，以後還要更薄。」

iPhone耶穌機發表會

iPhone 的發表會即將上場。一如往常，賈伯斯決定釋放出一則獨家報導。

他打了電話給時代雜誌集團的總編輯長惠伊（John Huey），然後就又開始了他典型的天花亂墜。「這是蘋果有史以來最精采的一項產品，」他說，他很想把這個獨家報導給《時代》，「可是《時代》似乎沒有真正夠格的人可以寫這篇報導，所以我只好把這個機會送給別人了。」惠伊連忙把《時代》雜誌悟性最高的寫手格羅斯曼（Lev Grossman）介紹給他。

在那篇報導中，格羅斯曼非常精準的描述 iPhone 的許多功能其實並非蘋果發明的，蘋果只是讓這些功能變得更好用而已。「但這件事非常重要。當我們的工具不好用時，我們常會怪自己：是不是自己太笨了、沒好好讀使用手冊，或根本就是手指長得太肥了……。當我們的工具不靈光時，我們會覺得自己好像也不怎麼靈光。當有人幫我們改善了一個東西時，我們似乎覺得自己好像也更完整了那麼一點點。」

和當年發表 iMac 時一樣，賈伯斯也邀請了何茲菲德、亞特金森、沃茲尼克，以及 1984 年的麥金塔團隊，一起回來參加 2007 年在舊金山舉行的麥金塔世界大會。在賈伯斯所有令人目不暇給的產品發表會中，這或許是他表現得最好的一次。

他是這樣開場的：「每隔一段時間，世上總會出現一樣革命性的產品，一舉改變了所有的事情。」他提出兩個例子：最早的麥金塔，因為它「徹底改變了電腦產業，」然後就是 iPod，因為它「翻轉了整個音樂產業。」賈伯斯精巧的推升氣勢，終於提到了自己要介紹的產品。「今天，我們將一口氣介紹三項革命性的產品。」第一項是一台寬螢幕的 iPod，而且它還有觸控的功能。第二項產品是一支革命性的行動電話。第三項則是一個前所未見的網路通訊設備。」他重複了一遍以加強效果，然後他問：「請問大家猜到了沒？……我們要給大家的不是三樣產品，而是一個整合性的產品，我們叫它 iPhone。」

五個月後，也就是 2007 年 6 月底，iPhone 正式上市。賈伯斯和蘿琳一起走去帕羅奧圖的蘋果專賣店，親自感受一下那種興奮之情。由於他常在新產品上市當天做這件事，因此早有粉絲在現場守候，期盼他大駕光臨。他們向賈伯斯致意的樣子，彷彿就好像看到摩西本人到店裡來買《聖經》一樣。

排隊的虔誠粉絲中，還包括了何茲菲德及亞特金森。「亞特金森排了一整夜的隊，」何茲菲德說。賈伯斯揮手大笑說：「我已經送了他一台呀。」何茲菲德回答：「可是他需要六台。」

網路部落客立刻給了 iPhone「耶穌機」的封號。但是蘋果的競爭者認為，500 美元的超高價位，注定讓它無法成功。「它是世界上最貴的一支手機，」微軟執行長鮑默（Steve Ballmer）接受 CNBC 的採訪時說：「而且它沒有鍵盤，所以對企業人士不會有吸引力。」再一次，微軟完全低估了賈伯斯的產品。2010 年底，蘋果總共售出了 9,000 萬台 iPhone，一舉包下全球手機市場一半以上的獲利。

「賈伯斯非常了解人的欲望，」四十年前就提出「動力筆電」（Dynabook）平板電腦概念的全錄 PARC 先驅凱伊如是說。凱伊嫻熟於科技評估，因此賈伯斯問他對 iPhone 有何看法。凱伊說：「只要把螢幕改為五吋寬、八吋高，你就可以統治全世界了。」

凱伊不知道的是，iPhone 的設計原本就是從平板電腦而來，而它未來也終將引領全球平板電腦的風潮，成就將遠遠超越凱伊當年提出動力筆電時的願景。

36

第二回合

癌症復發

少了賈伯斯的2009年麥金塔世界大會，蘋果迷紛紛在場外表達不捨。

抗癌之戰

到了 2008 年初，賈伯斯和醫師都很清楚，他的胰臟癌已經轉移。2004 年賈伯斯接受胰臟腫瘤切除手術之後，醫師做了癌細胞取樣進行基因定序，鑑定導致癌症的基因變異，然後給賈伯斯施以標靶治療，因為當時研判此法最為有效。

賈伯斯也需要用藥物減輕疼痛，成分大都是嗎啡類。2008 年 2 月某天，蘿琳的好友凱瑟琳來到帕羅奧圖，她陪賈伯斯散步。她說：「他告訴我，只要他覺得很不舒服，就會把所有意志聚焦在疼痛上，切入疼痛的核心，這似乎能讓疼痛慢慢消除。」然而，這只是他的一面之詞。只要賈伯斯身陷疼痛之苦，必然會讓他周遭所有的人都知道。

另一個日益嚴重的問題是飲食和體重減輕。儘管醫療團隊盡心盡力為他治療癌症、控制疼痛，飲食還是要靠他自己。胰臟是分泌消化酶以消化蛋白質等營養素的器官，賈伯斯因胰腫瘤切除，失去一大塊胰臟，消化功能因此大受影響，而他使用的嗎啡類止痛藥也會使食欲變差。再說，賈伯斯從十幾歲的時候就有奇怪的食癖，常只吃一、兩樣蔬果，有時則力行斷食。這種極端的飲食和心理因素有關，醫師幾乎不知該如何與他討論，更別說治療了。

即使在結婚、生子之後，賈伯斯依舊維持這種可議的飲食習慣。他常一連幾個星期都吃同樣的東西，如胡蘿蔔沙拉和檸檬，或只吃蘋果，然後會突然說他不吃這些東西了。賈伯斯從青少年時期就嘗試斷食，而且他常以傳教般的熱情在餐桌上宣揚他目前實行的飲食法。蘿琳婚後也開始吃素，但自從賈伯斯幾年前開刀之後，她已調整家人的飲食，讓他們也吃魚或其他富含蛋白質的食物。他們的大兒子里德本來也吃素，自此葷素不拘，成為「快樂的雜食性動物」。孩子都知道他們的父親必須攝取不同種類的蛋白質。

他們家請了個廚子布郎（Bryar Brown）。布郎脾氣很好、有耐心且富有巧思，曾在名廚華特斯開的餐館潘尼斯之家工作。他每天下午都會來賈伯斯家，利用蘿琳在菜園種的蔬菜和香草，準備一頓既豐盛又健康的晚餐。只要賈伯斯開口說他想吃什麼，像是胡蘿蔔沙拉、羅勒義大利麵或香茅湯，布郎就會悄悄在廚房做出來。但賈伯斯對食物總有自己的極端意見，任何食物都可能是人間美味或是根本難以下嚥。例如有兩種酪梨非常相像，幾乎每一個人都覺得吃起來差不多，但他就是認為其中一種是全世界最好吃的酪梨，另一種難吃得要命。

2008 年初，賈伯斯飲食失調的問題更加嚴重。有時，吃晚餐的時候，長桌上擺了各種佳餚，但他似乎一點興趣也沒有，只是盯著天花板。晚餐還沒結束，他會突然站起來，一語不發的離開餐桌。那年春天，賈伯斯瘦了 18 公斤，家人看了都很難過。

2008 年 3 月，他的健康問題成了新聞焦點。《財星》刊登了一篇文章〈賈伯斯的麻煩〉，揭露過去九個月來他一直以食療來治療癌症，文章內容還包括調查賈伯斯涉入認股權追溯弊案的程度。賈伯斯得知他們即將刊登這篇文章之前，把《財星》執行副總編舍沃爾（Andy Serwer）找來庫珀蒂諾對他施壓，要他拿掉這篇文章。他貼近舍沃爾的臉，問道：「所以，你們發現我這人是個渾蛋。這是哪門子的報導？」賈伯斯去夏威夷柯納村度假也帶了衛星電話，他去電舍沃爾的上司，即時代雜誌集團的總編輯長惠伊，說了同樣的話，賈伯斯還提議找一群大公司執行長來討論認股權追溯的問題，也願意透露他的健康情況，不過條件是《財星》必須砍掉那篇文章。結果，《財星》還是照登不誤。

2008 年 6 月，賈伯斯在蘋果全球研發者大會（WWDC）介紹 iPhone 3G。那時，他急遽消瘦的程度，把大家的焦點從 iPhone 拉回他的健康狀況。《君子》雜誌的裘諾德（Tom Junod）形容台上的賈伯斯「依舊穿著他那無懈可擊的招牌服裝，只是身子像海盜一樣削瘦。」蘋果後來發布一紙聲明，偽稱賈伯斯因為一種「普通毛病」才會變瘦。但是質問聲浪不斷，一個月後蘋果不得不再次發布聲明，宣布賈伯斯的健康狀況是他的「私事」。

7 月底，諾瑟拉在《紐約時報》的專欄中，抨擊蘋果處理賈伯斯的健康問題不夠透明公開。他說：「蘋果並沒有誠實交代執行長的健康狀況。蘋果在賈伯斯先生的管理下，已發展出嚴守祕密的文化。一家大公司維護其商業機密固然沒有話說。蘋果每年召開麥金塔世界大會前，對其產品計畫總是三緘其口，讓所有的媒體和消費者好奇、猜測，這一直是蘋果最厲害的行銷手段。但是這種守密文化對企業治理有如毒藥。」

諾瑟拉寫這篇專欄時，曾向蘋果的人徵詢意見，得到的反應都說這是「私事」。結果有一天他接到賈伯斯來電，劈頭就是：「我是史帝夫·賈伯斯。你認為我是個傲慢自大、藐視法律的渾蛋，我看你才是個討人厭的傢伙，只會報導錯誤的消息。」罵完之後，賈伯斯開始談條件：只要諾瑟拉不寫出來，他願意談他的健康問題。

諾瑟拉答應了。他在報導中寫道：「雖然賈伯斯的病不只是『普通毛病』，但應該不會有生命危險，而且沒有癌症復發的問題。」雖然賈伯斯對諾瑟拉透露的，要比對董事會和投資人說的來得多，但他依然沒有全部吐實。

由於賈伯斯暴瘦的問題引發社會關切，蘋果股價因而從6月初的188美元逐漸下滑，到7月底已跌到156美元。更糟的是8月底彭博新聞社（Bloomberg News）搞烏龍，竟然把預先寫好的賈伯斯訃聞，不慎外傳到對外的網路。雖然彭博在發現錯誤後，立即撤回文章，發表道歉聲明，但八卦網站聒客（Gawker）還是登出來了。

幾天後，賈伯斯在蘋果 iPod 新機發表會上現身，並拿自己的死訊開玩笑。他引用馬克吐溫的名言：「有關本人死訊的報導都太誇張了。」儘管如此，他那清瘦的身影還是令人憂心。到了10月初，蘋果股價更下滑到97美元。

那個月，環球唱片總裁摩里斯原本要去蘋果跟賈伯斯見面，但賈伯斯邀他到自己的家來談。摩里斯見了賈伯斯那病骨支離的模樣，嚇了一大跳。由於不久後洛杉磯希望之城癌症中心為了募款將舉辦慈善表演，摩里斯也會出席接受表揚，他希望賈伯斯也能參加。賈伯斯很少參加慈善活動，但他覺得這次活動很有意義，加上看在摩里斯的面子，於是應允出席。那天的表演會是在聖塔莫尼卡沙灘搭的一個大帳篷底下舉行。摩里斯告訴在場的兩千名觀眾，賈伯斯將為音樂產業注入新的活力。那天上台表演的藝人包括史蒂薇尼克斯、萊諾李奇、艾麗卡巴度、阿肯等人，一直到午夜十二點，還沒結束。

賈伯斯冷得直打哆嗦，天王音樂製作人艾歐文給他一件連帽長袖運動衫讓他禦寒，他一整晚都把運動衫的帽子套在頭上。摩里斯說：「他身體很差，很瘦，而且很怕冷。」

對外宣稱荷爾蒙失調

《財星》的資深科技記者史蘭德那年 12 月要離職，他策劃訪問幾位科技界的大頭目，做為臨別之作，於是邀請了賈伯斯、蓋茲、葛洛夫和戴爾。要聚集這四大天王，讓他們一起接受訪問，實在很不容易，但在訪問的前幾天，賈伯斯才說要退出。他告訴史蘭德：「他們要是問為什麼，就說我是個渾蛋。」蓋茲本來有點生氣，後來得知賈伯斯因為生病，不得已才取消，說道：「當然，他有非常、非常充分的理由。」過去十一年，每當有重要產品上市，賈伯斯總會登上麥金塔世界大會的舞台，但蘋果在 12 月 16 日宣布賈伯斯將不會出席 1 月的麥金塔世界大會，顯然他健康情況已相當不妙。

這個消息在部落格社群鬧得沸沸揚揚。這些網路傳言雖不中亦不遠矣。賈伯斯因此非常憤怒，覺得受到侵犯，也生氣蘋果沒有主動幫他澄清。於是他在 2009 年 1 月 5 日親自寫了一封公開信。他表示，他之所以不能出席 1 月的麥金塔世界大會是因為想多陪陪家人。「正如你們所知，我在 2008 年體重急遽下降。我的醫師已經找到原因。這是一種荷爾蒙失調，我的身體因此無法獲得所需的蛋白質。我已接受複雜的血液檢驗，證實這樣的診斷。這樣的營養失調問題其實不難治癒。」

這封信並未完全吐實，而且容易讓人誤解，但的確提到一個重要事實。胰臟分泌的一種荷爾蒙是升糖素，升糖素的作用是刺激肝臟，將肝糖轉變成葡萄糖，增加血液中的葡萄糖濃度，而胰島素的作用剛好相反，是幫助細胞吸收血液中的葡萄糖來代謝利用，避免血糖過高。由於賈伯斯的腫瘤已轉移到肝臟，腫瘤擴散導致身體自我消耗，因此他不得不利用藥物降低升糖素。他的確有荷爾蒙失調的問題，但那是因為癌細胞轉移到肝臟造成的。他自己卻不願面對這點，更不願向公眾承認。但他經營的是一家股票公開交易的公司，隱瞞重大病情有觸法之虞。不管如何，賈伯斯還是很氣部落格社群對他的病妄自猜測，他想要反擊。

儘管公開信中語氣樂觀，其實他已經病得很重，而且飽受劇痛的折磨。他接受了另一回合的化學治療，忍受強烈的副作用。他的皮膚因此乾燥、龜裂。他也積極尋求另類療法，曾飛到瑞士巴塞爾接受一種特殊的神經內分泌腫瘤放射實驗療法，也曾去鹿特丹接受仍在實驗中的胜肽受體放射線療法。

經過律師團長達一個星期的勸說，賈伯斯終於同意請病假。他在 2009 年 1 月 14 日寫了另一封公開信給蘋果全體員工。一開頭，他先譴責部落客和媒體不斷刺探他的隱私。賈伯斯說：「很不幸，有很多人對我個人健康非常好奇，不但我和我的家人飽受困擾，蘋果的同事也因此感到為難。」他終於坦承「荷爾蒙失調」的治療不像他先前說的那麼簡單。「過去一個星期，我發現我的病引發的問題比我原先想的更為複雜。」雖然他請庫克每日代他處理公務，但他依然是執行長，仍會參與重大決策，並計劃在 6 月回到工作崗位。

賈伯斯曾與康貝爾和列文森討論過他的病情。這兩個人不但是他的健康顧問，也是董事會的聯合首席董事。然而他並未告訴其他董事會成員，一開始更誤導了所有的投資人，使得公司有違法之嫌。美國證券交易委員會於是針對蘋果是否對投資人隱瞞「重大訊息」一事展開調查。如果蘋果散發錯誤的訊息給投資大眾或是隱瞞重大事實，影響廣大投資者的權益，將構成證券詐欺之罪。由於蘋果再度崛起與賈伯斯的魔力密不可分，他的個人健康狀況必然會被視為「重大訊息」。然而執行長的隱私權也應受到保護，是否觸法在法律上還很難說。賈伯斯捍衛自己的隱私權一向不遺餘力，但市場一般又把他和蘋果畫上等號，即「賈伯斯代表蘋果，蘋果代表賈伯斯」，要維護投資大眾的權益，又要兼顧執行長的隱私，實在不容易。這個階段，賈伯斯變得更加情緒化，時而大聲咆哮，時而哭泣。只要有人建議他開誠布公，他就會暴跳如雷。

康貝爾非常珍惜與賈伯斯的友誼，不希望因為基於信託義務而必須洩漏他的隱私，乾脆請辭董事。康貝爾說：「我和賈伯斯的友誼長達百萬年，我不能讓他的隱私受到任何侵犯。」律師研究之後，最後決定康貝爾不必請辭董事，只要讓出聯合首席董事的位置即可，此一職務由雅芳執行長鍾彬嫻接替。美國證券交易委員會調查一番之後，也不了了之。雖然要賈伯斯透露病情的聲浪不小，但蘋果董事會也使出種種招數，努力保護賈伯斯。

身兼蘋果董事的美國前副總統高爾表示：「媒體希望我們吐露更多細節。除非法律要求，賈伯斯可自行決定要不要透露。但他非常堅持，希望他的隱私權不要受到侵犯。我們應該尊重他的意願。」我問高爾，在 2009 年初，賈伯斯的健康狀況已經很差，但他發布的公開信只是輕描淡寫，有誤導投資人之嫌，董事會難道不該催促賈伯斯交代清楚一點？他答道：「我們請外面的法律顧問衡量當時的情況，他們建議我們照規則來，該怎麼做就怎麼做。我說這話雖然聽來是迴護賈伯斯，但當時很多人的批評實在令人生氣。」

有位董事則持不同看法。他就是前克萊斯勒和 IBM 的財務長約克。雖然他沒公開發表任何意見，但私下卻告訴《華爾街日報》的記者說，他對 2008 年底公司隱瞞賈伯斯的病情一事感到「深惡痛絕」。「老實說，我希望自己那時就辭去董事職務。」約克和記者約定這些話不寫出來，但約克在 2010 年過世之後，《華爾街日報》還是把他說過的話公諸於世。約克也私下對《財星》透露賈伯斯祕密去瑞士接受治療的事。2011 年賈伯斯第三度請病假之時，《財星》又把那些話抖出來。

蘋果內部有些人根本就不相信那些話出自約克口中，畢竟他不曾公開說過那些事。但康貝爾認為那些報導並非空穴來風。早在 2009 年初，約克就曾向他抱怨。康貝爾說：「深夜，約克多喝了一點之後，常在凌晨兩、三點打電話給我，說道：『搞什麼嘛！我才不相信賈伯斯說的那一套。我們非得弄清楚不可。』第二天早上，我打電話給他，他則說：『很好啊，沒什麼問題。』好像前晚沒打過電話給我一樣。我猜，他有時晚上喝多了會變成大嘴巴，不只打電話給我，也打給那些記者。」

遠赴曼菲斯換肝

史丹佛大學醫院癌症中心為賈伯斯治療的腫瘤科團隊，是由費雪（George Fisher）領軍。在肝膽腸胃與大腸直腸惡性腫瘤的研究領域，費雪可說是佼佼者。幾個月前他就曾提醒賈伯斯，或許應該考慮換肝。然而面對這樣的建議，賈伯斯總是置若罔聞。蘿琳很高興費雪醫師一直提這件事，因為要賈伯斯考慮換肝沒那麼容易，必須不斷催促他才行。

2009 年 1 月，就在賈伯斯聲明他的「荷爾蒙失調」很容易治療之後，他終於相信自己已面臨換肝的關頭。問題是，加州等候換肝的病人很多，恐怕等不到可以換肝那天，他就撐不下去了。與他相同血型的捐肝者比較少，加上依照美國聯合器官分享網絡（UNOS）的肝臟移植分配原則，肝硬化和肝炎的病人要比癌症病人優先，這條換肝之路看來十分艱辛。

蘿琳每晚都會查詢器官捐贈網站，看有多少人正在等候接受器官移植、他們的 MELD 評分及等候時間。她說：「你可以從那些資料計算要等多久。史帝夫恐怕要今年 6 月過後才能在加州換肝，但醫師認為他的肝臟頂多只能撐到今年 4 月。」她因此不斷向人詢問，發現可同時在不同的兩個州登錄欲接受器官移植，大約有 3% 等候接受器官移植者這麼做。器官分享網絡並未阻止病人這麼做，只是有人批評這是為富人開方便之門。然而，這種方式的成功機率也不高。首先，準備接受移植的病人必須在八個小時內抵達指定的醫院。不過賈伯斯有飛機，這倒不是問題。其次，病人必須親自到指定醫院，接受醫療團隊的評估，看能否列入該州的等候名單。

蘋果外聘的舊金山法律顧問瑞里是田納西人，他很關心賈伯斯，也是他的好友。瑞里的父母都是曼菲斯的衛理公會大學附設醫院的醫師。他當初就在那家醫院出生。他認識該院器官移植團隊負責人伊森（James Eason）。伊森的移植團隊可說是全美國最好的，器官移植手術的數量也是最多的。光是 2008 年，他們就做了 121 例的換肝手術。伊森不排斥讓別州的病人來排隊。他說：「這不是鑽漏洞。病人可以自由選擇在哪一州的醫療體系接受治療。田納西州也有病人跑到加州或其他州接受器官移植。當然，也有病人從加州來給我們治療。」伊森於是在瑞里的安排下，飛往 2,800 公里外的帕羅奧圖，為賈伯斯評估。

2009年2月底，賈伯斯除了在加州等候換肝，也順利列入田納西州的器官移植等候名冊。接下來就是焦急等待。3月的第一個星期，他的排行順序急遽下滑，預估要等上二十一天。蘿琳說：「那實在很難熬。似乎他也無法及時在田納西州接受換肝。」此時，每一天都像在跟死神拔河。到了3月中旬，他終於名列第三，之後上升到第二，終於變成第一順位。但日子一天天過去，仍無人捐贈肝臟。不過，說來殘酷，接下來就是聖派翠克節和美國大學校際籃球的「三月瘋」，曼菲斯正是2009年區域錦標賽的比賽地點，很多人在這天飲酒作樂。所謂樂極生悲，在這個時候因酒駕導致的車禍特別多，出現器官捐贈者的機率也比較高。

2009年3月21日，這個週末果然有一位二十多歲的年輕人車禍腦死，決定捐出器官。賈伯斯和他的太太立刻飛往曼菲斯，在凌晨四點前已經降落，和主治醫師伊森會合。救護車已在跑道一旁等待，他們衝到醫院之時，住院資料已準備完成。

雖然換肝手術很成功，但還不能完全放心。醫師取出賈伯斯的肝臟之時，發現他的腹膜（覆蓋腹腔及骨盆腔內面的一層透明組織）已出現斑點，而且肝臟的腫瘤已長出肝臟表面，意味癌細胞很可能已擴散到其他部位。顯然，癌細胞變異和成長的速度很快。醫療團隊取樣進行更多的基因圖譜分析。

幾天後，賈伯斯必須接受另一項手術。但他拒絕在麻醉前洗胃，結果胃裡的東西跑到肺部，造成吸入性肺炎。這時，醫療團隊認為他可能過不了這一關。賈伯斯後來曾描述這一刻的心情：

他們這個例行手術，害我差點一命嗚呼。蘿琳一直在我身邊陪我，孩子也都坐飛機來了。他們都以為我熬不過那個晚上。那時，我的大兒子里德和他舅舅去參觀大學。我的私人飛機去達特茅斯附近接他，讓他知道我病危的消息。他們以為這是在我清醒時，與我見最後一面的機會。不過，我還是過了這一關。

蘿琳緊盯著治療過程。她一整天都待在病房，機警的看著賈伯斯病榻旁的每一部監視器。艾夫說：「蘿琳就像一頭美麗的母老虎，在他身邊守護。」艾夫得知賈伯斯可以會客之後，馬上去醫院探視。蘿琳的母親和她的兄弟輪流陪她。賈伯斯的妹妹夢娜也在病房照拂。除了這些親友之外，能見到他的外人只有為他安排這次換肝手術的瑞里律師。賈伯斯說：「蘿琳的家人幫我們照顧孩子。她媽媽和她的兄弟幫了很大的忙。我很虛弱，又不聽醫師的話。然而走過這一關，讓我與家人的關係變得更親密。」

蘿琳每天早上七點就到醫院報到，蒐集生命徵象監測數值和其他檢測數值，並利用試算表來整理、分析。她說：「由於牽涉到的問題很多，情況非常複雜。」早上九點，主治醫師伊森帶領醫療團隊來巡房，蘿琳會和他們一起討論每一個治療層面。晚上九點，在她離開醫院之前，她會整理好各種檢測數值的走向，想好一些問題，等第二天再向醫療團隊求教。她說：「只有這樣專注，我才不會胡思亂想。」

不是好病人

伊森醫師是賈伯斯換肝手術和住院的總負責人，凡是術後恢復、癌症檢測、疼痛控制、營養、復健與護理照護，都由他發號施令。史丹佛大學醫院因為權責分工，沒有人可以做到這樣。伊森甚至會到便利商店，買賈伯斯喜歡的能量補給飲品給他喝。

在護理人員當中，賈伯斯最喜歡兩位來自密西西比小鎮的年長護士。這兩位歐巴桑個性都很實在，不理會賈伯斯的壞脾氣，於是伊森指派這兩位護士專門照顧賈伯斯。庫克說：「你要治得了他，一定要堅持下去，絕不妥協。伊森就很有辦法，除了他，沒有人可以強迫史帝夫去做一些事。史帝夫也知道伊森是為了他好，才會要他去做那些痛苦的事。」

儘管賈伯斯周遭的人對他的照顧無微不至，他有時還是會發飆。他咆哮說為什麼他現在什麼都控制不了，而且必須受制於人。賈伯斯有時甚至會出現幻覺，在他意識幾乎不大清楚之時，他還是一樣頑固。

有一次，賈伯斯打了強效鎮定劑，即將陷入昏睡，胸腔科醫師幫他戴上氧氣面罩，他竟把面罩扯下，說他討厭這種面罩的設計，不能戴這種東西。雖然他幾乎無法開口說話，還是命令醫師給他五種面罩，讓他挑一個中意的設計。醫師大惑不解的看著蘿琳，不知如何是好。蘿琳於是設法轉移他的注意力，讓醫師為他戴上面罩。他也討厭夾在指頭上的血氧飽和濃度監測儀，抱怨說這種儀器不但醜死了、而且太複雜。他向醫師建議說，這種監測儀的設計可以如何簡化。蘿琳說：「他對周遭環境裡的每一樣東西都很敏感，而且很在意。簡直是白白消耗自己的精力。」

有一天，賈伯斯時而清醒、時而昏迷之時，蘿琳的密友凱瑟琳來看他。雖然凱瑟琳和賈伯斯關係不是很好，蘿琳還是要求凱瑟琳過來。賈伯斯用手比劃，要凱瑟琳拿紙筆過來床邊，然後在紙上寫：「我要我的 iPhone。」凱瑟琳幫他把手機拿來。他抓著她的手，示範手指滑動解鎖的方式，要她玩玩上面的選單。

賈伯斯與女兒麗莎的關係還沒破冰。麗莎從哈佛大學畢業之後，就搬到紐約去住，很少和她父親連絡。但她還是兩次飛到曼菲斯來看他。賈伯斯對此舉相當感動，他後來說：「她能來看我，這對我意義重大。」只可惜他並沒有當面告訴麗莎。賈伯斯身邊的人都發現，麗莎像她父親一樣喜歡發號施令、要求很多，但蘿琳還是歡迎麗莎來，試著使她融入他們一家。她希望這對父女能重修舊好。

賈伯斯的身體漸漸恢復之後，又開始東管西管了，而且愛發脾氣。凱瑟琳說：「他開始復原之後，對大家雖然心懷感謝，可是那副討人厭的德性馬上冒出來了。不但脾氣暴躁，而且老是想要掌控一切。我們都以為他經歷這麼多的考驗，不知是否會變得柔和一點，結果還是沒有。」

賈伯斯和從前一樣挑食，現在只吃混合水果冰沙。對一個換肝病人來說，這樣絕對無法得到足夠營養素。他還要求家人幫他準備七、八種水果冰沙擺成一排，供他選擇。他常常只嚐一小口就宣布：「這個不好吃，那個也很難吃。」伊森最後不得不教訓他：「這不是好不好吃的問題。別把這些當作食物，你要把這些東西當作是藥吞下去。」

等到開放會客，賈伯斯看到蘋果的同事來探病，心情就好多了。庫克定期來到病房，報告新產品的進度。庫克說：「你可以看得出來，每次談到公司的事，他就眉飛色舞。就像點亮了燈泡一樣。」賈伯斯深愛蘋果，似乎活著就是為了回到蘋果。產品的每一個細節都讓他興奮。庫克描述 iPhone 新機給他聽的時候，賈伯斯隨即興高采烈的跟庫克討論這款新機的名稱。他們不但決定叫這款新機「iPhone 3GS」，甚至討論到 GS 這兩個字母的字型和大小，例如是否該大寫（是的），要不要用斜體（不要）。

有一天，瑞里安排一場驚喜之旅，帶賈伯斯去參觀曼菲斯的太陽錄音室。那棟紅磚建築等於是搖滾樂的神殿，很多老牌搖滾巨星都在這裡錄音，包括貓王、強尼凱許、比比金等。他們特別利用非營業時間前往，錄音室有個年輕工作人員為賈伯斯導覽，並介紹該錄音室的歷史，之後兩人一起坐在一張被菸頭燙得坑坑疤疤的長凳上。工作人員說，這張長凳就是搖滾先驅傑瑞李路易斯坐的。

那時，賈伯斯已算是音樂產業最有影響力的人物，但他瘦得跟紙片人一樣，那個年輕工作人員沒認出他。就在他們離去之際，賈伯斯對瑞里說：「那個小子很聰明，找他去 iTunes 工作吧。」瑞里於是打電話給蘋果網路服務部門的主管庫依。庫依請那個年輕人飛到加州面試，最後雇用他，在 iTunes 線上音樂商店負責節奏藍調（R&B）和搖滾樂的部門。後來，瑞里回到太陽錄音室看那裡的朋友。他們說，錄音室的標語果然不是蓋的，亦即「來到太陽錄音室，你必然可以夢想成真。」

回家真好

2009 年 5 月底，賈伯斯和蘿琳、妹妹搭乘私人飛機從曼菲斯起飛。庫克和艾夫已經等在聖荷西機場的停機坪，等到飛機飛抵停妥，兩人隨後進入機艙。庫克說：「你可以從他的眼神看出他有多興奮。他渾身充滿鬥志，蓄勢待發。」蘿琳拿出一瓶蘋果西打，敬賈伯斯一杯。每一個人都高興的互相擁抱。

艾夫其實心情很糟，後來他從機場開車到賈伯斯家，告訴賈伯斯說他不在的這段期間，許多事都難以推動。艾夫也憤恨不平的說，很多報導都認為蘋果的創新完全是靠賈伯斯一人，萬一他有個三長兩短，蘋果也就完了。艾夫對賈伯斯說：「我真的覺得很受傷。」艾夫自覺「大受打擊」，沒有人看到他的價值。

賈伯斯同樣心懷芥蒂的回到帕羅奧圖。一想到蘋果不是不能沒有他，他就覺得若有所失。2009年1月，賈伯斯宣布請病假之時，蘋果股價是82美元，到了5月底他回來上班，已漲到140美元。在賈伯斯剛請病假的時候，蘋果召開一次電話會議，與科技界的分析師交換意見。庫克以平靜的語氣發表聲明，表示即使賈伯斯不在，蘋果依然會蒸蒸日上：

我們相信，今天我們在這個地球上，就是為了製造偉大的產品。這是我們長久以來不變的信念。我們一直專注於創新。我們相信簡約，而不是複雜。我們相信我們能夠掌控產品背後的主要科技，而且只切入我們能有重大貢獻的市場。我們相信去蕪存菁的必要，因此我們砍掉幾千個專案，只發現少數幾種真正重要而有意義的東西。我們相信同心協力和各團隊之間的交流，能使我們在創新更上一層樓，而其他的人只能瞠目其後。說實在的，我們對各團隊的要求只有一個，也就是追求卓越，然而我們要是做錯了，也會坦白承認並勇於改變。蘋果上上下下，不管是哪一個職務，不管是誰，每一個人都秉持這樣的信念，這就是為何蘋果能立於不敗之地。

這番話聽起來就像是賈伯斯說的（他也的確說過這些話），但媒體卻名之為「庫克宣言」，讓賈伯斯很不是滋味，尤其是最後一句。如果真像庫克說的，那賈伯斯不知道該覺得自豪還是難過。很多人說，賈伯斯或許該卸下執行長的職務，擔任董事長就好了。但他愈想就愈不甘願，下決心要從床上爬起來，戰勝病痛，像從前一樣健步如飛。

在賈伯斯回來幾天後，公司預定召開董事會。所有的董事都沒想到他會現身。賈伯斯緩緩走進會議室，幾乎從頭到尾都待在那裡。6月，他每日召集公司主管在他家開會。那個月底，他就回去上班了。

不久前賈伯斯才從鬼門關前繞了回來，如今是否變得溫和、圓熟一點？他的同事很快就有答案了。在他上班的第一天，就對高級主管大發脾氣。賈伯斯把一些團隊拆散，撕掉好幾本行銷企畫書，還叫來幾個員工開罵，說他們做得爛透了。但賈伯斯真正的感受是，「今天能回來上班，真是太棒了。我覺得我自己和整個團隊都充滿創意，」那天傍晚他對幾個朋友如此說。庫克平靜的回到副手的位置，他說：「史帝夫向來有話直說，也不會掩飾自己的感覺。我覺得這樣挺好的。」

賈伯斯的朋友都注意到，他爭強好勝的精力都回來了。賈伯斯在休養期間，訂了美國最大的有線電視和網路服務商康卡斯特（Comcast）的高解析度有線網路。有一天，他打電話給康卡斯特的執行長羅柏茨（Brian Roberts）。羅柏茨說：「我以為他打電話來是要稱讚我們。沒想到他說，我們的服務很爛。」何茲菲德則發現，儘管賈伯斯脾氣沒改，跟過去一樣壞，但他變得更誠實了。他說：「以前，如果你請他幫忙，他很可能會扯後腿。他這個人就是這麼變態。現在，他真的會想辦法幫你的忙。」

賈伯斯在9月9日公開復出，也就是出席每年秋季固定舉辦的音樂播放器發表會，為新的iPod產品線站台。他一現身，全場立刻起立鼓掌，熱烈掌聲持續近一分鐘才靜止下來。這次賈伯斯以自己的「私事」做為開場。他說，他很幸運能接受肝臟移植。「如果不是有人大方捐出肝臟，我就沒辦法站在這裡了。因此，我希望我們每一個人都能有這樣的慷慨和大愛，踴躍響應器官捐贈。」他的臉上洋溢著欣喜，繼續說道：「我終於可以站立，回到蘋果，我珍愛每一天在蘋果工作的日子。」接著，他端出第五代 iPod nano，新款 iPod nano 內建攝影鏡頭，機身外殼改採拋光陽極氧化鋁，而且有九種顏色可供選擇。

到了 2010 年初，賈伯斯差不多已經恢復，像過去一樣生龍活虎，將全副精神投入工作。接下來的這一年，是他和蘋果豐收的一年。他的「數位生活中樞」策略大告成功，iPod 和 iPhone 猶如兩支漂亮的全壘打。現在，他又拿起球棒，準備揮擊。

37

iPad

進入後 PC 的時代

科技時尚的標誌，iPad。

你說，你要革命

時間回到 2002 年，有個討人厭的微軟工程師，一直向賈伯斯宣傳他開發的平板電腦軟體，這種軟體讓使用者能夠透過觸控筆或筆，在螢幕上輸入資料。這讓賈伯斯很反感。那年，多家電腦製造商都利用微軟的軟體推出平板電腦，但因電腦效能不佳且價格昂貴，沒能贏得消費者青睞，遑論「在宇宙留下痕跡」。賈伯斯看了很懊惱，要是他來做，絕不會搞砸，首先，一定要除掉觸控筆！後來，他看到蘋果自己發展的多點觸控技術，決定運用在 iPhone 上。

與此同時，麥金塔硬體部門還在不斷構思推出平板電腦的可能性。2003 年 5 月，賈伯斯接受摩斯伯格的訪問，說道：「我們沒有生產平板電腦的計畫。我們發現消費者喜歡用鍵盤。平板電腦訴求的對象，是擁有多部個人電腦和裝置的有錢人。」但這番言論就像他談到自己的「荷爾蒙失調」一樣讓人誤解。每一年，蘋果的「精英 100」度假會議大多都將平板電腦列入未來計畫議程中。席勒說：「史帝夫從未放棄過平板電腦，我們在這類會議常常會談論這個構想。」

2007 年，賈伯斯考慮推出低價小筆電，反倒給平板電腦打了催生劑。某個星期一，蘋果召開主管腦力激盪會議，艾夫問道，為什麼螢幕一定要連著實體鍵盤，這樣不但比較笨重，而且會增加成本。他提議，如果採用多點觸控介面，就可把虛擬鍵盤放在螢幕上。賈伯斯表示同意。因此，研發方向轉了個彎，從小筆電的設計轉向平板電腦。

設計流程的開端，是由賈伯斯和艾夫想出適當的螢幕大小，他們製作了20個大小和長寬比略有不同的模型，但形狀當然全都是圓角矩形。艾夫將這些模型擺置在設計工作室，下午的時候，他們會掀起絲絨遮布，把玩這些模型，感覺一下怎麼做才對。艾夫說：「我們就是這樣敲定螢幕的大小。」

賈伯斯如同以往，喜歡最簡約的設計，這決定了平板電腦的核心元素，也就是螢幕。因此，發展平板電腦的最高指導原則就是以螢幕為主。艾夫自問：「我們要如何排除其他元素，才不會有那麼多功能和按鈕，轉移使用者對螢幕的注意？」研發團隊每進行一步，賈伯斯就要他們去除一些東西，再簡化一點。

模型出來之後，賈伯斯左看右看，仍不滿意。他覺得這樣的設計看起來還不夠簡便，不像是可以隨手拿起來，丟到包包裡的樣子。艾夫著手研究這個問題。他發現，這種電腦應該讓人覺得隨時單手一抓就可以拿起來，因此邊緣底部必須磨圓，否則取出或收納時都必須小心翼翼。這表示，連接埠和按鈕都必須設計得很薄，以免礙眼。

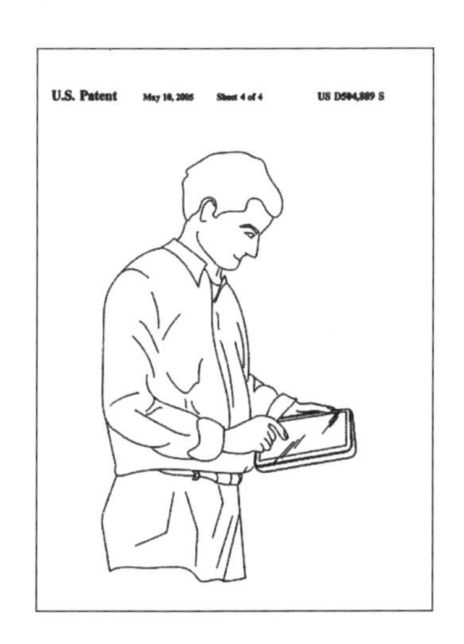

如果你查這款平板電腦的專利檔案，就會發現蘋果已經在2004年3月申請過專利，十四個月後核准，專利號碼D504,889，賈伯斯和艾夫都在專利發明人之列。根據專利所有權資料上的圖示，這是一款邊緣磨圓的長方形平板電腦，一個人用左手輕鬆拿著，用右手食指碰觸螢幕，看起來就像後來上市的iPad。

由於麥金塔電腦已改用英特爾的晶片，賈伯斯一開始也打算使用英特爾還在研發的低電壓 Atom 處理器。英特爾執行長歐德寧對研發單位盯得很緊，賈伯斯相信他做得出來。畢竟英特爾製造的處理器還是全世界最快的。

但是英特爾製造的晶片比較適用於桌上型電腦，如果使用在平板電腦上，則有電池續航力不夠的問題。因此費德爾極力主張使用設計比較簡單、低耗電的 ARM 架構。蘋果是 ARM 的早期夥伴，原始 iPhone 就是使用它的架構。費德爾徵求其他工程師的支援，想證明如果敢於挑戰賈伯斯，最後還是可能讓他改變心意。賈伯斯在開會的時候力挺英特爾，說他們可以為移動式電子產品製造出好的晶片。費德爾對他吼叫：「錯！錯！大錯特錯！」他甚至把門禁卡拿下來放在桌上，威脅說他不幹了。

最後賈伯斯讓步了，他說：「我知道了。你們都是高手，我不跟你們唱反調了。」事實上，他走到另一個極端。蘋果不只採用 ARM 架構，更併購了帕羅奧圖半導體公司（P.A. Semi），要這家有 150 位員工的公司，為蘋果的平板電腦量身打造新的系統晶片，即 A4 晶片。這種晶片是以 ARM 架構為基礎，由南韓的三星製造。賈伯斯曾說：

如果你不在乎耗電和價格的話，以高效能晶片而言，英特爾的表現是最好的，也是全世界最快的。但他們的晶片只有處理器，所以還需要很多其他功能的晶片來配合。而我們的 A4 晶片除了處理器，還有繪圖、行動作業系統、記憶體控制器等功能。

我們想幫助英特爾，但忠言逆耳。多年來，我們一直告訴英特爾，他們的繪圖功能很爛，要他們改進。每一季，我都會帶蘋果三位高級主管去跟英特爾的歐德寧開會。我們的合作一開始還滿順利的，英特爾希望與我們一起研發未來的 iPhone 晶片。但後來我們還是分道揚鑣，原因之一是他們的行動太慢。

英特爾就像一艘蒸汽輪船，應變力不夠，我們無法等他們。另一個原因是，我們不希望什麼事都要我們教，英特爾學會之後，可能會把東西賣給我們的競爭者。

但根據歐德寧的說法，英特爾的晶片絕對可以和 iPad 匹配，問題在於價格談不攏。他說：「合作破局最主要的原因就是價錢。」當然，這也再次顯示賈伯斯不想受制於人，企圖一手掌控產品的每一個層面，包括矽晶片和外殼。

上帝的平板 iPad 亮相

2010 年 1 月 27 日，賈伯斯在舊金山的產品發表會讓 iPad 亮相。每次賈伯斯推出新產品總是造成轟動，然而那些狂熱跟 iPad 問世相比，都顯得遜色了。

這次登上《經濟學人》封面的賈伯斯，身穿長袍，頭上有光圈，手上拿著「上帝的平板」。《華爾街日報》同樣以崇拜的語氣，描寫蘋果教主的新產品，報導中有一張圖片畫的是摩西刻有上帝十誡的石板，旁邊的說明文字是：「上次世人為了一塊平板瘋狂，是因為板子上刻有十誡。」

iPad 這回亮相，賈伯斯把早期在蘋果工作的許多老戰友都請回來，就像是要強調產品發表會的歷史性質一樣。更特別是，賈伯斯也邀請為他換肝的伊森醫師、與 2004 年為他切除胰臟腫瘤的諾頓（Jeffrey Norton）醫師，前來參加這場盛會。這兩位醫師坐在貴賓席上，旁邊則是賈伯斯的妻子蘿琳、兒子里德和妹妹夢娜。

賈伯斯是把新產品融入情境的大師。這次表演就像他三年前推出 iPhone 一樣，精采至極。舞台上擺了一個巨大的銀幕，上面顯示一支 iPhone 手機和一台筆記型電腦，兩者中央則有一個問號。賈伯斯對觀眾說：「問題是：這兩者中間是否還容得下另一種產品？」他說，這種產品在瀏覽網頁、收發電子郵件、看影片、聽音樂、玩遊戲以及看電子書等方面，都該勝過手機和筆電。接下來，他一刀戳進小筆電的要害。「就小筆電而言，雖然什麼功能都有，但都做得不夠好！」現場的觀眾和員工響起歡呼。「現在，我們已發展出介於手機和筆電之間的理想產品，也就是 iPad。」

為了強調 iPad 輕鬆、休閒的本質，賈伯斯走到一張舒適的皮沙發椅和小茶几旁邊，隨手拿起一台 iPad。當然，鑑於他對品味的挑剔，那張皮椅是柯比意設計的，茶几則是出自沙里寧*之手。

賈伯斯用充滿熱情的口吻說：「瞧，這不是比筆電要輕便多了？」接著，他瀏覽《紐約時報》網站、寄電子郵件給蘋果的兩位大將佛斯托爾和席勒，內容是：「哇，我們真的推出 iPad 了！」

接著他打開相簿，示範行事曆的使用法，並任意把 Google 地圖上的艾菲爾鐵塔放大或縮小，觀看幾段影片，包括「星艦迷航記」和皮克斯的「天外奇蹟」。然後展示電子書 iBook 書架，並播放巴布狄倫的〈Like a Rolling Stone〉（這也是 iPhone 發表會時播放的歌曲）。最後，賈伯斯問大家：「這東西是不是很棒？」

他在最後一張投影片，說明 iPad 如何體現他人生的一個重要主題。那是街角的路標，標示此地正在科技街和人文街的交會口。他說：「蘋果能創造出像 iPad 這樣的產品，是因為我們始終努力待在科技與人文的交會口。」iPad猶如《全球目錄》的數位版，是創造力和生活工具的融合。

但這回，市場可沒像之前那樣歡唱哈利路亞的迎接新產品。因為iPad要等到4月才上市，當時市面上還看不到；所以儘管看了賈伯斯示範，有些人還是不清楚這是什麼樣的產品。難道是一支打了類固醇，於是功能升級的iPhone？

《新聞週刊》的萊恩斯（Daniel Lyons）寫道：「我覺得失望透頂，就像看到Snooki跟索倫提諾交往[†]。」（萊恩斯曾化名「假伯斯」，在部落格模仿賈伯斯，諷刺美國科技產業。）

科技網站Gizmodo刊出一篇讀者投稿的iPad罵文，標題為〈iPad的八大爛點〉：不能多工作業、沒有攝影鏡頭、不支援Flash……。就連iPad這個名稱也被部落客消遣說是：Pad也可指衛生棉，因此iPad就是特大號衛生棉。在iPad發表那天，「#iTampon」（i棉條）主題標籤已成Twitter第三熱門話題。

吐槽的聲音當然也少不了蓋茲。他告訴《財星》資深科技記者史蘭德：「我仍覺得，語音輸入、觸控筆、加上真正的鍵盤，也就是小筆電，還是主流。iPhone的確讓我有驚豔之感，我看到iPhone的時候，心想：我的天啊，微軟還得把目標再訂高一點。但是iPad沒有給我這種感覺。iPad拿來當電子書閱讀器還不錯，可是沒有一項特點讓我由衷說出：噢，我希望微軟也能做出這樣的東西。」蓋茲堅稱，微軟用觸控筆輸入的策略將會勝出。蓋茲也告訴我：「多年來，我一直預測平板電腦必須搭配觸控筆。我

---

* 譯注：柯比意（Le Corbusier, 1887-1965）是瑞士裔法國建築師和設計師，有「現代建築旗手」之稱。沙里寧（Eero Saarinen, 1910-1961）是芬蘭裔美國建築師和設計師。

† 譯注：性感女星Snooki本名Nicole Elizabeth Polizzi，與索倫提諾（Michael Sorrentino）共同演出美國真人實境秀「澤西海岸」（*Jersey Shore*）。

們等著瞧，看我說的對不對！」

iPad 發表會順利落幕的那個晚上，賈伯斯心情很糟。我們聚集在他家廚房，準備吃晚餐。他則繞著餐桌走來走去，用 iPhone 瀏覽電子郵件和網頁。賈伯斯說：

過去二十四小時，我收到 800 封左右的電子郵件，大部分的人都在抱怨。沒有 USB 線！沒有這個，沒有那個！還有人說髒話：「去你的，你怎麼做出這麼爛的東西？」我很少回信，但這次我回了：「看你這副德性，你的父母必然會以你為傲。」還有一些人不喜歡 iPad 這個名稱等等。今天我真的有點沮喪、失望。

那天他還是接到白宮幕僚長伊曼紐爾（Rahm Emanuel）打來的恭賀電話。不過吃晚飯的時候，他又想起歐巴馬就任之後還沒打過電話給他。

你的 iPad 裡有什麼？

然而，謾罵挑剔的聲浪漸漸消散，iPad 在 4 月正式上市後，消費者爭相購買。《時代》雜誌和《新聞週刊》都把 iPad 放上封面。「要評論蘋果的產品有一個難處，就是他們的宣傳充滿噱頭，」《時代》雜誌的格羅斯曼寫道：「評論蘋果產品的另一個難處是，這些噱頭都是真的。」儘管如此，格羅斯曼還是寫出了重點：「iPad 對於消費型內容提供了很好的裝置，但卻無助於創造內容。」以電腦為例，尤其是麥金塔，已成為重要的創造工具，可讓人作曲、製作影片、架設網站、經營部落格等，並與全世界的人分享。「但 iPad 從內容的創造，轉為僅限內容的吸收或操縱。

你只是被動的消費者，等著看別人提供傑出作品。」賈伯斯把這樣的批評銘記在心。他已經要求下一代 iPad 要提出能讓使用者發揮創意的功能。

《新聞週刊》的封面標題則是：「iPad 哪裡了不起？統統都很讚啦！」萊恩斯在 iPad 發表會後，還曾批評 iPad 令人失望的程度，好比性感女星成了死會。但萊恩斯摸到 iPad 之後，修改了他的看法：「我看賈伯斯在發表會的示範，心想這東西似乎沒有什麼，不過是加大版的 iPod Touch，不是嗎？但是我有一次實際接觸，用了之後就愛不釋手：我也要去買一台。」萊恩斯和其他人一樣知道 iPad 是賈伯斯心愛的產品，體現了他擁抱的所有理念。「賈伯斯擁有超能力，能創造出我們需要、卻不自知，用了之後就無法自拔的科技裝置，」萊恩斯寫道：「蘋果素來以禪風科技聞名，或許只有封閉系統，才能帶給消費大眾禪風科技的體驗。」

關於 iPad 的爭論，主要集中在 iPad 封閉的「從頭到尾整合」究竟是好是壞。Google 開發出一種名為 Android 的行動平台，這種平台是開放式的，所有硬體製造商都可使用。這樣的企圖心似乎師法 1980 年代的微軟。當年微軟就是透過掌控作業系統平台，而成為電腦軟體霸主。

針對這個議題，《財星》刊登了雙方論點。反對封閉系統的是寇普蘭（Michael Copeland）：「封閉根本毫無藉口可言。」但他的同事佛爾特（Jon Fortt）反駁：「雖然封閉系統招致不少批評，但程式可以跑得很順，對使用者有益。就這點而言，整個科技界沒有人比賈伯斯更有說服力。蘋果把硬體、軟體和服務綁在一起，嚴謹監控每一個層面，這就是為什麼他們能屢屢擊敗對手，推出精緻圓熟的產品。」不過他們全都同意，自從第一代麥金塔問世至今，封閉系統是好是壞，看大眾對 iPad 的接受度就知道了。佛爾特寫道：「自從蘋果自製 A4 晶片，操控的能力又更上層樓。現在，蘋果能一手掌握晶片、硬體、作業系統、應用程式商店和付款系統。」

iPad 上市第一天，也就是 4 月 5 日，賈伯斯在將近中午十二點的時候，去帕羅奧圖的蘋果專賣店。他的舊日好友卡特基也來搶購。卡特基已不再為了沒得到創辦人認股權的事耿耿於懷。卡特基說：「我們十五年沒見面了，我想看看他。我跟他說，我要用 iPad 查歌詞。他心情很好，我們聊到這些年來的變化。」蘿琳和小女兒伊芙則站在店內角落看熱鬧。

沃茲尼克曾大力鼓吹軟硬體愈開放愈好，但之後也不斷修正自己的看法。他一如往常騎著賽格威（Segway，有「科技風火輪」之稱的電動代步車）到聖荷西的山谷購物中心，和眾多蘋果迷在蘋果專賣店門口徹夜排隊。記者問他對蘋果的封閉系統有何看法。他說：「蘋果的消費者就像被關在嬰兒圍欄裡，但這麼做也有好處，主要的好處就是簡單。我雖然喜歡開放式系統，但我是駭客。大多數人想要好用的東西。史帝夫的天才在於他知道怎麼把產品簡化，為了達到這個目標，有時需要掌控一切。」

現在，大家不再問：「你的 iPod 裝了什麼？」而是問：「你的 iPad 有什麼？」就連歐巴馬的幕僚也人手一台 iPad，因為 iPad 是科技時尚的標誌。經濟顧問桑默斯（Larry Summers）下載了彭博財經資訊應用程式、拼字遊戲和《聯邦論》；白宮幕僚長伊曼紐爾訂閱多份報紙；白宮發言人柏頓（Bill Burton）下載時尚雜誌《浮華世界》和一整季的電視劇集「Lost 檔案」，而政治顧問艾克斯羅德（David Axelrod）則在 iPad 收看大聯盟棒球賽和美國國家公共廣播電台的節目。

賈伯斯在《財星》網站看到諾爾（Michael Noer）寫的一篇文章，深覺感動，並傳給我看。諾爾說，他在哥倫比亞首都波哥大北方的一個牧場，拿起 iPad 看科幻小說，一個六歲小孩走到他面前。這孩子來自窮苦人家，來這裡幫忙清掃馬廄。諾爾一時好奇，把手中的 iPad 拿給他。這個孩子從來沒看過電腦，諾爾也沒教他怎麼用，但他自己摸索一下就會了。他用手指劃過螢幕解鎖，下載應用程式，然後開始玩彈珠台。諾爾寫道：「賈伯斯設計的電腦太厲害了，就連不識字的六歲小孩，沒有人教，自己也會玩。如果這不夠神奇，那天底下就沒有神奇的事了。」

不到一個月，iPad 就賣了 100 萬台，iPhone 則需兩倍的時間才達到這個目標。2011 年 3 月，iPad 上市九個月，已締造 1,500 萬台的銷售佳績。如果從某些標準來看，iPad 產品上市計畫可說是史上最成功的一個案例。

廣告「宣言」

賈伯斯對 iPad 最先製作出來的廣告，並不滿意。一如往常，他親自參與行銷事宜，負責 iPad 廣告的是文森和米爾納（Duncan Milner，他們的公司現已改名為 TBWA 媒體藝術實驗室），半退休的克洛則是擔任顧問。他們製作出來的第一支電視廣告很簡單：一個身穿 T 恤和牛仔褲的年輕人，悠閒的坐在沙發上、靠著椅背，膝上擺了 iPad，他先查看電子郵件，然後看看相簿、《紐約時報》、電子書和影片。沒有文字，背景音樂則是丹麥搖滾團體藍色小貨車唱的〈There Goes My Love〉。文森說：「史帝夫雖然讓這支廣告過關，但還是說他不喜歡。他覺得這就像陶器穀倉家具店（Pottery Barn）的廣告。賈伯斯告訴我：

解釋何謂 iPod 並不難，就是你可以放進口袋的 1,000 首歌。我們很快就想出以剪影人像和白色耳機為主的廣告。但 iPad 是什麼，這就很難一語道盡。我們不希望把這個東西當電腦來行銷，但也不想做得像可愛的小電視。從第一支廣告可以看出，我們實在不知道自己在做什麼。這支廣告讓人聯想到喀什米爾毛衣和哈博士休閒鞋（Hush Puppies）。

文森好幾個月沒休假。iPad 上市，廣告也播出之後，他終於可以鬆口氣，和家人開車到棕櫚泉參加柯契拉音樂節。他最喜歡的幾個樂團也上台演出，包括繆思、不再信仰、Devo。他才剛到棕櫚泉，就接到賈伯斯打來的電話：「你的廣告做得太爛了！ iPad 即將在世界掀起革命的浪潮。我們需要偉大的廣告，而你給我的根本不是東西！」

文森問：「好吧，那你要什麼？你一直沒說你要的到底是什麼東西。」

「我不知道，」賈伯斯說：「你得給我看新的東西。到目前為止，你給我的東西都還差得遠呢。」

文森為自己辯解，突然間，賈伯斯的火氣上來了。文森回憶說：「接著，他對我大吼大叫。」文森的個性也很火爆，兩人因此發生激烈口角。

文森對他大叫：「你得告訴我，你到底要什麼。」賈伯斯吼回去：「你要做出一點東西給我看，我看了之後才知道是不是我要的。」

「太好了，我得把這句寫下來，給我的同事看：『我看了之後才知道是不是我要的。』」

文森既憤怒又沮喪，緊握拳頭往牆壁猛力一捶，牆壁被他捶出一個凹洞。他走出房間，到游泳池畔和家人會合，他們都憂心的看著他。他妻子最後才問：「你還好嗎？」

文森和他的團隊努力了兩個星期，想出一堆點子。由於辦公室氣氛過於嚴肅，他要求到賈伯斯家做簡報，希望輕鬆的家庭氣氛會有幫助。他們把分鏡腳本放在茶几上，他和米爾納總共提出 12 種方案，其中一種很有啟發性，激勵人心，另一種走幽默風格，他們打算找電影「鴻孕當頭」的新生代喜劇男星麥可塞拉，在屋子裡走來走去，妙語評論一般人使用 iPad 的方式。另外的方案包括打名人牌，用純白的背景來展示 iPad、以情境喜劇來表現，或是直接做產品示範。

賈伯斯考慮了所有選項，終於恍然大悟。他不要幽默，不要名人，也不要產品示範。他說：「我要的是宣言、大格局的東西。」他已經宣布 iPad 將改變世界，所以他希望用廣告來強調這樣的宣言。他說，在一年之內，其他公司就會做出一大堆和 iPad 很像的平板電腦，但他希望世人記住，只有 iPad 才是道道地地的東西，其他的都是仿冒品。「我們希望廣告能夠凸顯和宣告我們努力過的一切。」

他突然從椅子上站起來，看起來有點虛弱，但微笑的說：「我們必須把訊息傳達出去。再接再厲吧！」

因此文森、米爾納和文案人員葛朗波（Eric Grunbaum）著手製作一支以「宣言」為名的廣告。不但步調要快、影像鮮活，還要有強烈節奏，宣布 iPad 是革命性產品。他們選的背景音樂，是耶耶耶樂團主唱凱倫歐的〈Gold Lion〉，這首歌的副歌爆發力很強。影片展示 iPad 的神奇功能，並加上旁白：「iPad 很薄，iPad 很美…… 令人瘋狂的美。這是神奇的玩意…… 可以看影片和照片。裡面有你一輩子都看不完的書。這是一場革命，但這革命才剛啟動。」

這支「宣言」廣告推出後，廣告團隊又開始構思另一支像是溫馨生活紀錄片的廣告，由年輕女導演山德斯（Jessica Sanders）執導。賈伯斯看了這兩支廣告，一開始覺得還不錯，不久後又看不順眼，原因和他反對原始廣告的理由如出一轍。他咆哮：「該死！這些廣告跟威士卡（Visa）廣告簡直沒什麼兩樣，都是廣告公司的老套。」

他一直要求廣告公司要提出與眾不同、新鮮的東西，但最後他了解，不管如何，還是要表達出蘋果的聲音。對他而言，蘋果的聲音具有簡單、明淨以及向世界宣示的特質。克洛說：「我們朝生活風格的方向發揮。史帝夫一開始還滿喜歡的，但他突然又說：『我不喜歡。這不是蘋果。』他要我們找回蘋果的聲音，一種簡單、誠實的聲音。」最後他們又回到乾淨、純白的背景，以特寫呈現，述說何謂 iPad：「iPad 是……」以及 iPad 的能耐。

應用程式百花齊放

iPad 系列廣告展現的不是硬體有多棒，而是能用這東西來做什麼。的確，iPad 的成功並非外形多麼讓人驚豔，而是應用程式（即 app）多采多姿，能讓人做各種有趣的事。iPad 可下載的程式很快就多達幾萬種，很多都免費或只要幾美元。你可以玩憤怒鳥、追蹤股市行情、看電影、看書、看雜誌、瀏覽新聞、玩遊戲，iPad就是殺時間的利器。

由於iPad的軟體、硬體和商店服務整合得很好，使用起來相當便利。然而如果要納入更多的應用程式，iPad平台必須開放，讓外界的程式開發者為iPad創造軟體和內容。但iPad也不是無條件的開放，而是嚴謹審慎的開放，像是一處精心維護看守的社群花園。

應用程式現象始於iPhone。2007年初iPhone問世時，還無法向外部開發者購買應用程式。賈伯斯一直堅持不讓外人為iPhone設計應用程式，以免iPhone的環境被搞得一團糟、遭受病毒破壞，或是汙染了產品的完整性。

董事列文森持反對意見，他希望容許iPhone應用程式存在，讓外界人士參與設計。列文森說：「我打電話跟他說了五、六次，告訴他，應用程式的潛力不可限量。」列文森強調，如果蘋果不允許外界人士提供應用程式，其他智慧型手機製造商勢必會拉攏那些程式設計者，成為他們的競爭優勢。

蘋果全球產品行銷副總席勒，也同意列文森的看法。「我們既然已經創造出威力如此強大的iPhone，如果不允許外界參與應用程式的設計，實在匪夷所思。我知道消費者必然會瘋狂愛上應用程式。」創投家杜爾也認為，允許外人設計應用程式，將會造就大批創造新服務的新創業家崛起。

賈伯斯一開始不想談應用程式開放的事。其中一個原因是，他認為約束第三方應用程式開發者的問題很複雜，恐怕不是他們團隊可以應付的。席勒說：「他根本不想談。」但iPhone上市之後，他比較願意傾聽正反雙方的說法。列文森說：「每次我們討論這件事，史帝夫的態度似乎逐漸轉變，愈來愈傾向開放。」他們曾在四次董事會上，自由隨興的發表自己對應用程式的意見。

賈伯斯不久便想出一個解決之道。他同意讓外界為 iPhone 寫應用程式，但那些程式開發者必須符合蘋果立下的標準，經過驗證和認可之後才能上架，而且必須透過 iTunes Store 販售*。如此一來，不但可攏絡數千位軟體開發者，讓他們為 iPhone 撰寫應用程式，同時也可顧及 iPhone 的完整性和消費者使用經驗。列文森說：「這是一個解決問題的妙招，可享有開放的好處，又不必犧牲控制權。」

2008 年 7 月，iPhone 的應用程式線上商店 App Store 開張。九個月後，下載次數突破 10 億。到了 2010 年 4 月 iPad 上市，iPhone 應用程式已多達 18 萬 5 千種，大多可用在 iPad 上；只是 iPad 雖然螢幕大得多，卻沒有占到多少優勢。不過不到五個月的時間，也有 2 萬 5 千種特別為 iPad 設計的全新應用程式。2011 年 6 月，iPhone 和 iPad 可使用的應用程式已有 42 萬 5 千種，下載次數更高達 140 億次以上。

App Store 在一夜之間創造出一個新產業。大學宿舍、車庫、大型媒體公司都有人在創造新的應用程式，企圖成為下一個因應用程式致富的創業家。杜爾的創投公司更拿出 2 億美元成立 iFund 創投基金，投資最好的應用程式構想。

雜誌和報紙向來只能把內容放在網站上供人免費瀏覽，因為商業模式混沌未明，雜誌社和報社入不敷出。現在，或許可利用應用程式提供內容，把難以捉摸的商機精靈給塞回瓶子裡去。創新的出版社也為 iPad 使用者推出新的雜誌、書本和學習教材。例如，出版類別眾多、從瑪丹娜驚世駭俗的寫真書《性》到兒童繪本《蜘蛛小姐的茶會》都曾出版的卡樂威出版社（Callaway），更在2010年8月破釜沉舟，停掉紙本出版，改推可由iPhone或iPad下載的數位童書及互動遊戲。

到了2011年6月，蘋果支付給應用程式開發者的金額，已經高達25億美元。

iPad等使用應用程式的數位產品，在數位世界中預告了一項結構性轉變。起先，在1980年代，如果你要上網，通常需透過數據機撥接美國線上、電腦服務（CompuServe）或神童（Prodigy）等網際網路服務公司（簡稱ISP）。ISP業者提供的服務就像一座有圍牆保護的花園，你只能觀賞那些篩選過的資訊內容，但這座花園也有幾處出口，膽子大一點的遊客可以溜出去，見識見識網際網路的新天地。

到了1990年代初期，數位世界進入第二階段，由於瀏覽器的出現，任何人都可利用全球資訊網（WWW）超文件（hypertext）傳輸協定，在網路世界自在遨遊。經由WWW相連的網站多達數十億個。後來Yahoo和Google等搜尋引擎興起，讓人更容易找到想要造訪的網站。

接下來，iPad的問世預示了新的模式。行動裝置下載的應用程式雖然像是有圍牆保護的花園，不像網路那般開放，不能互相連結、也不易搜尋，但程式開發者可提供更多功能讓下載的人使用。再說iPad仍可上網，應用程式的使用與上網功能並不衝突。對消費者和內容開發者而言，應用程式只是讓人多了一種選擇。

出版和報業

賈伯斯不但以iPod將音樂產業改頭換面，更以iPad和App

* 譯注：如果廠商決定收費，可以自定軟體售價，但營收的30%必須給蘋果。因此應用程式的通路仍在蘋果的掌握中。

Store 改變所有的媒體，包括出版、報業、電視和電影。

書本是最明顯的一個目標。亞馬遜網路書店（Amazon）已經用 Kindle 證明，讀者喜歡電子書籍，於是蘋果也成立電子書店 iBookstore 販賣電子書，就像 iTunes 賣歌曲，只是經營模式有點不同。 iTunes 商店賣的歌曲一開始都是均一價，每首 0.99 美元。亞馬遜販賣電子書也採取類似策略，大多數的電子書售價都是 9.99 美元。但是賈伯斯提供出版社自行定價的自由，只不過每賣一本書，蘋果皆會抽取定價 30% 的佣金。如此一來，iBook 的書價將會比亞馬遜的電子書來得貴。在 iPad 發表會上，摩斯伯格曾問賈伯斯這個關於書價的問題，賈伯斯說：「這不會是問題，我想兩者的價格應該差不多。」他說得沒錯。

在 iPad 發表會翌日，賈伯斯解釋他對電子書的想法給我聽：

亞馬遜搞砸了。他們一開始雖然付給出版社批發價，但後來又把一些書的售價砍到 9.99 美元，低於出版社的製作成本。如此一來，出版社失血賣書，怎麼有辦法支撐呢？低價賣書也破壞了行情，出版社很難再用 28 美元的價格銷售精裝本 —— 而這是過去出版社賴以維生的商業模式。

在蘋果涉足電子書市場之前，有些出版社承受不了，已經開始從亞馬遜抽腿了。所以我們告訴出版社：「我們將採用代理銷售的模式。你們可自行定價，我們抽三成，也許顧客得多花一點錢，但你們還是可以保住一定的利潤。」但我們也要出版社保證，他們的書在 iBook 的定價不會比任何店家貴，否則我們就可用更低的價格來販售。這樣他們就有談判的籌碼，可對亞馬遜施壓：「我們必須簽署代理合約，不然書就不給你們賣。」

賈伯斯承認他對音樂和書的處理方式不一樣。他拒絕以代理銷售的模式和唱片業者合作，也不願讓他們自行定價。為什麼呢？他說，蘋果用不著給唱片業者那樣的條件，但電子書不同，因為「我們不是第一個做電子書生意的，以目前的情況來看，我們只能用代理銷售的模式出招。這是能不能後來居上的關鍵。」

iPad 發表會落幕不久，賈伯斯在 2010 年 2 月去紐約和報界領袖碰頭。他在兩天內馬不停蹄的拜會了梅鐸（Rupert Murdoch）、其子詹姆斯，以及他們旗下的《華爾街日報》主管團隊、《紐約時報》的沙茲柏格（Arthur Sulzberger Jr.）和其他主管，還有《時代》、《財星》等時代出版集團的經營團隊。賈伯斯說：「我希望能為高品質的報紙和雜誌盡一份力。我們不能仰賴部落格做為新聞來源。現今，我們更需要客觀而有深度的報導和審慎的編輯。所以我希望能幫報紙和雜誌業者創造數位內容，讓他們能夠獲利。」賈伯斯已經使消費者付費購買想聽的音樂，他希望也能讓讀者願意付費下載報紙或雜誌到行動裝置上。

但這些報紙和雜誌的老闆其實心存疑慮，賈伯斯此舉是黃鼠狼給雞拜年。雖然他們必須給蘋果三成佣金，但這不是最大的問題。最令人擔心的是，在蘋果系統之下，他們再也無法直接與訂戶接觸：他們沒有訂戶的電子郵件地址和信用卡資料，因此不能向訂戶收款，也不能跟訂戶溝通或寄給訂戶新產品資訊。這些訂戶資料都在蘋果的資料庫裡。基於隱私權保護條款，除非訂戶同意，否則蘋果不得將這些資料交給報社或雜誌社。

賈伯斯尤其希望能與《紐約時報》談成交易。他認為《紐約時報》是很棒的報紙，但因為不知道如何向利用數位內容服務的讀者收費，發行量下降，廣告收入遽減。他在 2010 年初告訴我：「我個人今年的計畫之一，就是助《紐約時報》一臂之力，不論他們想不想要。他們如果能夠利用數位內容生存下去，也是全美國之福。」

在這趟紐約之行中，他也和《紐約時報》的五十位高階主管一起在亞洲料理餐廳普萊納密商。（賈伯斯點了芒果冰沙和簡單的素披薩，這兩樣都不在餐廳的菜單上）。他展示 iPad 給他們看，並解釋數位內容的定價策略很重要，一定要盡可能壓低，找出消費者能夠接受的價格。他畫了一張表格，列出內容多寡與可能的定價。如果《紐時》是免費的，他們會有多少讀者？由於《紐時》已可在網路上免費閱覽，所以他們已經知道答案了：大約有 2,000 萬人經常閱讀這份報紙。如果價格十分昂貴呢？他們一樣心裡有數。《紐時》紙本訂閱一年收費超過 300 美元，訂戶約有 100 萬人。賈伯斯建議：「如果《紐時》啟動數位內容收費機制，電子訂戶可能有 1,000 萬人。這表示你們可把《紐時》電子版的價格壓得很低，訂閱一個月應該頂多只要 5 美元。」

《紐時》的一個發行部主管堅持，即使訂戶是從蘋果的 App Store 下載他們的報紙，他們也必須取得訂戶的電子郵件和信用卡資料。賈伯斯說，蘋果不會提供那些資料。那個主管勃然大怒：《紐時》竟然無法掌握訂戶資料，真是豈有此理？

賈伯斯答道：「你們可以向訂戶詢問，是否願意把資料提供給你們，如果他們不願意，可不能怪我。如果你們不能接受，那就不要跟蘋果合作。你們今天會陷入這樣的困境，問題不在我。誰教你們在過去五年一直把報紙放在網路上，供人免費閱讀，卻沒有蒐集免費讀者的信用卡資料。」

賈伯斯和《紐時》的沙茲柏格私下碰面。他後來說：「沙茲柏格人很好，提到他們的新大樓不禁眉飛色舞。我和他談了我的想法，但最後還是不了了之。」過了一年，也就是在 2011 年 4 月，《紐時》開始啟動數位內容付費機制，透過蘋果讓消費者訂閱，也遵守賈伯斯建立的原則，但每星期下載一次，價格為 4.99 美元，差不多是賈伯斯當初建議每月 5 美元的四倍。

賈伯斯到時代生活大樓洽談時，負責接待的是《時代》執行副總編史坦格（Rick Stengel）。史坦格已經指派魁特納（Josh Quittner）帶領一支傑出的團隊，每週為 iPad 打造豐富的數位版本。賈伯斯喜歡史坦格，但他一看到《財星》的舍沃爾就面有慍色。他告訴舍沃爾，他還在為兩年前的事生氣。他責怪舍沃爾不該報導他的健康狀況和認股權問題，「你分明是落井下石！」賈伯斯說。

時代出版集團的問題和《紐約時報》一樣：雜誌社不希望蘋果獨占訂戶資料，這樣他們無法直接向訂戶收費。時代集團希望創造出導引讀者到他們網站訂購的應用程式，但蘋果拒絕。蘋果揚言，如果他們這麼做，就要把他們從 App Store 除名。

賈伯斯希望親自和時代華納執行長畢克斯（Jeff Bewkes）協商。畢克斯精明務實、沒半句廢話，賈伯斯對他的印象不錯。幾年前，他們曾就影片授權讓 iPod Touch 使用的問題洽談過，儘管賈伯斯沒從畢克斯那裡取得時代華納旗下 HBO 電影的獨家播映權，但賈伯斯還是欣賞畢克斯的直率和果斷，而畢克斯也讚嘆賈伯斯策略思考的能力，並稱許他是注重細節的大師。他說：「很少人像史帝夫，既有遠見、又能注意到別人忽略的細節。」

賈伯斯再次造訪畢克斯，目的是希望時代集團的雜誌能出現在 iPad 上，但他開頭就警告畢克斯，印刷出版已走到「窮途末路」，沒有人想要買他們印刷發行的雜誌，在 iPad 上販售數位版本才是起死回生之道。賈伯斯說：「但你們的人就是不懂這個道理。」畢克斯不同意他的說法。畢克斯說，時代集團願意給蘋果三成的佣金。「我現在就可以告訴你，如果你們在 iPad 每賣出一期雜誌，我們願意分三成佣金給你們。」

賈伯斯答道：「我跟很多人談過，跟你談最有進展。」

畢克斯說：「我只有一個問題。如果你賣出一期我們的雜誌，我給你三成佣金，但這訂戶是你的，還是我的？」

賈伯斯說：「由於蘋果的隱私權保護條款，我無法提供所有的訂戶資料給你。」

畢克斯說：「那我們就得解決這個問題，因為我不希望我們的訂戶全部變成你的，成為蘋果商店的客戶。一旦你掌握了我們的訂戶，就會回過頭來告訴我，我們的雜誌應該從一期 4 美元降到 1 美元。如果有人訂閱我們的雜誌，我們必須知道他們是誰，我們希望能和這些人在線上溝通，直接和他們連絡續訂事宜。」

與梅鐸幾席談

賈伯斯和梅鐸談得比較愉快。梅鐸是報業大亨，他的新聞集團（News Corp.）版圖宏大，包括《華爾街日報》、《紐約郵報》、世界各地的報紙，還有福斯影城和福斯新聞台等。

賈伯斯和梅鐸及新聞集團的主管團隊洽談時，他們也提出分享訂戶資料的要求。賈伯斯一樣拒絕，雖然梅鐸不是軟腳蝦，但他自知無法扳倒蘋果，於是爽快接受賈伯斯的條件。梅鐸說：「我們當然希望擁有自己的訂戶，也努力過了，但史帝夫就是不肯讓步，於是我說：『好吧，就這樣吧。』我們實在沒有必要浪費時間。他不肯讓步，但換了我是他，我也不會讓步。因此，我沒再跟他談條件，直接答應他。」

梅鐸甚至為 iPad 量身訂做了一份數位版的報紙《每日新聞》（*The Daily*），在蘋果的 App Store 販賣，條件完全依照賈伯斯說的每週 99 美分。梅鐸親自帶領他的團隊到庫珀蒂諾，讓賈伯斯看他們設計的版型。不出所料，賈伯斯果然覺得很難看，還說：「你願意讓我們的設計師幫忙嗎？」梅鐸接受他的提議。梅鐸說：「蘋果的設計師試著幫我們重新設計，我們回去之後，也設計出另一種新的版型，十天後，我們回庫珀蒂諾，給他們看這兩種版型，想不到賈伯斯竟然比較喜歡我們後來設計的那個版本，讓我們嚇了一跳。」

《每日新聞》不是八卦報，也不嚴肅，而是偏向中間市場的報紙，就像《今日美國報》。雖然《每日新聞》賣得不好，賈伯斯和梅鐸卻因此成為好友。2010 年 6 月，新聞集團舉辦年度主管度假會議，梅鐸邀請賈伯斯來演講。賈伯斯一向不參加這類活動，然而還是破例出席。賈伯斯在晚餐過後接受訪談，時間長達將近兩個小時。梅鐸說：「他是有話直說的人，也批評現在報紙對科技新聞的處理不夠好。他說，這的確很難改正，畢竟你們都在紐約，而科技界的高手都在矽谷。」

《華爾街日報》數位網的總裁麥克李奧德（Gordon McLeod）聽了之後，覺得很不是滋味，與賈伯斯辯論了一下。最後，麥克李奧德走到賈伯斯面前，對他說：「謝謝，今晚真是獲益良多。你說的固然沒錯，但我或許得丟掉工作了。」梅鐸後來描述給我聽的時候，忍不住呵呵一笑，說道：「真是一語成讖。」麥克李奧德在三個月後遞出辭呈。

梅鐸既然請到賈伯斯來參加他們的度假會議，也就得耐著性子聽他批評福斯新聞台。賈伯斯說，這家電視台成事不足、敗事有餘，不但對國家造成傷害，也會在梅鐸的生涯留下汙點*。

「福斯新聞台只會使你蒙羞，」賈伯斯在共進晚餐時告訴梅鐸：「今天美國政治坐標的兩個軸，不是自由和保守，而是建設與破壞，而你則是站在破壞那一邊。福斯新聞台就是美國社會最大的一股破壞力量。你要是不小心，可能會遺臭萬年。你應該可以做得更好。」

賈伯斯認為，梅鐸應該也覺得福斯電視台做得太超過了。他說：「梅鐸是個建設者，而不是破壞者。我和他兒子詹姆斯談過幾次，看得出來他也同意我的看法。」

梅鐸後來說，不只是賈伯斯，很多人都批評福斯電視台，這種話他聽多了。梅鐸說：「史帝夫像是用左翼的眼光在看福斯電視台。」賈伯斯要求梅鐸叫人錄下主持人漢尼提（Sean Hannity）和貝克（Glenn Beck）整週的節目，好好看看。賈伯斯認為這兩個主持人是目前右翼火力最強大的，勝過另一個主持人歐雷利（Bill O'Reilly）。梅鐸一口答應。

賈伯斯後來告訴我，他打算要求著名脫口秀主持人史都華（Jon Stewart）† 的團隊製作類似的政論諷刺節目給梅鐸看。梅鐸跟我說：「好啊，拭目以待，但他沒跟我說這件事。」

賈伯斯和梅鐸不但一拍即合，梅鐸更在接下來的一年，兩度到賈伯斯家中餐敘。賈伯斯開玩笑說，只要梅鐸大駕光臨，他就得把家裡的刀子藏起來，免得梅鐸一走進來，蘿琳就會拿刀衝去，把他的內臟挖出來。梅鐸去賈伯斯家，一樣只能吃有機素食餐點。據說他曾講過這麼一句名言：「在賈伯斯家吃飯是很棒的一件事，前提是，你得在附近餐廳打烊之前趕快告辭。」我向梅鐸求證是否真的說過這句話，可惜他想不起來了。

其中一次餐敘是在2011年的年初，梅鐸傳簡訊給賈伯斯，說2月24日他有事會經過帕羅奧圖，順道去拜訪他。梅鐸不知道那天是賈伯斯五十六歲生日，賈伯斯用簡訊回覆，邀請他共進晚餐，沒提生日的事。賈伯斯笑說：「我不能先讓蘿琳知道，否則她會反對，不讓梅鐸過來。那天是我生日，梅鐸既然來了，她只得讓他進來。」賈伯斯的兩個女兒艾琳和伊芙都在家，他兒子里德也在晚餐結束前，從史丹佛校園跑回家。賈伯斯打算請人打造一艘遊艇，他給梅鐸看設計圖。梅鐸覺得遊艇的內部很漂亮，但從外面看則「樸素了一點」。梅鐸後來說：「一聊起這艘遊艇，他就有說不完的話，看來他的健康情況不算太糟。」

吃晚飯時，他們談到一家公司不但要保持積極進取的創業精神，還要有靈活應變的文化。梅鐸說，索尼就是做不到，賈伯斯也同意。賈伯斯說：「我從前以為，真正的大公司很難有明晰的企業文化，但我現在相信，這是可以做到的。梅鐸就是一個成功的例子，我在蘋果也做到了。」

他們還談到教育。梅鐸剛聘請了前紐約市教育局長克雷（Joel Klein）來主持數位課程部門。梅鐸說，賈伯斯似乎不怎麼看好科技改變教育的前景，但他同意，總有一天，紙本教科書將會被數位學習教材取代。

其實，賈伯斯已把教科書列入下一個革命的目標。他認為，

---

* 譯注：福斯新聞台被視為保守派標竿。小布希執政時，這家電視台不遺餘力的護衛布希的政策，但在歐巴馬入主白宮之後，福斯的炮口則對準歐巴馬。

† 譯注：美國有線電視喜劇中心頻道深夜節目「每日秀」（*The Daily Show*）的主持人。這個節目主要是用搞笑的形式，諷刺新聞事件和人物，深受年輕觀眾歡迎。

目前紙本教科書的市場每年高達 80 億美元，數位化的時機已經成熟。讓他驚訝的是，很多學校基於安全問題，不設置學生用置物櫃，學生只好背著笨重的書包上下學。他說：「iPad 可以解決這個問題。」

賈伯斯希望雇用優秀的教科書作者撰寫數位教材，讓這些教材成為 iPad 的特色。此外，他也曾和幾家出版教科書的出版集團洽談，包括培生教育出版集團（Pearson Education），探詢合作的可能。他說：「目前各州州政府教育單位審查教科書的過程，出現很多弊端。如果我們能製作免費教科書放在 iPad 供學生使用，就可杜絕貪汙等情事。全國經濟已陷入泥淖，十年內恐怕還爬不出來。我們可以提供當局機會，讓他們檢視教科書審查的問題，節省一些政府開支。」

38

新戰役

舊恨新仇

蘋果，永遠站在人文與科技的交會口。

Google：開放與封閉系統的對立

2010年1月，iPad面世之後，賈伯斯在蘋果總部召開員工大會。然而，他並沒有說這次推出的新產品有多棒，而是針對Google推出Android作業系統發出不平之鳴。Android就是擺明要和蘋果的iOS一決雌雄，進攻手機產業。賈伯斯心中燃燒著熊熊的怒火。他說：「我們又沒做搜尋引擎去跟他們搶地盤，他們反倒殺到手機市場來了。沒錯，他們就是要置iPhone於死地。我們絕不能讓他們得逞。」

過了幾分鐘，他們開始討論其他議題，賈伯斯想到Google的企業口號，忍不住破口大罵：「我想回到方才那個問題，再說一件事，那個什麼『不為惡』（Don't be evil）的口號簡直是鬼扯！」

賈伯斯有遭背叛的感覺。在蘋果開發iPhone、iPad期間，Google的執行長施密特還是蘋果董事會的成員，而Google的創辦人佩吉和布林（SergeyBrin）甚至尊他為師。他感覺被坑了。Android的觸控介面和iPhone愈來愈像，包括多點觸控技術、滑動解鎖以及方格型的app圖示。

賈伯斯曾勸Google別發展Android。早在2008年，他已去過帕羅奧圖附近的Google總部，和佩吉、布林以及Android開發團隊的主管魯賓（Andy Rubin）互相叫陣。因此事涉及iPhone，施密特還是蘋果董事，於是不再出席與iPhone有關的會議。

賈伯斯說：「我說，如果我們關係良好，我願意釋出一、兩項手機桌面功能。」然而他也威脅說，如果Google一定要發展Android或使用多點觸控技術等重要的iPhone功能，他一定會提告。

起初Google小心翼翼，不去抄襲iPhone的重要功能，沒想到2010年1月宏達電推出Android平台手機，還是標榜多點觸控技術等功能，外形和質感都和iPhone相仿。這也就是為何賈伯斯一想起Google「不為惡」的口號，就火冒三丈。

果然，蘋果對宏達電提告（一併修理提供Android平台的Google），指控宏達電生產的多款手機侵犯了蘋果二十項專利，包括多點觸控技術、滑動解鎖、輕擊兩次螢幕以放大或縮小、內縮或外展、偵測手持方向以自動調整螢幕轉向等。

提告的那個星期，有一天賈伯斯坐在帕羅奧圖家中客廳。我從來沒看過他這麼生氣：

我們提告是要告訴Google：「你們這些不要臉的傢伙剽竊iPhone，根本就是要坑殺我們。」

他們不是小偷，而是大盜。在我嚥下最後一口氣之前，為了讓他們改邪歸正，我不惜拿出蘋果放在銀行的400億美元，花掉每一分錢。

我要摧毀Android，因為這根本是偷來的東西。我要發動熱核戰，讓他們活活嚇死，因為他們知道自己有錯。

Google只有搜尋引擎不錯，其他像Android、Google文件簡直就是狗屎不如。

幾天後，賈伯斯接到施密特打來的電話。他在前一年夏天已向蘋果董事會請辭，他約賈伯斯在帕羅奧圖購物中心的咖啡館碰面。他說：「我們一半的時間談私事，另一半則是談Android。史帝夫認為Google竊用蘋果的介面設計。」

一談到 Android，幾乎都是賈伯斯在說話。他說 Google 坑了他。「你們不但被逮到了，還人贓俱獲。我對和解沒興趣。我不要你的錢。即使你要給我 50 億美元，我也不要。我已經有很多錢了。我只要你們清清白白的做事，發展自己的 Android，不要再偷蘋果的東西了。」最後兩人還是不歡而散。

這種衝突其實由來已久，牽涉到兩種系統的對立。Google 的 Android 是個「開放」的平台，免費提供開放原始碼，讓所有的硬體製造商運用在行動電話或平板電腦上。當然，賈伯斯一向認為蘋果應該整合作業系統和硬體。1980 年代，蘋果未授權麥金塔作業系統給其他廠商，微軟則毫無限制的授權 Windows 作業系統，進而在電腦市場稱霸。然而，在賈伯斯看來，微軟竊取了蘋果的介面才能這麼成功。

雖然拿 1980 年代微軟與蘋果的恩怨，與 2010 年 Google 和蘋果的糾紛相比，這樣的類比不盡成立，但微軟和 Google 的做法一樣令賈伯斯不安、憤怒。這代表數位世界長久以來的一個大辯論：亦即封閉與開放系統的對立，或者照賈伯斯的話來說，是整合與分裂的衝突。

賈伯斯抱持完美主義操控一切，把硬體、軟體和內容全部綁在一起，成為一體成型、無可拆解的整體，讓使用者覺得簡便好用。這樣的封閉系統是否比較好？或者，給使用者和製造商更多選擇的開放系統，會比較好？如果是開放系統，就有更多創新的可能，軟體系統也可以修改，並且能使用在不同的裝置上。

施密特告訴我：「史帝夫管理蘋果有他自己的一套。二十年前他就是這麼做的，因此蘋果成為封閉系統中的翹楚。他們不希望任何人還沒得到允許就利用他們的平台。封閉平台的好處就是容易掌控，但我們 Google 認為開放系統比較好，因為能有更多選項、刺激業者相互競爭，消費者也能有更多的選擇。」

至於二十五年前跟賈伯斯對立的蓋茲，怎麼看今天的蘋果和 Google 之戰？蓋茲對我說：「就控制使用者體驗而言，封閉系統有它的好處。的確，蘋果因此具有優勢。」他又說，然而蘋果拒絕授權 iOS 作業系統，自然就給了 Android 這樣的競爭者發展的機會。從商業的角度來看，競爭的廠商、產品愈多，創新的腳步就能加快，消費者的選擇也比較多。

蓋茲笑說：「又不是每一家公司都會在中央公園旁邊蓋金字塔。」他在取笑紐約第五大道的蘋果專賣店。蓋茲指出，個人電腦進步很快，主要是消費者有非常多的選擇，有一天全世界的手機市場也將出現這種百花齊放的景象。「我屬於開放那一派的，我想開放系統應該會獲得最後勝利。長久來看，那種整合的東西恐怕禁不起考驗。」

但賈伯斯就是堅持「整合的東西」才好用。儘管 Android 已吃掉一大塊市場，他還是對控制、封閉的生態環境深信不疑。我轉述施密特的話給他聽，他反駁：「Google 認為我們控制太多，我們是封閉的，他們是開放的。好啊，你看看結果：Android 簡直是一團糟。這種平台有好幾種螢幕尺寸和多種版本，各家廠商又因應自己的需要來修改，最後變出一百多種。」

就算 Google 的平台最後在市場稱霸，賈伯斯還是深以為惡。他說：「我想為整個使用者體驗負責。我們這麼做不是為了賺錢，而是為了製造偉大的產品，我們才不想製造 Android 那類的垃圾平台。」

蘋果永不支援Flash

賈伯斯堅持產品的全面控制，向開放系統宣戰，其他軟體公司也被捲入這場戰火。他在員工大會不只把矛頭對準 Google，也抨擊 Adobe 的網站多媒體平台 Flash。他說，Flash 安全防護不周，常導致當機，而且耗電，像是懶惰的人設計出來的東西，因此 iPod 和 iPhone 永遠不支援 Flash。他在開員工大會的那個星期，對我說：「Flash 就像是義大利麵錯綜複雜纏成一個球，效能差，安全性又有問題。」

賈伯斯甚至發出禁令，程式開發人員不得使用 Adobe 的跨平台編譯器來撰寫和蘋果 iOS 相容的 app。他說：「如果允許他們利用跨平台編譯器這麼搞，蘋果就墮落了。我們花了那麼多心血讓我們的平台變得更好，其實是為了 app 開發者著想。他們要是好好利用我們的特色，app 跑起來順，對他們來說當然比較有利。如果使用 Adobe，功能和其他平台差不多，他們又能得到什麼好處？」就這一點而言，賈伯斯說得很有道理。如果蘋果的平台和其他平台沒什麼兩樣，就會像惠普或戴爾的電腦，只是廠牌不同罷了，沒有特色，對蘋果而言等於是自尋死路。

賈伯斯和 Adobe 不和，還有另一個比較私人的原因。蘋果曾在 1985 年投資 Adobe，這兩家公司攜手推動桌上出版革命。賈伯斯說：「我幫助 Adobe 在科技產業占有一席之地。」他重返蘋果之後，在 1999 年曾要求 Adobe 為 iMac 和蘋果的新作業系統開發影片編輯等軟體。但 Adobe 拒絕了，因為他們正忙著伺候微軟，為他們的 Windows 發展軟體。

沒多久，Adobe 的創辦人渥納克（John Warnock）退休了。賈伯斯說：「渥納克離開之後，Adobe 的靈魂也消失了。渥納克是個發明家，跟我很談得來。後來 Adobe 官司纏身，這家公司也變得一無是處。」

Adobe 的行銷部門以及擁護 Flash 的部落客，不斷攻擊賈伯斯，說他管得太多了。於是，賈伯斯決定寫一封公開信。他的朋友也是蘋果董事的康貝爾來到他家，幫他看看寫得如何。他問康貝爾：「看起來像是我緊咬 Adobe 不放嗎？」康貝爾說：「沒的事。你寫的都是事實。」

這封信主要是列舉 Flash 的缺點。儘管有康貝爾當他的軍師，賈伯斯還是忍不住在最後抱怨一下：「在第三方廠商中，Adobe 是最晚完整支援 Mac OS X 的。」

後來，蘋果還是對跨平台編譯器解禁，讓 Adobe 得以發展出 Flash 製作工具，以利用蘋果 iOS 的重要特色。這是一場苦戰，但賈伯斯的堅持有他的道理。最後，Adobe 與其他開發編譯器的公司，不得不善加利用 iPhone 和 iPad 的介面及其重要特色。

App Store控管爭議：另一個老大哥？

令賈伯斯頭大的還有 App Store 控管帶來的爭議。蘋果嚴格控制 iPhone 和 iPad 下載的 app。防止帶有病毒或破壞使用者隱私權的 app，當然是應該的；避免 app 把使用者導向其他網站訂閱產品，也站得住腳，畢竟肥水不落外人田。但賈伯斯和他的團隊決定更進一步禁止任何有毀謗之嫌、有政治爭議，或是含有色情內容的 app。

連內含政治諷刺漫畫家費奧爾（Mark Fiore）作品的 app，都在蘋果嚴格的審查下被禁，凸顯蘋果扮演 app 守門員的問題。蘋果的理由是，費奧爾攻擊布希政府允許虐待戰俘的情事，已涉及毀謗。蘋果這個決定公開之後，受到很多人的嘲笑。更諷刺的是 2010 年 4 月費奧爾榮獲普立茲漫畫創作獎。

蘋果不得不讓含有費奧爾漫畫的 app 上架，賈伯斯還為此公開道歉：「關於這件事，我們做錯了。但是我們已經盡最大的努力，也盡可能加快學習的腳步，不過內容涉及毀謗侮辱的 app 應該遭禁，這條規則還是合理的。」

這不只是一個錯誤而已。這代表蘋果就是一隻無形的手，在我們使用 iPod 或 iPad 的時候，隨時掌控我們看到、讀到的 app。當年推出「1984」廣告的時候，賈伯斯興高采烈的摧毀小說家歐威爾描寫的「老大哥」，沒想到他似乎也變成另一個「老大哥」了。賈伯斯對這個問題很認真。有一天，他打電話給《紐約時報》的專欄作家佛里曼（Thomas Friedman）跟他請教，內容審查要如何拿捏。他希望佛里曼能帶領一個顧問小組，為他們擬定審查準則。然而佛里曼所屬的《紐約時報》認為這麼做牽涉利益衝突，這個顧問小組的事因此不了了之。

色情內容遭禁也造成問題。賈伯斯以電子郵件聲明：「我們必須負起道德責任，讓色情內容不得入侵 iPhone。需要色情內容的人，可以買 Android 平台的手機。」

賈伯斯也因此與科技小道消息網站「矽谷閒話」的編輯泰特（Ryan Tate），以電子郵件展開唇槍舌戰。一晚，泰特喝了點斯丁格雞尾酒，然後寫了封電子郵件給賈伯斯，指責蘋果對 app 的審查過於嚴苛。「如果今天巴布狄倫才二十歲，你們這麼做，他會覺得如何？會認為 iPad 是『革命性的產品』嗎？革命就是關於自由的啊！」

沒想到，幾個小時後賈伯斯回覆了。那時已過了午夜十二點。賈伯斯答道：「是的，我們也有免於讓別人竊取個人資料的自由，免於電池被耗光的自由，免於被色情汙染的自由。是啊，自由。時代已經變革，的確，某些傳統 PC 派已有時不我予之感。」

泰特在回覆的時候，提出他對 Flash 等議題的看法，然後回到審查的問題。泰特寫道：「你知道嗎？我不需要『免於被色情汙染的自由』。色情沒問題！我想我老婆也同意。」

賈伯斯說：「等你有小孩，或許就會開始擔心了。這不是自由或不自由的問題，而是蘋果為使用者做的。」接著，他的火氣又來了，對泰特嗆聲：「對了，你做過什麼了不起的事沒有？你創造過什麼東西嗎？還是只會批評別人，以小人之心揣度別人的動機？」

泰特承認，與賈伯斯交手是難忘的經驗。他寫道：「幾乎沒幾個執行長願意這樣一對一式的對消費者或部落客解釋。賈伯斯願意打破窠臼，這種精神值得敬佩。他的公司不只製造優異的產品，不只按照一套理念建立公司、精益求精，而且願意挺身而出，捍衛自己的理念。他精神抖擻，有話直說，甚至在一個週末的半夜兩點與我激辯。」很多部落客都同意，他們曾寫信給賈伯斯稱讚他的精神。賈伯斯為此感到驕傲。後來，他把這些讚譽以及他和泰特的討論電郵，都轉寄給我。

由於蘋果的嚴格審查，購買蘋果產品的人不能看政治諷刺漫畫，也不能看色情內容，這點還是大有問題。幽默網站「e 諷刺」（eSarcasm.com）就曾在網路上發起活動，向賈伯斯呼籲：「是的，史帝夫，我們需要色情。」網站編輯寫道：「我們才不是骯髒的、滿腦子都是性的色情狂，一天二十四小時都需要色情影音或圖片。我們只是希望活在一個不被審查、開放的社會，不讓科技獨裁者決定我們能看什麼或不能看什麼。」

就在賈伯斯和矽谷閒話的姊妹網站 Gizmodo 編輯格鬥時，一個倒楣的蘋果工程師，不慎在酒吧遺失 iPhone 4 原型機，被酒吧巡查員撿到，以重金賣給 Gizmodo。

Gizmodo 於是把手機拆解，刊了一篇詳盡的解析報導。蘋果向警方報案之後，警察即前往發布報導的記者家搜索。此舉因有觸犯新聞自由之虞，引發軒然大波。不少人指責蘋果不但有控制狂，而且高傲自大。

著名脫口秀主持人史都華，不但是賈伯斯的朋友，也是蘋果的粉絲。2 月，賈伯斯前往紐約拜會媒體主管之時，曾與他私下見面。儘管如此，史都華還是在深夜節目「每日秀」諷刺蘋果。史都華在節目中半開玩笑的說：「怎麼會這樣呢？這個壞人應該讓微軟來演吧！」他後面的螢幕則出現 apphole 這個大字（影射蘋果的 app 像 asshole 一樣是王八蛋）。

史都華對蘋果喊話：「你們這些人是反叛者，是受到壓迫的人，怎麼變成老大哥了？還記得你們的『1984』嗎，那廣告真是經典！老兄，拜託你們照照鏡子吧！」

那年春末，董事會也針對這個議題進行討論。列文森會後跟我一起吃飯。他說：「這是自大。史帝夫的性格就是這樣。這是他出自本能的反應。他一旦宣示決心，就沒有人擋得住他。」如果蘋果是被壓迫、處於下風的一方，這種自大就沒問題，但現在蘋果已經是掌控手機市場的巨人了。列文森說：「我們既然已經變成大公司，高傲就會惹人厭。」

高爾也在開會的時候提出這個問題：「環境變化很快。過去的蘋果是拿鐵槌擲向老大哥的反叛者，現在蘋果壯大了，別人只會把我們當作驕傲的巨人。」雖然賈伯斯不斷為自己辯護，高爾說：「他還沒調適好。與其要他扮演謙虛的巨人，不如讓他扮演受害者的角色。」

這種討論讓賈伯斯覺得很不耐煩。他告訴我，蘋果遭受批評是因為「像 Google 和 Adobe 這樣的公司，不斷放出不利於我們的謊言。他們巴不得打倒我們。」

至於「驕傲自大」的批評呢？他說：「我倒不擔心這點。我們哪裡驕傲了？」

天線門：設計與工程的對立

在很多消費性產品公司，設計師希望產品外觀漂亮，工程師則設法符合功能需求，兩者不免產生衝突。在蘋果，賈伯斯不斷將設計和工程推到極限，這兩方面的衝突於是更加劇烈。

早在 1997 年，賈伯斯和首席設計師艾夫，即聯手推動創意的巨輪。他們總認為，工程師老是說這個不行、那個不能的心態需要克服。他們相信絕妙的設計就是工程的推手，能驅使工程師不斷超越自我。在 iMac 和 iPod 成功之後，他們更深信不疑。如果工程師說，哪一點做不到，他們就要工程師一試再試，通常最後工程師都能想出解決之道。

但是，偶爾也會出現一點小問題。以 iPod nano 為例，螢幕就很容易刮傷。可是艾夫還是堅持，若給這機器穿上保護套，機體的設計看起來就沒那麼純淨了。然而，這不算什麼危機。

到了 iPhone 時，艾夫的設計碰到了一個重大關卡。這和物理定律有關，不是現實扭曲力場可以改變的：金屬一旦靠近天線，就會對無線電波訊號產生干擾、或造成衰減。尤其，用金屬來製作行動電話外殼，會造成所謂的「法拉第籠」（法拉第是電學之父），阻礙電磁波的傳播，導致無線電波訊號的進出受到影響。

為了解決這個問題，早期 iPhone 背殼底部有一塊黑色部分是塑膠製的。但艾夫認為這樣會破壞外殼的整體感，於是 iPhone 3G 就改採非金屬外殼，但是加了鋁合金邊框來增加結構強度。由於視覺效果和質感都不錯，艾夫又動腦筋，把 iPhone 4 改成不鏽鋼邊框。不鏽鋼邊框讓手機的外殼更堅固，質感也更好，也可充當天線的一部分，可說一舉數得。

但這是重大挑戰。為了讓不鏽鋼邊框充當天線，邊框必須留一條小縫。但是如果一個人握著手機時，手指蓋到這個縫或是出手汗，不鏽鋼邊框就會形成了法拉第籠，天線的訊號就會減弱。

工程師曾建議加上透明保護套來避免這個問題，但艾夫又覺得這樣會影響外觀。蘋果內部開會曾多次討論這個問題，但是賈伯斯認為工程部又在喊「狼來了」。他說，你們可以辦得到。他們果然做到了。

他們做得幾乎完美無瑕 —— 然而只是「幾乎」，還是不盡完美。2010 年 6 月 iPhone 4 上市，簡潔俐落的設計果然讓人著迷，但很快問題就跑出來了：如果你用某一種方式拿 iPhone 4，特別是用左手，掌心蓋住邊框的小縫，訊號就會變差。這種問題出現的機率約是百分之一。由於賈伯斯對未上市的產品保密到家，iPhone 不像大多數的電子產品，並沒經過實況測試。就連 Gizmodo 從酒吧拿到的那支原型機，外殼也是假的，不是產品真正的外殼。因此，等到世人瘋狂搶購拿回家使用，才有人發現這個缺陷。

費德爾說：「會有這樣的問題，是因為把設計凌駕於工程之上，加上滴水不漏的保密原則。雖然大體而言這是行得通的，但是權力不受限制其實很不好。」

要不是 iPhone 4 如此受到眾人矚目，漏接一兩通電話或訊號中斷，也許不會成為新聞。但這個事件還是鬧得沸沸揚揚，變成所謂的「天線門」。7 月初，《消費者報導》雜誌進行實際測試，宣稱因為天線問題，無法推薦消費者購買 iPhone 4。這個天線問題終於正式浮上檯面，釀成危機。

此時，賈伯斯和家人正一起在夏威夷的柯納村度假。列文森不斷打電話給他。一開始，賈伯斯仍採取防衛姿態。他說，這是 Google 和摩托羅拉在搞鬼，想要把蘋果鬥垮。

列文森希望他能謙虛一點，面對問題。列文森說：「如果真的有問題，我們得好好想想要怎麼辦。」他接著提到很多人對蘋果自大的觀感不佳。這種話不提還好，一旦送進賈伯斯耳朵，就又燒旺了他心頭的怒火。賈伯斯對世界的看法向來黑白分明，他認為蘋果是一家有原則的公司。如果別人看不出來，那是他們眼睛瞎了，蘋果沒必要謙虛。

賈伯斯的第二個反應是痛苦。他把這些批評當作是對他個人的攻擊，因此很難受。列文森說：「在他內心深處，他不認為自己做錯了。因此，他覺得自己是對的。他只會往前衝，不會捫心自問。」列文森要他別難過，賈伯斯答道：「他媽的，這種事根本不值得我難過。」

庫克終於拉他一把，讓他面對現實。庫克引述別人的話，說蘋果已經變成新的微軟，既自滿又傲慢。第二天，賈伯斯改變態度，說道：「我們來解決這個問題吧。」

危機管理：我們只是凡人

賈伯斯看了 AT&T 送來斷線統計資料，了解 iPhone 的天線確實是個問題，儘管不像一般人想得那麼嚴重。他於是從夏威夷趕回來滅火，在他回來之前，他打了幾通電話，向幾個他信得過的老朋友請求支援。他們早在三十年前發展第一代麥金塔的時候，就曾一起奮鬥過，因此交情很深。

他的第一通電話是撥給公關教父麥肯納。他說：「我要從夏威夷飛回來處理天線的問題，想跟你討論一下。」他們決定第二天下午一點半，在蘋果董事會會議室碰面。第二通電話則是打給廣告大師克洛。雖然克洛已經退休，但賈伯斯還是希望見到他。此外，他還把負責 iPad 的廣告夥伴文森找來。

賈伯斯決定讓他兒子里德，跟他從夏威夷趕回來，並全程跟著他。里德這年還是高三的學生。賈伯斯對他說：「接下來這兩天，或許一天二十四小時我都在開會，我希望你能時時刻刻在我身邊跟著學。你在這兩天學到的東西，將勝過在商學院念兩年。你可以看看全世界最棒的人才，碰到難纏的問題如何做決策。」

賈伯斯轉述這件事給我聽的時候，淚水迷濛了他的眼睛。他說：「如果能讓里德有機會在我身邊看到我工作，再來一次這樣的危機我也甘願。他得好好看看他老爸在做什麼。」

開會的時候，除了七位最高主管，還有蘋果的公關主任卡頓（Katie Cotton）。他們一整個下午都在開會。賈伯斯後來說：「這是我這一生開過最有意思的會議。」在開會時，他先把所有的資料、數據攤開來給大家看。他說：「好，事實都擺在各位的眼前了。我們該怎麼做？」

麥肯納一副老神在在的樣子，直截了當說：「就是把事實、數據公布出來。別擺出自大的樣子，但是看起來要堅定、要有自信。」其他人，包括文森在內，則希望他能採取低姿態，但麥肯納反對。「沒有必要，這樣會讓人覺得你好像做了見不得人的事，心裡有愧。你只要說：『手機不完美，我們也不完美。我們只是凡人，但是我們會盡最大的努力。接著，請看數據。』」

他們於是決定採用這樣的策略。至於驕傲自大的問題，麥肯納要賈伯斯別擔心這個。他解釋說：「你要他看起來像個謙謙君子，有用嗎？史帝夫不是曾經用『所見即所得』來描述自己：『你看我是什麼樣的人，我就是那樣的人。』」

那個星期五，賈伯斯在蘋果總部的禮堂召開記者會。他照麥肯納的建議，既不卑躬屈膝，也沒採取低姿態向大眾道歉。他強調蘋果已經了解天線的問題，正在設法解決。接下來，他開始分析，說不只是 iPhone 4 有天線設計的問題，所有的手機都有同樣的問題。

後來，他跟我討論這件事，說他當時的語調聽起來好像有點令人討厭，其實他只是不動感情，就事論事。他說，這次記者會的要點就是下面四句：「我們不完美。手機不完美。我們已了解問題。但是，我們還是希望使用者能用得高興。」

他說，如果任何人買了 iPhone 4，覺得不高興或不滿意，隨時可以退貨，或是向蘋果索取免費的橡皮保護套。（最後統計出來，iPhone 4 的退貨率為 1.7%，不到 iPhone 3GS 或其他手機退貨率的三分之一。）

至於他說的，其他手機也有類似的問題，並不全然正確。蘋果的天線設計的確比大多數手機稍差，包括前幾代的 iPhone。但

iPhone 4 斷線的問題恐怕是被媒體誇大了。他說：「這只是個小問題，卻被媒體渲染到無法無天的地步。」結果，賈伯斯也沒為此事鞠躬道歉，沒召回 iPhone 4，大多數的消費者也能接受。

第一批上市的 iPhone 4 一下子就賣完了，下單之後通常要等二、三個星期才能拿到手機。這款手機仍是蘋果最熱銷的產品。媒體接下來鎖定賈伯斯提到的，其他智慧型手機是否也有同樣的天線問題。儘管賈伯斯所說的不盡正確，至少轉移了焦點，這個天線門事件總算落幕，不再有人老是批評 iPhone 是爛手機。

有些媒體觀察家對於這種結局，感到不可思議。新聞人網站（newser.com）的伍爾夫（Michael Wolff）論道：「這是一場偉大的演出，他小心築起圍牆，義正辭嚴、情真意摯的侃侃而談。他不但不道歉、不認錯，反而把其他智慧型手機製造商全部拖下水。從現代企業行銷、運作和危機管理來看，你不禁驚嘆：蘋果是怎麼做到的？或者，更確切的說：賈伯斯是怎麼做到的？」

伍爾夫認為，賈伯斯的魅力在於他是最後一個企業大明星。其他執行長碰到同樣的事，只好鞠躬道歉，忍氣吞聲大規模召回產品，但賈伯斯不必。「他那冷酷、清癯的身影、他的堅決，以及對產品的宗教熱忱，凡此種種都點燃他的魔力。他因而擁有特權，可以決定什麼是重要的，什麼則是無關緊要。」

塑造出呆伯特的漫畫家亞當斯（Scott Adams）也覺得嘆為觀止，甚至更加崇拜賈伯斯。幾天後，他在部落格發表了一篇文章，對賈伯斯的高招佩服得五體投地。他認為賈伯斯處理這次危機的經過，可做為最好的公關教材。他寫道：「蘋果的反應完全不照公關教科書，賈伯斯決定照他的規則來。如果你想知道天才是什麼樣子，好好研究賈伯斯的話吧。」賈伯斯拋出新的問題，聲稱所有的手機都不完美，就這樣四兩撥千斤，化解 iPhone 4 的危機。「如果賈伯斯沒把戰線拉長，擴大到所有智慧型手機，我就能盡情的取笑 iPhone 4，畫出最好笑的漫畫。但他話鋒一轉，提到所有智慧型手機都有這樣的問題，就讓人笑不出來了。如果是普遍又無聊的事實，哪來的笑點？」

披頭四登上 iTunes

賈伯斯心中對幾件事一直耿耿於懷。其中之一就是他最愛的披頭四樂團的歌曲，竟然上不了 iTunes Store。

2007 年，蘋果付 5 億美元給披頭四所屬的蘋果唱片公司，結束長達三十年的商標之戰。然而，賈伯斯一直未能與擁有披頭四音樂版權的 EMI 唱片公司，就數位版權達成協議。

但是到了 2010 年夏天，終於有了轉機，披頭四和 EMI 決定把這件事做個了結。雙方在庫珀蒂諾的蘋果總部董事會會議室進行四人高峰會，代表蘋果的是賈伯斯和負責 iTunes Store 的副總裁庫依，另外兩人是代表披頭四的瓊思（Jeff Jones）和 EMI 執行長法克森（Roger Faxon）。

現在，披頭四終於要進入數位音樂世界了，蘋果能為這個里程碑貢獻什麼呢？這一天，賈伯斯已經等待很久、很久了。其實他和他的廣告團隊克洛與文森，早在三年前就著手準備廣告，苦思能讓披頭四心動的策略。

庫依說：「我和史帝夫想了種種的可能，包括在 iTunes Store 首頁做宣傳、製作廣告看板，放上披頭四最經典的照片，以及用蘋果廣告的風格，為披頭四量身訂做一系列的電視廣告。我們將推出 149 美元的披頭四珍藏版，包括披頭四錄製的十三張專輯、兩張精選輯和 1964 年他們在華盛頓露天體育場演唱會的影片。那段錄影必然會觸發歌迷的懷舊之情。」

雙方就原則達成共識之後，賈伯斯馬上幫忙挑選廣告要用的照片。在每一支廣告的最後，都出現了保羅麥卡尼與約翰藍儂的黑白合照。當時，他們還很年輕，照片中兩人在錄音室，面帶微笑的看著樂譜。賈伯斯不禁想起多年前，自己也曾和沃茲尼克在蘋果電路板前合影。

庫依說：「披頭四出現在 iTunes 的那一刻，就是我們在音樂產業登峰造極之時。」

39

直達無限

雲端、太空船、前進未來

達志影像

數位中樞，iCloud。

iPad 2

即使在 iPad 還沒正式開賣之前，賈伯斯已開始構思 iPad 2 的規格。它的正面和背面都必須有照相機 —— 每個人都知道這是大勢所趨，而且他希望 iPad 2 一定要更薄。但是在所有人都還沒發現之前，他就已經在思考另一個與周邊附件有關的問題：大家所用的保護套，把 iPad 的美麗線條全給遮蓋了，而且還會分散使用者對螢幕的注意力。這些保護套讓原本應該輕盈光滑的 iPad 變得臃腫不堪，等於是在一個神奇無比的產品上，加了一件平庸的外套。

就在那時候，他讀到了一篇與磁鐵有關的文章，他把文章剪下來、交給了艾夫。那些磁鐵的吸力可以精準的集中到一點上，或許它們可以用來製造一個可拆卸的護套？這樣一來，它就可以輕鬆的扣在 iPad 上，但又不至於遮蓋它的光彩。

艾夫的一位團隊成員，研發出一個可以用磁性鉸鏈輕鬆裝卸的護套。掀開它時，iPad 的螢幕會立時甦醒過來，彷彿一個被搔了癢、立即展顏歡笑的小嬰孩。此外，這個護蓋還可繼續折疊到後面，讓 iPad 得以平穩的立起。

這完全不是高科技，只是單純的機械原理，結果卻迷人極了。這也是賈伯斯一心想要從頭到尾掌控產品的另一例證。他們把護套與 iPad 2 搭配設計，使兩者結合得天衣無縫。當然，iPad 2 另外還做了許多改善，但是這個絕大多數企業執行長都不可能自己動腦筋去想的可愛護套，卻引發了最多驚喜微笑。

由於賈伯斯當時又在請病假，他原本不該出席 2011 年 3 月 2 日在舊金山舉行的 iPad 2 發表會。但是在發表會的邀請函寄出之後，賈伯斯告訴我，我最好抽空去參加這次的發表會。當天的場面與過去大致相同：蘋果高層坐在最前排，庫克一逕啃著自己的能量棒，而喇叭也同樣大聲的放送著披頭四的歌曲〈You Say You Want a Revolution〉、〈Here Comes the Sun〉…… 歌聲中，慢慢掀起了高潮。賈伯斯的兒子里德和兩位看來一臉稚氣的大一室友，在最後一秒鐘閃進會場。

「我們在這個產品上花了不少時間，因此，我不想錯過今天這場盛會，」賈伯斯從容走上舞台，他憔悴得有點嚇人，但笑容卻神采奕奕。全場爆出一陣驚叫歡呼，所有人都起立鼓掌。

他以展示 iPad 2 的新護套來開場。「這一次，我們將護套和產品設計成一體。」接著，他談到一個讓他一直耿耿於懷的批評，因為這個批評確實有它的道理：iPad 比較強調內容的消費與運用，但在內容的創作上卻相對有限。因此，蘋果決定將麥金塔中兩項最強的創作軟體，也就是音樂軟體 GarageBand 及影片軟體 iMovie，改寫成超強的 iPad 2 版本。賈伯斯示範，在 iPad 2 上編曲、作曲、為自己的影片配樂、製作特效，以及將嘔心瀝血之作張貼到網路上或傳送給別人分享，是一件多麼容易的事情。

再一次，他以人文街和科技街交會口的路標，做為發表會的結束。但這一次，他為自己的信念做出了最清晰的說明：真正的創意與簡約，來自所有環節的細密整合，包括硬體、軟體、內容、銷售人員、護套，而非任由流程對外開放、全面打散，正如之前的 Windows 個人電腦，以及現在 Google 所推出的 Android 相關產品那樣：

蘋果的遺傳基因裡，原本就不只有科技而已。我們相信，只有結合科技與人文，才有可能創造出讓我們的心靈歡唱的東西。這件事情在「後 PC 產品」尤其重要。

許多人急著擠進平板電腦市場，認為它只是另一個 PC 市場，也就是軟硬體可以分由不同廠商來製造的市場。但我們的經驗、以及我們身上的每根骨頭都告訴我們，這種做法完全錯誤。

後 PC 產品需要比 PC 更直覺式、更易於使用，因而它的硬體、軟體以及應用程式，也必須比 PC 時代的產物更進一步整合得天衣無縫。我認為蘋果不但有正確的信念與策略，而且也有正確的組織架構，可以打造出這樣的產品。

這個架構不僅深植在他所建立的組織之中，更牢牢埋進了他的靈魂深處。

發表會後，賈伯斯似乎精神大振。他來到四季飯店，加入我、他太太、里德、以及里德的兩位史丹佛大學室友，一起共進午餐。雖然他仍十分挑剔，但這次他決定和我們一起吃些東西。他叫了一杯新鮮果汁，但他硬是叫人家換了三次，因為他堅稱每次拿來的果汁都不是現榨的。他還叫了一份蔬菜義大利麵，但只嚐了一口就一手推開，直說那根本不是給人吃的東西。但他倒是把我的蟹肉沙拉吃掉了一半，然後自己又點了一份、吃個精光，再加上一盅冰淇淋。萬般縱容他的四季飯店，最後也弄來了一杯完全符合他要求的果汁。

第二天，他在家中依舊情緒亢奮。他隔天要飛去夏威夷島的柯納村，只有自己一個人。我要求看看他為這趟旅行在 iPad 2 裡準備了些什麼東西。他的 iPad 2 裡有三部電影：大導演羅曼波蘭斯基的黑色偵探電影「唐人街」、「神鬼認證：最後通牒」以及

「玩具總動員 3」，典型的賈伯斯！

更不令人意外的是，他還下載了《一個瑜伽行者的自傳》，那是一本有關冥想與靈性追求的書。第一次讀這本書時，他還是青少年；在印度時，他又讀了一遍，此後，他每年都會重讀一遍這本書。

早上過了一半，他決定吃點東西。他的身體還是太虛弱，無法自己開車，於是我開車載他來到購物中心的一家咖啡館。咖啡館還沒開始營業，但老闆已經習慣賈伯斯自己敲門要求開店，他高興的請我們入內。賈伯斯開玩笑說：「這老闆自覺有責任養胖我，這是他的使命。」他的醫生要他多吃雞蛋，以攝取足夠的蛋白質，因此他點了一份蛋捲。

「身患惡疾，加上刺骨疼痛，會提醒你隨時可能離世，不小心的話，還會對你的腦袋做些很奇怪的事，」賈伯斯說：「你不會做超過一年的計畫，這件事很不好。你必須強迫自己做一些長期計畫，彷彿自己還有很多年可活。」

未完成的遊艇

實踐這種神奇思考方法的例子之一，就是他打算請人建造一艘豪華遊艇。進行換肝手術之前，他和家人常會包遊艇去度假，航行到墨西哥、南太平洋或地中海。好幾次，賈伯斯半路就開始覺得無聊，或百般嫌棄那些船的設計，最後決定縮短行程，直接飛到夏威夷島的柯納村。但他們的遊艇之旅有時也非常成功。「我最喜歡的一次旅行就是一路從義大利海岸往南航行，之後來到雅典。那個城市簡直一場糊塗，但帕德嫩神廟卻讓人嘆為觀止。然後我們又到了土耳其的著名古城以弗所，當地有古代留下來的大理石公廁，中間還有供樂師演奏的地方。」

抵達伊斯坦堡之後，他們聘請了一位歷史教授擔任導覽。最後，他們來到一座土耳其浴池。歷史教授的講解，讓賈伯斯對全球年輕人的同質化趨勢，有了一番見解：

我獲得了一項真正的啟示。我們身穿長袍，有人奉上土耳其咖啡。那位教授開始解釋，土耳其咖啡與世界上其他地方的咖啡有何不同。

我心裡突然想，「這又他媽的怎麼樣？」哪個土耳其年輕人會爲什麼土耳其咖啡？我一整天碰到那麼多伊斯坦堡的年輕人，他們喝的是世界上其他年輕人都在喝的東西，他們身上穿的衣服也都像是Gap裡買來的，每個人都在用手機。他們和世界上其他地方的年輕人完全沒兩樣。

我突然意識到，對年輕人而言，這個世界已經沒有任何差別了。當我們製造產品時，已經無所謂土耳其手機，也不必考慮土耳其年輕人喜歡的音樂播放器和其他地方的年輕人有何不同。現在真的已經四海一家了。

那趟旅程回來之後，賈伯斯開始設計、而且一再重新設計他想要建造的遊艇。他簡直樂在其中。當他 2009 年再度發病時，幾乎取消了這項計畫。「我不覺得我能活著看到它完工，」他回憶說：「這種想法讓我極為沮喪。我覺得設計這艘船真的是一件很有趣的事，或許我真能活著看到它完工。如果我現在罷手，萬一自己真的多活了兩年，到時我真的會氣死。所以我決定繼續進行下去。」

吃完了蛋捲，我們回他家，他把遊艇的模型及設計圖全部拿出來給我看。一如預期，遊艇的設計非常流線、簡約。柚木甲板平坦得完美無缺、完全沒有多餘的設計。和蘋果專賣店的設計一樣，船艙窗戶也都是大片玻璃，幾乎是從地上一直延伸到天花板，主要的活動空間四面也都是玻璃牆，總共有四十呎長、十呎高。他請蘋果專賣店的主要工程師，來設計足以支撐結構的特製玻璃。

當時，荷蘭頂級遊艇公司斐帝星（Feadship）已經開始動工建造遊艇，但賈伯斯還在繼續玩他的設計。「我知道我很可能會留下一艘未完成的遊艇給蘿琳，但我必須繼續做下去。因為如果不繼續，那就無異承認我已不久於人世。」

幾天之後，他和蘿琳即將慶祝結婚二十週年。他承認，有時他真的非常對不起蘿琳。他說：「我真是非常、非常幸運，因為當你結婚時，你實在不知道自己的婚姻會有什麼樣的結果。你當然會有一點直覺，但我所有的決定都不可能比這個更好了。蘿琳不但聰明、美麗，而且還真的是一位非常善良的人。」說到這裡，他早已熱淚盈眶。

他又談到了自己的幾任前女友，尤其是瑞思，但他認為自己最終還是做了最正確的決定。他也反省，承認自己自私、霸道。「蘿琳必須忍受這一切，還有我的生病。我知道，和我一起生活，真的不是件美好的事。」

賈伯斯生性自私的另一種表現就是，他永遠不會記得任何紀念日或生日。但這一次，他決定給蘿琳一個驚喜。他們當年是在優勝美地國家公園內的阿瓦尼旅館舉行婚禮，他決定帶蘿琳舊地重遊，慶祝兩人結婚二十週年。

但是，當他打電話去訂房時，阿瓦尼已全部客滿。他請旅館人員去找預訂了當年他們兩人結婚時所住那間套房的客人，問人家是否願意出讓訂房。「我告訴他們，我願意負責對方另一個週末的住宿費用，」賈伯斯回憶說：「結果對方非常好，他跟我說，『二十週年，真不容易，盡情享用吧，房間是你的了。』」

他找到當年由朋友拍攝的一些婚禮照片，請人放大、印在厚紙板上，然後放進一個美麗的盒子裡。他翻動 iPhone，找出自己所寫的一篇短文，他打算把它也放進盒子裡。他大聲朗讀自己的短文：

二十年前，我們對彼此認識並不多。直覺引領我們彼此相遇，你讓我神魂顛倒。在阿瓦尼結婚那一天，天上下著雪。多年以後，孩子一一報到，我們度過順境、逆境，但從來沒有一天不是相知相惜。我們對彼此的愛與尊重與日俱增、愈陳愈香。我們一起經歷了太多事情，現在，我們又回到了二十年前的那個地方。年紀漸長、智慧漸增，臉上和心中都有了歲月的刻痕。我們經歷了人生的歡樂、苦痛、祕密與各種奇妙的事，而我們依然相守。我為你神魂顛倒，至今猶未回過神來。

讀到最後，他已泣不成聲，完全無法自已。回復鎮定之後，他說他也為每個孩子製作了一套照片。「我想他們或許也想知道，我也曾經年輕。」

iCloud數位中樞

早在2001年，賈伯斯就有一個願景：個人電腦將成為每個人的數位生活中樞，為我們連結起各種不同的數位生活產品，例如音樂播放器、攝錄影機、電話、平板電腦等。這個願景可以完全發揮蘋果的優勢：創造「從頭到尾完美整合」、操作簡單容易上手的產品。蘋果也因此從一個利基型的高階電腦公司，變身為全世界最有價值的科技公司。

到了2008年，賈伯斯又為數位時代的下一波浪潮發展出一個願景。他相信，桌上型電腦未來將不再是我們的數位生活中樞，我們的數位中樞將移往「雲端」(the cloud)。換句話說，每個人的數位內容將儲存於遠方的伺服器，由一家你所信任的公司代為管理。你將可以使用任何電子產品、在任何地方運用這些內容。這件事他還要再花三年，才會全部想清楚。

他的第一步栽了個小跟頭。2008年夏天，蘋果推出了一項稱為MobileMe的產品，那是一個每年收取99美元的昂貴訂閱服務，訂戶可以將自己的通訊錄、文件、照片、影片、電子郵件，以及行事曆都儲存在雲端，並與你所有的數位裝置同步。理論上，你可以用自己的iPhone或任何一台電腦來存取你的數位資訊。然而這項服務卻出了個大問題，用賈伯斯自己的話來形容：它完全「搞砸了」。MobileMe使用起來非常複雜、各種裝置很難同步，郵件和其他資料還不時會遺失在外太空。摩斯伯格在《華爾街日報》的文章所下的標題是：「蘋果的MobileMe問題太多，完全不可靠」。

賈伯斯氣急敗壞。他把整個MobileMe團隊召集到蘋果總部的禮堂。他站上講台，問說：「哪一個人可以告訴我，MobileMe應該有的功能是什麼？」幾位團隊成員勇敢回答之後，賈伯斯怒飆回去：「那它為什麼他媽的做不到這件事？」接下來的半小時，他持續咆哮：「你們敗壞了蘋果的名聲，你們讓彼此失望了，應該為此感到悔恨！我們的朋友摩斯伯格，已經不再稱讚我們了。」當著所有人的面，賈伯斯當場開除了計畫負責人，並以蘋果網路軟體服務的資深副總裁庫依來取代他。《財星》雜誌記者拉辛斯基在一篇報導中，剖析蘋果的企業文化說，「蘋果的責任制嚴格貫徹到底。」

2010年，情勢非常明顯，Google、亞馬遜、微軟以及不少公司都躍躍欲試，希望成為最能幫使用者在雲端管理數位資訊、並將數位產品同步化的企業。賈伯斯決定加碼投資。那年秋天，他跟我解釋：

我們必須成為幫大家管理他們與雲端之間關係的公司，包括從雲端串流*音樂及影片、儲存你的照片和資訊，甚至你的病歷資料。蘋果是第一個提出將電腦變成「數位生活中樞」這個概念的公司，因此我們才創造了所有這些應用程式，包括iPhoto、iMovie及iTunes，然後再用iPod、iPhone、iPad等產品，把它們整合起來。所有功能配合得天衣無縫。

但未來幾年，數位中樞將從每個人的電腦轉移到雲端。所以，這其實是一個相同的數位中樞概念，只不過數位中樞換了地方而已。這表示你隨時隨地都可以存取自己的內容，不再需要進行同步更新。

我們必須努力轉型，原因就在於哈佛商學院教授克里斯汀生所謂的「創新的兩難」。也就是說，提出某項創意的人，往往也是最後一個真正認清它價值的人。我們當然不希望發生這種事。我要把 MobileMe 變成一項免費的服務，而且我們會讓同步更新變得更容易。我們正在北卡羅萊納州建立一個伺服器群（server farm）。我們可以提供所有的同步需求，這樣就能鎖住顧客。

賈伯斯在星期一早上的主管會議中，反覆討論這個願景，它也慢慢形成了一個新策略。他回憶說：「我會在半夜兩點發電子郵件給一群人，反覆推敲。我們整天都在想這些事情，因為它不是一項工作，它是我們的生命。」

雖然有些董事，包括高爾，對於把 MobileMe 變成免費的服務有些質疑，但他們最後也都決定支持這個做法。這將是未來十年蘋果把顧客吸進自己運行軌道的重大策略。

新的服務取名為 iCloud。2011 年 6 月，賈伯斯在蘋果的全球研發者大會中，公布了這項計畫。他當時仍在病假中，而且前一個月還曾因感染及疼痛，住院好幾天。一些好友力勸他不要親自上台，因為這樣得花他很多時間準備，還得一再排練。但是預見到數位時代即將發生另一次驚天動地的大轉變，似乎又帶給他活力。

步上舊金山會議中心舞台時，賈伯斯在他的三宅一生黑色高領毛衣外面，加了一件德國時尚品牌 VONROSEN 的黑色喀什米爾毛衣，而他的藍色牛仔褲裡也加穿了一件保暖褲。但他從來沒有這麼形容枯槁。全場起立鼓掌，久久不歇。他說：「這對我一向很有激勵作用，謝謝大家，」

可是蘋果的股價卻在幾分鐘之後，下跌 4 美元，成為每股 340

* 譯注：串流（streaming）即資料的流動，例如從電影網站點選電影，就可以在螢幕上即時串流收看。串流也讓聽音樂、玩遊戲都可隨時隨地進行。

美元。賈伯斯的行為堪稱壯舉，但他看來實在太虛弱了。

他先請席勒和佛斯托爾上台，示範麥金塔和其他行動裝置所使用的新作業系統，然後他重回舞台，親自展示 iCloud。賈伯斯說：「大約十年前，我們提出最重要的見解之一，就是個人電腦將成為你的數位生活中樞，包括你的影片、照片和音樂。但是過去幾年，這個概念變得分崩離析，為什麼？」

賈伯斯形容了一下，要將數位內容同步更新到所有行動裝置中，是多麼艱難的事。假設你下載了一首歌到自己的 iPad 裡、用 iPhone 拍了一張照片、在電腦裡儲存了一段影片，當你想將所有這些內容同步更新到你的每一個行動裝置，將 USB 傳輸線插來插去時，你可能會覺得像舊時代的電話交換機接線生。「讓這些裝置同步，簡直讓人抓狂，」話聲一落，滿堂哄笑。「但我們想到了一個解決辦法。這就是我們的下一個大創見。我們將把個人電腦和麥金塔從內容控制中心，降級為一個普通裝置，然後把你的數位生活中樞移上雲端。」

賈伯斯非常清楚，這個所謂的「大創見」其實一點也不新。於是，他拿蘋果之前的失敗例子來自嘲一番：「或許大家會想，為什麼我還要相信這些人？他們之前不是推出了 MobileMe 嗎？」觀眾的笑聲中透出一絲緊張。「我承認，那的確不是我們最光榮的一刻。」但當他開始示範 iCloud 時，很清楚的，那將比 MobileMe 優秀許多。郵件、通訊錄、行事曆，不用一秒鐘就可以立即同步更新。應用程式、照片、書籍、文件也一樣。最令人驚喜的是，賈伯斯和庫依竟然和唱片公司達成了協議（不像 Google 和亞馬遜老是搞不定這件事），蘋果的雲端伺服器上將擁有 1,800 萬首歌曲。只要你的任何一項裝置中有其中任何一首歌，不論是合法買來或盜拷而來，蘋果都會讓你取得一個最高品質的版本，然後放進你所有的裝置裡，你不必花任何時間將它傳上雲端。「反正就是天衣無縫，」他說。

這個簡單的概念 —— 每項產品環環相扣、天衣無縫，一向是蘋果的競爭優勢。微軟主打「雲端力量」廣告已經打了一年多。三年前，他們的軟體架構長，也就是科技界傳奇人物奧茲（Ray Ozzie）就極力呼籲微軟：「我們的期望是，每個人只需要取得媒體授權一次，就可以利用自己的任何……裝置，存取和享受自己的媒體。」但奧茲在 2010 年底離開了微軟，而微軟的雲端運算也從未在消費裝置上顯現出來。亞馬遜和 Google 也都在 2011 年推出了雲端服務，但兩家公司也都不具備整合所有裝置的軟、硬體及內容的能力。蘋果掌控了產品及服務鏈中的每一個環節，並且以無縫的概念來加以設計周邊裝置、電腦、作業系統、應用軟體，以及內容的銷售與儲存。

當然，如果要享受這種天衣無縫的服務，你就必須使用蘋果的產品、乖乖待在蘋果建構了高牆的花園裡。這也為蘋果創造了另一項優勢：顧客黏著度（customer stickiness）。一旦你開始使用 iCloud，就很難改用 Kindle 或 Android 的產品。你的音樂及所有資訊內容並不能與那些產品同步，事實上，那些產品可能根本無法使用了。這是蘋果三十年來對「開放系統」堅壁清野，執行得最徹底的一次。

「我們想過，是否要為 Android 系統開發音樂軟體，」賈伯斯在第二天早上吃早餐時，對我說：「我們為了要銷售更多 iPod 而為 Windows 系統設計了 iTunes 軟體，但除了讓 Android 的使用者高興之外，我實在看不出將音樂軟體放上 Andriod，對蘋果會有任何好處，而且我一點都不想讓 Android 的使用者高興。」

遺澤計畫：蘋果新總部

賈伯斯十三歲時，曾因為想自製一具計頻器，而查了電話簿，直接打電話給惠普的老闆惠立，看看對方能不能送他一些零件。他因而獲得到惠普工廠暑假打工的機會。同一年，惠普在庫珀蒂諾買下了一些土地，以便擴充計算機部門。沃茲尼克就是這樣才進了那個部門，並利用下班時間開發出「蘋果一號」與「蘋果二號」。

2010 年，惠普決定廢掉庫珀蒂諾廠區時，賈伯斯悄悄買下了這塊地（位於蘋果「無限迴圈」一號總部東方約二公里）以及鄰近的一些土地。他非常佩服惠立和普克建立了惠普這麼一個永續企業，而他對自己在蘋果創出同樣的佳績，也感到自豪。現在，他希望為蘋果打造一座具有代表性的總部，一座美國西岸的科技企業從未有過的總部。最後，他總共買下 60 公頃的土地，其中大部分在他小時候都是杏樹林。

賈伯斯憑藉自己對設計的熱情，以及建立永續企業的熱情，完全投入這個計畫。對他來說，這是一個遺澤計畫。「我希望能夠留下一座具有代表性的總部，在未來幾十年，繼續向世人傳達蘋果的價值觀。」

他找了他認為是全球最好的建築師事務所 —— 福斯特爵士（Sir Norman Foster）的團隊。福斯特爵士擁有許多設計傑出的作品，例如成功整建柏林的國會大廈，並打造出震撼全球的倫敦聖瑪麗斧街 30 號大樓（瑞士再保險公司倫敦總部大樓）。

毫不令人意外的是，由於賈伯斯從建築意象到工程細節完全投入，這個計畫的設計圖幾乎定不了稿。這將是他的傳世之作，他希望把它做對。福斯特爵士指派了五十位建築師，參與蘋果的建築團隊。2010 年，這個團隊每三個星期，就會向賈伯斯提出一次最新的模型及可能的做法。賈伯斯一而再、再而三的提出各種新構想，有時甚至是全新的外觀設計，然後再請建築師團隊整個重新來過、提出更多的建議與構思。

當他第一次在家中客廳讓我看設計圖及模型時，新總部的設計像是一座蜿蜒的賽馬場，其中規劃了三棟相連的半圓形建築，中間則是廣闊的中庭廣場。建築物的外牆是從地面直達屋頂的大片玻璃，大樓內部則有一排排的艙型辦公室，好讓陽光可以灑進走道。賈伯斯說：「它會創造出許多不經意出現、流暢的會議空間，每個人都可以有陽光為伴。」

下一次他給我看設計圖是一個月後的事，那時是在他辦公室對面的大會議室裡。新總部大樓的模型盤據了整張會議桌。他做了一項重大修正：撤離玻璃窗邊的艙型辦公室，好讓長長的走廊可以整個沐浴在陽光中，這些走廊也將成為總部裡的公共空間。幾位建築師為了窗戶是否應該可以打開，與他有了一些辯論。賈伯斯從來不喜歡別人打開他的任何東西，他堅稱：「那只會讓人有機會把事情搞砸。」在這件事以及其他許多細節上，他都是贏家。

那天晚上回到家，賈伯斯在飯桌上炫耀他的新總部，里德看了看設計圖，開玩笑說，新總部的鳥瞰圖讓他想起男性的生殖器。他老爸笑罵說，這完全反映了一個青少年的心態。

但第二天，賈伯斯就把這個講法轉達建築師團隊。他說：「很不幸的，只要告訴了你們，這個印象恐怕就會永遠留在你們的腦海裡了。」後來我再度造訪的時候，總部的外觀已經變成一個單純的圓。

這個新的設計意味著，整棟建築的玻璃牆沒有一面是直的，每一塊玻璃都會有弧度，而且還得彼此緊密接合。賈伯斯一直對玻璃非常著迷。蘋果專賣店使用了許多量身訂製的大片玻璃，這個經驗讓賈伯斯認定，大量製造有弧度的巨幅玻璃絕對可行。

新總部的中庭廣場直徑達 260 公尺，相當於三個美式足球場那麼長。賈伯斯把中庭廣場的平面圖，疊在梵蒂岡的平面圖上，好讓我明白這中庭廣場的規模 —— 完全把聖彼得廣場給蓋住了。他腦中一直記得，當年這塊土地上種滿了果樹，於是他從史丹佛聘請了一位資深林木專家，要求將這塊土地的 80% 進行自然造景，總共種了六千棵樹。賈伯斯說：「我請他務必要栽種一些杏樹，好創造出新的杏樹園。從前這裡到處都是杏樹，即使角落裡也都是，它們是這個山谷傳統的一部分。」

2011 年 6 月，樓高四層、樓地板面積達 28 萬平方公尺、總計可容納 12,000 名員工的新總部興建計畫已經一切就緒。他決定以一種安靜、不張揚的方式，將它呈現在庫珀蒂諾市議會的面前，時間則是他在蘋果全球研發者大會中宣布 iCloud 計畫的第二天。

雖然他已體力耗竭，但他當天依舊行程滿檔。負責蘋果專賣店店長達十年以上的強森，決定離開蘋果，出任美國零售巨頭潘尼百貨（J.C. Penny）的執行長。當天早上，他到賈伯斯家中商討自己的離職事宜。之後，賈伯斯和我驅車前往帕羅奧圖一家專賣優格與燕麥、名為「新鮮」的小咖啡廳坐坐，他很興奮的對我大談蘋果未來的產品。當天稍晚，他又前往聖塔克拉拉，出席蘋果與英特爾主管每三個月一次的例行交流會議，他們當天討論將英特爾晶片用在蘋果未來的行動裝置的可能性。那天晚上，U2 剛好在奧克蘭體育館舉行演唱會，賈伯斯原本考慮要去。但後來他決定利用當晚，向庫珀蒂諾市議會展示他的新總部。

沒有隨行人員、沒有大肆張揚，身上還是穿著早上在研發者大會演講時的那件黑毛衣，賈伯斯神情輕鬆的站上市議會的講臺，手中拿著遙控器，大約花了二十分鐘，透過幻燈片向市議會介紹蘋果的新總部。當那座造型流線、未來感十足、正圓形的建築打上螢幕時，他暫停了一下、微微一笑。「它就像一艘剛降落的太空船，」他說。幾秒鐘後他又補了一句：「我覺得我們有機會打造出全世界最精采的一棟辦公大樓。」

接下來那個星期五，賈伯斯寄了一封電子郵件給一位很久以前的同事安．鮑爾斯（Ann Bowers），她也是英特爾共同創辦人諾宜斯的遺孀。鮑爾斯曾在1980年代初期，擔任蘋果的人力資源主管，也是當時的教官，專門負責在賈伯斯發飆之後訓斥他，並為身心受創的同事療傷止痛。

賈伯斯問她可不可以第二天到家裡來一趟。鮑爾斯剛好人在紐約，但她在回來後的那個星期天，立刻趕來探望賈伯斯。賈伯斯當時病情又加重了，全身劇痛，元氣盡失，但他還是急於向鮑爾斯展示新總部。「妳應該為蘋果感到驕傲，妳應該為我們所打造出來的這一切感到驕傲。」

然後他看著她，熱切的問了一個讓她幾乎無法回答的問題：「告訴我，我年輕時到底是個什麼樣的人？」

鮑爾斯盡量誠實以對。「你是一個脾氣非常暴躁、難以相處的人，」她說：「但是你的眼光卻又令人不得不佩服。你告訴我們，過程本身就是收穫。如今看來果真如此。」

「沒錯，」賈伯斯回答說：「這一路走來，我確實也學到了一些事情。」過了半晌，他又重複了一次，彷彿向鮑爾斯及自己確認這件事。「我確實學到了一些事情。真是如此。」

40

第三回合

生死格鬥

2011年6月，賈伯斯與蘿琳。

親情牽繫

賈伯斯有一大心願，就是希望能參加他兒子2010年6月的高中畢業典禮。他說：「醫師診斷我得了癌症時，我和上帝談條件。我說，我真的非常想看到里德高中畢業，因此無論如何一定要幫我熬過2009年。」

里德高三的時候，看起來神似他父親十八歲的模樣，常露出會意又帶著一點桀敖不馴的微笑，眼神專注，還有一頭引人矚目的黑髮。但他個性溫和、體貼，和他父親大異其趣，應該是得自母親的遺傳。他很會表達關愛，也會努力讓大家高興。賈伯斯常一臉陰鬱的坐在廚房餐桌旁，瞪著地板，只有看到里德走過來，眼睛才會亮起來。

里德很崇拜他父親。我剛動筆寫這本書，他就常到我下榻的地方來找我，就像他父親一樣，問我要不要一起去散步。他用極其真摯的神情看著我，說他父親不是一個冷血、只想賺錢的生意人，而是熱愛自己做的事，也以自己的產品為傲的人。

在賈伯斯經醫師診斷得了癌症之後，里德就利用暑假在史丹佛腫瘤實驗室見習，研究以基因定序找出大腸癌的遺傳標記。他們的實驗包括追蹤癌症基因遺傳之後產生的突變。賈伯斯說：「我生病之後，里德願意花很多時間和優秀醫師一起研究，對我而言，也算是因禍得福吧。他對醫學研究的熱情，就像我當年對電腦一樣。我認為，二十一世紀最重要的創新，將會是生物研究和科技的交會。現在一個新紀元剛剛開始，就像我在里德那個年紀時，世界進入數位時代一樣。」

里德在晶泉中學就讀高三那年，即以他在史丹佛的癌症研究為題，上台報告。他描述如何利用離心技術和染色技術做腫瘤基因定序，那時賈伯斯也帶著一家大小坐在觀眾席上聆聽，臉上難掩得意之情。賈伯斯後來說：「我常幻想里德未來能當醫師，和他的妻兒就住在附近，每天騎腳踏車去史丹佛大學醫院上班。」

2009年，賈伯斯在鬼門關前徘徊，里德一下子長大許多。賈伯斯在蘿琳的陪伴下，到曼菲斯接受換肝手術時，里德在家照顧妹妹，儼然是守護家園的大家長。2010年春天，賈伯斯的身體狀況穩定了之後，里德又回到過去那個愛玩、調皮的個性。有一天，全家一起吃晚飯時，他說想帶女友吃大餐，不知道該去哪裡。他父親建議去帕羅奧圖一家格調高雅的義大利餐廳Il Fornaio，但里德說，那家超難訂，他根本訂不到位子。賈伯斯說：「要不要我幫你訂位？」里德說，沒關係，這種事他自己來就可以了。個性有些害羞的妹妹艾琳說，她可以在家裡花園搭個圓錐型帳篷，她和小妹伊芙可以為他們準備一頓浪漫的晚餐，讓他和女友在裡面享用。里德聽了之後非常感動，站起來擁抱她。他保證改天一定會採用這個點子。

有一個星期六，里德和其他三位同學代表學校上地方電視台參加問答比賽。家人都去錄影棚為他加油，只有伊芙沒去，因為她去看馬展了。電視台工作人員忙進忙出準備錄影之時，賈伯斯則設法控制自己的焦急，刻意不引人矚目，低調的和其他家長坐在折疊椅上。但他的牛仔褲和黑色套頭毛衣還是像正字標記，讓旁人一看就認出來了。有個媽媽大剌剌的拉了張椅子，坐在他旁邊，然後拿起相機，把鏡頭對準他喀嚓喀嚓。賈伯斯裝作沒看到她，站起來，走到另一端坐下。

里德上場的時候，名牌上的名字是「里德・鮑威爾」。主持人問參賽的每一位學生，他們長大後想做什麼。里德回答：「癌症研究人員。」

錄影結束後，賈伯斯開著他那部兩人座賓士 SL55，載里德回家，他太太則開另一部車載艾琳跟在後面。回家路上，蘿琳問艾琳，她是否知道她父親拒絕掛車牌的原因。艾琳說：「為了表現他的反叛精神吧。」我向賈伯斯提出這個問題，他的說法是：「有時我會被人跟蹤，如果掛上車牌，他們就會跟蹤到我的家門口，知道我住在哪裡。但我想，現在有了 Google 地圖，即使不掛車牌也沒用了。反正我就是不想掛車牌。」

里德畢業典禮那天，賈伯斯用 iPhone 寄了封電子郵件給我，信上說：「今天是我最快樂的一天。里德高中畢業了。我終於排除萬難，出席他的畢業典禮。」

那天晚上，他們請親朋好友到家裡慶賀。里德和家裡的每一個人跳舞，包括他父親。後來，賈伯斯帶里德到家中一個像穀倉一樣大的儲藏室。他的兩部自行車都停放在那裡，他不會再騎了。他要里德選一部，當作是送他的畢業禮物。里德開玩笑說，那部義大利的看起來有點「娘」。賈伯斯說，旁邊那部八段變速強健有力，就選那一部吧。里德謝謝他，但賈伯斯說：「你身上有我的基因，所以你不必謝我。」

幾天後，「玩具總動員 3」上映。賈伯斯從一開始就精心培育「玩具總動員」三部曲，最後一部是關於主人翁安弟準備離家去上大學，家中成員感到離情依依。安弟的母親說：「我希望能永遠陪伴你。」安弟答道：「我覺得你永遠都在我身邊。」

賈伯斯和兩個女兒就沒那麼親。他對艾琳關注不多，艾琳沉靜內向，似乎不知道如何面對這個父親，特別是在他心情不好、像刺蝟一樣容易戳傷別人的時候。她是個性沉穩、吸引人的少女，心思比她父親更細膩敏感，長大後想當建築師，或許這是受到她父親的影響，也懂得欣賞設計。但是賈伯斯拿出蘋果新總部的設計圖給里德看的時候，她當時坐在廚房另一側，賈伯斯從頭到尾都沒想到叫她過來一起看。

艾琳很愛看電影，最大的心願是她父親能在2010年春天帶她參加奧斯卡頒獎典禮。她尤其希望能和父親乘坐私人飛機去好萊塢，兩人一起走紅毯。蘿琳本想成全艾琳，讓艾琳代她出席，但賈伯斯說不行。

我快完成這本書的時候，有一天蘿琳告訴我，艾琳希望我也能去訪問她。由於她才剛滿十六歲，所以先前我沒要求採訪她。既然她自己提出來，我於是欣然接受。艾琳強調，她了解為什麼父親有時對她不夠關心，但是她並無怨言。她說：「他已經盡最大的努力去做一個好父親和蘋果的執行長，其實他家庭和工作都兼顧得很好。雖然有時我希望爸爸能多陪我，但我知道，他正在做的東西很重要，而且很酷。因此，我覺得自己可以獨立一點，不需要黏著爸爸，要他陪我。」

賈伯斯答應孩子，他們十幾歲的時候要帶他們去旅行，地點則由他們自己選。里德選的是京都，因為他知道父親愛極了京都的美，以及無所不在的禪意。2008年，艾琳十三歲，輪到她選擇。不出所料，她選的一樣是京都，可惜父親生病，行程只好取消，但賈伯斯答應，等到2010年他的身體好轉，一定會帶她去。然而到了2010年6月，賈伯斯又不想去了。艾琳雖然非常失望，一句抗議的話也沒說。她母親只好帶她去法國，同行的還有他們家的幾位好友。他們計劃7月再去京都。

蘿琳擔心賈伯斯又要取消旅程，但他同意全家人在 7 月初一起去夏威夷的柯納村，蘿琳不禁興高采烈，如此一來就有希望去日本了。但是到了夏威夷之後，賈伯斯突然牙齒痛了起來。他本來置之不理，看會不會自己好起來，後來發覺有一顆牙齒塌陷了，非補牙不可。屋漏偏逢連夜雨，這時 iPhone 4 的天線剛好出問題，他決定在里德的陪同下，先趕回庫珀蒂諾滅火。蘿琳和艾琳留在夏威夷，希望賈伯斯解決問題之後，能回來跟她們會合，就可以一起去京都了。

本來她們母女幾乎死心了，沒想到賈伯斯開完記者會，真的回到夏威夷，她們終於鬆了一口氣。蘿琳跟友人說：「這真是奇蹟！」里德留在帕羅奧圖照顧小妹伊芙，艾琳於是跟爸媽一起去京都，下榻於簡潔素雅、純日式風格的俵屋旅館。艾琳說：「那裡美得不可思議。」

二十年前，賈伯斯曾帶艾琳同父異母的姊姊麗莎去日本。那時麗莎的年紀也跟她現在差不多。那次東京之旅教麗莎最難忘的，就是跟她父親一起吃飯，看他大塊朵頤。他極挑食，但那趟旅行吃了很多鰻魚壽司等美食。麗莎看她父親吃東西吃得這樣津津有味，頭一次覺得和他在一起輕鬆愉快。

艾琳的經驗也類似，「每天中午，爸爸早就想好要吃什麼了。他告訴我，他知道有一家好吃得不得了的蕎麥麵店，於是帶我去吃。那家的麵果然是全天下最好吃的。我們再也沒有吃過一樣好吃的麵，都差遠了。」他們還在旅館附近找到一家小小的壽司店，賈伯斯在他的 iPhone 上為這家小店加上「我吃過最好吃的壽司」標記，艾琳也深表同意。

他們造訪京都著名的禪寺。讓艾琳最流連忘返的就是西芳寺。這間寺院又名「苔寺」，因為這裡有個黃金池，池塘周遭是迴游式庭園和枯山水庭園，而且有一百多種青苔。蘿琳說：「艾琳玩得非常、非常開心。她終於心滿意足，和她父親的關係也改善很多。這是她應得的。」

小女兒伊芙的個性，則和姊姊艾琳大異其趣。她活潑、有自信，天不怕地不怕，當然也不怕她老爸。她非常喜歡騎馬，下定決心長大以後要參加奧運馬術比賽。教練告訴她，學馬術很辛苦的，她答道：「你告訴我需要做什麼，我一定會做到。」自此，她努力不懈的依照教練的要求練習。

她就是有本事要父親照她的意思去做。她常在上班時間直接打電話給她父親的助理，要助理把她要父親做的列入他的行程表。她也很會談判。2010年的一個週末，他們一家計劃去旅行，艾琳希望出發時間能延個半天，但她不敢告訴父親。十二歲的伊芙自告奮勇，說這事包在她身上。吃晚飯的時候，她就像律師對高等法院的法官陳述一樣，提議出發時間延後並解釋原因。賈伯斯打斷她的話，說道：「我不想延後。」但他沒生氣，而且還覺得挺有趣的。晚飯過後，伊芙還跟媽媽一起檢討，看自己的論述到底有什麼破綻，如何能更有說服力。

賈伯斯很欣賞她的精神，在她身上看到不少自己的影子。他說：「她就像一把手槍，我沒看過哪一個小孩像她這樣意志剛強的，她就像老天給我的一面鏡子。」他對伊芙的個性很了解，因為這個女兒跟他很像。他說：「這孩子比很多人想的要來得敏感。她也很聰明，知道如何操縱別人，因此容易與人疏遠，最後發現自己變成孤伶伶的。她已經開始知道，她要做自己，但也必須磨去一些稜角，才能擁有自己需要的朋友。」

雖然賈伯斯和他太太的關係有點複雜，但兩人對這段婚姻都忠貞不二。蘿琳既精明又很能為人著想，是穩定賈伯斯的重要力量。由於賈伯斯常常只想到自己，不管別人，他知道身邊的人必須意志堅定而且明智，蘿琳就是一個很好的例子。他做有關公司的決策時，蘿琳會用旁敲側擊的方式提出一點意見，如果是家裡的事，她的態度則相當堅決，尤其是醫療的事，她毫不讓步。他們剛結婚的時候，她創辦了一個名為「大學之路」（College Track）的計畫，輔導弱勢家庭的孩子，幫助他們完成高中學業，順利進入大學就讀。自此，她也成了美國教育改革運動的健將。賈伯斯盛讚他太太在教育上的努力。他說：「她推動的大學之路計畫，讓我覺得很了不起。」然而他對慈善工作向來興趣缺缺，因此不曾去看過她的課後輔導中心。

2010 年 2 月，賈伯斯和家人一起度過五十五歲生日。他們用彩帶和汽球來裝飾廚房，他戴上他的孩子送給他的紅天鵝絨玩具皇冠。歷經一整年病痛的折磨之後，現在終於否極泰來，神清氣爽。蘿琳希望他能多留在家裡，陪陪家人，但他大部分的時間和心力還是放在工作上。

蘿琳對我說：「他這樣實在讓我們這些做家人的很難熬，尤其是我們的女兒。他已經整整病了兩年，現在才好一點，女兒總以為他會多關心她們、陪伴她們，但他一顆心還是放在工作上。」

蘿琳特別提醒我，她希望我的傳記能呈現他性格中的不同面向，而且把來龍去脈交代清楚。她說：「他就像很多偉大的人，具有過人的天賦，但他不是每一面都偉大。他這個人沒有社交風度，比方說，不能為人著想，但他非常在乎人類的進展，讓人發揮能力，因此他想創造出適當的工具，交給人們使用。」

歐巴馬總統終於來會晤

2010年初秋，蘿琳去了一趟華盛頓，和幾個任職白宮的朋友碰面。朋友告訴她，歐巴馬10月會去矽谷。蘿琳說，總統或許會想見她的先生。鑑於總統那陣子常提到美國的競爭力，白宮的助理認為這是個好主意。此外，賈伯斯的創投家友人杜爾也建議歐巴馬，該好好和賈伯斯談談。杜爾曾在總統的經濟復甦顧問委員會提到，賈伯斯為何認為美國正漸漸失去競爭優勢。最後總統同意挪出半個小時，在舊金山機場的威斯汀酒店和賈伯斯會談。

但問題來了。蘿琳告訴賈伯斯的時候，賈伯斯說他不想去。他很氣她背著他安排這件事。他說：「我才不要被安插時段，出席徒具形式的會談，讓對方覺得這個矽谷執行長算是發表意見了，然後是，來，下一位。」蘿琳說，歐巴馬「真的盼望跟你見面」。賈伯斯則說，如果真是如此，歐巴馬就該親自打電話給他，說要跟他見面。他們僵持了將近五天。蘿琳把里德從史丹佛叫回來，要他在吃晚餐的時候勸勸他老爸。賈伯斯終於讓步了。

賈伯斯和歐巴馬共談了四十五分鐘。賈伯斯一開始就不客氣的說：「你只想做一任是吧。如果你想連任，政府必須對企業界友善一點。」他並描述，在中國設立工廠有多麼容易，但在美國，由於法規嚴苛和不必要的支出太多，設廠幾乎比登天還難。

賈伯斯也攻擊美國教育體制，說如果什麼都要依照工會規章，這樣的教育系統不但過時，而且會像殘廢一樣。除非瓦解教師工會，否則教育改革就沒有希望了。他主張，我們應該把老師視為專業人士，而非裝配線上的工人。校長可以看教師過去的表現來決定是否續聘或解聘。學校應該開放到下午六點或者更晚，學校上課日一年該長達十一個月。他又說，在這個數位時代，老師竟然還站在黑板前，使用紙本教科書，真是太荒謬了。所有的書本、學習教材和評量都應當數位化或使用互動軟體，針對每一個學生的需要和程度因材施教，使學生即時得到學習的回饋。

賈伯斯建議歐巴馬召集六、七位大企業執行長，就美國面臨的創新挑戰提出意見。歐巴馬同意了，賈伯斯於是擬了一份名單，準備 12 月在華盛頓開會。沒想到歐巴馬的助理，包括資深顧問賈瑞特（Valerie Jarrett）等人，又多加了一些人，最後這份名單上的人竟然多達二十位以上，名單上的第一個人是奇異的伊梅特（Jeffrey Immelt）。賈伯斯於是寄了封電子郵件給賈瑞特，抱怨說這份名單膨脹得太過分，他不想參加了。其實，這時他的身體又出現新的問題，他也去不了，因此杜爾找機會私下向歐巴馬解釋賈伯斯缺席的原因。

2011 年 2 月，杜爾計劃在矽谷宴請歐巴馬。他和賈伯斯以及兩人的太太在帕羅奧圖一家希臘餐館艾薇亞擬定賓客名單。他們選定的十二位矽谷科技大亨，包括 Google 的施密特、雅虎的巴茲（Carol Bartz）、臉書的祖克柏、思科（Cisco）的錢伯斯（John Chambers）、甲骨文的艾利森、基因科技的列文森與網飛（Netflix）的海斯汀（Reed Hastings）。賈伯斯關心這次餐宴的每一個細節，包括食物。杜爾把建議菜單寄給他，他批評說，外燴餐廳提出的幾道菜餚過於花俏，像是蝦子、鱈魚和扁豆沙拉。他說：「這是食物，而不是藉以表彰身分的東西。」他對甜點巧克力松露奶油派尤其有意見。但是白宮先遣小組反駁說，總統很喜歡奶油派。由於賈伯斯已瘦成紙片人，非常怕冷，杜爾因此調高暖氣的溫度，這一頓飯吃下來，祖克柏已汗流浹背。

賈伯斯坐在歐巴馬的旁邊，為這次的餐敘揭開序幕：「不管各位的政治主張為何，今天來到這裡，是要提出建言，看怎麼做能幫助我們的國家。」儘管如此，這些科技界的大老還是紛紛請求歐巴馬幫企業界的忙。例如思科的錢伯斯建議，如果大公司在一定期限之內回美國設廠投資，政府能給予免稅期的優惠，讓他們得以減免海外收益的稅金。歐巴馬聽了，面有慍色。祖克柏則不以為然的告訴坐在他右邊的總統助理賈瑞特：「我們該談的是有益於國家的事，這傢伙卻一直在說對他自己有利的事。」

杜爾不得不把焦點拉回來，請每一位列出建議的行動項目。輪到賈伯斯的時候，他強調美國該訓練更多的工程師，建議政府對於在美國拿到工程學位的外國學生，應發給美國護照，讓他們留在美國工作。歐巴馬說，民主黨就曾提出「夢想法案」，讓非法移民的外籍學生在完成高中學業之後，得以申請居留權，由於共和黨的阻撓，參議院最後還是封殺了這項法案。

賈伯斯發現，這個惱人的例子說明了政治如何導致議事癱瘓。他說：「歐巴馬總統是個聰明人，但他一直解釋為什麼政府做不到，實在讓人生氣。」

賈伯斯只好呼籲政府多訓練美國工程師。他說，蘋果能在中國雇用七十萬名工人，那是因為當地有三萬名工程師在工廠支援，「但是在美國找不到那麼多的工程師。」賈伯斯說，駐廠工程師不需要有博士學位，也不必是天才，只需要有製造的基本工程技能。不管是技術學院、社區大學或是職業學校，都可訓練出這樣的人。「如果美國能教育出那麼多的工程師，我們就能把更多的工廠移回美國。」賈伯斯說的這番話深深打動歐巴馬。在接下來的一個月，他三番兩次告訴助理：「我們要照賈伯斯說的，想辦法為美國訓練出三萬名工程師。」

賈伯斯很高興歐巴馬能聽取他的建言。會議過後，兩人還在電話上談過幾次。賈伯斯對歐巴馬說，他願意為他製作 2012 年的競選廣告。（其實，早在 2008 年歐巴馬初次競選總統，賈伯斯就表達幫歐巴馬做廣告的意願，只是總統的策略顧問艾克斯羅德完全沒把這件事放在心上，讓他很氣。）與歐巴馬餐敘幾星期後，賈伯斯告訴我：「競選廣告都做得很糟。我可以請已經退隱的克洛出馬操刀，一起為歐巴馬打造偉大的廣告。」雖然賈伯斯已經被疼痛折磨了一整個星期，一談到政治，他的精神就來了。他說：「每隔一段時間，我們才能看到真正的廣告大師出手。像 1984 年雷根尋求連任，萊尼（Hal Riney）為他拍的廣告『美國又見黎明』就是經典之作。這正是我想為歐巴馬做的。」

2011年，第三次病假

癌症復發總是有跡可循。賈伯斯知道他的身體又響起警訊。他完全吃不下，全身疼痛不堪。醫師做了檢驗，但沒發現什麼，看來他身上並無癌細胞的蹤跡，因此要他放心。但賈伯斯就是知道不對。幾個月後，醫師才宣告緩解期已過，他的癌症復發了。

他在 2010 年 11 月初開始不舒服。他飽受疼痛的折磨，不能吃東西，不得不請護士來家裡注射靜脈營養輸液。為他檢查的醫師沒發現任何腫瘤，他們本來以為這只是對抗感染、消化不良的週期性反應。他從來就不是能忍耐的病人，老是抱怨個沒完，醫師和家人已習以為常，因此這次沒特別提高警覺。

他和家人一起去夏威夷柯納村過感恩節，但他依然食不下嚥。他們一起在度假村的食堂吃飯，其他客人都假裝沒有注意到賈伯斯。賈伯斯的模樣憔悴瘦弱，不斷搖晃身子，還一邊呻吟，一口都沒吃。度假村和其他客人皆必須遵守約定，不得洩漏他的病況。他回到帕羅奧圖之後，每天都愁眉苦臉，也更會鬧情緒。他告訴他的孩子，說他來日不多了，提到他可能再也沒機會幫他們慶生，就哽咽到無法言語。

到了耶誕節，他已經瘦到五十二公斤，比他以前正常的時候瘦了二十幾公斤。夢娜也和擔任電視喜劇作家的前夫亞波爾，一起帶孩子回帕羅奧圖過節。他的心情稍微好一點。在這家人團聚的佳節，他們一起在客廳玩一種叫「小說」的遊戲：從書架上選一本書，讓每一個人看封面和封底，不能翻開內頁，然後每一個人為小說寫第一句，看誰能寫出最讓人信服的句子，用這種方式作弄彼此，最後找一個人唸出書中原來的第一句和每一個人寫的句子。幾天後，賈伯斯甚至還能跟蘿琳去附近的餐廳吃晚飯。新年，蘿琳帶孩子去滑雪，夢娜則來帕羅奧圖陪她哥哥。

到了 2011 年初，賈伯斯的家人才知道這次真的情況不對。醫師在他身上發現新長出來的腫瘤。這次癌症復發，讓他更吃不下東西。醫療團隊苦思：以他目前瘦弱的狀況，能承受多大劑量的藥物？賈伯斯告訴友人，他身上的每一吋都像遭到猛擊那樣痛苦。他痛得不時發出呻吟，身體綣縮成一團。

這是個惡性循環。癌症復發最初的徵兆是疼痛。他不得不用嗎啡等強效止痛劑，但這麼一來，又會更進一步抑制食欲。他的胰臟已被切除一部分，也接受肝臟移植，因此他的消化系統問題叢生，難以消化蛋白質。體重掉太多，又使他難以接受積極的藥物治療，身體過於虛弱，因此他遭受感染的機率大增，他為了避免器官排斥而使用免疫抑制劑，也會壓抑他的免疫系統。一般人因為疼痛受體被油脂層包覆，疼痛的感覺比較不會那麼強烈，但他暴瘦，油脂層減少，對疼痛也就更加敏感。他不但情緒起伏大，陷入憤怒和沮喪的時候更長了，食欲也變得更差。

賈伯斯的偏食問題因為心理因素更加惡化。他年輕的時候就常利用斷食達到陶醉、狂喜的境界。他明知道非吃東西不可，醫師也求他一定要吃些富含優良蛋白質的食物，但他承認潛意識裡仍抗拒食物，他從青少年時期就遵照德國營養學家伊赫特提倡的原則，只吃水果和不含澱粉的蔬菜。蘿琳一直告訴他，這麼做簡直是瘋了，甚至說伊赫特五十六歲那年跌倒，頭撞到石頭，就這麼死了。全家人一起吃飯時，賈伯斯常常不發一語盯著自己的大腿，蘿琳因此非常生氣。她說：「我希望他能強迫自己吃一點東西，否則會給家人很大的壓力。」

來他們家兼差的廚子布郎仍然每天下午來準備晚餐。他準備了形形色色的健康佳肴，但賈伯斯只嚐一、兩道，就說沒有一道能吃。有一晚，賈伯斯說：「或許我可以吃一點南瓜派。」布郎不到一個小時就張羅好所有的食材，烤了個漂亮的派。賈伯斯雖然只吃一口，布郎已經興奮得不得了。

蘿琳和飲食失調的專家和精神科醫師討論過，但賈伯斯則不願求助於他們，也拒絕以藥物或任何方式來治療沮喪。他說：「如果你得了癌症或是遭受苦難，你的心中充滿悲傷或憤怒是很自然的，何必掩飾這些感覺，過著虛偽的人生？」此時的他已陷入情緒低潮，不但愁眉苦臉，動不動就落淚，而且向身邊的每一個人悲嘆說，他就要死了。這種沮喪也成了惡性循環，他愈沮喪，就愈不想吃東西。

網路不時出現賈伯斯最新的近照或影片，看起來非常孱弱，不久謠言就鋪天蓋地，形容他病得多嚴重。蘿琳知道，問題在於這些謠言都是事實，而且杜絕不了。

兩年前賈伯斯肝臟衰竭，不得已才請病假，這次一樣遲遲不肯告假。他擔心這次請假就像離開家園，不知何時是歸期。2011年1月，他終於知道，這是無可避免的事，董事會也料到這麼一天。他召開電話會議，告知所有的董事，他要請病假。這次會議只花三分鐘就結束了。先前，他經常和董事會密商，萬一他不克履行執行長的職務，要由誰來接手，近程和遠程的安排為何。但毫無疑問的，以目前的情況來看，庫克還是掌門人的最佳人選。

接下來的星期六下午，賈伯斯同意讓他太太在自宅召集醫師群會商。賈伯斯了解，他面臨的問題是他從不允許蘋果公司裡出現的那一種：他目前的治療可說支離破碎，沒有從頭到尾整合好。他的病很多，每一種病症都由不同的專家負責，像是腫瘤科醫師、疼痛科醫師、肝臟科醫師、血液科醫師、營養師等，但沒有一個人像曼菲斯的伊森醫師那樣，幫他統整所有的問題。蘿琳說：「目前醫療照護最大的問題是缺乏個案管理師，也沒有一個總指揮。」史丹佛大學醫院尤其是如此，似乎沒有人負責找出營養與疼痛控制和腫瘤的關連。這就是為何蘿琳要把治療賈伯斯的那幾位史丹佛醫師都找來，另外再加上其他幾位醫師，如南加大附設醫院的亞格斯（David Agus）醫師，看能否想出一個比較積極、整合各科的治療方案。那幾位醫師討論了之後，決定採用一種新的療法來控制他的疼痛，並配合其他療法。

拜尖端科學之賜，醫師團隊一直讓賈伯斯領先癌症一步。目前全世界已有二十個人身上的腫瘤基因和正常基因全部做了基因定序，費用超過10萬美元，賈伯斯就是其中之一。

這種基因定序與分析，是由史丹佛大學醫院、約翰霍普金斯大學醫學中心、以及由哈佛與麻省理工學院合設的布洛德研究所（Broad Institute），這三個醫學研究機構通力合作而成。由於掌握了賈伯斯腫瘤獨特的遺傳與分子標記，醫師已經可以挑選最適合的藥物，鎖定癌細胞內訊息傳遞途徑之作用分子進行標靶治療，阻斷癌細胞的增殖。

傳統化學治療會破壞全身正在分裂的細胞，不管是癌細胞或是健康細胞都一樣，因此療效遠不如分子標靶治療。雖然這種標靶療法不是殺手鐧，無法一舉殲滅癌細胞，使之永遠不再復發，但至少可供醫師挑選出三、四種最有效的藥物，畢竟癌症用藥眾多，有的常見、有的罕見、有的已經上市，有的則還在研究發展階段。如果賈伯斯的癌細胞突變致使藥物失效，醫師就會利用下一種藥物來對付。

雖然蘿琳一直緊盯著她先生的治療，但是否採用新療法，賈伯斯才是最後做決定的人。例如 2011 年 5 月，他又找幾位醫師在帕羅奧圖四季飯店的房間一起討論，包括史丹佛的費雪等多位醫師、布洛德研究所的基因定序分析師、和南加大的亞格斯。這次蘿琳沒來，但他們的兒子里德在場。史丹佛和布洛德的研究人員就他們最新掌握到的賈伯斯腫瘤遺傳標記，報告了三個小時。賈伯斯就像過去一樣情緒高昂、百般挑剔，還一度打斷布洛德研究人員的報告，說他使用的 PowerPoint 投影片有一步做錯了。賈伯斯數落他一頓，並解釋為什麼蘋果的發表會投影片簡報製作軟體比較好用，甚至表示願意教他怎麼用。

簡報結束之後，賈伯斯和他的醫療團隊一起看所有的分子標記資料、評估使用每一種可能療法的理由，最後打算做幾種檢驗，以決定幾種不同療法的優先順序。

其中有一位醫師告訴他，像他這樣的癌症也許很快就能變成可以控制的慢性病，直到因其他問題死去為止。賈伯斯與這些醫師開了好幾次會，有一次在開完會後告訴我：「我有可能成為第一個戰勝這種癌症的人，或者是同樣病症的病人當中，最後一個因此死亡的人。換言之，我可能成為第一個搶灘成功、或是最後一個被幹掉的人。」

最後的訪客

2011 年賈伯斯再度請病假，病情似乎相當不樂觀，就連一年多沒跟他連絡的女兒麗莎，也在下一週從紐約飛來看他。多年來，這對父女的關係似乎建立在一層又一層的怨恨之上。在她十歲前，她父親遺棄了她，可想而知，她的內心必然傷痕累累。更糟的是，她不但遺傳了她父親的壞脾氣，也像她母親一樣一直對他不滿。在麗莎來看他之前，賈伯斯對我說：「我告訴她不知多少次，我真的很希望我能在她五歲時對她好一點，但是現在，她一定要把過去的不愉快拋在腦後，不要餘生都活在憤怒當中。」

幸好這次父女見面氣氛融洽。賈伯斯心裡覺得舒坦一點，不但有心修復父女關係，而且能夠表達對她的關愛。麗莎現年三十二歲，有個認真交往的男友，目前在加州，是個力爭上游的年輕導演。賈伯斯甚至說，她要是結婚，可以搬回帕羅奧圖。他告訴麗莎：「你看，我真的不知道我還能活多久。醫師也沒辦法告訴我答案。如果你想多看看我，就得搬來這裡。為什麼不考慮看看？」儘管麗莎沒搬回西岸，賈伯斯還是很高興他和麗莎終於前嫌盡棄了。「本來，我不確定是否想見她，畢竟我生病了，不希望有其他紛擾。但我很高興她來看我。這解決了我心中的許多疑慮。」

那個月還有一個人來訪，希望能重修舊好，他就是 Google 的創辦人佩吉。佩吉住的地方離賈伯斯的家不到三個街區，不久前才宣布，要從施密特手中把執掌公司的大權拿回來。這小子知道如何拍賈伯斯的馬屁。他問賈伯斯，他能不能過來請教他如何當一個好的執行長。

一想到 Google，賈伯斯還是一肚子火。他說：「佩吉說要過來看我，我第一個念頭是『去你的！』但我後來想到，在我還是個毛頭小子的時候，得到很多前輩的提攜，例如惠立，以及住在我舊家附近那一位在惠普工作的工程師。於是，我回電給佩吉，說道，沒問題，歡迎他過來。」

佩吉就這樣來到賈伯斯的家，坐在客廳，聽他講述如何打造偉大的產品和一家屹立不搖的公司。賈伯斯回憶說：

我們談了很多關於聚焦的事情，也談到選擇人才的問題，以及如何知道哪些人可以信賴，如何建立一支可以讓人依賴的團隊。我告訴他，公司要採取哪些攻防戰術，才能避免鬆懈軟弱或是充滿濫竽充數的 B 咖。但我主要強調的還是聚焦。他必須好好想一想：Google 成長之後的目標是什麼。當然，目標可能有很多個，但你想要全力投入的是哪五種產品？你必須把其他幾種產品全部砍掉，才不會被拖垮。這些不必要的產品會把你變成另一個微軟，或是做出符合需求、但稱不上卓越的產品。

我會盡可能幫你們的忙。我也會繼續對像祖克柏那樣的年輕人提供意見。我將利用我的餘生，幫助下一代記得偉大公司的血統，希望他們能繼承這樣的傳統。長久以來，矽谷幫了我很大的忙，我應該盡最大的努力來回報。

2011年，賈伯斯再度請病假之後，很多人都想來看他。柯林頓也來了，跟他天南地北的聊，包括中東情勢和美國政治。然而，最令他百感交集的，莫過於另一位科技奇才蓋茲的來訪。他們兩人都生於1955年，三十多年來亦敵亦友，共同定義個人電腦時代。

這麼些年來，蓋茲一直覺得賈伯斯是個很有魅力的人。2011年春天，蓋茲到華盛頓報告他的基金會在全球健康醫療方面所做的努力，我約他一起吃晚飯。他對iPad的成功非常驚異，佩服賈伯斯在生病之時，還能全心全力投入這項產品，不斷精益求精。蓋茲說：「我現在只是做公益，努力幫助全世界對抗瘧疾等傳染病，而史帝夫不斷創造出一個又一個令人讚不絕口的新產品。也許我應該繼續和他同台競技，不該那麼早退場。」他露出一絲微笑，讓我知道他是半開玩笑。

5月，蓋茲透過兩人共同的朋友史雷德（曾任NeXT行銷主管）的安排，去看賈伯斯。但是在約定見面的前一天，賈伯斯的助理打電話給蓋茲，說他身體不舒服，請他改天再來。到了重新約定的日子，那天中午過後，蓋茲開車來到賈伯斯的家，直接從後門走進院子，見廚房門開著，就走了進去。他看到伊芙在餐桌上做功課，就問：「你爸爸在嗎？」伊芙指指客廳的方向。

他們花了三個多小時敘舊，就他們兩個，沒有其他的人在。賈伯斯回憶說：「我們就像兩個老傢伙，回顧電腦產業的過去。他現在比我以前看到他的時候，要快樂多了。我不斷在想，他看起來真健康。」蓋茲看到現在的賈伯斯一樣吃驚，他原本以為賈伯斯已經病懨懨了，沒想到瘦得嚇人的他依然很有精神。賈伯斯對自己的健康狀況侃侃而談，至少在那天他還樂觀以待。他告訴蓋茲，他正在使用分子標靶療法，就像青蛙「從一片荷葉跳到另一片」，企圖搶先一步，不讓癌症追上。

接著，賈伯斯問蓋茲幾個有關教育的問題。蓋茲勾畫出他心中的未來學校：學生在家自行觀看教學課程影片，上課時間則用來討論和解決問題。兩人都同意，到目前為止，電腦對學校教育的衝擊微乎其微，完全比不上電腦對媒體、醫療和法律的影響。蓋茲說，如果要改變這點，電腦和行動裝置必須能夠提供適合個人使用的教材，並給予學生能激發學習動機的回饋。

他們也談了很多家庭生活的樂趣，例如幸運娶到最適合自己的妻子，孩子也都很乖。蓋茲說：「我們笑道，他能娶到蘿琳真是三生有幸，因為有她，他才能有一半的頭腦保持明智，不至於完全瘋狂，而我能遇見梅琳達也是天大的福氣，要不是有她，我早就瘋了。我們還提到，當我們的孩子也是一大挑戰，我們要怎麼做才能減少他們的壓力。總之是談些非常私密的事。」蓋茲的女兒珍妮佛也喜歡馬術，曾和伊芙一起看馬展。這時，伊芙溜到客廳來，蓋茲問她，她的跳躍訓練練習得如何了。

他們談得差不多之後，蓋茲稱讚賈伯斯，說他創造出「無與倫比的東西」，還好他在 1990 年代後期及時搶救蘋果，免得蘋果被一群笨蛋毀了。

蓋茲甚至做了一個有趣的讓步。多年來，他們對於數位產品中最根本的問題，一直堅持對立的看法，這個問題就是：軟體和硬體應該緊密結合，還是應該開放一點。蓋茲說：「我一直認為開放的、水平的模式才能成功，但是你證明了，整合過的垂直模式一樣偉大。」賈伯斯答道：「你的模式也能用啦。」

兩人說的都對。不管開放、水平或是整合、垂直，這兩種完全不同的模式，各自在個人電腦的領域闖出一片天，因此麥金塔和各種 Windows 電腦共存共榮，行動裝置可能也是如此。

但後來我與蓋茲訪談，他加上一句警告：「只有在史帝夫的掌控下，整合模式才能稱霸，未來還很難說，蘋果不一定能夠永遠立於不敗之地。」

我問賈伯斯，他與蓋茲聊天的經過，賈伯斯一樣想再加上一句聲明：「他那種破爛模型雖然能用，但永遠無法創造出真正偉大的產品。這就是問題所在，而且是個大問題，至少再過一段時間仍無法解決。」

「我希望我的孩子能了解我」

賈伯斯還有很多點子和計畫。他想要在教科書產業發動革命，想要為 iPad 發展數位學習教材，減輕學生的脊椎負荷，讓他們以後不必揹著笨重的書包。他也和當年跟他一起打造麥金塔的老戰友亞特金森，合作設計新的數位技術，不斷提升 iPhone 鏡頭的畫素，讓人在只有一點光的背景下，也可以拍出很棒的照片。

繼電腦、音樂播放器和手機之後，賈伯斯希望能改造電視，使它變得簡單優雅。他告訴我：「我很想創造出一種非常容易使用的整合型電視機，這樣的電視機可與所有的行動裝置及 iCloud 無縫接軌、完全同步。」這樣，使用者就不必為了複雜的 DVD 播放器和有線電視頻道遙控器傷腦筋了。「新裝置會具備你所能想像最簡單的介面。我終於想出要怎麼做了。」

2011 年 7 月，他的癌症已擴散到骨頭和身體其他部位。此時，醫師難以找到可以擊退癌細胞的標靶藥物。他疼痛不堪，體力很差，只好停止手邊的工作。他和蘿琳本來訂了一艘遊艇，打算在那個月的月底帶家人出遊，但計畫不得不取消。他無法吃任何固體的食物，一整天幾乎都躺在床上看電視。

8 月，我收到他給我的留言，要我去他家一趟。我在一個星期六早上十點左右到他家，他還在睡覺，於是蘿琳以及他們的孩子陪我在花園坐一下。他們家的花園種了很多黃玫瑰和各種雛菊。後來，賈伯斯傳話給我，說我可以進去了。我發現他躺在床上，身體綣曲成一團，身穿白色套頭衫加卡其短褲。雖然他的腳瘦得像竹竿，但他露出親切的笑容，思緒也很敏捷。他說：「因為我只有一點氣力，我們得快一點。」

他想讓我看一些他的個人生活照，讓我挑幾張放在書中。由於他已虛弱得無法下床，就指給我看他放照片的幾個抽屜，要我去拿。我小心翼翼把照片拿到他的眼前，坐在床緣，然後一次拿起一張，讓他能夠看得到。有幾張觸動他的回憶，他於是提起當年的事，有的則讓他露出微笑或發出一聲冷哼。

我從來沒看過保羅．賈伯斯的照片，在這疊照片中，竟然有一張是他在 1950 年代留下的身影。我十分驚訝的看著照片中的保羅，強壯英俊，一副工人模樣，抱著一個幼兒。賈伯斯說：「沒錯，那就是我。你可以用這張。」他接著指著一個放在窗戶旁邊的盒子，裡面有一張他父親參加他婚禮的照片，慈愛的看著他完成人生大事。賈伯斯輕聲說：「他很偉大。」

記得我當時說：「他應該會以你為傲。」

他糾正我：「他在世的時候，就以我為傲。」

這些照片似乎帶給他多一點力氣。我們聊到他人生中的一些人對他的看法，包括瑞思、馬庫拉、蓋茲等。我提到他上次和蓋茲見面之後，蓋茲對我說，蘋果的整合模式只有「在史帝夫坐鎮指揮時」才行得通。

賈伯斯認為那種說法很蠢。「照我這種方式，任何人都可以打造出偉大的產品，不是只有我才做得到。」

於是我問他是否還有哪一家公司像蘋果一樣，堅持全面整合而創造出偉大的產品。他想了一下，最後說：「汽車公司吧，至少他們過去曾經做到。」

接著，我們話題轉向目前的經濟和政治困境。他批評道，放眼望去，全世界哪個領導人是有魄力的？他說：「我對歐巴馬很失望。他想做個好好先生，不想得罪人或讓人生氣，這樣哪能成為偉大的領導人？」他發現我露出會心一笑，於是說：「我就從來沒有這樣的問題。」

我們談了兩個多小時後，他的談興轉淡，我於是站起來，準備告辭。他說：「等一下。」他揮揮手，要我坐下。我靜靜的等他恢復力氣。過了一、兩分鐘，他才開口：「關於這個計畫，我一直覺得恐懼不安。」他指的是與我合作出版傳記的事。「我真的很擔心。」

我就問：「為什麼你還是決定做這件事？」

他說：「我希望我的孩子能了解我。我沒辦法常常陪伴在他們身邊，因此我希望他們知道為什麼，並了解我做的事。再者，自從我生病之後，我想萬一我死了，還是有很多人會寫我的事，但他們寫的都不是真正的我。他們哪知道什麼，只會亂寫。因此我得確定，有人真的聽到我的說法。」

這兩年來，他從來沒問我寫了什麼，也沒問我會下什麼樣的結論。此刻，他看著我，對我說：「我知道你書裡寫的一些東西，一定會讓我看了很不爽。」

與其說這是個陳述，不如說是疑問。他一直盯著我，等待我的答覆。我點點頭，微笑的說，他真是料事如神。

他說：「很好，這樣看起來才不會像是歌功頌德的欽定本。我現在暫時不會看，因為我不想被你氣死。也許我會等你寫好一年之後再來看——如果我還活著的話。」這時，他閉上雙眼，靜靜的躺著休息，我於是悄悄離去。

「這一天已經來了」

今年夏天，他的健康愈來愈差，不得不面對一個無可避免的事實：他無法回到蘋果擔任執行長了。他知道，他該辭職了。

就這件事，他已掙扎了好幾個星期，而且跟很多人討論過，包括他太太、康貝爾、艾夫和瑞里。他告訴我：「我想為蘋果做的事之一，就是樹立權力轉移的正確榜樣。」他開玩笑說，過去三十五年來，每一次蘋果改朝換代都鬧得滿城風雨，「無異於第三世界國家的權力傾軋劇碼」。他說：「我的目標之一，就是使蘋果成為全世界最棒的一家公司。要達到這個目標，關鍵就是有秩序的權力轉移。」

他認為，遞出辭呈、新舊交替最好的時機是 8 月 24 日董事會開會的時候。他希望親自出面，而不是寄一封信或打一通電話告知公司。因此，在那天到來之前，他必須強迫自己多吃一點，才能有一點體力。在董事會開會前一天，他認為自己可以到公司，但他得坐輪椅。他請人悄悄的把他載到蘋果總部，然後用輪椅把他推進會議室。

他在將近早上十一點的時候現身，那時董事會成員差不多報告完畢，例行事項也討論得差不多了。大多數的董事都知道接下來會發生什麼，但庫克和財務長歐本海默，並沒有直接進行大家預期的議程，而是繼續討論上一季的業績，並做下一年的銷售預測。這時候，賈伯斯才輕聲的說，他有件個人的事要告訴大家。庫克問，他們這幾個主管是否應該退下。賈伯斯想了三十秒以上，最後才決定請他們出去。

那幾位主管離開之後，賈伯斯拿出過去幾個星期修訂過好幾次的辭呈，唸出來給大家聽。開頭是這樣的：「我常說，如果有一天我不能扛起蘋果執行長的職責，無法達成大家對這個職務的期待，我會第一個讓你們知道。很遺憾，這一天已經來了。」

這封信簡短、直接，從頭到尾只有八個句子。他在信中提議庫克繼任執行長，他願意擔任董事長。「我相信蘋果最燦爛、創新的日子就在眼前。我期待目睹蘋果的成就，並在新的角色貢獻一己之力。」

大家聽了之後，久久不發一語。最後高爾才打破沉默，提到賈伯斯任內的成績。崔斯勒則說，看賈伯斯使蘋果脫胎換骨，是「我在企業界看到最令人驚奇的事。」列文森則稱許賈伯斯，為公司權力平順轉移所做的努力。康貝爾雖然一句話也沒說，但淚水在他眼眶裡打轉。

午餐時間，佛斯托爾和席勒為董事會展示幾項新產品的原型機。賈伯斯提出幾個問題和想法，特別是 iPhone 4S 的行動通訊網路，以及未來的手機有哪些特色。佛斯托爾展示最新 iPhone 的語音辨識應用程式。賈伯斯拿起這款手機試試，看這種應用程式是否會失靈。他問說：「帕羅奧圖天氣如何？」應用程式告訴他答案。賈伯斯問了幾個問題後，決定向它挑戰：「你是男的，還是女的？」應用程式以機器人語音答道：「設計者沒有為我指定性別。」這時會議室的氣氛頓時變得輕鬆愉快。

後來有人提到平板電腦產業，得意洋洋的說，惠普終於放棄這塊版圖，無法繼續和 iPad 競爭。但賈伯斯不勝唏嘘的說：「惠立和普克開創了一家偉大的公司，他們以為後繼有人，沒想到這家公司現在被搞成這樣子，真是悲哀啊。我希望我能留下更堅實的傳統，讓蘋果屹立不搖，不會步上他們的後塵。」

在他準備離開的時候，董事會每一個人都上前擁抱他。

最後，賈伯斯與主管團隊見面，告知他已辭去執行長的消息，瑞里就開車載他回家。他們到了賈伯斯家門口時，蘿琳正在後院從蜂巢採蜜，伊芙則在一旁當小幫手。她們採好蜂蜜之後，脫下網狀頭套，把蜜罐拿到廚房。里德和艾琳已坐在餐桌旁等待，一起慶祝父親優雅退場。賈伯斯嘗了一口，讚嘆這蜂蜜芳醇甜美。

那晚，賈伯斯告訴我，如果他的身體還可以，他還是會繼續工作。「我還想為新產品繼續努力，幫忙行銷，還有做一些我喜歡的事。」我問他，今天交棒有何感想，畢竟蘋果是他一手打造的公司。他的語氣有點不捨，接著以過去式說道：「我擁有過這樣的職涯、這樣的人生，實在很幸運。當然，我已經盡了我最大的努力。」

41

遺澤

登上燦爛奪目的創新天堂

賈伯斯於2006年麥金塔世界大會。
背後映襯著三十年前，他與沃茲尼克共事的身影。

極致整合

賈伯斯的個性完全反映在他創造的產品中。打從 1984 年第一部麥金塔問世，到一個世代之後 iPad 誕生，蘋果的核心理念一直是硬體、軟體從頭到尾整合。賈伯斯這個人也是如此：他的個性、熱情、完美主義、精力、欲望、對藝術的鑑賞力、殘暴、以及強烈的掌控欲，都與他的商業手腕及最後促成的創新產品，交織在一起。

這種使其個性與產品緊密相連的統一場論 *，可追溯到他最突出的一個特點，也就是強烈的性格。他的沉默可能像咆哮一樣傷人。他很早就相當擅長用眼睛眨也不眨的盯著別人。有時，他的激烈與激情，讓人覺得很有趣而且很酷，例如他解釋巴布狄倫的歌曲為什麼很有深度，或是慷慨激昂的介紹蘋果即將推出的新產品，說這是蘋果有史以來最棒的產品……。其他時候，他的激烈可能讓人害怕，例如 Google 或微軟剽竊蘋果苦心研發出來的東西，他簡直氣到像快爆炸一樣。

這種激烈的性格，使他對世界採取二分法的觀點。他的同事就曾經說，在他的分類當中，只有英雄和蠢材兩種人。你要不是英雄，就是蠢材，有時在一天之內，他會說你是蠢材，後來又改口說你是英雄。產品、點子、甚至食物，也都是這樣：要不是「有史以來最棒的」，就是垃圾、腦殘、或是難吃得要命。因此，只要他偵測到瑕疵，就會大聲咆哮。像是金屬片的拋光、螺絲釘頭的彎度、機殼藍色部分的濃淡、或是瀏覽螢幕的直覺操作等，如果不合他的意，他就會怒斥「爛透了」。工作人員只好不斷改良，直到有一天聽到他突然宣布「太完美了」。

他認為自己是個藝術家（這麼說也沒錯），也像藝術家一樣是性情中人。

他追求完美，因此蘋果必須全面掌控產品的一切。他一想到完美的蘋果軟體在另一家公司出品的破爛電腦上面運作，就渾身不舒服。同樣的，沒經過許可的應用程式或內容出現在蘋果的產品上，破壞蘋果的完美，也會讓他出現憎惡的過敏反應。他認為，只有把軟體、硬體和內容整合成統一系統，才能做到簡約。

天文學家克卜勒曾言：「大自然喜愛簡約與統一。」賈伯斯也是。

數位世界最根本的分歧，就是開放與封閉的對立。鑑於賈伯斯對整合系統的直覺，他自然是屬於封閉那一邊的。但自組電腦俱樂部傳遞下來的駭客精神，則傾向開放。在開放的系統中，幾乎沒有中央控制，軟硬體皆可自由修改，分享程式碼，用開放的標準寫程式，避開專屬系統，內容與應用程式皆和各種硬體和作業系統相容。年輕的沃茲尼克就是開放陣營的人：他所設計的蘋果二號既容易拆解，也有很多插槽和連接埠，讓人任意插入需要的配備。賈伯斯推出麥金塔，也就成為封閉系統之父。麥金塔就像家電，軟硬體緊密結合而且完全封閉，無法做任何修改。這種系統強調無縫、簡單的使用者體驗，不得不犧牲駭客精神。

賈伯斯因此下令，麥金塔作業系統不得在其他公司生產的電腦上使用。微軟則反其道而行，毫無節制的授權給其他電腦硬體製造商。如此一來，微軟雖然無法產生全世界最優雅的電腦，卻能在電腦作業系統稱霸。在蘋果市占率縮小到低於5%後，微軟策略宣告成功，成為個人電腦世界的大贏家。

---

* 譯注：統一場論（unified field theory）是愛因斯坦在生命最後三十年，試圖將電磁場與重力場整合在一起的理論。

但是長久來看，賈伯斯的模式還是有一些優勢。儘管市占率不高，蘋果卻能維持很高的毛利，而其他電腦製造商似乎是在擁擠的紅海裡你爭我搶，產品都大同小異，只是廠牌不同而已。例如 2010 年，以全球個人電腦市場而言，蘋果的營收只占 7%，但是營業利潤卻高達 35%。

更重要的是，在剛步入二十一世紀的時候，賈伯斯就堅持從頭到尾全面整合，使蘋果占據了發展「數位生活中樞」策略的優勢，讓桌上型電腦與各種行動裝置得以無縫連結。例如，iPod 就是一個封閉、緊密整合的系統其中一部分，如果你要用 iPod，你必須利用蘋果的 iTunes 軟體，從 iTunes Store 下載內容。蘋果之後推出的 iPhone 和 iPad 也是如此。設計一向高雅，使用起來一向輕鬆愉快，競爭對手推出的那些七拼八湊的產品，根本無法給人這種天衣無縫、一氣呵成的體驗。

這種策略果然告捷。2000 年 5 月，蘋果的市值是微軟的二十分之一。十年後，到了 2010 年 5 月，蘋果已急起直追超越微軟，成為全世界市值最高的科技公司。到了 2011 年 9 月，蘋果更比微軟超出 70% 以上。2011 年第一季，使用 Windows 的個人電腦市占率少了 1%，而麥金塔的市占率則成長 28%。

這時，行動裝置世界爆發新的戰爭。Google 採用比較開放的策略，使其 Android 作業系統得以在任何平板電腦或行動電話上使用。2011 年，使用 Android 軟體平台的行動裝置業界，市占率已經與蘋果不相上下。像 Android 這種開放系統最為人詬病的一個缺點就是「不一致性」。由於不同手機和平板電腦製造商都會自行在 Android 加上許多客製化的調整，各自有專屬的介面或軟體，因此，專為某一版本設計出來的應用程式，極有可能無法在其他版本中運行，或是有些功能會受到影響而無法使用。

不管是封閉或開放，各有其優點。有些人就是喜歡比較開放的系統，或是希望有更多可供選擇的硬體；但顯然還有一些人是偏好像蘋果那樣嚴密整合的系統，因為這樣的產品介面更簡潔、電池壽命更長、對使用者更友善，內容也更容易操控。

賈伯斯的封閉系統，雖然他做的一切都是希望讓使用者輕鬆愉快，但也有人批評，這種系統簡直是把使用者當成笨蛋。

在倡導開放環境的人士當中，就屬哈佛法學院教授齊特倫（Jonathan Zittrain）最有思想深度，他著有《網際網路的未來》一書。這本書一開場就是描述賈伯斯介紹 iPhone 的場景。齊特倫警告讀者，如果放棄個人電腦，改用「被一個控制網絡所束縛的無菌裝置」會有什麼惡果。

達克托羅（Cory Doctorow）甚至在博音博音網站（Boing Boing）發表一篇題為〈為什麼我不買 iPad〉的宣言。他論道：「蘋果確實很為使用者著想，設計也很聰明，但是我們依然可以感覺到他們對使用者的輕蔑。如果你買一部 iPad 給你的小孩用，那你並不是要去啟發他們，讓他們了解這個世界是可以拆解再重新組裝的。反之，你得告訴你的後代，就連換電池這種小事，也不是你做得到的，你必須交給專業人員去做。」

對賈伯斯而言，系統整合是理所當然的事。他解釋說：「我們會這麼做，不是因為我們是控制狂，而是因為想創造偉大的產品，因為我們在乎使用者，必須為使用者的體驗負責。我們不想變成只會製造垃圾的人。」他也相信這麼做是為了服務使用者。「現在，一般使用者都很忙，為自己的專業領域而忙，也希望我們把我們的專業做好。每一個人都有一大堆事要做，已經忙得焦頭爛額了，為什麼還要浪費時間心力，自己去把電腦和其他裝置整合起來？」

這種策略有時不利於蘋果的短期獲利。但是在一個充斥垃圾電子設備、瞎拼瞎湊的軟體、難以理解的錯誤訊息和惱人介面的世界，你我都不由得愛上使用簡便、迷人而且有趣的產品。手中握有蘋果產品，就像優游於京都禪寺的庭園 —— 那裡正是賈伯斯最愛的地方，簡單而純淨、細緻而優美。

不管你是在開放的祭壇頂禮膜拜，或是寧願讓百花齊放，你都無法得到那樣的體驗。有時候，交給控制狂去打理也不錯。

極簡美學，極狠領導

賈伯斯那強烈的個性也表現在專注上。他會訂立優先順序，他的專注力就像雷射光束一樣對準目標，去除其他會讓人分心的事。如果他專心在一件事情上，例如第一代麥金塔的使用介面、iPod 和 iPhone 的設計、說服唱片公司提供內容給 iTunes Store，則對於其他事就會完全視若無睹。

然而，如果是他不想面對的，像是訴訟、某一樁商業爭議、癌症診斷或是家裡的事，他可以完全視而不見。這樣的專注使他能毅然決然割捨很多東西。在他回到蘋果重新執掌大權之後，他就把所有次要的專案全部砍掉，只留幾項核心產品。他去除不必要的按鈕，讓設計更簡潔，放棄某些特色，讓軟體更好用，也消除多餘的選項，讓介面更簡單。

他說，他的專注力和對簡潔的喜愛，源於早年禪修的經驗。因為禪修，他的直覺變強，而且得以去除所有會讓人分心或不必要的東西，他也由此培養出基於極簡主義的美學觀。

可惜的是，他雖然修禪，卻無法達到禪定的境界，那也是他遺澤的一部分。他的內心常常像一團糾結的亂麻，而且個性急躁，但他未曾想要掩飾這些缺點。大多數人的大腦和嘴巴之間都有個調節器，以壓抑粗暴和衝動，但賈伯斯就是少了這樣的調節器，他往往誠實到口不擇言的地步。他說：「我的工作就是指出缺失，而不是粉飾太平。」他雖然因此具有領袖魅力，激發員工向上，但有時則成了不折不扣的渾蛋。

何茲菲德有一次對我說：「我有一個問題，很想從史帝夫口中知道答案。這個問題就是，『為什麼你有時會那麼可惡？』」即使是他的家人有時也很好奇，不知他的大腦是否少了一個過濾器，使得那些傷人的話輕易脫口而出，或者是他故意繞過那個過濾器？

我向他提出這個問題時，他答道，應該是前者：「這就是我，你不能要我變成別人。」但我想他要是願意，還是可以控制自我。在他傷害別人的時候，他並非麻木不仁。反之，他其實敏感得很，他可以很快看出一個人有多少斤兩，看穿他在想什麼。他知道如何跟人相處，如何哄騙人，也知道如何能命中一個人的要害，就看他要不要做。

其實，他不必如此傷人。這對他不是助力，而是阻力。但有時這種暴烈的性格，的確幫他達成目的。如果一個領導人彬彬有禮，溫良恭儉，小心翼翼不讓任何人受傷，通常無法成為有效的改革者。蘋果員工有好幾十個人被賈伯斯辱罵過，但他們在故事的結尾總是加上一句：他的凶狠和殘暴，促使他們超越極限，完成不可能的任務。

賈伯斯傳奇顯然就是矽谷創業神話：從車庫起家，最後打造出全世界最有價值的公司。他雖然沒真的發明過很多東西，但他把點子、人文和科技整合起來，進而創造未來。他見識到圖形介面的威力之後，就下決心要打造出一部有這種介面的麥金塔。全錄做不到的，他做到了。他想到把 1,000 首歌曲放進口袋的快感，因而創造出 iPod。儘管索尼是一家有資產、有傳承的公司，也沒能達到這樣的成就。

有些企業領導人高瞻遠矚，因而能推動創新；有些則是掌控細節的大師。賈伯斯兩者皆是，他對創新和細節永不放鬆。這就是為什麼他得以在三十多年的時間內，推出一系列改造產業的產品：

- 蘋果二號：利用沃茲尼克的電路板打造出第一部個人電腦，不管是業餘電腦玩家或一般民眾都能使用。

- 麥金塔：掀起家用電腦革命，使得圖形使用者介面大受歡迎。

- 皮克斯賣座電影「玩具總動員」：締造數位想像的奇蹟。

- 蘋果專賣店：藉由品牌定義，重新塑造商店的角色。

- iPod：改變我們消費音樂的方式。

- iTunes Store 線上音樂商店：使音樂產業起死回生。

- iPhone：使行動電話兼具隨身聽、相機、影音播放器、收發郵件和網路服務等功能。

- App Store 應用程式商店：創造內容的新產業因而興起。
- iPad：使平板電腦成為教育、娛樂平台，得以閱讀數位報紙、雜誌、電子書和觀賞影片。
- iCloud：使電腦不再具有管理內容的中央控制角色，讓所有的行動裝置緊密無縫的同步更新。
- 蘋果公司本身：賈伯斯認為他這一生創造出來的東西當中，最偉大的就是蘋果這家公司。這裡不但是想像力的搖籃，並用各種最有創意的方式來運用和執行。使得蘋果成為世上最有價值的公司。

他聰明嗎？他的聰明不只是異於常人，其實，他是個天才。他跳躍式的想像力是本能的、無可預期的，有時甚至是神奇的。他就像數學家卡茨（Mark Kac）所說的魔術師天才。他的洞見會突然出現。他喜歡依靠直覺，而非大腦的推理能力。他就像個找路人，能夠吸收訊息，從風中嗅出端倪，知道眼前有什麼。

未來的一百年，世人必然還會記得賈伯斯這個企業領導人。歷史將讓他進入萬神殿，與發明家愛迪生和汽車大王福特並列。在他的時代，沒有人能夠像他製造出如此創新的產品，使詩歌與處理器的力量相結合。他的兇蠻雖然讓共事的人緊張不安，卻也成為刺激他們的動力，他也因此建立了一家全世界最有創造力的公司。他把設計的感性、完美主義和想像力，都注入這家公司的基因，所以在數十年後，這家公司很有可能繼續在人文與科技的交會口發展、茁壯，成為最成功的一家公司。

還有一件事……

雖然為人立傳者擁有最後發言權，但這是賈伯斯的傳記。即使這次出版傳記，他不像過去一樣亟欲掌控所有的細節，反而完全放手；但我擔心沒能把他真正的感受傳達出來，或是照他的方式聲明，也沒讓他多說幾句話，就把他推到歷史的舞台上。

在我們進行訪談的時候，他曾多次提到他希望留下什麼。下面就是他自己的話：

我對建立一家屹立不搖的公司有著不滅的熱情。我希望激發公司裡的人做出偉大的產品，其他都是其次的。能獲利當然很好，因為這樣你才有更多的本錢去做很棒的產品。然而，最重要的動機還是產品，而不是獲利。史考利就是把優先順序搞錯了，把賺錢當成首要目標。雖然製造產品和追求獲利只有些微的不同，但這目標的確關係到一切，包括你要雇用什麼樣的人，晉升哪些人，在開會的時候要討論什麼。

有些人會說：「給消費者想要的東西。」但這不是我的做法。我們必須在消費者知道自己想要什麼東西之前，就幫他們想好了。記得福特曾說：「如果我問顧客他們要什麼，他們必然會回答我：跑得更快的馬！」除非你拿出東西給顧客看，不然他們不知道自己要什麼。這就是為什麼我從不仰賴市場調查。我們的任務是預知，就像看一本書，儘管書頁上還是一片空白，我們已可讀出上面寫的東西。

寶麗來的蘭德曾提到人文與科學的交會。我喜歡這樣的交會，這就是最神奇的地方。目前創新的人很多，我的職涯最突出的並非創新。蘋果能打動很多人的心，是因為我們的創新還有很深的人文淵源。我認為，偉大的工程師和偉大的藝術家很類似。他們都有表達自己的深切欲望。其實，為第一代麥金塔打拚的精英當中，有些也會寫詩或作曲。在1970年代，人們用電腦表達他們的創造力。像達文西和米開朗基羅這樣偉大的藝術家，本身也是科學家。米開朗基羅不只是會雕刻，也知道如何開採石材。

蘋果能做的，就是幫消費者整合。因為一般人都很忙，一星期七天，一天二十四小時，完全抽不出時間想這些。如果你對製造偉大的產品充滿熱情，你就會想整合，把你的硬體、軟體和內容變成一個整體。如果你想開闢新的疆土，你得自己來。如果你要使你的產品開放，和其他軟、硬體相容，就不得不放棄你的一些遠見或夢想。

過去的矽谷，在不同的時間點都曾出現過獨領風騷的大公司。最早是惠普，他們曾稱霸一段很長的時間，接著進入半導體時代，快捷和英特爾是其中的佼佼者。之後蘋果也曾光芒耀眼，然後又黯淡下來。到了今天，我想最強的就是蘋果，而Google緊跟在後。我認為蘋果禁得起時間考驗。蘋果這幾年的表現非常亮眼，日後仍會是電腦科技的先鋒。

向微軟丟石頭很簡單。微軟顯然不再像過去那樣意氣風發，不再舉足輕重，但我還是認為他們過去的成就很了不起，那真是不容易。他們是經營獲利的高手，對產品發展則沒那麼有野心。蓋茲自認為是產品的推手，懂產品的人。其實，他不是，他是個生意人。對他而言，獲利比製造偉大的產品來得重要。他也達成了這個目標，成了全世界最有錢的人。但賺錢向來不是我的第一目標。我佩服他創辦出微軟這樣的公司，也喜歡跟他合作。他很聰明，而且很有幽默感，但微軟的 DNA 就是少了人文和藝術。即使麥金塔就擺在他們眼前，他們也完全學不來。他們就是無法掌握精髓。

像 IBM 或微軟這樣的大公司為什麼會衰退？我有我自己的理論。他們本來表現得很不錯，能夠不斷創新，最後稱霸一方，但之後就不再那麼重視產品品質。他們漸漸認為，公司最重要的人才是銷售人員，而非產品工程師和設計師，因為只有銷售人員才能使公司的營收數字攀升，最後公司的掌門人就是做銷售的。IBM 的艾克斯是個聰明絕頂、能言善道的銷售天才，但他對產品一無所知。全錄也是一樣，由銷售人員當家，開發產品的人受到冷落，於是紛紛跳槽。史考利進入蘋果也是。他是我帶進來的，無可諱言，這是我的錯。鮑默接掌微軟，他一樣只懂銷售，對產品一竅不通。蘋果很幸運，得以在多年前東山再起。至於微軟，只要鮑默掌權一天，微軟就不可能改變。

我討厭有人自稱是「創業家」。這些人在創業之後，就把公司賣掉或上市，大賺一票。他們真正的目標就是暴富，不願花心血去建立一家真正的公司——對企業經營而言，這點才是最難的。你要真的有所貢獻，像前人一樣發揮影響力，就應建立一家至少能撐三十年或六十年的公司。華特·迪士尼是典範，惠立和普克也做到了，英特爾的創辦人也是。他們創造了長青企業，而不是只為了賺錢。我希望蘋果這家公司也能成為一棵長青樹。

我不是殘酷無情的暴君，我只是說實話。如果有人搞砸了，我會當著那個人的面說出來。我知道我在說什麼，而我說的通常沒錯。我希望的企業文化就是這樣：對彼此完全坦白，任何人都可以告訴我，說我在鬼扯，我也會罵他們白爛。我們經常吵得臉紅脖子粗，互相叫罵——其實，蘋果讓我最難忘的，就是這樣的火爆時刻。我可以當著其他人面前，直率告訴主事者：「老兄，這家店簡直讓人看不下去。」或是說：「天啊，我們真的把這東西搞砸了。」你要跟我一起工作，就得絕對誠實。也許待人處事有更好的方式，就像打領結、西裝筆挺的在紳士俱樂部，用文雅的語言交談，每一句話都委婉、客氣。可我就是不會這一套，我只是出身加州的中產階級。

我有時對人非常嚴厲，或許我不必要這麼苛刻。我記得，我兒子里德六歲那年，有一天他從外面回來。那天，我剛好開除了一個人。我想像那個人回家告訴他太太和年幼的孩子，說他失業了。我想，這家人一定非常難過。這真的很難，然而還是要有人做。我不得不做，因為我的任務就是建立一支素質優良的團隊。如果我不做，就沒有人會做。

你必須不斷創新。巴布狄倫或許可以唱一輩子的抗議歌曲，這樣或許能賺更多的錢，但他從來不在原地踏步。1965 年，他改走電子樂風，喜歡民謠的死忠派紛紛離他而去。但他 1966 年在歐洲的巡迴演唱，就是他登峰造極的時刻。他可以繼續用民謠吉他演出，聽眾也會喜愛，但他帶著樂隊樂團（The Band）上場，用力刷著電吉他。觀眾席上傳來噓聲和喝倒采的聲音，就在他要唱〈Like a Rolling Stone〉之前，有人甚至從觀眾席大罵：「猶大！叛徒！」接著，巴布狄倫告訴樂隊的夥伴：「給我他媽的大聲彈！」夥伴們都照做了。披頭四樂團也是，他們不斷演化、前進，精益求精。這也就是我一直想做的：繼續前進。不然，就像巴布狄倫說的，你要不是忙著生存，就是在為死亡瞎忙。

我的動力是什麼？我想，大多數有創造力的人都不忘感謝前人的努力。我使用的語言或數學都不是我發明的，我的食物很少是我自己準備的，我的衣服也是別人做好的。我做的一切仰賴其他人，可以說，我們是站在別人的肩膀上。很多人也希望能為全人類貢獻一己之力，讓人類社會變得更好。我們無法像巴布狄倫那樣寫歌，也不能像史塔博（Tom Stoppard）那樣會寫劇本，我們只能就自己僅有的才能去發揮，去表達我們深刻的感覺，貢獻一點東西出來，以感謝前人的付出。這就是我的動力。

尾聲

一個晴朗的下午，賈伯斯覺得不大舒服，坐在屋後的花園思索死亡。他談到他在將近四十年前去印度學佛的事、他的禪修，以及他對輪迴轉世、靈魂超脫的看法。他說：「我對上帝半信半疑。在我這一生，我可感覺得到，世間還有很多東西是我們肉眼看不到的。」

他承認，在面對死亡之際，他傾向相信來生。「我想，即使人死了，還是會留下一些東西。畢竟，累積那麼多的經驗，或許再加上一點智慧，這些不會全部消失不見。因此，我真的希望相信，人死之後會留下一點什麼，也許你的意識是不滅的。」

語畢，他陷入沉默，久久之後才又開口：「但從另一個角度來看，也許生死就像開關。啪！開關關上，你就走了。」

他又停頓一下，然後露出一絲微笑：「這就是為什麼我不喜歡在蘋果的產品加上開關鍵。」

後記

故事未完

2011 年夏天，賈伯斯依然認為自己這回能夠再次戰勝癌症。他打算在 8 月下旬辭去蘋果執行長的職務，建議我為他寫的傳記就以這個事件作結。那時，我已把草稿交給出版社，只是還欠結尾。最後修訂完成之前，我花很多時間跟賈伯斯在一起，談及很多書中提到的故事，包括一些他或許不高興被寫出來的事。

賈伯斯堅持要我在這本傳記呈現他原本的面貌，不要修飾，這難免暴露他的許多缺點。我向他保證，為了呈現他個性的複雜與熱情，我會盡量把事情的來龍去脈寫清楚。要不是他有這樣的個性和缺點，就無法打破成規，改變這個世界。

他不介意無法以溫文爾雅的形象在歷史上留名。他說，這樣反而比較好，如果讀來像是傳主認可的版本，就沒意思了。他告訴我，他不急著看，也許等書出版一年之後再來看。他的自信或是現實扭曲力場是如此強大，教我不由得跟著歡欣。

有一陣子，我也相信他能再撐一年，有機會好好讀讀這本書。他似乎很有信心能恢復健康、重回蘋果，因此我問他，是否該把傳記出版的日期延後，看接下來有何發展。他答道：「不必。如果我再有驚人之舉，你就有材料寫第二冊了。」這個念頭讓他眉開眼笑，又說：「至少，你可以寫篇很長的後記。」

很遺憾，這篇後記很短。

2011 年 10 月 3 日，星期一，賈伯斯知道時候到了。他常以「像青蛙一樣跳到下一片蓮葉上」，比喻自己又一回合戰勝癌症。現在，他不再這麼說了，思緒聚焦於即將來到的死亡。

他以前提過他的葬禮要怎麼進行，因此蘿琳一直以為他想要火葬。過去幾年，他們也曾像聊天一樣提到，希望把自己的骨灰灑在什麼地方。但在那個星期一早上，他明白告知蘿琳，他不想火葬了，想要與他的父母長眠在同一個墓園。

星期二早上，蘋果發布具有 Siri 語音辨識／控制功能的新產品：iPhone 4S。一個多月前，賈伯斯最後一次參加董事會會議，曾把玩過這支新 iPhone，也問了 Siri 幾個問題。在蘋果總部員工會議廳舉辦的產品發表會那天，氣氛不尋常地凝重，賈伯斯的親密戰友都知道他已經快不行了。產品發表會一結束，艾夫、庫依與庫克等人都接到電話，要他們去賈伯斯家。他們就在那天下午去看賈伯斯，一一與他道別。

賈伯斯打電話給他的妹妹夢娜，要她趕到帕羅奧圖。夢娜在賈伯斯的葬禮悼詞提到那一刻：「他的語氣懇切，滿溢不捨之情，就像已把行李箱綁在車頂上，準備出發了。然而，他很難過，真的難過，捨不得離開我們。」他在電話中向她道別，但她說，她已在往機場的計程車上，再一會兒就能到他身邊了。「我現在就跟妳說這些，因為我擔心妳會來不及。」賈伯斯說。他的女兒麗莎也從紐約趕過來了，儘管多年來父女兩人的關係時好時壞，麗莎總是盡力想要做個好女兒。賈伯斯的妹妹佩蒂也來了。

因此，在賈伯斯撒手人寰那一刻，最親愛的家人都圍繞在他身旁。或許，他不是標準的好丈夫、好父親，他自己也承認，然而任何的評斷都必須考量結果。就身為企業領導人而言，他對部屬要求嚴格，性情暴躁，但他的部屬還是死忠地跟著他、敬愛他。他在家裡也常發脾氣，老是心不在焉的樣子，但他也生了四個好孩子，在這最後一刻都用愛守著他。

星期二下午，他深情地凝視孩子們的眼睛，並轉過頭去看佩蒂，接著目光又久久停駐在孩子身上，然後看著蘿琳。最後，他好像在眺望遠方，宛如驚嘆地說道：「喔，哇，喔，哇，喔，哇。」

這就是他的遺言。那天下午兩點左右，他失去意識，呼吸聲沉重。夢娜回憶說：「即使在這一刻，他的輪廓依然嚴肅、英俊，像個暴君，也像一個浪漫的人。那樣的呼吸聲顯示旅途艱難，他正在費力地往上爬。」她和蘿琳一整夜寸步不離地陪伴著他。翌日，2011 年 10 月 5 日星期三，賈伯斯嚥下了最後一口氣，家人隨侍在側，不捨地撫摸他。

他的過世，在世界各地掀起悲悼之情。全球粉絲在無數個城鄉為他設立靈堂，獻上鮮花，即使是占領華爾街的大本營祖科蒂公園（Zuccotti Park）也不例外。占領華爾街的示威者抗議為富不仁的大財團和企業家，儘管活動不斷延燒，卻不妨礙群眾對賈伯斯的熱愛與哀悼。我們常在嗑藥的搖滾巨星或是不幸的王妃過世後看到眾多粉絲如喪考妣，但很難得看到一位企業家之死帶來這麼大的震撼。賈伯斯雖然也是身價不凡的富豪，但他的財富來自創造絕美的產品，而且這樣的產品具有改變人類生活的魔力。

賈伯斯過世後第二天，蘿琳和夢娜走訪他生前選定的墓園。她們坐著高爾夫球車在墓園四周繞來繞去。但很可惜，在保羅與克蕾拉的墓地旁已無空位，其他可供選擇的地方，只是平地，一排排的墓碑擠在一起。蘿琳很不滿意。

但蘿琳就像賈伯斯一樣有想像力，也有事在必成的決心。她指著山脊上一處種杏樹的果園，賈伯斯童年的家附近也有一片這樣寧靜的果園。墓園管理人說，不行，那裡沒有蓋墓園的計畫，也拿不到建築許可。蘿琳並沒有因此打消念頭，反而百般堅持，最後終於說服墓園管理人，賈伯斯只有在那片果園附近才能安然長眠。賈伯斯地下有知，必然也會為蘿琳感到驕傲。

蘿琳在處理賈伯斯的後事方面，一樣表現出她的幹練。葬禮融合了賈伯斯簡約的風格與蘿琳的優雅品味。她為賈伯斯挑選的棺木設計精美，不用一根鐵釘和螺絲，看起來潔淨、簡單。他的葬禮十分低調，只邀請五十位左右的近親好友參加。棺木放在一張灰色工作桌上面。這張桌子是艾夫從蘋果總部的設計工作室搬來的，賈伯斯生前不知有多少個下午都坐在這張工作桌前苦思冥想。前來參加葬禮的人都分享與賈伯斯共處的小故事。迪士尼的伊格說，在宣布合作案之前，他和賈伯斯在皮克斯總部附近散步，走了約半小時。賈伯斯告訴他，他癌症復發，目前只有蘿琳和醫師知道此事，但他覺得有責任告知伊格，讓他有選擇退出的機會。伊格說：「這樣的誠信實在了不起。」

10 月 16 日晚，蘋果公司在史丹佛大學內的紀念教堂舉行燭光追思會。蘿琳和艾夫攜手合作，希望能讓追思會看起來盡善盡美。這場追思會冠蓋雲集，柯林頓、高爾、蓋茲、佩吉等人都出席了，還有蘋果早年工作團隊的成員沃茲尼克和何茲菲德。賈伯斯的家人則包括他的四個孩子和兩個妹妹佩蒂和夢娜。

馬友友在致詞時說道：「史帝夫希望我在他的葬禮上演奏大提琴，但我跟他說，我倒是寧願他在我的葬禮上致悼詞。他向來志在必得，這次也不例外。」馬友友演奏了一首巴哈組曲，還有兩位好友也上台表演。波諾唱的是狄倫的〈Every Grain of Sand〉，這是賈伯斯最喜愛的一首歌：「在狂怒的瞬間，在每一片顫動的葉子，每一粒沙，我看到了上帝之手。」與青年賈伯斯有一段情的民謠歌手瓊拜雅，則高唱哀傷而振奮人心的靈歌〈Swing Low, Sweet Chariot〉。

賈伯斯的家人說了幾個故事或是讀詩。蘿琳說：「他的心未曾被現實囚禁。他的人生就像一部擁有無限可能的史詩。他總是從完美的最高點來看事情。」

他的妹妹夢娜不愧是優秀的小說家，悼詞婉轉動人。「他是個很有感情的人。即使在病中，他的品味、他的鑑賞力和判斷力沒有絲毫減損。他在住院的時候，一連換了六十七個護士，才找到讓他滿意的。」

夢娜還提到她哥哥對工作的熱愛，說道：「在他生命的最後一年，他依然投身於工作，要他在蘋果的同事答應他一定會做出令人滿意的東西。」她也強調他對妻兒的愛。雖然他已達成心願，看到里德從高中畢業，卻無法見到女兒出嫁。「在我結婚的時候，他挽著我的手，陪我走過教堂紅毯，但他沒有機會挽著女兒的手，陪伴她們走到聖壇前。」

他的人生之書少了這些章節。「說來，每一個人都一樣，總是故事未完，就從人生的舞台退下。」

三天後，蘋果總部也舉辦了追悼會。庫克、高爾和康貝爾都上台致詞，但艾夫說的小故事最有趣、動人。他提到賈伯斯的挑剔和龜毛。他說，每次他和賈伯斯入住飯店，總會坐立不安地在電話旁等賈伯斯來電發飆：「這家飯店爛透了，我們走吧。」但艾夫總是能抓住賈伯斯天才般的靈光：「他在開會時丟出來的點子，有的乏味，有的真的很可怕，有的則不但瘋狂且棒到極點，既簡單又精妙，教人讚嘆不已。」

追悼會的高潮，就是賈伯斯自己。他的聲音像鬼魂般在陽光燦爛的庭院迴盪。庫克在介紹的時候描述，他在 1997 年重回蘋果之後，如何與廣告商合作推出「不同凡想」的廣告。最後，為這支廣告配音的是李察德瑞佛斯，但賈伯斯本人也錄過音。在這場追悼會上，賈伯斯配音的版本首度公開。

一個尖刻、刺耳的聲音從擴音器傳出來，讓人一聽就知道是他。

向瘋狂人士致敬。脫軌的、叛逆的、惹禍的，還有不合常規的、眼光另類的傢伙。

大家都感覺到賈伯斯似乎回來了，用真摯而富情感的聲音描述自己。

他們討厭規矩，不滿現況。你可以引用他們的話、反對他們、讚賞或誹謗他們，你唯一做不到的，就是忽視他們。

此刻，他的語氣多了一點強調和興奮，好像他就坐在大家前方，目光如炬。這段話讓人回想起他年輕的時候，就像他最喜愛的歌手瓊拜雅和狄倫歌中的永遠年輕。

他們推動人類向前邁進。

這一句是他自己寫的。最後，我們聽他說：

在某些人的眼中，他們可能是瘋子，我們卻看到天才。因為只有那些瘋狂到以為自己能夠改變世界的人，才能改變這個世界。

以這句話來做這一日和這本書的總結，真是再合適不過。

紀念版後記

十年回望

在《賈伯斯傳》出版後的十年裡，偶爾有人會來到我面前，熱切地述說他們對史帝夫・賈伯斯的評價。他們說：「我讀了你的書，覺得……」

在他們話音落下的前一瞬，我忖度他們屬於哪個陣營。大多數的人接著說，他們有多仰慕他的天才，他的人生之旅多教人感動。有不少人甚至坦白，他們在閱畢時，掩卷落淚。我點頭。我理解。

然而，還有一些人最後說：「……我認為他是個渾蛋。」有人甚至說得更難聽，用那個「a」開頭的髒字罵他。我明白他們為什麼這麼說。書裡寫得很清楚，有時他確實是個渾蛋。但我通常會溫和地反擊，回應道：「我了解，但是……」沒錯，但我希望你能發現這個故事不只是如此。

還有第三種人。偶爾，有人（通常是男人）會自鳴得意、神氣十足地來到我面前，說道：「我讀了《賈伯斯傳》，我想讓你知道，我是另一個史帝夫．賈伯斯。」我憋著笑，問說為什麼。他們通常這麼解釋：「要是我底下的人把事情搞砸了，我就會告訴他們，你們爛透了。我無法忍受 B 咖。」我微微點頭，心想：「你可曾發明 iPhone 這樣的東西？」

我不是要幫賈伯斯辯護，說他的豐功偉業不能盡數，即使 iPhone（這個時代最具革命性的產品）也只是他成就的一小部分，就別在意他的缺點，如口不擇言地辱罵同事，或是斥責全食超市（Whole Foods）祖母級服務員製作的冰沙不符合他的嚴苛標準。反之，對那些帶著簡單、片面的反應來找我的人，我希望他們明白，別把賈伯斯看成聖人或罪人。他其實是個複雜、性格剛烈、注重性靈的人，他的優點和缺點緊密交織。人是複雜的，偉大的天才甚至更加複雜，而史帝夫．賈伯斯是這個時代、我們這一代最複雜的天才之一。

賈伯斯本人總會把人分成兩種，他的同事稱這是他的「英雄／蠢材二分法」；他常在一個人身上貼標籤，不是英雄，就是蠢材。正如他最親密、信任的友人及同事比爾．亞特金森所言：「在史帝夫底下做事很難，因為神和蠢材有著天壤之別。」這就是為什麼在這本書出版後，我反駁很多讀者的看法，我認為他們犯了同樣的錯誤，不是把他捧為天才，就是說他是個渾蛋。正如他最愛的詩人巴布狄倫援引華特．惠特曼（Walt Whitman）詩句所唱的：「我是一個矛盾的人，我有萬種情緒。我是芸芸眾生的集合體。」

傳記作者必須面對的一個挑戰，就是把傳主描繪成有血有肉的人物，充滿才華和缺陷，並取得適當的平衡。在本書，為了做到這點，我採用的一個方法是大量依靠賈伯斯共事者的看法。這樣的看法最能呈現全貌與敘事弧線。我引用他們說的故事來描述賈伯斯如何大發雷霆，或是他何以認為規則並不適用於他。（本書沒有匿名引用，所有的評價也都是有根據的。）然而，幾乎每一個人都告訴我，跟他合作是最偉大、最有價值、最滿足、也最充實的經驗 —— 這也是我在本書每一個部分強調的。他們說，他把我逼瘋了，我被他氣死了，但他也驅使我完成做夢都想不到的事情。

我逐漸了解，把賈伯斯簡化為天才或渾蛋的人還會忽略一個微妙的問題。這個問題說來複雜，不是我們如何在尊崇一個人的成就和討厭其缺點這兩種態度之間取得平衡，而是一個人的成就是否與其缺點相關。

前幾年，我在寫一本有關基因編輯的書[*]，因而引發我思考這個問題。我們現在可以編輯自己的 DNA，以去除不想要的性狀，如鐮狀細胞貧血症。但改變那個基因，也會連帶影響交織的性狀，如對瘧疾的抵抗力。

這一點，不管是從字面上科學意義或比喻來看，都適用於人類複雜的特質。如果賈伯斯天生溫良恭儉讓，是否能有扭轉現實的熱情，使人施展出全部的潛能？每一個人的特質都有好有壞，這兩種特質就像雙螺旋緊密交織在一起。好的和壞的息息相關，密不可分，就像快樂伴隨著痛苦。若是抽掉不好的絲線，剩下的仍是完整的賈伯斯嗎？

泰迪熊般可愛的沃茲尼克了解這點。他說，如果換他來執掌蘋果，他會親切、溫柔地對待每一個人。但他又說，若是由他來經營這家公司，也許永遠不可能像賈伯斯那樣，驅使下面的人創

---

* 譯注：《破解基因碼的人：諾貝爾獎得主珍妮佛·道納、基因編輯，以及人類的未來》（*The Code Breaker: Jennifer Doudna, Gene Editing and the Future of the Human Race*）。

造出瘋狂般偉大的產品。賈伯斯的熱情、完美主義和控制本能深深嵌入其複雜的個人特質中。

這就是為什麼個人特質是關鍵，而傳記必須處理傳主所有複雜層面。他們的所作所為都跟他們的個人特質有關。所有的天才尤其是如此，從達文西、愛因斯坦到賈伯斯皆是。

人機連結大師

我們這個時代的核心問題之一是人類如何和機器連結。自從賈伯斯離世，這十年來我已漸漸了悟，他在這個問題扮演的角色為何。

我在杜蘭大學（Tulane University）任教，曾在課堂上和學生討論數位時代兩種相互牴觸的路數。一種是把目標放在機器學習與人工智慧。這麼做的願景（或噩夢）是有朝一日電腦和機器人將能自行學習，思考能力甚至可勝過人類。這種世界觀的守護神是涂林（Alan Turing）。他是數學家，也是二次大戰的密碼破譯者，想出一個名為「模仿遊戲」（imitation game）的測試，以回答「機器是否能思考」的問題。他相信，我們終究能獲得肯定的答案。

賈伯斯則是另一種路數的代表。他認為數位革命的基礎是人類與機器的完美夥伴關係。過去是如此，未來也是。這是一種共生關係。「人工智慧」只是創造出能獨立運作、更強大的機器，而人類與電腦的緊密連結帶來的擴增智慧（augmented intelligence），將比人工智慧的發展更加快速。

這個學派的守護神是愛達・洛芙萊斯（Ada Lovelace）。她是浪漫派詩人拜倫的女兒、十九世紀數學家。她追求的是使人文和技術連結的「詩意科學」（poetical science）。她在 1843 年寫道，機器什麼都能做，唯獨創造性的思考做不到，並宣稱「分析引擎無法創造出任何東西」，因此應該努力把人類的創造力與機器的處理能力結合起來。一個世紀後，涂林在他的論文中聲明這是「洛芙萊斯女士的意見」，並寫了一段加以反駁。

愛達學派的追隨者努力設計出更好的方法來增進人機互動。他們創造出更好的使用者介面，也就是直覺式的圖形化介面，以改善人與機器的雙向交流。這方面的先驅包括李克萊德（J. C. R. Licklider）、恩格巴特和凱伊，他們都擁有兼備藝術家、心理學家和工程師的技能和情感智慧。

賈伯斯是現代人機連結的大師。他在人文和科技方面都頗具慧根，而且擁有把情感和分析交織在一起的能力，因此知道如何製造出成為我們的伙伴的電子設備，而非讓機器取代人類。從Apple友善的圖形使用者介面，到iPhone邊框圓弧曲線的觸感，他充分了解如何讓我們感受到人機相連。他和強尼．艾夫都知道，設計不只是表面功夫。設計源於對硬體和軟體複雜性的深刻理解，才能呈現出真正有深度的簡約風格。

藝術與科學不可分

達文西是賈伯斯的英雄和榜樣。賈伯斯不久於人世時，一直催促我趕緊為這位文藝復興時期偉大的工程師和藝術家寫傳記。後來我終於寫出來了。現在，我了解他為何覺得自己和達文西有連結。他們的創造天賦來自同一個源頭，也就是在藝術與科學的交會口。事實上，他們都明白一個更深的道理：藝術和科學是不可分的。

達文西以其裸體自畫像畫出「維特魯威人」（Vitruvian

Man）。畫中人物站在地球的圓形和創造的方形之中。這幅畫堪稱精緻藝術與精準科學，更象徵兩者的結合。在多次蘋果新產品發表會上，賈伯斯總會以一張投影片作結，也就是「人文」與「科技」交會的十字路口。正如他在 2011 年最後一次現身產品發表會，也就是他去世的幾個月前所言：「蘋果的 DNA 不能只有科技。我們相信唯有科技和人文的結晶，才能使我們的心靈高歌。」

賈伯斯景仰達文西對追求完美具有永不妥協的熱情。當達文西認為自己沒有辦法繪製出「安吉亞里之戰」（Battle of Anghiari）理想的透視角度，或「賢士來朝」（Adoration of the Magi）的完美互動，他寧可捨棄也不願交出不完美的創作。而他將「聖安妮」* 和「蒙娜麗莎」這樣的傑作隨時帶在身邊直到過世，總覺得再添一筆就更臻於完美。賈伯斯也是這樣的完美主義者。他延遲原始麥金塔電腦上市，直到他的團隊能夠把裡頭電路板做得漂漂亮亮，即使沒有人看得到它們。他和達文西都知道，真正的藝術家在乎美，縱使是看不到的部分也不能放過。

1997 年蘋果推出「Think Different」（不同凡想）的廣告，賈伯斯甚至親自幫忙撰寫文案。他讚揚特立獨行者、叛逆者和卓爾不群之人。達西文正是這樣的人：私生子、同性戀者、左撇子、素食者，而且容易分心。因為這些特質，讓人好奇他如何融入這個世界。賈伯斯也認為自己有點孤僻、叛逆：出生就被親生父母拋棄，然後被選擇、被領養，從小在勞工階級居住的市郊成長，卻覺得格格不入。

這使得賈伯斯一生尋尋覓覓，尋求與宇宙連結的性靈體驗。他不斷研究禪宗加上對人類情感的微妙感知，因而能深入探索自己的靈魂並看透周遭的人。也因為這樣，他創造出來的東西，不只是藝術和科技的偉大結晶，更具有感性的成分，能以一種深刻的方式與我們連結。

* 譯注：指「聖母子與聖安妮」（The Virgin and Child with St. Anne）是達文西的畫板油畫，描繪聖安妮、聖母瑪利亞和剛剛出生不久的耶穌。

資料來源

訪談（2009–2011）

Al Alcorn, Roger Ames, Fred Anderson, Bill Atkinson, Joan Baez, Marjorie Powell Barden, Jeff Bewkes, Bono, Ann Bowers, Stewart Brand, Chrisann Brennan, Larry Brilliant, John Seeley Brown, Tim Brown, Nolan Bushnell, Greg Calhoun, Bill Campbell, Berry Cash, Ed Catmull, Ray Cave, Lee Clow, Debi Coleman, Tim Cook, Katie Cotton, Eddy Cue, Andrea Cunningham, John Doerr, Millard Drexler, Jennifer Egan, Al Eisenstat, Michael Eisner, Larry Ellison, Philip Elmer-DeWitt, Gerard Errera, Tony Fadell, Jean-Louis Gassée, Bill Gates, Adele Goldberg, Craig Good, Austan Goolsbee, Al Gore, Andy Grove, Bill Hambrecht, Michael Hawley, Andy Hertzfeld, Joanna Hoffman, Elizabeth Holmes, Bruce Horn, John Huey, Jimmy Iovine, Jony Ive, Oren Jacob, Erin Jobs, Reed Jobs, Steve Jobs, Ron Johnson, Mitch Kapor, Susan Kare (email), Jeffrey Katzenberg, Pam Kerwin, Kristina Kiehl, Joel Klein, Daniel Kottke, Andy Lack, John Lasseter, Art Levinson, Steven Levy, Dan'l Lewin, Maya Lin, Yo-Yo Ma, Mike Markkula, John Markoff, Wynton Marsalis, Regis McKenna, Mike Merin, Bob Metcalfe, Doug Morris, Walt Mossberg, Rupert Murdoch, Mike Murray, Nicholas Negroponte, Dean Ornish, Paul Otellini, Norman Pearlstine, Laurene Powell, Josh Quittner, Tina Redse, George Riley, Brian Roberts, Arthur Rock, Jeff Rosen, Alain Rossmann, Jon Rubinstein, Phil Schiller, Eric Schmidt, Barry Schuler, Mike Scott, John Sculley, Andy Serwer, Mona Simpson, Mike Slade, Alvy Ray Smith, Gina smith, Kathryn Smith, Rick Stengel, Larry Tesler, Avie Tevanian, Guy "Bud" Tribble, Don Valentine, Paul Vidich, James Vincent, Alice Waters, Ron Wayne, Wendell Weeks, Ed Woolard, Stephen Wozniak, Del Yocam, Jerry York.

參考書目

Amelio, Gil. On the Firing Line. HarperBusiness, 1998.
Berlin, Leslie. *The Man behind the Microchip*. Oxford, 2005.
Butcher, Lee. *The Accidental Millionaire*. Paragon House, 1998.
Carlton, Jim. *Apple*. Random House, 1997.
Cringely, Robert X. *Accidental Empires*. Paragon House, 1988.
Deutschman, Alan. *The Second Coming of Steve Jobs*. Broadway Books, 2000.
Elliot, Jay, with William Simon. *The Steve Jobs Way*. Vanguard, 2011.
Freiberger, Paul, and Michael Swaine. *Fire in the Valley*. McGraw-Hill, 1984.
Garr, Doug. *Woz*. Avon, 1984.
Hertzfeld, Andy. *Revolution in the Valley*. O'Reilly, 2005. (See also his website, folklore.org.)
Hiltzik, Michael. *Dealers of Lightning*. HarperBusiness, 1999.
Jobs, Steve. Smithsonian oral history interview with Daniel Morrow, April 20, 1995.
Jobs, Steve. Stanford commencement address, June 12, 2005.
Kahney, Leander. *Inside Steve's Brain*. Portfolio, 2008. (See also his website, cultofmac.com.)
Kawasaki, Guy. *The Macintosh Way*. Scott, Foresman, 1989.
Knopper, Steve. *Appetite for Self-Destruction*. Free Press, 2009.
Kot, Greg. *Ripped*. Scribner, 2009.
Kunkel, Paul. *AppleDesign*. Graphis Inc., 1997.
Levy, Steven. *Hackers*. Doubleday, 1984.
Levy, Steven. *Insanely Great*. Viking Penguin, 1994.
Levy, Steven. *The Perfect Thing*. Simon & Schuster, 2006.
Linzmayer, Owen. *Apple Confidential 2.0*. No Starch Press, 2004.
Malone, Michael. *Infinite Loop*. Doubleday, 1999.
Markoff, John. *What the Dormouse Said*. Viking Penguin, 2005.
McNish, Jacqui. *The Big Score*. Doubleday Canada, 1998.
Moritz, Michael. *Return to the Little Kingdom*. Overlook Press, 2009. Originally published. Without prologue and epilogue, as *The Little Kingdom* (Morrow, 1984).
Nocera, Joe. *Good Guys and Bad Guys*. Portfolio, 2008.
Paik, Karen. *To Infinity and Beyond!* Chronicle Books, 2007.

Price, David. *The Pixar Touch*. Knopf, 2008.
Rose, Frank. *West of Eden*. Viking, 1989.
Sculley, John. *Odyssey*. Harper & Row, 1987.
Sheff, David. "Playboy Interview: Steve Jobs." *Playboy*, February 1985.
Simpson, Mona. *Anywhere but Here*. Knopf, 1986.
Simpson, Mona. *A Regular Guy*. Knopf, 1996.
Smith, Douglas, and Robert Alexander. *Fumbling the Future*. Morrow, 1988.
Stross, Randall. *Steve Jobs and the NeXT Big Thing*. Atheneum, 1993.
"Triumph of the Nerds," PBS Television, hosted by Robert X. Cringely, June 1996.
Wozniak, Steve, with Gina Smith. *iWoz*. Norton, 2006.
Young, Jeffrey. *Steve Jobs*. Scott, Foresman, 1988.
Young, Jeffrey, and William Simon. *iCon*. John Wiley, 2005.

注釋

第1章：童年

The adoption: Interviews with Steve Jobs, Laurene Powell, Mona Simpson, Del Yocam, Greg Calhoun, Chrisann Brennan, Andy Hertzfeld. Moritz, 44-45; Young, 16-17; Jobs, Smithsonian oral history; Jobs, Stanford commencement; Andy Behrendt, "Apple Computer Mogul's Roots Tied to Green Bay," (Green Bay) *Press Gazette*, Dec. 4, 2005; Georgina Dickinson, "Dad Waits for Jobs to iPhone," *New York Post* and *The Sun* (London), Aug. 27, 2011; Mohannad Al-Haj Ali, "Steve Jobs Has Roots in Syria," *Al Hayat*, Jan. 16, 2011. Ulf Froitzheim, "Porträt Steve Jobs," *Unternehmen*, Nov. 26, 2007.

Silicon Valley: Interviews with Steve Jobs, Laurene Powell. Jobs, Smithsonian oral history; Moritz, 46: Berlin, 155-177; Malone, 21-22.

School: Interview with Steve Jobs. Jobs, Smithsonian oral history; Sculley, 166; Malone, 11,28, 72; Young, 25, 34-35; Young and Simon, 18; Moritz, 48, 73-74. Jobs's address was originally 11161 Crist Drive, before the subdivision was incorporated into the town from the county. Some sources mention that Jobs worked at both Haltek and another store with a similar name, Halted. When asked, Jobs says he can remember working only at Haltek.

第2章：古怪的一對

Woz: Interviews with Steve Wozniak, Steve Jobs. Wozniak, 12-16, 22, 50-61, 86-91; Levy, *Hackers*, 245; Moritz, 62-64; Young, 28; Jobs, Macworld address, Jan. 17, 2007.

The Blue Box: Interviews with Steve Jobs, Steve Wozniak. Ron Rosenbaum, "Secrets of the Little Blue Box," *Esquire*, Oct. 1971. Wozniak answer, woz.org/letters/general/03.html; Wozniak, 98-115. For slightly varying accounts, see Markoff, 272; Moritz, 78-86; Young, 42-45; Malone, 30-35.

第3章：脫離體制

Chrisann Brennan: Interviews with Chrisann Brennan, Steve Jobs, Steve Wozniak, Tim Brown. Moritz, 75-77; Young, 41; Malone, 39.

Reed College: Interviews with Steve Jobs, Daniel Kottke, Elizabeth Holmes. Freiberger and Swaine, 208; Moritz, 94-100; Young, 55; "The Updated Book of Jobs," *Time*, Jan. 3, 1983.

Robert Friedland: Interviews with Steve Jobs, Daniel Kottke, Elizabeth Holmes. In September 2010 I met with Friedland in New York City to discuss his background and relationship with Jobs, but he did not want to be quoted on the record. McNish, 11-17; Jennifer Wells, "Canada's Next Billionaire," *Maclean's*, June 3, 1996; Richard Read, "Financier's Saga of Risk," *Mines and Communities* magazine, Oct. 16, 2005; Jennifer Hunter, "But What Would His Guru Say?," (Toronto) *Globe and Mail*, Mar. 18, 1988; Moritz, 96, 109; Young, 56.

...Drop Out: Interviews with Steve Jobs, Steve Wozniak; Jobs, Stanford commencement address, Moritz, 97.

第4章：雅達利與印度

Atari: Interviews with Steve Jobs, Al Alcorn, Nolan Bushnell, Ron Wayne. Moritz, 103-104.

India: Interviews with Daniel Kottke, Steve Jobs, Al Alcorn, Larry Brilliant.

The Search: Interviews with Steve Jobs, Daniel Kottke, Elizabeth Holmes, Greg Calhoun. Young, 72; Young and Simon, 31-32; Moritz, 107.

Breakout: Interviews with Nolan Bushnell, Al Alcorn, Steve Wozniak, on Wayne, Andy Hertzfeld. Wozniak, 144-149; Young, 88; Linzmayer, 4.

第5章：蘋果一號

Machines of Loving Grace: Interviews with Steve Jobs, Bono, Stewart Brand. Markoff, xii; Stewart Brand, "We Owe It All to the Hippies," *Time*, Mar. 1, 1995; Jobs, Stanford commencement; Fred Turner, *From Counterculture to Cyberculture* (Chicago, 2006).

The Homebrew Computer Club: Interviews with Steve Jobs, Steve Wozniak. Wozniak, 152-172; Freiberger and Swaine, 99; Linzmayer, 5; Moritz, 144; Steve Wozniak, "Homebrew and How Apple Came to Be," www.atariarchives.org; Bill Gates, "Open Letter to Hobbyists," Feb. 3, 1976.

Apple is Born: Interviews with Steve Jobs, Steve Wozniak, Mike Markkula, Ron Wayne. Steve Jobs, address to the Aspen Design Conference, June 15, 1983, tape in Aspen Institute archives; Apple Computer Partnership Agreement, County of Santa Clara, Apr. 1, 1976, and Amendment to Agreement, Apr. 12, 1976; Bruce Newman, "Apple's Lost Founder," *San*

Jose Mercury News, June 2, 2010; Wozniak, 86, 176-177; Moritz, 149-151; Freiberger and Swaine, 212-213; Ashlee Vance, "A Haven for Spare Parts Lives on in Silicon Valley," *New York Times*, Feb. 4, 2009; Paul Terrell interview, Aug. 1, 2008, mac-history.net.

Garage Band: Interviews with Steve Wozniak, Elizabeth Holmes, Daniel Kottke, Steve Jobs. Wozniak, 179-189; Moritz, 152-163; Young, 95-111; R. S. Jones, "Comparing Apples and Oranges," *Interface*, July 1976.

第6章：蘋果二號

An Integrated Package: Interviews with Steve Jobs, Steve Wozniak, Al Alcorn, Ron Wayne. Wozniak, 165, 190-195; Young, 126; Moritz, 169-170, 194-107; Malone, v, 103.

Mike Markkula: Interviews with Regis McKenna, Don Valentine, Steve Jobs, Steve Wozniak, Mike Markkula, Arthur Rock. Nolan Bushnell, keynote at the ScrewAttack Gaming Convention, Dallas, July 5, 2009; Steve Jobs, talk at the International Design Conference at Aspen, June 15, 1983; Mike Markkula, "The Apple Marketing Philosophy," courtesy of Markkula Dec. 1979; Wozniak, 196-199. See also Maritz, 182-183; Malone, 110-111.

Regis McKenna: Interviews with Regis McKenna, John Doerr, Steve Jobs. Ivan Raszl, "Interview with Rob Janoff," Creativebits.org, Aug. 3, 2009.

The First Dramatic Launch Event: Interviews with Steve Wozniak, Steve Jobs. Wozniak, 201-206; Moritz, 199-201; Young, 139.

Mike Scott: Interviews with Mike Scott, Mike Markkula, Steve obs, Steve Wozniak, Arthur Rock. Young, 135; Freiberger and Swaine, 219, 222; Moritz, 213; Elliot, 4.

第7章：克莉絲安與麗莎

Interviews with Chrisann Brennan, Steve Jobs, Elizabeth Holmes, Greg Calhoun, Daniel Kottke, Arthur Rock. Moritz, 285; "The Updated Book of Jobs," *Time*, Jan. 3, 1983; "Striking It Rich," *Time*, Feb. 15, 1982.

第8章：全錄和麗莎

A New Baby: Interviews with Andrea Cunningham, Andy Hertzfeld, Steve Jobs, Bill Atkinson. Wozniak, 226; Levy, *Insanely Great*, 124; Young, 168-170; Bill Atkinson, oral history, Computer History Museum, Mountain View, CA; Jef Raskin, "Holes in the Histories," *Interactions*, July 1994;

Jef Raskin, "Hubris of a Heavyweight," *IEEE Spectrum*, July 1994; Jef Raskin, oral history, April 13, 2000, Stanford Library Department of Special Collections: Linzmayer, 74, 85-89.

Xerox PARC: Interviews with Steve Jobs, John Seeley Brown, Adele Goldberg, Larry Tesler, Bill Atkinson. Freiberger and Swaine, 239; Levy, *Insanely Great*, 66-80; Hiltzik, 330-341; Linzmayer, 74-75; Young, 170-172; Rose, 45-47; *Triumph of the Nerds*, PBS, part 3.

"Great Artists Steal": Interviews with Steve Jobs, Larry Tesler, Bill Atkinson. Levy, *Insanely Great*, 77, 87-90; *Triumph of the Nerds*, PBS, part 3; Bruce Horn, "Where It All Began"(1966), www.mackido.com; Hiltzik, 343, 367-370; Malcolm Gladwell, "Creation Myth," *New Yorker*, May 16, 2011; Young, 178-182.

第9章：公開上市

Options: Interviews with Daniel Kottke, Steve Jobs, Steve Wozniak, Andy Hertzfeld, Mike Markkula, Bill Hambrecht. "Sale of Apple Stock Barred," *Boston Globe*, Dec. 11, 1980.

Baby You're a Rich Man: Interviews with Larry Brilliant, Steve Jobs. Steve Ditlea, "An Apple on Every Desk," *Inc.*, Oct. 1, 1981; "Striking It Rich," *Time*, Feb. 15, 1982; "The Seeds of Success," *Time*, Feb. 15, 1982; Moritz, 292-295; Sheff.

第10章：麥金塔誕生

Jef Raskin's Baby: Interviews with Bill Atkinson, Steve Jobs, Andy Hertzfeld, Mike Markkula. Jef Raskin, "Recollections of the Macintosh Project," "Holes in the Histories," "The Genesis and History of the Macintosh Project," "Reply to Jobs, and Personal Motivation," "Design Considerations for an Anthropophilic Computer," and "Computers by the Millions," Raskin papers, Stanford University Library; Jef Raskin, "A Conversation," *Ubiquity*, June 23, 2003; Levy, Insanely Great, 107-121; Hertzfeld, 19; "Macintosh's Other Designers," *Byte*, Aug. 1984; Young, 202, 208-214; "Apple Launches a Mac Attack," *Time*, Jan. 30, 1984; Malone, 255-258.

Texaco Towers: Interviews with Andrea Cunningham, Bruce Horn, Andy Hertzfeld, Mike Scott, Mike Markkula. Hertzfeld, 19-20, 26-27; Wozniak, 241-242.

第11章：現實扭曲力場

Interviews with Bill Atkinson, Steve Wozniak, Debi Coleman, Andy Hertzfeld, Bruce Horn, Joanna Hoffman, Al Eisenstat, Ann Bowers, Steve Jobs. Some of these tales have variations. See Hertzfeld, 24, 68, 162.

第12章：設計

A Bauhaus Aesthetic: Interviews with Dan'l Lewin, Steve Jobs, Maya Lin, Debi Coleman. Steve Jobs in conversation with Charles Hampden-Turner, International Design Conference in Aspen, June 15, 1983. (The design conference audio tapes are stored at the Aspen Institute. I want to tank Deborah Murphy for finding them.)

Like a Porsche: Interviews with Bill Atkinson, Alain Rossmann, Mike Markkula, Steve Jobs. "The Macintosh Design Team," *Byte*, Feb. 1984; Hertzfeld, 29-31, 41, 46, 63, 68; Sculley, 157; Jerry Manock, "Invasion of Texaco Towers," Folklore.org; Kunkel, 26-30; Jobs, Stanford commencement; email from Susan Kare; Susan Kare, "World Class Cities," in Hertzfeld, 165; Laurence Zuckerman, "The Designer Who Made the Mac Smile," *New York Times*, Aug. 26, 1996; Susan Kare interview, Sept. 8, 2000, Stanford University Library, Special Collections; Levy, *Insanely Great*, 156; Hartmut Esslinger, A Fine Line (Jossey-Bass, 2009), 7-9; David Einstein, "Where Success Is by Design," *San Francisco Chronicle*, Oct. 6, 1995; Sheff.

第13章：打造麥金塔

Competition: Interviews with Steve Jobs. Levy, *Insanely Great*, 125; Sheff; Hertzfeld, 71-73; *Wall Street Journal* advertisement, Aug. 24, 1981.

End-to-end Control: Interviews with Berry Cash. Kahney, 241; Dan Farber, "Steve Jobs, the iPhone and Open Platforms," ZDNet.com, Jan.13, 2007; Tim Wu, *The Master Switch* (Knopf, 2010), 254-276; Mike Murray, "Mac Memo" to Steve Jobs, May 19, 1982 (courtesy of Mike Murray).

Machines of the Year: Interviews with Daniel Kottke, Steve Jobs, Ray Cave. "The Computer Moves In," *Time*, Jan. 3, 1983; "The Updated Book of Jobs," *Time*, Jan. 3, 1983; Moritz, 11; Young, 293; Rose, 9-11; Peter McNulty, "Apple's Bid to Stay in the Big Time," *Fortune*, Feb. 7, 1983; "The Year of the Mouse," *Time*, Jan. 31, 1983.

Let's Be Pirates!: Interviews with Ann Bowers, Andy Hertzfeld, Bill Atkinson,

Arthur Rock, Mike Markkula, Steve Jobs, Debi Coleman; email from Susan Kare. Hertzfeld, 76, 135-138, 158, 160, 166; Moritz, 21-28; Young, 295-297, 301-303; Susan Kare interview, Sept. 8, 2000, Stanford University Library; Jeff Goodell, "The Rise and Fall of Apple Computer," *Rolling Stone*, Apr. 4, 1996; Rose, 59-69, 93.

第14章：史考利上場

The Courtship: Interviews with John Sculley, Andy Hertzfeld, Steve Jobs. Rose, 18, 74-75; Sculley, 58-90, 107; Elliot, 90-93; Mike Murray, "Special Mac Sneak" memo to staff, Mar. 3, 1983 (courtesy of Mike Murray); Hertzfeld, 149-150.

The Honeymoon: Interviews with Steve Jobs, John Sculley, Joanna Hoffman. Sculley, 127-130, 154-155, 168, 179; Hertzfeld, 195.

第15章：麥金塔上市

Real Artists Ship: Interviews with Andy Hertzfeld, Steve Jobs. Video of Apple sales conference, Oct. 1983; "Personal Computers: And the Winner Is... IBM," *Business Week*, Oct. 1983; Hertzfeld, 208-210; Rose, 147-153; Levy, *Insanely Great*, 178-180; Young, 327-328.

The "1984" Ad: Interviews with Lee Clow, John Sculley, Mike Markkula, Bill Campbell, Steve Jobs. Steve Hayden interview, *Weekend Edition*, NPR, Feb. 1, 2004; Linzmayer, 109-114; Sculley, 176.

Publicity Blast: Hertzfeld, 226-227; Michael Rogers, "It's the Apple of His Eye," *Newsweek*, Jan. 30, 1984; Levy, *Insanely Great*, 17-27.

January 24, 1984: Interviews with John Sculley, Steve Jobs, Andy Hertzfeld. Video of Jan. 1984 Apple shareholders meeting; Hertzfeld, 213-223; Sculley, 179-181; William Hawkins, "Jobs' Revolutionary New Computer," *Popular Science*, Jan. 1989.

第16章：蓋茲與賈伯斯

The Macintosh Partnership: Interviews with Bill Gates, Steve Jobs, Bruce Horn. Hertzfeld, 52-54; Steve Lohr, "Creating Jobs," *New York Times*, Jan. 12, 1997; *Triumph of the Nerds*, PBS, part 3; Rusty Weston, "Partners and Adversaries," *MacWeek*, Mar. 14, 1989; Walt Mossberg and Kara Swisher, interview with Bill Gates and Steve Jobs, *All Things Digital*, May 31, 2007; Young, 319-320; Carlton, 28; Brent Schlender, "How Steve

Jobs Linked Up with IBM," *Fortune*, Oct. 9, 1989; Steven Levy, "A Big Brother?," *Newsweek*, Aug. 18, 1997.

The Battle of the GUI: Interviews with Bill Gates, Steve Jobs. Hertzfeld, 191-193; Michael Schrage, "IBM Compatibility Grows," *Washington Post*, Nov. 29, 1983; *Triumph of the Nerds*, PBS, part 3.

第17章：伊卡洛斯

Flying High: Interviews with Steve Jobs, Debi Coleman, Bill Atkinson, Andy Hertzfeld, Alain Rossmann, Joanna Hoffman, Jean-Louis Gassée, Nicholas Negroponte, Arthur Rock, John Sculley. Sheff; Hertzfeld, 206-207, 230; Sculley, 197-199; Young, 308-309; George Gendron and Bo Burlingham, "Entrepreneur of the Decade," *Inc.*, Apr. 1, 1989.

Falling: Interviews with Joanna Hoffman, John Sculley, Lee Clow, Debi Coleman, Andrea Cunningham, Steve Jobs. Sculley, 201, 212-215; Levy, *Insanely Great*, 186-192; Michael Rogers, "It's the Apple of His Eye," *Newsweek*, Jan. 30, 1984; Rose, 207, 233; Felix Kessler, "Apple Pitch," *Fortune*, Apr. 15, 1985; Linzmayer, 145.

Thirty Years Old: Interviews with Mallory Walker, Andy Hertzfeld, Debi Coleman, Elizabeth Holmes, Steve Wozniak, Don Valentine. Sheff.

Exodus: Interviews with Andy Hertzfeld, Steve Wozniak, Bruce Horn. Hertzfeld, 253, 263-264; Young, 372-376; Wozniak, 265-266; Rose, 248-249; Bob Davis, "Apple's Head, Jobs, Denies Ex-Partner Use of Design Firm," *Wall Street Journal*, Mar. 22, 1985.

Showdown, Spring 1985: Interviews with Steve Jobs, Al Alcorn, John Sculley, Mike Murray. Elliot, 15; Sculley, 205-206, 227, 238-244; Young, 367-379; Rose, 238, 242, 254-255; Mike Murray, "Let's Wake Up and Die Right," memo to undisclosed recipients, Mar. 7, 1985 (courtesy Mike Murray).

Plotting a Coup: Interviews with Steve Jobs, John Sculley. Rose, 266-275; Sculley, ix-x, 245-246; Young, 388-396; Elliot, 112.

Seven Days in May 1985: Interviews with Jean-Louis Gassée, Steve Jobs, Bill Campbell, Al Eisenstat, John Sculley, Mike Murray, Mike Markkula, Debi Coleman. Bro Uttal, "Behind the Fall of Steve Jobs," *Fortune*, Aug. 5, 1985; Sculley, 249-260; Rose, 275-290; Young, 396-404.

Like a Rolling Stone: Interviews with Mike Murray, Mike Markkula, Steve Jobs, John Sculley, Bob Metcalfe, George Riley, Andy Hertzfeld, Tina Redse, Mike Merin, Al Eisenstat, Arthur Rock. Tina Redse email to Steve Jobs, July 20, 2010; "No Job for Jobs," AP, July 26, 1985; "Jobs Talks about His Rise and Fall," *Newsweek*, Sept. 30, 1985; Hertzfeld, 269-271; Young, 387, 403-405; Young and Simon, 116; Rose, 288-292; Sculley, 242-245, 286-287; letter from Al Eisenstat to Arthur Hartman, July 23, 1985 (courtesy Al Eisenstat).

第18章：NeXT

The Pirates Abandon Ship: Interviews with Dan'l Lewin, Steve Jobs, Bill Campbell, Arthur Rock, Mike Markkula, John Sculley, Andrea Cunningham, Joanna Hoffman. Patricia Bellew Gray and Michael Miller, "Apple Chairman Jobs Resign," *Wall Street Journal*, Sept. 18, 1985; Gerald Lubenow and Michael Rogers, "Jobs Talks about His Rise and Fall," *Newsweek*, Sept. 30, 1985; Bro Uttal, "The Adventures of Steve Jobs," *Fortune*, Oct. 14, 1985; Susan Kerr, "Jobs Resigns," *Computer Systems News*, Sept. 23, 1985; "Shaken to the Very Core," *Time*, Sept. 30, 1985; John Eckhouse, "Apple Board Fuming at Steve Jobs," *San Francisco Chronicle*, Sept. 17, 1985; Hertzfeld, 132-133; Sculley, 313-317; Young, 415-416; Young and Simon, 127; Rose, 307-319; Stross, 73; Deutschman, 36; Complaint for Breaches of Fiduciary Obligations, Apple Computer v. Steven P. Jobs and Richard A. Page, Superior Court of California, Santa Clara County, Sept. 23, 1985; Patricia Bellew Gray, "Jobs Asserts Apple Undermined Efforts to Settle Dispute," *Wall Street Journal*, Sept. 25, 1985.

To Be on Your Own: Interviews with Arthur Rock Susan Kare, Steve Jobs, Al Eisenstat. "Logo for Jobs' New Firm," *San Francisco Chronicle*, June 19, 1986; Phil Patton, "Steve Jobs: Out for Revenge," *New York Times*, Aug. 6, 1989; Paul Rand, NeXT Logo presentation, 1985; Doug Evans and Allan Pottasch, video interview with Steve Jobs on Paul Rand, 1993; Steve Jobs to Al Eisenstat, Nov. 4, 1985; Eisenstat to Jobs, Nov.8, 1985; Agreement between Apple Computer Inc. and Steven P. Jobs, and Request for Dismissal of Lawsuit without Prejudice, filed in the Superior Court of California, Santa Clara County, Jan. 17, 1986; Deutschman, 47, 43; Stross, 76, 118-120, 245; Kunkel, 58-63; "Can He Do It Again," *Business Week*, Oct. 24, 1988; Joe Nocera, "The Second Coming of Steve Jobs," *Esquire*, Dec. 1986, reprinted in *Good Guys and Bad Guys* (Portfolio, 2008), 49; Brenton Schlender, "How Steve Jobs Linked Up with IBM," *Fortune*, Oct. 9, 1989.

The Computer: Interviews with Mitch Kapor, Michael Hawley, Steve Jobs.

Peter Denning and Karen Frenkle, "A Conversation with Steve Jobs," *Communications of the Association of Computer Machinery*, Apr. 1, 1989; John Eckhouse, "Steve Jobs Shows off Ultra-Robotic Assembly Line," *San Francisco Chronicle*, June 13, 1989; Stross, 122-125; Deutschman, 60-63; Young, 425; Katie Hafner, "Can He Do It Again?," *Business Week*, Oct, 24, 1988; *The Entrepreneurs*, PBS, Nov. 5, 1986, directed by John Nathan.

Perot to the Rescue: Stross, 102-112; "Perot and Jobs,' *Newsweek*, Feb. 9, 1987; Andrew Pollack, "Can Steve Jobs Do It Again?," *New York Times*, Nov. 8, 1987; Katie Hafner, "Can He Do It Again?." *Business Week*, Oct. 24, 1988; Pat Steger, " A Gem of an Evening with King Juan Carlos," *San Francisco Chronicle*, Oct. 5, 1987; David Remnick, "How a Texas Playboy Became a Billionaire," *Washington Post*, May 20, 1987.

Gates and NeXT: Interviews with Bill Gates, Adele Goldberg, Steve Jobs. Brit Hume, "Steve Jobs Pulls Ahead," *Washington Post*, Oct. 31, 1988; Brent Schlender, "How Steve Jobs Linked Up with IBM," *Fortune*, Oct. 9, 1989; Stross, 14; Linzmayer, 209; "William Gates Talks," *Washington Post*, Dec. 30, 1990; Katie Hafner, "Can He Do It Again?," *Business Week*, Oct. 24, 1988; John Thompson, "Gates, Jobs Swap Barbs," *Computer System News*, Nov. 27, 1989.

IBM: Brent Schlender, "How Steve Jobs Linked Up with IBM," *Fortune*, Oct. 9, 1989; Phil Patton, "Out for Revenge," *New York Times*, Aug. 6, 1989; Stross, 140-142; Deutschman, 133.

The Launch, October 1988: Stross, 166-186; Wes Smith, "Jobs Has Returned," *Chicago Tribune*, Nov. 13, 1988; Andrew Pollack, "NeXT Produces a Gala," *New York Times*, Oct. 10, 1988; Brenton Schlender, "Next Project," *Wall Street Journal*, Oct. 13, 1988; Katie Hafner, "Can He Do It Again?.," *Business Week*, Oct. 24, 1988; Deutschman, 128; "Steve Jobs Comes back," Newsweek, Oct. 24, 1988; "The NeXT Generation," *San Jose Mercury News*, Oct. 10, 1988.

第19章：皮克斯

Lucasfilm's Computer Division: Interviews with Ed Catmull, Alvy Ray Smith, Steve Jobs, Pam Kerwin, Michael Eisner. Price, 71-74, 89-101; Paik, 53-57, 226; Young and Simon, 169; Deutschman, 115.

Animation: Interviews with John Lasseter, Steve Jobs. Paik, 28-44; Price, 45-56.

Tin Toy: Interviews with Pam Kerwin, Alvy Ray Smith, John Lasseter, Ed Catmull, Steve Jobs, Jeffrey Katzenberg, Michael Eisner, Andy Grove. Steve Jobs email to Albert Yu, Sept. 23, 1995; Albert Yu to Steve Jobs, Sept. 25, 1995; Steve Jobs to Andy Grove, Sept .15, 1995; Andy Grove to Steve Jobs, Sept. 26, 1995; Steve Jobs to Andy Grove, Oct. 1, 1995; Price, 104-114; Young and Simon, 166.

第20章：凡夫俗子

Joan Baez: Interviews with Joan Baez, Steve Jobs, Joanna Hoffman, Debi Coleman, Andy Hertzfeld. Joan Baez, *And a Voice to Sing With* (Summit, 1989), 144, 380.

Finding Joanne and Mona: Interviews with Steve Jobs, Mona Simpson.

The Lost Father: Interviews with Steve Jobs, Laurene Powell, Mona Simpson, Ken Auletta, Nick Pileggi.

Lisa: Interviews with Chrisann Brennan, Avie Tevanian, Joanna Hoffman, Andy Hertzfeld. Lisa Brennan-Jobs, "Confessions of a Lapsed Vegetarian," *Southwest Review*, 2008; Young, 224; Deutschman, 76.

The Romantic: Interviews with Jennifer Egan, Tina Redse, Steve Jobs, Andy Hertzfeld, Joanna Hoffman. Deutschman, 73, 138. Mona Simpson's *A Regular Guy* is a novel loosely based on the relationship between Jobs, Lisa and Chrisann Brennan, and Tina Redse, who is the basis for the character named Olivia.

Laurene Powell: Interviews with Laurene Powell, Steve Jobs, Kathryn Smith, Avie Tevanian, Andy Hertzfeld, Marjorie Powell Barden.

The Wedding, March 18, 1991: Interviews with Steve Jobs, Laurene Powell, Andy Hertzfeld, Joanna Hoffman, Avie Tevanian, Mona Simpson. Simpson, *A Regular Guy*, 357.

A Family Home: Interviews with Steve Jobs, Laurene Powell, Andy Hertzfeld. David Weinstein, "Taking Whimsy Seriously," *San Francisco Chronicle*, Sept. 13, 2003; Gary Wolfe, "Steve Jobs," *Wired*, Feb. 1996; "Former Apple Designer Charged with Harassing Steve Jobs," AP, June 8, 1993.

Lisa Moves In: Interviews with Steve Jobs, Laurene Powell, Mona Simpson, Andy Hertzfeld. Lisa Brennan-Jobs, "Driving Jane," *Harvard Advocate*, Spring 1999; Simpson, *A Regular Guy*, 251; email from Chrisann Brennan, Jan. 19, 2011; Bill Workman, "Palo Alto High School's Student Scoop," *San Francisco Chronicle*, Mar. 16, 1996; Lisa Brennan-Jobs, "Waterloo," *Massachusetts Review*, Spring 2006; Deutschman, 258; Chrisann Brennan website, chrysanthemum.com; Steve Lohr, "Creating

Jobs," *New York Times*, Jan. 12, 1997.
Children: Interviews with Steve Jobs, Laurene Powell.

第21章：玩具總動員

Jeffrey Katzenberg: Interviews with John Lasseter, Ed Catmull, Jeffrey Katzenberg, Alvy Ray Smith, Steve Jobs. Price, 84-85, 119-124; Paik, 71, 90; Robert Murphy, "John Cooley Looks at Pixar's Creative Process," *Silicon Prairie News*, Oct. 6, 2010.

Cut!: Interviews with Steve Jobs, Jeffrey Katzenberg, Ed Catmull, Larry Ellison. Paik, 90; Deutschman, 194-198; "Toy Story: The Inside Buzz," *Entertainment Weekly*, Dec. 8, 1995.

To Infinity!: Interviews with Steve Jobs, Michael Eisner. Janet Maslin, "There's a New Toy in the House. Uh-oh," *New York Times*, Nov. 22, 1995; "A Conversation with Steve Jobs and John Lasseter," *Charlie Rose*, PBS, Oct. 30, 1996; John Markoff. "Apple Computer Co-Founder Strikes Gold," *New York Times*, Nov. 30, 1995.

第22章：二度聖臨

Things Fall Apart: Interviews with Jean-Louis Gassée. Bart Ziegler, "Industry Has Next to No Oatience with Jobs' NeXT," AP, Aug. 19, 1990; Stross, 226-228; Gary Wolf, "The Next Insanely Great Thing," *Wired*, Feb. 1996; Anthony Perkins, "Jobs' Story," *Red Herring*, Jan. 1, 1996.

Apple Falling: Interviews with Steve Jobs, John Sculley, Larry Ellison. Sculley, 248, 273; Deutschman, 236; Steve Lohr, "Creating Jobs," *New York Times*, Jan. 12, 1997; Amelio, 190 and preface to the hardback edition; Young and Simon, 213-214; Linzmayer, 273-279; Guy Kawasaki, "Steve Jobs to Return as Apple CEO," *Macworld*, Nov. 1, 1994.

Slouching toward Cupertino: Interviews with Jon Rubinstein, Steve Jobs, Larry Ellison, Avie Tevanian, Fred Anderson, Larry Tesler, Bill Gates, John Lasseter. John Markoff, "Why Apple Sees Next as a Match Made in Heaven," *New York Times*, Dec. 23, 1996; Steve Lohr, "Creating Jobs," *New York Times*, Jan. 12, 1997; Rajiv Chandrasekaran, "Steve Jobs Returning Apple," *Washington Post*, Dec. 21, 1996; Louise Kehoe, "Apple's Prodigal Son Returns," *Financial Times*, Dec. 23, 1996; Amelio, 189-201, 238; Carlton, 409; Linzmayer, 277; Deutschman, 240.

第23章：復辟

Hovering Backstage: Interviews with Steve Jobs, Avie Tevanian, Jon Rubinstein, Ed Woolard, Larry Ellison, Fred Anderson, email from Gina Smith. Sheff; Brent Schlender, "Something's Rotten in Cupertino," *Fortune*, Mar. 3, 1997; Dan Gillmore, "Apple's Prospects Better Than Its CEO's Speech," *San Jose Mercury News*, Jan. 13, 1997; Carlton, 414-416, 425; Malone, 531; Deutschman, 241-245; Amelio, 219, 238-247, 261; Linzmayer, 201; Kaitlin Quistgaard, "Apple Spins Off Newton," *Wired.com*, May 22, 1997; Louise Kehoe, "Doubts Grow about Leadership at Apple," *Financial Times*, Feb. 25, 1997; Dan Gillmore, "Ellison Mulls Apple Bid," *San Jose Mercury News*, Mar. 27, 1997; Lawrence Fischer, "Oracle Seeks Public Views on Possible Bid for Apple," *New York Times*, Mar. 28, 1997; Mike Barnicle, "Roadkill on the Info Highway," *Boston Globe*, Aug. 5, 1997.

Exit, Pursued by a Bear: Interviews with Ed Woolard, Steve Jobs, Mike Markkula, Steve Wozniak, Fred Anderson, Larry Ellison, Bill Campbell. Privately printed family memoir by Ed Woolard (courtesy of Woolard); Amelio, 247, 261, 267; Gary Wolf, "The World According to Woz," *Wired*, Sept., 1998; Peter Burrows and Ronald Grover, "Steve Jobs' Magic Kingdom," *Business Week*, Feb. 6, 2006; Peter Elkind, "The Trouble with Ste4ve Jobs," *Fortune*, Mar. 5, 2008; Arthur Levitt, *Take on the Street* (Pantheon, 2002), 204-206.

Macworld Boston, August 1997: Steve Jobs, Macworld Boston speech. Aug. 6. 1997.

The Microsoft Pact: Interviews with Joel Klein, Bill Gates, Steve Jobs. Cathy Booth, "Steve's Job," *Time*, Aug. 18, 1997; Steven Levy, "A Big Brother?," *Newsweek*, Aug. 18, 1997. Jobs's cell phone call with Gates was reported by *Time* photographer Diana Walker, who shot the pictures of him crouching onstage that appeared on the *Time* cover and in this book.

第24章：不同凡想

Here's to the Crazy Ones: Interviews with Steve Jobs, Lee Clow, James Vincent, Norm Pearlstine. Cathy Booth, "Steve's Job," *Time*, Aug. 18, 1997; John Heilemann, "Steve Jobs in a Box," *New York Magazine*, June 17, 2007.

iCEO: Interviews with Steve Jobs, Fred Anderson. Video of Sept. 1997 staff meeting (courtesy of Lee Clow); "Jobs Hints That He May Want to Stay at Apple," *New York Times*, Oct. 10, 1997; Jon Swartz, "No CEO in Sight for Apple," *San Francisco Chronicle*, Dec. 12, 1997; Carlton, 437.

Killing the Clones: Interviews with Bill Gates, Steve Jobs, Ed Woolard. Steve Wozniak, "How We Failed Apple," *Newsweek*, Feb. 19, 1996; Linzmayer, 245-247, 255; Bill Gates, "Licensing of Mac Technology," a memo to John Sculley, June 25, 1985; Tom Abate, "How Jobs Killed Mac Clone Makers," *San Francisco Chronicle*, Sept. 6, 1997.

Product Line Review: Interviews with Phil Schiller, Ed Woolard, Steve Jobs. Deutschman, 248; Steve Jobs, speech at iMac launch event, May6, 1998; video of Sept. 1997 staff meeting.

第25章：設計理念

Jony Ive: Interviews with Jony Ive, Steve Jobs, Phil Schiller. John Arlidge, "Father of Invention," *Observer* (London), Dec. 21, 2003; Peter Burrows, "Who Is Jonathan Ive?," *Business Week*, Sept. 25, 2006; "Apple's One-Dollar-a-Year Man," *Fortune*, Jan. 24, 2000; Rob Walker, "The Guts of a New Machine," *New York Times*, Nov. 30, 2003; Leander Kahney, "Design According to Ive," *Wired.com*, June 25, 2003.

Inside the Studio: Interviews with Jony Ive. U.S. Patent and Trademark Office, online database, patft.uspto.gov; Leander Kahney, "Jobs Awarded Patent for iPhone Packaging," *Cult of Mac*, July 22, 2009; Harry McCracken, "Patents of Steve Jobs," *Technologizer.com*, May 28, 2009.

第26章：iMac

Back to the Future: Interviews with Phil Schiller, Avie Tevanian, Jon Rubinstein, Steve Jobs, Fred Anderson, Mike Markkula, Jony Ive, Lee Clow. Thomas Hormby, "Birth of the iMac," *Mac Observer*, May 25, 2007; Peter Burrows, "Who Is Johathan Ive?," *Business Week*, Sept. 25, 2006; Lev Grossman, "How Apple Does It," *Time*, Oct. 16, 1005; Leander Kahney, "The Man Why Named the iMac and Wrote Think Different," *Cult of Mac*, Nov. 3, 2009; Levy, *The Perfect Thing*, 198; gawker.com/comment/21123257/; "Steve's Two Jobs," *Time*, Oct. 18, 1999.

The Launch, May 6, 1998: Interviews with Jony Ive, Steve Jobs, Phil Schiller, Jon Rubinstein. Steven Levy, "Hello Again," *Newsweek*, May 18, 1998;

Jon Swartz, "Resurgence of an American Icon," *Forbes*, Apr. 14, 2000; Levy, *The Perfect Thing*, 95.

第27章：CEO

Tim Cook: Interviews with Tim Cook, Steve Jobs, Jon Rubinstein. Peter Burrows, "Yes, Steve, You Fixed It. Congratulations Now What?," *Business Week*, July 31, 2000; Time Cook, Auburn commencement address, May 14, 2010; Adam Lashinsky, "The Genius behind Steve," *Fortune*, Nov. 10, 2008; Nick Wingfield, "Apple's No. 2 Has Low Profile," *Wall Street Journal*, Oct. 16, 2006.

Mock Turtlenecks and Teamwork: Interviews with Steve Jobs, James Vincent, Jony Ive, Lee Clow, Avie Tevanian, Jon Rubinstein. Lev Grossman, "How Apple Does It," *Time*, Oct. 16, 2005; Leander Kahney, "How Apple Got Everything Right by Doing Everything Wrong," *Wired*, Mar. 18, 2008.

From iCEO to CEO: Interviews with Ed Woolard, Larry Ellison, Steve Jobs. Apple proxy statement, Mar. 12, 2001.

第28章：蘋果專賣店

The Customer Experience: Interviews with Steve Jobs, Ron Johnson. Jerry Useem, "America's Best Retailer," *Fortune*, Mar. 19, 1007; Gary Allen, "Apple Stores," ifoAppleStore.com.

The Prototype: Interviews with Art Levinson, Ed Woolard, Millard "Mickey" Drexler, Larry Ellison, Ron Johnson, Steve Jobs, Art Levinson. Cliff Edwards, "Sorry, Steve...," *Business Week*, May 21, 2001.

Wood, Stone, Steel, Glass: Interviews with Ron Johnson, Steve Jobs. U. S. Patent Office, D478999, Aug, 26, 2003, US2004/0006939, Jan. 15, 2004; Gary Allen, "About Me," ifoapplestore.com.

第29章：數位生活中樞

Connecting the Dots: Interviews with Lee Clow, Jony Ive, Steve Jobs. Sheff; Steve Jobs. Macworld keynote, Jan. 9, 2001.

FireWire: Interviews with Steve Jobs, Phil Schiller, Jon Rubinstein. Steve Jobs, Macworld keynote, Jan. 9, 2001; Joshua Quittner, "Apple's New Core," *Time*, Jan. 14, 2002; Mike Evangelist, "Steve Jobs, the Genuine Article," *Writer's Block Live*, Oct. 7, 2005; Farhad Manjoo. "Invincible Apple," Fact Company, July 1, 2010; email from Phil Schiller.

iTunes: Interviews with Steve Jobs, Phil Schiller, Jon Rubinstein, Tony Fadell. Brent Schlender, 'How Big Can Apple Get," *Fortune*, Feb. 21, 2005; Bill Kincaid," The True Story of SoundJam," http://panic.com/extras/audionstory/popup-sjstory.html; Levy, *The Perfect Thing*, 49-60; Knopper, 167; Lev Grossman, "How Apple Does It," *Time*, Oct. 17, 2005; Markoff, xix.

The iPod: Interviews with Steve Jobs, Phil Schiller, Jon Rubinstein, Tony Fadell. Steve Jobs, iPod announcement, Oct. 23, 2001; Tekla Perry, "From Podfather to Palm's Pilot," *IEEE Spectrum*, Sept. 2008; Leander Kahney, "Inside Look at Birth of the iPod," *Wired*, July 21, 2004; Tom Hormby and Dan Knight, "History of the iPod," *Low End Mac*, Oct. 14, 2005.

That's It!: Interviews with Tony Fadell, Phil Schiller, Jon Rubinstein, Jony Ive, Steve Jobs. Levy, *The Perfect Thing*, 17, 59-60; Knopper, 169; Leander Kahney, "Straight Dope on the iPod's Birth," *Wired*, Oct. 17, 2006.

The Whiteness of the Whale: Interviews with James Vincent, Lee Clow, Steve Jobs. Wozniak, 298; Levy, *The Perfect Thing*, 73; Johnny Davis, "Ten Years of the iPod," *Guardian*, Mar. 18, 2011.

第30章：iTunes線上音樂商店

Warner Music: Interviews with Paul Vidich, Steve Jobs, Doug Morris, Barry Schuler, Roger Ames, Eddy Cue. Paul Sloan, "What's Next for Apple," *Business 2.0*, Apr. 1, 2005; Knopper, 157-161, 170; Devin Leonard, "Songs in the Key of Steve," *Fortune*, May 12, 2003; Tony Perkins, interview with Nobuyuki Idei and Sir Howard Stringer, World Economic Forum, Davos, Jan. 25, 2003; Dan Tynan, "The 25 Worst Tech Products of All Time," *PC World*, Mar. 26, 2006; Andy Langer, "The God of Music," *Esquire*, July 2003; Jeff Goodell, "Steve Jobs," *Rolling Stone*, Dec. 3, 2003.

Herding Cats: Interviews with Doug Morris, Roger Ames, Steve Jobs, Jimmy Iovine, Andy Lack, Eddy Cue, Wynton Marsalis. Knopper, 172; Devin Leonard, "Songs in the Key of Steve," Fortune, May 12, 2003; Peter Burrows, "Show Time!," *Business Week*, Feb. 2, 2004; Pui-Wing Tam, Bruce Orwall, and Anna Wilde Mathews, "Going Hollywood," *Wall Street Journal*, Apr. 25, 2003; Steve Jobs, keynote speech, Apr. 28, 2003; Andy Langer, "The God of Music," Esquire, July 2003; Steven Levy, "Not the Same Old Song," *Newsweek*, May 12, 2003.

Microsoft: Interviews with Steve Jobs, Phil Schiller, Tim Cook, Jon Rubinstein, Tony Fadell, Eddy Cue. Emails from Jim Allchin, David

Cole, Bill Gates, Apr. 30, 2003 (these emails later became part of an Iowa court case and Steve Jobs sent me copies); Steve Jobs, presentation, Oct. 16, 2003; Walt Mossberg interview with Steve Jobs, All Things Digital conference, May 30, 2007; Bill Gates, "We're Early on the Video Thing," *Business Week*, Sept. 2, 2004.

Mr. Tambourine Man: Interviews with Andy Lack, Tim Cook, Steve Jobs, Tony Fadell, Jon Rubinstein. Ken Belson, "Infighting Left Sony behind Apple in Digital Music," *New York Times*, Apr. 19, 2004; Frank Rose, "Battle for the Soul of the MP3 Phone," *Wired*, Nov. 2005; Saul Hansel, "Gates vs. Jobs: The Rematch," *New York Times*, Nov. 14, 2004; John Borland, "Can Glaser and Jobs Find Harmony?," *CNET News*, Aug. 17, 2004; Levy, *The Perfect Thing*, 169.

第31章：音樂人

On His iPod: Interviews with Steve Jobs, James Vincent. Elisabeth Bumiller, "President Bush's iPod," *New York Times*, Apr. 11, 2005; Levy, *The Perfect Thing*, 26-29; Devin Leonard, "Songs in the Key of Steve," *Fortune*, May 12, 2003.

Bob Dylan: Interviews with Jeff Rosen, Andy Lack, Eddy Cue, Steve Jobs, James Vincent. Lee Clow. Matthew Creamer, "Bob Dylan Tops Music Chart Again—and Apple's a Big Reason Why," *Ad Age*, Oct. 8, 2006.

The Beatles; Bono; Yo-Yo Ma: Interviews with Bono, John Eastman, Steve Jobs, Yo-Yo Ma, George Riley.

第32章：皮克斯的朋友

A Bug's Life: Interviews with Jeffrey Katzenberg, John Lasseter, Steve Jobs. Price, 171-174; Paik, 116; Peter Burrows, "Antz vs. Bugs" and "Steve Jobs: Movie Mogul," *Business Week*, Nov. 23, 1998; Amy Wallace, "Ouch! That Stings," *Los Angeles Times*, Sept. 21, 1998; Kim Masters, "Battle of the Bugs," *Times*, Sept. 28, 1998; Richard Schickel, "Antz," *Times*, Oct. 12, 1998; Richard Corliss, "Bugs Funny," *Time*, Nov. 30, 1998.

Steve's Own Movie: Interviews with John Lasseter, Pam Kerwin, Ed Catmull, Steve Jobs. Paik, 168; Rick Lyman, "A Digital Dream Factory in Silicon Valley," *New York Times*, June 11, 2001.

The Divorce: Interviews with Mike Slade, Oren Jacob, Michael Eisner, Bob Iger, Steve Jobs, John Lasseter, Ed Catmull. James Stewart, *Disney War* (Simon & Schuster, 2005), 383; Price, 230-235; Benny Evangelista,

"Parting Slam by Pixar's Jobs," *San Francisco Chronicle*, Feb. 5, 2004; John Markoff and Laura Holson, "New iPod Will Play TV Shows," *New York Times*, Oct. 13, 2005.

第33章：二十一世紀麥金塔

Clams, Ice Cubes, and Sunflowers: Interviews with Jon Rubinstein, Jony Ive, Laurene Powell, Steve Jobs, Fred Anderson, George Riley. Steven Levy, "Thinking inside the Box," *Newsweek*, July 31, 2000; Brent Schlender, "Steve Jobs," *Fortune*, May 14, 2001; Ian Fried, "Apple Slices Revenue Forecast Again," *CNET News*, Dec. 6, 2000; Linzmayer, 301; U.S. Design Patent D510577S, granted on Oct. 11, 2005.

Intel Inside: Interviews with Paul Otellini, Bill Gates Art Levinson. Carlton, 436.

Options: Interviews with Ed Woolard, George Riley, Al Gore, Fred Anderson, Eric Schmidt. Geoff Colvin, "The Great CEO Heist," *Fortune*, June 25, 2001; Joe Nocera, "Weighting Jobs's Role in a Scandal," *New York Times*, Apr. 28, 2007; Deposition of Steven P. Jobs, Mar. 18, 2008, *SEC v. Nancy Heinen*, U.S. District Court, Northern District of California; William Barrett, "Nobody Loves Me, "*Forbes*, May 11, 2009; Peter Elkind, "The Trouble with Steve Jobs," *Fortune*, Mar. 5, 2008.

第34章：第一回合

Cancer: Interviews with Steve Jobs, Laurene Powell, Art Levinson, Larry Brilliant, Dean Ornish, Bill Campbell, Andy Grove, Andy Hertzfeld.

The Stanford Commencement: Interviews with Steve Jobs, Laurene Powell. Steve Jobs, Stanford commencement.

A Lion at Fifty: Interviews with Mike Slade, Alice Waters, Steve Jobs, Tim Cook, Avie Tevanian, Jony Ive, Jon Rubinstein, Tony Fadell, George Riley, Bono, Walt Mossberg, Steven Levy, Kara Swisher. Walt Mossberg and Kara Swisher interviews with Steve Jobs and Bill Gates, All Things Digital conference, May 30, 2007; Steven Levy, "Finally, Vista Makes Its Debut," *Newsweek*, Feb. 1, 2007.

第35章：iPhone

An iPod That Makes Calls: Interviews with Art Levinson, Steve Jobs, Tony Fadell, George Riley, Tim Cook. Frank Rose, "Battle for the Soul of the

MP3 Phone," *Wired*, Nov. 2005.

Multi-touch: Interviews with Jony Ive, Steve Jobs, Tony Fadell, Tim Cook.

Gorilla Glass: Interviews with Wendell Weeks, John Seeley Brown, Steve Jobs.

The Design: Interviews with Jony Ive, Steve Jobs, Tony Fadell. Fred Vogelstein, "The Untold Story," *Wired*, Jan. 9, 2008.

The Launch: Interviews with John Huey, Nicholas Negroponte. Lev Grossman, "Apple's New Calling," *Time*, Jan. 22, 2007; Steve Cellphone," *New York Times*, Jan. 10, 2007; John Heilemann, "Steve Jobs in a box," *New York Magazine*, June 17, 2007; Janko Roettgers, "Alan Kay: With the Tablet, Apple Will Rule the World," *GigaOM*, Jan. 26. 2010.

第36章：第二回合

The Battle of 2008: Interviews with Steve Jobs, Kathryn Smith, Bill Campbell, Art Levinson, Al Gore, John Huey, Andy Serwer, Laurene Powell, Doug Morris, Jimmy Iovine. Peter Elkind, "The Trouble with Steve Jobs," *Fortune*, Mar. 5, 2008; Joe Nocera, "Apple's Culture of Secrecy," *New York Times*, July 26, 2008; Steve Jobs, letter to the Apple community , Jan. 5 and Jan. 14, 2009; Doron Levin, "Steve Jobs Went to Switzerland in Search of Cancer Treatment," *Fortune.com*, Jan. 18. 2011; Yukari Kanea and Joann Lublin, "On Apple's Board, Fewer Independent Voices," *Wall Street Journal*, Mar. 24, 2010; Micki Maynard (Micheline Maynard), Twitter post, 2: 45 p.m., Jan. 18, 2011; Ryan Chittum, "The Dead Source Who Keeps on Giving," *Columbia Journalism Review*, Jan. 18, 2011.

Memphis: Interviews with Steve Jobs, Laurene Powell, George Riley, Kristina Kiehl, Kathryn Smith. John Lauerman and Connie Guglielmo, "Jobs Liver Transplant," *Bloomberg*, Aug. 21, 2009.

Return: Interviews with Steve Jobs, George Riley, Tim Cook, Jony Ive, Brian Roberts, Andy Hertzfeld.

第37章：iPad

You Say You Want a Revolution: Interviews with Steve Jobs, Phil Schiller, Tim Cook, Jony Ive, Tony Fadell, Paul Otellini. All Things Digital conference, May 30, 2003.

The Launch, January 2010: Interviews with Steve Jobs, Daniel Kottke. Brent Schlender, "Bill Gates Joins the iPad Army of Critics," *bnet.com*, Feb. 10, 2010; Steve Jobs, keynote, Jan. 27, 2010; Adam Frucci, "Eight Things

That Suck about the iPad," Gizmodo, Jan. 27, 2010; Lev Grossman, "Do We Need the iPad?," *Time*, Apr. 1, 2010; Daniel Lyons, "Think Really Different," *Newsweek*, Mar. 26, 2010; Techmate debate, *Fortune*, Apr. 12, 2010; Eric Laningan, "Wozniak on the iPad," TwiT TV, Apr. 5, 2010; Michael Shear, "At White House, a New Question: What's on Your iPad?." *Washington Post*, June 7, 2010; Michael Noer, "The Stable Boy and the iPad," *Forbes.com*, Sept. 8, 2010.

Advertising: Interviews with Steve Jobs, James Vincent, Lee Clow.

Apps: Interviews with Art Levinson, Phil Schiller, Steve Jobs, John Doerr.

Publishing and Journalism: Interviews with Steve Jobs, Jeff Bewkes, Richard Stengel, Andy Serwer, Josh Quittner, Rupert Murdoch. Ken Auletta, "Publish or Perish," *New Yorker*, Apr. 26, 2010; Ryan Tate, "The Price of Crossing Steve Jobs," Gawker, Sept. 30, 2010.

第38章：新戰役

Google: Open versus Closed: Interviews with Steve Jobs, Bill Campbell, Eric Schmidt, John Doerr, Tim Cook, Bill Gates. John Abell, "Google's 'Don't Be Evil' Mantra Is 'Bullshit,' " *Wired*, Jan. 30, 2010; Brad Stone and Miguel Helft, " A Battle for the Future Is Getting Personal, "*New York Times*, March 14, 2010.

Flash, the App tore, and Control: Interviews with Steve Jobs, Bill Campbell, Tom Friedman, Art Levinson, Al Gore. Leander Kahney, "What Made Apple Freeze Out Adobe?," *Wired*, July 201; Jean-Louis Gassée, " The Adobe-Apple Flame War," *Monday Note*, Apr. 11, 2010; Steve Jobs, "Thoughts on Flash," Apple.com, Apr. 29, 2010; Walt Mossberg and Kara Swisher, Steve Jobs interview, All Things Digital conference, June 1, 2010; Robert X. Cringely (pseudonym), "Steve Jobs: Savior of Tyrant?," InfoWorld, Apr. 21, 2010; Ryan Tate, "Steve Jobs Offers World 'Freedom from Porn,' " Valleywag, May 15, 2010; JR Raphael, "I Want Porn," esarcasm.com, Apr. 20, 2010; Jon Stewart, *The Daily Show*, Apr. 28, 2010.

Antennagate: Design versus Engineering: Interviews with Tony Fadell, Jony Ive, Steve Jobs, Art Levinson, Tim Cook, Regis McKenna, Bill Campbell, James Vincent. Mark Gikas, "Why Consumer Reports Can't Recommend the iPhone4," *Consumer Reports*, July 12, 2010; Michael Wolff, "Is There Anything That Can Trip Up Steve Jobs?," *newser.com* and *vanityfair.com*, July 19, 2010.

Here Comes the Sun: Interviews with Steve Jobs, Eddy Cue, James Vincent.

第39章：直達無限

The iPad 2: Interviews with Larry Ellison, Steve Jobs, Laurene Powell. Steve Jobs, speech, iPad 2 launch event, Mar. 2, 2011.

iCloud: Interviews with Steve Jobs, Eddy Cue. Steve Jobs, keynote, Worldwide Developers Conference, June 6, 2011; Walt Mossberg, "Apple's Mobile Me Is Far Too Flawed to Be Reliable," *Wall Street Journal*, July 23, 2008; Adam Lashinsky, "Inside Apple," *Fortune*, May 23, 2011; Richard Waters, "Apple Races to Keep Users Firmly Wrapped in Its Cloud," *Financial Times*, June 9, 2011.

A New Campus: Interviews with Steve Jobs, Steve Wozniak, Ann Bowers. Steve Jobs, appearance before the Cupertino City Council, June 7, 2011.

第40章：第三回合

Family Ties: Interviews with Laurene Powell, Erin Jobs, Steve Jobs, Kathryn Smith, Jennifer Egan. Email from Steve Jobs, June 8, 2010, 4:55 p.m.; Tina Redse to Steve Jobs, July 20, 2010, and Feb. 6, 2011.

President Obama: Interviews with David Axelrod, Steve Jobs, John Doerr, Laurene Powell, Valerie Jarrett, Eric Schmidt, Austan Goolsbee.

Third Medical Leave, 2011: Interviews with Kathryn Smith, Steve Jobs, Larry Brilliant.

Visitors: Interviews with Steve Jobs, Bill Gates, Mike Slade.

第41章：遺澤

Johathan Zittrain, *The Future of the Internet—And How to Stop It* (Yale, 2008), 2; Cory Doctorow, "Why I Won't Buy an iPad," Boing Boing, Apr. 2, 2010.

國家圖書館出版品預行編目（CIP）資料

賈伯斯傳／華特・艾薩克森（Walter Isaacson）著；廖月娟、
姜雪影、謝凱蒂譯.--第四版.--臺北市：遠見天下文化，2023.5
832面；15X21.5公分.--（財經企管；BCB802）
譯自：Steve Jobs
ISBN 978-626-355-246-3（精裝）

1.賈伯斯（Jobs, Steve, 1955-2011） 2.蘋果公司（Apple） 3.傳記
4.電腦資訊業
484.67 112007764

財經企管BCB802

賈伯斯傳
紀念增訂版
Steve Jobs

作者 ── 華特・艾薩克森（Walter Isaacson）
譯者 ── 廖月娟、姜雪影（25-35章、39章）、謝凱蒂（21-24章）

總編輯 ── 吳佩穎
財經館副總監 ── 蘇鵬元
責任編輯 ── 林榮崧、張奕芬、張怡沁、胡純禎、畢馨云、林麗冠（特約）、吳芳碩
封面與內文設計 ── 張議文

出版者 ── 遠見天下文化出版股份有限公司
創辦人 ── 高希均、王力行
遠見・天下文化 事業群榮譽董事長 ── 高希均
遠見・天下文化 事業群董事長 ── 王力行
天下文化社長 ── 林天來
國際事務開發部兼版權中心總監 ── 潘欣
法律顧問 ── 理律法律事務所陳長文律師
著作權顧問 ── 魏啟翔律師
地址 ── 台北市104松江路93巷1號
讀者服務專線 ── 02-2662-0012 | 傳真 ── 02-2662-0007；02-2662-0009
電子信箱 ── cwpc@cwgv.com.tw
直接郵撥帳號 ── 1326703-6號 遠見天下文化出版股份有限公司

電腦排版 ── 極翔企業有限公司、張瑜卿
製版廠 ── 中原造像股份有限公司
印刷廠 ── 中原造像股份有限公司
裝訂廠 ── 精益裝訂實業有限公司
登記證 ── 局版台業字第2517號
總經銷 ── 大和書報圖書股份有限公司 電話／02-8990-2588
出版日期 ── 2023年5月31日第四版第1次印行
2024年1月25日第四版第2次印行

原著書名：Steve Jobs

定價 ── 800元
ISBN ── 978-626-355-246-3 | EISBN ── 9786263552456（EPUB）；9786263552449（PDF）
書號 ── BCB802
天下文化官網 ── bookzone.cwgv.com.tw